国家出版基金项目
NATIONAL PUBLICATION FOUNDATION

捷联惯性/天文组合导航技术

王新龙　杨　洁　赵雨楠　著

北京航空航天大学出版社

内容简介

惯性/天文组合导航很好地融合了两种导航系统的优势，形成了一种全自主、全天候、全空域、高精度的导航方式，具有巨大的发展潜力和应用前景，特别是在航空、航天飞行器导航、制导与控制方面，具有非常重要的作用。

本书主要根据作者与课题组成员多年来的研究成果以及近年来国内外捷联惯性/天文组合导航技术的最新进展撰写而成。全书共16章，重点围绕捷联惯性/天文组合导航系统的不同组合模式，从基本概念、基础理论与实际应用的角度，全面、系统地阐述了捷联惯性/天文组合导航系统的工作原理、设计理论与应用方法。为便于读者理解、掌握概念内涵，书中列举了大量详细的仿真实例。

本书可作为从事导航、制导、控制及测控等领域的研究者和工程技术人员的参考书，也可作为高等院校相关专业高年级本科生和研究生的教材。

图书在版编目(CIP)数据

捷联惯性/天文组合导航技术 / 王新龙，杨洁，赵雨楠著. -- 北京 ：北京航空航天大学出版社，2020.11

ISBN 978-7-5124-3406-6

Ⅰ. ①捷… Ⅱ. ①王… ②杨… ③赵… Ⅲ. ①航空导航－天文导航 Ⅳ. ①V324.2

中国版本图书馆CIP数据核字(2020)第234554号

捷联惯性/天文组合导航技术

王新龙　杨　洁　赵雨楠　著

策划编辑　蔡　喆　赵延永

责任编辑　冯　颖　陈守平　董　瑞

*

北京航空航天大学出版社出版发行

北京市海淀区学院路37号(邮编100191)　http://www.buaapress.com.cn

发行部电话：(010)82317024　传真：(010)82328026

读者信箱：goodtextbook@126.com　邮购电话：(010)82316936

北京建宏印刷有限公司印装　各地书店经销

*

开本：787×1 092　1/16　印张：25　字数：640千字

2020年11月第1版　2020年11月第1次印刷

ISBN 978-7-5124-3406-6　定价：99.00元

前　言

惯性导航系统(INS)依靠自身的惯性敏感器件(加速度计和陀螺仪)测量载体相对于惯性系的线速度和角速度信息,通过导航解算能够实时确定载体的位置、速度和姿态等导航参数。由于惯性导航具有自主性强、隐蔽性高、实时性好、短时精度高、输出信息完备、全天候工作、全球导航等优点,目前被广泛应用于海、陆、空、天、地等各类运载体的导航系统中。但由于受惯性器件精度的制约,惯导误差会随时间不断积累,仅依靠提高器件精度来保证惯性导航系统的精度,不仅成本高,而且难度大。

天文导航系统(CNS)属于环境敏感导航系统,利用天体敏感器对太空中已知星体(例如月球、太阳、火星、地球或者恒星)的观测,根据星体在天空中固有的运动规律来确定运载体在空间的航向、姿态和位置参数。与其他导航方式相比,天文导航具有精度高、误差不随时间积累、不易受外界干扰的特点。但是,天文导航易受工作环境限制,且导航信息实时性较差。

可见,惯性导航和天文导航都具有高度的自主性,且各有所长,在性能方面具有很强的互补性。

近年来,随着惯性器件、天体敏感器、现代控制理论、计算机及组合导航技术的不断发展,惯性导航、天文导航以及惯性/天文组合导航技术的发展也出现了一些新的特点,如捷联式惯导系统(SINS)以其体积小、质量轻、成本低、结构简单、可靠性高等优势,有取代平台式惯导系统的趋势;同时高精度天文间接敏感地平、数学地平、大视场小型化星敏感器、脉冲星天文导航技术、射电天文导航理论以及信息融合技术等也取得了很大的发展,这些新技术为惯性/天文组合导航系统的发展注入了新的活力。随着导航技术的发展以及应用需求的不断提高,对导航系统的自主性、隐蔽性、精确性和可靠性等方面提出了更高的要求。因此,捷联惯性/天文(SINS/CNS)组合导航受到了广泛关注并得到了快速发展,已成为组合导航技术发展的重要方向,具有很大的发展潜力和广阔的应用前景,特别是在各类航空、航天飞行器的导航和制导方面,具有非常重要的社会、经济和军事价值。本书正是为适应这些技术领域的应用需要而撰写的。

此前,国内外出版了一些涉及捷联惯性系统原理、天文导航系统原理或组合导航技术方面的专著与教材,绝大多数只用有限篇幅简要介绍了 SINS/CNS 组合导航的基本原理或组合方式,对 SINS/CNS 组合导航的理论、组合模式与应用方法的讲述不够系统、深入和全面。近年来,在国家自然科学基金(61673040、61233005、61074157、60304006、61111130198)、航空科学基金(20170151002、2015ZC51038)、天地一体化信息技术国家重点实验开放基金(2015 - SGIIT - KFJJ - DH - 01)、航天创新基金、航天支撑基金以及航空航天科研院所等项目的资助下，作者会同课题组成员对 SINS/CNS 组合导航技术进行了系统且深入的研究。本书是对这些研究成果的系统汇总，同时又吸取了国际最新研究成果，围绕 SINS/CNS 组合导航技术的有关概念、原理与应用方法进行了系统论述。编写过程中，注重从易于读者理解和工程应用的角度出发，反映当前 SINS/CNS 组合导航技术应用的新技术、新成就及今后的发展趋势。

全书共 16 章，主要内容包括绪论、天文导航预备知识、常用的天体敏感器、星敏感器误差建模与补偿方法、星敏感器星图预处理与星图识别方法、天文定姿方法、天文定位方法、天文导航系统的数字仿真方法、捷联惯导系统工作原理及其误差方程、捷联惯导系统的数字仿真方法、SINS/CNS 组合导航模式、SINS/CNS 组合导航在弹道导弹中的应用方法、SINS/CNS 组合导航在巡航导弹中的应用方法、SINS/CNS 组合导航在深空探测中的应用方法、SINS/CNS/VNS 组合导航在火星车中的应用方法、X 射线脉冲星天文导航在火星探测器地火转移段的应用方法等内容。

本书是作者及课题组多年研究成果的结晶。书中部分内容采用了课题组祝佳芳、王鑫、吴小娟、管叙军、詹先军、马闪、明轩等人攻读硕士学位期间的研究成果。此外，本书部分内容还参考了国内外同行专家学者的最新研究成果，作者在此对他们表示诚挚的感谢！

在本书编写过程中，作者还得到了北京航空航天大学房建成院士、国防科工局探月中心吴伟仁院士以及清华大学顾启泰教授的大力支持和帮助，在此一并致谢。

尽管作者力求使本书能更好地满足读者的需求，但因内容涉及面广，限于作者水平，书中错误和疏漏之处，诚望读者批评指正。

作　者

2020 年 5 月

目　　录

第1章　绪　论

导航系统的作用是为载体提供有时间参照的位置、速度和姿态信息，不仅是车辆、飞机、卫星、船舶等运动载体正常航行的重要保障，而且在大地测量、资源探测、地理信息系统等众多技术领域发挥着重要作用。构建全天候工作、全空域、隐蔽性好、导航精度高、数据更新率高的自主导航系统，对于国民经济发展和国防现代化建设，都具有非常重要的意义。

惯性导航作为一种自主导航方式，具有抗干扰能力强、实时性好、不受地域限制等优点，因而具有广阔的应用空间，但由于其提供的位置、速度和姿态误差随时间不断积累，故难以作为独立的高精度导航系统。

卫星导航作为现代无线电导航的主要方式，具有“三定一弱”的特征，即由特定信标以特定频率播发特定格式的导航电文，而导航信号极其微弱。该特征决定了卫星导航系统易受攻击和抗干扰性能较弱，单独使用时存在技术风险。

天文导航具有误差不随时间积累、自主性和抗干扰能力强等优点，是飞机、卫星、导弹、远洋航海和深空探测等应用领域的重要导航手段；地基无线电导航系统的作用距离有限，存在服务盲区、远程导航精度较低、易遭受攻击等缺陷。

其他导航方式如视觉导航、景象匹配导航、地形匹配导航等通常为有限应用环境下的辅助导航方式。

现代信息化战场的空天导航战，使以卫星导航为主的各种无线电导航系统受到严重威胁。复杂的战场电磁环境要求导航系统具有较强的自主性和抗干扰能力。而惯性导航与天文导航具有完全自主、隐蔽性好、抗干扰能力强且互补性强的优势。因此，近年来惯性/天文（INS/CNS）组合导航受到广泛关注，并得到快速发展，具有很大的发展潜力和广阔的应用前景，已成为组合导航技术发展的重要方向。

下面从天文导航技术特点、惯性/天文组合导航的优势、组合模式及信息融合方法等方面对惯性/天文组合导航技术展开介绍。

1.1　天文导航的概念、分类及特点

1.1.1　天文导航的概念

天文导航是以太阳、月球、行星和恒星等自然天体作为导航信标，通过天体敏感器被动探测天体位置，以确定测量点位置、航向与姿态信息的技术与方法。

天文导航始于航海，通过探测天体的可见光或射电信息，对天体视坐标的角位置进行跟踪、观察和测量，进而根据天体视位与时间的关系为舰船提供船位和航向信息。随着科学技术的发展，天文导航的应用逐渐从航海拓展到航空和航天等领域。在航空和航海中，天文导航所测定的天体位置不是由所观测天体在天球上的位置（用赤经和赤纬描述）来决定的，而是由这些天体在观测时刻所对应的天体投影点位置（用时角和赤纬描述）来决定的。在观测中，以天

体为参考点，确定运载体在空中或海上的真航向。使天体跟踪器的望远镜自动对准天体方向，可测出运载体前进方向与天体方向(望远镜轴线方向)之间的夹角，即航向角。由于天体在任一瞬间相对于南北子午线之间的夹角(天体方位角)是已知的，因此从天体方位角中减去航向角就可得到运载体的真航向。同时，通过测量天体相对于运载体参考面的高度，就能确定运载体的位置。在航天领域，星敏感器作为目前天文导航最常用的姿态测量器件，以恒星作为姿态测量的观测目标，能够输出相对于惯性坐标系的三轴姿态信息，能够为载体的姿态控制系统提供高精度的姿态信息；如果辅以高精度的水平基准，还可为载体提供高精度的位置信息。

按所观测天体数目的多少，天文导航分为单星导航、双星导航及三星导航。为了提高精度，实际上往往需要观测 3 个以上的天体。各天体之间的方位角差最好在 60°～90°范围内(越接近 90°越好)，高度(仰角)最好在 15°～65°范围内。

按星体的光谱范围分，天文导航可分为星光导航和射电天文导航。观测天体的可见光进行导航的即星光导航，而接收天体辐射的射电信号(不可见光)进行导航的即射电天文导航。前者可解决高精度昼夜全球自动化导航定位，后者可克服阴雨等不良天气影响，通过探测射电信号进行全天候天文定位。

1.1.2 天文导航系统分类

根据测星定位、定向原理的不同，天文导航系统可分为以下三种类型：

1. 基于六分仪原理的天文导航系统

第二次世界大战前，天文定位是主要的导航手段，许多舰船都配备了天文导航的各种仪表、天文钟和手持航海六分仪。通过测量某一时刻太阳或其他天体与海平线或地平线的夹角，便可迅速得到舰船或飞机所在位置的经、纬度。使用六分仪测量经、纬度的前提是当前时间已知。先用六分仪测量出某天体(一般用太阳)上中天时的地平高度，再查阅天文年历了解当天该天体的赤道坐标，就可以得出该地的纬度；而经度的测量，则可以通过比较太阳上中天时地方时(通过查阅天文年历得出)与出发地的时间之差得出。此外，六分仪也可在沿岸航行时通过观测两个地面物标之间水平夹角在海图上定位。六分仪最大的缺点是受天气的影响较大，不能在阴雨天使用。另外，在制造过程中会不可避免地引入机械误差，这也是限制六分仪精度的一个因素。

2. 基于“高度差法”的天文导航系统

基于“高度差法”的天文导航系统最早用于水面舰船和水下潜艇，后来陆续用于飞机和导弹。从工作原理来看，其共同特点如下：① 导航过程要依赖于惯导平台提供的水平基准。它同惯导相互依存，既要通过惯导获得运载体的初始位置、姿态，以便实施对星体的搜索、捕获和跟踪，又要利用自身解算出的运载体位置和航向信息，反过来校正惯导因长时间工作而导致的位置和航向误差；② 系统光学分辨率高，抑制背景噪声能力强，因而导航精度高。

3. 基于星图识别的多星矢量定位天文导航系统

基于多星矢量定位技术的天文导航系统的最大优点是可以不借助于任何先验信息而自主确定运载体相对于惯性空间的姿态。系统的工作过程主要由大视场成像、多星体目标同步提取、星图识别、导航解算等步骤组成。该定位技术的特点如下：① 大视场光学系统视场内平均有 3 颗以上的星体被利用，这样可提高系统捕获星体的概率和导航精度；② 不需要任何外部信息，可直接输出系统相对于惯性空间的姿态，因而能对惯导的陀螺仪误差进行直接校正；③ 确定运载体惯性姿态的精度是现有测量设备中最高的；④ 系统在大气层以内工作时，受大气环境条件的影响较大，可靠性有待进一步提高。

1.1.3 天文导航技术特点

天文导航以宇宙中具有精确空间位置的天体作为导航信标，其精度主要取决于设备本身，无时间累积误差，是一种可靠的高精度导航手段。天文导航以其定向精度高、可靠性好以及稳定性优越的特点，得到了广泛应用：从一般的航海六分仪到自动星体跟踪器、潜艇专用的天文导航潜望镜定位系统，再到飞机、导弹的天文定位系统，进而到卫星与航天飞机的星体跟踪器与空间六分仪。天文导航不仅能够独立地为运载体提供航向、位置信息，而且还可用于航空、航天及航海领域对惯导系统的定位误差进行校正。

由于天文导航是建立在天体惯性系框架基础之上，具有直接、自然、可靠、精确等优点，因此，拥有无线电导航无法比拟的独特优越性。概括来讲，天文导航具有如下特点：

(1) 被动式测量，自主性强，无误差积累

天文导航以天体作为导航信标，被动地接收天体自身辐射信号，进而获取导航信息，是一种完全自主的导航方式，工作安全，隐蔽性强。此外，其定位误差和航向误差不随时间的增加而积累，也不会因航行距离的增加而增大。

(2) 抗干扰能力强，可靠性高

天体辐射覆盖了 X 射线、紫外、可见光和红外等整个电磁波谱，因而具有极强的抗干扰能力。此外，天体的空间运动规律不受人为因素和电磁波的干扰，从根本上保证了天文导航的可靠性。这是 GNSS 卫星导航、LR－C 等无线电导航系统无法比拟的。

(3) 适用范围广，发展空间大

天文导航不受地域、空域和时域的限制，是一种在太空亦适用的导航手段。技术成熟后可实现全球、全天候、全天时、全自动的天文导航。

(4) 导航过程时间短，测姿精度高

天文导航完成一次定位、定向过程只需 1～2 min，当采用光电自动瞄准定向时，只需15 s。天文导航中最常用的姿态测量器件是星敏感器。星敏感器不但可单独测量三轴姿态，测姿精度高，能够达到秒级，是目前应用最广泛的姿态测量敏感器，而且其测量误差不随时间累积。天文导航不仅能够为未来战场武器系统提供精确实时的航向和惯导校正信息，而且可作为未来空天高速飞行器的导航保障手段加以利用。

(5) 设备简单，成本较低，便于推广应用

天文导航不需要设立陆基台站，更不必向空中发射轨道运行体，设备简单，工作可靠，不受其他因素制约，而且成本较低，因此便于构建独立自主的导航体制。在战时将是一种难得的精确导航定位与校准手段。

基于自身的特点和优势，天文导航一直受到广泛关注，已成为组合导航系统的重要组成部分，广泛应用于舰船、飞机、导弹和空间飞行器中。目前，天文导航在小视场测星定位系统的基础上又形成了大视场测星定位和射电测星定位两种定位系统，并从传统的可见光测星定位向可见光测星定位与射电测星定位相结合的方向发展，从传统的小视场测星定位向小视场测星定位与大视场测星定位相结合的方向发展，以提高天文导航系统的精度和数据输出率，实现天文导航系统的高精度、自主、全天候和多功能化，满足各种应用平台的需要。

1.2 惯性/天文组合导航的优越性与组合模式

1.2.1 惯性/天文组合导航的优越性

惯性导航系统(INS)是一种完全自主的导航技术，具有短时精度高、输出连续、抗干扰能力强、导航信息完整等优点。但由于存在陀螺仪和加速度计等误差因素，其导航误差随时间积累，故难以长时间独立工作。虽然近年来惯性器件和系统技术得到了飞速发展，但在高精度、远程、长航时的导航应用中，惯导系统仍然需要误差不随时间增长的外部信息源来校正其误差。

天文导航系统(CNS)是利用对星体的观测，根据星体在天空中固有的运动规律来确定飞行载体在空间的运动参数，其突出优点是自主性强、隐蔽性好、精度高、无姿态累积误差等，但也存在输出信息不连续、易受气象条件影响、无法提供速度信息等缺陷。

可见，惯性导航、天文导航各有优缺点，将两者结合起来进行组合导航，可以实现优势互补。惯性/天文组合导航以惯性导航为主体，利用天文导航系统的量测信息对惯导误差进行估计、校正，进而获得高精度的导航信息。概括起来，惯性/天文组合导航具有以下优势：

(1) 导航精度高

由于天文导航系统姿态测量精度可以达到角秒级，因此惯性/天文组合导航系统理论上能够达到很高的导航精度，特别适用于远程、长航时的飞行器，如长航时无人机、空天往返飞行器、临近空间飞行器等。

(2) 使用范围广

惯性/天文组合导航不受地域、空间和时域的限制，海、陆、空、天和水下航行运载体皆可使用，发展空间极其广泛，可实现全球、全天候的自主导航。

(3) 自主性强、隐蔽性好、可靠性高

惯性/天文组合导航系统以恒星作为观测目标，根据恒星在天空中的固有运动规律来确定载体在空间的参数，通过与惯性导航信息结合，进而获得信息融合后的导航信息，是一种完全自主的导航方式；无需与外界通信，不向外辐射能量，隐蔽性高；恒星在空间的运动规律不受人为破坏，不怕外界电磁干扰，这也从根本上保证了系统的可靠性。

对于远程、长航时的飞行器(如长航时无人机、远程轰炸机、高超声速飞行器、近地空间飞行器等)，利用星敏感器提供的高精度姿态信息对惯导系统进行校正，并对惯性器件的漂移进行补偿，从而可实现高精度导航。

对于飞行器机动发射尤其是水下发射，惯性/天文组合导航系统具有其独特的优越性。在机动发射或水下发射时，由于作战条件的限制，初始定位瞄准难以精确，也难以确切知道发射点的位置，这些因素将给导航系统带来初始条件误差，如初始定位误差、初始调平误差、初始瞄准误差等。采用惯性/天文组合导航系统，可在发射前进行快速粗略对准与调平，在飞行中利用星敏感器进行修正，如再与发射时间联系起来，就能确定出发射点的经纬度。由于惯性/天文组合系统具有这种优点，特别适用于机动发射或水下发射的远程巡航或者弹道导弹。

对于远程弹道导弹，惯性/天文组合导航系统不仅可以用于弹头分离后的中段导航，还可用于再入段的末制导来修正风的影响。

惯性/天文组合导航系统也特别适用于跨海飞行的飞行器。对于跨海飞行的飞行器，海上往往缺乏特征明显的导航参照物，而天文导航系统是利用星体的天然辐射作为导航的信息源，因此特别适用于海上定位导航。

可见，惯性/天文组合导航以其特有的优越性，越来越受到广泛重视，近年来得到了飞速发展，也已成为组合导航系统的重要组成部分。

1.2.2 惯性/天文组合导航模式

目前，按照组合方式的不同，惯性/天文组合导航可以分为以下4种模式：简单组合模式、基于陀螺仪漂移校正的组合模式、深组合模式、基于全面最优校正的组合模式。

1. 惯性/天文简单组合模式

在惯性/天文简单组合模式中，惯导系统独立工作，提供位置、速度、姿态等导航信息；基于星图匹配的星敏感器能够自主确定载体相对于惯性空间的姿态，并与惯导系统提供的基准信息相结合，可获得载体的位置、姿态信息。然后，利用天文导航系统输出的位置信息，直接对惯导系统输出的位置进行校正，从而可有效提高惯导系统的精度。其原理如图1.1所示。

2. 基于陀螺仪漂移校正的组合模式

大视场星敏感器可以在不需要任何外部基准信息的前提下，输出高精度的惯性姿态信息。星敏感器利用惯导系统提供的辅助信息可以得到载体在地理系下的姿态信息，再与惯导系统输出的姿态信息相结合，利用最优估计算法估计并补偿惯导系统中陀螺仪漂移误差，从而能够有效地修正惯导系统的导航误差。基于陀螺仪漂移校正的组合模式由惯导系统、天文导航系统、信息融合模块构成，其原理如图1.2所示。

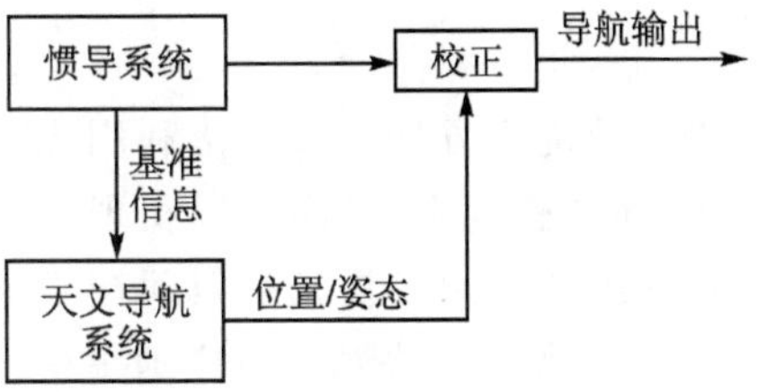

图1.1 简单组合模式原理图

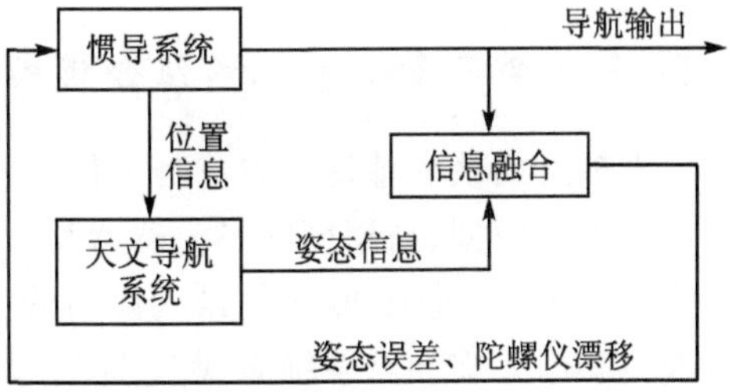

图1.2 基于陀螺仪漂移校正的组合模式原理图

惯导系统利用惯性器件的输入，解算出飞行器的位置、速度和姿态信息，并利用信息融合模块提供的平台失准角、陀螺仪漂移误差对惯导解算过程进行校正。

- 惯导系统为信息融合模块提供地理系姿态信息，向天文导航模块提供位置信息。
- 天文导航系统利用大视场星敏感器直接输出飞行器相对于惯性系的姿态信息，并在惯导系统提供的位置信息辅助下输出地理系姿态信息，向信息融合模块提供姿态信息。

➢ 信息融合模块采用卡尔曼(Kalman)滤波算法进行信息融合：首先利用天文导航系统和惯导系统提供的姿态信息求得平台失准角；然后以惯导系统误差方程为状态方程，将平台失准角作为观测量进行卡尔曼滤波，得到平台失准角和陀螺仪漂移误差的估计值，并用导航误差的估计值对惯导解算过程进行校正。

3. 深组合模式

在深组合模式中，惯导系统与天文导航系统相互辅助进行导航。惯性导航系统在天文导航系统的辅助下，输出高精度的地平信息；天文导航系统在惯导系统提供的地平信息的辅助下，输出高精度的位置、姿态信息；再将惯导系统和天文导航系统的位置、姿态输出作为量测信息，利用卡尔曼滤波算法对位置误差、姿态误差进行估计、校正，以提高组合导航系统的精度。其原理如图 1.3 所示。

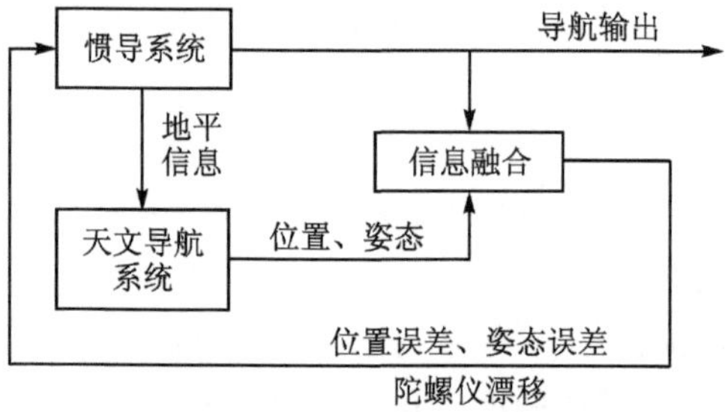

图 1.3 深组合模式原理图

惯导系统：利用惯性器件的输出计算载体的位置、速度和姿态信息，但是纯惯导系统的导航误差随时间发散。因此，利用信息融合模块提供的估计结果对惯导解算过程进行修正，可以补偿陀螺仪漂移引起的导航误差，进而向天文导航系统提供高精度的地平信息。同时，惯导系统为信息融合模块提供位置、姿态信息作为量测信息。

天文导航系统：利用大视场星敏感器确定载体相对惯性空间的姿态信息，并在惯导提供的地平信息的辅助下，确定载体在天球上投影点的赤经、赤纬，进而得到载体的经、纬度坐标，完成天文定位。天文导航系统向信息融合模块输出位置信息和相对惯性空间的姿态信息。

信息融合模块：惯导系统和天文导航系统都可以输出载体的位置信息和姿态信息，将惯导系统和天文导航系统输出信息的差值作为卡尔曼滤波器的量测信息，可以对惯导系统的误差进行估计，进而利用估计结果对惯导系统的位置、姿态误差进行校正。

4. 基于全面最优校正的组合模式

星光折射间接敏感地平方法是一种低成本、高精度的地平确定方法。该方法利用飞行器的轨道动力学模型、高精度的星敏感器和大气折射模型，精确敏感地平，进而可以实现高精度的定位。美国 20 世纪 90 年代投入使用的 MADAN 导航系统就利用了星光折射间接敏感地平原理。利用天文导航系统实现对惯导系统的全面最优校正必须解决高精度自主地平信息的获取问题，即天文导航系统定位时所依赖的地平信息不应来自惯导系统，且精度保持稳定，不随时间漂移。而基于星光折射间接敏感地平的解析天文定位方法，解决了天文导航系统高精度自主地平信息的获取问题。这样，天文导航系统就可利用高精度的地平信息确定载体的姿态、位置信息，进而与惯导系统解算出的姿态、位置信息进行信息融合，全面估计系统误差，不仅可以校正位置、姿态误差，补偿惯性器件误差，而且可以补偿初始对准等其他因素引起的误差。其原理如图 1.4 所示。

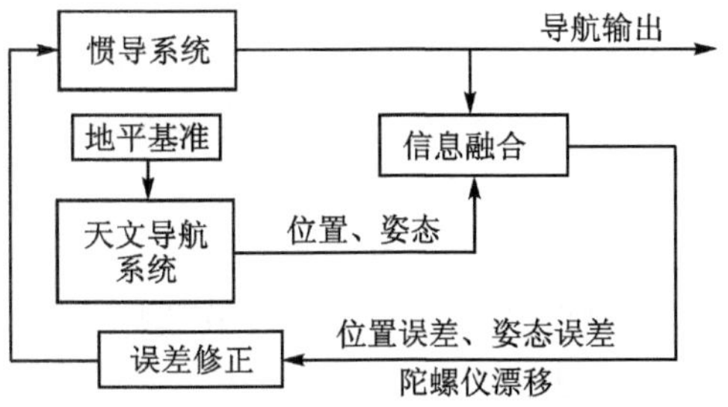

图 1.4　基于全面最优校正的组合模式原理图

惯导系统利用惯性器件的输入，解算出飞行器的位置、速度和姿态信息，并利用信息融合模块提供的估计结果（平台失准角、陀螺仪漂移误差和位置误差）对惯导系统的解算过程进行校正。

- 惯性导航模块为信息融合模块提供地理系姿态信息和位置信息。
- 天文导航模块利用基于星光折射间接敏感地平的解析定位方法确定飞行器的三维位置信息和地平信息，大视场星敏感器在地平信息的辅助下输出飞行器的地理系姿态信息。该模块可为信息融合模块提供地理系姿态信息和位置信息。
- 信息融合模块采用卡尔曼滤波算法进行信息融合。首先利用天文导航系统和惯导系统输出的姿态信息求得平台失准角；然后以惯导系统误差方程为状态方程，将天文导航系统、惯导系统输出的位置和姿态的差值作为量测量进行卡尔曼滤波，得到平台失准角、位置误差和陀螺仪漂移误差的估计值，并用估计结果对惯导系统的解算过程进行校正。

1.3　组合导航系统中卡尔曼滤波器总体结构

卡尔曼滤波技术是由 R. C. 卡尔曼和 R. S. 布西于 20 世纪 60 年代初期，为满足应用高速数字式计算机进行人造地球卫星轨道和导航等计算要求而提出的一类线性滤波模型和方法，通称为卡尔曼滤波。采用卡尔曼滤波器，可以将惯导系统的误差、陀螺仪的误差、加速度计的误差作为状态变量列出离散化的状态方程，建立描述系统的统计数学模型，然后用该状态方程和测量方程共同描述组合系统的动态特性，由滤波方程经数据处理，给出系统状态变量的最优估值。控制器根据这些误差的最优估值对惯导系统进行校正综合，使组合系统的导航定位误差最小。卡尔曼滤波器是一种具有无偏性的递推线性最小方差估计，即其估计误差的均值或数学期望为零。

组合导航系统通常采用卡尔曼滤波技术，按照滤波器估计内容可分为直接法和间接法。

卡尔曼滤波的直接法和间接法各自的优缺点如下：

① 直接法的状态方程直接描述了系统导航参数的动态过程，能较准确地反映真实状态的演变情况；间接法的状态方程为误差方程，是按照一阶近似推导出来的，有一定的近似性。

② 一般而言，不管是直接法还是间接法，滤波器都包含位置（或位置误差）、速度（或速度误差）和姿态角（或平台失准角）。由于位置和速度导航参数直接体现系统的动态特性，可能变化剧烈，这时就必须采用很短的滤波周期，计算量较大。但由于误差常为小量，变化也比较平

缓,因而间接法的滤波周期可以较长。通常,间接法的滤波周期在数秒到 1 min 范围内,基本不影响滤波器性能。

③ 直接法的滤波方程多为非线性的,如果采用一阶近似线性化的方法,则其实质与间接法类似,滤波精度受到影响,但滤波周期却不能因此而变长。间接法的状态方程本身就是线性方程,不存在线性化问题,而且估计参数在数值上也相差不大,便于计算。

综上,虽然直接法能直接反映系统的动态过程,但在实际应用中还存在不少问题,因而在目前的应用中,一般都是采用间接法。

卡尔曼滤波时按照对滤波估计值的利用方法来分,可分为输出校正和反馈校正。输出校正就是将滤波器估计的参数误差直接校正惯导输出的导航参数,得到导航参数的最优估计,也称为开环法;反馈校正是将导航参数误差的估计结果反馈到惯导系统的导航计算中,用以校正惯导系统导航计算中的导航参数以及惯性仪表误差,用校正后的导航参数和仪表测量值再进行新的导航计算,也称闭环法。从数学模型角度讲,输出校正和反馈校正具有相同的结果。但是,输出校正的滤波器所估计的状态是未经校正的导航参数误差,而反馈校正的滤波器所估计的状态是经过校正的导航参数误差。前者数值大,后者数值小,而状态方程都是经过一阶近似的线性方程,状态的数值越小,则近似的准确性越高。因此,利用反馈校正的系统状态方程更能接近真实地反映系统误差状态的动态过程。对实际系统来讲,只要状态能够具体实施反馈校正,组合导航系统就应尽量采用反馈校正的滤波方法。

第 2 章　天文导航预备知识

天文导航属于环境敏感导航系统，利用天体敏感器对天体进行观测，进而结合天体固有的运动规律来确定载体的导航参数。为帮助读者深入了解天文导航，本章介绍天文导航方面的相关预备知识。

2.1　导航天文学

天文导航需要知道导航天体的位置，因此，在了解天文导航技术之前，首先要对天体、星图、星表等基本知识有清晰的认识。

2.1.1　天　体

天体是指宇宙空间的物质形体。

1. 恒　星

古代天文学家认为恒星在星空中的位置是固定的，故称之为“恒星”，即永恒不变的星。随着人类对宇宙天文认知的不断进步，人们已经认识到这些恒星也在不停地高速运动着。然而，除太阳外，其他恒星离地球非常遥远，人们难以察觉其位置的变化。

恒星的演化是一个漫长而复杂的过程。恒星诞生于太空中的星际尘埃，科学家称之为“星云”或“星际云”，如图 2.1 所示。恒星的“青年时代”是一生中最长的黄金阶段——主星序阶段，占总寿命的 90%，这段时间恒星以几乎不变的恒定光度发光发热；再往后，恒星将变成一颗红巨星，并在爆发中到达寿命的终点。科学家们认为，恒星的终态有 3 类：第一，大质量恒星的燃料用完后发生爆炸，其残片重新聚集，为新恒星的诞生提供条件；第二，超新星爆发后留下一个中心天体（中子星或夸克星），发出规则的脉冲，这就是脉冲星；第三，发生引力的进一步坍塌，形成恒星级别的黑洞。

图 2.1　仙女座大旋涡星云

2. 太　阳

太阳是距离地球最近的一颗恒星。它是太阳系的中心天体，太阳系质量的 99.86% 都集中在太阳上。约 50 亿年前，漂浮在宇宙中的无数星际气体和微尘，像旋涡般聚拢形成一个巨大的云团,质量越来越大,中心温度、密度也急剧增加,最终产生核融合反应,变成一颗稳定的恒星,这就是太阳。

组成太阳的物质大多是普通的气体,其中氢约占 73%,氦约占 25%,其他元素占 2%。太阳的内部主要分为三层,从内到外分别为核心区、辐射区和对流区,如图 2.2 所示。太阳的核心区域半径是太阳半径的 1/4,占整个太阳质量的一半以上。太阳核心的温度极高,达到 1 560 万摄氏度,压力也极大,使得由氢聚变为氦的热核反应得以发生,从而释放出极大的能量,这些能量通过辐射层和对流层中物质的传递,并通过光球层向外辐射出去。此外,与地球的大气层一样,太阳表面也覆盖着不同圈层,从内向外分为光球、色球、日冕三层。太阳光球就是我们平常所看到的太阳圆面,通常所说的太阳半径也是指光球的半径。光球的表面是气态的,存在着剧烈的活动,如米粒组织、太阳黑子等。色球层位于光球外部,可以用分光仪进行观测,当月亮遮掩了光球明亮光辉的一瞬间(日全食)时,肉眼也能观测到色球,即日轮边缘一层玫瑰红色的绚丽光彩。日冕是太阳大气的最外层,在日全食时在日面周围看到非常明亮的放射状银白色光芒即日冕,它向空间持续抛射出物质粒子流,也就是太阳风。

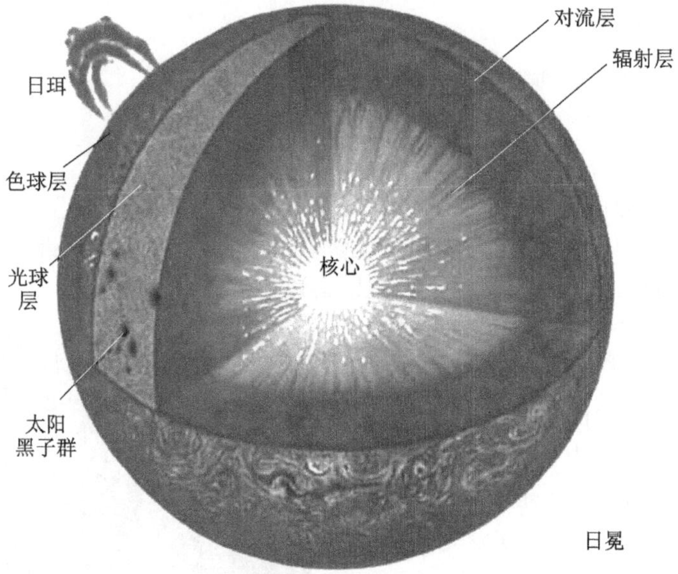

图 2.2 太阳结构

3. 八大行星

行星通常指自身不发光、环绕着恒星运动的天体。一般来说,行星须具有一定的质量,且近似于圆球状,其公转方向常与所绕恒星的自转方向相同。围绕太阳旋转的行星共有 8 颗,按与太阳的距离从近到远,分别为水星、金星、地球、火星、木星、土星、天王星、海王星,其中金星、火星、木星、土星肉眼即可观测,如图 2.3 所示。

八大行星的运行特点如下:

① 自西向东绕太阳公转;

② 公转轨道面与黄道面的交角都较小,最大为 17°,几乎在同一平面上;

③ 轨道偏心率较小,公转轨道近似正圆。

图 2.3　太阳系行星图

4. 小行星

小行星是太阳系内环绕太阳运动，但体积和质量都比行星小得多的天体，是太阳系形成时没有形成行星而留下的残骸。按照小行星带的轨道特性，小行星可以分为以下 3 类：

① 主小行星带：位于火星与木星轨道之间，包含太阳系内部的大多数小行星。该小行星带与太阳系其他行星同时形成，其前身是一些在火星和木星轨道之间绕太阳运行的较大岩石块，由于木星形成速度很快且质量很大，阻碍了这些岩石形成行星，使得这些岩石块相互碰撞、碎裂成小行星。图 2.4 所示为主小行星带中的 Gaspra 小行星。

② 近地小行星：指轨道接近地球轨道的小行星，根据其轨道位置可以分为埃墨类、阿波罗类、阿托恩类。埃墨类小行星的轨道近日点大于地球轨道的远日点；阿波罗类小行星的轨道近日点小于地球轨道的近日点；阿托恩类小行星的轨道位于地球轨道以内。图 2.5 所示为近地小行星 Itokawa。

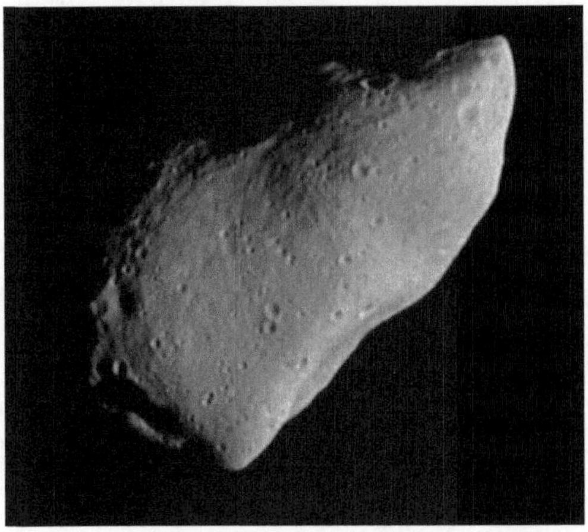

图 2.4　主小行星带中的 Gaspra 小行星

图 2.5　近地小行星 Itokawa

③ 特洛伊小行星：主要集中在木星的拉格朗日点 L4 和 L5 附近的轨道上，目前已发现了上百颗这类小行星，预计总数为 1 000 个以上。

2.1.2 天体的星等

在了解星等的具体概念之前，需要首先明确光度的含义。光度是天体每秒钟辐射的能量，表示天体真正的亮度，由天体的温度和表面积决定，温度越高，表面积越大，则光度也越大。

星等是天文学上对天体明暗程度的一种表示方法，记为 Mv。星等可以分为视星等和绝对星等：

① 视星等：直接用肉眼感觉或用仪器测量得到的天体亮度，通常所说的星等大多是指视星等。视星等除了与天体辐射的光度有关外，还与距离有关。相同光度的天体，距离比较近的看起来自然比较明亮，因此看起来不突出的、不明亮的恒星，并不一定代表它们的发光本领差。视星等越小（含负数），恒星越亮，视星等数每相差 1，恒星的视亮度（肉眼感觉的亮度）差 2.512 倍，肉眼能见的最暗星为 6 等星。例如，织女星是 0 等星，天狼星是－1.6 等星，太阳的视星等为－26.7 等星。

② 绝对星等：假定把恒星放在距地球 32.6 光年处测得的视星等，与恒星的光度有密切关系。绝对星等越小（含负数），恒星越亮，绝对星等数每相差 1，恒星的光度差 2.512 倍。太阳距离我们很近，其视亮度非常高，但是它的绝对星等只有 4.75。

2.1.3 星表与星图

星表、星图简明地表示了星座与恒星在天空中的位置，可以用来辨认星座，寻找星云、星团等。下面分别介绍星表与星图的发展状况。

1. 星　表

星表是记载天体各种参数（如位置、运动、星等、光谱型等）的表册，通过天文观测编制星表是天文学中很早就开始的工作之一。公元前 4 世纪，中国战国时魏国天文学家石申著有《天文》八卷，后世称为《石氏星经》，其中载有 121 颗恒星的位置。这是世界上最古老的星表，今已失传，但今天仍然能从唐代的天文著作《开元占经》中见到它的一些片段，并从中整理出了一份石氏星表，其中有二十八宿距星和 115 颗恒星的赤道坐标位置。公元前 2 世纪，希腊天文学家依巴谷编制了一本载有 1 022 颗恒星位置的星表，由托勒密抄传下来，这是古代著名的星表。

中天观测原理的提出和新式望远镜的采用使得星表精度日益提高。但是，由于各个天文台编制星表时使用的仪器不同，观测条件和处理方法也不一致，同一颗恒星在不同星表中的位置有较大误差。为了减少这些误差的影响，将不同系统的星表进行综合处理，所得到的高精度星表称为基本星表。它作为一切星表的基础，主要用于天文参考坐标系和恒星位置的确定。

目前，基本星表主要包括以下几种：

① 奥韦尔斯基本星表：德国天文学会所编的基本星表，是目前国际上使用较普遍的星表，是一种参考星表，而不是完备星表。其最新版为 FK5 星表。

② 美国海军天文台 A2.0 星表：美国海军天文台使用精密测量仪器对所有玻片进行测量并数字化，再加上欧南天文台的星空扫描星图，得到五亿多颗恒星数据，是目前星数最多的

星表。

③ 依巴谷与第谷星表：1989 年欧洲太空总署将专门探测天体位置、距离与亮度的依巴谷天文观测卫星送入轨道，从 1989 年 11 月起，到 1993 年止，它测量了一百多万颗恒星的位置与亮度，现已汇总成星表，即依巴谷与第谷星表。

④ SAO 星表：为了通过拍摄星图确定人造卫星的位置，1966 年美国史密森天文台编制了一本星表，称 SAO 星表（见表 2.1），载有 258 997 颗星等亮于 11 Mv 的恒星，有编号、自行值、光谱型等信息，是目前天文观测最常用的星表。

表 2.1　SAO 星表

星　号	视星等/Mv	光　谱	变双星	赤经/h	赤经/min	赤经/s	赤纬/deg	赤纬/arcmin	赤纬/arcses	赤经/rad	赤纬/rad
1	7.2	A0	0	0	2	41.65	82	58	23.52	0.011 755 52	1.448 155 53
2	7.7	F2	2	0	2	46.932	80	16	56.59	0.012 139 64	1.401 191 97
3	9.2		0	0	3	16.687	82	39	23.65	0.014 303 48	1.442 629 29
4	9.3		0	0	3	18.842	80	29	4.84	0.014 460 2	1.404 722 62
5	9.1		0	0	3	29.712	80	44	16.21	0.015 250 69	1.409 141 07
6	9.3	F0	0	0	3	44.428	86	22	20.93	0.016 320 86	1.507 484 17
7	9.2		0	0	4	5.574	85	14	57.3	0.017 858 65	1.487 880 1
8	9.4		0	0	4	21.412	84	28	22.27	0.019 010 42	1.474 329 41
9	9.5		0	0	4	42.163	82	52	49.25	0.020 519 47	1.446 534 94
10	9.4		0	0	4	43.248	83	39	25.08	0.020 598 38	1.460 089 51

2. 星　图

星图是观测恒星的一种形象记录。它将天体的球面视位置投影于平面并绘图，以表示各天体的位置、亮度和形态，是天文学上用来认星和指示位置的一种重要工具。星图精确地描述或绘制了夜空的特征，例如恒星、恒星组成的星座、银河系、星云、星团和其他河外星系的绘图集，即“星星的地图”。图 2.6 所示为夏季星图。

星图的绘制可以追溯到数千年前。巴比伦文明出土的泥板是大约五千年以前的文物，上面已经有黄道十二星座的简图。在西方文明中最著名、最有地位的星图是由希腊天文学家依巴谷在公元前约 130 年所制作的包含 850 颗恒星的星图。中国也有绘制星图的历史，三国时代，吴国陈卓在公元 270 年左右将甘德、石申、巫咸三家所观测的恒星，用不同方式绘在同一图上，有星 1 464 颗，此星图虽已失传，但从绢制敦煌星图上可知其大概。苏州石刻天文图是根据北宋元丰年间（公元 1078—1085 年）的观测结果刻制的。当然，中国古代最著名的星图当属南宋时期黄裳（公元 1146—1194 年）所绘制的“天文图”，是现存最大、星数最多的古星图之一。

说到现代星图的启蒙与兴起，必须首先提及拜尔在 1603 年出版的近代第一份包含南天极的全天星图，后来波兰天文学家赫维留出版的星图在精确度、便利性、开创性与影响力等各方面都可以与拜尔星图相匹配。而 1863 年出版的《波恩星图》给出了 457 848 颗恒星的位置，是早期非常著名的星图，直到今天仍被广泛使用。摄影技术加入天文观测后，改写了星图的制作方式，提高了天体坐标测量的精确性，其中最具有代表性的就是美国耶鲁大学天文台在

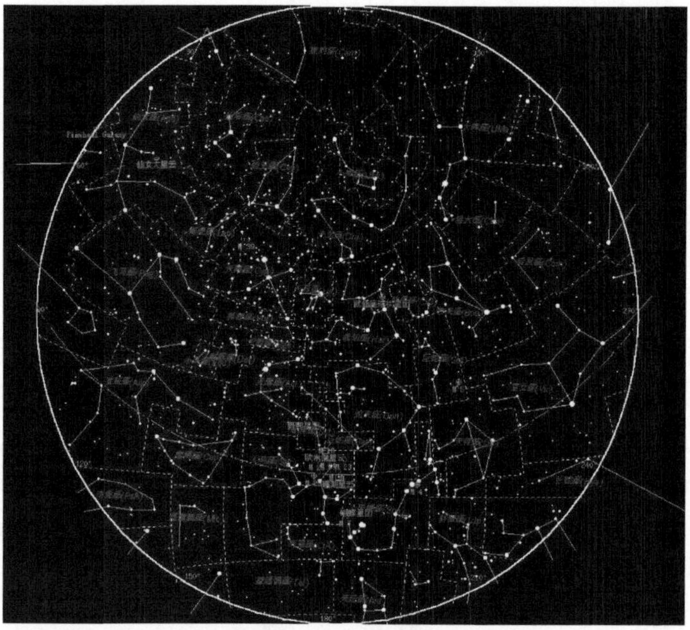

图 2.6 夏季星图

1914—1956 年间发表的耶鲁星表和帕洛马天文台星空扫描摄影星图(POSS)。

经过两千多年的演变,星图由肉眼观测、手绘成图到使用望远镜观测、刻版印制,再到底片摄影、印刷的精致星图,现已发展为电子相机拍摄的数字星图(如图 2.7 所示)。目前,计算机使用的电子星图数量激增,并常被应用于星空导览、望远镜自动追踪导引操作系统中。

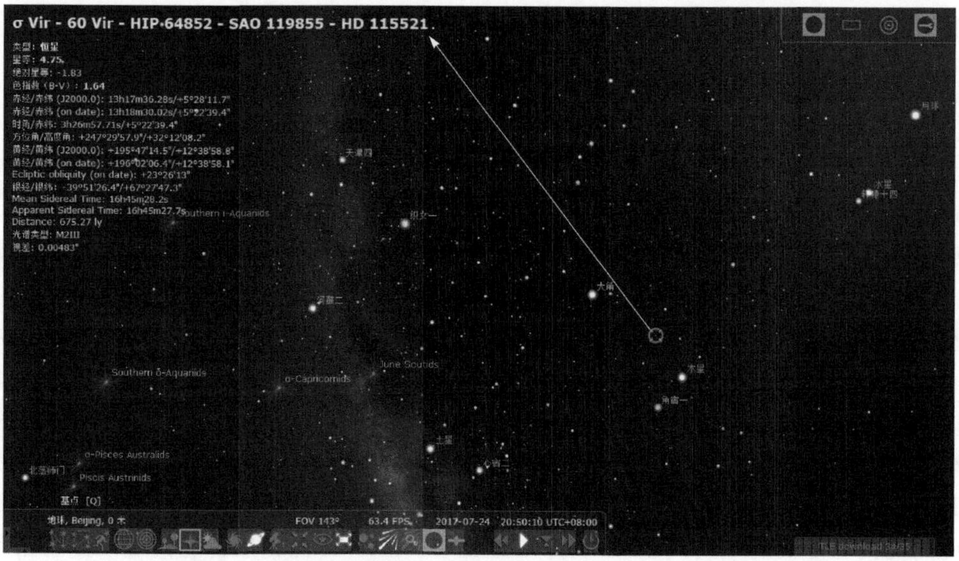

图 2.7 大气层外拍摄星图(给出星图中 σVir 恒星的基本信息)

2.2 球面三角学

球面三角学是数学的一个分支，主要研究球面上的三个大圆弧所构成的闭合图形之间的边角关系，对理解天体位置与运动、计算导航参数十分必要，是天文导航的数学基础之一。

2.2.1 球面几何基础

在计算球面三角形之前，首先需要了解球面几何的一些基础知识以及球面三角形的基本概念。

1. 球、球面

球面是一个半圆绕着它的直径旋转一周所得的旋转面，球即为被球面所包围的实体。连接球心与球面上任意点的线段，称为球的半径；连接球面上两点且通过球心的线段，称为球的直径。同一球体的半径或直径均相等；半径或直径相等的球，称为等球。

2. 球面上的线

(1) 球面上的圆

过球心的平面与球面的交线称为大圆，它把球和球面分为相等的两部分，其圆心为球心；两个大圆平面的交线是球的直径，也是两个大圆的直径；过球面上不在同一直径的两点只能作一个大圆，但过球面上且在同一直径上的两点可以作无数个大圆。如果平面不过球心，则它和球面的交线定义为小圆。

(2) 球面上两点间的距离

在球面上两点之间的球面距离为两点间的大圆弧距（劣弧），它是球面上两点之间的最短路径。

(3) 极、极距和极线

与球面上任意圆相垂直的球的直径叫作该圆的轴，轴与球的两个交点叫作该圆的极。球面上圆的极到该圆上任意一点的球面距离叫作极距。极距为 90°的圆必为大圆，叫作极的极线。

3. 球面角

球面上两个大圆弧相交构成的角叫作球面角，大圆弧叫作球面角的边，大圆弧的交点叫作球面角的顶点，如图 2.8 所示。

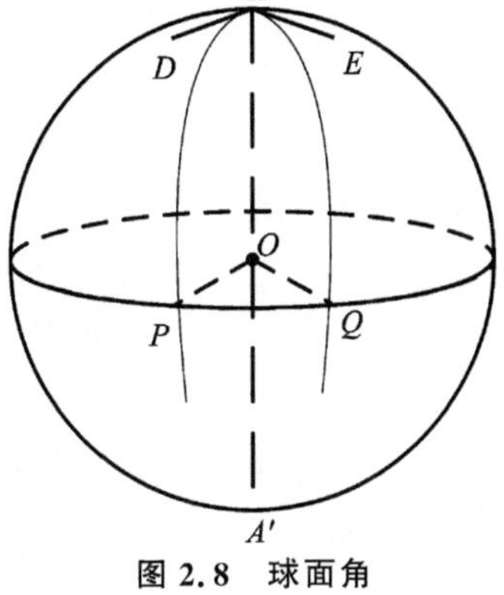

图 2.8 球面角

球面角的大小由两个大圆平面所构成的二面角确定，由立体几何关系可以得到球面角度量的几种常用方法：

① 用球心角$\angle POQ$度量，由于 PO 和 QO 都垂直于两个大圆平面的交线，故$\angle POQ$即为两大圆平面所构成的二面角的平面角；

② 用过顶点 A 的极线的弧长 $\overset{\frown}{PQ}$ 度量，$\overset{\frown}{PQ}$ 与$\angle POQ$ 同度；

③ 过顶点 A 作两个大圆的切线，用两切线间的夹角$\angle DAE$ 度量，因为两条切线都垂直于两大圆平面的交线，故两切线间夹角为两大圆平面所构成的二面角的平面角。

2.2.2 球面三角形

把球面上不在同一大圆上的三个点用三条大圆劣弧联结起来所围成的图形，称为球面三角形(见图 2.9)。球面三角形具有六个元素：三条大圆劣弧叫作球面三角形的边，通常用 a，b，c 表示，可以视为球心测得的相邻顶点之间的角距离；三条大圆劣弧所构成的角叫作球面三角形的角，通常用 A，B，C 等表示。

1. 球面三角形的基本性质

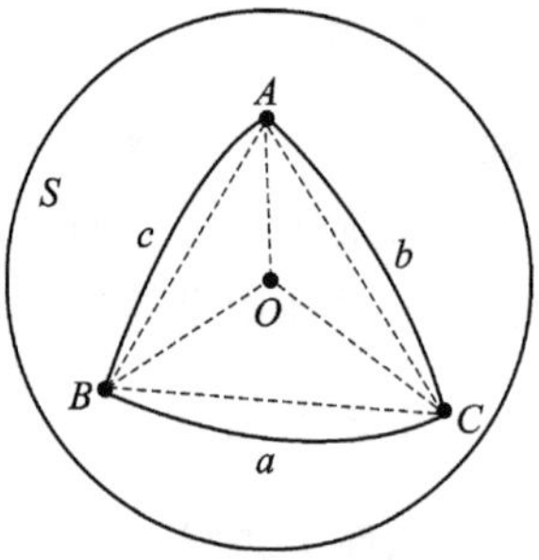

图 2.9 球面三角形

边的基本性质如下：

① 球面三角形的三边之和大于 0°，小于 360°；

② 球面三角形两边之和大于第三边，两边之差小于第三边。

角的基本性质如下：

① 球面三角形的三角之和大于 180°，小于 540°；

② 球面三角形两角之和减去第三角小于 180°。

边、角的基本性质如下：

① 边角存在对应关系，等边对等角，等角对等边；

② 在球面三角形中，大角对大边，大边对大角。

2. 球面三角形的常用公式

球面三角形的边、角之间的几何关系可以通过正弦定理、边的余弦定理、角的余弦定理等来描述。

正弦定理：

$$\frac{\sin A}{\sin a}=\frac{\sin B}{\sin b}=\frac{\sin C}{\sin c} \tag{2.1}$$

边的余弦定理：

$$\left.\begin{aligned}\cos a&=\cos b\cos c+\sin b\sin c\cos A\\ \cos b&=\cos a\cos c+\sin a\sin c\cos B\\ \cos c&=\cos a\cos b+\sin a\sin b\cos C\end{aligned}\right\} \tag{2.2}$$

角的余弦定理：

$$\left.\begin{aligned}\cos A&=-\cos B\cos C+\sin B\sin C\cos a\\ \cos B&=-\cos A\cos C+\sin A\sin C\cos b\\ \cos C&=-\cos A\cos B+\sin A\sin B\cos c\end{aligned}\right\} \tag{2.3}$$

如果已知球面三角形六个元素中的任意三个，则通过以上公式及其变换便可以推出球面三角形的其他元素。

3. 球面直角三角形算法

当球面三角形一个角为直角时，该三角形为球面直角三角形，只要已知球面直角三角形六元素（即球面三角形的 3 条边和 3 个角）中的任意两个值（不含直角），即可推出其他的未知量。

设 C 为直角，其他元素的具体计算公式如下：

$$
\begin{aligned}
&\sin a=\sin c\sin A && \sin b=\sin c\sin B\\
&\tan a=\sin b\tan A=\tan c\cos B && \tan b=\sin a\tan B=\tan c\cos A\\
&\cos a=\cos A/\sin B && \cos b=\cos B/\sin A\\
&\sin c=\sin b/\sin B=\sin a/\sin A && \cos c=\cos a\cos b=\cot A\cot B\\
&\cos A=\cos a\sin B && \cos B=\cos b\sin A
\end{aligned}
\tag{2.4}
$$

A 或 B 为直角时的计算公式可以根据式(2.4)得到。

2.3　天文导航常用坐标系

天文导航是利用观测天体的方位和该天体在惯性坐标系中的方位获得载体自身位置信息的一种导航方法。根据观测天体的顶距、观测时间，获取天体在天球上的坐标，进而根据球面三角形特征确定载体的位置信息。因此，需要对天球上的基本点、线和圆，天球赤道坐标系，地平坐标系等内容有一定的认识。

2.3.1　天球上的基本点、线、圆

1. 天球的定义

天球是以地球中心为球心的无限大半径的假想球体，可以忽略天体与地球的距离，将天体投影到天球球面上，该投影位置即为天体的位置。虽然天球是假想的模型，但是它给出了不同天体方位的直观表达形式，采用球面几何进行相关计算也十分便利。

2. 基本点、线、圆

图 2.10 展示了天球及其基本点、线、圆的信息，具体如下：

① 天轴：将地轴向其两端无限延长，构成的这条直线称为天轴。天轴与天球球面相交于两点，称为天极，其中与地球北极对应的一极为天北极（P_N），另一极为天南极（P_S）。

② 天球赤道面：将地球的赤道（赤道是地球表面的点随地球自转产生的轨迹中周长最长的圆周线，赤道半径为 6 378.137 km）无限扩大，与天球球面相交所得的大圆为天赤道，天球赤道面与天轴垂直。

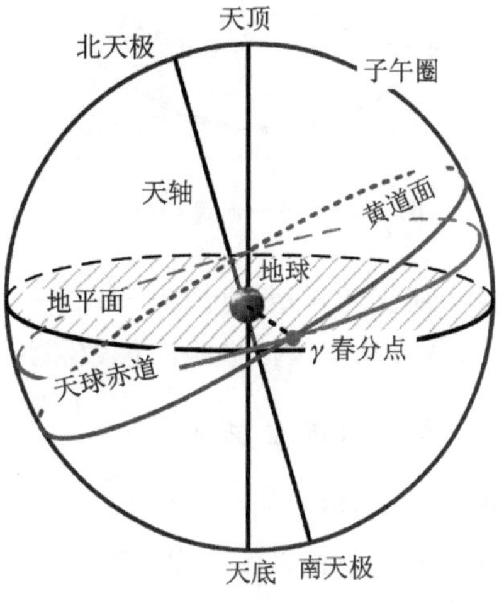

图 2.10　天球及其基本点、线、圆

③ 测者天顶点、天底点：地球上的测者与地心的连线无限延长与天球表面相交的两点，与测者对应的一点叫测者天顶点(Z)，另一点叫测者天底点(Z')。测者天顶点与天底点的连线称测者垂直线。通过天球中心与测者垂直线相垂直的平面无限扩展和天球相交的大圆叫测者真地平圈，它是测者天顶点、天底点的极线。

④ 测者子午圆：将地球上的测者子午面无限扩展与天球表面相交的大圆叫测者子午圆。

⑤ 黄道：将地球绕太阳的公转轨道面扩展，与天球相交所得的大圆称为黄道。天球上与黄道面距离相等，连线通过地心且垂直于黄道面的两点称为黄极。靠近北天极的一极为北黄极，另一极为南黄极。

⑥ 春分点：赤道与黄道交于两点，黄道由南半球转入北半球所穿过赤道的那个交点 γ 称为春分点。春分点是天球坐标系的一个基准点。

2.3.2 天球赤道坐标系

天球赤道坐标系由基本大圆、辅助圆、坐标原点和天体坐标度量方式组成。根据选择的基本大圆和基本点不同，可以得到不同的天球赤道坐标系。

天球赤道坐标系按照基准大圆的不同，分为第一赤道坐标系和第二赤道坐标系。

1. 第一赤道坐标系

图 2.11 为第一赤道坐标系的示意图。

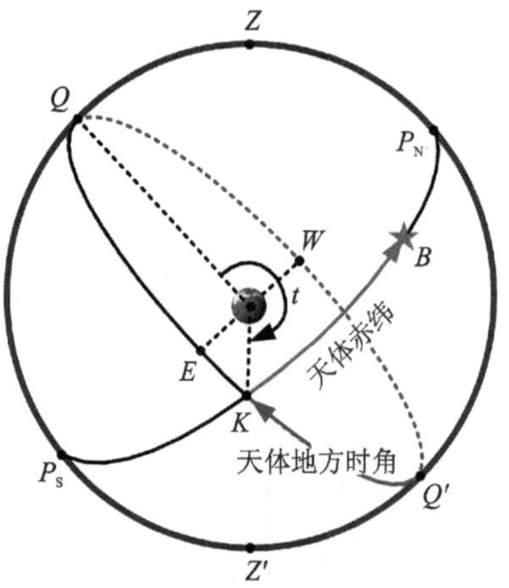

图 2.11 第一赤道坐标系

第一赤道坐标系的组成如下：

基准大圆——天赤道 $QEQ'WQ$ 和测者子午圆 $ZP_NZ'P_SZ$ 相互垂直的两个大圆。

辅助圆——天体地方时圆，过天北极和天南极所作的半个大圆叫作时圆，时圆有无数个，过天体所作的时圆叫作天体时圆。

坐标原点——天赤道和测者子午圆在午半圆的交点(Q)。

天体坐标度量方式——天体地方时角 $QQ'K$(简称为时角 t)、天体赤纬 KB 或天体极距 P_NB，其中天体地方时角是测者午半圆到天体时圆在天赤道上顺时针所夹的弧距，从天赤道面上自东向西起，为 0°～360°；天体赤纬是从天赤道到天体在天体时圆上所夹的弧距，范围为 −90°～+90°；天体极距是从天北极到天体在天体时圆上所夹的弧距，天体赤纬与天体极距的代数和为 90°。

2. 第二赤道坐标系

图 2.12 为第二赤道坐标系的示意图。

第二赤道坐标系的组成如下：

基准大圆——天赤道 $QEQ'WQ$ 和春分点时圆 $P_N\gamma P_SP_N$ 相互垂直的两个大圆；过两个天极和春分点的半个大圆叫作春分点时圆。

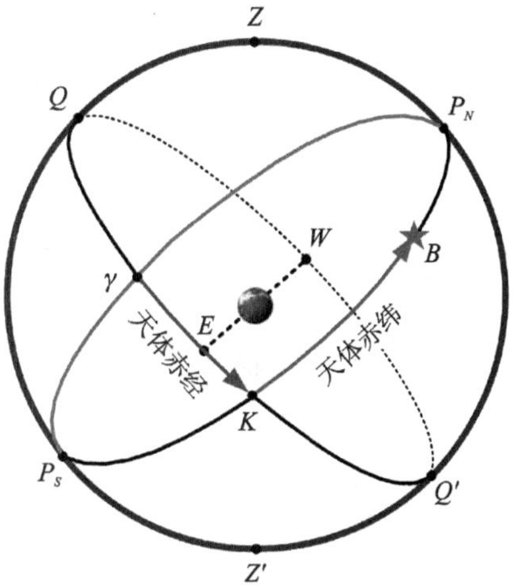

图 2.12　第二赤道坐标系

辅助圆——天体时圆，如 $P_N B P_S P_N$。

坐标原点——春分点 γ。

天体坐标度量方式——天体赤经 γK、天体赤纬 KB 或天体极距 $P_N B$，其中天体赤经是从春分点逆时针到天体时圆在天赤道上所夹的弧距，范围为 0°～360°；天体赤纬和天体极距同第一赤道坐标系。

2.3.3　地平坐标系

图 2.13 为地平坐标系的示意图。

地平坐标系的组成如下：

基准大圆——测者子午圆 $ZP_N Z' P_S Z$ 和真地平圈 $NWSEN$ 相互垂直的两个大圆。

辅助圆——天体方位圆。过天顶点和天底点的半个大圆叫作方位圆。方位圆有无数个，过天体所作的方位圆叫作天体方位圆。

坐标原点——正北点 N 或者正南点 S。

天体坐标度量方式——天体方位 NK、天体高度 KB 或天体顶距 ZB，其中天体方位是从测者子午圆到天体方位圆在真地平圈上所夹的弧距，自地平圈上自西向东，范围为 0°～360°；天体高度是从测者真地平圈到天体在天体方位圆上所夹的弧距，范围为 −90°～+90°；天体顶距是从测者天顶点到天体在天体方位圆上所夹的弧距，范围为 0°～180°。

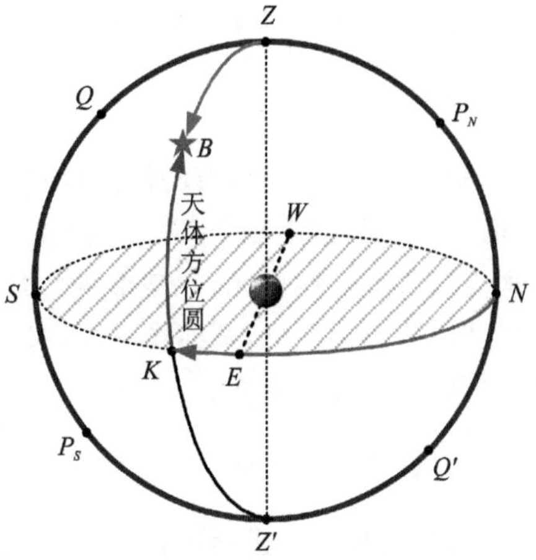

图 2.13　地平坐标系

2.3.4 黄道坐标系

图 2.14 为黄道坐标系的示意图。

黄道坐标系的组成如下：

基准大圆——黄道和春分点黄经圈相互垂直的两个大圆，春分点黄经圈是过春分点和南北黄极的半个大圆。

辅助圆——天体黄经圈，即过天体和南北黄极的半个大圆。

坐标原点——春分点 γ。

天体坐标度量方式——黄经 λ 和黄纬 β，其中黄经是从春分点逆时针到天体黄经圈在黄道上所夹的弧距，范围为 0°～360°；黄纬是从黄道到天体在天体黄经圈上所夹的弧距，范围为－90°～＋90°。

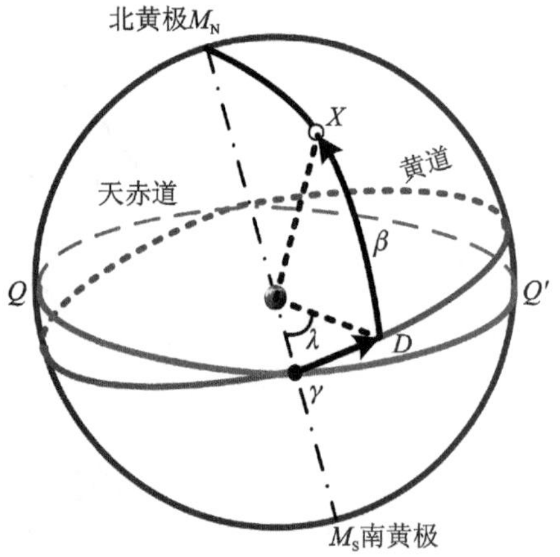

图 2.14 黄道坐标系

2.4 时间系统

时间是物质运动的一种基本形式，可以用匀速运动的重复周期为单位来计量。载体和天体运动规律是建立在相应的时间系统上的。因此，时间系统对于天文导航是十分重要的。

2.4.1 时间的基本概念

最原始的时间概念来源于天体的运行。地球自转运动产生昼夜现象，为人类提供了天然的时间单位。要了解时间系统，首先要了解时间的一些基本概念。

1. 时间的定义

一切物质运动过程具有的持续性和不可逆性构成了它们的共同属性，这种共同属性被称为时间。时间通常有两层含义：一是指连续流逝时间的某一瞬间，称为时刻，又称历元，时间轴的原点又称为起始历元；二是指两个瞬间之间的间隔长度，称为时间间隔，相邻两历元之间的时间间隔为时间尺度，又称作基准，实质上就是时间计量单位。起始历元和时间计量单位是时间系统的两个基本要素。

2. 恒星日、太阳日

自古以来，地球的运动很自然地给人们提供了计量时间的依据，给出两种天然的时间单位，这就是日和年。地球自转一周为一日，根据测量基准的不同，又可分为恒星日、真太阳日和平太阳日。

恒星日是某地测者子午圆两次经过同一恒星的时间间隔，是以恒星为参考的地球自转周期，包含 24 个恒星时，其原点是春分点刚好通过该地午线(上中天)的时刻。根据这个系统计量时间所得的结果，称为恒星时。

真太阳日是某地测者子午圆两次对向太阳圆面中心(即太阳圆面中心两次上中天)的时间

间隔。它是以太阳为参考的地球自转周期，包含 24 个真太阳时。真太阳日原点是太阳中心刚好通过测者子圈的时刻（太阳下中天），太阳通过测者午圈的时刻（太阳上中天）定义为 12 h。根据这个系统计量时间所得的结果，称为真时，也叫视时。

恒星日总比真太阳日短，这是因为地球离恒星非常遥远，从这些遥远天体来的光线是平行的，地球处于公转轨道上的任何位置，某地子午圆两次对向某颗恒星的时间间隔都没有变化；而太阳离地球较近，从地球上看，太阳沿黄道自西向东移动，对于某地测者子午圆来说，在完成一个恒星日后，由于太阳已经移动，地球自转也是自西向东，因此地球必须继续转过一个角度，太阳才能再次经过这个测者子午圆，完成一个真太阳日，如图 2.15 所示。

但是，由于太阳的周年视运动是不均匀的，太阳运行至近地点时最快，至远地点时最慢，而且因为黄道与赤道存在黄赤交角，因此一年中各天的太阳日长短不固定，不宜作为时间单位。既想保留太阳日昼夜交替的优势，又需要克服其长短不等的缺陷，因此，提出了平太阳的概念。平太阳以太阳周年视运动的平均速度沿天赤道向东做等速周年视运动，并和真太阳同时经过近地点和远地点。平太阳是假想的参考点。

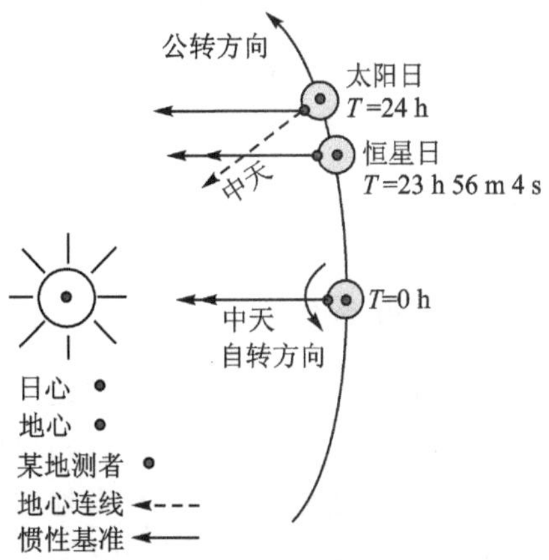

图 2.15　恒星日和太阳日

将平太阳连续上中天的时间间隔叫作平太阳日，包含 24 个平太阳时。以平太阳下中天为原点，沿天赤道向西测量得到平太阳时圈的弧距，称为平太阳时，也叫平时，这是日常生活中采用的时间。

天文中的时差是指同一瞬间的视时和平时之差，由于真太阳的周年视运动不均匀，而平太阳的周年视运动是均匀的，因此，时差不是固定值，有正有负。

3. 地方时、世界时、区时

由于地球自转，故同一时刻不同地方看到的太阳天球位置并不相同。这种因地而异的时刻就是地方时。地方时就是以观测地点实际看到的太阳位置所确定的时间系统，即以地方子午圆为基准所决定的时间。地方时取决于观测地点的经度，与纬度无关，在同一计量系统内，同一瞬间测得地球上任意两点的地方时刻之差，数值上等于这两点的地理经度差。

地方时与当地的天象存在联系，也符合当地人们的起居和生活习惯。人类曾长期使用地方视时，后来地方平时取代了地方视时。但是，随着不同地区之间的联系日益紧密，固守各地区自己的地方时会带来麻烦甚至引发时间上的混乱，因此迫切需要一种全球通用的标准时间，以利于不同地方时间的比较与换算，这就出现了世界时。

由于历史原因，这个作为标准的地方定在英国伦敦近郊格林尼治天文台旧址所在地，相应地，世界时即为格林尼治地方时。各地与格林尼治的经度差为该地本身的经度，因此由世界时求地方时只要在世界时基础上，遵循东加西减的规律，加上或减去测者经度即可。

实际上，地方时虽然符合当地人们的生活习惯，但在生活中无法具体实施，如人们不能因居住地和工作单位经度不同而频繁地拨正自己的手表，因此，提出了“区时”的概念。世界时区的划分以本初子午线为标准，从西经 7.5°到东经 7.5°为零时区，由零时区的两个边界分别向东和向西，每隔经度 15°划一个时区，东、西经各划出 12 个时区，东 12 时区与西 12 时区重合，全球共 24 个时区。以各时区中央经线的地方平太阳时作为本区的标准时，两个时区的标准时相差一小时，至此正式建立了同一世界计量时刻的“区时系统”。

2.4.2 各种时间系统

各种周期变化的过程都可以作为时间的测量标准，即时间计量单位。它需要满足两个条件：第一，周期运动的稳定性（均匀性）；第二，周期运动的复现性（重复性）。时间计量单位的发展就是不断满足这两个条件的过程。迄今为止，时间计量标准基本可分为三类：

① 建立在地球自转基础上的世界时系统；

② 建立在地球公转基础上由力学定律所确定的历书时系统；

③ 建立在原子能级跃迁频率基础上的原子时系统，及以原子秒为时间尺度的协调世界时系统和力学时系统。

1. 世界时系统

世界时系统是建立在地球自转运动基础上的时间系统，也就是说，以地球自转周期作为时间的计量单位。在地球上，我们无法直接测量地球的自转周期，故通常选择一个参考点，观测该点周日视运动的周期来间接获得地球自转周期：

① 以春分点为参考点，得到恒星时（Sidereal Time，ST）；

② 以真太阳为参考点，得到视时（Apparent Time）；

③ 以平太阳为参考点，得到平时（Mean Time，MT），或世界时（Universal Time，UT/GMT）。

在相当长的一段时间里，人们认为地球自转是均匀的，把世界时当作均匀时间使用。但随着观测数据的积累和精密时钟的出现，人们发现了地球自转的不均匀性及地球的极移现象。

地球自转速度的不均匀，主要表现为长期变慢、周期性变化和不规则变化。

- 地球自转的长期逐渐变慢，主要是由月球等天体在地球上产生的潮汐摩擦力造成的，变慢的幅度大约是每一百年内，一日增长 1～2 ms。
- 地球自转速度的周期性变化，主要是因为地球表面上的气团随季节移动，表现为年周期、半年周期、月及半月周期变化，幅度一般是 1～25 ms。
- 地球自转速度的不规则变化，主要是由地球内部物质运动等原因引起的，时快时慢，也无法了解其具体机制。

除地球自转不均匀外，地球自转轴在地球本体内也存在运动，称为地极移动，简称极移。极移主要是由于大气周年运动引起的地球受迫摆动和地球非刚体性引起的地球自由摆动。世界时的测定与测者子午圈的位置有关，而极移能引起瞬时子午圈的变位，因此，将影响测定世界时的均匀性。

由于地球自转不均匀性与极移，国际天文学联合会对直接观测到的世界时做了两项修正，得到以下三种世界时：

UT0：通过天文观测直接推出的世界时。由于极移影响，各地天文台测得的 UT0 略有差别。

UT1：UT0加上极移引起子午圈变位的修正得到的世界时，是真正反映地球自转的统一时间。

$$UT1 = UT0 + \Delta\lambda \tag{2.5}$$

式中，$\Delta\lambda$ 为观测瞬间地极相对天球中间原点的极移修正。

UT2：对UT1用经验公式外推，得出地球自转速度周年变化的影响，然后进行修正得到的世界时。

$$UT2 = UT1 + \Delta T_S = UT0 + \Delta\lambda + \Delta T_S \tag{2.6}$$

式中，ΔT_S 为地球自转速度的季节性变化修正。UT2是1972年以前国际上公认的时间标准，但是它受地球自转速度长期变化和不规则变化的影响，仍是不均匀的。

2. 历书时系统

世界时的不均匀性使其不适合于观测和理论的比较，自1960年起，各国天文学年历中引入一种以太阳系内天体公转为基准(主要是以地球公转为基准)的时间系统，称为历书时系统(Ephemeris Time, ET)。这种时间系统将地球看作质点，在地球上观测其他星体的位置来确定时间，这种时间系统不受地球自转的影响，是由经典力学规律确定的均匀时间，又称牛顿时。

历书时定义的基础是天文学家纽康给出的反映地球公转运动的太阳历表。其起始历元为1900年1月0日12时(即公历1899年12月31日12时UT1)，时间单位是回归年(太阳连续两次经过瞬时平春分点的时间间隔)。

历书时的突出优点是秒长相对固定均匀，但它不论从理论上还是实践上都不完善。首先，根据广义相对论，每一种基本历表都有其自身的“历书时”；其次，历书时的定义中关联到天文常数，天文常数的改变会导致历书时的不连续；最后，通过对太阳、月球或其他行星的观测确定的历书时，精度不高，提供结果也相对迟缓。因此，从1984年开始，历书时完全被原子时取代。

3. 原子时系统

1955年世界上出现了第一台铯原子钟，它是利用铯原子的能级跃迁频率来计量时间的。原子能级跃迁的频率比地球自转稳定得多。1967年第十三届国际度量衡会议决定采用原子秒为国际时间计量的基本单位，并定义原子秒(SI)为铯(Cs133)原子的超精细能级跃迁电磁振荡9 192 631 770周所经历的时间间隔。用原子秒计量的时间系统称为原子时系统(Atomic Time, AT)，其起始历元为1958年1月1日0h(UT1)。当时认为此时刻与AT的起始历元重合了，但由于当时的技术原因，实际上并未重合，保留了0.003 9 s的差异，即

$$UT1 - AT = 0.003\,9\ \text{s} \tag{2.7}$$

ET和AT是概念完全不同的两种时间系统，但为保持时间的连续性和各系统间的可比性，经研究比对得出

$$ET = AT + 32.184\ \text{s} \tag{2.8}$$

原子时很精确，但不能完全取代世界时，这是因为世界时以地球自转为基础，能完全反映地球自转，许多与地球自转有关的技术，如大地测量、天文导航等需要用到世界时，且世界时与昼夜保持稳定的关系，适合人们日常生活，原子时不具备这些特点。因此，为了既满足时间系统对时间均匀性的要求，又具备世界时的优势，提出了一种以原子秒作为时间计量单位，在时

刻上与世界时 UT1 保持相差 0.9 s 内的时间系统，称为协调世界时(Coordinated Universal Time,UTC)，通过天文观测不断提供 UT1 和 UTC 之差，一旦预测将要超过±0.9 s，则采取跳秒措施。跳秒规定在每年的 6 月 30 日或 12 月 31 日这两天的半夜实施，每次调整 UTC 1 s 整。跳秒分为正跳秒和负跳秒，正跳秒是调整当天的 23h59m59s 后插入一个第 60s，之后才是次日的 0h0m0s；负跳秒是把调整当天的 23h59m 中的第 59s 抽掉，在 23h59m58s 之后的一秒就是次日的 0h0m0s。也就是说，UTC 是以世界时 UT1 制约的原子时系统，虽然它不是严格均匀的时间系统，但与原子时有确定的换算关系，又符合民用习惯，当前区时时刻就是基于协调世界时的。

图 2.16 所示为历书时(ET)、原子时(AT)与世界时 UT1 起始历元的关系。

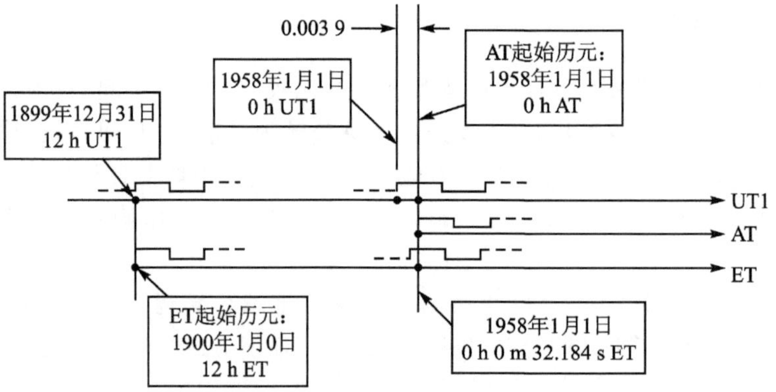

图 2.16 历书时(ET)、原子时(AT)、世界时 UT1 起始历元的关系

4. 力学时系统

力学时是天体动力学理论及其历表所用的时间，根据广义相对论，不同的参考系应当采用不同的时间，可以认为是历书时在日心坐标系与地心坐标系中的继承。当前，天文学中常用的力学时分为两种：

① 太阳系质心坐标系中描述的天体运动方程及历表(比如行星的质心系历表)的时间，记为太阳系质心坐标时(Barycentric Coordinate Time, TCB)或太阳系质心动力学时(Barycentric Dynamical Time, TDB)。

TCB 是太阳系质心惯性系中任意一个时空坐标点的一维时间坐标分量，天体在太阳系质心惯性系下的轨道动力学模型通常采用 TCB 时间基准；TDB 是用来描述天体相对于太阳系质心的运动状态及天体位置历表所使用的时间基准，太阳、行星等天体的历表都采用 TDB 时间基准。

② 地心坐标系中描述的天体运动方程及相应历表中的时间记为地球力学时 TDT(Terrestrial Dynamical Time, TDT)。TDT 通常用来在地心坐标系中描述地球卫星、行星及太阳的运动方程和历表。它与 ET 的起始历元重合，以原子秒计量，可以认为是在国际原子时的基础上建立的时间系统。

2.5 小　结

本章首先介绍了导航天文学的基本知识，包括天体运动规律及星图、星表等，并介绍了天文解算的数学基础——球面三角学；天文导航是根据观测天体的顶距、观测时间，获取天体在天球上的坐标，为了精确地描述天体方位和位置信息，引入了天球的基本概念，并介绍了天文导航常用的几种坐标系；由于时间是物质运动的一种基本形式，载体和天体运动规律都是建立在相应的时间系统上的，因此进一步介绍了时间和时间系统的相关概念。

第 3 章　常用的天体敏感器

天文导航是利用天体敏感器测得的天体方位计算载体位置、姿态信息的一种导航方式。天体敏感器是天文导航的核心器件，通过敏感天体发出或反射的光来获取被观测天体相对于载体的方位，从而为导航解算提供观测信息。天体敏感器通常由光学系统、光电转换模块与处理电路组成。除此之外，有些天体敏感器还有扫描机构。天体敏感器的种类较为丰富，包括星敏感器、太阳敏感器、地球敏感器、天文望远镜以及行星照相仪等。

按不同的分类形式，天体敏感器可以进行如下分类：

① 按敏感天体的不同，分为地球敏感器、太阳敏感器、星敏感器、月球敏感器、行星敏感器、脉冲星敏感器等。

② 按所敏感光谱的不同，分为可见光敏感器、红外敏感器、紫外敏感器、X 射线探测器等。紫外敏感器和 X 射线探测器都是近年来兴起的新型敏感器。紫外敏感器可以敏感恒星、地球、月球、太阳等天体，适用性广；X 射线探测器可以敏感脉冲星，是目前天文导航研究与发展的重点之一。

③ 按光电敏感器件的不同，分为 CCD 天体敏感器、CMOS APS 天体敏感器。光电敏感器件是天体敏感器的核心，其中 CCD 敏感器应用广泛，但 CMOS APS 敏感器与 CCD 敏感器相比，具有抗辐射能力强、动态范围大、便于大规模集成、功耗低等优点，现已成为光电敏感器的发展方向之一。

天体敏感器为天文导航解算提供了量测信息，是天文导航系统的重要组成部分。针对天体敏感器在导航中的应用，下面介绍常用的几种天体敏感器的结构组成、工作原理、误差源及性能特点。

3.1　星跟踪器

星跟踪器是一种早期的星敏感器，可从天空背景中搜索、捕获和跟踪星体或其他天体目标。它的视场较小，能够直接输出星体的像面坐标位置，但需要利用外部辅助信息才能完成载体姿态解算。

对于飞行在中低空大气层内（即飞行高度在 20 000 m 以内）的载体而言，受天空背景、大气反射或折射、浮尘散射等因素的影响，星光敏感系统的观测能力被大幅削弱，甚至无法满足后续的测姿、定位要求。针对这一问题，目前航空飞行器仍然广泛采用狭小视场的星跟踪器，这种天体敏感器通过缩小视场来提高观测星图的分辨率，从而能够在复杂应用环境中分辨并提取星体信息。

狭小视场的星跟踪器在航空领域的应用仍较为广泛，下面对星跟踪器的基本结构、工作原理及其在天文导航中的应用进行介绍。

3.1.1　基本结构与跟踪星体原理

星跟踪器本质上是一套带伺服跟踪机构的天文望远镜系统，其视场范围在角分级，因而每次只能观测一颗星体。如图 3.1 所示，星跟踪器由基座、测星望远镜及其光电电路、方位转轴、俯仰转轴、控制与数据处理电路构成。

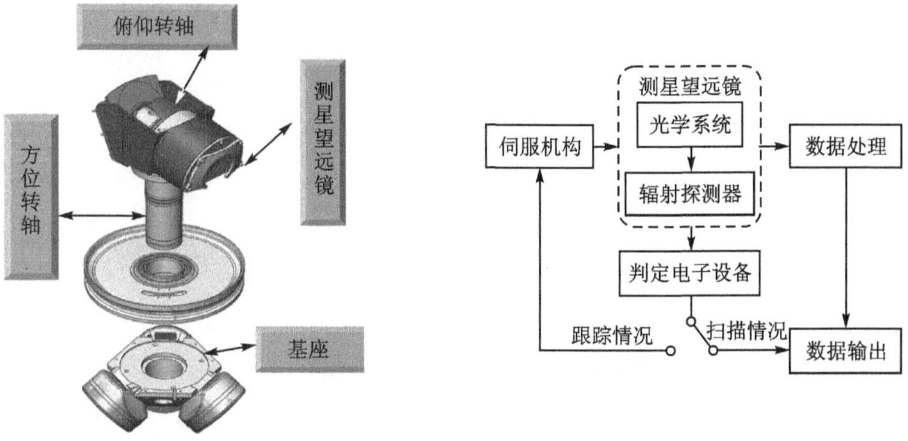

(a) 星跟踪器的硬件组成示意图　　(b) 星跟踪器的系统框图

图 3.1　星跟踪器的结构组成

从工作过程来看，星跟踪器通常要先后经历扫描和跟踪两个紧密衔接的阶段。扫描的主要任务是在最短时间内从被扫描视场中可靠地搜索到指定星体；而跟踪则是在扫描的基础上完成对指定星体的持续观测。由于星跟踪器视场狭小，因而需要不断地根据指定星体在像平面中的成像结果来调整测星望远镜的空间指向，从而确保星跟踪器能够始终观测到指定星体。测星望远镜空间指向的调整则是通过控制系统的伺服机构驱动俯仰转轴和方位转轴转动来实现的。

下面对星跟踪器跟踪星体的原理进行具体介绍。定义星跟踪器的基座参考坐标系 s：原点位于基座中心，方位转轴为 z 轴，俯仰转轴为 x 轴，y 轴与 z 轴和 x 轴垂直，其方向按右手规则确定。将 s 系经过方位和俯仰伺服转动后的坐标系定义为 s'系，即 s'系与镜头固联，且 y 轴沿镜头视轴方向，称为镜头坐标系。CCD 测量坐标系 m：以镜头视轴与 CCD 平面交点为原点，x 轴和 y 轴在 CCD 成像平面内，z 轴指向镜头中心。由于 m 系相对镜头固定，故 m 系相对于 s'系的转换关系 $\boldsymbol{C}_m^{s'}$ 不随镜头转动而变化，且 $\boldsymbol{C}_m^{s'}$ 与 CCD 成像平面相对于镜头的安装关系有关。实际应用中，令 m 系的 x、y 和 z 轴分别与 s'系的 z、x 和 y 轴平行是一种最为常用的安装方式，此时 $\boldsymbol{C}_m^{s'}$ 可表示为

$$\boldsymbol{C}_m^{s'}=\begin{bmatrix}0 & 1 & 0\\ 0 & 0 & 1\\ 1 & 0 & 0\end{bmatrix} \tag{3.1}$$

对于指定星体 S，查阅星历容易得到其赤经、赤纬信息(α_{S}，δ_{S})，故该星体在地心惯性系中的位置矢量 $\boldsymbol{V}_{\mathrm{S}}^{i}$ 可表示为

$$\boldsymbol{V}_{\mathrm{S}}^{i}=\begin{bmatrix}\cos\alpha_{\mathrm{S}}\cos\delta_{\mathrm{S}} & \sin\alpha_{\mathrm{S}}\cos\delta_{\mathrm{S}} & \sin\delta_{\mathrm{S}}\end{bmatrix}^{\mathrm{T}} \tag{3.2}$$

在给定观测时刻和载体地理位置的条件下，可进一步计算得到该星体在导航坐标系(选用“东-北-天”地理系)下的位置矢量 $\boldsymbol{V}_{\mathrm{S}}^{n}$ 为

$$\boldsymbol{V}_{\mathrm{S}}^{n}=\boldsymbol{C}_{e}^{n}\boldsymbol{C}_{i}^{e}\boldsymbol{V}_{\mathrm{S}}^{i} \tag{3.3}$$

式中，$\boldsymbol{C}_{i}^{e}$ 可由给定观测时刻的格林尼治赤经计算得到，$\boldsymbol{C}_{e}^{n}$ 可由载体地理位置计算得到。

与此同时，$\boldsymbol{V}_{\mathrm{S}}^{n}$ 也可以用星光矢量相对于导航系水平面的高度角 E_{l} 和相对于北向的方位角 A_{z} 来表示：

$$\boldsymbol{V}_{\mathrm{S}}^{n}=\begin{bmatrix}-\sin A_{z}\cos E_{l} & \cos A_{z}\cos E_{l} & \sin E_{l}\end{bmatrix}^{\mathrm{T}} \tag{3.4}$$

将式(3.3)求得的结果代入式(3.4)中，可以计算得到该星体的高度角和方位角，即

$$E_{l}=\arcsin(V_{\mathrm{S}z}^{n})$$
$$A_{z}=\begin{cases}\arctan(-V_{\mathrm{S}x}^{n}/V_{\mathrm{S}y}^{n}) & V_{\mathrm{S}y}^{n}>0\\ \arctan(-V_{\mathrm{S}x}^{n}/V_{\mathrm{S}y}^{n})-180^{\circ} & V_{\mathrm{S}y}^{n}<0\ \ \&\ \ V_{\mathrm{S}x}^{n}>0\\ \arctan(-V_{\mathrm{S}x}^{n}/V_{\mathrm{S}y}^{n})+180^{\circ} & V_{\mathrm{S}y}^{n}<0\ \ \&\ \ V_{\mathrm{S}x}^{n}<0\end{cases} \tag{3.5}$$

当指定星体成像于 CCD 平面中心时，镜头坐标系 s' 的 y 轴指向该星体。此时，导航坐标系与镜头坐标系间存在如下转换关系：

$$\boldsymbol{C}_{n}^{s'}=\boldsymbol{L}_{y}(\Gamma)\boldsymbol{L}_{x}(E_{l})\boldsymbol{L}_{z}(A_{z}) \tag{3.6}$$

式中，Γ 为镜头在地理系下的滚转角，$\boldsymbol{L}_{x}(\cdot)$、$\boldsymbol{L}_{y}(\cdot)$、$\boldsymbol{L}_{z}(\cdot)$ 分别表示绕 x、y、z 轴旋转的方向余弦矩阵。

指定星体成像于 CCD 平面中心是确保星跟踪器能够跟踪该星体的关键，而这是通过伺服机构驱动方位转轴和俯仰转轴分别转动方位伺服转角 Λ 和俯仰伺服转角 Θ 来实现的，故基座参考坐标系与镜头坐标系间存在如下转换关系：

$$\boldsymbol{C}_{s}^{s'}=\boldsymbol{L}_{x}(\Theta)\boldsymbol{L}_{z}(\Lambda) \tag{3.7}$$

利用坐标转换矩阵 $\boldsymbol{C}_{s}^{s'}$ 和星跟踪器的基座姿态矩阵 $\boldsymbol{C}_{s}^{n}$ 可以建立导航坐标系与镜头坐标系间的另一种转换关系，即

$$\boldsymbol{C}_{n}^{s'}=\boldsymbol{C}_{s}^{s'}\boldsymbol{C}_{n}^{s}=\boldsymbol{L}_{x}(\Theta)\boldsymbol{L}_{z}(\Lambda)\boldsymbol{C}_{n}^{s} \tag{3.8}$$

联立式(3.6)和式(3.8)，可得

$$\boldsymbol{L}_{y}(\Gamma)\boldsymbol{L}_{x}(E_{l})\boldsymbol{L}_{z}(A_{z})=\boldsymbol{L}_{x}(\Theta)\boldsymbol{L}_{z}(\Lambda)\boldsymbol{C}_{n}^{s} \tag{3.9}$$

根据方向余弦矩阵的转换关系，式(3.9)可进一步表示为

$$\begin{aligned}&\boldsymbol{L}_{z}(-\Lambda)\boldsymbol{L}_{x}(-\Theta)\boldsymbol{L}_{y}(\Gamma)\\ &=\begin{bmatrix}\cos\Lambda\cos\Gamma+\sin\Lambda\sin\Theta\sin\Gamma & -\sin\Lambda\cos\Theta & -\cos\Lambda\sin\Gamma+\sin\Lambda\sin\Theta\cos\Gamma\\ \sin\Lambda\cos\Gamma-\cos\Lambda\sin\Theta\sin\Gamma & \cos\Lambda\cos\Theta & -\sin\Lambda\sin\Gamma-\cos\Lambda\sin\Theta\cos\Gamma\\ \cos\Theta\sin\Gamma & \sin\Theta & \cos\Theta\cos\Gamma\end{bmatrix}\\ &=\boldsymbol{C}_{n}^{s}\boldsymbol{L}_{z}(-A_{z})\boldsymbol{L}_{x}(-E_{l})=\boldsymbol{T}\end{aligned} \tag{3.10}$$

式(3.10)右侧的 E_{l} 和 A_{z} 可由式(3.5)计算得到，故给定星跟踪器的基座姿态矩阵 $\boldsymbol{C}_{s}^{n}$ 后，即可根据式(3.10)计算出该星体成像于 CCD 平面的中心所需要的伺服转角(Θ,Λ)，以及用于等式两侧配平的滚转角 Γ。

$$
\Theta = \arcsin T_{32}
$$

$$
\Lambda = \begin{cases} \arctan(-T_{12}/T_{22}) & T_{22} > 0 \\ \arctan(-T_{12}/T_{22}) - 180^\circ & T_{22} < 0 \ \& \ T_{12} > 0 \\ \arctan(-T_{12}/T_{22}) + 180^\circ & T_{22} < 0 \ \& \ T_{12} < 0 \end{cases} \tag{3.11}
$$

$$
\Gamma = \begin{cases} \arctan(T_{31}/T_{33}) & T_{33} > 0 \\ \arctan(T_{31}/T_{33}) + 180^\circ & T_{33} < 0 \ \& \ T_{31} > 0 \\ \arctan(T_{31}/T_{33}) - 180^\circ & T_{33} < 0 \ \& \ T_{31} < 0 \end{cases}
$$

在计算得到伺服转角(Θ,Λ)之后，星跟踪器中的控制系统便可通过伺服机构驱动方位转轴和俯仰转轴转动指定角度，使得镜头视轴指向该星光矢量方向，进而实现对该指定星体的跟踪和观测。

根据星跟踪器跟踪星体的原理，星跟踪器跟踪星体流程如图 3.2 所示。

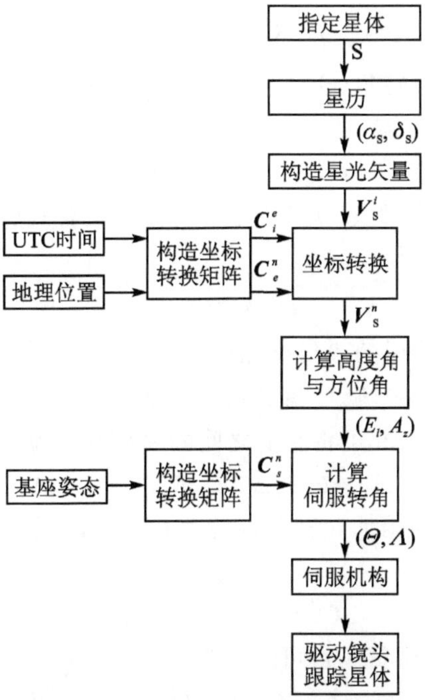

图 3.2　星跟踪器跟踪星体流程

首先，指定星体 S 并查阅星历得到其赤经、赤纬(α_S,δ_S)，进而构造出该星体在地心惯性系中的位置矢量 $\boldsymbol{V}_S^i$；其次，根据外界辅助时间和位置信息分别构造坐标转换矩阵 $\boldsymbol{C}_i^e$ 和 $\boldsymbol{C}_e^n$，并对 $\boldsymbol{V}_S^i$ 进行坐标转换，得到该星体在导航坐标系中的位置矢量 $\boldsymbol{V}_S^n$；然后，利用 $\boldsymbol{V}_S^n$ 计算得到该星体对应的高度角和方位角(E_l,A_z)，并结合外界辅助基座姿态矩阵 $\boldsymbol{C}_s^n$ 计算得到伺服转角(Θ，Λ)；最后，将计算得到的(Θ,Λ)输入到控制系统中，并令伺服机构驱动方位转轴和俯仰转轴转动相应角度，进而实现对该指定星体的跟踪和观测。

3.1.2　导航应用方法

由于星跟踪器对指定星体的跟踪和观测依赖于外界辅助的位置和姿态等导航参数，因此在外界辅助导航参数无误差的条件下，指定星体应该成像于 CCD 平面中心；否则，镜头方向会偏离星光矢量方向，进而造成该星体在 CCD 平面内的成像坐标不为零。由于星体在 CCD 平面内的成像坐标与导航参数误差之间存在确定对应关系，故该成像坐标可用于修正导航参数。此外，星跟踪器还可以用于导弹的精确初始定位，这对机动发射的导弹而言具有重要的价值和意义。因此，下面将分别对星跟踪器在导航参数修正以及精确初始定位中的应用原理与方法作进一步介绍。

1. 导航参数修正

星跟踪器通过伺服机构驱动镜头转动使得指定星体 S 成像于 CCD 平面中心，此时镜头视轴（即理论镜头坐标系 s'_0 的 y 轴方向）与该星体的星光矢量方向重合，因此该星体在 s'_0 系下的位置矢量为 $\boldsymbol{V}_{\mathrm{S}}^{s'_0}=[0\quad 1\quad 0]^{\mathrm{T}}$。但这需要伺服机构驱动镜头转动理论伺服转角（$\Theta,\Lambda$）才可以实现，即

$$\boldsymbol{V}_{\mathrm{S}}^{s'_0}=\boldsymbol{C}_s^{s'_0}\boldsymbol{V}_{\mathrm{S}}^s=\boldsymbol{L}_x(\Theta)\boldsymbol{L}_z(\Lambda)\boldsymbol{V}_{\mathrm{S}}^s \tag{3.12}$$

由式(3.9)可知，理论伺服转角（Θ,Λ）与指定星体 S 的高度角和方位角（E_l,A_z）之间满足以下关系：

$$\boldsymbol{L}_y(\Gamma)\boldsymbol{L}_x(E_l)\boldsymbol{L}_z(A_z)=\boldsymbol{L}_x(\Theta)\boldsymbol{L}_z(\Lambda)\boldsymbol{C}_{n_t}^s \tag{3.13}$$

其中，n_t 表示在真实位置（L,λ）处建立的导航坐标系。结合式(3.1)可知，该星体在理论 CCD 测量坐标系 m_0 下的位置矢量为

$$\boldsymbol{V}_{\mathrm{S}}^{m_0}=\boldsymbol{C}_{s'_0}^{m_0}\boldsymbol{V}_{\mathrm{S}}^{s'_0}=[0\quad 0\quad 1]^{\mathrm{T}} \tag{3.14}$$

即理论上，该星体在 CCD 平面内的成像坐标应为零。

但受参考位置或姿态误差影响，根据式(3.11)得到的计算伺服转角（Θ_c,Λ_c）与理论伺服转角（Θ,Λ）之间存在一定偏差，并可将它们之间的关系表示为

$$\Theta_c=\Theta+\Delta\Theta,\quad \Lambda_c=\Lambda+\Delta\Lambda \tag{3.15}$$

伺服机构驱动方位转轴和俯仰转轴分别转动 Θ_c 和 Λ_c 后，基座参考坐标系与真实镜头坐标系 s' 间的转换关系可表示为

$$\boldsymbol{C}_s^{s'}=\boldsymbol{L}_x(\Theta_c)\boldsymbol{L}_z(\Lambda_c) \tag{3.16}$$

因此，指定星体 S 在 s' 系下的位置矢量可表示为

$$\boldsymbol{V}_{\mathrm{S}}^{s'}=\boldsymbol{C}_s^{s'}\boldsymbol{V}_{\mathrm{S}}^s=\boldsymbol{L}_x(\Theta_c)\boldsymbol{L}_z(\Lambda_c)\boldsymbol{V}_{\mathrm{S}}^s \tag{3.17}$$

将式(3.12)代入式(3.17)，可得

$$\begin{aligned}\boldsymbol{V}_{\mathrm{S}}^{s'}&=\boldsymbol{L}_x(\Theta_c)\boldsymbol{L}_z(\Lambda_c)\boldsymbol{V}_{\mathrm{S}}^s\\&=\boldsymbol{L}_x(\Theta_c)\boldsymbol{L}_z(\Lambda_c)\boldsymbol{C}_{s'_0}^s\boldsymbol{V}_{\mathrm{S}}^{s'_0}\\&=\boldsymbol{L}_x(\Theta_c)\boldsymbol{L}_z(\Lambda_c)\boldsymbol{L}_z(-\Lambda)\boldsymbol{L}_x(-\Theta)[0\quad 1\quad 0]^{\mathrm{T}}\end{aligned} \tag{3.18}$$

将式(3.15)代入式(3.18)，在误差为小量的条件下，式(3.18)可简化为

$$\begin{aligned}\boldsymbol{V}_{\mathrm{S}}^{s'}&=\boldsymbol{L}_x(\Theta+\Delta\Theta)\boldsymbol{L}_z(\Delta\Lambda)\boldsymbol{L}_x(-\Theta)[0\quad 1\quad 0]^{\mathrm{T}}\\&=[\Delta\Lambda\cos\Theta\quad 1\quad -\Delta\Theta]^{\mathrm{T}}\end{aligned} \tag{3.19}$$

结合式(3.1)可知，该星体在真实 CCD 测量坐标系 m 下的位置矢量可表示为

$$\boldsymbol{V}_{\mathrm{S}}^m=\boldsymbol{C}_{s'}^m\boldsymbol{V}_{\mathrm{S}}^{s'}=[-\Delta\Theta\quad \Delta\Lambda\cos\Theta\quad 1]^{\mathrm{T}} \tag{3.20}$$

当星跟踪器观测得到的指定星体在 CCD 平面内的成像坐标为（x,y）时，则该星体在 m

坐标系下的位置矢量还可表示为

$$\boldsymbol{V}_{\mathrm{S}}^{m}=\frac{1}{\sqrt{x^{2}+y^{2}+f^{2}}}\begin{bmatrix}-x & -y & f\end{bmatrix}^{\mathrm{T}} \tag{3.21}$$

联立式(3.20)和式(3.21),可知伺服转角偏差($\Delta\Theta$,$\Delta\Lambda$)应为

$$\begin{bmatrix}\Delta\Theta\\ \Delta\Lambda\end{bmatrix}=\frac{1}{\sqrt{x^{2}+y^{2}+f^{2}}}\begin{bmatrix}x\\ \dfrac{-y}{\cos\Theta}\end{bmatrix} \tag{3.22}$$

即伺服转角偏差($\Delta\Theta$,$\Delta\Lambda$)可由指定星体在 CCD 平面内的成像坐标(x,y)计算得到。伺服转角偏差($\Delta\Theta$,$\Delta\Lambda$)是由参考位置或姿态误差引起的,因此($\Delta\Theta$,$\Delta\Lambda$)可用于反推这些导航参数误差并对导航参数进行修正。

下面对星跟踪器中导航参数误差的传播过程进行具体分析。设载体真实位置(L,λ)处建立的导航坐标系为 n_t,则基座的真实姿态矩阵可表示为 $\boldsymbol{C}_s^{n_t}$;设外界辅助的参考位置为($\hat{L}$,$\hat{\lambda}$),在该处建立导航坐标系 n_c,则 n_c 系与 n_t 系之间的偏差与位置误差(ΔL,$\Delta\lambda$)有关;设由外界辅助姿态信息确定的参考基座姿态矩阵为 $\boldsymbol{C}_s^{n_p}$,相应的导航坐标系为 n_p,则 n_p 系与 n_t 系之间的偏差与姿态误差 $\boldsymbol{\varphi}^n$ 有关。在位置误差和姿态误差均为小量的条件下,n_c 系与 n_t 系、n_p 系与 n_t 系的偏差可分别用等效旋转矢量 $\delta\boldsymbol{\theta}^n$、$\boldsymbol{\varphi}^n$ 来表示,相应的转换关系分别为

$$\boldsymbol{C}_{n_c}^{n_t}=\boldsymbol{I}+(\delta\boldsymbol{\theta}^n\times),\quad \boldsymbol{C}_{n_p}^{n_t}=\boldsymbol{I}+(\boldsymbol{\varphi}^n\times) \tag{3.23}$$

式中,$\delta\boldsymbol{\theta}^n=\begin{bmatrix}-\Delta L\\ 0\\ 0\end{bmatrix}+\boldsymbol{C}_e^n\begin{bmatrix}0\\ 0\\ \Delta\lambda\end{bmatrix}=\begin{bmatrix}-\Delta L\\ \Delta\lambda\cos L\\ \Delta\lambda\sin L\end{bmatrix}$,($\delta\boldsymbol{\theta}^n\times$)和($\boldsymbol{\varphi}^n\times$)分别表示 $\delta\boldsymbol{\theta}^n$ 和 $\boldsymbol{\varphi}^n$ 所构成的反对称矩阵。

根据式(3.23),n_p 系和 n_c 系的转换关系可表示为

$$\begin{aligned}\boldsymbol{C}_{n_p}^{n_c}&=\boldsymbol{C}_{n_t}^{n_c}\boldsymbol{C}_{n_p}^{n_t}\\ &=[\boldsymbol{I}-(\delta\boldsymbol{\theta}^n\times)]\,[\boldsymbol{I}+(\boldsymbol{\varphi}^n\times)]\end{aligned} \tag{3.24}$$

略去高阶小量后,式(3.24)可简化为

$$\boldsymbol{C}_{n_p}^{n_c}=\boldsymbol{I}-(\delta\boldsymbol{\theta}^n\times)+(\boldsymbol{\varphi}^n\times) \tag{3.25}$$

将 n_p 系和 n_c 系的偏差所对应的等效旋转矢量记为 $\boldsymbol{\psi}^n$,则 n_p 系和 n_c 系的转换关系还可以表示为

$$\boldsymbol{C}_{n_p}^{n_c}=\boldsymbol{I}+(\boldsymbol{\psi}^n\times) \tag{3.26}$$

联立式(3.25)和式(3.26),可知 $\delta\boldsymbol{\theta}^n$、$\boldsymbol{\varphi}^n$ 和 $\boldsymbol{\psi}^n$ 之间满足

$$\boldsymbol{\psi}^n=\boldsymbol{\varphi}^n-\delta\boldsymbol{\theta}^n \tag{3.27}$$

由式(3.27)可知,$\boldsymbol{\psi}^n$ 在数值上等于姿态误差 $\boldsymbol{\varphi}^n$ 与位置误差 $\delta\boldsymbol{\theta}^n$ 的差值,反映了参考位置和姿态误差,称为导航参数误差。

当参考位置($\hat{L}$,$\hat{\lambda}$)含有误差时,由式(3.5)计算得到的 E_{lc} 和 A_{zc} 也会含有误差,且满足式(3.3)和式(3.4),即

$$\boldsymbol{V}_{\mathrm{S}}^{n_c}=\boldsymbol{C}_e^{n_c}\boldsymbol{C}_i^e\boldsymbol{V}_{\mathrm{S}}^i$$

$$= [-\sin A_{zc}\cos E_{lc} \quad \cos A_{zc}\cos E_{lc} \quad \sin E_{lc}]^{\mathrm{T}} \tag{3.28}$$

将求得的(E_{lc},A_{zc})和含有误差的参考基座姿态矩阵 $\boldsymbol{C}_s^{n_p}$ 代入式(3.11)，便可得到计算伺服转角(Θ_c,Λ_c)，且满足式(3.10)，即

$$\boldsymbol{L}_z(-\Lambda_c)\boldsymbol{L}_x(-\Theta_c)\boldsymbol{L}_y(\Gamma_c)=\boldsymbol{C}_{n_p}^s\boldsymbol{L}_z(-A_{zc})\boldsymbol{L}_x(-E_{lc}) \tag{3.29}$$

然后，星跟踪器利用伺服机构驱动方位转轴和俯仰转轴分别转动 Λ_c 和 Θ_c。需要注意的是，根据式(3.11)计算得到(Θ_c,Λ_c)时采用了参考基座姿态矩阵 $\boldsymbol{C}_s^{n_p}$，而实际转动时则是在真实基座姿态矩阵 $\boldsymbol{C}_s^{n_t}$ 的基础上进行的。受参考姿态误差影响，转动后的镜头视轴所对应的高度角和方位角(E_{lt},A_{zt})与计算得到的(E_{lc},A_{zc})存在差异。

镜头转动后镜头坐标系 s'与真实导航坐标系 n_t 之间的转换关系满足式(3.9)，即

$$\boldsymbol{C}_{n_t}^{s'}=\boldsymbol{L}_y(\Gamma_t)\boldsymbol{L}_x(E_{lt})\boldsymbol{L}_z(A_{zt})=\boldsymbol{L}_x(\Theta_c)\boldsymbol{L}_z(\Lambda_c)\boldsymbol{C}_{n_t}^s \tag{3.30}$$

但受参考位置或姿态误差影响，转动后的镜头视轴与指定星体的星光矢量方向之间存在一定偏差。将镜头视轴与指定星体的高度角和方位角之间的关系表示为

$$E_{lt}=E_l+\Delta E_l,\quad A_{zt}=A_z+\Delta A_z \tag{3.31}$$

其中，$(\Delta E_l,\Delta A_z)$为镜头视轴与该星体的高度角和方位角之间的偏差。

将式(3.15)、式(3.31)代入式(3.30)中，则有

$$\boldsymbol{L}_y(\Gamma+\Delta\Gamma)\boldsymbol{L}_x(E_l+\Delta E_l)\boldsymbol{L}_z(A_z+\Delta A_z)=\boldsymbol{L}_x(\Theta+\Delta\Theta)\boldsymbol{L}_z(\Lambda+\Delta\Lambda)\boldsymbol{C}_{n_t}^s \tag{3.32}$$

其中，$\Delta\Gamma=\Gamma_t-\Gamma$。在各误差均为小量的条件下，式(3.32)可以展开为

$$\begin{aligned}&[\boldsymbol{I}+(\Delta\boldsymbol{\Gamma}\times)+\boldsymbol{L}_y(\Gamma)(\Delta\boldsymbol{E}_l\times)\boldsymbol{L}_y^{-1}(\Gamma)+\boldsymbol{L}_y(\Gamma)\boldsymbol{L}_x(E_l)(\Delta\boldsymbol{A}_z\times)\boldsymbol{L}_x^{-1}(E_l)\boldsymbol{L}_y^{-1}(\Gamma)]\boldsymbol{L}_y(\Gamma)\boldsymbol{L}_x(E_l)\boldsymbol{L}_z(A_z)\\&=[\boldsymbol{I}+(\Delta\boldsymbol{\Theta}\times)+\boldsymbol{L}_x(\Theta)(\Delta\boldsymbol{\Lambda}\times)\boldsymbol{L}_x^{-1}(\Theta)]\boldsymbol{L}_x(\Theta)\boldsymbol{L}_z(\Lambda)\boldsymbol{C}_{n_t}^s\end{aligned} \tag{3.33}$$

式中，$\Delta\boldsymbol{\Theta}=[\Delta\Theta\quad 0\quad 0]^{\mathrm{T}}$，$\Delta\Lambda=[0\quad 0\quad \Delta\Lambda]^{\mathrm{T}}$，$\Delta\boldsymbol{E}_l=[\Delta E_l\quad 0\quad 0]^{\mathrm{T}}$，$\Delta\boldsymbol{\Gamma}=[0\quad \Delta\Gamma\quad 0]^{\mathrm{T}}$，$\Delta\boldsymbol{A}_z=[0\quad 0\quad \Delta A_z]^{\mathrm{T}}$。

联立式(3.13)和式(3.33)，可得

$$\begin{aligned}&(\Delta\boldsymbol{\Gamma}\times)+\boldsymbol{L}_y(\Gamma)(\Delta\boldsymbol{E}_l\times)\boldsymbol{L}_y^{-1}(\Gamma)+\boldsymbol{L}_y(\Gamma)\boldsymbol{L}_x(E_l)(\Delta\boldsymbol{A}_z\times)\boldsymbol{L}_x^{-1}(E_l)\boldsymbol{L}_y^{-1}(\Gamma)=\\&\qquad(\Delta\boldsymbol{\Theta}\times)+\boldsymbol{L}_x(\Theta)(\Delta\boldsymbol{\Lambda}\times)\boldsymbol{L}_x^{-1}(\Theta)\end{aligned} \tag{3.34}$$

进一步整理可得

$$\begin{bmatrix}\Delta\Theta\\ \sin\Theta\Delta\Lambda\\ \cos\Theta\Delta\Lambda\end{bmatrix}=\begin{bmatrix}\cos\Gamma\Delta E_l-\cos E_l\sin\Gamma\Delta A_z\\ \Delta\Gamma+\sin E_l\Delta A_z\\ \sin\Gamma\Delta E_l+\cos E_l\cos\Gamma\Delta A_z\end{bmatrix} \tag{3.35}$$

考虑到 $\Delta\Gamma$ 在星跟踪器跟踪星体的过程中没有发挥作用，因此可直接利用式(3.35)的第 1 行和第 3 行求解$(\Delta E_l,\Delta A_z)$与$(\Delta\Theta,\Delta\Lambda)$之间的关系，并将其表示为

$$\begin{bmatrix}\Delta E_l\\ \Delta A_z\end{bmatrix}=\begin{bmatrix}\cos\Gamma & -\cos E_l\sin\Gamma\\ \sin\Gamma & \cos E_l\cos\Gamma\end{bmatrix}^{-1}\begin{bmatrix}1 & 0\\ 0 & \cos\Theta\end{bmatrix}\begin{bmatrix}\Delta\Theta\\ \Delta\Lambda\end{bmatrix} \tag{3.36}$$

式中，$(\Delta\Theta,\Delta\Lambda)$可根据指定星体在 CCD 平面内的成像坐标$(x,y)$并结合式(3.22)计算得到。

下面进一步建立$(\Delta E_l,\Delta A_z)$与导航参数误差 $\boldsymbol{\psi}^n$ 之间的关系。设镜头转动后镜头视轴在真实地理系 n_t 下的位置矢量为 $\boldsymbol{V}_{S'}^{n_t}$，则受参考位置与姿态误差影响，$\boldsymbol{V}_{S'}^{n_t}$ 与指定星体 S 在 n_t 系下的位置矢量 $\boldsymbol{V}_S^{n_t}$ 之间满足

$$\boldsymbol{V}_{S'}^{n_t}=\boldsymbol{C}_{n_p}^{n_t}\boldsymbol{C}_{n_t}^{n_c}\boldsymbol{V}_S^{n_t} \tag{3.37}$$

将式(3.23)代入式(3.37)并略去高阶小量,可得

$$\begin{aligned}\boldsymbol{V}_{S'}^{n_t} &= [\boldsymbol{I} + (\boldsymbol{\varphi}^n \times)][\boldsymbol{I} - (\delta\boldsymbol{\theta}^n \times)]\boldsymbol{V}_S^{n_t} \\ &= [\boldsymbol{I} - (\delta\boldsymbol{\theta}^n \times) + (\boldsymbol{\varphi}^n \times)]\boldsymbol{V}_S^{n_t} \\ &= [\boldsymbol{I} + (\boldsymbol{\psi}^n \times)]\boldsymbol{V}_S^{n_t}\end{aligned} \tag{3.38}$$

将 $\boldsymbol{V}_{S'}^{n_t} = [-\sin A_{zt}\cos E_{lt} \quad \cos A_{zt}\cos E_{lt} \quad \sin E_{lt}]^{\mathrm{T}}$ 和式(3.4)代入式(3.28),展开后可得

$$\begin{bmatrix} -\sin A_{zt}\cos E_{lt} \\ \cos A_{zt}\cos E_{lt} \\ \sin E_{lt} \end{bmatrix} = \begin{bmatrix} 1 & -\psi_U & \psi_N \\ \psi_U & 1 & -\psi_E \\ -\psi_N & \psi_E & 1 \end{bmatrix} \begin{bmatrix} -\sin A_z\cos E_l \\ \cos A_z\cos E_l \\ \sin E_l \end{bmatrix} \tag{3.39}$$

再将式(3.31)代入式(3.39)并略去高阶小量,可得$(\Delta E_l, \Delta A_z)$与导航参数误差 $\boldsymbol{\psi}^n$ 之间的关系如下:

$$\begin{bmatrix} \Delta E_l \\ \Delta A_z \end{bmatrix} = \begin{bmatrix} \cos A_{zt} & \sin A_{zt} & 0 \\ \tan E_{lt}\sin A_{zt} & -\tan E_{lt}\cos A_{zt} & 1 \end{bmatrix} \begin{bmatrix} \psi_E \\ \psi_N \\ \psi_U \end{bmatrix} \tag{3.40}$$

导航参数误差 $\boldsymbol{\psi}^n$ 在短时间内变化较小,当观测星体数目多于两颗时,可以采用最小二乘法及其扩展(如加权最小二乘法)等对 $\boldsymbol{\psi}^n$ 进行计算。由于 $\boldsymbol{\psi}^n = \boldsymbol{\varphi}^n - \Delta\boldsymbol{\theta}^n$,因此在无其他位置、姿态信息辅助的条件下很难从 $\boldsymbol{\psi}^n$ 中把姿态误差 $\boldsymbol{\varphi}^n$ 与位置误差 $\Delta\boldsymbol{\theta}^n$ 分离。星跟踪器的参考位置或姿态通常来自于惯性导航系统,因此,较为常见的两种导航参数修正方案有基于"位置+方位"修正的解析式组合导航方案和基于 $\boldsymbol{\psi}^n$ 角误差模型的卡尔曼滤波组合导航方案。

(1) 基于"位置+方位"修正的解析式组合导航方案

在该方案中,位置修正利用 $\Delta\hat{L} = \psi_E$,$\Delta\hat{\lambda} = -\psi_N \sec L$ 对惯性导航系统的位置误差进行修正;方位修正利用 $\hat{\phi}_U = \psi_U - \psi_N \tan L$ 对惯性导航系统的天向失准角进行修正。需要注意的是,在初始阶段,惯性导航系统的位置误差还未发散,因此可直接利用 $\boldsymbol{\psi}^n$ 修正初始姿态误差 $\boldsymbol{\varphi}^n$。

(2) 基于 $\boldsymbol{\psi}^n$ 角误差模型的卡尔曼滤波组合导航方案

实际应用中需要进一步考虑星跟踪器量测噪声的影响,因此通常加入滤波环节对星跟踪器的量测进行平滑处理。基于 $\boldsymbol{\psi}^n$ 角误差模型的卡尔曼滤波组合导航方案就是在第一种方案的基础上,根据惯性导航系统的 $\boldsymbol{\psi}^n$ 角误差模型建立卡尔曼滤波器,从而得到导航参数误差的最优估计结果并进一步通过修正来提高导航精度。

根据星跟踪器的导航参数修正原理,星跟踪器的导航参数修正流程如图 3.3 所示。

首先,指定星体 S 并查阅星历得到其赤经、赤纬(α_S, δ_S),进而构造出该星体在地心惯性系中的位置矢量 $\boldsymbol{V}_S^i$。

其次,根据外界辅助时间和位置信息$(\hat{L}, \hat{\lambda})$将 $\boldsymbol{V}_S^i$ 转换到 n_c 系下,并根据 $\boldsymbol{V}_S^{n_c}$ 计算得到该星体对应的高度角和方位角(E_{lc}, A_{zc})。

然后,结合外界辅助的参考基座姿态矩阵 $\boldsymbol{C}_s^{n_p}$ 计算得到伺服转角(Θ_c, Λ_c),并驱动镜头转动跟踪和观测该星体。

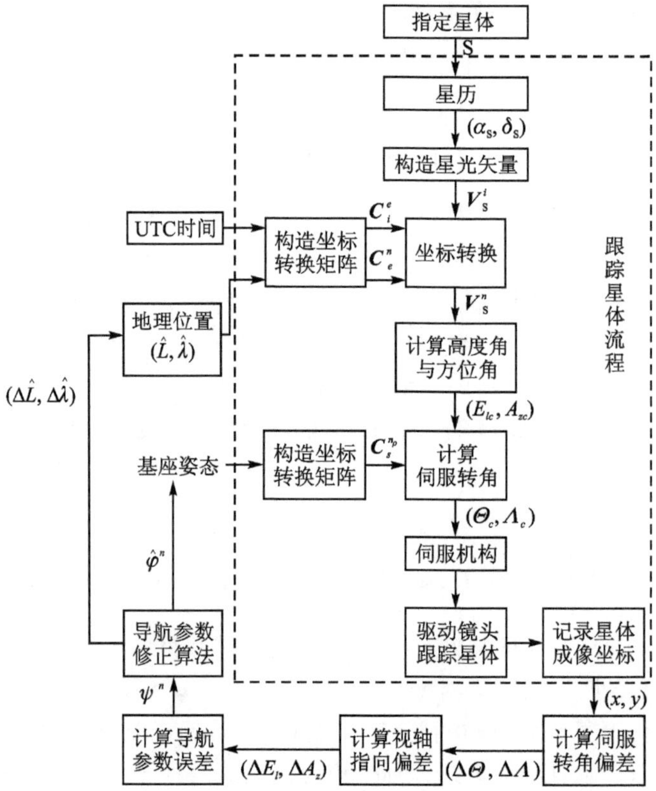

图 3.3 星跟踪器的导航参数修正流程图

接着，记录该星体在 CCD 平面内的成像坐标(x,y)，并先后计算得到伺服转角偏差$(\Delta\Theta,\Delta\Lambda)$、视轴指向偏差$(\Delta E_l,\Delta A_z)$和导航参数误差 $\boldsymbol{\psi}^n$。

最后，将导航参数误差 $\boldsymbol{\psi}^n$ 输入到导航参数修正算法中，估计导航参数误差$(\Delta\hat{L},\Delta\hat{\lambda})$和 $\hat{\boldsymbol{\varphi}}^n$，并对外界辅助的导航参数进行修正。

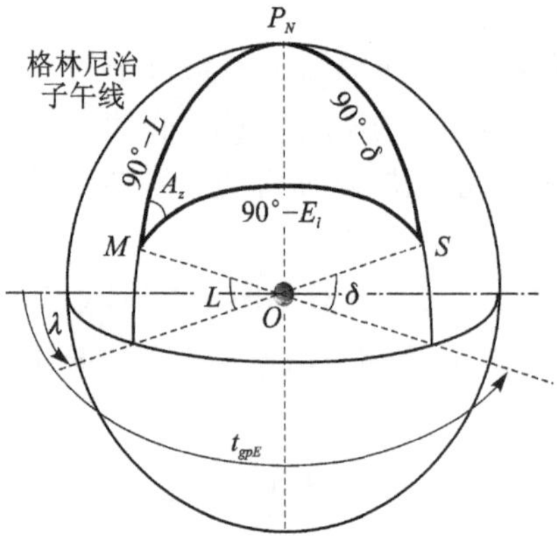

图 3.4 初始位置球面几何关系

2. 精确初始定位

现代战争环境通常要求导弹发射具备机动、快速和自动化测试能力，即导弹机动到某个简易发射阵地进行短时间测试后就要实施发射。机动发射导弹在发射前只粗略给定发射点的经纬度和发射方位角等初始信息，待导弹发射后再设法予以精确测定。因此，这种导弹在发射后的精确初始定位也就更加重要。星跟踪器在机动发射导弹的精确初始定位中具有很好的应用效果，下面对其相关原理与方法进行介绍。

如图 3.4 所示，M 为发射点位置(λ,L)，S 为观测恒星，根据球面三角形 P_NMS 的边余弦公式可得

$$\cos(90^\circ - E_l) = \cos(90^\circ - L)\cos(90^\circ - \delta) + \sin(90^\circ - L)\sin(90^\circ - \delta)\cos(t_{gpE} - \lambda) \tag{3.41}$$

即 $\sin E_l = \sin L \sin \delta + \cos L \cos \delta \cos(t_{gpE} - \lambda)$。

在导弹飞行高度超过 20 km 时观测恒星不受大气散射影响，采用星跟踪器观测到两颗发射前指定的恒星，测量得到其方位角与高度角(A_{z1}, E_{l1})和(A_{z2}, E_{l2})后代入式(3.41)可得

$$\left.\begin{aligned} \sin E_{l1} &= \sin L \sin \delta_1 + \cos L \cos \delta_1 \cos(t_{gpE_1} - \lambda) \\ \sin E_{l2} &= \sin L \sin \delta_2 + \cos L \cos \delta_2 \cos(t_{gpE_2} - \lambda) \end{aligned}\right\} \tag{3.42}$$

式中，δ_1，δ_2 为这两颗恒星的赤纬，可查阅星历得到；t_{gpE_1}，t_{gpE_2} 为这两颗恒星的经度，受地球自转影响，它们随时间改变，并可由星历信息计算得到：

$$t_{gpE_1} = \alpha_1 - S, \qquad t_{gpE_2} = \alpha_2 - S \tag{3.43}$$

式中，α_1，α_2 为这两颗恒星的赤经，可查阅星历得到；S 为格林尼治恒星时，随时间变化，因此这种方法需要精确的时间信息。

因为式(3.42)涉及三角函数运算，这会增加弹载计算机的容量和速度要求，所以通常不直接求解式(3.42)来计算发射点位置，而是通过对发射点的近似经纬度(λ_0, L_0)修正来满足精确初始定位的要求。

将(λ_0, L_0)代入式(3.42)，可得这两颗恒星的高度角：

$$\left.\begin{aligned} \sin E_{l01} &= \sin L_0 \sin \delta_1 + \cos L_0 \cos \delta_1 \cos(t_{gpE_1} - \lambda_0) \\ \sin E_{l02} &= \sin L_0 \sin \delta_2 + \cos L_0 \cos \delta_2 \cos(t_{gpE_2} - \lambda_0) \end{aligned}\right\} \tag{3.44}$$

根据图 3.4 中球面三角形 $P_N MS$ 的正弦公式：

$$\frac{\sin(90^\circ - E_l)}{\sin(t_{gpE} - \lambda)} = \frac{\sin(90^\circ - \delta)}{\sin A_z} \tag{3.45}$$

可得

$$\sin A_z = \frac{\cos \delta \sin(t_{gpE} - \lambda)}{\cos E_l} \tag{3.46}$$

将这两颗恒星的计算高度角(E_{l01}, E_{l02})及发射点的近似经纬度(λ_0, L_0)代入式(3.46)可得其计算方位角分别为

$$\left.\begin{aligned} \sin A_{z01} &= \frac{\cos \delta_1 \sin(t_{gpE_1} - \lambda_0)}{\cos E_{l01}} \\ \sin A_{z02} &= \frac{\cos \delta_2 \sin(t_{gpE_2} - \lambda_0)}{\cos E_{l02}} \end{aligned}\right\} \tag{3.47}$$

根据 $L = L_0 + \Delta L$，$\lambda = \lambda_0 + \Delta\lambda$，$E_{l1} = E_{l01} + \Delta E_{l1}$，$E_{l2} = E_{l02} + \Delta E_{l2}$，整理式(3.44)～式(3.47)可得

$$\left.\begin{aligned} \Delta L &= \frac{\Delta E_{l1} \sin A_{z02} - \Delta E_{l2} \sin A_{z01}}{\sin(A_{z02} - A_{z01})} \\ \Delta\lambda &= \frac{\Delta E_{l2} \cos A_{z01} - \Delta E_{l1} \cos A_{z02}}{\cos L_0 \sin(A_{z02} - A_{z01})} \end{aligned}\right\} \tag{3.48}$$

因此，在机动发射导弹的飞行过程中：首先，需要利用星跟踪器观测预先选定的两颗恒星，并得到它们的测量高度角 E_{l1} 和 E_{l2}；其次，通过发射前已知的发射点近似位置(λ_0, L_0)和星历信息求解出计算高度角 E_{l01} 和 E_{l02}；然后，将测量高度角和计算高度角之间的差值 ΔE_{l1}

和 ΔE_{l2} 代入式(3.48),即可得到发射点位置误差($\Delta\lambda$,ΔL);最后,修正发射点近似位置进而完成精确初始定位。在选择恒星时需要注意:A_{z01} 和 A_{z02} 不能相等,且($A_{z02}-A_{z01}$)趋于 90°时初始定位精度最高。

3.2 星敏感器

3.2.1 分类及性能特点

星敏感器是当前广泛应用的天体敏感器,以恒星为参考源,可提供高精度的姿态测量信息,是天文导航系统的重要组成部分。星敏感器于 20 世纪 50 年代初研制成功,具有自主性好、测量精度高等优点。早期的星跟踪器视场较小,只能直接输出星体在成像平面的坐标,需要依赖外部处理才能完成载体的姿态确定。而现阶段的大视场星敏感器真正实现了"星光入,姿态出",因而具有自主导航能力。随着科学技术的不断发展,大视场星敏感器的体积、功耗和质量不断减小,各项性能不断提高,并已成为星敏感器应用与发展的主流。下面重点以大视场星敏感器为例,介绍星敏感器的应用方法。

按光电敏感器件的不同,目前星敏感器主要可分为 CCD 星敏感器和 CMOS APS 星敏感器两类。

1. CCD 星敏感器

电荷耦合器件(CCD)是 20 世纪 70 年代初发展起来的一种新型半导体集成光电器件,这种新型半导体器件的光谱响应较宽,在 0.5~1.0 μm 的波长范围内皆有较高的量子效率。由于 CCD 器件的工作灵敏度与可调的光积分时间成正比,故通过调整 CCD 器件的光积分时间可使其达到较高的工作灵敏度。此外,CCD 还具有体积小、质量轻、功耗低、耐冲击、可靠性高、噪声小、空间稳定性好、像元尺寸及位置固定、对磁场不敏感等优点。自 20 世纪 70 年代中期,美国率先研发出 CCD 星敏感器后,CCD 器件一直作为主流的光电敏感器件应用于星敏感器,如德国 Jena - Optronik 的 ASTRO 系列、法国 SODERN 的 SED 系列、美国 Lockheed Martin 的 AST - 301 等。图 3.5 和图 3.6 所示为两款典型的星敏感器实物图。

图 3.5 Jena ASTRO - 5

图 3.6 SODERN SED16

当前,CCD 星敏感器有待进一步解决的问题如下:

① CCD 抗空间辐射的能力比较差,在空间辐射条件下,CCD 的热点(即无光信号时,有信号输出的像元)大量增加;

② CCD 所需要的电源种类比较多,供电系统十分复杂;

③ CCD 的图像电荷须经串行顺序到达输出端,不仅增大了 CCD 的功率消耗,而且也影响到达信号的质量,进而降低后续处理精度;

④ CCD 的制造工艺复杂,且与通用集成电路的制造工艺不兼容,故 CCD 的外围时序、A/D 转换、信号处理等电路无法集成在一起,难以满足星敏感器微型化发展要求。

CCD 器件无法从根本上解决这些问题,从而使其他形式的星敏感器应运而生,其中最具代表性的便是 CMOS APS 星敏感器。

2. CMOS APS 星敏感器

20 世纪 90 年代,美国 JPL 实验室发明了采用 CMOS 工艺的有源像元图像传感器,称为 CMOS APS。

与 CCD 相比,CMOS APS 同样采用硅材料制作,光谱响应特性和量子效率等基本相同,像元尺寸、电荷存储容量也相近。但与 CCD 相比,CMOS APS 具有以下优点:

- 高度集成化。基于 VLSI 工艺,CMOS APS 可以把光敏阵列、驱动与控制电路、A/D 转换器等集成在一起,从而实现单芯片数字成像系统。
- 功耗低。CMOS APS 仅需要单一的 5 V 或 3.3 V 电源即可完成供电,其功耗仅为 CCD 的 1/10。
- 抗辐射能力强。CMOS APS 采用直接寻址方式,从而避免了遭受辐射后电荷转移效率降低的问题,且随着辐射加固技术的发展,其抗辐射性能还将进一步提高。
- 灵活性强。CMOS APS 不需要像 CCD 那样经串行顺序读出,而是具有随机窗口读取能力,其数据读出效率和灵活性都得到了显著提高。

为研制更小型、更低功耗的星敏感器,主要星敏感器供应商都在积极研制 CMOS APS 星敏感器,并已取得实用化成果,如美国 JPL 实验室的 Stracker、PIM 计划、DICE 计划、MAST 计划,以及比利时 IMEC 公司的 IRIS 系列、Fillfactorty 公司的 STAR 系列等。

但与 CCD 星敏感器相比,目前 CMOS APS 星敏感器还存在以下缺点:

- 灵敏度较低。在同等探测能力下,CMOS APS 星敏感器需要更复杂的光学系统和更长的积分时间来提高灵敏度。
- 成像质量较差。CMOS APS 星敏感器在暗电流、固定模式、像元响应不均匀等方面具有较高的噪声水平,信噪比较低使其成像质量变差。
- 星点质心定位精度较低。由于 CMOS APS 结构上存在填充率较低的先天不足,故 CMOS APS 星敏感器的亚像元内插细分精度低。

目前 CMOS APS 星敏感器已经达到一定程度的微型化,功耗与成本也很低,但精度有待提升,暂时还不能取代 CCD 星敏感器在航天应用中的地位。

3.2.2　基本结构与工作原理

如图 3.7 所示,星敏感器通常由光学系统、光电转换电路、控制与数据处理电路及遮光罩等部分构成。

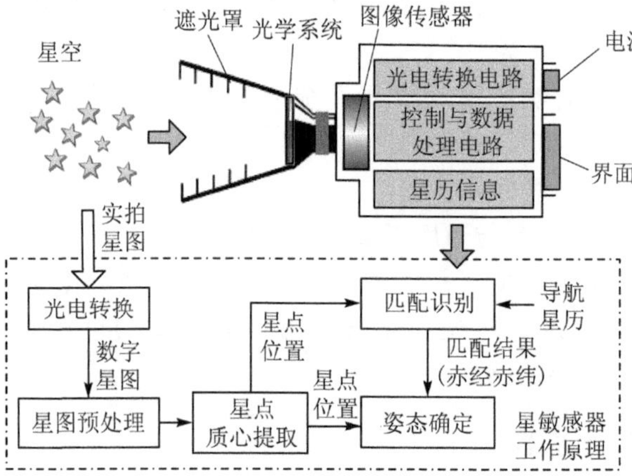

图 3.7 星敏感器基本组成与工作原理

① 光学系统：星敏感器的光学系统由多块透镜组成，其本质是一个大孔径、中等视场、宽光谱范围的物镜系统。该系统的成像原理是基于透视投影变换的小孔成像模型，即光线经过光学系统的折射与传播后仍保持入射方向射出光学系统。星敏感器的成像目标是恒星，故它对星图的成像细节要求较低，而关注重点在于像点的质心位置精度。因此，星敏感器的光学系统通常采用“散焦”处理来使星像弥散斑扩大到相邻的像元上，从而提高星像的质心提取精度。

② 光电转换电路：星敏感器的光电转换电路用于完成星图的光电转换，由图像传感器、时序电路、驱动电路、采集与放大电路等构成。光电转换电路在工作过程中：首先，由时序电路生成时序信号；其次，由驱动电路驱动图像传感器工作；接着，采集与放大电路对图像信号进行采样和放大；最后，图像信号经过模数转换后输出数字图像。

③ 控制与数据处理电路：星敏感器的控制与数据处理电路包括数字信号处理器（星像存储器、星像地址发生器、程序存储器、星表存储器）、对外接口电路、控制电路等硬件设备及星图预处理、星点质心提取、星图识别与姿态确定等软件算法。

④ 遮光罩：星敏感器的遮光罩是抑制杂散光的主要部件。

星敏感器的工作原理如下：首先，利用光学系统捕获恒星并成像于图像传感器上；其次，利用光电转换电路将成像结果转换为数字星图；然后，在控制与数据处理电路中，利用星图预处理算法抑制数字星图中的噪声，并通过星点质心提取算法得到恒星在星图中的成像位置，进而得到本体系中的星光矢量；接着，结合装订的星历信息进行星图匹配识别，并根据匹配识别结果得到对应恒星的赤经、赤纬及其在惯性系中的星光矢量；最后，根据星光矢量在本体系与惯性系下分量列阵之间的映射关系得到姿态转换矩阵，进而完成姿态解算。

3.2.3 误差源

星敏感器的工作过程涵盖光、电及软件计算等诸多方面，因此其误差来源较为广泛。如图 3.8 所示，星敏感器的各结构组成部分都存在误差源，涉及外部杂散光影响、光学系统误差、光电转换误差、控制与数据处理电路误差等方面。这些误差源都会在不同程度上影响星敏感器的测量精度。

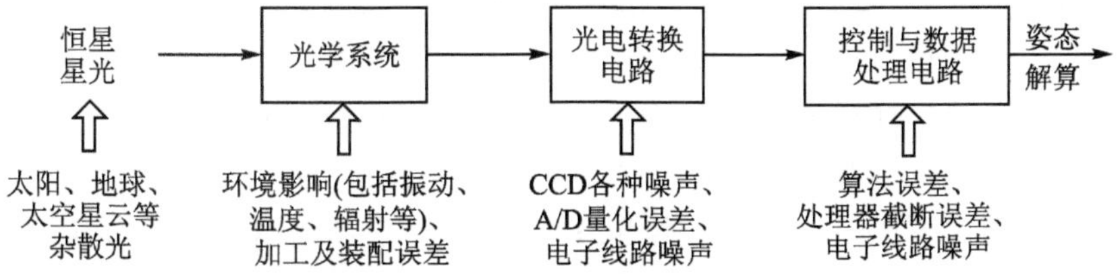

图 3.8　星敏感器误差来源图示

1. 外部杂散光影响

星敏感器敏感恒星星光，但当太阳光、地球与月球表面的反射和散射光、空间垃圾反照光、太空星云背景等进入光学系统时都会对恒星的成像结果产生影响。这些干扰光源通常被称为外部杂散光，它们会使恒星的成像结果受到干扰甚至被淹没，严重时会导致星敏感器无法输出有效信息。

2. 光学系统误差

光学系统对环境的变化非常敏感，因此它对工作环境的要求较高，以保证星敏感器的可靠性与稳定性。但是星敏感器通常工作在复杂的空间环境中，温度变化、振动、空间辐射、高能粒子、等离子体甚至空间污染等因素都会改变光学系统的性能，并影响星像弥散斑的能量分布，进而给星点质心提取定位带来不确定性。在这些影响因素中，温度变化会引起光学系统的热变形，振动会导致星点成像模糊，长期的空间辐射会改变透镜的光学性质，高能粒子会增大测量噪声水平，等离子体会改变载体电势而腐蚀材料。因此，空间环境不稳定造成的光学系统误差是导致星敏感器精度下降的主要原因。由于光学器件对环境温度与振动最为敏感，因此需要重点关注温度变化和振动这两方面因素对光学系统误差的影响。

此外，光学系统还会受到加工工艺、装配技术、器件测试等的影响，因此加工或装配误差同样会直接影响光学系统的成像性能。

3. 光电转换误差

光电转换过程包括星图成像和数字图像输出两方面，而实现该过程的硬件基础是图像传感器与各类电子线路。因此，光电转换误差主要包括图像传感器噪声、A/D 量化误差以及电子线路噪声。

(1) 图像传感器噪声

图像传感器中光电子的产生、存储、转移和读出都会在信号上叠加一定的起伏，也就是图像传感器噪声。图像传感器噪声会直接影响图像的信噪比，进而影响星点质心的提取精度。由于 CCD 图像传感器与 CMOS APS 图像传感器的噪声来源存在一定差异，因此下面分别进行介绍。

CCD 图像传感器的主要噪声源有光子散粒噪声、光响应不均匀噪声、暗电流散粒噪声、暗电流不均匀噪声以及读出噪声等。CCD 结构参数中的像元大小、耗尽层深度和本征载流子浓度等都会直接影响各类 CCD 噪声的大小。此外，CCD 像元的不一致性会直接造成光响应不均匀噪声的差异；除读出噪声不受曝光时间影响外，其余 CCD 噪声都随曝光时间的增长而增大；而暗电流噪声的大小受温度影响显著，温度越高，则暗电流噪声越大。

CMOS APS图像传感器的主要噪声源有散粒噪声、热噪声以及固定模式噪声等。散粒噪声主要包括输入光子散粒噪声、光生电流散粒噪声以及暗电流散粒噪声等，它们是由大量单个事件的统计不确定性引起的；热噪声主要包括器件读出的热噪声和电路复位、充放电模式引起的复位噪声，它们都是由热电子随机运动的不确定性引起的，属于金属氧化物半导体(MOS)器件的固有噪声；固定模式噪声包括各类电路的失配噪声和探测器阵列的光照不均匀响应噪声，此类噪声主要是由CMOS生产工艺中的电路或器件失配引起的。此外，CMOS的噪声源从产生特性上可分为时间噪声和空间噪声两类，其中：前者表现为噪声幅值随时间而变化，包括散粒噪声和热噪声；而后者则表现为噪声幅值随空间分布的差异，如固定模式噪声。

(2) A/D量化误差

图像传感器完成光斑采集后通过图像采集卡对图像数据进行A/D量化，以便计算机处理。图像采集卡在对图像数据进行A/D量化时，需要将图像数据划分成有限个等级。由于量化结果无法反映出小于一个量化等级的数据变化，所以便会产生A/D量化误差。A/D量化误差是指量化结果与模拟值的差值，量化等级划分得越多，A/D量化误差就越小。随着电子技术的发展，A/D量化等级越来越多，目前A/D量化已达到较高精度。

(3) 电子线路噪声

光电转换离不开时序电路、驱动电路及视频处理电路的工作。复杂的电子线路将不可避免地受到电磁干扰的影响，尤其是在空间环境中，电磁、地磁和空间辐射等恶劣环境因素都会引起各种电子线路噪声，进而对有用信号产生干扰。针对电子线路噪声所带来的干扰，星敏感器通常采用电磁兼容、屏蔽及滤波技术进行抑制。在当前技术条件下，电子线路已经在抗干扰方面取得了良好的效果，所以星敏感器中电子线路噪声的影响可以忽略。

4. 控制与数据处理电路误差

控制与数据处理电路主要负责对数字星图进行处理从而得到载体的姿态确定结果，其误差种类主要包括算法误差、处理器截断误差等。

(1) 算法误差

算法误差主要包括质心提取算法误差、星图识别算法误差、姿态确定算法误差等。星敏感器软件算法的局限性使得星点误提取、星图误识别的情况还时有发生。这些情况均会使姿态确定的精度下降，严重时甚至会导致姿态确定结果无法使用。此外，姿态确定算法误差还与星图中星点的提取数目和质心的提取精度等多种因素有关。

(2) 处理器截断误差

星点质心提取的精度、星图识别的正确率以及最终的姿态确定精度等都与处理器位数密切相关。由于位数有限而产生的计算误差称为处理器截断误差。随着处理器技术的不断提高，星敏感器中处理器截断误差的影响可以忽略。

3.3 地球敏感器

3.3.1 分类及性能特点

地球敏感器是一种通过敏感地球辐射来获取地心矢量方向信息的光学姿态敏感器。由于地球被大气层包围，故地球辐射主要是由大气层和地球表面所引起的。根据辐射能量的来源不同，地球辐射分为反射辐射和自身辐射两大类。反射辐射大都是可见光，是地球对太阳光的反射所引起的；而自身辐射大部分是红外辐射，由地球表面辐射和大气层辐射综合作用形成，并且受温度影响较为显著。

按照敏感光谱的种类不同，地球敏感器主要分为地球反照敏感器和红外地球敏感器两类。

1. 地球反照敏感器

地球反照敏感器主要敏感可见光，是一种通过敏感地球反射的太阳光来获得地心矢量方向信息的光学敏感器。由于通过反照表现出的地球形状会随时间发生变化(类似于月球的圆、缺变化)，因而地球反照敏感器的性能提高受到很大的限制。此外，地球边缘的不确定性也是制约地球反照敏感器测量精度的主要原因。

在可见光波段，受日照条件影响，地球反照敏感器的测量精度随时间变化，这便给地心矢量方向的确定带来了困难。相反，与可见光波段相比，地球辐射的红外波段的亮度变化更小，因而，根据红外波段确定的地心矢量方向更加稳定。虽然地球反照敏感器结构简单，但由于它的测量精度较低且稳定性较差，因此几乎已被红外地球敏感器所代替。

2. 红外地球敏感器

红外地球敏感器通过敏感地球的红外辐射来获取地心矢量方向信息，通常也称为红外地平仪。红外地球敏感器的工作波段为 14～16 μm。由于红外地球敏感器可较为稳定地确定地球轮廓和辐射强度，而且对载体本身反射的太阳光不敏感，可全天候正常工作，因而在工程实际中得到了广泛应用。

根据红外地球敏感器工作原理的不同，可以将其分为动态地平仪和静态地平仪两大类。

(1) 动态地平仪

动态地平仪主要通过机械运动部件带动红外探测器的瞬时视场扫过地平圈，从而将空间分布的辐射图像变换为时间分布的波形，并利用信号处理手段检测地球的宽度或相位来计算地平圈的位置，进而确定地心矢量方向信息。

根据扫描方式的不同，动态地平仪又可分为圆锥扫描式和摆动扫描式两类。

圆锥扫描式红外地平仪的视场范围大，易于敏感地球且响应速度快，因而适用于多种轨道类型，并且主要用于中低轨道的三轴稳定卫星。这类地平仪安装有扫描装置，且视轴和扫描轴之间呈一定夹角。如图 3.9 所示，在工作过程中，其视轴在电机的驱动下绕扫描轴旋转并形成一个圆锥面对地平圈进行扫描，信号处理模块通过对扫过的地平圈信息进行采集、处理即可确定地心矢量方向信息。圆锥扫描式红外地平仪还可分为单圆锥扫描和双圆锥扫描两种。由于双圆锥扫描能够确定的地平圈上的点要多于单圆锥扫描，因此双圆锥扫描的测量精度更高。

摆动扫描式红外地平仪的工作原理与圆锥扫描式相似，区别在于它的扫描装置是摆动装置。这类地平仪通过红外视场在一定角度范围内摆动来实现对地平的扫描。摆动装置通常采用无摩擦的挠性枢轴结构，它可以提供一个自由度的摆动，并且使用寿命可达 10 年。因而，这类地平仪更适用于对工作寿命要求较高的同步卫星。

此外，还有一种没有运动部件的动态地平仪——自旋扫描红外地平仪。这类地平仪与自旋稳定卫星固联，其红外视场借助于卫星的自旋运动来实现对地球的扫描。当扫过地平圈边

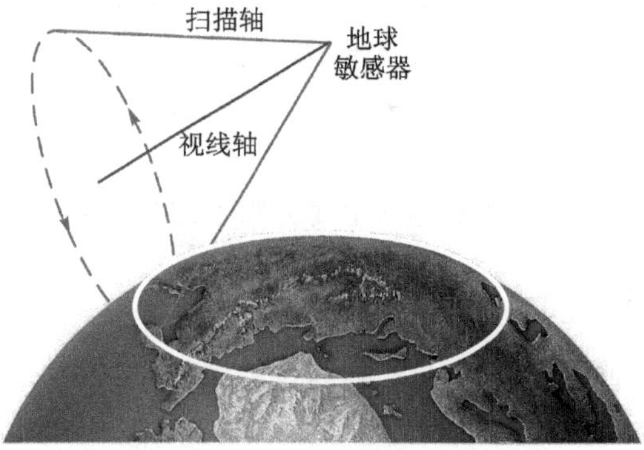

图 3.9 圆锥扫描地平仪的工作示意图

缘时，红外视场内的辐射将会发生突变，这类地平仪正是利用这种突变来敏感地平圈的。

(2) 静态地平仪

静态地平仪的工作方式类似于人的眼睛。它将多个探测器安装在光学系统的焦平面上，通过探测投影在焦平面上的地球红外图像来确定地心矢量方向信息。静态地平仪具有体积小、质量轻、功耗低、寿命长、抗振动等优点，并可通过适当的软件算法对大气模型误差进行修正，因而适用于新一代小型卫星。下面介绍辐射热平衡红外地平仪和阵列红外地平仪这两种静态地平仪。

辐射热平衡红外地平仪如图 3.10 所示，通常有多个对称分布的视场，主要用于同步轨道三轴稳定卫星。在工作过程中，该地平仪的多个视场会覆盖地平圈上的多块区域，且每个视场只接收来自地球特定区域的红外辐射。这种红外地平仪通过对每个视场所接收的辐射能量进行处理来完成地心矢量方向信息的测量。

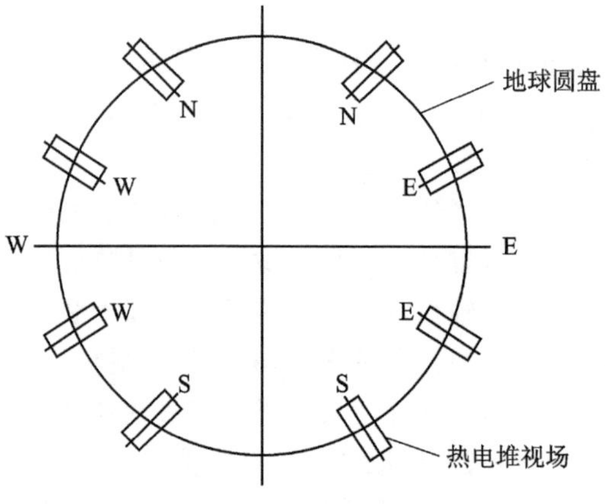

图 3.10 辐射热平衡红外地平仪

阵列红外地平仪是一种新型的地球敏感器。在工作过程中，该地平仪需要首先判断地平圈边缘所处的像元；然后，分别对该像元、完全被地球覆盖像元和完全被太空覆盖像元的信号进行处理；接着利用这些处理信息求得地平圈边缘在该像元上的精确位置；最后，综合地球边缘的精确位置信息确定地心矢量方向。

3.3.2　基本结构与工作原理

圆锥扫描红外地平仪是目前应用最为广泛的地球敏感器，主要由光学系统、扫描机构、辐射强度检测器及信号处理电路组成，其结构框图如图 3.11 所示。

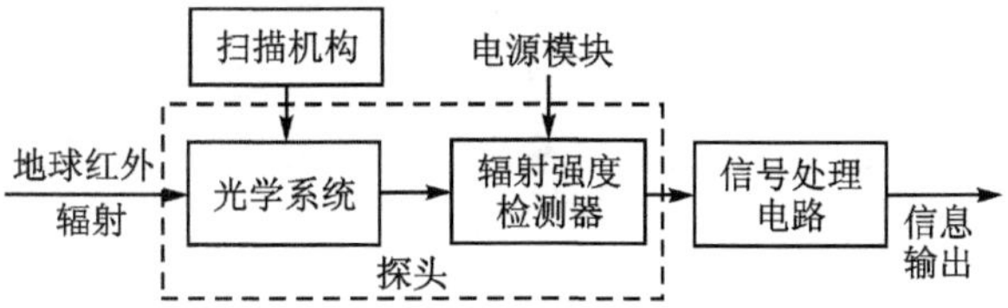

图 3.11　红外地平仪结构框图

① 光学系统：由滤光镜、透镜、反射镜或棱镜等组成。滤光镜将所观测的红外辐射频带限制在选定的较窄波段内，反射镜或棱镜在扫描机构的作用下将目标辐射导向透镜，最后透镜将目标辐射聚焦在辐射强度探测器上。

② 扫描机构：扫描机构带动红外地平仪的视轴围绕某一特定轴（即扫描自旋轴）以固定夹角（即扫描圆锥半锥角）旋转，从而在空间形成一个以敏感器为顶点的圆锥表面。

③ 辐射强度检测器：由热敏电阻、热电偶或热电晶体等构成。它在光学系统的聚焦平面内，敏感经过光学系统的目标红外辐射，并将目标红外辐射转化为电信号。

④ 信号处理电路：对辐射强度检测器的输出进行放大、滤波和检测等处理。在红外地平仪中有一个基准方向位置，视轴到达此位置时会产生一个脉冲信号；此外，当辐射强度检测器的输出达到或下降至某一门限值时，信号处理电路也会产生一个脉冲信号。信号处理电路的测量输出即是此脉冲信号与基准位置脉冲信号之间的时间间隔。

圆锥扫描红外地平仪的工作原理如图 3.12 所示。扫描机构带动敏感器视场以恒定角速率 ω_{rot} 绕 Z_{SE} 扫描地平圈，在扫描机构的驱动下，敏感器视场的视轴 OM 在空间的轨迹形成一个圆锥。该圆锥相对于敏感器固定，称为红外扫描锥，其中圆锥的对称轴 OA 被称为扫描自

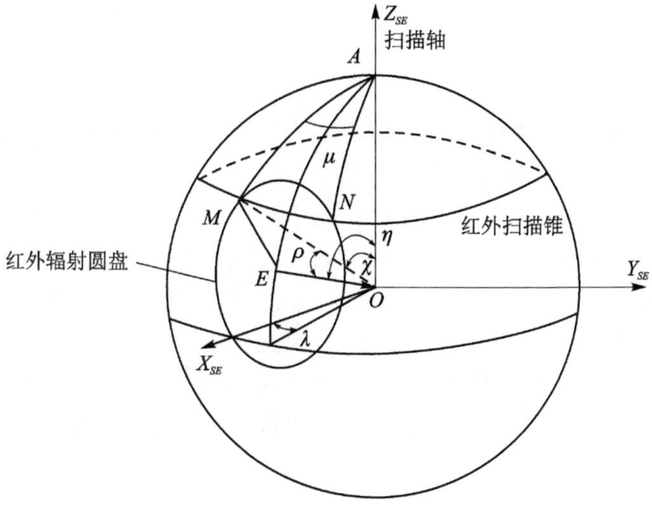

图 3.12　圆锥扫描红外地平仪工作原理图

旋轴，χ 被称为扫描圆锥半锥角。OE 为地心矢量方向，以 E 为圆心，EM 长为半径的球面小圆是地球红外圆盘在天球上的投影。

由于红外探测元件对地球和空间的红外辐射响应不同，因此当视轴扫描穿入或穿出地球边缘时，圆锥扫描红外地平仪会分别给出脉冲信号，将穿入脉冲和穿出脉冲发生的时刻分别记作 t_{in} 和 t_{out}。此外，在红外地平仪上设置一个固定的基准方向位置（OX_{SE} 轴），并在扫描机构上安装相应的敏感元件，当扫描机构驱动的扫描自旋轴与红外视场视轴所在的半平面扫过该基准方向位置时，圆锥扫描红外地平仪也会给出脉冲信号，相应的时刻记作 t_{ref}。根据以上信息即可计算得到扫描地球弦宽：

$$\mu=\omega_{\text{rot}}(t_{\text{out}}-t_{\text{in}}) \tag{3.49}$$

进而可得到地心矢量在 $OX_{SE}Y_{SE}$ 平面投影与 OX_{SE} 轴夹角：

$$\lambda=\frac{\mu}{2}-\omega_{\text{rot}}(t_{\text{ref}}-t_{\text{in}}) \tag{3.50}$$

将从载体上看到的地球红外辐射圆盘的视角半径记作 ρ，则有

$$\sin\rho=\frac{R_{\text{e}}+h_{IR}}{r} \tag{3.51}$$

式中，r 为地心到载体的距离，可由载体的轨道参数求得，R_{e} 为地球半径，h_{IR} 为地球大气二氧化碳吸收层的等效高度。

在球面三角形 AME 中，根据球面三角余弦定理可得 $\cos\rho=\cos\chi\cos\eta+\sin\chi\sin\eta\cos\frac{\mu}{2}$，进而可得地心矢量与扫描轴夹角 η，并计算得到敏感器测量坐标系 $OX_{SE}Y_{SE}Z_{SE}$ 下的单位地心矢量为 $[\sin\eta\cos\lambda,\sin\eta\sin\lambda,\cos\eta]^{\text{T}}$，因此 η 与 λ 可以看作是圆锥扫描式红外地平仪的测量值。

3.3.3　误差源

根据圆锥扫描红外地平仪的工作原理可知，其测量误差源主要包括仪器误差、地球红外辐射影响及其他天体辐射干扰等。

1. 仪器误差

根据圆锥扫描红外地平仪的基本结构，其仪器误差主要包括光学系统误差、扫描运动误差、辐射强度检测误差与信号处理电路误差等。

与星敏感器类似，圆锥扫描红外地平仪的光学系统同样会受环境因素影响。温度和振动等因素都会导致其光路发生变化，并使聚焦点偏离，进而引起光栅码盘产生输出偏差。在摩擦力的影响下，扫描机构会面临扫描角速率不稳定等问题，进而直接影响 λ 和 μ 的测量精度。辐射强度检测器的灵敏度会受空间环境变化影响，因此其输出信号也会受到电阻元件的热噪声、附加噪声、电源噪声以及放大过程中引入的噪声影响。而在信号处理电路中，A/D 量化误差及电子线路噪声等都会影响辐射门限阈值，从而使得穿越脉冲的触发被提前或滞后，并造成时间间隔的测量误差。

随着技术的不断提高，仪器误差中的确定性部分已经可以被基本抑制或补偿，但随机噪声和空间环境对仪器误差的影响依然比较显著。采用高质量的电子元件、优化电路设计和设计补偿方案等措施，可以有效降低这些仪器误差对圆锥扫描红外地平仪测量精度的影响。

2. 地球红外辐射影响

地球红外辐射影响是红外地平仪的最大误差源，也是制约红外地平仪的测量精度进一步提高的主要原因。地球红外辐射引起的误差主要是由于对地球红外辐射层的建模不准确造成的。

红外地平仪的假想测量模型建立在地球是标准球体的基础上。但实际上，地球的质量分布并不均匀，而且形状也不是标准球体。利用红外地平仪进行姿态测量时，地球扁率带来的姿态角误差可以达到 0.6°以上。此外，红外地平仪在进行测量解算时假设地球表面的红外辐射层厚度均匀，辐射强度均匀，且不随经纬度、季节和天气而变化。但实际上，地球红外辐射层的厚度受空间、时间等多种因素影响，据分析，地球红外辐射层的不均匀性会带来大约 0.1°的误差。

要想降低地球红外辐射对红外地平仪测量精度的影响，需要建立更加精确完善的地球红外辐射模型。由于目前的建模方法还存在一定的缺陷，因此很难得到更为精确的地球红外辐射模型，从而影响红外地平仪的测量精度。此外，红外地平仪的测量精度也是制约直接敏感地平定位精度提高的重要原因。

3. 其他天体辐射干扰

其他天体的红外辐射干扰会直接影响红外地平仪的正常工作，以太阳为例，其红外辐射强度显著高于地球，容易被红外地平仪捕获。但是，其他天体是否出现在红外地平仪的测试带，与这些天体和载体间的相对位置和姿态有关。因此，通过预测其他天体的出现时刻，并采取相应的防护措施，或者采用特殊的结构设计，都可以使其他天体的辐射干扰无法进入红外地平仪的视场，从而减弱其他天体的辐射干扰对红外地平仪敏感地球红外辐射的影响。

3.4　太阳敏感器

3.4.1　分类及性能特点

太阳敏感器通过测量太阳光线与载体某一体轴或坐标平面之间的夹角来获得太阳矢量方向信息。太阳是非常明亮的光源，具有高亮度、强辐射、高信噪比、易于敏感与识别等优点，从而使太阳敏感器的设计可以得到一定程度的简化。太阳敏感器具有结构简单、工作可靠、功耗低、质量轻、视场范围大等优点。除提供太阳矢量方向信息用于载体的姿态确定外，太阳敏感器还可以保护其他高灵敏度的仪器（如星敏感器），或者对太阳帆板进行定位。图 3.13 和图 3.14 所示为两款典型的太阳敏感器实物图。

按照工作方式的不同，太阳敏感器可以分为太阳出现式敏感器、模拟式太阳敏感器和数字式太阳敏感器三类。

图 3.13 Fine 太阳敏感器

图 3.14 DSS2 数字太阳敏感器

1. 太阳出现式敏感器

太阳出现式敏感器又称为 0－1 式太阳敏感器，可以判断太阳是否出现在视场中，因而常用作保护器，如保护红外地平仪免受太阳辐射干扰等。此外，太阳出现式敏感器也可用作载体的粗定姿。太阳出现式敏感器的工作原理十分简单：当太阳出现在敏感器视场内且信号超过门限值时，输出为 1，表示敏感到太阳；当太阳没有出现在敏感器视场内或者信号低于门限值时，输出为 0，表示没有敏感到太阳。太阳出现式敏感器的结构也比较简单，其上表面开有一条狭缝，底面贴有光电池。当载体搜索太阳时，一旦太阳进入该敏感器的视场内，光电池就会产生一个阶跃响应，表明太阳出现；而当该敏感器输出持续的阶跃信号时则表示太阳一直位于敏感器视场内。

太阳出现式敏感器能够全天球覆盖，且可以与所有敏感器同时工作。这种敏感器虽然易于实现，但是比较容易受到外来光源的干扰，例如，地球和太阳帆板反射的太阳光都容易使它受到干扰。因此，太阳出现式敏感器需要配置滤波器来滤掉随机出现的干扰电脉冲。

2. 模拟式太阳敏感器

模拟式太阳敏感器多采用光电池或光电导器件作为光敏元件，主要用于通信卫星的姿态测量。它主要利用光电池的光生电流特性，即光电池的短路输出电流与光通量成线性关系，对太阳进行探测。常见的模拟式太阳敏感器有余弦式、差动式和狭缝式三类。

余弦式太阳敏感器常用单片硅光电池作为探测器，当太阳信号照射在该探测器上时，其输出信号的电流强度与太阳入射角有关，因此可利用输出电流的大小来判断太阳光的入射角度。余弦式太阳敏感器测量精度较低，因而常用来检测太阳是否在其视场范围内，即在大视场范围内捕获太阳。

差动式太阳敏感器是对余弦式太阳敏感器的改进，通常由两片或四片光电池组成单轴或双轴差动式敏感器，这样便能使敏感器的输出不受共模信号的影响。这里以双轴差动式敏感器为例介绍其工作原理：四个相互独立的光电池片分属于四个象限，当太阳光以某一角度入射到光电池片上时，由遮光挡板产生的方形太阳光斑将在四个象限分别产生四路电流，利用这四路电流便可计算出光斑位置的变化，进而得到太阳矢量方向信息。

狭缝式太阳敏感器包括 V 型狭缝和 Z 型狭缝等类型。这里以自旋稳定卫星广泛使用的 V 型狭缝式太阳敏感器为例介绍其工作原理：该敏感器具有两条狭缝，每条狭缝的后面都装有硅光电池，其中一条狭缝与卫星自旋轴平行，另一条狭缝则与卫星自旋轴倾斜一个角度，从而构成 V 型狭缝。卫星自旋时，这两条狭缝先后扫过太阳，从而产生两个脉冲信号。由于这两个脉冲信号之间的时间间隔是太阳方位角的连续函数，因此，通过测量这两个脉冲之间的时间间隔就可以确定太阳方位角。

以光电池为光敏探测器的模拟式太阳敏感器虽然在小视场范围内可以达到一定的精度要求，并且具有信号处理电路简单、功耗低、质量轻、体积小等优点，但是由于这类敏感器基于光伏特性并输出模拟量，因此其分辨率和测量精度很难进一步提高，无法达到载体姿态控制对姿态敏感器的大视场和高精度要求。此外，模拟式太阳敏感器还容易受到地球反射光等其他干扰而使姿态测量结果产生误差。

3. 数字式太阳敏感器

数字式太阳敏感器通过测量太阳光线在探测器上的成像位置相对成像中心的偏差来计算太阳光的入射角度。数字式太阳敏感器主要包括编码式太阳敏感器和阵列式太阳敏感器两类。

编码式太阳敏感器采用光学格雷码盘对太阳光入射角进行数字化编码，这种编码式太阳敏感器的测量精度与模拟式太阳敏感器相比虽然有了很大提高，但由于编码式太阳敏感器的体积较大，因此新型阵列式数字太阳敏感器开始涌现出来。

阵列式太阳敏感器是当今主流的高精度数字式太阳敏感器，其探测器采用阵列器件。由于阵列器件中敏感元集成度很高，而且线路对信号内插细分，因此阵列式太阳敏感器的精度可达到角秒级。此外，该敏感器还具有高集成度、超低噪声和高动态范围等优点，因而已被广泛应用。阵列式太阳敏感器包括线阵式和面阵式两类。线阵式太阳敏感器通过计算太阳光线在探测器上相对中心位置的偏差来计算太阳光的入射角度，一般采用 CCD 作为探测元件；面阵式太阳敏感器则通过计算太阳光斑质心在面阵上的坐标位置来确定太阳光的入射角信息，可以采用 CCD 或者 CMOS 作为探测元件。由于卫星小型化的发展趋势，因此采用 CMOS 探测元件的阵列式太阳敏感器将会在未来受到越来越多的重视。

3.4.2　基本结构与工作原理

太阳敏感器主要包括三部分：光学系统部分、传感器部分及信号处理部分。光学系统部分通常由狭缝、小孔、透镜、棱镜等构成；传感器部分通常包含光电池、CMOS 器件、码盘、光栅、光电二极管、线阵 CCD、面阵 CCD、APS、SMART 等器件；信号处理部分通常由分离电子元器件、单片机、可编程逻辑器件等构成。

阵列式太阳敏感器已经得到广泛应用。下面以线阵 Z 型狭缝 CCD 数字太阳敏感器为例，对其工作原理和误差源进行分析。

图 3.15 所示为线阵 Z 型狭缝 CCD 数字太阳敏感器工作原理图。

这种太阳敏感器的 Z 型狭缝由一条中缝和两条侧缝组成，侧缝分列中缝的两侧且与中缝

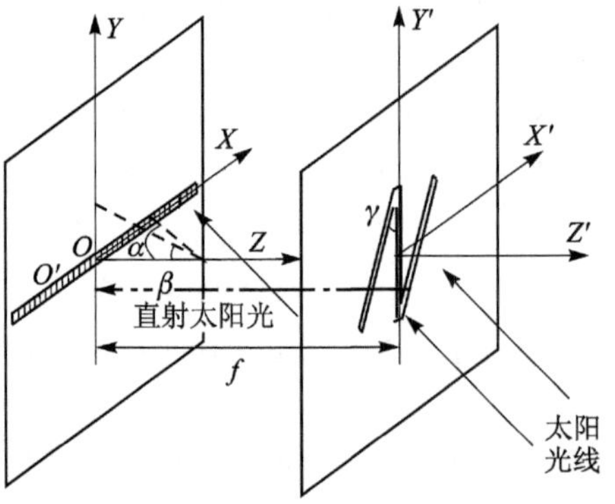

图 3.15 CCD 数字太阳敏感器工作原理图

的夹角均为 γ，CCD 敏感器按线阵排布并与中缝垂直。平行的太阳光线分别穿过中缝和侧缝在线阵上成像，将穿过中缝和其中一条侧缝的太阳光线所成像点位置分别记为 x_1 和 x_2，则利用成像点位置和敏感器结构的几何关系，可求得太阳光线入射角(α,β)如下：

$$\left.\begin{aligned}\alpha &= \arctan\frac{x_1}{f}\\ \beta &= \arctan\frac{x_2 - x_1 - x_l}{f\tan\gamma}\end{aligned}\right\}\qquad(3.52)$$

其中，入射角(α,β)分别为太阳光线在 OXZ 面投影与 OZ 轴夹角、在 OYZ 面投影与 OZ 轴夹角，定长 x_l 表示太阳光线直射时中缝和侧缝的成像点 O 和 O' 之间的距离，定长 f 为成像面与狭缝面的距离。

此外由太阳历可以得到太阳矢量在惯性系下的位置，结合该太阳敏感器的安装矩阵和航天器的轨道根数等信息即可建立入射角(α,β)与姿态角的关系，进而用于载体的姿态确定。

3.4.3 误差源

根据 CCD 数字太阳敏感器的工作原理可知，其主要误差源包括仪器误差和其他天体反照干扰两个方面。

1. 仪器误差

根据 CCD 数字太阳敏感器的基本结构，其仪器误差主要包括光学系统误差、传感器误差和信号处理误差。

光学系统误差主要由加工制造及装配引起，例如光缝玻璃的折射率不均，线阵 CCD 与光缝、中缝与侧缝、成像面与狭缝面所存在的几何位置误差，都会造成太阳光斑偏离理想的成像位置。此外，与星敏感器类似，温度和振动等因素也会对 CCD 数字太阳敏感器的光学系统产生影响。传感器误差与信号处理误差分别与星敏感器的光电转换误差、控制与数据处理电路误差相似。太阳像点是一个形状和亮度不规则的光斑，它的几何中心和亮度中心不重合。实际应用中需要提取出太阳像点的亮度中心，而传感器误差与信号处理误差均会导致提取得到的太阳质心存在偏差。

2. 其他天体反照干扰

太阳敏感器敏感到的光谱能量不仅来源于太阳，还有其他天体，如地球、月球等，其他天体的反射光进入太阳敏感器后会对太阳光斑的质心提取精度产生影响。

地球反照产生的辐照度与反照光强度、对地位置、地面反射率以及大气的反射率和散射率等多种因素有关；月球反照光同样受日地距离、地月距离、载体相对位置和月相变化等多种因素的影响，这些天体的反照干扰强度波动较大，简单计算无法得到直接的反照系数。因此，其他天体反照干扰很难完全去除，它们会降低太阳敏感器的信噪比，严重时甚至会使太阳敏感器错误地敏感到“太阳”。

3.5　紫外敏感器

3.5.1　应用与发展概况

传统的天体敏感器工作在红外波段或可见光波段，如红外地平仪、星敏感器等。随着航天技术的发展，对导航系统的尺寸、重量、能耗、精度等的要求越来越高，传统天体敏感器的缺陷便逐渐暴露出来。如工作在红外波段的天体敏感器，其缺点主要表现在：① 对背景噪声比较敏感，需要进行制冷处理；② 部分天体辐射的红外波段特性不稳定，采用红外天体敏感器无法精确敏感其边缘，从而导致定姿精度大大降低；③ 体积大、重量大，无法满足卫星的小型化发展需求。此外，现阶段各种天体敏感器功能单一，通常需要将星敏感器、红外地平仪或太阳敏感器和陀螺备份联合使用，这样便直接增加了导航系统的体积和重量。针对传统天体敏感器存在的问题，紫外敏感器应运而生。

紫外敏感器是一种通过敏感紫外光谱来观测天体目标的成像式姿态敏感器。紫外敏感器只用一个敏感器组件就能实现红外地平仪、太阳敏感器、星敏感器等多种天体敏感器的功能，具有重量小、功耗低、多用途、高可靠、无活动部件、寿命长、成本低等优点。这种天体敏感器特别适用于敏感没有稳定红外辐射带的天体，在小卫星应用方面具有很大优势。

20 世纪 80 年代后期，相关研究机构通过对紫外波段的探测研究，得到了有关地球大气、臭氧层和星体的紫外辐射特性数据，为研制紫外星敏感器提供了依据。从 20 世纪 90 年代起，美国等国家开始了一系列紫外空间观测遥感器的研制工作，并取得了一些突破性进展，相继在哈勃空间望远镜（HST）、远紫外探测卫星（DUVE）等遥感器上实现了紫外波段遥感。Honeywell 公司从 1992 年开始研制地球基准姿态确定系统（ERADS），这是为小卫星设计的一种体积小、重量小、功耗小、成本低的姿态基准系统，工作波段选在接近 300 nm 的紫外波段。目前该系统已经完成了卫星搭载试验，并已进入商用阶段。NASA 的 Goddard 空间飞行中心研制了瑞利散射姿态敏感器（RSAS），其工作波段为 355 nm 的紫外波段。在 306 km 的名义轨道上，该敏感器对地边缘的理论分辨率为 0.39 km/像素。由于月球没有类似地球那样稳定的红外辐射带，并且随太阳照射角及观察方向的不同而呈现圆缺不同的月相，这些限制因素均导致传统的红外敏感器无法敏感月球，因此我国的嫦娥一号探月卫星便采用了自主研发的紫外敏感器，这也是我国第一个工作在紫外波段的光学敏感器。

3.5.2　分类及性能特点

紫外敏感器可以同时敏感地球、月球、恒星、太阳等多类天体，其中紫外地球敏感器、紫外月球敏感器和紫外星敏感器是极具发展潜力的三类紫外天体敏感器。

1. 紫外地球敏感器

紫外地球敏感器主要通过成像式敏感方式来敏感地球的紫外边缘进而获得地心方向矢量信息。根据地球大气的紫外辐射特性，大气中的氧和臭氧形成了波长小于 300 nm 的强吸收带，并在地面和大气特征以上的高度形成地球日照边缘，且此日照边缘几乎不受昼夜、季节、气象特征和经纬度等因素的影响，因此在紫外波段能探测出整个地球边缘的图像，其图像稳定性可与红外图像媲美。由此可见，地球敏感器可选择紫外波段作为其敏感地球的观测波段。

根据紫外波段的特点，0.27～0.3 μm 是紫外地球敏感器的极佳波段，这是由于：① 该波段在地球边缘切点 0～60 km 的海拔高度范围内昼夜都存在明亮的日照边缘特征；② 该波段的地球日照边缘特征不受地球表面地物和气象条件变化的影响，地球日照边缘特征稳定；③ 地球日照边缘在该波段的辐射亮度较高，且地球日照边缘特征也较为明显，便于敏感器件选择。因此，紫外地球敏感器大多选用 0.27～0.3 μm 作为工作波段。

2. 紫外月球敏感器

紫外月球敏感器是以月面反射太阳光的紫外辐射特性为测量依据的姿态敏感器，主要通过拍摄月球图像来准确地检测月面真实边缘，进而得到月心矢量方向信息。

根据月球表面的反射特性，随月面物质不同和地形起伏，局部反射率可能有几十倍的差异，这就意味着月球敏感器拍摄到的月面图像可能会有强烈的反差，因而不利于后续处理。通过对月面不同物质、不同地形反射特性的研究，发现月球表面在短波谱段的反射率差别有减小趋势，即采用紫外波段可以减小所拍摄的月球图像亮度反差，进而保证后续图像处理的准确性。因此，紫外波段是月球敏感器优良的观测波段。

在近月空间，可探测的月球辐射区并不会呈现出一个完整的圆盘，若用扫描式敏感器扫描月面可能会出现以下两种不利情况：① 扫描线完全经过月影区。因为月影区辐射太弱，所以敏感器无法测量得到月心矢量方向信息；② 扫描线经过月面阳照区和月影区的晨昏分界线。由于晨昏分界线处的辐射强度存在突变，此时敏感器难以与月面边缘的辐射突变相区分，故敏感器可能输出错误的月心矢量方向信息。因此，紫外月球敏感器多采用成像式敏感器，而非扫描式敏感器。

3. 紫外星敏感器

很多恒星的温度远高于太阳温度，这些恒星的紫外辐射亮度也是可测的。依据美国 TD-1 卫星在轨测试得到的紫外恒星流量密度数据可知，现已发现的 1 000 颗已知辐射亮度的紫外恒星足以保证观星视场内至少可以看到一颗恒星。因此，紫外星敏感器是可行的。此外，考虑到紫外星敏感器还可以同时完成地球敏感器等其他天体敏感器的任务，故采用紫外星敏感器取代传统星敏感器能够减小导航设备的体积、质量和功耗。因此，紫外波段被认为是恒星观测的极佳波段。

3.5.3 基本结构与工作原理

1. 基本结构

紫外敏感器本质上是一个处理紫外波段信号的光学仪器，其基本结构组成与星敏感器类似，二者的主要区别在于采用的敏感元件以及对敏感信息的处理方法不同。紫外敏感器主要由光学系统、图像传感器和处理线路、数据处理单元及其软件组成。其光学系统和数据处理单元较为特殊，下面着重介绍这两部分。

(1) 光学系统

光学系统是紫外敏感器的关键模块,需要满足以下三点要求: ① 光学材料不仅要满足紫外波段的像差校正要求,而且还要具有良好的力学特性和理化稳定性以适应恶劣的空间环境; ② 满足 140°超大视场和高分辨率像质的要求; ③ 在具有足够强度、刚度的条件下,尽可能减小质量。

在传统的紫外敏感器中,光学系统的镜片材料通常采用蓝宝石球透镜,但是其价格相当高昂。嫦娥一号探月卫星所搭载的紫外敏感器的光学系统采用光学玻璃和光学晶体的配组代替蓝宝石,这种方案在保证观测有效性的同时大大降低了成本。

为了拍摄到整个天体边缘,紫外敏感器对光学系统的视场提出了较高的要求。在保证观测视场足够大的同时,紫外敏感器的光学系统还需要保证良好的成像质量,因此光学系统的设计与加工难度都很大。紫外敏感器通常采用双视场光学系统,同时具有 30°的圆锥形中心视场和一个 135°～145°的环形视场。其典型光学结构如图 3.16 所示。

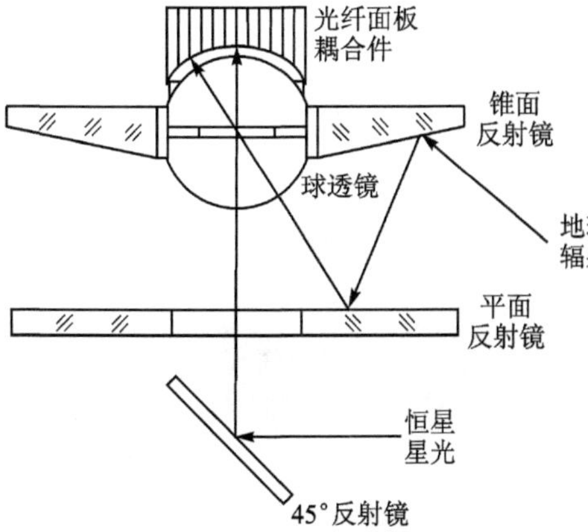

图 3.16　紫外敏感器光学结构示意图

采用这种光学结构时,紫外敏感器可以安装在仪器舱内部。它通过一个带中心孔的平面反射镜和反向安装的锥面反射镜使锥面反射镜在敏感器工作时能够面向地球,并且中心孔还可使恒星辐射直接通过平面镜进入敏感器的中心视场。这样便能把敏感地平的环形视场和敏感恒星的中心视场有效分开,从而能够利用成像质量较好的小视场来观测恒星。

(2) 数据处理单元

数据处理单元包括图像采集及预处理系统和导航信息解算系统两部分。图像采集及预处理系统是紫外敏感器的关键部分,主要完成图像信号的采集及预处理工作,包括信号滤波处理、边缘分析提取等,为后续的导航信息解算系统提供所需的基本信息;导航信息解算系统是紫外敏感器的核心部分,主要完成目标天体模式识别、质心提取、姿态解算等工作。

2. 工作原理

紫外地球敏感器主要通过对紫外波段探测到的整个地球边缘图像进行处理,进而获得敏感器坐标系中的地心方向矢量信息。如图 3.17 所示,设地球紫外轮廓是以地心 O_i 为球心、以地球紫外半径 R_{eu} 为半径的标准球面。卫星位置在 S 处,以 S 为起始点向此标准球面引切线,所有切线构成一个圆锥面。该圆锥面与地球紫外轮廓相交所截圆被称为地平紫外轮廓圆,该圆所在的平面又被称为地球紫外平面。紫外地球敏感器中观测到的图像就是该地球紫外轮廓圆在敏感器中的成像,简称地球紫外像。

紫外地球敏感器的工作过程如下: 首先在紫外波段对地球成像并拍摄得到地球边缘轮廓,然后利用地球紫外像的质心提取算法得到敏感器坐标系中的地心矢量信息。如图 3.18 所示,设 $OX_sY_sZ_s$ 为敏感器坐标系,通过质心提取得到的地球紫外像在 CCD 像平面上的质心坐

标为(x_e, y_e)，则在敏感器坐标系下的地心矢量$\boldsymbol{S}_e$可表示为

$$\boldsymbol{S}_e = \frac{1}{\sqrt{x_e^2 + y_e^2 + f^2}} \begin{bmatrix} x_e \\ y_e \\ -f \end{bmatrix} \tag{3.53}$$

其中，f为光学系统焦距。由于地球辐射在紫外波段比红外波段更加稳定，故紫外地球敏感器测得的地心矢量方向比红外地平仪的精度更高。

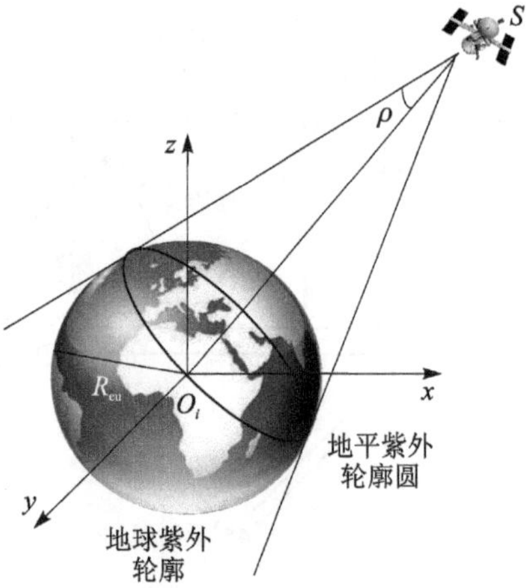

图 3.17 地球紫外轮廓圆

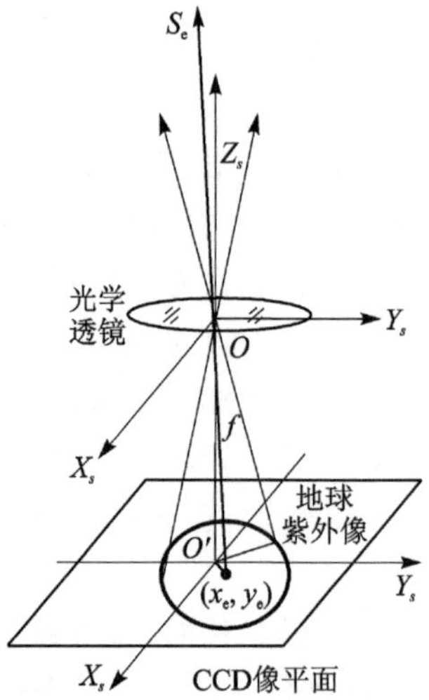

图 3.18 紫外敏感器成像模型

利用紫外敏感器敏感其他天体时的工作原理与紫外地球敏感器类似。紫外月球敏感器的工作过程如下：首先利用敏感器拍摄一幅月球图像，然后根据明亮月球圆盘和黑暗太空背景之间的亮度反差，检测出月球圆盘的真实边缘，进而得到敏感器坐标系中的月球矢量方向信息。紫外月球敏感器仅在检测月球边缘时与地球略有不同。

3.6 X射线探测器

3.6.1 应用与发展概况

1967年7月，剑桥大学的Antony Hewish教授与其学生Jocelyn Bell在检测射电望远镜的观测结果时，意外地发现了有规律的脉冲信号，这些脉冲信号来源于一类被称为脉冲星的特殊天体，由此拉开了人类对脉冲星导航进行探索的序幕。由于脉冲星具有较高的频率稳定性，能够为近地轨道、深空和星际空间的飞行载体提供位置、速度、时间、姿态等导航信息，实现载体全程高精度自主导航和运行管理，因此，脉冲星导航成为了近年来自主天文导航领域中的研究热点。脉冲星通常在光学、射电、红外、X射线和γ射线波段辐射电磁波，其中X射线的能量高、空间穿透性好，可以避免空间各种信号的干扰，进而可以缩短弱信号积分时间，提高脉冲到达时间的分辨率。此外，X射线的探测设备易于实现小型化设计，探测有效面积仅为0.1 m^2左右，适于空间搭载和应用。因此，通常以X射线探测器为测量敏感器，进行脉冲星自

主导航。

1993 年，美国海军研究实验室（NRL）设计了一种非常规恒星特征的试验设备。它继承了传统天文导航掩星法的观测思路，提出了一种利用 X 射线源作为测定载体轨道、姿态并进行时间保持的综合方法。2004 年初，美国国防高级研究计划局（DARPA）提出了一项名为“基于 X 射线源的自主导航定位验证”（XNAV）的预研计划，希望创建一个脉冲星网络，利用脉冲星发射的 X 射线实现卫星自主导航和定位。2010 年，DARPA 又重新提出一项新的脉冲星导航计划——“X 射线脉冲星计时系统”（XTIM），该计划利用 X 射线脉冲星为航天器提供自主定时和定位信息，并将这些信息广播给地面和其他空间用户。该系统既可以完成独立导航和定时，也可以用作 GPS 卫星导航系统的补充。

我国在 X 射线探测上也进行了多方面的研究工作。2016 年 11 月 10 日，我国在酒泉卫星发射中心利用长征十一号运载火箭成功发射了脉冲星导航试验卫星（XPNAV－1），该星主要进行 X 射线脉冲星探测器的性能指标和空间环境适应性的验证，也是世界上的首颗脉冲星导航试验卫星。我国脉冲星导航研究团队还计划用 5～10 年的时间，持续探测 26 颗脉冲星，建立更精确的脉冲星导航数据库，为进一步研究和应用脉冲星导航奠定基础。

3.6.2　分类及性能特点

X 射线探测器被形象地称作整个脉冲星导航系统的“眼睛”，是脉冲星与导航联系的纽带。作为 X 射线脉冲星导航系统的核心器件，X 射线探测器的性能决定了整个导航系统的精度，也是脉冲轮廓提取和定位、授时等导航算法的基础。图 3.19 和图 3.20 所示为我国针对 X 射线脉冲星导航应用研制的两类 X 射线探测器。

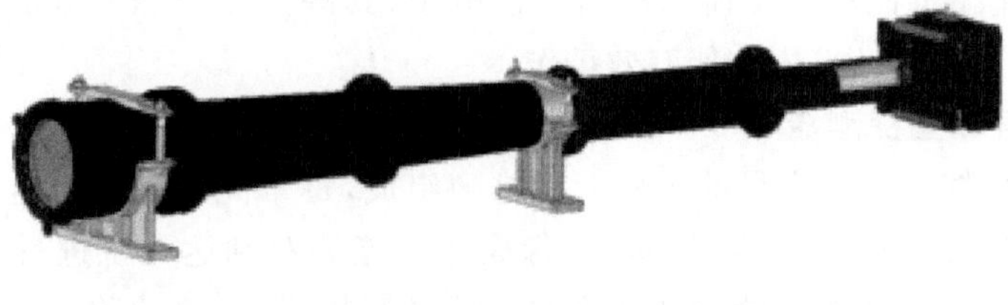

图 3.19　单层 Wolter 聚焦型硅漂移 X 射线探测器

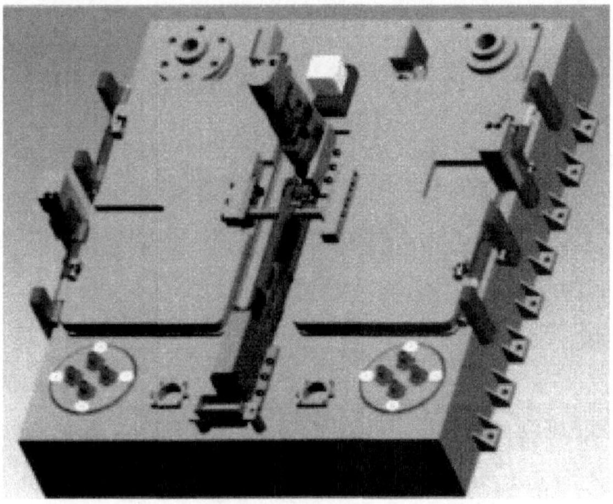

图 3.20　准直型微通道板 X 射线探测器

X射线探测器的作用是捕获和记录脉冲星发出的X射线频段的高能光子。它的工作机理如下：X射线携带的光子到达探测器后，与探测器内的材料原子相碰撞，并释放出能量。由于释放的能量大小与被探测到的光子数目成比例，因此探测器可以通过测定所释放的能量来敏感光子。此外，二维阵列探测器还可以精确测定光子在网格平面上的位置，进而提取脉冲星影像和角位置信息。目前，X射线探测器的类型有充气式正比型、微通道板型、CCD半导体型、闪烁器型、量热计型、固态半导体型等，各种类型的探测器具有不同的探测优势和辐射能量范围，因此其使用场合也有区别。

(1) 充气式正比型探测器

充气式正比型探测器是目前最为常用的X射线探测器。这类探测器的光子计数器一般采用充满惰性气体的带入射窗式腔体。在气室里面安装了多个电极用以产生高低电场，并确定到达光子的二维位置坐标。在X射线光子进入气室后与气体分子相互作用，释放出光电子。当光电子接近正极线路时，惰性气体的电离得到增强，产生的正离子数目与X射线光子能量成正比。此外，探测器窗口前面可以安装准直仪，用以去除X射线背景辐射光子。

充气式正比型探测器可以测得微秒级的光子到达时间，其缺点是惰性气体的使用寿命较短，正极电路容易老化，而且计时结果容易受到正离子迁移和阴阳极间距的限制。

(2) 微通道板型探测器

微通道板型探测器是一种二维电子图像增益器件，一般由紧密排列的直径为10 mm的玻璃管组成。由于光电效应，在X射线光子进入设备后与通道板玻璃、电极相互作用产生电子并在位置敏感板上被探测到。

该探测器可以实现纳秒级的光子到达计时，能够提供具有高空间分辨率的无失真图像。板的Z形结构被用于抑制离子反馈和输出通道电子，其缺点在于加工难度大，且工作环境苛刻，只有在低压力的真空环境中才能有效工作。

(3) CCD半导体型探测器

CCD半导体型探测器由大量的光敏元件排列组成，每个光敏元件由电耦合半导体构成，被称为像素。由于像素排列成矩阵结构，而像素矩阵能够对到达光子进行二维定位，故CCD半导体型探测器具有较高质量的成像能力。它通常采用金属-氧化物-硅电容器作为光敏元件，这种电容器利用到达的X射线光子能量充电。在工作过程中，探测器每次读取一个像素，读取前要求对设备进行深度清空，以清除剩余能量。CCD半导体型探测器可实现微秒级的光子到达计时，但其计时性能受到码盘和清空深度的影响。

(4) 闪烁器型探测器

闪烁器型探测器由晶体材料组成。当X射线光子进入探测器时，X射线能量被转换成可见光，转换后的可见光用于激发电子。这种类型的探测器对于高X射线能量波段更有效，一般被用于硬X射线20～2000 keV波段范围的气缸支撑望远镜上，但其计时特性目前尚不确定。

(5) 量热计型探测器

当X射线光子进入时，量热计型探测器可以测量材料中的温度脉冲，温度上升的数值正比于光子的能量。这种探测器既可以探测单个光子，也可用于测量激光等离子体辐射的X射线总量。量热计通常只有1 mm^3 量级的大小，探测器面积极小，因此需要配备光学器件以增加其有效面积。

量热计型探测器具有线性响应和抗电磁干扰能力强等优点，能够满足纳秒级的光子到达计时精度。但是，由于这种探测器要求环境温度必须保持在 0 K 附近，所以其温控设备的耗能很高。此外，这种探测器还需要配有大量的支持电路，而且它不可以成像，在实际应用中有一定局限性。

(6) 固态半导体型探测器

固态半导体型探测器由许多被掺杂质分开的半导体材料组成，通过敏感 X 射线光子和半导体原子相互作用时产生的电子空穴对来测量 X 射线到达光子的能量。固态半导体探测器可达到微秒级的光子到达计时精度，但其性能受到使用材料纯度的影响，对低能量 X 射线的探测存在一定困难。此外，这种探测器对其工作温度有要求，需要进行冷却处理。

3.6.3　基本结构与工作原理

X 射线探测器由光学系统和探测器处理电路两部分组成。

1. 光学系统

敏感 X 射线的光学系统通常采用 X 射线望远镜或准直器。其中，X 射线望远镜的工作波段分布较广，且空间分辨率可达到角秒级，但是它价格高昂、质量大，难以满足目前的设计要求；准直器可对传输中的 X 射线光束进行准直，具有体积小、质量小、技术简单等优点，但其空间分辨率不及 X 射线望远镜。X 射线(能量范围为 100 eV～10 MeV)根据能量范围不同可以分为软 X 射线与硬 X 射线。通常光学系统敏感的波段集中在软 X 射线，即能量范围为 100 eV～10 keV。

2. 探测器处理电路

探测器处理电路是进行 X 射线脉冲星精确导航的保障，包括时序电路、驱动电路、数据处理电路和电源电路等。探测器处理电路需要与探测器的物理性能和高精度的光子到达计时算法相结合，配套处理光子到达信息，从而解算得到脉冲星的方位角位置。

X 射线探测器是捕获和记录脉冲星发出的 X 射线频段的高能光子的敏感器，可以实现对 X 射线脉冲星辐射光子的探测和光子到达时间的测量，同时根据 X 射线在探测器平面上的成像测定脉冲星的角位置。

X 射线探测器的基本工作原理为：当 X 射线携带的光子到达探测器后与探测器内的材料原子相碰撞，并以一定的概率与这些原子发生相互作用。相互作用主要包括光电效应、康普顿散射和电子对效应，并分别产生光电子、反冲电子和正负电子对。此外，当这些电子与探测器内的材料继续碰撞时，还会发生弹性碰撞、电离碰撞和韧致辐射等现象。这些相互作用和碰撞过程都会释放出能量，且该能量大小与被探测的光子数目成正比，所以探测器便可通过测定能量的大小来间接敏感光子。此外，X 射线探测器中的 X 射线成像仪还可将 X 射线携带的光子成像于二维阵列中，并通过计算光子进入探测器栅格的位置得到所探测脉冲星的方位信息。

3.7 小 结

本章首先从天体敏感器的分类及性能特点、基本结构、工作原理及误差源等方面介绍了几种常用天体敏感器，如星跟踪器、星敏感器、地球敏感器以及太阳敏感器。另外，紫外敏感器具有多用途、低功耗、低成本的特点，其代表了新一代姿态敏感器的发展方向；而作为近年来新兴的一种天文导航方式——脉冲星导航的核心器件，X 射线探测器也逐渐成为新的研究与发展热点。因此，本章还进一步介绍了紫外敏感器与 X 射线敏感器这两种新兴天体敏感器的工作原理、基本结构及性能特点。

第4章 星敏感器误差建模与补偿方法

星敏感器是天文导航系统的核心测量器件，其精度直接影响天文导航系统的精度。因此，建立星敏感器精确误差模型并予以补偿，是提高天文导航精度的主要方法之一。根据星敏感器误差来源，复杂工作条件引起的随机误差无法通过事先标定进行补偿，尤其是动态成像与温度变化对星敏感器测量精度的影响显著。因此，如何对其引起的误差进行建模与补偿对提高星敏感器测量精度与稳定性具有重要意义。

星敏感器工作在静态条件下时，由于光学系统散焦得到的星点光斑为 3×3 像素或 5×5 像素的弥散圆，引入质心细分定位算法得到的星点质心定位精度可达到亚像素级。然而，当捷联安装在载体上的星敏感器进行实时动态成像时，由于受到载体机动、机体振动等的影响，在曝光时间内星点光斑被拉长变形，就会产生运动模糊。此时星图信噪比降低，直接影响星体质心位置的提取精度，甚至导致星敏感器无法正常工作。因此，建立运动模糊模型并对模糊星图进行复原，有利于提高星图质量，进而提高星点质心提取精度，从而能够有效提高星敏感器的测量精度。

另外，构成星敏感器的主要器件如光学器件、图像传感器等对温度变化都较为敏感，热稳定性较差，通常温度引起的误差占星敏感器测量误差的50%以上，可见，星敏感器的测量精度受温度变化的影响显著。因此，建立星敏感器的温度误差模型并对该误差进行实时在线补偿，也是提高星敏感器测量精度的关键技术之一。

针对星敏感器的实际工程应用，本章介绍CCD星敏感器动态误差和温度误差的建模与补偿方法。

4.1 动态误差建模与补偿方法

由于光学系统散焦、衍射、像差等众多因素的影响，星点在星敏感器感光面阵上的能量分布近似为高斯分布，因此其光学成像系统的点扩散函数(Point Spread Function, PSF)$Q(x,y)$趋于高斯型。静态条件下，当不考虑星图噪声影响时，星敏感器拍摄到的不含噪声的原始星图$f(x,y)$可表示为

$$f(x,y)=I(x,y)*Q(x,y) \tag{4.1}$$

其中，$I(x,y)$表示理想清晰星图；$*$表征二维卷积运算。

若运动模糊引起的点扩散函数为空间不变型，则动态条件下的星图退化模型可表示为

$$g(x,y)=f(x,y)*h(x,y)+n(x,y) \tag{4.2}$$

其中，$g(x,y)$为受运动模糊影响的退化星图；$h(x,y)$为运动模糊引起的点扩散函数；$n(x,y)$为星图噪声。将$f(x,y)$作为原始星图，则$h(x,y)$和$n(x,y)$表征了星图的退化过程。其中，点扩散函数$h(x,y)$是描述模糊星图数学模型的关键，与星敏感器的运动形式密切相关。

运动模糊随载体运动形式不同而各异，实际载体的运动形式往往是线运动、角运动、振动相结合的复杂运动形式，在多重运动模糊因素作用下，星点光斑会发生复杂的像移。

4.1.1 运动模糊建模

1. 载体线运动对星敏感器成像的影响

在天文导航系统中，星敏感器往往是捷联安装在卫星、导弹等高速运动的载体上。由于星敏感器与其成像目标——恒星之间的距离可以认为是无穷远，星敏感器在曝光时间内作高速线运动产生的位移远远小于其与恒星之间的距离，因此在曝光前后星敏感器接收到的星光(对于同一颗恒星)可以认为是平行光。因此，载体的线运动不会对星敏感器的光学成像产生影响，即星图不会产生运动模糊。

2. 载体角运动星图模糊建模

(1) 载体绕非视轴角运动

通常，星敏感器光学系统在 OX_s，OY_s 轴向是对称的，在这两个方向上的运动形式和规律一致，故这里以 Y_s 轴向为例进行介绍。

如图 4.1 所示，假定曝光前恒星星光方向与视轴夹角为 θ_0，在 CCD 面阵上 P 点成像。载体以角速率 ω_y 绕 Y_s 轴顺时针转动，在曝光时间 t_e 内转过的角度为 $\Delta\theta=\omega_y \cdot t_e$，可等效为星光方向绕 Y_s 轴逆时针转过 $\Delta\theta$，而星点光斑在像平面内沿 X_s 轴从 P 点运动到 P'点。由几何关系可得，星像点的像移量为

$$L_x=\frac{f \cdot [\tan(\theta_0+\Delta\theta)-\tan\theta_0]}{d_{\mathrm{CCD}}} \tag{4.3}$$

式中，f 为星敏感器透镜焦距；d_{CCD} 为像元尺寸。

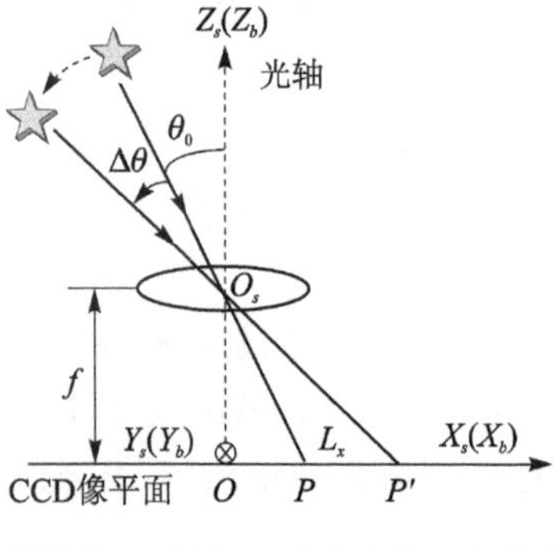

图 4.1 载体绕 Y_s 轴角运动产生的星图模糊示意图

由于曝光时间 t_e 很短，故 $\Delta\theta$ 为小量。对式(4.3)中的 $\tan(\theta_0+\Delta\theta)$项进行泰勒级数展开，并取 $\Delta\theta$ 的一次项，得

$$\tan(\theta_0+\Delta\theta)\approx\tan\theta_0+(1+\tan^2\theta_0)\cdot\Delta\theta \tag{4.4}$$

将式(4.4)代入式(4.5)，可得

$$L_x=f\cdot(1+\tan^2\theta_0)\cdot\Delta\theta/d_{\mathrm{CCD}} \tag{4.5}$$

进一步，当载体绕 X_s，Y_s 轴同时存在转动角速率 ω_x，ω_y 时，星点光斑将沿合成角速度的垂线方向发生像移 L_{xy}，有

$$L_{xy}=f\cdot(1+\tan^2\theta_0)\cdot\Delta\theta'/d_{\mathrm{CCD}} \tag{4.6}$$

式中，$\Delta\theta'=\omega_{xy}t_e$ 为小量；$\omega_{xy}=\sqrt{\omega_x^2+\omega_y^2}$ 为合成角速度的大小；$\theta_0\in[0,F_{ov}/2]$。

若星敏感器视场 $F_{ov}\leqslant 10°$，则 $\max_{\theta_0}\leqslant 5°$，$\theta_0$ 亦为小角度，则式(4.6)可进一步简化为

$$L_{xy}=f\cdot\Delta\theta'/d_{\mathrm{CCD}}=f\cdot\omega_{xy}\cdot t_e/d_{\mathrm{CCD}} \tag{4.7}$$

在星敏感器曝光瞬间可以认为 ω_{xy} 保持不变，由式(4.7)易知，星点光斑在像平面上近似作匀速直线运动，且沿运动方向的模糊尺度为 L_{xy}。

而根据匀速直线运动模糊图像的退化模型，一维匀速直线运动造成的点扩散函数是一个矩形函数，即

$$p_1(x)=\begin{cases}\dfrac{1}{L} & 0\leqslant x<L\\ 0 & \text{其他}\end{cases} \tag{4.8}$$

式中，L 为图像模糊尺度。

若星点光斑运动方向与 X_s 轴夹角为 α，结合式(4.7)及式(4.8)，可得载体绕非视轴角运动造成的点扩散函数 $h_1(x,y)$，即

$$h_1(x,y)=\begin{cases}\dfrac{1}{L_{xy}} & x\sin|\alpha|-y\cos|\alpha|=0,\\ & 0\leqslant x<L_{xy}\cos|\alpha|\\ 0 & \text{其他}\end{cases} \tag{4.9}$$

(2) 载体绕视轴角运动

当载体机动或姿态调整时往往存在绕视轴的角运动。如图 4.2 所示，若载体以角速率 ω_z 绕 Z_s 轴逆时针转动，在曝光时间 t_e 内转过的角度为 $\Delta\theta=\omega_z\cdot t_e$，可等效为星光方向绕 Z_s 轴顺时针转过 $\Delta\theta$，而星点光斑则在像平面内沿半径为 r 的圆(模糊路径)从 P 点运动到 P' 点。此时，星像点的像移量为

$$L_z=r\cdot\omega_z\cdot t_e \tag{4.10}$$

式中，$r=\sqrt{x^2+y^2}$，(x,y)为恒星在像平面上的坐标位置。

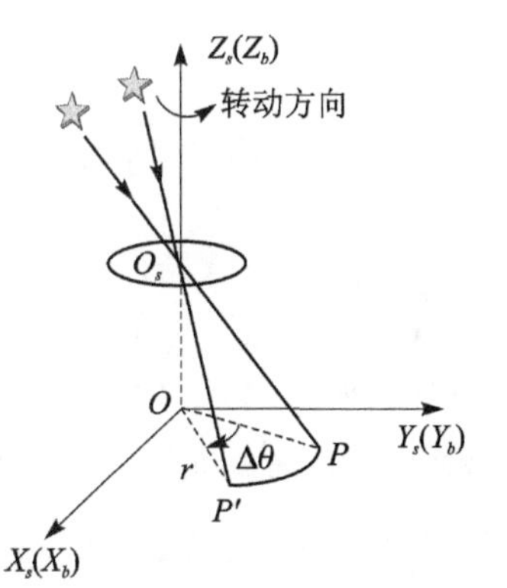

图 4.2　载体绕视轴角运动产生的星图模糊示意图

将 L_z 离散化处理，用 a_r 表示模糊路径上的星像点的模糊宽度，则有

$$a_r=1+\lfloor L_z\rfloor \tag{4.11}$$

其中，$\lfloor\cdot\rfloor$表示向下取整。

结合旋转运动模糊图像的退化模型可知，模糊路径上任一像素点的灰度值 $g_r(i)$是该像素点及其后共 a_r 个像素点的原灰度值的加权累积，即

$$g_r(i)=\frac{1}{a_r}\sum_{x=0}^{a_r-1}f_r(i-x) \tag{4.12}$$

式中，$i=0,1,\cdots,N_r-1$，$N_r=\lfloor 2\pi r \rfloor$为模糊路径的长度；$g_r(i)$，$f_r(i)$分别为模糊路径上像素的模糊灰度值序列及原灰度值序列。

令

$$h_2(x)=\begin{cases}1/a_r & 0\leqslant x<a_r-1\\0 & a_r\leqslant x\leqslant N_r-1\end{cases} \tag{4.13}$$

则式(4.12)可用离散卷积的形式表示为

$$g_r(i)=\sum_{x=0}^{N_r-1}f_r(x)h_2(i-x)=f_r(x)*h_2(x) \tag{4.14}$$

式中，$h_2(x)$即为载体绕视轴角运动造成的点扩散函数。

3. 载体振动星图模糊建模

载体的振源包括大气湍流、发动机组振动、低频热动力现象等，这些振动都是客观存在并且是不可避免的。对于捷联安装的星敏感器，载体的振动会直接传递到星敏感器成像系统上。下面来分析不同振动形式对星敏感器成像的影响。

(1) 载体绕非视轴角振动

如图4.3所示，若载体存在振幅为A_{ng}、相位为φ的角振动，则将导致星敏感器成像系统的抖动，将其等效为恒星光线相对于视轴的角振动，有

$$\Delta\theta=A_{ng}\cos\varphi \tag{4.15}$$

式中，$\varphi=\omega_0 t+\phi_0$，$\omega_0$为振动角频率，$\phi_0$为初始相位。

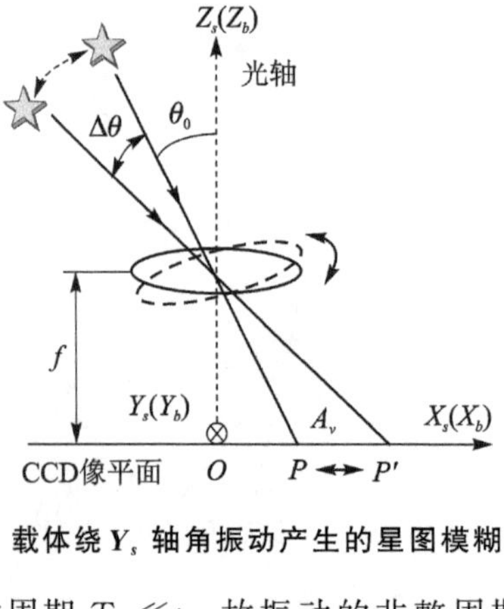

图4.3 载体绕Y_s轴角振动产生的星图模糊示意图

通常，由于载体高频振动的周期$T_0\ll t_e$，故振动的非整周期部分对星光能量积分过程的影响可忽略不计，令$\phi_0=0$，则有

$$\Delta\theta=A_{ng}\cos\omega_0 t \tag{4.16}$$

将式(4.16)代入式(4.6)，可得载体绕非视轴进行高频角振动时星像点在像平面上的运动形式，即

$$\begin{aligned}x_v(t)&=\frac{f\cdot(1+\tan^2\theta_0)\cdot A_{ng}}{d_{\text{CCD}}}\cos\omega_0 t\\&=A_v\cos(\omega_0 t)\end{aligned} \tag{4.17}$$

式中，A_v 为简谐振动 $x_v(t)$ 的振幅。

在一定条件下（如 $\max_{\theta_0}\leqslant 5°$），$\theta_0$ 和 A_{ng} 均可视为小角度，式(4.17)可简化为

$$x_v(t)=\frac{f\cdot A_{ng}}{d_{\mathrm{CCD}}}\cos\omega_0 t=A_v\cos\omega_0 t \tag{4.18}$$

由式(4.18)可知，恒星光斑在像平面内近似作快速简谐振动，且振动频率与载体角振动频率相同，振幅 A_v 由载体角振动振幅 A_{ng}、星敏感器透镜焦距 f 和像元尺寸 d_{CCD} 共同决定。

而根据简谐振动模糊图像的退化模型，一维快速简谐振动的 PSF 与振动频率无关，可表示为

$$p_v(x)=\begin{cases}\dfrac{1}{\pi\sqrt{A^2-x^2}} & -A\leqslant x\leqslant A\\ 0 & 其他\end{cases} \tag{4.19}$$

式中，A 为简谐振动的振幅。

若星点光斑振动方向与 X_s 轴夹角为 β，结合式(4.18)及式(4.19)，可得载体绕非视轴角振动造成的点扩散函数，表示如下：

$$h_3(x_v)=\begin{cases}\dfrac{1}{\pi\sqrt{A_v^2-x_v^2}} & -A_v\leqslant x_v\leqslant A_v\\ 0 & 其他\end{cases} \tag{4.20}$$

(2) 载体随机振动

在工程问题中，随机振动多是由于激励的随机性造成的。对于高频的随机振动而言，在曝光时间内星像点在像平面上频繁运动，且满足中心限制理论；依据中心限制理论，高频随机振动满足高斯分布，一般认为物像与焦面探测器之间的随机振动会造成像点模糊成高斯图样，相应的点扩散函数为

$$h_{\mathrm{randon}}(x,y)=-\frac{1}{\sqrt{2\pi}\sigma}\exp\left(-\frac{x^2+y^2}{2\sigma^2}\right) \tag{4.21}$$

式中，σ 为物像振动位移的标准差。由于星敏感器通常是通过光学散焦技术来提高质心提取精度的，典型效果为焦面上星像点的能量分布近似为二维高斯分布，因此这里不考虑随机振动对星敏感器测量误差的影响。

(3) 载体沿视轴线振动

当星敏感器光学系统沿视轴线振动时，会造成成像系统离焦，星点光斑的像移如图 4.4 所示。几何光学分析表明，光学系统离焦造成的点扩散函数为

$$h_l(x,y)=\begin{cases}\dfrac{1}{\pi b^2} & x^2+y^2\leqslant b^2\\ 0 & 其他\end{cases} \tag{4.22}$$

其中，b 为离焦斑半径。离焦作用的效果为点光源的像退化为均匀分布的圆形光斑，会使星图分辨率降低，但不改变星像点的灰度中心。而星图处理中的质心提取算法主要就是提取星点光斑的灰度中心，因此可以忽略载体沿视轴线振动对星点质心定位精度的影响。

(4) 载体沿非视轴线振动

与载体线运动情况类似，由于星敏感器拍摄的是无穷远处的恒星，在曝光前后星敏感器接收到的星光(对于同一颗恒星)可以认为是平行光(如图4.5所示)，因此载体沿非视轴线振动不会产生星图模糊。

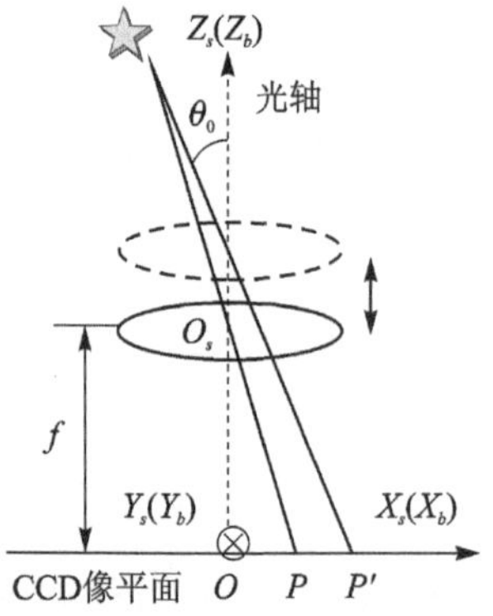

图4.4 载体沿视轴线振动产生的星图模糊示意图

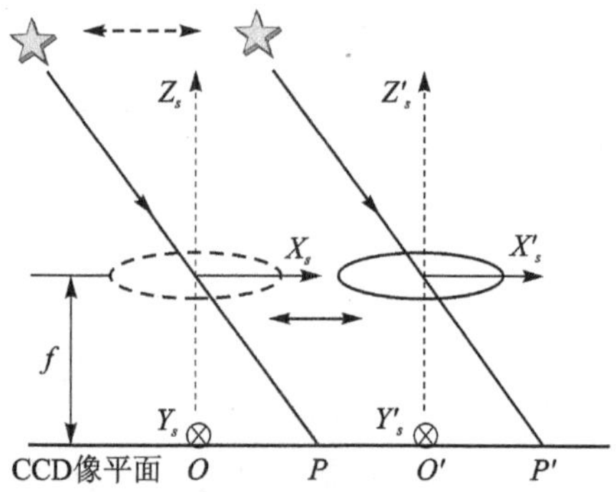

图4.5 载体沿 Y_s 轴方向线振动示意图

4. 星图多重模糊

通常，串联光学系统是对各个分系统的光学传递函数OTF(Optical Transfer Function)连乘来求取整体系统的OTF。若用点扩散函数表示总系统的成像质量，则

$$\mathrm{Im}=\mathrm{Im}_0 * h_a * h_b * \cdots * h_c \tag{4.23}$$

式中，Im_0 为原始图像，$h_a,h_b,\cdots,h_c$ 表示各光学子系统的点扩散函数。将载体在动态条件下造成的点扩散函数等价于光学系统的点扩散函数，则式(4.23)也可看作多个模糊因素 $h_a,h_b,\cdots,h_c$ 同时作用下模糊图像Im的表达式。

综上，载体在动态条件下绕非视轴、视轴角运动及绕非视轴的角振动是造成星图模糊并影响星敏感器测量精度的主要因素。利用式(4.9)、式(4.13)、式(4.20)可分别得到对应的点扩散函数 $h_1(x,y),h_2(x,y),h_3(x,y)$，结合式(4.23)，则星图的多重运动模糊模型可表示为

$$g=f * h_1 * h_2 * h_3 \tag{4.24}$$

进一步考虑星图噪声 $\eta(x,y)$，则有如下星图退化模型：

$$g=f * h_1 * h_2 * h_3+\eta \tag{4.25}$$

4.1.2 运动模糊星图复原方法

如图4.6所示，星图复原是星图模糊的反过程，若能基于星图模糊的物理过程估计出点扩散函数，就可以通过图像复原技术恢复星图。获得退化过程传递函数 $\hat{H}(u,v)$ 的信息有两种途径：

- 由引起退化的物理过程获得。例如，当退化由大气湍流或者运动产生时，可以建模并计算出 $\hat{H}(u,v)$。
- 从图像本身提取 $\hat{H}(u,v)$ 的信息，即忽略隐含的物理过程所产生的实际状态，仅从该过程对已知对象的图像产生的影响入手来获取信息。

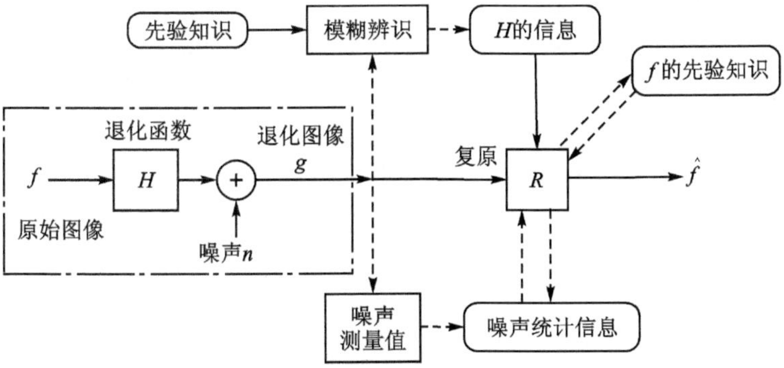

图 4.6　图像退化模型及复原过程

由于星敏感器存在数据输出率低等缺点，通常与 SINS 组合使用，因此可通过 SINS 提供载体速度、角速度等运动信息；而振动参数可通过捷联安装的振动传感器提供。将星敏感器性能参数、载体运动参数代入式(4.9)、式(4.13)、式(4.20)，分别得到点扩散函数 $h_1(x,y)$，$h_2(x,y)$，$h_3(x,y)$，从而可采用分步复原的方法恢复在多重运动模糊条件下的星图。

多重模糊星图的分步复原方法包含两个步骤：旋转运动模糊的恢复、多重空间不变模糊的恢复。

1. 旋转运动模糊的恢复

这一步是要去除载体绕视轴角运动产生的旋转运动模糊。传统的旋转模糊图像的几何坐标转换复原(CTR)算法复杂、实时性差，而采用基于模糊路径的代数去卷积法克服了 CTR 算法的缺陷，其实施步骤如下：

① 结合 Bresenham 画圆算法沿模糊路径(长度为 N_r)快速读取模糊像素的灰度值 $g_r(i)$ $(i=0,1,N_r-1)$；

② 利用约束最小二乘(CLS)滤波器，在频域进行滤波去卷积得到 $\hat{F}_r(u)$，即

$$\hat{F}_r(u)=\frac{H_r^*(u)}{|H_r(u)|^2+\gamma|P(u)|^2}G(u) \tag{4.26}$$

式中，$G(u)$、$H_r(u)$、$P(u)$分别为 $g_r(i)$、$h_2(x,y)$以及二阶差分算子 $p(x,y)$的离散傅里叶变换(DFT)，$H_r^*(u)$为 $H_r(u)$的复数共轭。γ 是优化过程中需要确定的参数，可通过迭代过程得到。二阶差分算子 $p(x,y)$为

$$p(x,y)=\begin{bmatrix}0 & -1 & 0\\ -1 & 4 & -1\\ 0 & -1 & 0\end{bmatrix}$$

③ 对 $\hat{F}_r(u)$进行傅里叶逆变换得出 $\hat{f}_r(i)$。

这样由小到大改变模糊路径，并沿模糊路径进行恢复，直到模糊路径上有部分像素超出 CCD 像平面为止，最终得到旋转运动模糊恢复后的星图 $f_1(x,y)$。

2. 多重空间不变模糊的恢复

对旋转模糊恢复后的星图 $f_1(x,y)$，需进一步去除载体绕非视轴角运动及角振动产生的

多重空间不变模糊，其具体步骤如下：

① 为便于数字图像复原处理，首先将 $h_1(x,y)$，$h_3(x,y)$ 离散化得到相应的离散化点扩散函数 P_L，P_v，并将两者合并：

$$h_{\text{invari}}(x,y)=P_L * P_v \tag{4.27}$$

② 引入 CLS 滤波器，完成星图复原：

$$\hat{F}(u,v)=\frac{H^*_{\text{invari}}(u,v)\hat{F}_1(u,v)}{|H_{\text{invari}}(u,v)|^2+\gamma|P(u,v)|^2} \tag{4.28}$$

式中，$H_{\text{invari}}(u,v)$、$P(u,v)$、$\hat{F}_1(u,v)$ 分别表示 $h_{\text{invari}}(x,y)$、二阶差分算子及 $f_1(x,y)$ 的 DFT。

③ 对 $\hat{F}(u,v)$ 进行傅里叶逆变换得出原始星图的最优估计 $\hat{f}(x,y)$。

得到复原后的星图 $\hat{f}(x,y)$ 后，接下来即可进行星图阈值分割、质心提取、匹配识别等操作，最终实现星敏感器精确定姿。

4.1.3 性能验证

1. 仿真条件

星敏感器性能参数见表 4.1。曝光前，星敏感器的视轴指向和滚转角 $(\alpha_0,\delta_0,\kappa_0)$ 分别为 (50°,50°,90°)；选用 Tycho2n 星表中亮于 6.95 Mv 的 14 581 颗星作为完备星表。

- 载体绕非视轴角运动造成的点扩散函数 $h_1(x,y)$ 的参数设置：模糊尺度 $L_{xy}=10$，模糊方向 $\alpha=0°$。
- 载体绕视轴角运动造成的点扩散函数 $h_2(x,y)$ 的参数设置：$\omega_z=25$ (°)/s。
- 载体绕非视轴角振动造成的点扩散函数 $h_3(x,y)$ 的参数设置：振幅 $A_v=5$，模糊方向 $\beta=0°$。
- 另外，星图噪声 $n(x,y)$ 选用均值为 0，方差为 0.02 的高斯白噪声。

表 4.1 星敏感器性能参数

视场大小 $F_{\text{OV},x}\times F_{\text{OV},y}$	CCD 面阵 $N_x\times N_y$	像素尺寸 d_{CCD}	焦距 f	曝光时间 t_e	曝光系数 K	星等阈值 m_h	高斯半径 σ_{PSF}
8°×8°	512×512	27 μm	98.8 mm	200 ms	1	6 Mv	0.7

2. 运动模糊对星点质心提取精度的影响

(1) 载体绕非视轴角运动

考虑点扩散函数 $h_1(x,y)$，模糊星点的灰度分布如图 4.7 所示。图 4.8 反映了模糊尺度 L_{xy}（正比于 ω_{xy}）和模糊方向 α 变化对质心提取精度的影响。可见，模糊尺度越大，质心提取误差越大；模糊方向的变化主要影响质心提取误差在 x，y 轴上的分配。

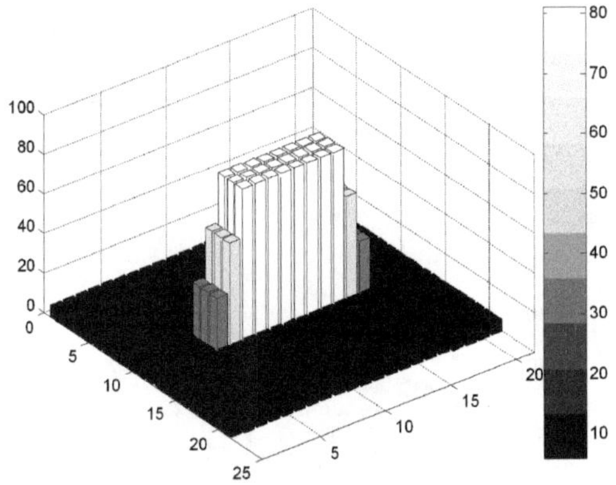

图 4.7　模糊星点的灰度分布直方图

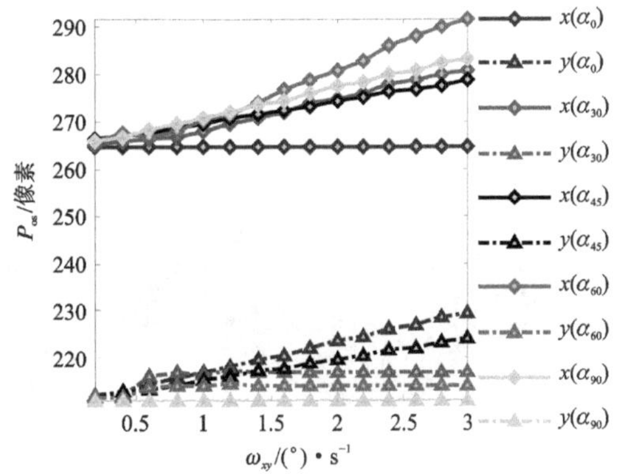

图 4.8　质心提取精度随 ω_{xy} 及 α 的变化

(2) 载体绕视轴角运动

考虑点扩散函数 $h_2(x,y)$，模糊星点的灰度分布如图 4.9 所示。图 4.10 反映了不同星体 $S_a \sim S_e$ 的质心定位误差随 ω_z 的变化，各个星体距离 CCD 面阵中心点的距离 $r_b > r_d > r_c > r_e > r_a$。可见，角速率 ω_z 越大，星点距离面阵中心点的距离越远，星点质心提取的误差越大；在角运动比较剧烈的情况下，星点分布较为密集的区域中不同的星点光斑会相互连通，导致星点质心提取误差存在震荡现象。

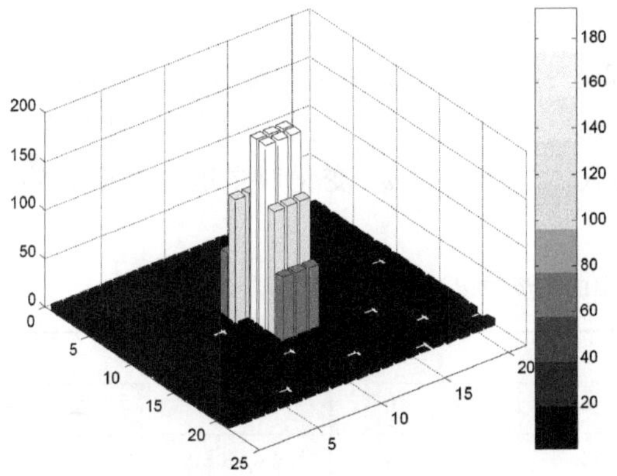

图 4.9　旋转模糊星点灰度直方图

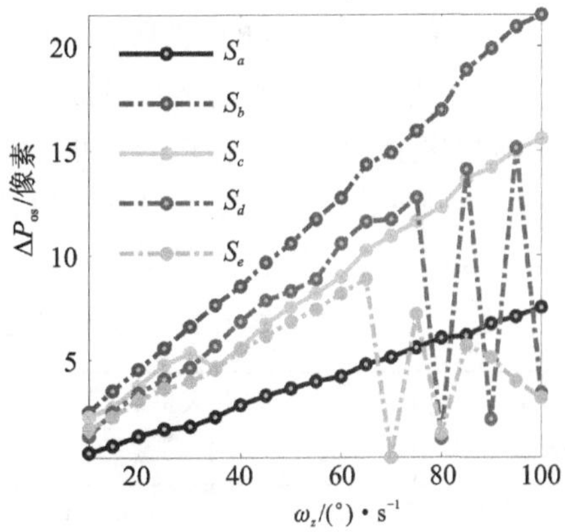

图 4.10　不同星点质心定位误差随 ω_z 的变化

(3) 载体绕非视轴角振动

考虑点扩散函数 $h_3(x,y)$，对应模糊星点的灰度分布如图 4.11 所示。从图 4.12 可以看出，振幅 A_v 越大，星体质心提取误差越大；而振动方向 β 的变化会影响质心提取误差在 x，y 轴上的分配。

可见，载体高动态运动会造成星图模糊，星点光斑弥散剧烈，这时直接利用质心法提取的星点质心与实际质心有较大偏离，主要有以下几种情况：

① 不同的星点光斑相互连通；星图阈值分割中采用连通域分割会误认为是一颗星，这样检测出的星体中心会有很大误差。

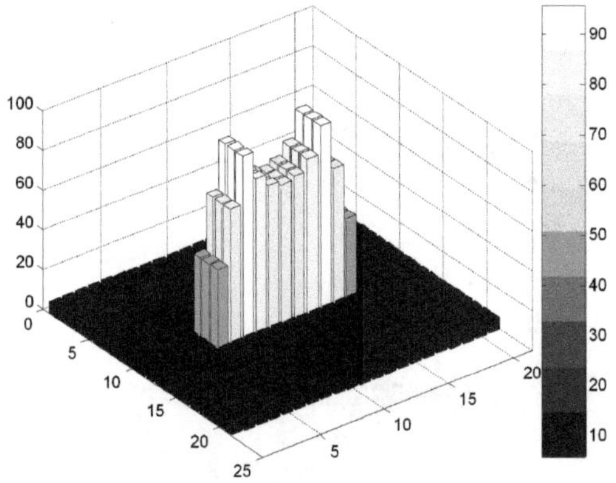

图 4.11 振动模糊星点灰度直方图

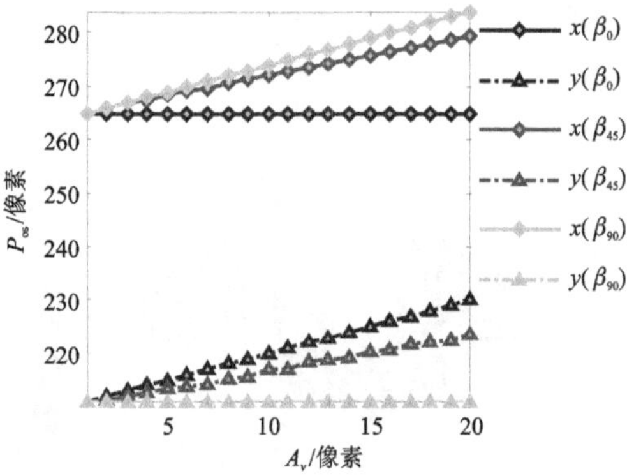

图 4.12 质心提取精度随振幅及振动方向的变化

② 星点光斑拉长，光斑区域灰度值变小；星敏感器的星等灵敏度降低，影响质心提取的精度及可提取星的数目。

③ 星点光斑灰度分布不均匀，星图阈值分割采用二值分割会误认为是多颗星，致使匹配识别失败。

3. 模糊星图复原前后的定姿效果对比

下面进一步分两种情况进行讨论。

(1) 当载体绕视轴角运动时，角速率 ω_z 变化

表 4.2 数据表明，若直接对模糊星图进行质心提取、匹配识别和定姿等一系列操作，角速率 ω_z 的变化主要影响滚转角的精度，当角速率 $\omega_z \geqslant 75$ (°)/s 时，定姿误差已超出允许范围，甚至无法定姿；若预先实施了星图复原处理，则载体运动参数 ω_z 变化对星敏感器姿态确定的影响不大，定姿误差能够稳定在一定范围内。

表 4.2 模糊星图及复原星图的定姿效果比较(ω_z 变化)

ω_z /(°)·s^{-1}	定姿误差(模糊星图)			定姿误差(复原星图)		
	$\Delta\alpha_0$/(°)	$\Delta\delta_0$/(°)	$\Delta\kappa_0$/(°)	$\Delta\alpha_0$/(°)	$\Delta\delta_0$/(°)	$\Delta\kappa_0$/(°)
35	0.199 5	0.000 4	−4.130 7	0.195 9	−0.008 8	−0.238 9
40	0.189 5	−0.003 2	−4.209 5	0.206 9	−0.002 1	−0.333 5
45	0.199 8	0.003 1	−5.618 3	0.195 6	−0.003 5	−0.153 9
50	0.195 0	−0.004 1	−4.675 7	0.189 1	−0.012 5	0.176 4
55	0.119 2	−0.077 4	−17.172	0.192 0	−0.008 7	−0.126 2
60	0.194 4	−0.003 5	−5.575 4	0.203 0	−0.005 3	−0.075 1
65	0.181 9	−0.006 4	−5.719 2	0.187 9	−0.006 6	−0.562 9
70	0.758 8	−0.593 9	2.928 3	0.189 7	−0.007 1	0.134 1
75	失败	失败	失败	0.192 8	−0.006 4	0.009 8

续表 4.2

ω_z /(°)·s^{-1}	定姿误差(模糊星图)			定姿误差(复原星图)		
	$\Delta\alpha_0$/(°)	$\Delta\delta_0$/(°)	$\Delta\kappa_0$/(°)	$\Delta\alpha_0$/(°)	$\Delta\delta_0$/(°)	$\Delta\kappa_0$/(°)
80	失败	失败	失败	0.200 3	−0.007 1	−0.051 2
85	失败	失败	失败	0.195 6	−0.005 9	0.134 2
90	失败	失败	失败	0.196 2	−0.003 2	−0.036 5

(2) 当载体绕非视轴角振动时，振幅 A_v 变化

由表 4.3 可见，若直接利用模糊星图进行定姿，当振幅 $A_v \geqslant 10$ 像素时，已无法正常定姿；若利用复原后星图进行一系列的星图处理操作，则在载体振动剧烈引起星点光斑弥散剧烈的情况下，仍然能够保证星敏感器的正常定姿。

表 4.3　模糊星图及复原星图的定姿效果比较(A_v 变化)

A_v/像素	定姿误差(模糊星图)			定姿误差(复原星图)		
	$\Delta\alpha_0$/(°)	$\Delta\delta_0$/(°)	$\Delta\kappa_0$/(°)	$\Delta\alpha_0$/(°)	$\Delta\delta_0$/(°)	$\Delta\kappa_0$/(°)
3	0.144 4	0.002 4	−2.199 3	0.150 4	−0.001 2	−0.303 9
5	0.195 8	−0.003 0	−2.700 1	0.192 9	−0.004 9	−0.425 2
8	0.279 2	−0.004 5	−2.779 9	0.299 5	−0.004 2	0.304 3
10	失败	失败	失败	0.334 5	−0.004 7	0.310 4
12	失败	失败	失败	0.470 4	0.003 2	0.113 2

以上仿真结果表明：经星图复原后，可以克服载体运动对星敏感器的不利影响，保证高动态条件下星敏感器工作的稳定性。

4.2　温度误差建模与在线补偿方法

4.2.1　星敏感器温度误差建模

星敏感器由光学系统、CCD 传感器、光电转换电路、控制与数据处理电路、遮光罩等部分构成。其中，温度对光学系统与 CCD 传感器的影响会直接影响星点位置的提取精度，如图 4.13 所示。对光学系统来说，温度会改变光学系统元器件的性能参数与相对位置，还会引起镜筒的形变，使光学系统产生焦距漂移与畸变，进而使像平面上星点位置发生偏移，这种偏移具有一定的规律性，属于系统误差。对 CCD 传感器来说，温度会改变 CCD 器件的噪声特性，影响星点质心提取的精度，进而引起星点位置的波动，属于随机误差。温度变化导致的星点位置系统误差与随机误差，是引起星敏感器在空间环境中定姿精度降低的主要原因之一。因此，星敏感器温度误差模型的建立就从这两方面进行。

1. 系统误差建模

温度变化引起了星敏感器光学系统的焦距漂移与畸变，是影响星敏感器温度误差大小的最重要因素。结合几何成像原理，可得到随温度变化引起的星点位置偏移，进而可建立星敏感

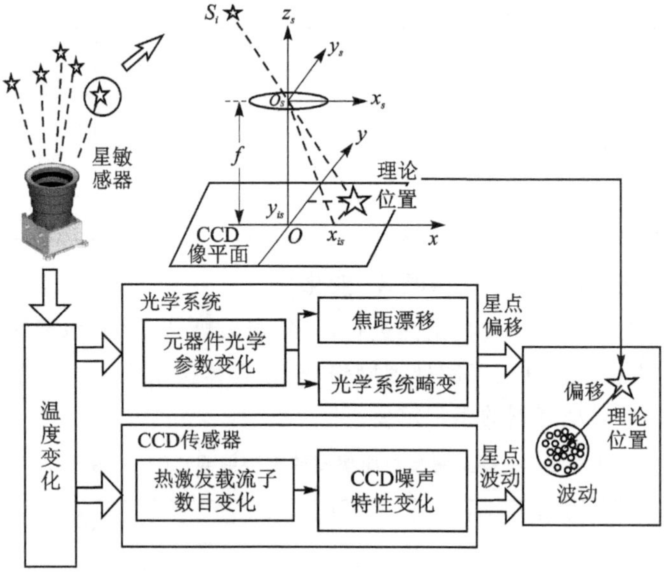

图 4.13 星敏感器温度误差分析

器光学系统误差模型。

(1) 焦距漂移

温度变化会引起光学系统中各镜头的曲率半径、折射率等参数的变化，进而改变焦距的大小，从而引起焦距漂移。某单透镜的光焦度 ϕ_i 可表示为

$$\phi_i = (n_i - N_{\text{air}})(C_{1i} - C_{2i}) \tag{4.29}$$

式中，C_{1i}、C_{2i} 是该透镜前、后表面的曲率，n_i 是该透镜的折射率，N_{air} 是空气的折射率。

式(4.29)对温度微分得

$$\frac{\mathrm{d}\phi_i}{\mathrm{d}T} = \left(\frac{\mathrm{d}n_i}{\mathrm{d}T} - \frac{\mathrm{d}N_{air}}{\mathrm{d}T}\right)(C_{1i} - C_{2i}) + (n_i - N_{\text{air}})\left(\frac{-1}{R_{1i}^2}\cdot\frac{\mathrm{d}R_{1i}}{\mathrm{d}T} + \frac{1}{R_{2i}^2}\cdot\frac{\mathrm{d}R_{2i}}{\mathrm{d}T}\right) \tag{4.30}$$

式中，R_{1i}、R_{2i} 是该透镜前、后表面的曲率半径。

由于透镜的线膨胀系数 α_{gi} 可以表示为

$$\frac{1}{R_{1i}}\frac{\mathrm{d}R_{1i}}{\mathrm{d}T} = \frac{1}{R_{2i}}\frac{\mathrm{d}R_{2i}}{\mathrm{d}T} = \alpha_{gi} \tag{4.31}$$

故

$$\frac{\mathrm{d}\phi_i}{\mathrm{d}T} = \phi_i\left[\frac{1}{n_i - N_{\text{air}}}\left(\frac{\mathrm{d}n_i}{\mathrm{d}T} - \frac{\mathrm{d}N_{air}}{\mathrm{d}T}\right) - \alpha_{gi}\right] \tag{4.32}$$

将 $\phi_i = \frac{1}{f_i}$ 代入式(4.32)中，并引入温度焦距漂移系数 α_{fi}，则有

$$\alpha_{fi} = \frac{1}{f_i}\cdot\frac{\mathrm{d}f_i}{\mathrm{d}T} = -\frac{1}{n_i - N_{\text{air}}}\left(\frac{\mathrm{d}n_i}{\mathrm{d}T} - \frac{\mathrm{d}N_{\text{air}}}{\mathrm{d}T}\right) + \alpha_{gi} \tag{4.33}$$

在光学系统的应用上通常忽略空气折射率的变化，即 $\frac{\mathrm{d}N_{\text{air}}}{\mathrm{d}T} \approx 0$，$N_{\text{air}} \approx 1$，则

$$\alpha_{fi} = \frac{1}{f_i}\frac{\mathrm{d}f_i}{\mathrm{d}T} = -\frac{B_{gi}}{n_i - 1} + \alpha_{gi} \tag{4.34}$$

式中，B_{gi} 是透镜的折射率温度变化系数。可以看出 α_{fi} 只与透镜材料的光学特性有关，表征了透镜的焦距随温度的变化率。星敏感器光学系统由多块块透镜组成，其整体的温度焦距漂移系数 α_f 为

$$\alpha_f = f\sum_{i=1}^{n}\frac{\alpha_{fi}}{f_i} \tag{4.35}$$

则整体的焦距漂移 Δf 可以表示为

$$\Delta f = \alpha_f \cdot f \cdot \Delta T \tag{4.36}$$

根据式(4.36)可知，焦距漂移 Δf 取决于焦距漂移系数 α_f、焦距 f 与温度变化量 ΔT，若已知光学系统各透镜的光学材料，则可通过式(4.34)～式(4.36)计算焦距漂移。

由图 4.14 可知，焦距漂移 Δf 改变了光学系统光心 O_s 到像平面的距离，导致恒星在像平面上的成像位置沿径向从 $P(x,y)$ 移动至 $P_1(x_1,y_1)$。由相似三角形的几何关系，可得焦距漂移 Δf 导致的星点位置偏移为

$$\Delta x_f = \frac{\Delta f}{f}x = \alpha_f \Delta T x,\quad \Delta y_f = \frac{\Delta f}{f}y = \alpha_f \Delta T y \tag{4.37}$$

式中，(x,y) 为标定温度下的星点位置。

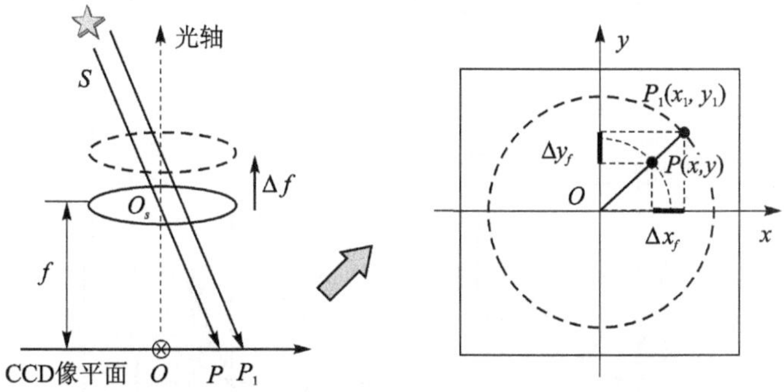

图 4.14　焦距漂移对星点位置的影响示意图

根据星敏感器光学系统各透镜的折射率温度变化系数 B_{gi}、线膨胀系数 α_{gi} 及焦距 f_i，利用式(4.34)～式(4.35)可得星敏感器光学系统的温度焦距漂移系数 α_f，结合温度变化量 ΔT，利用式(4.37)可得星点的焦距漂移误差$(\Delta x_f, \Delta y_f)$。

(2) 畸变误差

温度变化引起的光学系统畸变主要包括径向畸变与切向畸变两方面。径向畸变主要是由光学系统中各透镜的曲率、折射率等参数的变化引起的。由式(4.30)与式(4.31)可知，温度变化会改变透镜的这些参数，从而产生径向畸变。如图 4.15 所示，径向畸变改变了星光矢量 S 的方向，使恒星星点从 $P(x,y)$ 移动至 $P_2(x_2,y_2)$。

径向畸变对星点位置的影响可以用如下的数学模型描述：

$$\left.\begin{aligned}\Delta x_r &= k_1 x(x^2+y^2)+\delta_r \\ \Delta y_r &= k_1 y(x^2+y^2)+\delta_r\end{aligned}\right\} \tag{4.38}$$

式中，k_1 为径向畸变系数，δ_r 是径向畸变高阶项。

不同温度条件下，径向畸变系数 k_1 会发生变化，进而导致同一颗恒星的星点位置偏移不同。将温度与畸变系数之间的关系用多项式进行拟合，可以得到不同温度下的 k_1：

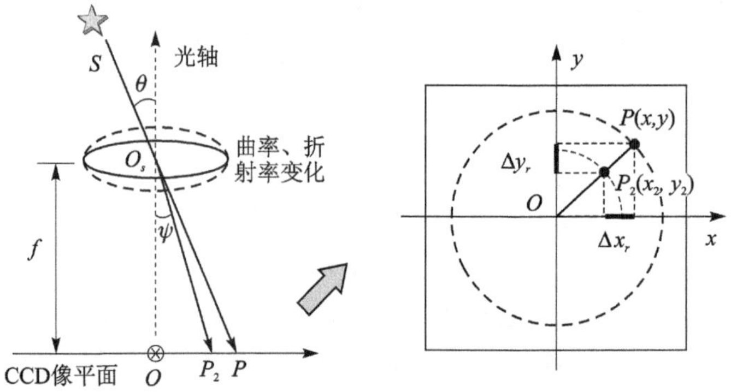

图 4.15 径向畸变对星点位置的影响示意图

$$k_1 = a_0 + a_1(\Delta T) + a_2(\Delta T)^2 + \cdots + a_p(\Delta T)^p \tag{4.39}$$

式中，$a_0 \sim a_p$ 为 k_1 的温度系数，需要通过实验数据进行标定，p 为多项式阶数。将式(4.39)代入式(4.38)中，即可得到径向畸变误差$(\Delta x_r, \Delta y_r)$。

切向畸变主要是由光学系统各透镜的视轴中心不严格共线引起的。温度变化会使各透镜产生离轴、倾斜等相对位置的变化，还会引起镜筒的热胀冷缩，从而产生光学系统的切向畸变。如图 4.16 所示，切向畸变改变了星光矢量 S 的方向，使恒星星点从 $P(x,y)$ 移动至 $P_3(x_3,y_3)$。

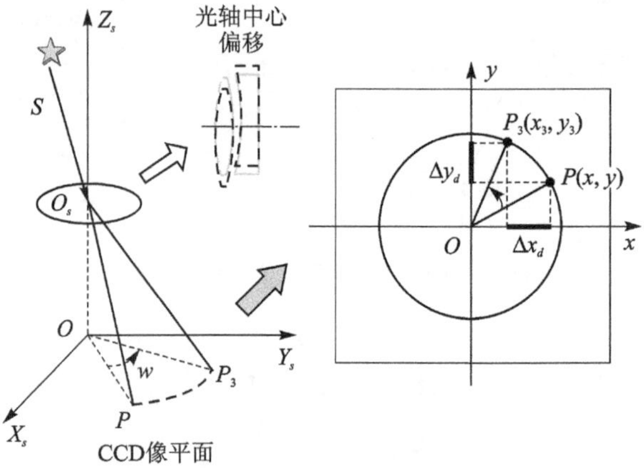

图 4.16 切向畸变对星点位置的影响示意图

切向畸变对星点位置的影响可以用如下的数学模型来描述：

$$\left.\begin{aligned} \Delta x_d &= p_1(3x^2 + y^2) + 2p_2 xy + \delta_d \\ \Delta y_d &= 2p_1 xy + p_2(x^2 + 3y^2) + \delta_d \end{aligned}\right\} \tag{4.40}$$

式中，p_1 与 p_2 为切向畸变系数，δ_d 是切向畸变高阶项。

与径向畸变相似，可以用如下多项式拟合切向畸变系数 p_1 与 p_2：

$$\left.\begin{aligned} p_1 &= b_0 + b_1(\Delta T) + b_2(\Delta T)^2 + \cdots + b_m(\Delta T)^m \\ p_2 &= c_0 + c_1(\Delta T) + c_2(\Delta T)^2 + \cdots + c_n(\Delta T)^n \end{aligned}\right\} \tag{4.41}$$

式中，$b_0 \sim b_m$ 与 $c_0 \sim c_n$ 为温度系数，m 与 n 为多项式阶数。将式(4.41)代入式(4.40)中，即可得到切向畸变误差$(\Delta x_d, \Delta y_d)$。

(3) 系统误差模型

可见，温度变化引起星敏感器光学系统产生热变形，进而导致光学系统的焦距漂移与畸变，这两个因素将共同导致星点位置的偏移，如图 4.17 所示。

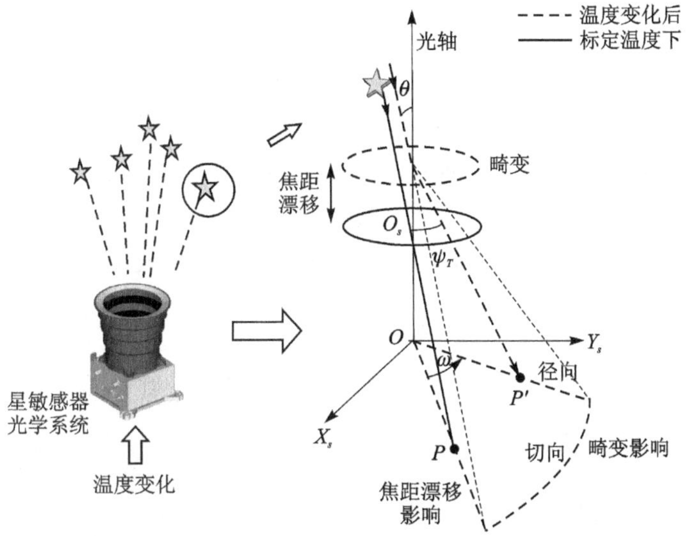

图 4.17　焦距漂移与镜头畸变对星点位置的影响

综合式(4.37)、式(4.38)和式(4.40)，忽略畸变高阶项影响，可以建立星敏感器的温度系统误差模型来衡量温度变化与星点位置偏移的关系：

$$\left.\begin{aligned}\Delta x_c &= \alpha_f \Delta T x_i + k_1 x_i (x_i^2 + y_i^2) + p_1 (3x_i^2 + y_i^2) + 2p_2 x_i y_i \\ \Delta y_c &= \alpha_f \Delta T y_i + k_1 y_i (x_i^2 + y_i^2) + 2p_1 x_i y_i + p_2 (x_i^2 + 3y_i^2)\end{aligned}\right\} \tag{4.42}$$

式中，(x_i, y_i)是恒星 i 在标定温度下的星点位置，畸变系数 k_1、p_1 和 p_2 可以利用式(4.39)和式(4.41)确定。式(4.42)衡量了温度变化量 ΔT 与星点位置系统误差$(\Delta x_c, \Delta y_c)$之间的关系。

2. 随机误差建模

温度变化还会改变 CCD 传感器的噪声特性，影响星图的成像质量，进而影响星点的质心提取精度。CCD 噪声主要包括光子散粒噪声、光响应不均匀噪声、暗电流散粒噪声、暗电流不均匀噪声及读出噪声等随机误差。其中，暗电流噪声与读出噪声的大小受温度影响显著。

(1) 暗电流噪声

CCD 暗电流是由半导体内部载流子无规则的热运动产生的，通常用每秒生成的热电子数目来衡量，受温度影响显著。CCD 的暗电流 I 可以表示为绝对温度 T 的函数：

$$I \propto T^{1.5} \times \exp\left[-\frac{E(T)}{2kT}\right] \tag{4.43}$$

式中，k 为玻耳兹曼常数，$E(T)$为硅材料的带隙宽度，通常可以表示为 $E(T) = 1.155\,7 - 7.021 \times 10^{-4} \times T^2/(1\,108 + \mathrm{T})$。

由于载流子的热运动是一种随机过程，故暗电流在不同时间与不同像元存在变化，这就形成了暗电流散粒噪声和暗电流不均匀噪声。

暗电流散粒噪声 σ_{dcsn} 通常用曝光时间 t_e 内所产生的热电子个数的平方根来衡量，结合式(4.43)可得

$$\sigma_{\mathrm{dcsn}}=\sqrt{n_{\mathrm{dc}}}=\sqrt{It_e}=\left\{C\times T^{1.5}\times\exp\left[-\frac{1.155\,7}{2kT}+\frac{7.021\times10^{-4}\times T}{(1\,108+T)\times 2k}\right]\times t_e\right\}^{\frac{1}{2}}\tag{4.44}$$

式中，n_{dc} 为曝光时间 t_e 内的热电子数目，C 为常数。根据式(4.44)可知，σ_{dcsn} 与温度 T 和曝光时间 t_e 有关，温度越高，暗电流散粒噪声越明显。

由于CCD各像元在制作工艺上的差异，暗电流在各像元上通常不是均匀分布的。暗电流不均匀噪声衡量了这种不均匀性，是一种空间噪声。暗电流不均匀噪声 σ_{dcnu} 与热电子数目成比例，通常利用室温 T_0、额定曝光时间为 t_0 的暗电流不均匀电压 U_{dcnu0} 来计算：

$$\sigma_{\mathrm{dcnu}}=\frac{U_{\mathrm{dcnu0}}}{S_v}\times\frac{t_e}{t_0}\times\left(\frac{T}{T_0}\right)^{1.5}\times\exp\left[\frac{E(T_0)}{2kT_0}-\frac{E(T)}{2kT}\right]\tag{4.45}$$

式中，S_v 为CCD的输出灵敏度。由式(4.45)可知，σ_{dcnu} 与温度 T、曝光时间 t_e 有关，温度越高，暗电流不均匀噪声越明显。

(2) 读出噪声

读出噪声主要包括复位噪声与输出放大器噪声。复位噪声 σ_{reset} 主要由CCD输出级复位的电阻热噪声引起，可以表示为

$$\sigma_{\mathrm{reset}}=\frac{\sqrt{kTC}}{q}\tag{4.46}$$

式中，C 是节点电容，q 是基本电荷。由式(4.46)可以看出，复位噪声随温度升高而增大。

除了复位电路外，读出电路还包括输出放大电路，会引入输出放大器噪声，如 $1/f$ 噪声和白噪声。其中，$1/f$ 噪声随频率增大而减小，与温度无关。而白噪声 σ_{white} 与频率无关，是一种热噪声，可以表示为

$$\sigma_{\mathrm{white}}=\sqrt{4kTBR_{\mathrm{out}}}\tag{4.47}$$

式中，B 是噪声功率带宽，R_{out} 是读出噪声。由式(4.47)可知，输出放大电路中的白噪声也随温度升高而增大。

因此，随温度变化的CCD噪声 σ_T 包括暗电流散粒噪声、暗电流不均匀噪声与读出噪声中的复位噪声与白噪声，则

$$\sigma_T=\sqrt{\sigma_{\mathrm{dcsn}}^2+\sigma_{\mathrm{dcnu}}^2+\sigma_{\mathrm{reset}}^2+\sigma_{\mathrm{white}}^2}\tag{4.48}$$

(3) 随机误差模型

根据暗电流噪声的温度特性，可以推算其对星点位置波动的影响。星图中像素 (i,j) 的测量信号 U_{ij} 由信号 S_{ij} 和噪声电子 N_{ij} 组成。采用质心法对星图进行星点质心提取，星点位置在 x 方向的随机误差 Δx_u 为

$$\begin{aligned}\Delta x_u&=x-x_0\\&=\frac{\sum\limits_{ij}x_{ij}U_{ij}}{\sum\limits_{ij}U_{ij}}-\frac{\sum\limits_{ij}x_{ij}S_{ij}}{\sum\limits_{ij}S_{ij}}=\frac{\sum\limits_{ij}x_{ij}(S_{ij}+N_{ij})}{\sum\limits_{ij}(S_{ij}+N_{ij})}-\frac{\sum\limits_{ij}x_{ij}S_{ij}}{\sum\limits_{ij}S_{ij}}=\frac{\sum\limits_{ij}(x_{ij}-x_0)N_{ij}}{\sum\limits_{ij}(S_{ij}+N_{ij})}\end{aligned}\tag{4.49}$$

式中，x 是星点质心提取位置，x_0 是星点的理想质心位置。根据噪声的特性可知，噪声的总和远小于信号总和，则星点的像元区域内信号的总和 $S=\sum_{ij}(S_{ij}+N_{ij})\approx\sum_{ij}S_{ij}$，且只考虑随温度变化的 CCD 噪声的影响，则 Δx_u 的方差 σ_{x,N_T}^2 可以近似为

$$\begin{aligned}\sigma_{x,N_T}^2&=\frac{\sigma_T^2}{S^2}\sum_{ij}[x_{ij}^2+E(x_0^2)]=\frac{\sigma_T^2}{S^2}\sum_{i=-n}^{i=+n}\sum_{j=-n}^{j=+n}\left(x_{ij}^2+\frac{1}{12}\right)\\&=\frac{\sigma_T^2}{S^2}\sum_{i=-n}^{i=+n}\sum_{j=-n}^{j=+n}\left(i^2+\frac{1}{12}\right)=\frac{m^4}{12}\cdot\frac{\sigma_T^2}{S^2}\end{aligned}\tag{4.50}$$

式中，认为 x_0 服从[−0.5,0.5]像素区间内的均匀分布，$n=(m-1)/2$，m 是星点的像元区域大小。同理，可得星点位置在 y 方向随机误差的方差 σ_{y,N_T}^2。

这样，式(4.50)就建立了随机温度误差模型来衡量温度与星点位置波动的关系。

4.2.2　星敏感器温度误差在线补偿方法

1. 星敏感器温度误差在线补偿方案

针对温度变化引起的星敏感器系统误差与随机误差，设计了一种高精度的星敏感器温度误差在线补偿方案，主要包括温度误差模型标定、温度误差在线补偿两部分，其结构如图 4.18 所示。

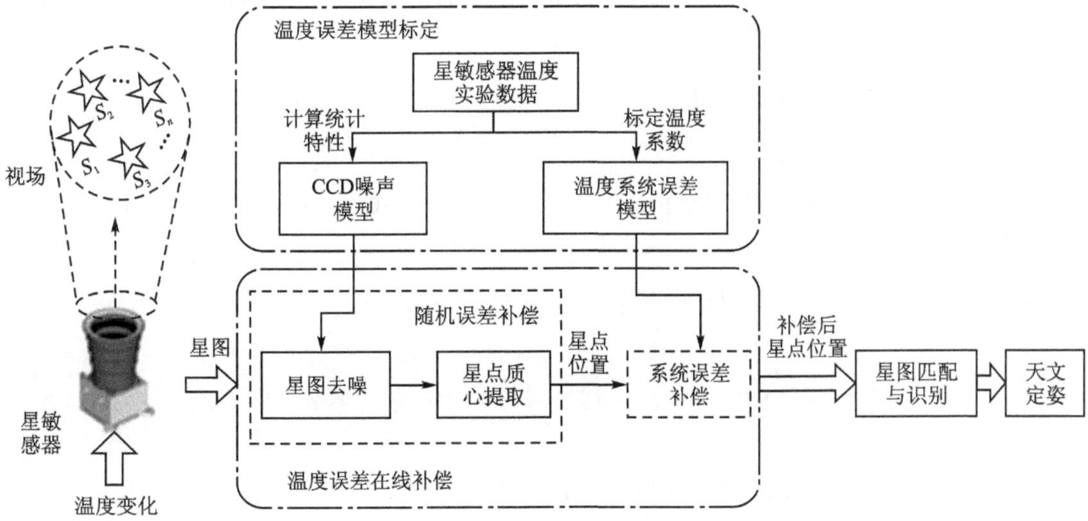

图 4.18　星敏感器温度误差在线补偿方案结构图

星敏感器温度误差模型标定是进行在线误差补偿的基础。利用星敏感器的地面温度测试数据，建立 CCD 噪声模型，并标定温度系统误差模型中的温度系数。星敏感器温度误差在线补偿包括随机误差补偿、系统误差补偿两部分。基于 CCD 噪声模型，对星敏感器实时拍摄的星图进行去噪与星点质心提取，并利用温度系统误差模型校正星点偏移。再经过星图匹配与识别以及姿态确定算法处理，即可实时输出高精度的星敏感器姿态测量信息。

2. 温度误差模型标定算法

温度误差模型标定是利用星敏感器的地面温度测试数据，建立 CCD 噪声模型并估计温度系统误差模型中的参数。

通过测量目标恒星在标定温度与温度变化量为 ΔT 时的星点位置 (x,y) 与 (x_T,y_T)，可以标定温度系统误差模型式(4.42)中的参数。其中，k_1、p_1 与 p_2 都取 3 阶温度模型，令 $\boldsymbol{X}=[\alpha_f \quad a_0 \quad a_1 \quad a_2 \quad a_3 \quad b_0 \quad b_1 \quad b_2 \quad b_3 \quad c_0 \quad c_1 \quad c_2 \quad c_3]^{\mathrm{T}}$，可得

$$[x_T - x \quad y_T - y]^{\mathrm{T}} = \boldsymbol{Z}_T = [\boldsymbol{F}_f \vdots \boldsymbol{F}_r \vdots \boldsymbol{F}_{d_1} \vdots \boldsymbol{F}_{d_2}]\boldsymbol{X} = \boldsymbol{H}_T\boldsymbol{X} \tag{4.51}$$

式中，$\boldsymbol{F}_f$、$\boldsymbol{F}_r$、$\boldsymbol{F}_{d_1}$ 与 $\boldsymbol{F}_{d_2}$ 分别为焦距漂移误差、径向畸变误差、切向畸变误差对应的矩阵，可由式(4.37)、式(4.39)和式(4.41)得到

$$\boldsymbol{F}_f = \begin{bmatrix} \Delta T x \\ \Delta T y \end{bmatrix} \qquad \boldsymbol{F}_r = \begin{bmatrix} x^3 + xy^2 \\ y^3 + yx^2 \end{bmatrix} \Delta\boldsymbol{T}$$

$$\boldsymbol{F}_{d_1} = \begin{bmatrix} 3x^2 + y^2 \\ 2xy \end{bmatrix} \Delta\boldsymbol{T} \qquad \boldsymbol{F}_{d_2} = \begin{bmatrix} 2xy \\ x^2 + 3y^2 \end{bmatrix} \Delta\boldsymbol{T}$$

其中，$\Delta\boldsymbol{T} = [1 \quad \Delta T \quad \Delta T^2 \quad \Delta T^3]$。

由于星图噪声、质心提取算法精度等因素的影响，星敏感器温度测试得到的各温度条件下的星点位置信息存在随机噪声，采用传统的最小二乘法直接估计 $\boldsymbol{X}$ 无法满足模型精度的要求，因此以式(4.51)为依据建立量测方程，利用卡尔曼滤波算法抑制星点位置噪声，进而对星敏感器温度误差模型的各项参数进行精确估计。

3. 温度误差在线补偿方法

(1) 系统误差补偿方法

根据标定的状态向量 $\boldsymbol{X}$ 与温度传感器测得的 ΔT，结合式(4.37)、式(4.39)和式(4.41)可得到 α_f、k_1、p_1 与 p_2，进而可以确定系统温度误差模型。

设 $\boldsymbol{Y} = [\hat{x}_i \quad \hat{y}_i]^{\mathrm{T}}$ 为待求的标定温度下的星点位置，则由式(4.42)可得

$$\boldsymbol{F}(\boldsymbol{Y}) = \begin{bmatrix} f_1 \\ f_2 \end{bmatrix} = \begin{bmatrix} (1+\alpha_f\Delta T)\hat{x}_i + k_1\hat{x}_i(\hat{x}_i^2+\hat{y}_i^2) + p_1(3\hat{x}_i^2+\hat{y}_i^2) + 2p_2\hat{x}_i\hat{y}_i - \hat{x}_{Ti} = 0 \\ (1+\alpha_f\Delta T)\hat{y}_i + k_1\hat{y}_i(\hat{x}_i^2+\hat{y}_i^2) + 2p_1\hat{x}_i\hat{y}_i + p_2(\hat{x}_i^2+3\hat{y}_i^2) - \hat{y}_{Ti} = 0 \end{bmatrix} \tag{4.52}$$

式中，$(\hat{x}_{Ti},\hat{y}_{Ti})$ 是温度变化 ΔT 后的质心提取结果。

式(4.52)将温度系统误差的补偿等效为非线性方程组的求解，可采用牛顿迭代法。具体求解方法为

① 选取 $(\hat{x}_{Ti},\hat{y}_{Ti})$ 作为迭代初值，以保证迭代结果收敛于 $(\hat{x}_i,\hat{y}_i)$。

② 利用迭代公式计算 $\boldsymbol{Y}$。

迭代公式为

$$\boldsymbol{Y}(k+1) = \boldsymbol{Y}(k) - [\boldsymbol{F}'(\boldsymbol{Y})]^{-1}\boldsymbol{F}(\boldsymbol{Y}) \tag{4.53}$$

式中，$\boldsymbol{Y}(k)$ 为第 k 次的星点位置迭代值，$\boldsymbol{F}'(\boldsymbol{Y})$ 为 $\boldsymbol{F}(\boldsymbol{Y})$ 的雅各比矩阵：

$$F'(Y)=\begin{bmatrix}\frac{\partial f_1(Y)}{\partial \hat{x}_i} & \frac{\partial f_1(Y)}{\partial \hat{y}_i}\\ \frac{\partial f_2(Y)}{\partial \hat{x}_i} & \frac{\partial f_2(Y)}{\partial \hat{y}_i}\end{bmatrix} \tag{4.54}$$

其中

$$\frac{\partial f_1(Y)}{\partial \hat{x}_i}=1+\alpha_f \Delta T+6p_1\hat{x}_i+2p_2\hat{y}_i+3k_1\hat{x}_i^2+k_1\hat{y}_i^2$$

$$\frac{\partial f_1(Y)}{\partial \hat{y}_i}=\frac{\partial f_2(Y)}{\partial \hat{x}_i}=2k_1\hat{x}_i\hat{y}_i+2p_1\hat{y}_i+2p_2\hat{x}_i$$

$$\frac{\partial f_2(Y)}{\partial \hat{y}_i}=1+\alpha_f \Delta T+2p_1\hat{x}_i+6p_2\hat{y}_i+k_1\hat{x}_i^2+3k_1\hat{y}_i^2$$

③ 若 $|Y(k+1)-Y(k)|<\varepsilon$（$\varepsilon$ 为给定的迭代终止条件），则迭代结束，$Y(k+1)$ 为标定温度下的补偿星点位置 $(\hat{x}_i,\hat{y}_i)$；否则，以 $Y(k+1)$ 作为新的初始条件返回第②步进行计算。

(2) 随机误差补偿方法

星点位置的温度随机误差具有不确定性，无法定量去除。因此，通过抑制星图中随温度变化的 CCD 噪声来间接补偿温度引起的随机误差。

根据 CCD 噪声特性，利用式(4.26)的约束最小二乘滤波器将星敏感器拍摄星图 $g(i,j)$ 在频域进行滤波去卷积得到 $\hat{F}(u,v)$；然后，对 $\hat{F}(u,v)$ 进行傅里叶逆变换，得到滤除暗电流噪声的星图 $\hat{g}(i,j)$，对其进行星点质心提取可以减小星点位置的随机误差。

在对星敏感器温度误差进行补偿时，首先采用约束最小二乘滤波器抑制星图的温度噪声，进而减小星点位置的波动；然后根据标定的温度系统误差模型，利用牛顿迭代法得到最终补偿后的星点位置。

4.2.3 性能验证

1. 仿真条件

仿真实验时，搭建了星敏感器仿真平台（如图 4.19 所示），其光学系统利用 ZEMAX 软件设计，结构参数见表 4.4。

表 4.4　星敏感器光学系统结构设计

透　镜	表　面	曲率半径/mm	厚度/mm	直径/mm	透镜玻璃
1	前	97.653 4	10.885 6	74.047 6	K9
	后	−85.082 1	0.727 0	73.219 1	
2	前	−83.210 3	20.000 0	72.427 7	BAF7
	后	11 155.860 0	69.343 6	67.688 2	
3	前	58.415 8	16.064 7	47.838 4	K9
	后	−72.237 2	3.581 2	44.284 0	
4	前	−58.429 4	20.000 1	39.327 0	SF5
	后	−144.413 4	38.142 4	32.241 7	

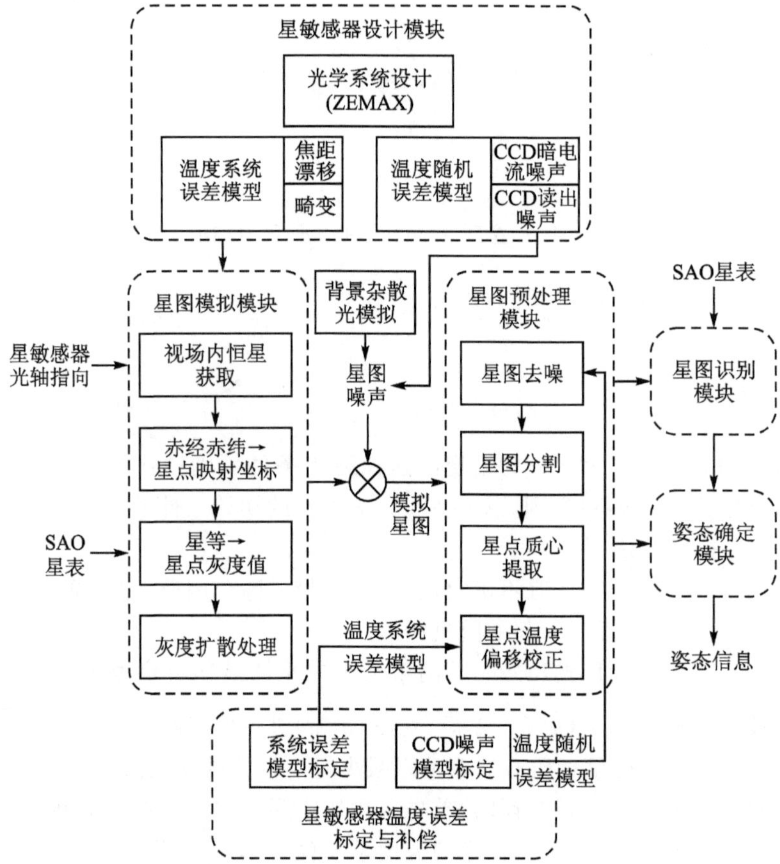

图 4.19　星敏感器仿真平台

星敏感器的相对孔径为 1/1.45，光谱范围为 0.46～0.75 μm，其他性能参数见表 4.5。

表 4.5　CCD 星敏感器性能参数

视场大小	CCD 面阵	像素尺寸	焦距	曝光时间	曝光系数	星等阈值	高斯半径
$F_{ov,x} \times F_{ov,y}$	$N_x \times N_y$	d_{CCD}	f	t_e	K	m_h	σ_{PSF}
10°×10°	1 024×1 024	20 μm	107 mm	200 ms	1	6 Mv	0.7

该星敏感器仿真平台选用 SAO 星表中亮于 6.95 Mv 的 14 195 颗星作为完备星表；其模拟的星图背景噪声是均值为 0、标准差为 8 灰度值的高斯白噪声，此外利用均值为 0、标准差为 $0.5\times1.15^{\Delta T}$ 灰度值的噪声来模拟 CCD 随温度变化的噪声。星敏感器的地面标定温度为 25 ℃，仿真实验的温度变化 ΔT 范围为－20～20 ℃，即其工作温度为 5～45 ℃。

对温度引起的星敏感器误差进行定量分析时，设置星敏感器的视轴指向 (α_0, β_0) 为 (50°,30°)，并以视场内 4 个象限中亮度较高的 4 颗恒星 S_a～S_d 为例，其分布如图 4.20 所示，r 为恒星到视场中心的距离。

2. 温度误差补偿前后的星点位置比较

对星敏感器在不同温度条件下拍摄的星图进行质心提取，可得到恒星 S_a～S_d 受温度影

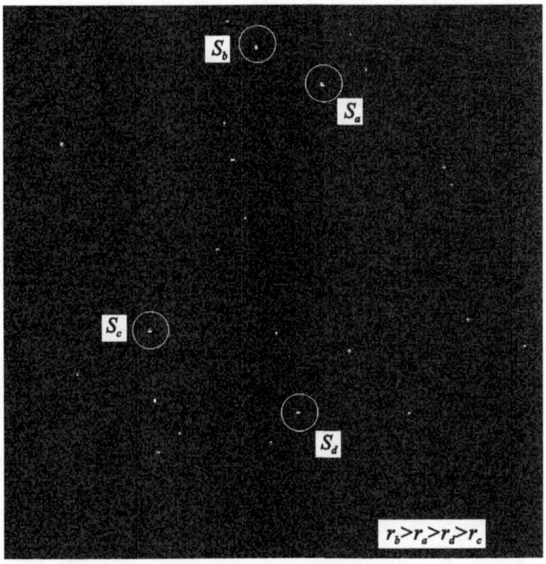

图 4.20　视场内恒星的分布示意图

响的星点位置，采用误差补偿方法可得到补偿后的星点位置。图 4.21～图 4.24 分别反映了恒星 S_a～S_d 在 x、y 方向的补偿前、后的星点位置误差随温度的变化。

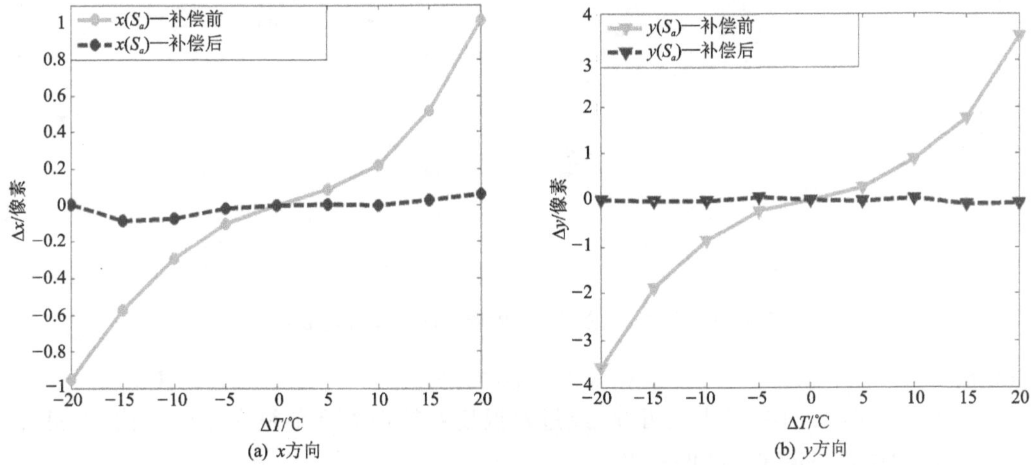

图 4.21　恒星 S_a 的星点位置误差随温度的变化关系

由图 4.21～图 4.24 中的实线可知，当星点 x 坐标大于 0 时（恒星 S_a 与 S_d）：若温度高于标定温度，则 Δx 大于 0 且随温度升高持续增大；若温度低于标定温度，则 Δx 小于 0 且随温度降低持续减小。当星点 x 坐标小于 0 时（恒星 S_b 与 S_c），Δx 变化规律相反。同理，星点 y 坐标的变化规律与 x 坐标相同。可见，实际温度与标定温度相差越大，恒星星点位置误差也越大；且当温度高于标定温度时，恒星星点远离像平面中心方向。此外，图 4.21～图 4.24 中的实线也验证了相同温度变化对不同星点位置的恒星影响是不同的。分析恒星到视场中心的距离 r 与其星点位置误差的关系可知，星点离视场中心越远，星点坐标受温度影响越明显。因此，在进行星图识别与姿态解算时，应尽量选取视场中心的恒星，它们的星点位置受温度的影

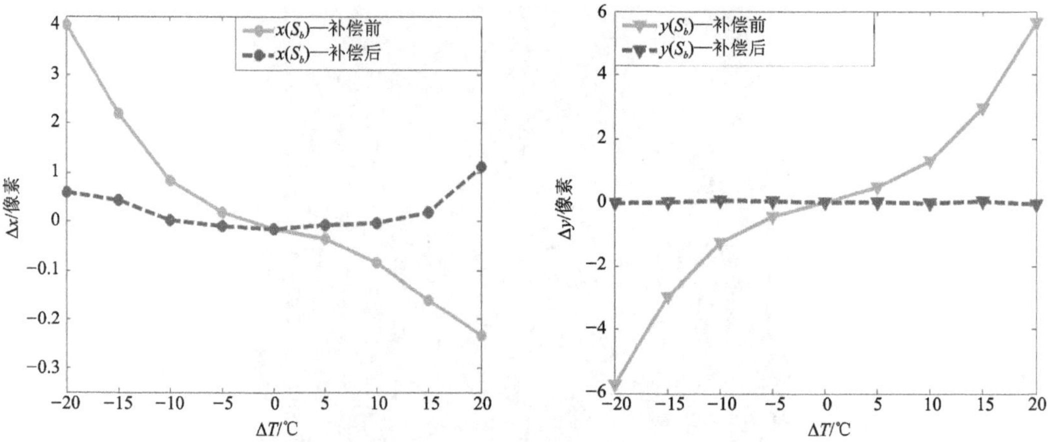

(a) x方向 (b) y方向

图 4.22 恒星 S_b 的星点位置误差随温度的变化关系

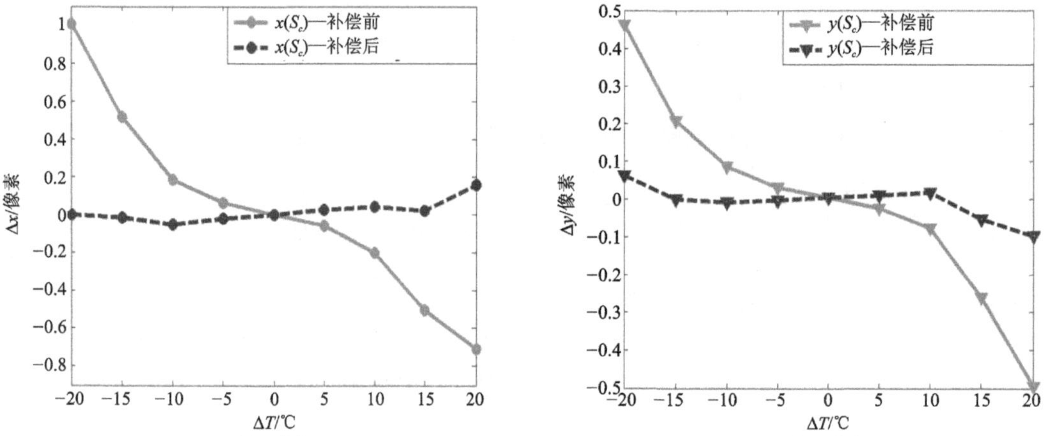

(a) x方向 (b) y方向

图 4.23 恒星 S_c 的星点位置误差随温度的变化关系

响相对较小。

由图 4.21～图 4.24 中的虚线可知，经过对温度系统误差和随机误差的补偿，恒星 S_a～S_d 的星点位置误差稳定在 0.2 像素内。

3. 温度误差补偿前后的定姿精度比较

为了衡量温度对测姿精度的影响，在不同温度条件下分别采用蒙特卡罗仿真方法拍摄 100 幅星图，提取其星点位置，进一步通过星图识别以及姿态确定算法处理，即可计算星敏感器的姿态信息(α_0，δ_0)。然后，利用所设计的补偿方案修正星点位置，得到补偿后的星敏感器姿态信息。表 4.6 所列为温度误差补偿前后的姿态均方根误差，图 4.25 所示为 $\Delta T=20$ ℃条件下补偿前、后的测姿精度结果。

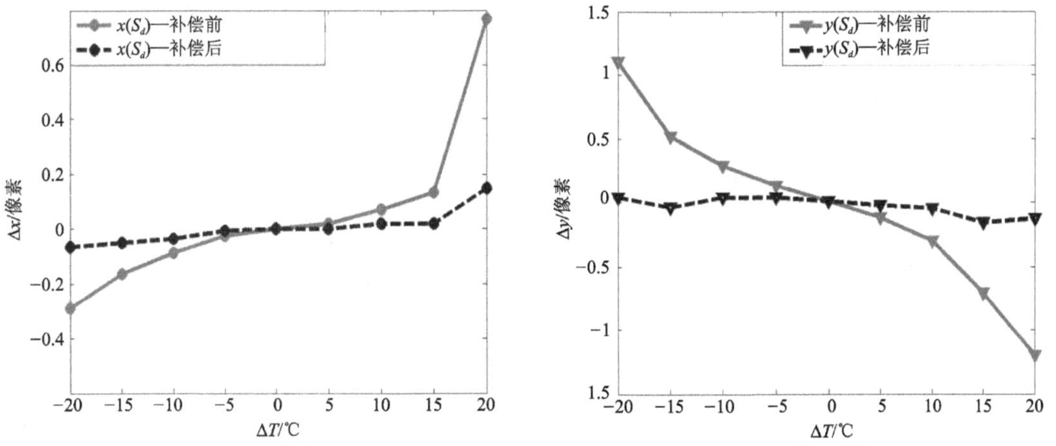

(a) x方向　　(b) y方向

图 4.24　恒星 S_d 的星点位置误差随温度的变化关系

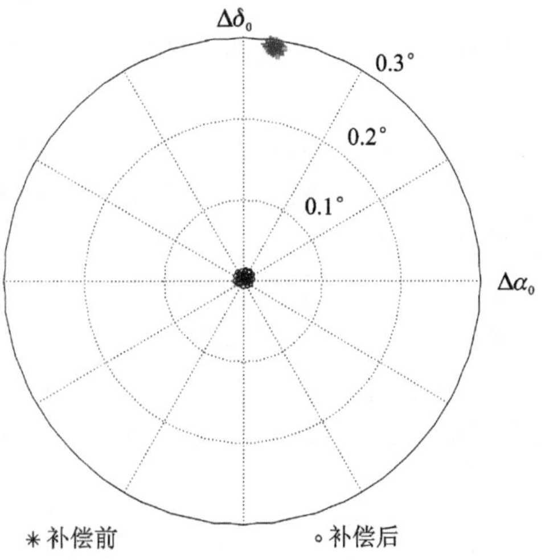

图 4.25　ΔT=20 ℃条件下的测姿精度结果

表 4.6　温度误差补偿前后的定姿精度比较

ΔT/℃	定姿误差(温度影响下)/(°)		定姿误差(温度补偿后)/(°)	
	$\Delta\alpha_0$	$\Delta\delta_0$	$\Delta\alpha_0$	$\Delta\delta_0$
−20	0.012 8	0.284 8	1.075 8e−3	4.466 2e−4
−15	0.008 3	0.147 4	6.244 9e−4	2.108 5e−4
−10	0.006 0	0.065 5	5.199 9e−4	5.353 0e−5
−5	0.005 5	0.021 8	6.702 2e−4	7.747 8e−4
0	9.153 7e−4	6.370 1e−4	9.845 6e−4	8.855 1e−4
5	0.002 0	0.024 7	7.083 9e−4	6.160 6e−4
10	0.003 4	0.067 5	6.653 6e−4	6.110 4e−4
15	0.006 3	0.149 9	9.996 3e−4	7.114 5e−4
20	0.040 5	0.288 0	1.911 7e−3	1.869 6e−3

根据表 4.6 左半部分可以看出,在标定温度下($\Delta T=0$ ℃),星敏感器的定姿误差在 0.001°内;但是,随着温度变化量 ΔT 的绝对值增大,定姿误差不断增大。尤其当温度变化量 ΔT 达到 15 ℃以上时,星敏感器的视轴指向误差可达 0.1°以上,无法达到星敏感器实际测量精度要求。

根据表 4.6 的右半部分可以看出,通过对星点位置的温度误差进行补偿,可以抑制温度变化对定姿精度的影响,定姿误差稳定在 0.002°内,与温度误差补偿前的定姿误差相比,减小了 1～2 个数量级,大大提高了星敏感器的测量精度。

根据图 4.25 可知,由于星点系统误差的影响,补偿前蒙特卡罗试验的姿态误差在(0.040 5°, 0.288 0°)附近;而经过温度误差补偿后,星敏感器的测姿精度显著提高,蒙特卡罗试验的姿态误差可控制在(0.001 9°,0.001 8°)以内,使系统误差显著减小。

4.3 小 结

在星敏感器的工作过程中,动态成像与温度变化将大幅降低其测量精度,本章针对动态成像与温度变化对星敏感器测量精度的影响,分别建立了运动模糊模型与温度误差模型,并根据其模型特点给出了相应的补偿方案。

首先,分析了不同形式的载体运动对星敏感器成像的影响,建立了相应的运动模糊数学模型,讨论了星图多重运动模糊的产生机理;进而结合星图运动模糊的数学模型及星图多重模糊的产生机理,从数字图像处理的角度,引入分步复原方法有效地去除了星图的运动模糊。

其次,根据温度变化引起的星敏感器焦距漂移、镜头畸变及 CCD 噪声的改变,分别建立了温变条件下星敏感器的系统误差与随机误差模型,进而给出了星敏感器温度误差实时补偿方法。在对星敏感器温度误差进行补偿时,采用约束最小二乘滤波器抑制星图的温度噪声,以减小星点位置的波动;然后根据标定的温度系统误差模型,利用牛顿迭代法得到补偿后星点的准确位置。

第 5 章　星敏感器星图预处理与星图识别方法

星敏感器通过对实时拍摄的原始星图进行星图预处理、星图识别等过程，可以分别获得恒星星光矢量在本体系和惯性系下的分量。根据恒星星光矢量在本体系和惯性系下的分量之间的坐标转换关系便可计算得到本体系相对于惯性系的方向余弦矩阵，进而确定载体相对于惯性系的姿态信息。本体系下的星光矢量与星敏感器像平面上的恒星星点位置有关，其精度主要取决于星点的质心提取精度；而惯性系下的星光矢量与星图识别匹配到的恒星赤经赤纬有关，其精度主要取决于星历误差及星图识别的准确性。因此，星图预处理与星图识别在星敏感器数据处理过程中占有重要地位。图 5.1 所示为星敏感器的星图处理流程。

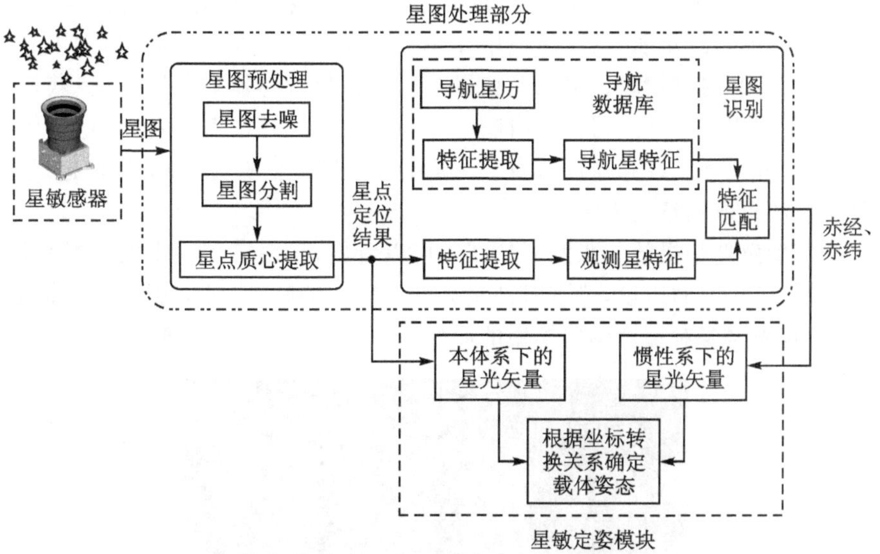

图 5.1　星敏感器的星图处理流程

星图预处理是进行星图识别的前提，主要包括星图去噪、星图分割及星点质心提取三个过程。受星敏感器系统噪声和随机噪声的影响，星敏感器拍摄的星图是被各种噪声污染了的图像，故星敏感器拍摄的原始星图通常首先需要进行去噪处理。由于星敏感器拍摄的星图中同时包含有星空背景和若干目标星点，因此去噪后的星图需要经过星图分割将目标星点与星空背景以及各个目标星点进行分离。另外，由于目标星点在星图中的成像通常是一个弥散圆斑，因此经过星图分割得到各个目标星点的弥散圆斑后，还需要利用相应的质心提取算法才能得到高精度的星点定位结果。

在完成星图预处理后，首先，将提取到的星点定位结果输入到星图识别算法中，经过特征提取后得到观测星特征（如角距、星等、恒星几何分布等）；其次，根据导航数据库中预先存储的导航星特征，便可对当前视场中的观测星与导航数据库中的导航星进行特征匹配；然后根据特征匹配结果并结合导航星历信息便可确定与该观测星对应的导航星星号，进而得到该观测星的赤经、赤纬信息,完成星图识别;最后,将提取到的星点定位结果以及该观测星对应的赤经、赤纬信息输入到星敏感器定姿模块。根据星光矢量在本体系和惯性系下的分量之间的坐标转换关系便可计算得到载体的姿态信息。

本章在介绍星敏感器星图预处理方法的基础上,进一步介绍星图识别算法及其特点。

5.1 星图预处理方法

下面依次对星图去噪、星图分割及星点质心提取这三个星图预处理过程进行介绍。

5.1.1 星图去噪

1. 实际星图的噪声来源

星敏感器以恒星为观测目标,而无穷远处的恒星可以看作具有一定光谱特性的点光源。对于星敏感器拍摄的实际星图,由于星空中存在各种各样的外部噪声源(如太阳光、地球反射杂散光、地球遮挡、大气折射、星云星团及变星等),而且星敏感器在星图采集、获取、编码和传输过程中,也会不同程度地受到器件自身噪声(如 CCD 噪声或 CMOS 噪声、电子线路噪声等)的干扰,因此这些外部噪声源和器件自身噪声均会使星图的信噪比下降,进而造成星图分割的正确率与星点质心提取的精度下降。

图 5.2 为星敏感器拍摄的一张实际星图。可以看出,星敏感器输出的实际星图中夹杂着大量的噪声,降低了星图的质量,严重时甚至会淹没星点的特征,进而影响星图的后续处理过程。因此,通常首先需要对星敏感器拍摄的原始实拍星图进行去噪处理。

图 5.2 实拍星图

2. 星图去噪方法

星图中的噪声主要由散粒噪声和成像器件的暗电流噪声组成,这些噪声均可等效为高斯白噪声。通常星图去噪可采用维纳滤波、中值滤波、均值滤波或小波分析等方法。其中，维纳滤波是一种均方误差最小意义上的最佳滤波器，是以均方误差最小为原则，根据当前及过去的全部观测值来估计信号值，其具体实施过程如下：

① 估计出星图中每个像素邻域内的局部灰度均值和方差：

$$\left.\begin{aligned}\mu &= \frac{1}{MN}\sum_{x,y\in\eta} f(x,y)\\ \sigma^2 &= \frac{1}{MN}\sum_{x,y\in\eta} f^2(x,y)-\mu^2\end{aligned}\right\}\tag{5.1}$$

式中，η 对应星图中各个像素点的 $M\times N$ 大小的邻域；$f(x,y)$ 为星图中像素点 (x,y) 处的灰度值。

② 利用估计得到的局部灰度均值和方差构建像素点 (x,y) 处的滤波估计值：

$$b(x,y)=\mu+\frac{\sigma^2-\nu^2}{2}[f(x,y)-\mu]\tag{5.2}$$

式中，ν^2 为星图中噪声的方差，可用局部方差估计值的均值来代替。

③ 对星图中的全部像素点进行遍历，便可完成对星敏感器拍摄的原始实拍星图的去噪处理。

为了检验维纳滤波的星图去噪效果，下面将其与均值滤波的去噪效果进行比较。原始的实拍星图及其灰度直方图如图 5.3 所示。

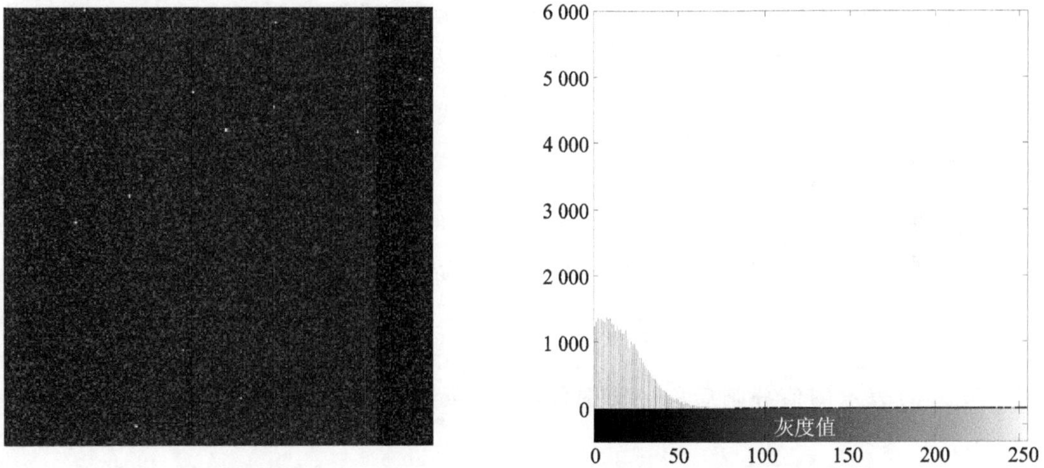

(a) 原始实拍星图(局部)　(b) 原始实拍星图的灰度直方图

图 5.3　原始实拍星图及其灰度直方图

经过均值滤波和维纳滤波处理后星图的灰度直方图如图 5.4 所示。由于维纳滤波是以最小均方误差为原则来估算当前星图中每一个像素点的真实值，相较于其他的特定频域滤波算法，维纳滤波算法不仅能够有效去除星图中的高斯白噪声，而且可以更好地保留星图中灰度值较低的恒星像素点。可以看出，维纳滤波的去噪效果明显优于均值滤波。

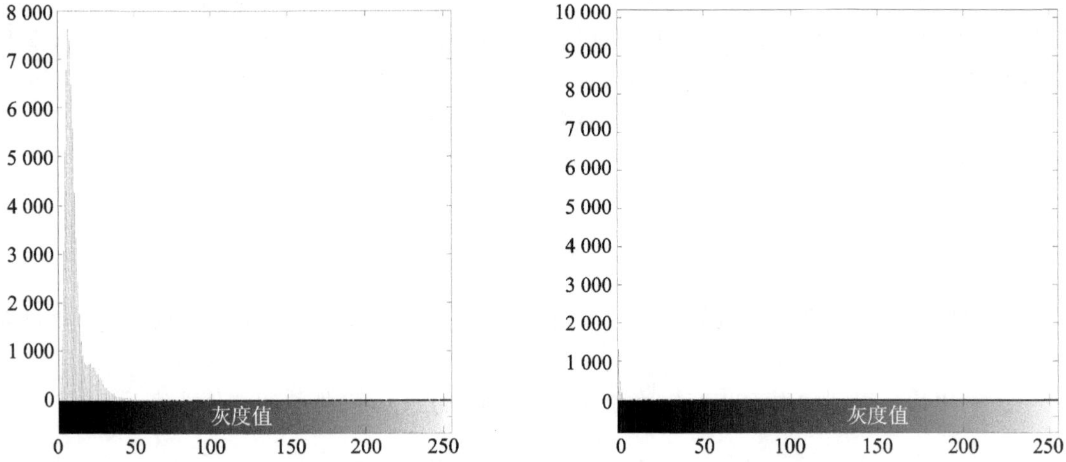

(a) 均值滤波后星图的灰度直方图　　(b) 维纳滤波后星图的灰度直方图

图 5.4 滤波处理后星图的灰度直方图

5.1.2 星图分割

由于星敏感器拍摄的星图中同时包含有星空背景和若干目标星点，因此去噪后的星图需要经过星图分割将目标星点与星空背景以及各个目标星点进行分离。星图分割实际上是对星图中的目标星点进行粗识别的过程。粗识别主要分为两个阶段：第一，利用阈值分割将目标星点与背景进行分离；第二，利用目标聚类将单个目标星点与其他目标星点分离开。

1. 阈值分割

针对星图中目标星点的灰度值明显高于星空背景的灰度值的特点，可以采用阈值分割方法将目标星点与背景分离开。设阈值分割前的星图为 $f(x,y)$，则阈值化过程可以写为

$$F(x,y)=\begin{cases}1 & f(x,y)\geqslant T\\ 0 & f(x,y)<T\end{cases} \tag{5.3}$$

式中，$F(x,y)$ 表示阈值分割后的二值图像，T 表示背景阈值，$x=1,2,3,\cdots,m$，$y=1,2,3,\cdots,n$。

背景阈值通常采用自适应阈值法进行选取，其计算公式为

$$T=E+\alpha\times\delta \tag{5.4}$$

式中，α 是一个与噪声有关的系数，为固定值；E 为阈值分割前的星图灰度的均值；δ 为阈值分割前的星图灰度的标准差，E 和 δ 的计算公式分别为

$$\left.\begin{aligned} E&=\frac{\sum_{x=1}^{m}\sum_{y=1}^{n}f(x,y)}{mn}\\ \delta&=\sqrt{\frac{\sum_{x=1}^{m}\sum_{y=1}^{n}[f(x,y)-E]^2}{mn-1}}\end{aligned}\right\} \tag{5.5}$$

由式(5.4)可以看出，阈值分割的关键在于系数 α 的选取。当要求阈值分割的虚警概率不高于 10^{-5} 量级时，α 通常可取 3～5。当系数 α 增大时，背景阈值 T 随之增高，阈值分割的虚警概率则相应降低，但是阈值分割的正确检测概率也随之降低。因此，在实际应用中往往通过大量的统计试验来选择系数 α 的值。然而，考虑到星敏感器实际工作时可能会出现星点光斑弥散、灰度值降低、星图信噪比降低等现象，通过统计试验确定的 α 值往往不能适应星敏感器实际工作时所处的复杂环境。因此，星图阈值分割通常需要利用基于模板匹配的阈值化分割算法，取分割后星图与原始星图相似度最大时的阈值作为最佳阈值，以提高星图阈值分割算法对复杂环境的适应性。

基于模板匹配的阈值化分割算法的基本思路如下：

设阈值分割前的星图为 $f(x,y)$，简记为 f；对 $f(x,y)$ 进行二值分割，分割后的星图为 $g(x,y)$，简记为 g。若存在一个阈值 λ，使得阈值分割前、后的星图相似度最大，即使得模板匹配值 Q 最大，则 λ 为最优阈值。其中，模板匹配值 Q 的计算公式为

$$Q=\frac{\iint(f-\bar{f})(g-\bar{g})\,\mathrm{d}x\,\mathrm{d}y}{\sqrt{\iint(f-\bar{f})^2\,\mathrm{d}x\,\mathrm{d}y}\sqrt{\iint(g-\bar{g})^2\,\mathrm{d}x\,\mathrm{d}y}} \tag{5.6}$$

式中，$\bar{f}$ 为阈值分割前的星图灰度均值，$\bar{g}$ 为阈值分割后的星图灰度均值。

根据 Riemann 积分和 Lebesgue 积分的关系，从分割星图灰度值域着手，得到阈值分割前、后的星图相似度 P 值为

$$P=\frac{\sum_{k=0}^{\lambda}h_k\sum_{k=\lambda+1}^{255}\bar{k}h_k-\sum_{k=\lambda+1}^{255}h_k\sum_{k=0}^{\lambda}\bar{k}h_k}{\sqrt{\left(\sum_{k=0}^{\lambda}h_k\right)^2\sum_{k=\lambda+1}^{255}h_k+\left(\sum_{k=\lambda+1}^{255}h_k\right)^2\sum_{k=0}^{\lambda}h_k}} \tag{5.7}$$

式中，h_k 表示灰度级 k 所占的像素比例，$\bar{k}=k-\bar{f}$。

由式(5.7)可知，P 值越大，阈值分割前、后的星图相似度也就越高。实际应用过程中，首先，给定星敏感器的器件参数(镜头焦距、曝光时间等)和阈值分割的虚警概率；其次，大致确定出 α 的取值范围，并得到 α 对应的阈值 λ_i 的集合；然后，分别利用阈值 λ_i 对星图进行阈值分割，并得到相应的相似度 P_i 值；最后，将最大相似度 P_i 值所对应的阈值 λ_i 作为最佳阈值，进而完成基于模板匹配的阈值分割。

2. 目标聚类

目标聚类就是将各个目标星点进行分离，通常可以采用多阈值聚类的方法对灰度值大于背景阈值的像素点进行聚类，具体方法如下：

① 设定 10 个阈值，将灰度大于背景阈值的像素点按照其灰度值大小归到相应的区间，并按灰度值大小排序；

② 按从高到低的顺序扫描各个区间，找到当前区间灰度值最大的像素点，搜索其邻域像素点，并将这些像素点归于一颗星。

这一方法相对复杂，涉及排序运算。考虑到星图预处理的实时性，可以采用连通域算法实现目标星点的聚类，其具体步骤如下：

① 从左至右、从上到下扫描星图。

② 如果某像素点的灰度值大于背景阈值，则进行如下处理：

- 如果该像素的上面点和左面点中只有一个点有标记，则复制这个标记；
- 如果该像素的上面点和左面点有相同的标记，则复制这一标记；
- 如果该像素的上面点和左面点的标记不同，则复制上面点的标记并将这两个标记输入等价表作为等价标记；
- 如果以上情况都不满足，那么给该像素点分配一个新的标记并将其记入等价表。

③ 重复步骤②直到扫描完星图中所有灰度值大于背景阈值的像素点。

④ 将等价表里具有相同标记的像素点合并。

经过连通域目标聚类算法处理后，各个目标星点在星图中表现为具有相同标记的相邻像素点的集合。此外，为了消除噪声干扰的影响，舍弃像素点数少于一定阈值数目的像素点集合。从以上步骤可以看出，阈值分割和连通域目标聚类算法可以同时进行，这样只需要对星图做一次扫描即可完成目标星点与星空背景以及各个目标星点之间的分离。

5.1.3 星点质心提取

星点质心提取是进行星图识别与测姿定位的前提。受成像器件制造工艺水平的限制，星敏感器中实际拍摄的星图分辨率不可能无限制地提高。因此，通过提升星图分辨率来提高星点定位精度的方法存在一定的局限性。由于恒星张角远小于一个角秒，因此理想情况下目标星点在星敏感器中的成像在一个像素内。然而，单个像素级别的星点定位精度无法满足姿态测量的精度要求，故实际应用中常采用离焦的方法使星点成像扩散到多个像素，进而利用质心提取的方法得到亚像素级别的星点定位精度。实践表明，当目标星点光斑的直径为 3～5 个像素时，星点的质心提取精度可以满足姿态测量的精度要求。

目标星点光斑的质心提取方法可以分为基于灰度的质心提取方法和基于边缘的质心提取方法两大类。基于灰度的质心提取方法利用目标星点的灰度分布信息完成星点质心提取，适用于尺寸较小且灰度分布均匀的目标；而基于边缘的质心提取方法利用目标星点的边缘形状信息完成星点质心提取，适用于尺寸较大的目标。实际拍摄星图中星点目标的直径一般为3～5 个像素大小，边缘形状信息不明显，因此对于这种情况，宜采用基于灰度的质心提取方法对星点质心进行提取。其中，基于灰度的质心提取方法又可以分为质心法、平方加权质心法、带阈值的质心法和高斯曲面拟合法等。

(1) 质心法

质心法是一种最为常用的星点质心提取算法，以灰度值作为权值对目标星点进行质心提取，所以这种方法实际上是在计算包含目标星点的图像 $F(x,y)$ 的一阶矩，即

$$\left.\begin{aligned}\hat{x}_0=\frac{\sum x\cdot F(x,y)}{\sum F(x,y)}\\ \hat{y}_0=\frac{\sum y\cdot F(x,y)}{\sum F(x,y)}\end{aligned}\right\}\tag{5.8}$$

式中，$\sum$ 表示对星图分割得到的星点所在区域内的所有像素求和。质心法降低了每个测量数据对星点定位结果的影响，有利于消除随机误差的影响，从而提高质心提取的稳定性和重复

精度。

虽然质心法是一种较为简单且高效的方法，但是这种方法要求目标星点光斑的灰度分布较为均匀。当载体运动较为剧烈时，目标星点光斑的灰度分布不再均匀，因而采用质心法进行星点质心提取会导致所提取的质心与星点实际质心存在较大的偏差。因此，质心法出现了一些改进形式，包括平方加权质心法、带阈值的质心法等。

(2) 平方加权质心法

平方加权质心法采用灰度值的平方代替灰度值作为权值对目标星点进行质心提取，其计算公式为

$$\left.\begin{aligned}\hat{x}_0 &= \frac{\sum x \cdot F^2(x,y)}{\sum F^2(x,y)} \\ \hat{y}_0 &= \frac{\sum y \cdot F^2(x,y)}{\sum F^2(x,y)}\end{aligned}\right\} \tag{5.9}$$

通过式(5.9)可以看出，平方加权质心法本质上与质心法相同，只是增加了离质心较近的具有较大灰度值的像素点对质心提取结果的影响权重。

(3) 带阈值的质心法

带阈值的质心法首先对包含目标星点的图像 $F(x,y)$ 进行阈值化处理：

$$F'(x,y) = \begin{cases} F(x,y) - T & F(x,y) \geqslant T' \\ 0 & F(x,y) < T' \end{cases} \tag{5.10}$$

式中，T 为背景阈值，T' 为质心提取算法所设置的阈值，一般情况下，$T' > T$。

然后，利用阈值化处理后的图像 $F'(x,y)$ 进行质心提取，计算公式为

$$\left.\begin{aligned}\hat{x}_0 &= \frac{\sum x \cdot F'(x,y)}{\sum F'(x,y)} \\ \hat{y}_0 &= \frac{\sum y \cdot F'(x,y)}{\sum F'(x,y)}\end{aligned}\right\} \tag{5.11}$$

带阈值的质心法相当于将阈值分割前的星图与背景阈值 T 相减，并只利用阈值分割前的星图中大于阈值 T' 的像素点进行星点提取质心。可以证明，与传统的质心法相比，带阈值的质心法具有更高的精度，当且仅当 $T' = T$ 且 $F(x,y)$ 的灰度分布与 x 和 y 坐标值不相关时，二者才是等价的。

(4) 高斯曲面拟合法

由于目标星点在星敏感器像平面上的成像可以近似地看作高斯分布，因此可以利用高斯曲面对其灰度分布进行拟合。二维高斯曲面的数学表达式为

$$p = A \cdot \exp\left[-\frac{(x - x_0)^2 + (y - y_0)^2}{2\sigma^2}\right] \tag{5.12}$$

式中，(x_0, y_0) 为高斯曲面的中心位置，对应星点的质心位置坐标；A 为比例系数，代表灰度幅值的大小，与星点亮度(或星等)对应；σ 为 x 和 y 方向上的标准差，对应星点光斑的大小。

为了使计算简便，可以分别从 x 方向和 y 方向用一维高斯曲线对目标星点的灰度分布进行拟合。以 x 方向为例，一维高斯曲线的数学表达式为

$$p=A\cdot\exp\left[-\frac{(x-x_0)^2}{2\sigma^2}\right] \tag{5.13}$$

对式(5.13)左右两边取对数,可得

$$\ln p=a_0+a_1x+a_2x^2 \tag{5.14}$$

式中,$a_0=\ln A-\frac{x_0^2}{2\sigma^2}$,$a_1=\frac{x_0}{\sigma^2}$,$a_2=-\frac{1}{2\sigma^2}$。

对目标星点在 x 方向的灰度分布进行拟合,利用最小二乘法便可求得二次多项式的系数 a_0,a_1,a_2,进而得到星点质心在 x 方向的位置坐标:

$$x_0=-\frac{a_1}{2a_2} \tag{5.15}$$

同理,可以计算得到星点质心在 y 方向的位置坐标。

5.2 星图识别方法

星图识别是将星敏感器当前视场中的观测星与导航星库中的导航星按照一定的特征(如角距、星等、恒星几何分布等)进行计算匹配,以确定观测星与导航星的对应关系的过程。由于星图识别是利用星敏感器测量信息准确确定飞行器姿态和位置的重要前提,因此星图识别的准确性与快速性直接决定了天文导航的性能。图 5.5 所示为星图识别的示意图。

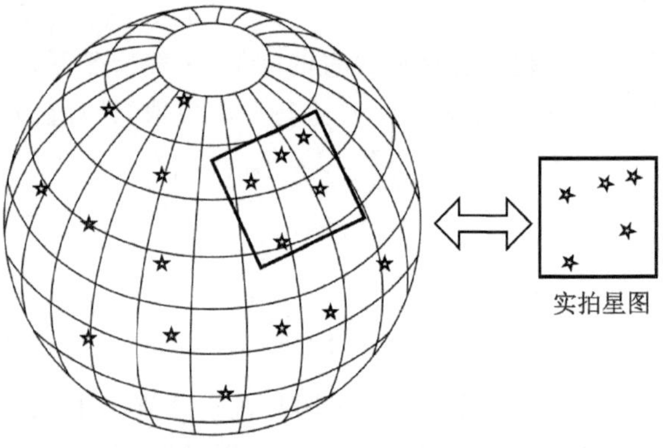

图 5.5 星图识别示意图

结合图 5.5 可知,星图识别的实质就是寻找实拍星图中观测星在导航星库(或天球坐标系)中对应的导航星,其基本流程如图 5.6 所示。

基本星表中存储的恒星数目较为庞大,星图识别时如果直接对基本星表中存储的全部恒星进行匹配搜索,可能会造成大量的冗余匹配,进而降低识别正确率并增加识别时间。因此,在进行星图识别之前需要构建合适的导航数据库,其构建过程主要包括以下几个步骤:

① 对基本星表进行筛选,从基本星表中挑选出满足一定要求的导航星,进而构成一个规模较小的适合星图识别的导航星库;

② 根据星图识别算法的特征提取方式,利用导航星库中的导航星信息计算导航星特征值或特征向量,并将计算得到的导航星特征值或特征向量按照一定的规律存储到导航星特征库中;

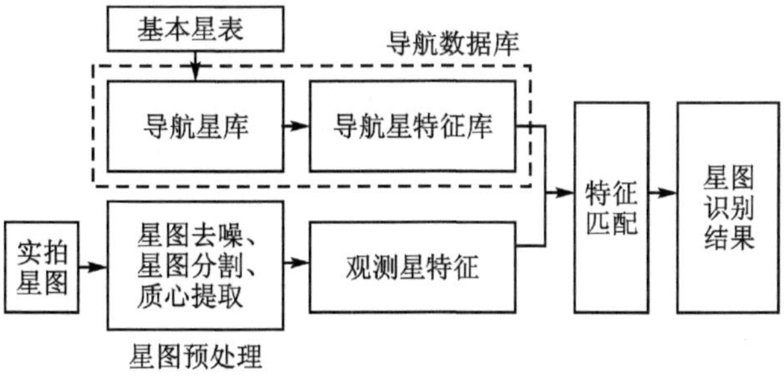

图 5.6　星图识别的基本流程

③ 将筛选得到的导航星库以及计算得到的导航星特征库共同构成导航数据库，并将导航数据库装订到星敏感器中。

这样，当星敏感器实际拍摄的星图经过星图去噪、星图分割和质心提取等星图预处理过程后，便可根据星敏感器像平面上的星点位置等信息计算得到星图中观测星特征值或特征向量，并将观测星特征与导航数据库中的导航星特征进行匹配，从而确定观测星与导航星的对应关系，完成星图识别任务。

根据特征提取的方式不同，星图识别算法可以分为子图同构类算法和模式识别类算法两大类。常用的子图同构类算法有三角形匹配算法、多边形匹配算法、匹配组算法等；常用的模式识别类算法有栅格算法、基于径向和环向特征的算法等。此外，随着星图识别算法的不断发展，还出现了神经网络算法、遗传算法、基于 Hausdorff 距离的算法等模式识别类算法等。

5.2.1　导航星库的构建

导航星库是从基本星表中筛选出的符合要求的导航星的集合，包含导航星的赤经、赤纬、星等及其他基本信息。由于导航星库是星图识别的基础和依据，因此导航星库的构建是进行星图识别前的必要工作。导航星库的构建包括基本星表的选取、天区的划分和导航星的筛选等过程。

1. 选取基本星表

星表是用来描述恒星名称、位置和特征的表格，包含了恒星的星等、位置、自行、光谱类型等信息，是构建导航星库的基础。目前常用的星表有 SAO 星表(Smithsonian Astrophysical Observatory Catalogue)、依巴谷星表(Hipparcos Catalogue)、HD 星表(Henry Draper Catalogue)、耶鲁亮星星表(Bright Star Catalogue)、第谷Ⅱ星表(Tychor-2)等。表 5.1 列出了几种常用的基本星表及其主要参数。

表 5.1　常用基本星表及其主要参数

星表名称	星表历元	总星数	星等阈值/Mv
SAO 星表	J2000	258 977	11.0
依巴谷星表	J1991.25	118 218	13.0
耶鲁亮星星表	J2000	9 100	6.5
第谷Ⅱ星表	J2000	2 539 913	14.0

美国史密松天文台编制的 SAO J2000 星表总共收录有星等小于 11.0Mv 的近 26 万颗恒星，该星表包含的恒星信息有星号、赤经、赤纬、星等、光谱类型等 20 种信息。SAO 星表中包含了天球中的绝大部分亮星且恒星信息较为全面，是国际上广泛采用的标准星表，因此通常选取 SAO 星表作为基本星表构建导航星库。其中，构建导航星库需要的信息主要为星号、赤经、赤纬和星等。

2. 划分天区

如何快速检索导航星是构建导航星库时必须要考虑的问题。导航星的快速检索对星图识别的速度，特别是对星敏感器处于星跟踪模式或有先验姿态信息时的星图识别速度非常重要。基本星表中恒星按星号排列，这就意味着选取某一视轴指向的一定范围内的导航星时必须对整个基本星表做一次遍历。显然，这样的检索效率非常低。因此，通常将整个天球划分成若干分区，并将每颗导航星都归于相应的分区进行存储。

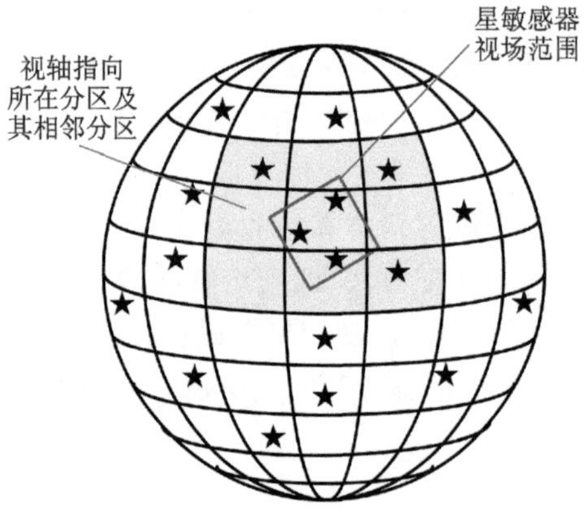

图 5.7 天区划分示意图

如图 5.7 所示，如果已知星敏感器视轴指向的方向矢量，就可以迅速将导航星检索范围缩小到该视轴所在的分区及其相邻分区，从而实现导航星的快速检索。常用的天区划分方法有赤纬带法、圆锥法、球矩形法和内接正方体法。由于内接正方体法对天区的划分是均匀且无重叠的，因此通常使用内接正方体法将整个天球划分为 $6 \times N \times N$ 个互不重叠的分区。每个分区对应视场大小为 $(90°/N) \times (90°/N)$ 的范围，并包含分区号、中轴线的方向矢量、分区内的导航星和该分区的相邻分区号等信息。其中，N 可根据星敏感器视场大小进行选取。

3. 筛选导航星

由于基本星表包含的恒星数目较为庞大，因此在构建导航星库时需要按一定的规则从中筛选出一定数目的恒星组成导航星库。导航星筛选的原则是在保证星图识别算法识别率的前提下尽可能地降低导航星库的存储容量，以提高识别算法的速度。受自身灵敏度、曝光时间、光学系统透过率等因素的影响，星敏感器只能对大于一定亮度的恒星进行观测。因此，无法被星敏感器观测到的暗星（即星等高于星敏感器极限星等的恒星）应从导航星库中剔除，以便降低导航星库中的冗余星数，进而提高识别算法的速度。

5.2.2 子图同构类星图识别算法

子图同构类算法以恒星为顶点、恒星之间的角距为边，以线段、三角形、多边形等为基本匹配元素进行特征匹配，进而完成星图识别。这类星图识别算法把观测星图看成全天星图的子图，它们直接或者间接地利用角距信息，一旦在全天星图中找到唯一符合匹配条件的区域（子图），即完成了星图识别。子图同构类星图识别算法简单直观，易于实现，且应用广泛，是一类比较成熟的星图识别算法，但是普遍存在存储容量大、冗余匹配多的问题。

1. 三角形星图识别算法

三角形星图识别算法是最具代表性的子图同构类算法，也是应用最为广泛的星图识别算法，如丹麦 Oersted 小卫星搭载的星敏感器、美国的 DIGISTAR Ⅰ 微型星跟踪器等都应用了这种识别算法。三角形星图识别算法以三角形为基本匹配元素进行特征匹配，当星图中三颗观测星构成的一个三角形唯一地与导航星库中的三颗导航星构成的三角形符合匹配条件时，这三颗观测星构成的一个三角形便匹配成功。

三角形星图识别算法的核心思想是利用三颗恒星两两之间的角距进行匹配识别，因此三角形星图识别算法的关键是角距匹配。首先定义两颗恒星之间的角距，两颗恒星之间的角距就是两颗恒星的星光方向矢量之间的夹角。在不同的坐标系下，恒星之间的角距保持不变，因此角距可用作星图识别算法的特征量。

设导航星库中恒星 i 和 j 的赤经、赤纬分别为 (α_i,δ_i) 和 (α_j,δ_j)，则恒星 i 和 j 在天球坐标系下的角距可表示为

$$d(i,j)=\arccos\frac{\boldsymbol{s}_i\cdot\boldsymbol{s}_j}{|\boldsymbol{s}_i|\cdot|\boldsymbol{s}_j|}\tag{5.16}$$

式中，$\boldsymbol{s}_i$ 和 $\boldsymbol{s}_j$ 分别为导航星库中恒星 i 和 j 在天球坐标系下的星光方向矢量，它们的具体形式分别为

$$\left.\begin{aligned}\boldsymbol{s}_i&=\begin{bmatrix}\cos\alpha_i\cos\delta_i\\\cos\alpha_i\sin\delta_i\\\sin\delta_i\end{bmatrix}\\\boldsymbol{s}_j&=\begin{bmatrix}\cos\alpha_j\cos\delta_j\\\cos\alpha_j\sin\delta_j\\\sin\delta_j\end{bmatrix}\end{aligned}\right\}\tag{5.17}$$

同理，设星图中恒星 1 和 2 在星敏感器像平面上的坐标分别为 (x_1,y_1) 和 (x_2,y_2)，则恒星 1 和 2 在星敏感器测量坐标系下的角距为

$$d(1,2)=\arccos\frac{\boldsymbol{s}_1\cdot\boldsymbol{s}_2}{|\boldsymbol{s}_1|\cdot|\boldsymbol{s}_2|}\tag{5.18}$$

式中，$\boldsymbol{s}_1$ 和 $\boldsymbol{s}_2$ 分别为星图中恒星 1 和 2 在星敏感器测量坐标系下的星光方向矢量，表示为

$$\left.\begin{aligned}\boldsymbol{s}_1&=\frac{1}{\sqrt{x_1^2+y_1^2+f^2}}\begin{bmatrix}x_1\\y_1\\-f\end{bmatrix}\\\boldsymbol{s}_2&=\frac{1}{\sqrt{x_2^2+y_2^2+f^2}}\begin{bmatrix}x_2\\y_2\\-f\end{bmatrix}\end{aligned}\right\}\tag{5.19}$$

如果导航星库中的星对（i 和 j）能与星图中的星对（1 和 2）匹配，则应该满足

$$|d(i,j)-d(1,2)|\leqslant\varepsilon\tag{5.20}$$

式中，ε 为角距误差门限，表示角距匹配的不确定度。一般而言，由于存在较多的冗余星对，因此满足该匹配条件的导航星对并不唯一。此外，上述角距匹配方法还存在方向判断问题，即如何将星对中的两颗恒星彼此区分开。显然，必须依赖其他信息（如星等）才可以将星对中的两

颗恒星彼此区分开。因此，角距匹配不能独立完成星图识别。

在两颗恒星的角距匹配基础上，三角形星图识别算法增加一颗恒星，即利用三颗恒星两两之间的角距消除冗余的匹配星对，以达到良好的识别效果。在星敏感器的实拍星图中，选取最亮的 3 颗观测星 i,j,k 构成一个观测三角形，如图 5.8 所示。

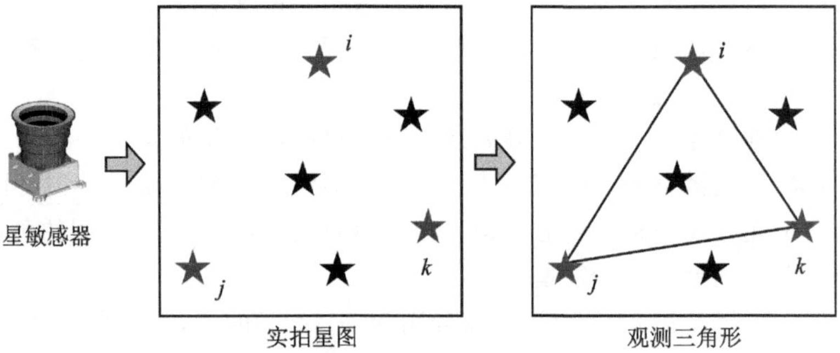

图 5.8 选取观测星构成观测三角形

根据观测星 i,j,k 在星敏感器成像面上的星点位置坐标，可以计算得到观测三角形的三个角距 $d(i,j)$、$d(j,k)$、$d(i,k)$（或角距 $d(i,j)$、$d(j,k)$ 与内角 $\theta(i,k)$），然后与导航星特征库中由导航星构成的导航三角形角距 $d(1,2)$、$d(2,3)$、$d(1,3)$（或 $d(1,2)$、$d(2,3)$、$\theta(1,3)$）进行匹配，如图 5.9 所示。若找到与观测三角形唯一对应的导航三角形，则该观测三角形匹配成功。

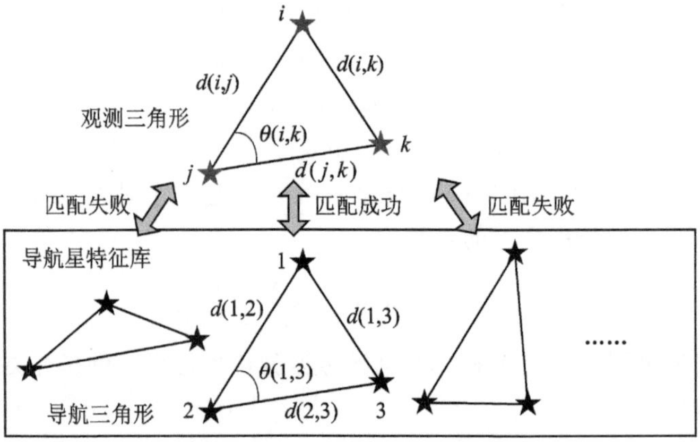

图 5.9 三角形星图识别算法的匹配过程

由于星敏感器在星图采集、获取、编码和传输过程中，都会不同程度地受到器件自身噪声的干扰，并且星点质心提取算法的精度也会受到一定限制，因此根据实拍星图计算得到的观测三角形角距（或内角）特征和导航星特征库中存储的导航三角形角距（或内角）特征并不是完全相等的。因此，在进行匹配时需要设定一定的阈值，如果有且仅有一组匹配结果小于设定的阈值，即观测三角形和导航三角形满足式(5.21)时，该观测三角形可视为匹配成功。

$$\left.\begin{aligned}&|d(1,2)-d(i,j)|\leqslant\varepsilon\\&|d(1,3)-d(i,k)|\leqslant\varepsilon\\&|d(2,3)-d(j,k)|\leqslant\varepsilon\quad\text{或}\quad|\theta(2,3)-\theta(j,k)|\leqslant\theta\end{aligned}\right\}\tag{5.21}$$

式中，ε 和 θ 为设定的阈值。

以三角形的三个角距为特征进行匹配的识别算法称为三角形星图识别算法的“边-边-边”模式；而以三角形的两个角距和一个内角为特征进行匹配的识别算法称为三角形星图识别算法的“边-角-边”模式。下面以“边-边-边”模式为例进行说明，其具体实现过程如下：

① 从拍摄星图中选择 $n(n\geqslant 3)$ 颗恒星作为待识别星，尽量不要选择落在视场边缘的观测星，因为它们的邻星很可能位于星敏感器视场之外，从星图中得到的角距信息不具有代表性，容易引起误匹配；尽量选择星等较低的观测星，因为它们通常具有较高的质心提取精度，所以被正确识别的概率更高。

② 如果 3 颗观测星不在同一条直线上，则这 3 颗观测星可以组成一个观测三角形。按照这一规则，将全部观测星构成的观测三角形提取出来并分别标记，则待识别的观测三角形的存储数目最多为 C_n^3。

③ 对每一个观测三角形，将三条边对应的星对角距按照升序排列，并与导航星库中存储的所有导航三角形的星对角距进行比较，当三条边对应的角距差值都在 $-\varepsilon\sim\varepsilon$ 范围内时，则把该导航三角形放进匹配表中。

④ 对于每一个观测三角形，如果匹配表为空或存在多个导航三角形，则该观测三角形匹配失败；若匹配表中的导航三角形唯一，则该观测三角形匹配成功。根据匹配到的导航三角形，可以确定观测星对应的导航星星号，进而完成星图识别。

三角形星图识别算法实现简单，应用广泛，但是由于三角形模式的特征维数较低，故这种算法存在存储容量庞大、冗余匹配多、匹配搜索时间长等问题。此外，三角形星图识别算法基于星点间的角距特征进行匹配识别，而角距是一种容易受到星点位置噪声干扰的特征。当星点位置含有噪声干扰时，所计算的观测三角形角距就会发生变化，如图 5.10 所示。

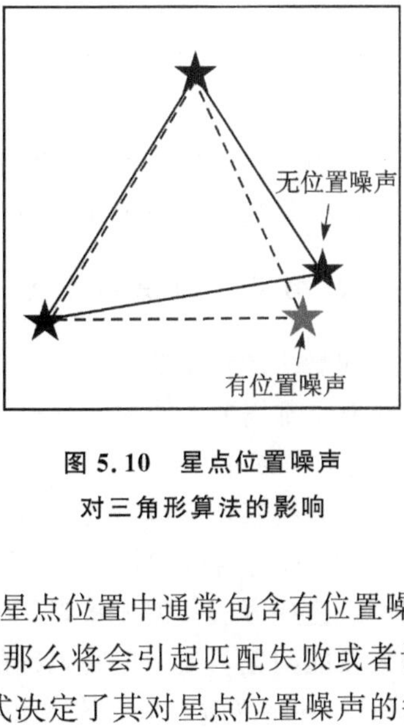

图 5.10　星点位置噪声对三角形算法的影响

受星敏感器测量精度影响，经星点质心提取算法得到的星点位置中通常包含有位置噪声。如果含有位置噪声的观测三角形角距偏离正确的匹配区间，那么将会引起匹配失败或者误匹配，从而降低识别率。因此，三角形算法的这种特征提取方式决定了其对星点位置噪声的鲁棒性不强，易存在误匹配，且不易纠正。

2. 匹配组星图识别算法

匹配组星图识别算法的核心思想是将某颗观测星与其余 m 颗观测星分别构成待识别星对，进而通过角距匹配得到每个待识别星对的角距匹配组，然后将这 m 个角距匹配组的交集中出现次数最多的导航星作为识别结果。以 5 颗待识别星为例的算法原理如图 5.11 所示。

匹配组星图识别算法的核心也是角距匹配，该算法具体的实现过程如下：

① 从拍摄星图中选择 $n(n\geqslant 4)$ 颗观测星作为待识别星，一般选择亮度较高、落在视场中心位置的观测星。

② 在待识别星中选取一颗观测星作为主星，标号为 1；除主星以外的其他待识别星称为伴

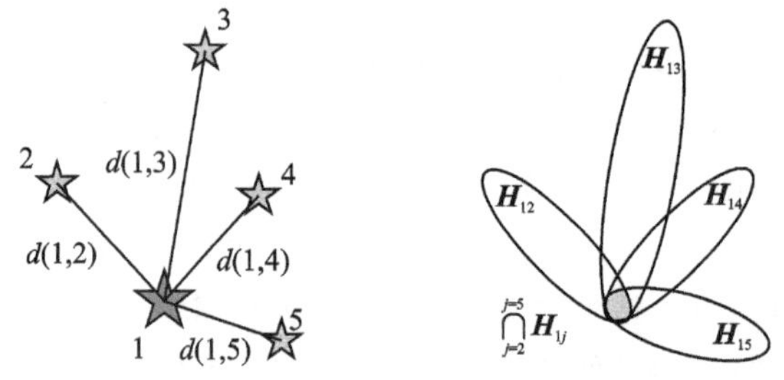

图 5.11 匹配组星图识别算法原理图

星，标号 $2\sim n$；每一颗伴星都与主星构成一个星对，星对角距记作 $d(1,j)$，其中 $j=2,3,\cdots,n$。

③ 将 $d(1,j)$ 与导航星库中的星对角距比较，找出与其角距差值在 $-\varepsilon\sim\varepsilon$ 范围内的星对，作为符合条件的匹配星对存入相对应的匹配星对表中，设 $d(1,j)$ 所对应的匹配星对表为 $\boldsymbol{H}_{1j}$。求这 $n-1$ 个匹配星对表 $\boldsymbol{H}_{1j}(j=2,3,\cdots,n)$ 的交集，寻找 $\boldsymbol{H}_{1j}(j=2,3,\cdots,n)$ 中出现次数最多的导航星，若结果唯一，则存入主星 1 对应的识别表中，主星 1 识别成功；若该导航星不唯一，则主星 1 识别失败。

匹配组星图识别算法简单易行，相较于三角形算法，由于增加了单次参与匹配的观测星数目，故该算法在一定程度上减小了冗余匹配的可能性，误匹配率降低。但是，该算法本质上仍然基于角距特征进行匹配，因此，存在存储容量大的问题；此外，与三角形星图识别算法一样，该算法也容易受星点位置误差及干扰星的影响而导致识别率降低。

3. *P* 向量星图识别算法

P 向量星图识别算法是在三角形星图识别算法的基础上发展而来的。由于导航星库中每颗导航星都需要参与多个导航三角形的构成，故三角形星图识别算法的导航特征库的容量庞大，不仅需要占用较大的存储空间，而且还会降低识别速度。

减少导航三角形数目通常有以下几种思路：① 限定导航星的数量，减少导航星库容量；② 只挑选一部分特征明显的导航三角形进行存储；③ 对导航三角形的存储结构进行组织优化。但是这些方法都需要将观测三角形与导航三角形比较三次角距，不能从根本上解决比较次数太多的问题。为了提高识别的快速性，P 向量星图识别算法以每颗导航星为主星建立导航三角形，并将导航三角形的 3 条边整合成一个参数 P，这样在对观测三角形进行匹配时只需要提取出描述该观测三角形的一维特征量，便可通过该特征量快速找到与之匹配的导航三角形。

(1) *P* 向量构造原理

P 向量星图识别算法以每颗导航星为主星，以该主星及其最近的两颗邻星构建一个导航三角形，这样每颗导航星都只有一个与之唯一对应的导航三角形，称为该导航星的特征三角。以特征三角的三条边为分量可构成一个三维向量，故全部的特征三角可组成一个三维向量集。为了寻找每个特征三角的一维特征量 P，借用主成分分析的思想，将最佳投影轴上的投影结果作为该特征三角的一维特征量 P。如果这些投影结果在该最佳投影轴上分散得足够好，那么就可以利用一维特征量 P 完成对导航三角形的快速识别。

若特征三角的总数为 N，那么在三维空间中就有 N 个与之对应的三维向量。假设存在一条最佳投影直线，使三维向量集投影到该直线后“分散性”最好。将该直线的方向向量记为

$\boldsymbol{\Omega}=[\omega_1,\omega_2,\omega_3]^{\mathrm{T}}$，则某三维向量 $\boldsymbol{T}_i=[x_i,y_i,z_i]^{\mathrm{T}}$ 在该直线上的投影结果为

$$P_i=\boldsymbol{\Omega}^{\mathrm{T}}\boldsymbol{T}_i=\omega_1 x_i+\omega_2 y_i+\omega_3 z_i \tag{5.22}$$

令三维向量集的全部 N 个三维向量在该直线上投影，则这些投影结果的均值和方差分别为

$$\bar{P}=\frac{1}{N}\sum_{i=1}^{N}P_i=\frac{1}{N}\sum_{i=1}^{N}\boldsymbol{\Omega}^{\mathrm{T}}\boldsymbol{T}_i=\boldsymbol{\Omega}^{\mathrm{T}}\left(\frac{1}{N}\sum_{i=1}^{N}\boldsymbol{T}_i\right)=\boldsymbol{\Omega}^{\mathrm{T}}\bar{\boldsymbol{T}} \tag{5.23}$$

$$\begin{aligned}D&=\frac{1}{N}\sum_{i=1}^{N}(P_i-\bar{P})^2\\&=\frac{1}{N}\sum_{i=1}^{N}(P_i^2-2P_i\bar{P}+\bar{P}^2)\\&=\frac{1}{N}\sum_{i=1}^{N}P_i^2-\frac{1}{N}\sum_{i=1}^{N}2P_i\bar{P}+\frac{1}{N}\sum_{i=1}^{N}\bar{P}^2\\&=\frac{1}{N}\sum_{i=1}^{N}P_i^2-\bar{P}^2\\&=\frac{1}{N}\sum_{i=1}^{N}(\boldsymbol{\Omega}^{\mathrm{T}}\boldsymbol{T}_i)^2-\bar{P}^2\\&=\boldsymbol{\Omega}^{\mathrm{T}}\left(\frac{1}{N}\sum_{i=1}^{N}\boldsymbol{T}_i\boldsymbol{T}_i^{\mathrm{T}}\right)\boldsymbol{\Omega}-\bar{P}^2\end{aligned} \tag{5.24}$$

其中，$i=1,2,3,\cdots,N$，$\bar{\boldsymbol{T}}=\frac{1}{N}\sum_{i=1}^{N}\boldsymbol{T}_i$ 为该三维向量集的中心。

在三维向量集确定后，该三维向量集的中心同样得到确定，它在三维空间的位置坐标可表示为

$$\bar{x}=\frac{1}{N}\sum_{i=1}^{N}x_i\qquad\bar{y}=\frac{1}{N}\sum_{i=1}^{N}y_i\qquad\bar{z}=\frac{1}{N}\sum_{i=1}^{N}z_i \tag{5.25}$$

空间中的一条直线可由它的方向和所经过的一点进行确定。由于不同向量在一条直线上的投影结果只与该直线的方向有关，故令该直线经过三维向量集的中心并不影响最佳投影轴的选取，那么这条直线的点法式方程可表示为

$$\frac{x-\bar{x}}{\omega_1}=\frac{y-\bar{y}}{\omega_2}=\frac{z-\bar{z}}{\omega_3} \tag{5.26}$$

而对于该直线的方向向量 $\boldsymbol{\Omega}$ 同样也只关心其方向而不关注其大小，故可令 $\boldsymbol{\Omega}$ 为该直线的单位方向向量，即 $\|\boldsymbol{\Omega}\|^2=\boldsymbol{\Omega}^{\mathrm{T}}\boldsymbol{\Omega}=1$。

此时，式(5.24)中第二项可表示为

$$\bar{P}^2=(\boldsymbol{\Omega}^{\mathrm{T}}\bar{\boldsymbol{T}})^2=\boldsymbol{\Omega}^{\mathrm{T}}(\bar{\boldsymbol{T}}\bar{\boldsymbol{T}}^{\mathrm{T}})\boldsymbol{\Omega} \tag{5.27}$$

将式(5.27)代入式(5.24)，则有

$$\begin{aligned}D&=\boldsymbol{\Omega}^{\mathrm{T}}\left(\frac{1}{N}\sum_{i=1}^{N}\boldsymbol{T}_i\boldsymbol{T}_i^{\mathrm{T}}\right)\boldsymbol{\Omega}-\bar{P}^2\\&=\boldsymbol{\Omega}^{\mathrm{T}}\left(\frac{1}{N}\sum_{i=1}^{N}\boldsymbol{T}_i\boldsymbol{T}_i^{\mathrm{T}}\right)\boldsymbol{\Omega}-\boldsymbol{\Omega}^{\mathrm{T}}(\bar{\boldsymbol{T}}\bar{\boldsymbol{T}}^{\mathrm{T}})\boldsymbol{\Omega}\end{aligned}$$

$$
\begin{aligned}
&= \boldsymbol{\Omega}^{\mathrm{T}} \left[\frac{1}{N} \sum_{i=1}^{N} (\boldsymbol{T}_i \boldsymbol{T}_i^{\mathrm{T}} - \bar{\boldsymbol{T}} \bar{\boldsymbol{T}}^{\mathrm{T}}) \right] \boldsymbol{\Omega} \\
&= \boldsymbol{\Omega}^{\mathrm{T}} \boldsymbol{Z} \boldsymbol{\Omega}
\end{aligned} \tag{5.28}
$$

其中，$\boldsymbol{Z} = \frac{1}{N} \sum_{i=1}^{N} (\boldsymbol{T}_i \boldsymbol{T}_i^{\mathrm{T}} - \bar{\boldsymbol{T}} \bar{\boldsymbol{T}}^{\mathrm{T}})$ 为对称阵，可见在待处理的三维向量集确定后，对称阵 $\boldsymbol{Z}$ 同样得到确定。

当三维向量集在该直线上的投影结果分散得足够好，即这些投影结果的方差取得最大值时，便可将该直线作为最佳投影轴。因此，最优投影轴方向的求解问题可等价于优化问题：

$$
\left.\begin{aligned}
&\max(D) = \max(\boldsymbol{\Omega}^{\mathrm{T}} \boldsymbol{Z} \boldsymbol{\Omega}) \\
&\boldsymbol{\Omega}^{\mathrm{T}} \boldsymbol{\Omega} = 1
\end{aligned}\right\} \tag{5.29}
$$

利用拉格朗日法求条件极值，并构造如下优化函数：

$$
L(\boldsymbol{\Omega}, \lambda) = \boldsymbol{\Omega}^{\mathrm{T}} \boldsymbol{Z} \boldsymbol{\Omega} - \lambda (\boldsymbol{\Omega}^{\mathrm{T}} \boldsymbol{\Omega} - 1) \tag{5.30}
$$

则式(5.30)存在极值的必要条件为

$$
\left.\begin{aligned}
\frac{\partial L(\boldsymbol{\Omega}, \lambda)}{\partial \boldsymbol{\Omega}} = 0 \\
\frac{\partial L(\boldsymbol{\Omega}, \lambda)}{\partial \lambda} = 0
\end{aligned}\right\} \tag{5.31}
$$

即

$$
\left.\begin{aligned}
&2\boldsymbol{Z}\boldsymbol{\Omega} - 2\lambda \boldsymbol{\Omega} = 0 \\
&\boldsymbol{\Omega}^{\mathrm{T}} \boldsymbol{\Omega} - 1 = 0
\end{aligned}\right\} \tag{5.32}
$$

其中，$\boldsymbol{\Omega}^{\mathrm{T}} \boldsymbol{\Omega} - 1 = 0$ 显然成立，故 D 取得极值的条件退化为

$$
\boldsymbol{Z}\boldsymbol{\Omega} = \lambda \boldsymbol{\Omega} \tag{5.33}
$$

此时 λ 和 $\boldsymbol{\Omega}$ 分别为对称阵 $\boldsymbol{Z}$ 的特征值和特征向量。当某条直线的单位方向向量为对称阵 $\boldsymbol{Z}$ 的特征向量时，D 取得极值，并且 $\max(\boldsymbol{\Omega}^{\mathrm{T}} \boldsymbol{Z} \boldsymbol{\Omega})$ 可等价为

$$
\max(\boldsymbol{\Omega}^{\mathrm{T}} \boldsymbol{Z} \boldsymbol{\Omega}) = \max(\boldsymbol{\Omega}^{\mathrm{T}} \lambda \boldsymbol{\Omega}) = \max(\lambda \boldsymbol{\Omega}^{\mathrm{T}} \boldsymbol{\Omega}) = \max(\lambda) \tag{5.34}
$$

因此，对称阵 $\boldsymbol{Z}$ 的最大特征值 $\lambda_{\max}$ 和 $\lambda_{\max}$ 所对应的特征向量就是目标函数 $\max(\boldsymbol{\Omega}^{\mathrm{T}} \boldsymbol{Z} \boldsymbol{\Omega})$ 的最大值和最佳投影轴的方向向量。

(2) *P* 向量导航星库的构建

首先，将导航星库中的导航星依次选作主星，并以主星所处分区及其相邻分区内的恒星作伴星，依次计算该主星与每颗伴星的角距。其次，在星敏感器的视场约束范围内选出两个最小的角距值作为特征三角的两边，记录两颗近邻星的星号，并计算得到特征三角的第三边角距，若第三边也符合视场约束，则形成一个特征三角，三边分别记为 $[e_1, e_2, e_3]$。

特征三角的三边分别是这三颗恒星两两间的角距值，均为正值。易知将三边按照大小次序排列后得到的特征三角与导航星实际构成的三角形不是一一对应的。每个特征三角将会对应两种位置分布的导航星三角形，我们把这种特性称作特征三角的"二值性"，如图 5.12 所示。

如图 5.12 所示，为了消除特征三角的"二值性"，可以根据主星参与构成的两边的相对位置关系，将导航三角形区分为"正三角"与"负三角"。正三角的较短邻边到较长邻边的旋转方向为逆时针，而负三角为顺时针。将正、负三角的三边分别赋为正值和负值，便可对两种三角进行区分。

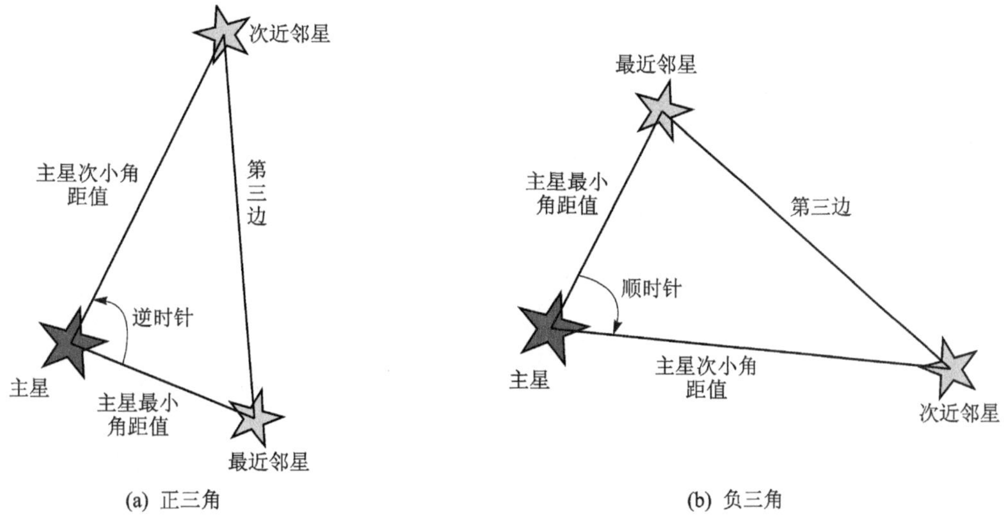

图 5.12 特征三角“二值性”

进行星图识别时，需要根据观测星在星敏感器成像面上的相对位置，计算并判断观测星所构成的特征三角。因此，在建立导航星特征库时，可借鉴这种处理方法判断导航星特征库中特征三角的“二值性”。在确定每颗主星的两颗近邻星星号后，以该主星的赤经、赤纬为“假定视轴”方向，将两颗近邻星投影到相应的“像平面”上，如图 5.13 所示。

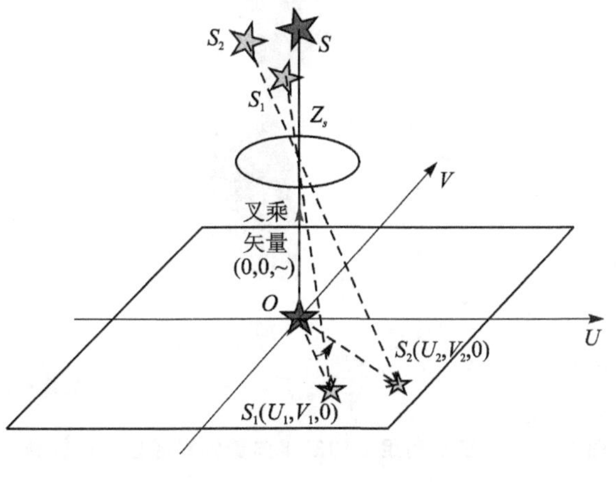

图 5.13 导航三角形“二值性”区分示意图

此时，主星的“成像点”在原点，将两颗近邻星的“平面像点”看作在空间平面 $z=0$ 上。将最近邻星和次近邻星的“平面像点”坐标分别记为(U_1,V_1)和(U_2,V_2)，则它们的星光矢量叉乘结果 $\boldsymbol{S}$ 可表示为

$$\boldsymbol{S}=\boldsymbol{S}_1\times\boldsymbol{S}_2=[U_1,V_1,0]^{\mathrm{T}}\times[U_2,V_2,0]^{\mathrm{T}}=[0,0,s_z]^{\mathrm{T}} \tag{5.35}$$

其中，s_z 为 $\boldsymbol{S}$ 在“成像坐标系”Z 轴的分量。根据正、负特征三角的定义，当 s_z 为正时，该特征三角为“正三角”，反之则为“负三角”。因此，特征三角的三边可写作

$$\left.\begin{aligned} x &= \mathrm{sign}(s_z) \times e_1 \\ y &= \mathrm{sign}(s_z) \times e_2 \\ z &= \mathrm{sign}(s_z) \times e_3 \end{aligned}\right\} \tag{5.36}$$

完成特征三角的“二值性”判断后，按照主星号、最近邻星号、次近邻星号、主星与最近邻星角距、主星与次近邻星角距、第三边角距的顺序将该特征三角记入导航星特征库。

根据 P 向量构造原理，利用导航星特征库中全部特征三角的三边信息，便可计算得到对称阵 $\boldsymbol{Z}$ 为

$$\boldsymbol{Z} = \frac{1}{N}\sum_{i=1}^{N}(\boldsymbol{T}_i\boldsymbol{T}_i^{\mathrm{T}} - \bar{\boldsymbol{T}}\bar{\boldsymbol{T}}^{\mathrm{T}}) \tag{5.37}$$

进而计算得到对称阵 $\boldsymbol{Z}$ 的特征值和特征向量，其中最大的特征值所对应的特征向量就是最佳投影轴的方向矢量 $\boldsymbol{\Omega}$。

接着，就可以利用 $P_i = \boldsymbol{\Omega}^{\mathrm{T}}\boldsymbol{T}_i = \omega_1 x_i + \omega_2 y_i + \omega_3 z_i$，求解每个特征三角在最佳投影轴上的投影结果，并将其作为该特征三角的一维特征量 P 存入导航星特征库。

图 5.14 所示为导航星特征库中全部特征三角组成的三维向量集和经过三维向量集中心的最佳投影轴在三维空间的结果。

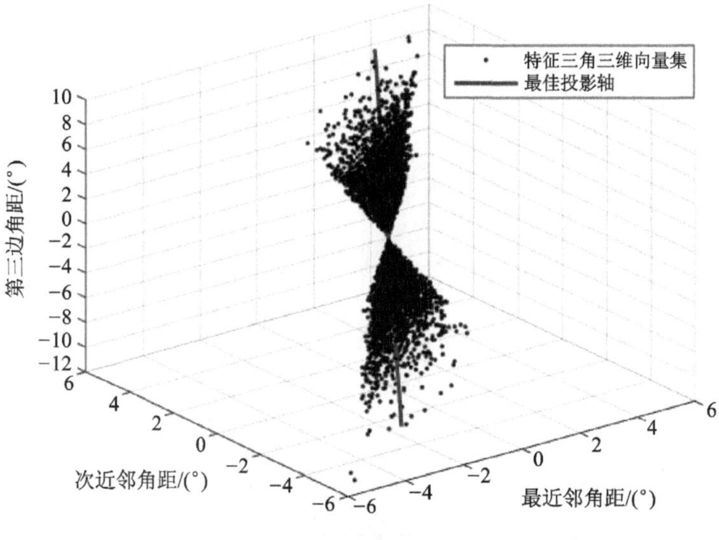

图 5.14　特征三角组成的三维向量集和最佳投影轴结果

通过比较各特征三角的投影结果可以发现，这些投影结果在最佳投影轴上有较好的离散性。将计算得到的一维特征量 P 值放入对应特征三角形库的最后一列，这样便得到了 P 向量星图识别算法的导航星特征库，每行存放一个特征三角的三个顶点星号和三边角距及 P 值，且按主星星号顺序存储。

(3) *P* 向量星图识别算法实现步骤

如果提取到的观测星数目过少会对星图识别产生较大干扰，因此进行星图识别前，首先判断是否提取到 6 颗以上观测星。当提取到的观测星数目小于 6 时，直接默认匹配失败；否则进行星图识别，识别步骤如下：

① 选择主星：选择主星时应优先选择靠近视场中心的观测星，这是因为处于视场中心的

观测星对应的特征三角中所包含的三颗恒星同时出现在视场内的概率更大，该观测星能被成功识别的可能性也就更高。根据各观测星的成像位置计算各观测星到星图中心的距离，并按照从小到大的顺序排列，依次作为主星。

② 确定邻星：根据各观测星的成像位置和星敏感器参数计算各观测星在星敏感器测量坐标系下的星光矢量 $\boldsymbol{s}_i$，并分别计算主星 m 与其他观测星 i 的角距 $d(m,i)$。进而，将该主星与其他观测星的角距排序，选取最小的两个，并计算得到第三边角距，将三边按照最近邻角距、次近邻角距、第三边角距的顺序记为 $[d(m,1),d(m,2),d(1,2)]$。

③ "二值性"判断：判断方法与建立导航星特征库的方法类似，如图 5.15 所示，用两颗近邻星在像平面的像素坐标减去主星的像素坐标，作为两边相对位置的判断依据。

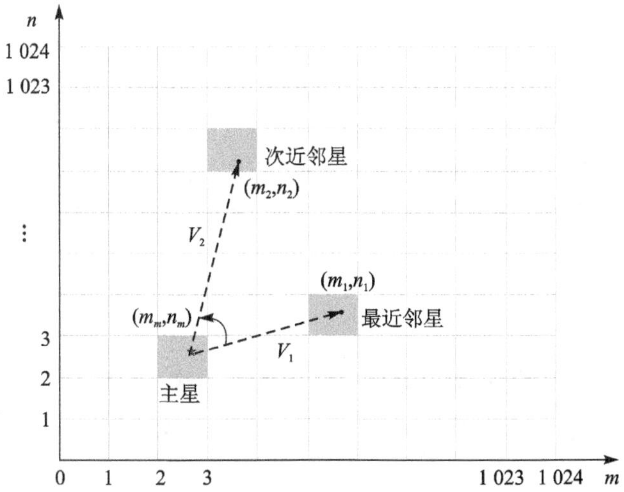

图 5.15　*P* 向量识别时"二值性"判断示意图

两颗近邻星与主星在像平面上的相对位置矢量 $\boldsymbol{V}_1$ 和 $\boldsymbol{V}_2$ 以及它们的叉乘矢量 $\boldsymbol{V}$ 可表示为

$$\left.\begin{aligned}\boldsymbol{V}_1 &= \begin{bmatrix} m_1 - m_m \\ n_1 - n_m \\ 0 \end{bmatrix} \\ \boldsymbol{V}_2 &= \begin{bmatrix} m_2 - m_m \\ n_2 - n_m \\ 0 \end{bmatrix} \\ \boldsymbol{V} &= \boldsymbol{V}_1 \times \boldsymbol{V}_2 = [0,0,v]^{\mathrm{T}}\end{aligned}\right\} \tag{5.38}$$

其中，v 为 $\boldsymbol{V}$ 在成像坐标系 Z 轴的分量。与建立导航星特征库的方法类似，同样将 v 的符号作为观测特征三角三边的符号。

④ 计算 P 值：将该观测特征三角三边视为一个三维向量，则它在最佳投影轴上的投影，即一维特征量 P 值的计算结果为

$$P_m = \boldsymbol{\Omega}^{\mathrm{T}}[d(m,1),d(m,2),d(1,2)]^{\mathrm{T}} \tag{5.39}$$

其中，最佳投影轴的单位方向矢量 $\boldsymbol{\Omega}$ 在建立导航星库时已经得到。

⑤ 初步筛选：根据设定的匹配阈值 T_P，从导航星特征库中将满足 $|P_C - P_m| < T_p$ 的导

航特征三角作为初步筛选结果。其中，P_C 为导航星特征库中存储的导航特征三角 P 值，初步筛选结果构成集合 C。

⑥ 综合匹配：将集合 C 中的导航特征三角与待匹配的观测特征三角进行综合匹配，计算三边对应的差值，并求和。

$$d=|x_C-d(m,1)|+|y_C-d(m,2)|+|z_C-d(1,2)| \tag{5.40}$$

将计算结果按大小排序，若最小值小于阈值 T_d，即 $d_{\min}<T_d$，则将该导航特征三角作为观测特征三角的匹配结果；否则，该观测特征三角匹配失败。随后，更换主星，重复步骤②～⑥，直至完成整幅星图的识别。

5.2.3 模式识别类星图识别算法

模式识别类星图识别算法以待识别星一定邻域内其他星（称为伴星）的几何分布特征作为该待识别星的特征模式（星模式）进行特征匹配，进而完成星图识别。这个特征模式是该待识别星独一无二的"签名"，以此将其与其他星区分开来。这类星图识别方法实质上就是在导航星特征库中寻找与待识别星的星模式最相近的导航星。因此，这类算法更接近于一般意义上的模式识别问题，相较于子图同构类星图识别算法，这类方法具有较强的容错能力，存储容量也更小。

1. 栅格星图识别算法

栅格星图识别算法作为模式识别类星图识别算法的代表，将待识别星在一定模式半径内的伴星几何分布特征用栅格的形式表示，并将该伴星几何分布特征作为待识别星的特征模式进行匹配。

栅格星图识别算法的具体实现过程如下：

① 从星敏感器实拍星图中选择 $n\,(n\geqslant 3)$ 颗观测星作为待识别星。模式识别类星图识别算法的识别率与模式半径内伴星的个数有关，若伴星个数较少，则提供的信息也较少，冗余匹配过多，导致识别成功率较低。因此，优先选择亮度高且邻域内伴星的个数较多的观测星作为待识别星。

② 确定主星（待识别星）及模式半径 p_r，该主星的特征模式由以 p_r 为半径的邻域内的伴星所构成。

③ 平移星图，使得主星位于假想视场的中心，并在半径 p_r 之内、b_r 之外寻找一颗离主星最近的观测星，称为近邻星或定位星，如图 5.16(a)和(b)所示。

④ 以主星为中心将星图旋转，使近邻星位于 x 轴的正半轴，并将星图划分为 $g\times g$ 的栅格形式，如图 5.16(c)和(d)所示。这样主星的特征模式就可以用 $g\times g$ 的栅格 $\mathrm{cell}(i,j)$ 来表示，如果栅格内有伴星，则其对应值为 1，否则为 0。至此，可得到待识别星的特征模式为

$$\boldsymbol{p}_{\mathrm{at}}=(a_1,a_2,\cdots a_k,\cdots,a_{g^2}) \tag{5.41}$$

式中，$a_k=\begin{cases}1 & \mathrm{cell}(i,j)=1\\ 0 & \mathrm{cell}(i,j)=0\end{cases}$，$k=j\cdot g+i$。

⑤ 设导航星特征库中所有导航星特征模式的集合为 $\{\boldsymbol{S}_{\mathrm{tar},i}\}$，利用栅格算法进行星图识别实质上就是寻找 $\mathrm{match}(\boldsymbol{P}_{\mathrm{at}},\boldsymbol{S}_{\mathrm{tar},i})$ 的最大值，最大值对应的导航星即为识别结果。$\mathrm{match}(\boldsymbol{P}_{\mathrm{at}},\boldsymbol{S}_{\mathrm{tar},i})$ 的计算方法为

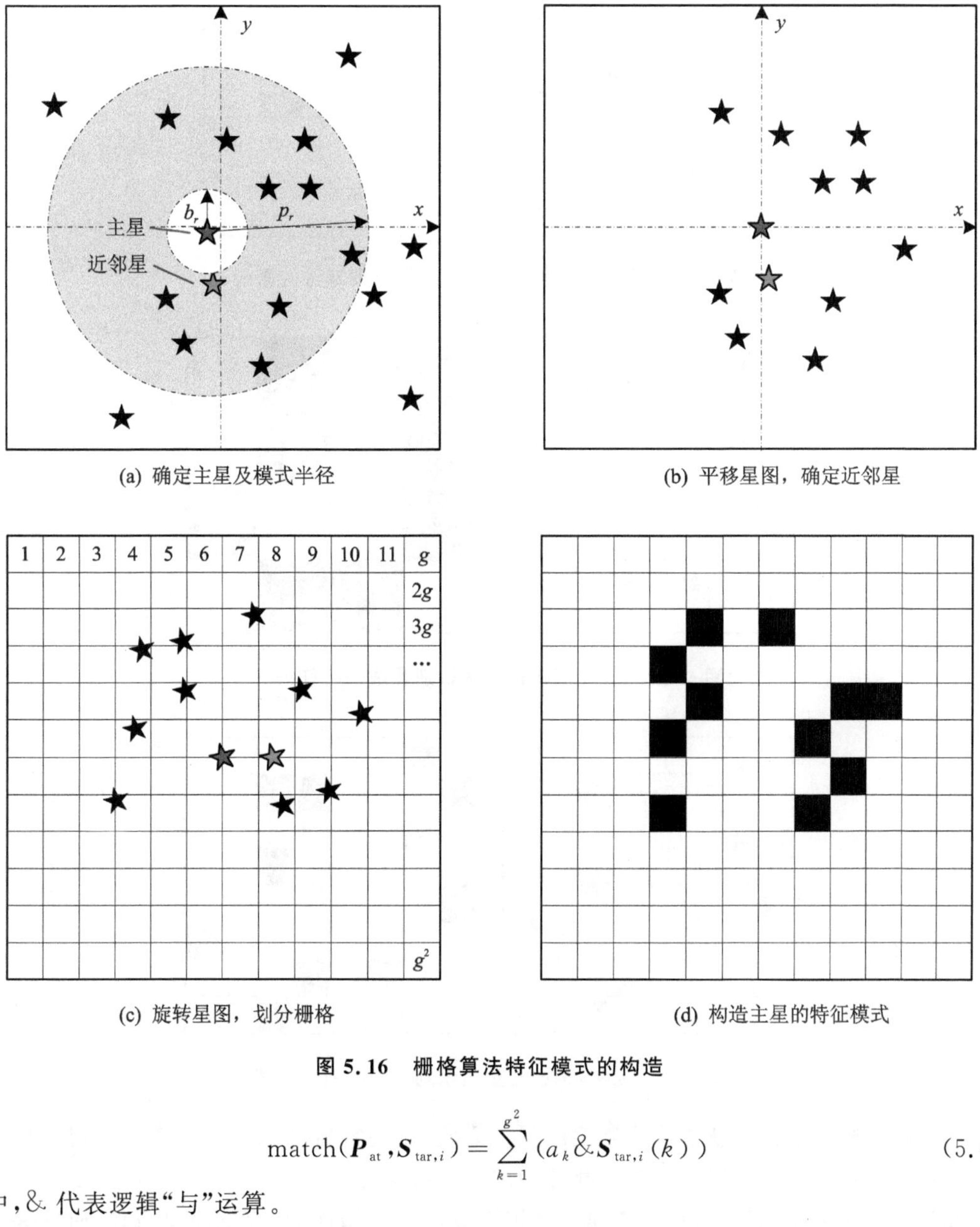

(a) 确定主星及模式半径　　(b) 平移星图，确定近邻星

(c) 旋转星图，划分栅格　　(d) 构造主星的特征模式

图 5.16　栅格算法特征模式的构造

$$\mathrm{match}(\boldsymbol{P}_{\mathrm{at}},\boldsymbol{S}_{\mathrm{tar},i})=\sum_{k=1}^{g^2}(a_k \& \boldsymbol{S}_{\mathrm{tar},i}(k)) \tag{5.42}$$

式中，& 代表逻辑“与”运算。

栅格星图识别算法以主星模式半径内的伴星几何分布为特征，通过判断各个栅格内是否存在伴星来构造每颗主星的特征模式向量。如图 5.17 所示，若含有位置噪声的某颗伴星仍落在原栅格范围内，则相应主星的特征模式向量不会发生变化，因而不会影响该主星的正确识别。因此，栅格星图识别算法对星点位置噪声具有较强的鲁棒性。

此外，从栅格的划分过程可以看出，栅格数目 g^2 越大，星图的划分也就越细致，特征模式向量的维数也越大。此时，每个特征模式向量中所包含的伴星几何分布信息更加充分，有利于提高识别正确率，如图 5.18 和图 5.19 所示。

然而，当栅格数目 g^2 过大时，含有位置噪声的星点落入原栅格的概率降低，栅格星图识

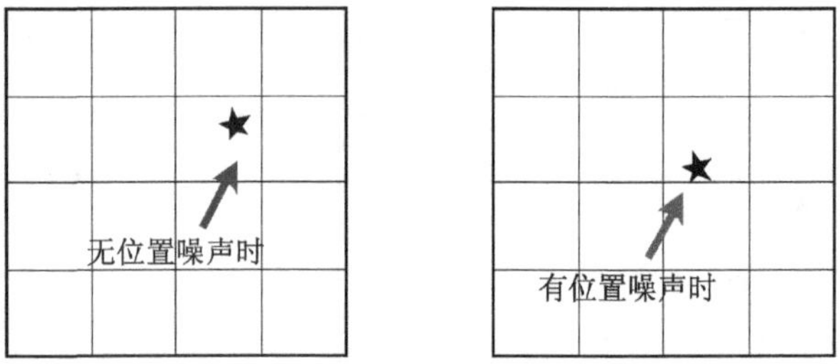

图 5.17 星点位置噪声对栅格星图识别算法的影响

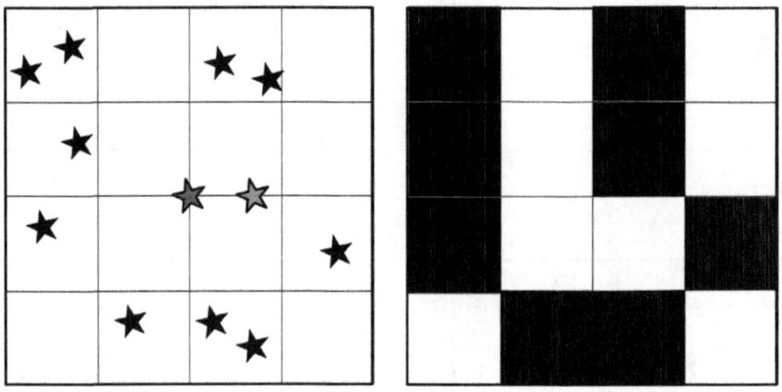

图 5.18 $g=4$ 时栅格星图识别算法的特征模式

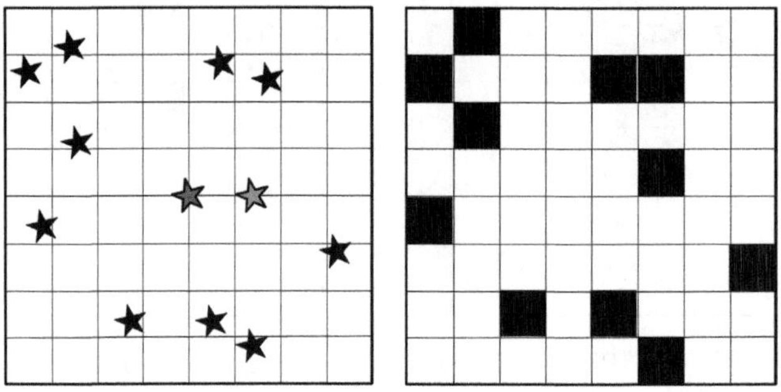

图 5.19 $g=8$ 时栅格星图识别算法的特征模式

别算法对位置噪声的抗干扰能力也随之降低。因此，栅格数目的选取需要在对伴星几何分布信息的充分利用和对位置噪声的抗干扰能力之间进行综合考虑。

相较于三角形星图识别算法，栅格星图识别算法在容错能力、存储容量、运行时间等方面均有更明显的优势；而且，当目标星点的质心提取精度较低时，栅格星图识别算法的识别率仍能保持较高水平。但是，栅格星图识别算法在特征提取方面仍然存在不足，如由于选择邻近星的正确率不高，尤其是主星靠近视场边缘时，将在很大程度上降低星图识别的正确率；而且当视场内恒星数目较少时，也会降低识别正确率；此外，该方法的特征模式不能反映内在的相似程度，即使是相似的分布特征，利用该方法提取出来的特征向量的差别也可能较大。

2. 采用径向和环向特征的星图识别算法

针对栅格算法在特征提取方面的劣势，将伴星的几何分布特征分解为径向特征和环向特征两种，如图 5.20 所示。由于径向特征具有旋转不变性，是一种可靠的特征，故建立径向特征时不需要确定近邻星。而且，虽然径向特征和环向特征都是一维的，但综合这两种特征可以得到恒星几何分布的完整二维信息，故相似分布经过特征提取之后的特征向量仍然是相似的。因此，采用径向和环向特征的星图识别算法利用具有旋转不变性的径向特征作初始匹配，并在此基础上进一步以环向特征进行后续匹配。利用径向特征作初始匹配的目的是把可能作为匹配结果的导航星限制在一个较小的范围内，从而尽可能地降低错误匹配的概率；而利用环向特征进行后续匹配的目的则是进一步消除冗余匹配，从而得到唯一的识别结果。

(1) 径向、环向特征构造

该方法的关键就是径向和环向特征的构造，其中径向特征(如图 5.21 所示)的构造过程介绍如下：

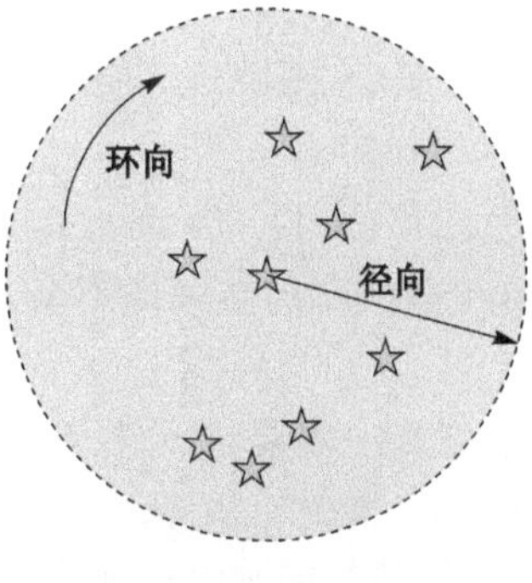

图 5.20　按径向和环向的方式进行特征提取

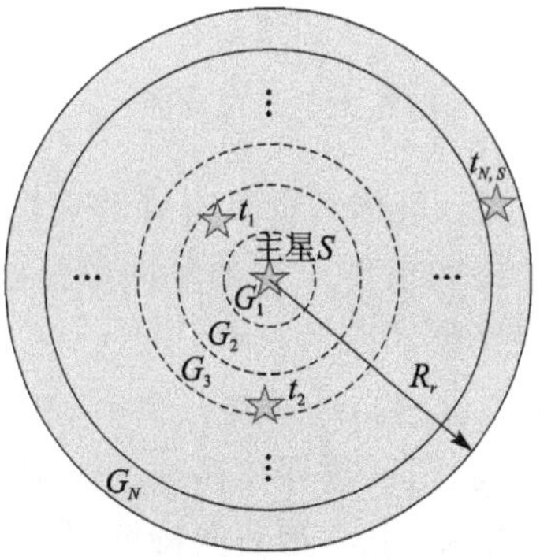

图 5.21　径向特征

① 以 S 作为主星，确定径向模式半径 R_r。在半径为 R_r 的邻域内，将其他观测星作为主星 S 的伴星(共有 N_s 颗)，这些伴星一起构成 S 的径向特征模式向量。

② 沿径向将以 S 为中心、以 R_r 为半径的邻域划分成间隔相等的环带 $G_1, G_2, \cdots, G_N$。

③ 计算第 $i\,(i=1,2,\cdots,N_s)$ 颗伴星 t_i 与 S 之间的角距 $d(S,t_i)$，则第 i 颗伴星落在第 $\text{int}(N\times d(S,t_i)/R_r)$ 环带内(int 表示取整)，根据所有伴星的径向分布情况可以得到 S 对应的径向特征模式向量为

$$\boldsymbol{P}_{\text{at},r}(S)=(B_1,B_2,\cdots,B_j,\cdots,B_N),\qquad j=1,2,\cdots,N \tag{5.43}$$

式中，$B_j=\begin{cases}1 & G_j\ \text{环带有伴星}\\ 0 & G_j\ \text{环带无伴星}\end{cases}$。

然而，若按照式(5.43)存储导航星的径向特征，在匹配时会出现检索时间过长的问题，例如若星库中包含 5 000 颗导航星，选取径向细分等级 $N=200$，则匹配一次径向特征需要经过 $5\,000\times200=1\,000\,000$ 次比较运算。为了解决遍历搜索时间长、效率低的问题，在存储导航星的径向特征时采用查找表(LT)的形式，以便加快匹配速度。

查找表共有 N 行，分别记作 $\text{LT}_j\,(j=1,2,\cdots,N)$，分别与径向特征提取过程的每个环带 $G_1, G_2, \cdots, G_N$ 相对应。对导航星库中的所有导航星构建径向特征模式向量，若某颗导航星存在伴星落在 G_j 环带内，则在 LT_j 行记录该导航星的星号。构建查找表的过程中，若同一行中多次出现同一颗导航星的星号，则保留一个即可。按这种方法构建查找表，即存储了所有导航星的径向特征。

环向特征的构造过程(如图 5.22 所示)如下：

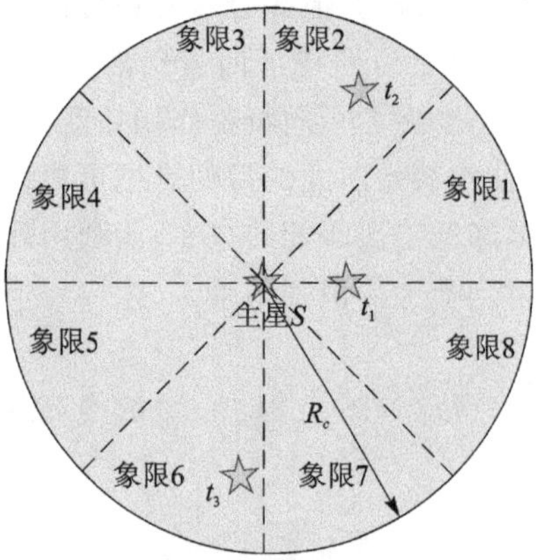

图 5.22 环向特征

① 以 S 为主星确定环向模式半径 R_c，以主星 S 为中心，依次计算主星 S 与其伴星 t_1,t_2,t_3(以三颗伴星的情况为例说明)之间的夹角，如图 5.22 中的 $\angle t_1St_2$，$\angle t_2St_3$，$\angle t_3St_1$。

② 找出最小的伴星夹角(图 5.22 中为 $\angle t_1St_2$)，以最小夹角的一边(St_1)作为起始边对主星的圆形邻域作环向划分(以 8 个象限为例进行说明)，并将这 8 个象限按逆时针方向进行标号。根据所有伴星在各象限上的分布情况组成一个 8 位二进制向量，如果该象限内有伴星，则对应为 1，否则为 0。如图 5.22 所示，图中所对应的 8 位二进制向量为 $\boldsymbol{v}=(11\ 000\ 100)$。

③ 显然，环向特征具有旋转变性，为此需要对 $\boldsymbol{v}$ 进行循环移位，找出 $\boldsymbol{v}$ 所对应的最大值，并将这个最大值作为 S 的环向特征。如图 5.22 所示，$\boldsymbol{v}$ 循环移位后仍然保持不变，故该主星的环向特征模式向量为 $\boldsymbol{P}_{\mathrm{at},c}(\mathrm{S})=(11\ 000\ 100)=196$。

8 位二进制向量 $\boldsymbol{v}$ 共有 $2^8=256$ 种取值情况，但是由于该算法需要将 $\boldsymbol{v}$ 循环移位后的结果作为环向特征，故存在多种二进制向量对应同一种环向特征的情况。实际上，8 个象限的环向划分只能得到 36 种环向特征，如果直接利用环向特征进行初始匹配则将出现较多的冗余匹配，因此环向特征无法用作初始匹配。此外，环向特征提取过程中寻找最小的伴星夹角相当于栅格算法中确定近邻星，因此，环向特征同样不是一种可靠的特征，但由于环向特征只用于后续匹配，故对识别结果影响较小。

(2) 采用径向和环向特征的星图识别算法实现步骤

采用径向和环向特征的星图识别算法采用分步匹配，首先利用径向特征作初始匹配，缩小搜索范围，然后利用环向特征和星等约束条件作进一步筛选。该算法的具体实现过程如下：

① 从拍摄星图中选择 $n(n\geqslant 3)$ 颗观测星作为待识别星。设邻域内伴星的个数为 n_{neighbor}，星等为 m，定义 $Q=m/n_{\mathrm{neighbor}}$，将拍摄星图中的观测星按照 Q 的大小排序，具有最小 Q 值的 n 颗观测星被选为待识别星。

② 进行初始匹配。分配 N_s 个(N_s 为导航星库中导航星的总数)计数器，各计数器分别与每颗导航星对应。将待识别的观测星 i 作为主星，构造径向特征模式向量，如果存在伴星位于 G_j 环带中，则将查找表 LT_j 行中所有导航星对应的计数器加 1。最终具有最大计数值的导航星被选作匹配星，候选匹配星可能不唯一，则将其集合记为 can_i。按这种方法即可完成对 n 颗待识别星的初始匹配。

③ 进行后续匹配。若待识别星对应的候选匹配星不唯一，则要构造其环向特征模式向量做进一步筛选：将候选匹配星的环向特征与待识别星的环向特征进行对比，如果它们的环向特征相同，则保留该候选匹配星，否则将其剔除。

④ 经过初始与后续匹配后，若候选匹配星仍然不唯一，则将候选匹配星与待识别星的星等进行比较，将误差超过星等匹配门限的候选匹配星剔除。当候选匹配星仍不唯一时，可以根据其他约束做进一步筛选。通常情况下，各观测星的正确匹配星集中在某个视场的限制区域

内，而那些不正确的匹配星（错误匹配和冗余匹配）则随机分散在整个天球范围内。因此，利用视场约束条件可对候选匹配星做进一步筛选。至此，若候选匹配星唯一，则识别成功，否则识别失败。

采用径向和环向特征的星图识别算法具有较好的识别效果。相较于三角形星图识别算法，该算法在存储容量、识别时间、识别准确率和受干扰星的影响等方面都有较好的性能。相较于栅格星图识别算法，该算法降低了邻近星选择正确率不高对识别结果的影响，弥补了栅格星图识别算法在特征提取方面的不足，且对星点位置误差和干扰星的敏感程度有所降低；但是，由于该算法的特征提取、存储与识别过程相对复杂，故在识别时间和存储空间方面，栅格星图识别算法要优于采用径向和环向特征的星图识别算法。

3. 神经网络星图识别算法

神经网络是解决模式识别问题的常用方法，具有并行运算、分布式信息存储、强容错能力及自适应学习等优点。神经网络的自动学习与聚类能力使它完全具备应用于星图识别领域的条件。

下面以采用星向量矩阵特征模式的神经网络星图识别算法为例，介绍神经网络星图识别算法。

采用星向量矩阵特征模式的神经网络星图识别算法利用主星和一定邻域内的 3 颗伴星的方向矢量构造主星的特征向量，并以此特征向量作为自组织竞争网络的权值向量，通过自组织竞争网络的竞争机制，“自动”完成星图识别。该算法的实现需要首先构造特征向量和自组织竞争网络。

(1) 特征向量的构造

特征向量以某颗恒星作为主星，加上一定邻域内的 3 颗伴星一起构造而成。一般选择确定半径 R_t 以外、视场半径 R_{FOV} 以内的距离主星最近的 3 颗星作为伴星参与构造特征向量。以拍摄星图中的某颗待识别星作为主星为例，选定 3 颗观测星作为伴星后，根据这 4 颗观测星在成像平面上的位置坐标可以构造出它们在星敏感器测量坐标系下的方向矢量矩阵 $\boldsymbol{W}=[\boldsymbol{b}_1\quad\boldsymbol{b}_2\quad\boldsymbol{b}_3\quad\boldsymbol{b}_4]$ 和对称矩阵 $\boldsymbol{W}^{\mathrm{T}}\boldsymbol{W}$，其中第 j 颗待识别星的方向矢量 $\boldsymbol{b}_j$ 可由式(5.19)求得。

同样，在导航星库中选定 1 颗主星和 3 颗伴星后，根据这 4 颗导航星的星历信息可以构造出它们在天球坐标系下的方向矢量矩阵 $\boldsymbol{V}=[\boldsymbol{r}_1\quad\boldsymbol{r}_2\quad\boldsymbol{r}_3\quad\boldsymbol{r}_4]$ 和对称矩阵 $\boldsymbol{V}^{\mathrm{T}}\boldsymbol{V}$，其中第 i 颗导航星的方向矢量 $\boldsymbol{r}_i$ 可由式(5.17)求得。

若选定的这 4 颗导航星为待识别的 4 颗观测星，则有 $\boldsymbol{W}=\boldsymbol{A}\boldsymbol{V}$，其中 $\boldsymbol{A}$ 为星敏感器的姿态矩阵，因此有

$$\boldsymbol{W}^{\mathrm{T}}\boldsymbol{W}=\boldsymbol{V}^{\mathrm{T}}\boldsymbol{A}^{\mathrm{T}}\boldsymbol{A}\boldsymbol{V}=\boldsymbol{V}^{\mathrm{T}}\boldsymbol{V} \tag{5.44}$$

其中，

$$\begin{aligned}\boldsymbol{W}^{\mathrm{T}}\boldsymbol{W}&=[\boldsymbol{b}_1\quad\boldsymbol{b}_2\quad\boldsymbol{b}_3\quad\boldsymbol{b}_4]^{\mathrm{T}}[\boldsymbol{b}_1\quad\boldsymbol{b}_2\quad\boldsymbol{b}_3\quad\boldsymbol{b}_4]\\&=\begin{bmatrix}\boldsymbol{b}_1^{\mathrm{T}}\boldsymbol{b}_1&\boldsymbol{b}_1^{\mathrm{T}}\boldsymbol{b}_2&\boldsymbol{b}_1^{\mathrm{T}}\boldsymbol{b}_3&\boldsymbol{b}_1^{\mathrm{T}}\boldsymbol{b}_4\\\boldsymbol{b}_2^{\mathrm{T}}\boldsymbol{b}_1&\boldsymbol{b}_2^{\mathrm{T}}\boldsymbol{b}_2&\boldsymbol{b}_2^{\mathrm{T}}\boldsymbol{b}_3&\boldsymbol{b}_2^{\mathrm{T}}\boldsymbol{b}_4\\\boldsymbol{b}_3^{\mathrm{T}}\boldsymbol{b}_1&\boldsymbol{b}_3^{\mathrm{T}}\boldsymbol{b}_2&\boldsymbol{b}_3^{\mathrm{T}}\boldsymbol{b}_3&\boldsymbol{b}_3^{\mathrm{T}}\boldsymbol{b}_4\\\boldsymbol{b}_4^{\mathrm{T}}\boldsymbol{b}_1&\boldsymbol{b}_4^{\mathrm{T}}\boldsymbol{b}_2&\boldsymbol{b}_4^{\mathrm{T}}\boldsymbol{b}_3&\boldsymbol{b}_4^{\mathrm{T}}\boldsymbol{b}_4\end{bmatrix}=\begin{bmatrix}1&\boldsymbol{b}_1^{\mathrm{T}}\boldsymbol{b}_2&\boldsymbol{b}_1^{\mathrm{T}}\boldsymbol{b}_3&\boldsymbol{b}_1^{\mathrm{T}}\boldsymbol{b}_4\\\boldsymbol{b}_2^{\mathrm{T}}\boldsymbol{b}_1&1&\boldsymbol{b}_2^{\mathrm{T}}\boldsymbol{b}_3&\boldsymbol{b}_2^{\mathrm{T}}\boldsymbol{b}_4\\\boldsymbol{b}_3^{\mathrm{T}}\boldsymbol{b}_1&\boldsymbol{b}_3^{\mathrm{T}}\boldsymbol{b}_2&1&\boldsymbol{b}_3^{\mathrm{T}}\boldsymbol{b}_4\\\boldsymbol{b}_4^{\mathrm{T}}\boldsymbol{b}_1&\boldsymbol{b}_4^{\mathrm{T}}\boldsymbol{b}_2&\boldsymbol{b}_4^{\mathrm{T}}\boldsymbol{b}_3&1\end{bmatrix}\end{aligned} \tag{5.45}$$

$$\boldsymbol{V}^{\mathrm{T}}\boldsymbol{V}=\begin{bmatrix}\boldsymbol{r}_1 & \boldsymbol{r}_2 & \boldsymbol{r}_3 & \boldsymbol{r}_4\end{bmatrix}^{\mathrm{T}}\begin{bmatrix}\boldsymbol{r}_1 & \boldsymbol{r}_2 & \boldsymbol{r}_3 & \boldsymbol{r}_4\end{bmatrix}$$

$$=\begin{bmatrix}\boldsymbol{r}_1^{\mathrm{T}}\boldsymbol{r}_1 & \boldsymbol{r}_1^{\mathrm{T}}\boldsymbol{r}_2 & \boldsymbol{r}_1^{\mathrm{T}}\boldsymbol{r}_3 & \boldsymbol{r}_1^{\mathrm{T}}\boldsymbol{r}_4\\ \boldsymbol{r}_2^{\mathrm{T}}\boldsymbol{r}_1 & \boldsymbol{r}_2^{\mathrm{T}}\boldsymbol{r}_2 & \boldsymbol{r}_2^{\mathrm{T}}\boldsymbol{r}_3 & \boldsymbol{r}_2^{\mathrm{T}}\boldsymbol{r}_4\\ \boldsymbol{r}_3^{\mathrm{T}}\boldsymbol{r}_1 & \boldsymbol{r}_3^{\mathrm{T}}\boldsymbol{r}_2 & \boldsymbol{r}_3^{\mathrm{T}}\boldsymbol{r}_3 & \boldsymbol{r}_3^{\mathrm{T}}\boldsymbol{r}_4\\ \boldsymbol{r}_4^{\mathrm{T}}\boldsymbol{r}_1 & \boldsymbol{r}_4^{\mathrm{T}}\boldsymbol{r}_2 & \boldsymbol{r}_4^{\mathrm{T}}\boldsymbol{r}_3 & \boldsymbol{r}_4^{\mathrm{T}}\boldsymbol{r}_4\end{bmatrix}=\begin{bmatrix}1 & \boldsymbol{r}_1^{\mathrm{T}}\boldsymbol{r}_2 & \boldsymbol{r}_1^{\mathrm{T}}\boldsymbol{r}_3 & \boldsymbol{r}_1^{\mathrm{T}}\boldsymbol{r}_4\\ \boldsymbol{r}_2^{\mathrm{T}}\boldsymbol{r}_1 & 1 & \boldsymbol{r}_2^{\mathrm{T}}\boldsymbol{r}_3 & \boldsymbol{r}_2^{\mathrm{T}}\boldsymbol{r}_4\\ \boldsymbol{r}_3^{\mathrm{T}}\boldsymbol{r}_1 & \boldsymbol{r}_3^{\mathrm{T}}\boldsymbol{r}_2 & 1 & \boldsymbol{r}_3^{\mathrm{T}}\boldsymbol{r}_4\\ \boldsymbol{r}_4^{\mathrm{T}}\boldsymbol{r}_1 & \boldsymbol{r}_4^{\mathrm{T}}\boldsymbol{r}_2 & \boldsymbol{r}_4^{\mathrm{T}}\boldsymbol{r}_3 & 1\end{bmatrix} \tag{5.46}$$

式(5.44)～式(5.46)表明同一组星光矢量在不同坐标系下的点积结果保持不变。因此，可以将这些点积结果提取出来作为识别星图的特征。由于选择 4 颗星构造特征向量，故对称矩阵 $\boldsymbol{W}^{\mathrm{T}}\boldsymbol{W}$ 和 $\boldsymbol{V}^{\mathrm{T}}\boldsymbol{V}$ 各有 $6(C_4^2)$ 个独立的元素，将 $\boldsymbol{W}^{\mathrm{T}}\boldsymbol{W}$ 和 $\boldsymbol{V}^{\mathrm{T}}\boldsymbol{V}$ 中的独立元素分别用于构造观测星和导航星的特征向量，则有

$$\boldsymbol{P}_{\mathrm{at},b}=\begin{bmatrix}\boldsymbol{b}_1^{\mathrm{T}}\boldsymbol{b}_2 & \boldsymbol{b}_1^{\mathrm{T}}\boldsymbol{b}_3 & \boldsymbol{b}_1^{\mathrm{T}}\boldsymbol{b}_4 & \boldsymbol{b}_2^{\mathrm{T}}\boldsymbol{b}_3 & \boldsymbol{b}_2^{\mathrm{T}}\boldsymbol{b}_4 & \boldsymbol{b}_3^{\mathrm{T}}\boldsymbol{b}_4\end{bmatrix} \tag{5.47}$$

$$\boldsymbol{P}_{\mathrm{at},r}=\begin{bmatrix}\boldsymbol{r}_1^{\mathrm{T}}\boldsymbol{r}_2 & \boldsymbol{r}_1^{\mathrm{T}}\boldsymbol{r}_3 & \boldsymbol{r}_1^{\mathrm{T}}\boldsymbol{r}_4 & \boldsymbol{r}_2^{\mathrm{T}}\boldsymbol{r}_3 & \boldsymbol{r}_2^{\mathrm{T}}\boldsymbol{r}_4 & \boldsymbol{r}_3^{\mathrm{T}}\boldsymbol{r}_4\end{bmatrix} \tag{5.48}$$

该特征向量包含了这 4 颗恒星的相对位置信息。实际上，任何两颗主星周围的 3 颗邻星分布都不会完全相同，因此 3 颗邻星足以和主星一起构造特征向量。主星不同时，周围的 3 颗邻星分布情况就会不同，相应的特征向量也就不同。因此，这种基于星向量矩阵构造得到的特征向量可以作为主星的特征模式。

采用星向量矩阵特征模式的神经网络星图识别算法以导航星的特征向量 $\boldsymbol{P}_{\mathrm{at},r}$ 为输入模式对神经网络进行训练，而导航星的特征向量按如下步骤进行构造：

① 确定邻星。对于任意一颗主星，计算其周围所有邻星到主星的角距，并将角距位于确定半径 R_t 以外、视场半径 R_{FOV} 以内的距离主星最近的 3 颗星作为邻星。

② 构造特征向量。根据式(5.17)，计算主星和 3 颗邻星在天球坐标系下的方向矢量，然后计算得到对称矩阵 $\boldsymbol{V}^{\mathrm{T}}\boldsymbol{V}$ 并从中提取 6 个独立的元素，进而根据式(5.48)构造得到该主星的特征向量 $\boldsymbol{P}_{\mathrm{at},r}$。

(2) 自组织竞争网络的构造与训练

自组织竞争网络能对输入模式进行自组织训练和判断，并将其最终分为不同的类别。输出层(又被称为竞争层)的节点只可能为 0 或 1，具有结构简单、易于训练、结果明确的优势。

用于星图识别的自组织竞争神经网络的结构有两层：第一层是输入层，节点数与导航星特征向量的维数相同，即 6 个节点；第二层是输出层，节点数和导航星数目相同。每个输出层节点都与输入层节点相连接，输入层和输出层各个节点相连接的权值称为权值向量。其基本结构如图 5.23 所示。

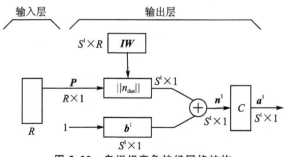

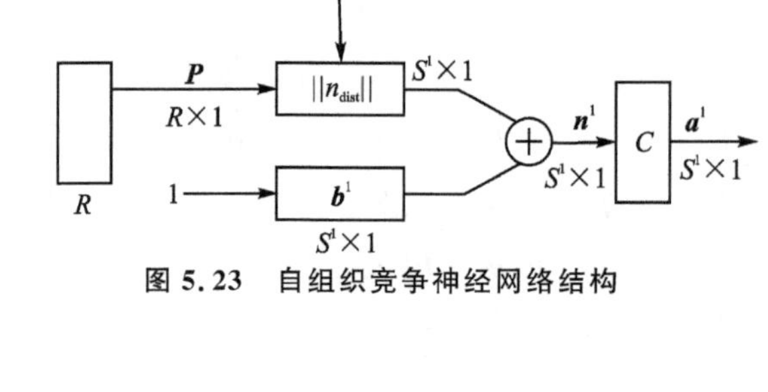

图 5.23 自组织竞争神经网络结构

图5.23中，$\boldsymbol{b}^1$为阈值向量，$\|n_{\text{dist}}\|$的输入为输入向量$\boldsymbol{P}$和权值矩阵$\boldsymbol{IW}$，$\|n_{\text{dist}}\|$的输出为$S^1\times 1$维向量。$\|n_{\text{dist}}\|$表示输入向量和输入权值行向量之间的距离负值，其表达式为

$$\|n_{\text{dist}}\| = -\|\boldsymbol{IW}_i - \boldsymbol{P}\| \tag{5.49}$$

式中，$\boldsymbol{IW}_i$表示权值矩阵$\boldsymbol{IW}$中第i个权值向量。输出层的输入$\boldsymbol{n}^1$是距离负值和阈值$\boldsymbol{b}^1$之和。如果所有阈值向量为$\boldsymbol{0}$，那么当输入向量$\boldsymbol{P}$和权值向量$\boldsymbol{IW}_i$相等时，则n_i^1为最大值0。对于$\boldsymbol{n}^1$中最大的元素，输出层的传递函数输出为1，而对其他元素输出为0。如果所有的阈值为0，那么权值向量最接近输入向量的那个神经元的距离负值最大(即最接近0)，从而赢得竞争，输出为1。

构造好自组织竞争神经网络后，需要根据分类情况确定各个节点间权值向量的值，这个过程称为网络训练。对星图识别而言，将每颗导航星视为输出层的一个类别，而每一类别的特征模式只有一个，故将各个导航星的特征模式归一化后，直接赋给输出层对应节点的权值向量，就完成了自组织竞争神经网络的训练。

在竞争学习中采用的典型学习规则为胜者为王。对于星图识别，输入的每颗导航星的特征模式只有一个，归一化后其矢量端可以看作分布在单位圆的点，用"○"表示，该点的位置即为该类特征向量的聚类中心。设竞争层有3个神经元，对应的3个权值向量也等价在同一单位圆上，用"★"表示，它代表节点权值向量的位置。经过充分训练后，单位圆上的3个"★"点会逐渐移动到各输入特征向量的聚类中心，即权值向量和输入的特征模式的数值相等。当向网络输入一个特征模式时，竞争层中哪个神经元获胜，则使其输出为1，当前输入就归为哪类。其具体原理示意如图5.24所示。

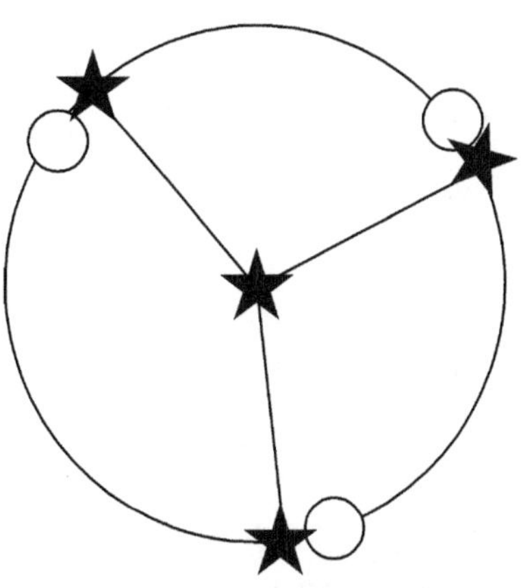

图5.24　用于星图识别的自组织竞争神经网络训练原理

从网络的训练过程来看，导航星的特征向量用于训练自组织竞争神经网络时，其特征模式会融入权值矩阵中。可见，训练好的网络即包含了所有导航星的特征模式。识别过程中，不再需要读取导航星的特征模式，因而不必单独存储这些信息。此时，导航星特征库只需存储各导航星为主星时对应的3颗邻星的导航星号，这样在星图中某颗主星完成匹配后，便于查找得到与该主星一起构造特征向量的3颗邻星。

(3) 神经网络星图识别算法

采用星向量矩阵特征模式的神经网络星图识别算法的具体实现过程如下：

① 从拍摄星图中选择n($n\geqslant 3$)颗观测星作为待识别星，尽量选择星图中心区域的观测星。

② 选择其中一颗观测星T_i作为主星，确定半径R_t以外、视场半径R_{FOV}以内的距离主星最近的3颗观测星作为邻星，根据式(5.47)构造待识别主星T_i的特征向量$\boldsymbol{P}_{\text{at},b}$。

③ 将$\boldsymbol{P}_{\text{at},b}$输入到训练好的自组织竞争神经网络中，查找网络输出为1的节点，该节点所对应的导航星即为T_i的识别结果。此外，查找导航星特征库便可得到其他3颗邻星的识别结果。

④ 以此类推，直到完成所有待识别星的识别。

神经网络星图识别算法对星点位置误差、星等噪声等不敏感，而且存储容量小，识别时间短，具有一定的优势。但是，神经网络在训练时的计算强度较大，对硬件要求高，且识别的正确率容易受到训练集合大小和训练时间强度的影响，需要较大空间来存储权值，因此该算法对存储容量的潜在需求高。

4. 基于 Hausdorff 距离的星图识别算法

由于 Hausdorff 距离是两幅图像间相似性的一种度量方法，这种距离不需要建立图像间点与点的对应关系，因此基于 Hausdorff 距离的星图识别算法在噪声污染或失真较严重的情况下也能达到较好的识别效果。

(1) Hausdorff 距离与相对 Hausdorff 距离的定义

Hausdorff 距离是一种定义在两个点集上的极大-极小(max - min)距离，用于度量两个点集之间的匹配程度，Hausdorff 距离越大，两点集匹配程度越低。设两个有限点集 $A=\{a_1, a_1, \cdots, a_p\}$ 和 $B=\{b_1, b_1, \cdots, b_q\}$，则定义 A，B 之间的 Hausdorff 距离为

$$H(A,B)=\max[h(A,B),h(B,A)] \tag{5.50}$$

式中，$h(A,B)$ 为点集 A 到点集 B 的有向 Hausdorff 距离，同理可得 $h(B,A)$。其中 $h(A,B)$ 定义为

$$h(A,B)=\max_{a\in A}\min_{b\in B}(\|a-b\|) \tag{5.51}$$

式中，$\|\cdot\|$ 为定义在点集上的某种距离范数，如欧氏距离、棋盘距离等。

定义点 a 到点集 B 的距离 $d_{B(a)}$ 为点 a 到点集 B 中各点距离的最小值：

$$d_{B(a)}=\min(\|a-b\|),\quad b\in B \tag{5.52}$$

则 $h(A,B)$ 为点集 A 中所有点到点集 B 的距离 $d_{B(a)}$ 的最大值，其物理意义为点集 A 中的点到点集 B 的距离一定在 $h(A,B)$ 内。Hausdorff 距离是 $h(A,B)$ 和 $h(B,A)$ 的最大值，表征两个点集的匹配程度。可以看出，Hausdorff 距离不强调点集中的匹配点对，即点与点之间的关系是模糊的，因而将该距离作为星图识别的依据时，星图识别算法会具有较强的抗噪性。

待识别星图是二维灰度图像，星点在成像平面的位置坐标与赤经、赤纬相对应，星点成像的灰度值与星等相对应。因此，根据待识别星在成像平面的位置坐标及其灰度信息可以构造待识别星的特征分量。经质心提取可得到待识别星 k 在成像平面的位置坐标 (x_k, y_k) 以及灰度 g_k，进而可构造出待识别星 k 的 3 个特征分量分别为

$$\left.\begin{aligned} a_{1,k} &= \frac{x_k \times F_{\mathrm{OV},x}}{N_x} \\ a_{2,k} &= \frac{y_k \times F_{\mathrm{OV},y}}{N_y} \\ a_{3,k} &= \log_{2.51}\left(\frac{g_k}{g_0}\right) \end{aligned}\right\} \tag{5.53}$$

式中，$a_{1,k}$、$a_{2,k}$ 和 $a_{3,k}$ 分别表示待识别星在星图中的横向、纵向角度信息和星等信息，$F_{\mathrm{OV},x}\times F_{\mathrm{OV},y}$ 为星敏感器的视场大小，$N_x\times N_y$ 为星敏感器中图像传感器的面阵像元数，g_0 为 0 等星的灰度感器可识别的星等阈值。

据此，设待识别星的集合为 $A=\{a_1, a_1, \cdots, a_p\}$，其中，$a_k=(a_{1,k}, a_{2,k}, a_{3,k})$ 为待识别星

的 3 个特征分量。设由导航星库构造的集合为 $B=\{b_1,b_1,\cdots,b_q\}$，其中 $b_j=(b_{1,j},b_{2,j},b_{3,j})$ 为导航星的 3 个特征分量，分别对应于导航星的赤经、赤纬和星等。由于待识别星图是全天星图的子图，因此其中恒星的数目满足 $p\leqslant q$。

在进行星图识别之前，星敏感器视轴指向无法确定，因此通过待识别星图无法获得待识别恒星准确的赤经、赤纬，只能得到这些星点之间的相对角度信息。由于恒星之间的相对位置是保持不变的，因此可将待识别星图与导航星库之间的相对 Hausdorff 距离定义为

$$H=\sum_{k=1}^{p}\min\{w_1[(a_{1,k}-a_{1,m})-(b_{1,j}-b_{1,i})]+ w_2[(a_{2,k}-a_{2,m})-(b_{2,j}-b_{2,i})]+w_3(a_{3,k}-b_{3,j})\} \tag{5.54}$$

式中，$m=1,2,\cdots,p$；$i,j=1,2,\cdots,q$；w_1,w_2,w_3 分别为 3 个特征分量的权值，一般取 $w_1=w_2$，由于灰度信息误差较大，故 $w_3<w_1$。

可见，只要以待识别星图与导航星库之间的相对 Hausdorff 距离作为评判标准，即可完成星图识别。

(2) 基于 Hausdorff 距离的星图识别算法实现步骤

基于 Hausdorff 距离的星图识别算法的具体实现过程如下：

① 从实拍星图中选择 $n(n\geqslant 3)$ 颗观测星作为待识别星，根据待识别星在星图中的二维坐标和灰度信息分别求解相对角度信息与星等信息，进而构造得到集合 $A=\{a_1,a_1,\cdots,a_p\}$。

② 由导航星库构造的集合为 $B=\{b_1,b_1,\cdots,b_q\}$，根据星敏感器的视场大小 $F_{\text{ov},x}\times F_{\text{ov},y}$，可以利用角距信息初步筛选导航星对：$\text{abs}(b_{1,j}-b_{1,i})\leqslant F_{\text{ov},x}$，$\text{abs}(b_{2,j}-b_{2,i})\leqslant F_{\text{ov},y}$，再采用式(5.54)求解相对 Hausdorff 距离 H_k，H_k 最小即可得到待识别恒星 k 的最佳匹配结果。

③ 完成全部待识别星的匹配后，需要判断是否有干扰星。设定匹配门限，若步骤②所求的 H 大于该门限，则认为该星为干扰星并予以剔除，以避免流星造成的干扰。至此，完成了整幅星图的识别。

基于 Hausdorff 距离的星图识别算法利用了星图的空间结构信息。相比于传统星图识别算法只利用星图的部分特征信息，它具有更强的抵抗噪声与不明星点干扰的能力，也可以很好地应对星图畸变等情况，因而这种算法的识别率高于传统星图识别算法。但是，基于 Hausdorff 距离的星图识别算法也存在不足之处：

- Hausdorff 距离的有向性对星敏感器安装误差及星敏感器中图像传感器面阵的旋转误差非常敏感；
- 识别时采用的是全局最小值匹配，大大影响了识别速度。

5.3 小 结

本章首先介绍了星敏感器的星图预处理方法(包括星图去噪、星图分割与星点质心提取方法)。通过星图去噪、星图分割、星点质心提取等星图预处理手段，得到高精度的星点位置，可为后续的星图识别与天文测姿定位提供更精确的星光矢量信息。

之后，介绍了导航星库的构建流程，并在此基础上分别从基本原理、算法实现、性能特点等方面介绍了子图同构类星图识别算法和模式识别类星图识别算法，如三角形星图识别算法、P 向量星图识别算法、栅格星图识别算法、基于 Hausdorff 距离的星图识别算法等。总体来说，

子图同构类星图识别算法简单直观、技术成熟，并且易于实现、应用广泛，但普遍存在存储容量大、冗余匹配多的问题；而模式识别类星图识别算法具有较强的容错能力，需要的存储容量也更小，但是算法复杂，识别率通常随视场内恒星数目减少而降低。在实际应用中，需要结合识别需求、存储与运算设备性能及各识别算法的特点，以选择合适的星图识别算法。

星敏感器是天文导航的核心器件，而星敏感器的星图预处理和星图识别过程又是天文导航系统实现精确定姿和定位的前提。因此，在本章的基础上，第 6 章和第 7 章将分别对以星敏感器为核心的天文导航定姿和定位方法进行系统阐述。

第6章　天文定姿方法

天文定姿的基本流程如下：首先利用天体敏感器测量自然天体(如恒星、太阳、地球等)相对于载体本体坐标系的方位，然后结合这些自然天体在参考坐标系中的方位信息得到本体坐标系相对于参考坐标系的转换关系，进而获得载体相对于参考坐标系的姿态信息。根据不同的任务和飞行区域，天文定姿常用的天体敏感器包括星敏感器、太阳敏感器、地球敏感器及其他行星敏感器等。太阳敏感器只能测量太阳的方位，单独应用时无法解算出载体的姿态信息；地球敏感器只能敏感地球的方位，故只能测量得到载体对地的两轴姿态而且测量精度较低；星敏感器可以同时敏感多颗恒星的方位信息，因而能够单独测量载体的三轴姿态，且能达到角秒级的测姿精度。因此，目前基于星敏感器的天文定姿方法应用最为广泛。

下面介绍常用的星敏感器、地球敏感器和太阳敏感器的天文定姿原理与定姿方法。

6.1　星敏感器天文定姿方法

基于星敏感器的天文定姿方法不需要借助任何外部辅助信息便可自主确定载体相对于惯性空间的姿态，且星敏感器的惯性姿态精度可达角秒级，是目前精度最高的姿态测量器件。本节以CCD星敏感器为例，从定姿原理、方法、误差分析等多个角度介绍基于星敏感器的天文定姿方法。

6.1.1　星敏感器定姿原理

星敏感器通过对拍摄星图进行去噪、阈值分割、质心提取和星图识别等处理，可获得所观测恒星在星敏感器测量坐标系下的星光矢量 $\boldsymbol{W}$ 及其在地心惯性坐标系下的星光矢量 $\boldsymbol{V}$。在此基础上，结合星敏感器的安装矩阵 $\boldsymbol{C}_s^b$ 便可最终确定载体相对于地心惯性坐标系的姿态矩阵 $\boldsymbol{C}_b^i$。具体流程如图6.1所示。

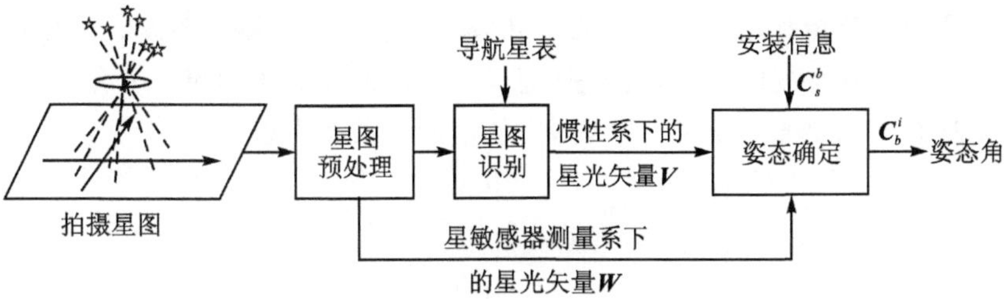

图6.1　基于星敏感器的天文导航定姿流程

从图6.1可以看出，基于星敏感器的天文导航定姿方法主要依赖以下信息：

① 星敏感器视场范围内的恒星在星敏感器测量坐标系中的星光矢量 $\boldsymbol{W}$，可根据星图中提取的星点位置确定；

② 星敏感器视场范围内的恒星在地心惯性坐标系中的星光矢量 $\boldsymbol{V}$，可根据星图识别出的

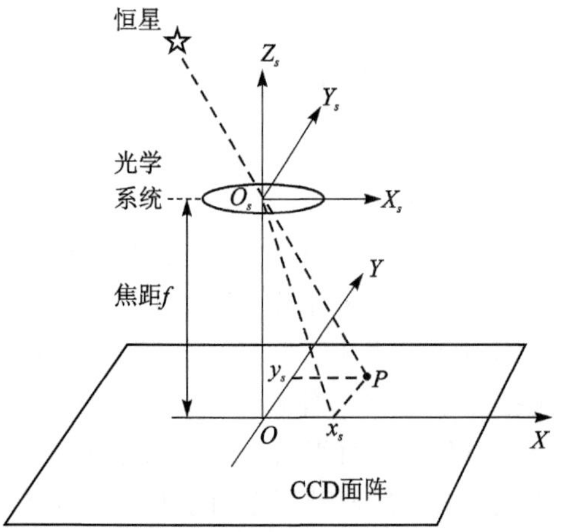

图 6.2 星敏感器成像原理

星历信息(赤经和赤纬)确定;

③ 星敏感器测量坐标系相对于载体本体坐标系的安装矩阵 $\boldsymbol{C}_s^b$。

设星敏感器测量坐标系为 $O_sX_sY_sZ_s$,在 CCD 面阵内有成像坐标系 $OXYZ$,星敏感器光学系统的焦距为 f。通过对星图进行质心提取,可以得到第 k 颗恒星在成像坐标系中的星点位置为 $P(x_{ks},y_{ks})$。根据图 6.2 所示的几何关系,可以得到该恒星在星敏感器测量坐标系中的星光矢量 $\boldsymbol{W}_k$:

$$\boldsymbol{W}_k=\frac{1}{\sqrt{x_{ks}^2+y_{ks}^2+f^2}}\begin{bmatrix}-x_{ks}\\-y_{ks}\\f\end{bmatrix}\tag{6.1}$$

对星图进行识别,可以得到该恒星对应的星历信息,包括赤经 α_k 和赤纬 δ_k,进而得到该恒星在地心惯性坐标系中的星光矢量 $\boldsymbol{V}_k$:

$$\boldsymbol{V}_k=\begin{bmatrix}\cos\alpha_k\cos\delta_k\\\sin\alpha_k\cos\delta_k\\\sin\delta_k\end{bmatrix}\tag{6.2}$$

最后,根据多颗恒星在星敏感器测量坐标系与地心惯性坐标系下的星光矢量 $\boldsymbol{W}_k$ 与 $\boldsymbol{V}_k$,结合星敏感器安装矩阵 $\boldsymbol{C}_s^b$,选用合适的定姿方法,即可解算出载体相对于地心惯性坐标系的姿态矩阵 $\boldsymbol{C}_b^i$,进而确定载体的姿态信息。

6.1.2 星敏感器定姿方法

根据参与定姿的恒星数目,可以将星敏感器定姿方法分为单参考矢量定姿、双参考矢量定姿和多参考矢量定姿三类。

1. 单参考矢量定姿

单参考矢量定姿是指利用一颗恒星的星光矢量信息确定载体的姿态。根据星敏感器提取得到的星点位置与识别得到的赤经、赤纬信息,可以得到第 k 颗恒星在星敏感器测量坐标系与地心惯性坐标系下的星光矢量 $\boldsymbol{W}_k$ 与 $\boldsymbol{V}_k$,它们之间的关系可以表示为

$$\boldsymbol{W}_k=\begin{bmatrix}w_x\\w_y\\w_z\end{bmatrix}=\boldsymbol{C}_i^s\boldsymbol{V}_k=\begin{bmatrix}C_{11}&C_{12}&C_{13}\\C_{21}&C_{22}&C_{23}\\C_{31}&C_{32}&C_{33}\end{bmatrix}\begin{bmatrix}v_x\\v_y\\v_z\end{bmatrix}\tag{6.3}$$

$\boldsymbol{C}_i^s$ 为正交矩阵,它的 9 个未知元素(即 $C_{ij}(i=1,2,3;j=1,2,3)$)本身满足 6 个约束条件;而星光矢量 $\boldsymbol{W}_k$ 与 $\boldsymbol{V}_k$ 均满足模长为 1 的约束条件(即为单位矢量),它们的 3 个分量中只有 2 个是独立的,故式(6.3)只能为 $\boldsymbol{C}_i^s$ 中的 9 个未知元素提供 2 个约束条件。综上,单参考矢量只能为 $\boldsymbol{C}_i^s$ 中的 9 个未知元素提供 8 个约束条件。因此,仅根据式(6.3),无法唯一确定地心惯性系到星敏感器测量坐标系的转换矩阵 $\boldsymbol{C}_i^s$,进而无法得到姿态矩阵 $\boldsymbol{C}_b^i$,也就无法完全确定

载体的姿态信息。

2. 双参考矢量定姿

双参考矢量定姿是指利用两个不平行的恒星星光矢量确定载体的姿态。其中 TRAID 法最具代表性，该算法根据两颗恒星的星光矢量可完全确定载体本体系 b 相对于地心惯性坐标系 i 之间的转换矩阵，如图 6.3 所示。

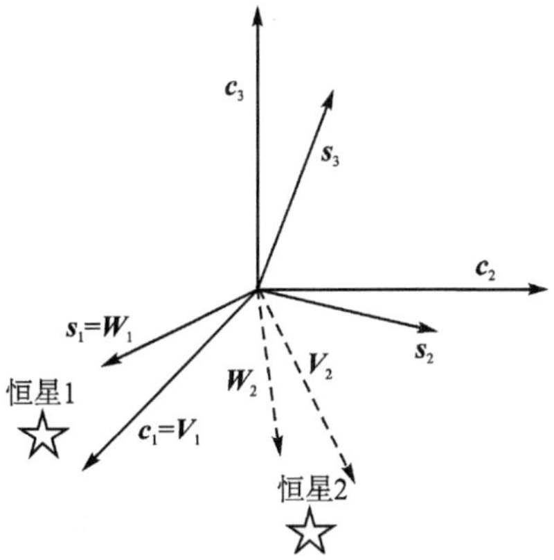

图 6.3　双参考矢量定姿 TRAID 法示意图

设星敏感器测量得到两颗恒星的信息，它们在地心惯性坐标系中可以表示为两个互不平行的单位参考矢量 $\boldsymbol{V}_1$ 和 $\boldsymbol{V}_2$，而在星敏感器测量坐标系中可以表示为 $\boldsymbol{W}_1$ 和 $\boldsymbol{W}_2$。分别利用地心惯性坐标系和星敏感器测量坐标系的星光矢量构建新的正交坐标系 C 和 S，其坐标系中各坐标轴的单位矢量可以表示为

$$\left.\begin{aligned} \boldsymbol{c}_1=\boldsymbol{V}_1,\quad \boldsymbol{c}_2=\frac{\boldsymbol{V}_1\times\boldsymbol{V}_2}{|\boldsymbol{V}_1\times\boldsymbol{V}_2|},\quad \boldsymbol{c}_3=\boldsymbol{c}_1\times\boldsymbol{c}_2 \\ \boldsymbol{s}_1=\boldsymbol{W}_1,\quad \boldsymbol{s}_2=\frac{\boldsymbol{W}_1\times\boldsymbol{W}_2}{|\boldsymbol{W}_1\times\boldsymbol{W}_2|},\quad \boldsymbol{s}_3=\boldsymbol{s}_1\times\boldsymbol{s}_2 \end{aligned}\right\} \tag{6.4}$$

则存在唯一的正交矩阵 $\boldsymbol{C}_i^s$：

$$\boldsymbol{C}_i^s=\sum_{k=1}^{3}\boldsymbol{c}_k\boldsymbol{s}_k^{\mathrm{T}} \tag{6.5}$$

再结合星敏感器的安装矩阵 $\boldsymbol{C}_s^b$，即可得到载体本体系 b 相对于地心惯性坐标系 i 的坐标转换矩阵 $\boldsymbol{C}_b^i$，进而确定载体的姿态信息。

TRAID 算法简单高效，计算量小，且只需要观测两颗恒星，对星敏感器视场、灵敏度等结构和性能参数要求较低。然而，由于量测信息有限，因此 TRAID 算法的定姿精度较低，且两个参考矢量越接近平行，姿态测量精度越低。

3. 多参考矢量定姿

多参考矢量定姿是指利用三个及以上不平行的恒星星光矢量确定载体的姿态。随着大视场、高灵敏度星敏感器的出现，星敏感器可以同时获得多颗恒星信息用于定姿，即恒星信息存在冗余。因此，多参考矢量定姿方法的核心就是如何充分利用这些恒星信息，以得到姿态转换矩阵的最优估计。多参考矢量定姿方法包括确定性算法与状态估计算法。确定性算法主要包括最小二乘法、Euler - q 算法和 QUEST 算法；状态估计算法通常是在建立状态模型与量测模型的基础上，采用卡尔曼滤波器估计载体的姿态。这里重点介绍多参考矢量定姿的确定性算法。

设某时刻星敏感器视场内观测到多颗恒星，经过星图处理后共获得 n 个不共线的恒星矢量。这些恒星矢量在地心惯性坐标系中表示为 $\boldsymbol{V}_k(k=1,2,\cdots,n)$，在星敏感器测量坐标系中表示为 $\boldsymbol{W}_k(k=1,2,\cdots,n)$。考虑星敏感器的测量误差，则有 $\boldsymbol{W}_k=\boldsymbol{A}\boldsymbol{V}_k+\boldsymbol{n}_k$，其中 $\boldsymbol{A}$ 为待求解的地心惯性坐标系到星敏感器测量坐标系的转换矩阵 $\boldsymbol{C}_i^s$，$\boldsymbol{n}_k$ 为星敏感器的测量误差。据此，即可建立 Wahba 损失函数 $L(\boldsymbol{A})$：

$$L(\boldsymbol{A})=\frac{1}{2}\sum_{k=1}^{n}a_k\left|\boldsymbol{W}_k-\boldsymbol{A}\boldsymbol{V}_k\right|^2 \tag{6.6}$$

式中，$a_k(k=1,2,3,\cdots,n)$ 是一组加权系数。使损失函数 $L(\boldsymbol{A})$ 最小的正交矩阵 $\boldsymbol{A}$ 即为 $\boldsymbol{C}_i^s$ 的最优估计结果。结合星敏感器的安装矩阵 $\boldsymbol{C}_s^b$，即可得到姿态矩阵 $\boldsymbol{C}_b^i$，进而确定载体的姿态信息。

求解矩阵 $\boldsymbol{A}$ 通常可以采用最小二乘法、Euler - q 法与 QUEST 法。

(1) 最小二乘法

最小二乘法是使得估计误差平方和最小的一种多参考矢量定姿方法，已成功应用于工程实践。考虑到同一星敏感器提取到的星点位置的误差是同分布的，即不同的恒星参考矢量应该是等权重的，因此，可以推导出 $\boldsymbol{A}$ 的最小二乘解为

$$\boldsymbol{A}=(\boldsymbol{W}\boldsymbol{V}^{\mathrm{T}})(\boldsymbol{V}\boldsymbol{V}^{\mathrm{T}})^{-1} \tag{6.7}$$

式中，$\boldsymbol{V}=(\boldsymbol{V}_1,\boldsymbol{V}_2,\cdots,\boldsymbol{V}_n)$，$\boldsymbol{W}=(\boldsymbol{W}_1,\boldsymbol{W}_2,\cdots,\boldsymbol{W}_n)$。

最小二乘法可以使得所有恒星矢量在星敏感器测量坐标系中的估计误差平方和达到最小，兼顾了所有恒星的测量误差，是一种最小方差估计，整体的姿态估计精度较高、稳定性好。然而，星载计算机的运算能力有限，尤其是矩阵运算能力较差，而最小二乘法涉及高阶矩阵求逆，运算过程复杂，计算速度慢。

(2) Euler - q 算法

Euler - q 算法通过一个单位四元数来参数化姿态矩阵，进而求得最小方差意义下姿态四元数的最优估计。将 Wahba 损失函数 $L(\boldsymbol{A})$（即式(6.6)）展开可得

$$\begin{aligned}L(\boldsymbol{A})&=\frac{1}{2}\sum_{k=1}^{n}a_k(\boldsymbol{W}_k-\boldsymbol{A}\boldsymbol{V}_k)^{\mathrm{T}}(\boldsymbol{W}_k-\boldsymbol{A}\boldsymbol{V}_k)=\frac{1}{2}\sum_{k=1}^{n}a_k(2-2\boldsymbol{W}_k^{\mathrm{T}}\boldsymbol{A}\boldsymbol{V}_k)\\&=\sum_{k=1}^{n}a_k(1-\boldsymbol{W}_k^{\mathrm{T}}\boldsymbol{A}\boldsymbol{V}_k)\end{aligned} \tag{6.8}$$

显然，损失函数 $L(\boldsymbol{A})$ 最小化等价于增益函数 $G(\boldsymbol{A})$ 最大化：

$$G(\boldsymbol{A})=\sum_{k=1}^{n}a_k\boldsymbol{W}_k^{\mathrm{T}}\boldsymbol{A}\boldsymbol{V}_k \tag{6.9}$$

用 Euler - q 算法求解该问题的关键是用四元数 $\boldsymbol{q}=[q_0\quad q_1\quad q_2\quad q_3]^{\mathrm{T}}$ 来表示增益函数 $G(\boldsymbol{A})$，即

$$G(\boldsymbol{q})=\boldsymbol{q}^{\mathrm{T}}\boldsymbol{K}\boldsymbol{q} \tag{6.10}$$

式中，矩阵 $\boldsymbol{K}$ 为

$$\boldsymbol{K}=\begin{bmatrix}\sigma & \boldsymbol{Z}^{\mathrm{T}}\\ \boldsymbol{Z} & \boldsymbol{s}-\sigma\boldsymbol{I}\end{bmatrix} \tag{6.11}$$

其中，$\boldsymbol{s}=\boldsymbol{B}+\boldsymbol{B}^{\mathrm{T}}$，$\boldsymbol{B}=\sum_{k=1}^{n}a_k(\boldsymbol{W}_k\boldsymbol{V}_k^{\mathrm{T}})$，$\boldsymbol{Z}=[B_{23}-B_{32}\quad B_{31}-B_{13}\quad B_{12}-B_{21}]^{\mathrm{T}}$，$\sigma=\mathrm{tr}(\boldsymbol{B})$。

考虑到单位四元数的约束条件 $\boldsymbol{q}^{\mathrm{T}}\boldsymbol{q}=1$，引入一个拉格朗日乘子后得到条件增益函数：

$$G_1(\boldsymbol{q})=\boldsymbol{q}^{\mathrm{T}}\boldsymbol{K}\boldsymbol{q}+\lambda(1-\boldsymbol{q}^{\mathrm{T}}\boldsymbol{q}) \tag{6.12}$$

将式(6.12)关于 $\boldsymbol{q}$ 求偏导并令其等于零，得到

$$\boldsymbol{K}\boldsymbol{q}=\lambda\boldsymbol{q} \tag{6.13}$$

由式(6.13)可知,姿态四元数的最优估计是矩阵 $\boldsymbol{K}$ 的一个特征向量。由于

$$G(\boldsymbol{q})=\boldsymbol{q}^{\mathrm{T}}\boldsymbol{K}\boldsymbol{q}=\boldsymbol{q}^{\mathrm{T}}\lambda\boldsymbol{q}=\lambda\boldsymbol{q}^{\mathrm{T}}\boldsymbol{q}^{\mathrm{T}}=\lambda \tag{6.14}$$

故矩阵 $\boldsymbol{K}$ 的最大特征值 $\lambda_{\max}$ 可以使增益矩阵函数 $G(\boldsymbol{q})$ 达到最大。根据最大特征值对应的特征向量(即最优姿态四元数 $\boldsymbol{q}_{\mathrm{opt}}$),即可估计得到姿态矩阵 $\boldsymbol{A}$,进而确定姿态信息。

Eular - q 算法把姿态矩阵 $\boldsymbol{A}$ 的最优估计问题转换为求解矩阵 $\boldsymbol{K}$ 的最大特征值及其对应的特征向量,因此在线计算速度非常慢;并且,当矩阵 $\boldsymbol{K}$ 的最大特征值所对应的特征向量不唯一时,姿态四元数的最优估计结果也不唯一,因而无法直接确定姿态信息。

(3) QUEST 法

为解决 Eular - q 算法计算速度慢的问题,M. D. Shuster 对 Eular - q 算法在保证精度的前提下进行了简化处理,这种简化算法被称为 QUEST 算法。QUEST 算法将求解矩阵 $\boldsymbol{K}$ 的特征值问题转换为求解一个四阶方程根的问题,从而加快了计算速度,是迄今为止解决 Wahba 问题最常用的算法。

Euler - q 算法中根据 $\boldsymbol{K}\boldsymbol{q}=\lambda_{\max}\boldsymbol{q}$ 求得的四元数 $\boldsymbol{q}_{\mathrm{opt}}$ 可以写成以下形式:

$$\boldsymbol{q}_{\mathrm{opt}}=\frac{1}{\sqrt{u^2+|\boldsymbol{x}|^2}}\begin{bmatrix}u\\ \boldsymbol{x}\end{bmatrix} \tag{6.15}$$

式中,$\boldsymbol{x}=(\alpha\boldsymbol{I}+\beta\boldsymbol{s}+\boldsymbol{s}^2)\boldsymbol{Z}$,$\alpha=\lambda_{\max}^2-\sigma^2+\kappa$,$\beta=\lambda_{\max}-\sigma$,$\kappa=\mathrm{tr}[\mathrm{adj}(\boldsymbol{s})]$,$u=(\lambda_{\max}+\sigma)\alpha-\Delta$,$\Delta=\det(\boldsymbol{s})$,$\mathrm{adj}(\boldsymbol{s})$ 是 $\boldsymbol{s}$ 的伴随矩阵。

可见,$\boldsymbol{q}_{\mathrm{opt}}$ 只与矩阵 $\boldsymbol{K}$ 的最大特征值 $\lambda_{\max}$ 有关。为简化运算,可根据矩阵 $\boldsymbol{K}$ 的特征方程来直接求解 $\lambda_{\max}$,而矩阵 $\boldsymbol{K}$ 的特征方程可表示为

$$\lambda^4-(a+b)\lambda^2-c\lambda+(ab+c\sigma-d)=0 \tag{6.16}$$

式中,$a=\sigma^2-\kappa$,$b=\sigma^2+\boldsymbol{Z}^{\mathrm{T}}\boldsymbol{Z}$,$c=\Delta+\boldsymbol{Z}^{\mathrm{T}}\boldsymbol{s}\boldsymbol{Z}$,$d=\boldsymbol{Z}^{\mathrm{T}}\boldsymbol{s}^2\boldsymbol{Z}$。

联立式(6.8)、式(6.9)和式(6.14)可知,损失函数 $L(\boldsymbol{A})$ 可以简化为

$$L(\boldsymbol{A})=\lambda_0-\lambda_{\max} \tag{6.17}$$

其中,$\lambda_0=\sum_{k=1}^{n}a_k$,通常可取 $\lambda_0=1$。

因为 $\lambda_{\max}$ 应使损失函数 $L(\boldsymbol{A})$ 尽量小,而损失函数 $L(\boldsymbol{A})$ 又是一个非负数,所以 $\lambda_{\max}$ 非常接近 λ_0。根据这一特点,便可利用 Newton - Raphson 迭代法对式(6.16)进行求解,直接得到 $\lambda_{\max}$,而无须求解矩阵的特征值问题。Newton - Raphson 迭代法的具体迭代公式为

$$\lambda_{i+1}=\lambda_i-\frac{\lambda_i^4-(a+b)\lambda_i^2-c\lambda_i+(ab-c\sigma-d)}{4\lambda_i^3-2(a+b)\lambda_i-c} \tag{6.18}$$

其中,迭代初值取为 $\lambda_0=1$。在工程应用中,通常迭代一次便可满足定姿的精度要求。

QUEST 算法通过迭代求解特征方程的最大特征根来解决 Wahba 问题,计算简单且速度快,又能保证精度,已经成为星敏感器软件设计中应用最为广泛的算法。

6.1.3 星敏感器定姿误差模型

星敏感器在实际设计、加工、安装及测量等过程中都可能存在误差。因此,为了提高载体的姿态测量精度,需要分析星敏感器的误差传递关系。

由定姿原理可知,器件误差是基于星敏感器的天文定姿方法的最大误差源。星敏感器的器件误差来源有安装误差和测量误差(包括 CCD 平面旋转、视轴倾斜、焦距误差、光学镜头畸

变、主点偏差等)。鉴于此,下面以弹道导弹为例,主要研究星敏感器的安装误差和测量误差对天文定姿精度的影响,进而建立误差传递模型,研究方法如图 6.4 所示。

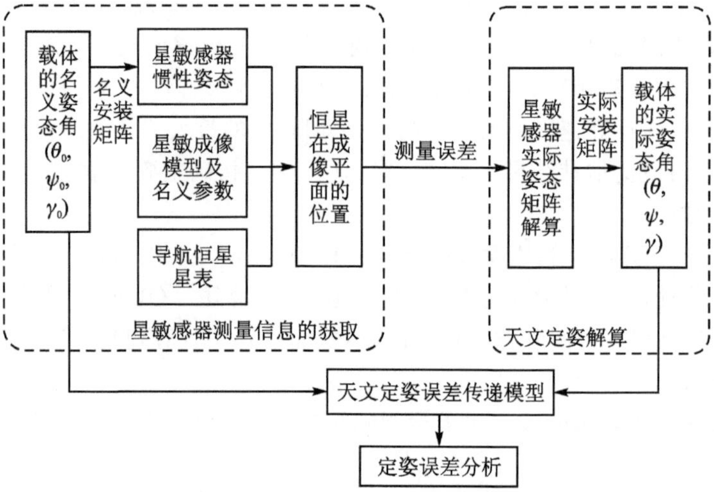

图 6.4　定姿误差传递模型

基本步骤如下:

① 载体的名义姿态角取为(θ_0,ψ_0,γ_0),根据载体姿态角与载体姿态矩阵的对应关系得到载体的名义姿态矩阵 $\hat{\boldsymbol{C}}_b^i$;

② 根据 $\hat{\boldsymbol{C}}_b^i$ 和星敏感器的名义安装矩阵 $\hat{\boldsymbol{C}}_b^s$ 反推星敏感器的名义姿态矩阵 $\hat{\boldsymbol{C}}_s^i$;

③ 选取合适的导航星(α_k,δ_k)构造其在地心惯性坐标系下的位置矢量 $\boldsymbol{V}_k$,根据 $\hat{\boldsymbol{C}}_s^i$ 反推星敏感器测量到的该恒星在星敏感器测量坐标系下的名义位置矢量 $\hat{\boldsymbol{W}}_k$,进而结合星敏感器名义参数得到该恒星在 CCD 成像平面上的名义坐标($\hat{u}_k$,$\hat{v}_k$);

④ 扣除($\hat{u}_k$,$\hat{v}_k$)中包含的测量误差,依照星敏感器定姿原理,结合星敏感器实际参数解算得到星敏感器的实际姿态矩阵 $\boldsymbol{C}_s^i$;

⑤ 根据星敏感器的实际安装矩阵 $\boldsymbol{C}_b^s$,解算得到载体的实际姿态矩阵 $\boldsymbol{C}_b^i$,进而得到其实际姿态角(θ,ψ,γ);

⑥ 比较载体的名义姿态角与实际姿态角,得到姿态误差($\Delta\theta$,$\Delta\psi$,$\Delta\gamma$);

⑦ 建立误差传递模型并分析各误差因素对载体姿态误差的影响。

1. 安装误差传递模型

尽管星敏感器自身测量精度很高,可以达到角秒级,但在实际工程中,星敏感器的安装误差远大于其测量误差,甚至能达到角分级。因此,安装误差是影响星敏感器定姿精度的主要因素之一。

将载体的名义姿态角取为(θ_0,ψ_0,γ_0),根据载体姿态角与载体姿态矩阵的对应关系得到载体的名义姿态矩阵为

$$\hat{\boldsymbol{C}}_b^i = \begin{bmatrix} c_{11} & c_{12} & c_{13} \\ c_{21} & c_{22} & c_{23} \\ c_{31} & c_{32} & c_{33} \end{bmatrix}$$

$$= \begin{bmatrix} \cos\theta_0\cos\psi_0 & -\sin\theta_0\cos\gamma_0 + \sin\gamma_0\sin\psi_0\cos\theta_0 & \sin\theta_0\sin\gamma_0 + \cos\theta_0\sin\psi_0\cos\gamma_0 \\ \sin\theta_0\cos\psi_0 & \cos\theta_0\cos\gamma_0 + \sin\gamma_0\sin\psi_0\sin\theta_0 & -\cos\theta_0\sin\gamma_0 + \sin\theta_0\sin\psi_0\cos\gamma_0 \\ -\sin\psi_0 & \cos\psi_0\sin\gamma_0 & \cos\psi_0\cos\gamma_0 \end{bmatrix} \tag{6.19}$$

其中，$c_{ij}(i=1,2,3;j=1,2,3)$表示 $\hat{\boldsymbol{C}}_b^i$ 的第 i 行、第 j 列元素。

以星敏感器与本体坐标系名义上同安装为例，此时星敏感器的名义安装矩阵 $\hat{\boldsymbol{C}}_b^s=\boldsymbol{I}$，故星敏感器的名义姿态矩阵可表示为

$$\hat{\boldsymbol{C}}_s^i = \hat{\boldsymbol{C}}_b^i\hat{\boldsymbol{C}}_s^b = \hat{\boldsymbol{C}}_b^i \tag{6.20}$$

不考虑星敏感器的测量误差时，星敏感器的实际姿态矩阵与名义姿态矩阵一致，即 $\boldsymbol{C}_s^i=\hat{\boldsymbol{C}}_s^i=\hat{\boldsymbol{C}}_b^i$。

星敏感器的安装误差使得星敏感器测量坐标系相对于本体坐标系的实际方位与理想方位之间存在误差。当星敏感器与本体坐标系名义上同安装时，安装误差角是实际的星敏感器测量坐标系与本体坐标系之间的夹角，分别为 ϕ_x、ϕ_y、ϕ_z，即将 b 系依次转动 ϕ_x、ϕ_y、ϕ_z 可得 s 系，如图 6.5 所示。

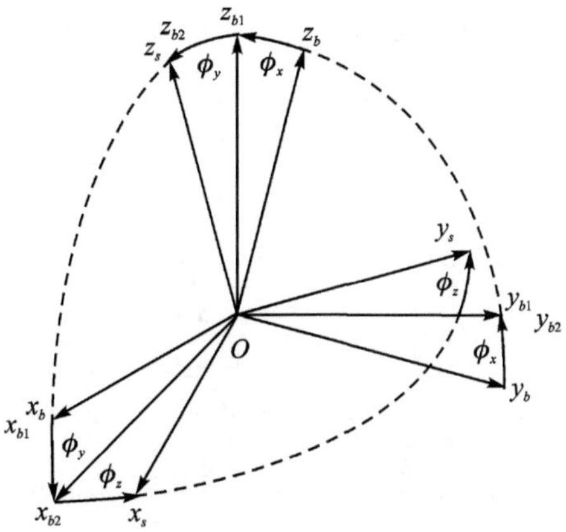

图 6.5　星敏感器安装误差角示意图

本体坐标系 b 到坐标系 b_1 有坐标变换矩阵 $\boldsymbol{C}_b^{b1}$，b_1 系到 b_2 系的坐标变换矩阵为 $\boldsymbol{C}_{b1}^{b2}$，b_2 系到 s 系的坐标变换矩阵为 $\boldsymbol{C}_{b2}^{s}$，有

$$\boldsymbol{C}_b^{b1} = \begin{bmatrix} 1 & 0 & 0 \\ 0 & \cos\phi_x & \sin\phi_x \\ 0 & -\sin\phi_x & \cos\phi_x \end{bmatrix} \tag{6.21}$$

$$\boldsymbol{C}_{b1}^{b2} = \begin{bmatrix} \cos\phi_y & 0 & -\sin\phi_y \\ 0 & 1 & 0 \\ \sin\phi_y & 0 & \cos\phi_y \end{bmatrix} \tag{6.22}$$

$$C_{b2}^{s}=\begin{bmatrix}\cos\phi_z & \sin\phi_z & 0\\ -\sin\phi_z & \cos\phi_z & 0\\ 0 & 0 & 1\end{bmatrix} \tag{6.23}$$

进而可得本体坐标系到星敏感器测量坐标系的姿态转换矩阵，即星敏感器的实际安装矩阵为

$$C_b^s=C_{b2}^{s}C_{b1}^{b2}C_b^{b1} \tag{6.24}$$

由于安装误差角 ϕ_x、ϕ_y、ϕ_z 均为小角度，取一阶近似值，故有

$$\left.\begin{aligned}\sin\phi_x=\phi_x,\quad \cos\phi_x=1\\ \sin\phi_y=\phi_y,\quad \cos\phi_y=1\\ \sin\phi_z=\phi_z,\quad \cos\phi_z=1\end{aligned}\right\} \tag{6.25}$$

将式(6.21)～式(6.23)和式(6.25)代入式(6.24)，略去二阶小量，则可得星敏感器的实际安装矩阵 C_b^s：

$$C_b^s=\begin{bmatrix}1 & \phi_z & -\phi_y\\ -\phi_z & 1 & \phi_x\\ \phi_y & -\phi_x & 1\end{bmatrix} \tag{6.26}$$

联合星敏感器的实际安装矩阵 C_b^s 和星敏感器的实际姿态矩阵 $C_s^i=\hat{C}_s^i=\hat{C}_b^i$，可以解算得到载体的实际姿态矩阵 C_b^i 为

$$C_b^i=C_s^iC_b^s=\hat{C}_b^iC_b^s \tag{6.27}$$

根据载体姿态角与载体姿态矩阵的对应关系可以得到载体的实际姿态角(θ,ψ,γ)。将实际姿态角与名义姿态角的差值定义为星敏感器的定姿误差，即

$$\left.\begin{aligned}\Delta\theta=\theta-\theta_0\\ \Delta\psi=\psi-\psi_0\\ \Delta\gamma=\gamma-\gamma_0\end{aligned}\right\} \tag{6.28}$$

则有星敏感器的定姿误差 $\Delta\theta$、$\Delta\psi$、$\Delta\gamma$ 与安装误差角 ϕ_x、ϕ_y、ϕ_z 之间的关系：

$$\Delta\theta=\arctan\frac{c_{21}-\phi_zc_{22}+\phi_yc_{23}}{c_{11}-\phi_zc_{12}+\phi_yc_{13}}-\arctan\frac{c_{21}}{c_{11}} \tag{6.29}$$

$$\Delta\psi=\arcsin(-c_{31}+\phi_zc_{32}-\phi_yc_{33})-\arcsin(-c_{31}) \tag{6.30}$$

$$\Delta\gamma=\arctan\frac{\phi_zc_{31}+c_{32}-\phi_xc_{33}}{-\phi_yc_{31}+\phi_xc_{32}+c_{33}}-\arctan\frac{c_{32}}{c_{33}} \tag{6.31}$$

2. 测量误差传递模型

星敏感器通常存在参数误差，因此为了准确描述星敏感器测量坐标系中的星光矢量，需要建立星敏感器的测量误差传递模型。星敏感器的测量误差主要考虑以下因素：视轴不垂直(即视轴倾斜)导致的测量位置偏差、焦距误差、主点位置偏差、CCD成像平面旋转导致的测量误差，其中视轴倾斜、主点偏差、CCD平面旋转会直接引起提取星点的位置误差，即使得提取到的 u_i、v_i 存在误差。因此，建立测量误差传递模型时，主要考虑焦距误差和星点位置误差。

将载体的名义姿态角取为$(\theta_0,\psi_0,\gamma_0)$，则载体的名义姿态矩阵 $\hat{C}_b^i$ 仍然可根据式(6.19)得到。假定星敏感器与本体坐标系名义上同安装，即星敏感器的名义安装矩阵为 $\hat{C}_b^s=I$，故星

敏感器的名义姿态矩阵可表示为 $\hat{\boldsymbol{C}}_s^i=\hat{\boldsymbol{C}}_b^i\hat{\boldsymbol{C}}_s^b=\hat{\boldsymbol{C}}_b^i$。

以星敏感器捕获 3 颗恒星为例，在星图识别完成后，查阅星历可以获得第 k $(k=1,2,3)$ 颗恒星的赤经与赤纬 (α_k,δ_k)，并得到该恒星在地心惯性坐标系下的位置矢量为

$$\boldsymbol{V}_k=\begin{bmatrix}\cos\alpha_k\cos\delta_k\\ \sin\alpha_k\cos\delta_k\\ \sin\delta_k\end{bmatrix} \tag{6.32}$$

将这 3 颗恒星在地心惯性坐标系下的位置矢量写为矩阵形式，即

$$\boldsymbol{V}=\begin{bmatrix}\boldsymbol{V}_1 & \boldsymbol{V}_2 & \boldsymbol{V}_3\end{bmatrix} \tag{6.33}$$

由同一星光矢量在不同坐标系下的转换关系可知

$$\hat{\boldsymbol{W}}=\begin{bmatrix}\hat{\boldsymbol{W}}_1 & \hat{\boldsymbol{W}}_2 & \hat{\boldsymbol{W}}_3\end{bmatrix}=\hat{\boldsymbol{C}}_s^{i\,\mathrm{T}}\boldsymbol{V} \tag{6.34}$$

其中，$\hat{\boldsymbol{W}}_k$ 表示第 k 颗恒星在星敏感器测量坐标系下的名义位置矢量，它与该恒星在 CCD 成像平面上的名义坐标 $(\hat{u}_k,\hat{v}_k)$ 有关，可表示为

$$\hat{\boldsymbol{W}}_k=\begin{bmatrix}\hat{x}_{sk}\\ \hat{y}_{sk}\\ \hat{z}_{sk}\end{bmatrix}=\frac{1}{\sqrt{\hat{u}_k^2+\hat{v}_k^2+\hat{f}^2}}\begin{bmatrix}-\hat{u}_k\\ -\hat{v}_k\\ \hat{f}\end{bmatrix} \tag{6.35}$$

其中，$\hat{f}$ 为星敏感器光学透镜的名义焦距。

星敏感器的焦距误差和第 k 颗恒星的星点位置误差分别记为 Δf 和 $(\Delta u_k,\Delta v_k)$，则星敏感器的实际焦距 f 和第 k 颗恒星在 CCD 成像平面上的理论坐标 (u_k,v_k) 可表示为

$$\left.\begin{aligned}u_k&=\hat{u}_k+\Delta u_k\\ v_k&=\hat{v}_k+\Delta v_k\\ f&=\hat{f}+\Delta f\end{aligned}\right\} \tag{6.36}$$

因此，第 k 颗恒星在星敏感器测量坐标系下的理论位置矢量可表示为

$$\boldsymbol{W}_k=\begin{bmatrix}x_{sk}\\ y_{sk}\\ z_{sk}\end{bmatrix}=\frac{1}{\sqrt{u_k^2+v_k^2+f^2}}\begin{bmatrix}-u_k\\ -v_k\\ f\end{bmatrix} \tag{6.37}$$

将式(6.37)简记为

$$\boldsymbol{W}_k=\begin{bmatrix}x_{sk}\\ y_{sk}\\ z_{sk}\end{bmatrix}=\begin{bmatrix}h_x(u_k,v_k,f)\\ h_y(u_k,v_k,f)\\ h_z(u_k,v_k,f)\end{bmatrix} \tag{6.38}$$

其中，

$$\left.\begin{aligned}h_x(u_k,v_k,f)&=\frac{-u_k}{\sqrt{u_k^2+v_k^2+f^2}}\\ h_y(u_k,v_k,f)&=\frac{-v_k}{\sqrt{u_k^2+v_k^2+f^2}}\\ h_z(u_k,v_k,f)&=\frac{f}{\sqrt{u_k^2+v_k^2+f^2}}\end{aligned}\right\} \tag{6.39}$$

将式(6.38)在($\hat{u}_k,\hat{v}_k,\hat{f}$)处进行泰勒展开,并保留一阶小量,可得

$$\boldsymbol{W}_k=\hat{\boldsymbol{W}}_k+\boldsymbol{H}_k\begin{bmatrix}\Delta u_k & \Delta v_k & \Delta f\end{bmatrix}^{\mathrm{T}} \tag{6.40}$$

其中,

$$\boldsymbol{H}_k=\frac{1}{(\hat{u}_k^2+\hat{v}_k^2+\hat{f}^2)^{\frac{3}{2}}}\begin{bmatrix}-(\hat{v}_k^2+\hat{f}^2) & \hat{u}_k\hat{v}_k & \hat{u}_k\hat{f}\\ \hat{u}_k\hat{v}_k & -(\hat{u}_k^2+\hat{f}^2) & \hat{v}_k\hat{f}\\ -\hat{u}_k\hat{f} & -\hat{v}_k\hat{f} & (\hat{u}_k^2+\hat{v}_k^2)\end{bmatrix} \tag{6.41}$$

将这3个星光矢量在星敏感器测量坐标系下的理论位置矢量写为矩阵形式,可得

$$\begin{aligned}\boldsymbol{W}&=\begin{bmatrix}\boldsymbol{W}_1 & \boldsymbol{W}_2 & \boldsymbol{W}_3\end{bmatrix}\\&=\hat{\boldsymbol{W}}+\Delta\boldsymbol{W}\end{aligned} \tag{6.42}$$

其中,$\Delta\boldsymbol{W}=\begin{bmatrix}\Delta\boldsymbol{W}_1 & \Delta\boldsymbol{W}_2 & \Delta\boldsymbol{W}_3\end{bmatrix}$,$\Delta\boldsymbol{W}_k=\boldsymbol{H}_k\begin{bmatrix}\Delta u_k & \Delta v_k & \Delta f\end{bmatrix}^{\mathrm{T}}(k=1,2,3)$。

由同一星光矢量在不同坐标系下的转换关系可知

$$\boldsymbol{W}=\boldsymbol{C}_i^s\boldsymbol{V} \tag{6.43}$$

故地心惯性坐标系到星敏感器测量坐标系的转换矩阵可表示为

$$\boldsymbol{C}_i^s=\boldsymbol{W}\boldsymbol{V}^{-1} \tag{6.44}$$

将式(6.42)代入式(6.44),可得

$$\begin{aligned}\boldsymbol{C}_i^s&=(\hat{\boldsymbol{W}}+\Delta\boldsymbol{W})\boldsymbol{V}^{-1}\\&=\hat{\boldsymbol{W}}\boldsymbol{V}^{-1}+\Delta\boldsymbol{W}\boldsymbol{V}^{-1}\end{aligned} \tag{6.45}$$

又由式(6.34)可知

$$\hat{\boldsymbol{C}}_i^s=\hat{\boldsymbol{W}}\boldsymbol{V}^{-1} \tag{6.46}$$

即

$$\boldsymbol{V}^{-1}=\hat{\boldsymbol{W}}^{-1}\hat{\boldsymbol{C}}_i^s \tag{6.47}$$

故将式(6.46)和式(6.47)代入式(6.45)中,可得

$$\begin{aligned}\boldsymbol{C}_i^s&=\hat{\boldsymbol{W}}\boldsymbol{V}^{-1}+\Delta\boldsymbol{W}\boldsymbol{V}^{-1}\\&=\hat{\boldsymbol{C}}_i^s+\Delta\boldsymbol{W}\hat{\boldsymbol{W}}^{-1}\hat{\boldsymbol{C}}_i^s\\&=(\boldsymbol{I}+\Delta\boldsymbol{W}\hat{\boldsymbol{W}}^{-1})\hat{\boldsymbol{C}}_i^s\\&=(\boldsymbol{I}+\boldsymbol{\psi})\hat{\boldsymbol{C}}_i^s\end{aligned} \tag{6.48}$$

其中,$\boldsymbol{\psi}=\Delta\boldsymbol{W}\hat{\boldsymbol{W}}^{-1}$,可知 $\boldsymbol{\psi}$ 的每个元素 $\psi_{ij}(i=1,2,3;j=1,2,3)$ 均为焦距误差以及星点位置误差的加权和,因此 ψ_{ij} 均可视为小量。

若不考虑星敏感器的安装误差,则星敏感器的实际安装矩阵与名义安装矩阵一致,即 $\boldsymbol{C}_b^s=\hat{\boldsymbol{C}}_b^s=\boldsymbol{I}$,故地心惯性坐标系到载体本体系的转换矩阵可表示为

$$\begin{aligned}\boldsymbol{C}_i^b&=\boldsymbol{C}_s^b\boldsymbol{C}_i^s=\boldsymbol{C}_i^s\\&=(\boldsymbol{I}+\boldsymbol{\psi})\hat{\boldsymbol{C}}_i^s\end{aligned} \tag{6.49}$$

又 $\hat{C}_s^i=\hat{C}_b^i\hat{C}_s^b=\hat{C}_b^i$，代入式(6.49)可得

$$C_i^b=(I+\psi)\hat{C}_i^b \tag{6.50}$$

根据载体姿态角与 C_i^b 的对应关系可以得到载体的实际姿态角(θ,ψ,γ)。将实际姿态角与名义姿态角的差值定义为星敏感器的定姿误差，即

$$\left.\begin{aligned}\Delta\theta&=\theta-\theta_0\\ \Delta\psi&=\psi-\psi_0\\ \Delta\gamma&=\gamma-\gamma_0\end{aligned}\right\} \tag{6.51}$$

则有星敏感器的定姿误差 $\Delta\theta$、$\Delta\psi$、$\Delta\gamma$ 与测量误差之间的关系：

$$\Delta\theta=\arctan\frac{c_{21}+\psi_{12}c_{22}+\psi_{13}c_{23}}{c_{11}+\psi_{12}c_{12}+\psi_{13}c_{13}}-\arctan\frac{c_{21}}{c_{11}} \tag{6.52}$$

$$\Delta\psi=\arcsin(-c_{31}-\psi_{12}c_{32}-\psi_{13}c_{33})-\arcsin(-c_{31}) \tag{6.53}$$

$$\Delta\gamma=\arctan\frac{\psi_{21}c_{31}+c_{32}+\psi_{23}c_{33}}{\psi_{31}c_{31}+\psi_{32}c_{32}+c_{33}}-\arctan\frac{c_{32}}{c_{33}} \tag{6.54}$$

其中，$\psi_{ij}(i=1,2,3;j=1,2,3)$均为焦距误差 Δf 以及位置误差 $\Delta\boldsymbol{u}=[\Delta u_1\quad\Delta u_2\quad\Delta u_3]^{\mathrm{T}}$ 和 $\Delta\boldsymbol{v}=[\Delta v_1\quad\Delta v_2\quad\Delta v_3]^{\mathrm{T}}$ 的加权和，且权重与星光矢量在 CCD 成像平面上的名义坐标有关。

6.2　其他天体敏感器的天文定姿方法

6.2.1　地球敏感器定姿方法

基于地球敏感器的天文定姿方法大多用于对地定向的三轴稳定卫星。该方法通常采用红外地平仪测量卫星相对于当地垂线的姿态，即确定卫星的滚转角和俯仰角。下面以圆锥扫描式红外地平仪为例介绍地球敏感器的定姿原理，如图 6.6 所示。

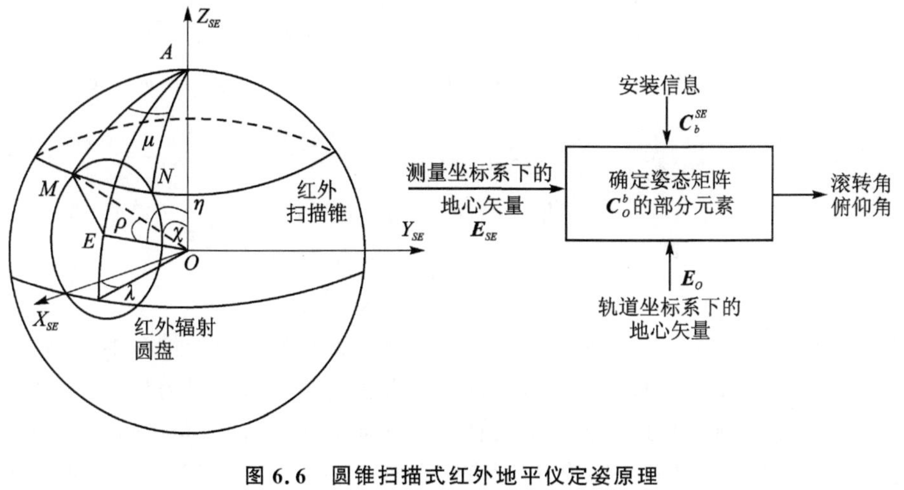

图 6.6　圆锥扫描式红外地平仪定姿原理

由圆锥扫描式红外地平仪的测量原理可知，红外地平仪可以测量得到地心矢量与扫描自旋轴的夹角 η 以及地心矢量在 $OX_{SE}Y_{SE}$ 平面上的投影与 OX_{SE} 轴的夹角 λ，进而可得地心矢

量在测量坐标系 $OX_{SE}Y_{SE}Z_{SE}$ 中的分量列阵：

$$\boldsymbol{E}_{SE}=[\sin\eta\cos\lambda \quad \sin\eta\sin\lambda \quad \cos\eta]^{\mathrm{T}} \tag{6.55}$$

结合地球敏感器的安装矩阵 $\boldsymbol{C}_b^{SE}$ 可以求取地心矢量在本体系下的分量列阵：

$$\boldsymbol{E}_b=(\boldsymbol{C}_b^{SE})^{\mathrm{T}}\boldsymbol{E}_{SE}=[E_{bx} \quad E_{by} \quad E_{bz}]^{\mathrm{T}} \tag{6.56}$$

此外，已知地心矢量在轨道坐标系下的分量列阵为 $\boldsymbol{E}_O=[0 \quad 0 \quad 1]^{\mathrm{T}}$，可知地心矢量在本体系下的分量列阵还可以表示为

$$\boldsymbol{E}_b=\boldsymbol{C}_O^b\boldsymbol{E}_O \tag{6.57}$$

其中，根据转序的不同，载体姿态矩阵 $\boldsymbol{C}_O^b$ 有以下两种形式：

① 载体本体系相对于轨道坐标系按照 $Z\to Y\to X$ 的转序依次转动偏航角 ψ、俯仰角 θ_1 和滚转角 γ_1，此时载体姿态矩阵 $\boldsymbol{C}_O^b$ 可表示为

$$\begin{aligned}\boldsymbol{C}_O^b&=\boldsymbol{L}_x(\gamma_1)\boldsymbol{L}_y(\theta_1)\boldsymbol{L}_z(\psi)\\&=\begin{bmatrix}\cos\psi\cos\theta_1 & \sin\psi\cos\theta_1 & -\sin\theta_1\\ \cos\psi\sin\theta_1\sin\gamma_1-\sin\psi\cos\gamma_1 & \sin\psi\sin\theta_1\sin\gamma_1+\cos\psi\cos\gamma_1 & \sin\gamma_1\cos\theta_1\\ \cos\psi\sin\theta_1\cos\gamma_1+\sin\psi\sin\gamma_1 & \sin\psi\sin\theta_1\cos\gamma_1-\cos\psi\sin\gamma_1 & \cos\gamma_1\cos\theta_1\end{bmatrix}\end{aligned} \tag{6.58}$$

将式(6.56)和式(6.58)代入式(6.57)中，可得

$$\boldsymbol{E}_b=\begin{bmatrix}E_{bx}\\E_{by}\\E_{bz}\end{bmatrix}=\begin{bmatrix}-\sin\theta_1\\ \sin\gamma_1\cos\theta_1\\ \cos\gamma_1\cos\theta_1\end{bmatrix} \tag{6.59}$$

② 载体本体系相对于轨道坐标系按照 $Z\to X\to Y$ 的转序依次转动偏航角 ψ、滚转角 γ_2 和俯仰角 θ_2，此时载体姿态矩阵 $\boldsymbol{C}_O^b$ 可表示为

$$\begin{aligned}\boldsymbol{C}_O^b&=\boldsymbol{L}_y(\theta_2)\boldsymbol{L}_x(\gamma_2)\boldsymbol{L}_z(\psi)\\&=\begin{bmatrix}\cos\theta_2\cos\psi-\sin\theta_2\sin\gamma_2\sin\psi & \cos\theta_2\sin\psi+\sin\theta_2\sin\gamma_2\cos\psi & -\sin\theta_2\cos\gamma_2\\ -\cos\gamma_2\sin\psi & \cos\gamma_2\cos\psi & \sin\gamma_2\\ \sin\theta_2\cos\psi+\cos\theta_2\sin\gamma_2\sin\psi & \sin\theta_2\sin\psi-\cos\theta_2\sin\gamma_2\cos\psi & \cos\theta_2\cos\gamma_2\end{bmatrix}\end{aligned} \tag{6.60}$$

将式(6.56)和式(6.60)代入式(6.57)中，可得

$$\boldsymbol{E}_b=\begin{bmatrix}E_{bx}\\E_{by}\\E_{bz}\end{bmatrix}=\begin{bmatrix}-\sin\theta_2\cos\gamma_2\\ \sin\gamma_2\\ \cos\theta_2\cos\gamma_2\end{bmatrix} \tag{6.61}$$

由式(6.59)和式(6.61)可知，根据红外地平仪测量得到的地心矢量在本体系下的分量列阵 $\boldsymbol{E}_b=[E_{bx} \quad E_{by} \quad E_{bz}]^{\mathrm{T}}$ 只能确定载体的滚转角和俯仰角。这是因为当载体仅绕偏航轴转动时，红外地平仪接收到的地球红外辐射信息没有任何变化，故偏航角不可测。因此，地球敏感器通常采用以下两种特殊安装结构，以便直接求出三轴稳定卫星的滚转角和俯仰角。

1. 滚转红外地球敏感器

测量坐标系的 X_{SE}、Z_{SE} 轴分别与载体本体坐标系的 Z_b、X_b 轴一致，扫描轴沿本体系的

滚转轴安装，这样安装的红外地球敏感器称为滚转红外地球敏感器，其安装矩阵为

$$\boldsymbol{C}_b^{SE1} = \begin{bmatrix} 0 & 0 & 1 \\ 0 & -1 & 0 \\ 1 & 0 & 0 \end{bmatrix} \tag{6.62}$$

由地球敏感器的测量值(记作 λ_1, η_1)可以得到地心矢量在本体系中的分量列阵：

$$\boldsymbol{E}_b = (\boldsymbol{C}_b^{SE1})^{\mathrm{T}} \boldsymbol{E}_{SE} = [\cos \eta_1 \quad -\sin \eta_1 \sin \lambda_1 \quad \sin \eta_1 \cos \lambda_1]^{\mathrm{T}} \tag{6.63}$$

定义载体本体系相对于轨道坐标系按照 $Z \to Y \to X$ 的转序依次转动偏航角 ψ、俯仰角 θ_1 和滚转角 γ_1，则由式(6.59)可知，地心矢量在本体系中的分量列阵还可以写作

$$\boldsymbol{E}_b = \boldsymbol{C}_O^b \boldsymbol{E}_O = [-\sin \theta_1 \quad \sin \gamma_1 \cos \theta_1 \quad \cos \gamma_1 \cos \theta_1] \tag{6.64}$$

联立式(6.63)和式(6.64)，可得

$$\left.\begin{aligned} \gamma_1 &= -\lambda_1 \\ \theta_1 &= \eta_1 - \pi/2 \end{aligned}\right\} \tag{6.65}$$

由式(6.65)可知，利用滚转红外地平仪的测量值 λ_1 和 η_1 直接计算出载体姿态矩阵所对应的姿态角 θ_1 和 γ_1。

2. 俯仰红外地球敏感器

测量坐标系的 X_{SE}、Z_{SE} 轴分别与载体本体坐标系的 Z_b、Y_b 轴一致，扫描轴沿本体系的俯仰轴安装，这样安装的红外地球敏感器称为俯仰红外地球敏感器，其安装矩阵为

$$\boldsymbol{C}_b^{SE2} = \begin{bmatrix} 0 & 0 & 1 \\ 1 & 0 & 0 \\ 0 & 1 & 0 \end{bmatrix} \tag{6.66}$$

由地球敏感器的测量值(记作 λ_2, η_2)可以得到地心矢量在本体系中的分量列阵：

$$\boldsymbol{E}_b = (\boldsymbol{C}_b^{SE2})^{\mathrm{T}} \boldsymbol{E}_{SE} = [\sin \eta_2 \sin \lambda_2 \quad \cos \eta_2 \quad \sin \eta_2 \cos \lambda_2]^{\mathrm{T}} \tag{6.67}$$

定义载体本体系相对于轨道坐标系按照 $Z \to X \to Y$ 的转序依次转动偏航角 ψ、滚转角 γ_2 和俯仰角 θ_2，则由式(6.61)可知，地心矢量在本体系中的分量列阵还可以写作

$$\boldsymbol{E}_b = \boldsymbol{C}_O^b \boldsymbol{E}_O = [-\sin \theta_2 \cos \gamma_2 \quad \sin \gamma_2 \quad \cos \theta_2 \cos \gamma_2]^{\mathrm{T}} \tag{6.68}$$

联立式(6.67)和式(6.68)，可得

$$\left.\begin{aligned} \gamma_2 &= -\eta_2 + \pi/2 \\ \theta_2 &= -\lambda_2 \end{aligned}\right\} \tag{6.69}$$

由式(6.69)可知，利用俯仰红外地平仪的测量值 λ_2 和 η_2 直接计算出载体姿态矩阵所对应的姿态角 θ_2 和 γ_2。

对地定向卫星在轨道运行的大部分时间内，卫星本体 Z_b 轴与地心方向矢量之间的夹角为小量，由式(6.65)和式(6.69)可知，此时利用特殊安装的滚转红外地平仪的测量值 λ_1 和俯仰红外地平仪的测量值 λ_2 可以直接得到卫星的滚转角和俯仰角。

6.2.2 太阳敏感器定姿方法

基于太阳敏感器的定姿方法也多用于三轴稳定卫星，该方法通常采用太阳敏感器测量太阳矢量的方向信息，进而确定载体姿态。以狭缝式太阳敏感器为例，分别介绍采用两个或三个

太阳敏感器的定姿方法在三轴稳定卫星姿态确定中的应用。

1. 两个敏感器定姿

利用太阳敏感器定姿，首先需要确定太阳方向矢量在测量坐标系下的分量列阵。在太阳敏感器的测量坐标系 $ox_sy_sz_s$ 中，z_s 轴与瞄准轴一致，x_s 轴与 y_s 轴分别与敏感器 2 和敏感器 1 的狭缝平行，如图 6.7 所示。太阳光线穿过太阳敏感器的狭缝后，经过内部光学玻璃折射，在太阳敏感器底部形成两条明线 l_x 与 l_y，它们与基准线的距离分别为 d_y 和 d_x。d_x 和 d_y 为太阳敏感器的直接测量值，由码盘读出。

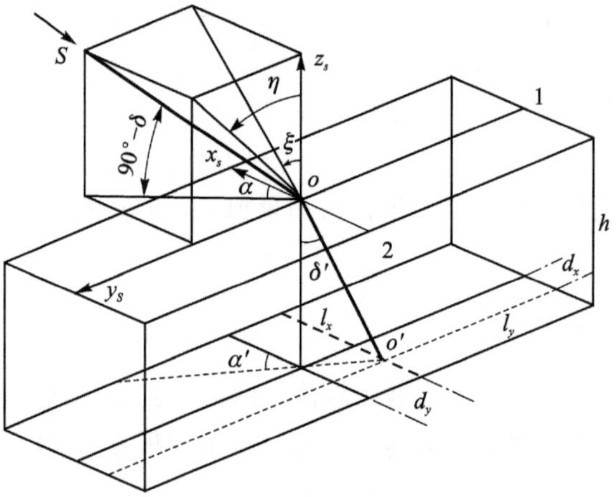

图 6.7 狭缝式太阳敏感器测量原理

如图 6.7 所示，太阳光线经过折射后落于 o'点，根据折射定理：

$$\left.\begin{aligned}\sin\delta &= n\sin\delta' \\ \alpha &= \alpha'\end{aligned}\right\} \tag{6.70}$$

式中，α 和 δ 分别为太阳光线相对于太阳敏感器测量坐标系的方位角和高低角，δ'与 α'分别为折射后的太阳光线高低角和方位角，n 为折射率。

由几何关系可得

$$\left.\begin{aligned}\tan\delta' &= \frac{1}{h}\sqrt{d_x^2+d_y^2} \\ \tan\alpha' &= \frac{d_x}{d_y}\end{aligned}\right\} \tag{6.71}$$

进而可得

$$\left.\begin{aligned}\tan\delta &= \frac{n\sqrt{d_x^2+d_y^2}}{\sqrt{h^2-(n^2-1)(d_x^2+d_y^2)}} \\ \tan\alpha &= \frac{d_x}{d_y}\end{aligned}\right\} \tag{6.72}$$

太阳方向矢量在太阳敏感器测量坐标系下的分量列阵为

$$\boldsymbol{S}_s = \begin{bmatrix} S_{sx} \\ S_{sy} \\ S_{sz} \end{bmatrix} = \begin{bmatrix} \sin\delta\cos\alpha \\ \sin\delta\sin\alpha \\ \cos\delta \end{bmatrix} \tag{6.73}$$

太阳敏感器的测量值为太阳方向矢量在敏感器测量轴垂直方向与在瞄准轴方向的分量之比，因此可得太阳敏感器的测量值（近似条件为$\dfrac{d_x}{h}$，$\dfrac{d_y}{h} \ll 1$）为

$$\left.\begin{aligned} m_1 &= \frac{S_x}{S_z} = \tan\delta\cos\alpha = \frac{nd_y}{\sqrt{h^2-(n^2-1)(d_x^2+d_y^2)}} \approx n\frac{d_y}{h} \\ m_2 &= \frac{S_y}{S_z} = \tan\delta\sin\alpha = \frac{nd_x}{\sqrt{h^2-(n^2-1)(d_x^2+d_y^2)}} \approx n\frac{d_x}{h} \end{aligned}\right\} \tag{6.74}$$

式中，m_1 为太阳敏感器1的测量值，m_2 为太阳敏感器2的测量值。

联合式(6.73)和式(6.74)，可以得到太阳方向矢量在测量坐标系下的分量列阵：

$$\boldsymbol{S}_s = \frac{1}{\sqrt{m_1^2+m_2^2+1}} \begin{bmatrix} m_1 \\ m_2 \\ 1 \end{bmatrix} \tag{6.75}$$

与地球敏感器定姿方法类似，结合敏感器安装矩阵 $\boldsymbol{C}_b^s$，可得本体系下太阳方向矢量的分量列阵：

$$\boldsymbol{S}_b = (\boldsymbol{C}_b^s)^{\mathrm{T}}\boldsymbol{S}_s = [S_{bx} \quad S_{by} \quad S_{bz}]^{\mathrm{T}} \tag{6.76}$$

此外，根据太阳历中太阳的赤经 α_s 和赤纬 δ_s，可得太阳方向矢量在地心惯性坐标系中的分量列阵为

$$\boldsymbol{S}_i = \begin{bmatrix} \cos\delta_s\cos\alpha_s \\ \cos\delta_s\sin\alpha_s \\ \sin\delta_s \end{bmatrix} \tag{6.77}$$

进一步结合地心惯性坐标系到轨道坐标系的转换矩阵 $\boldsymbol{C}_i^O$，即可得到太阳方向矢量在轨道坐标系中的分量列阵：

$$\begin{aligned} \boldsymbol{S}_O &= \boldsymbol{C}_i^O\boldsymbol{S}_i \\ &= \boldsymbol{C}_i^O \begin{bmatrix} \cos\delta_s\cos\alpha_s \\ \cos\delta_s\sin\alpha_s \\ \sin\delta_s \end{bmatrix} = \begin{bmatrix} S_{Ox} \\ S_{Oy} \\ S_{Oz} \end{bmatrix} \end{aligned} \tag{6.78}$$

根据太阳方向矢量在本体系和轨道坐标系中的分量列阵间的关系，可得

$$\boldsymbol{S}_b = \boldsymbol{C}_O^b\boldsymbol{S}_O \tag{6.79}$$

将式(6.76)和式(6.78)代入式(6.79)中，可得

$$\begin{bmatrix} S_{bx} \\ S_{by} \\ S_{bz} \end{bmatrix} = \begin{bmatrix} B_{11} & B_{12} & B_{13} \\ B_{21} & B_{22} & B_{23} \\ B_{31} & B_{32} & B_{33} \end{bmatrix} \begin{bmatrix} S_{Ox} \\ S_{Oy} \\ S_{Oz} \end{bmatrix} \tag{6.80}$$

其中，$B_{ij}(i=1,2,3;j=1,2,3)$表示 $\boldsymbol{C}_O^b$ 的第 i 行、第 j 列元素。仅根据式(6.80)，无法唯一确定 $\boldsymbol{C}_O^b$。由于太阳敏感器只能测量得到太阳方向矢量信息，故它需要与其他姿态敏感器配合使用才能完全确定载体相对于轨道坐标系的姿态信息。

2. 三个敏感器定姿

采用三个太阳敏感器进行姿态确定时的安装方式如图 6.8 所示，测量俯仰角的太阳敏感器①的瞄准轴和测量轴分别平行于载体的偏航轴（Oz_b 轴）和俯仰轴（Oy_b 轴），测量滚转角的太阳敏感器②的瞄准轴和测量轴分别平行于载体的偏航轴和滚转轴（Ox_b 轴），测量偏航角的太阳敏感器③的瞄准轴和测量轴分别平行于载体的俯仰轴和偏航轴，m_θ、m_γ、m_ψ 可直接由太阳敏感器①、②和③测量得到，此外还可以分别写作

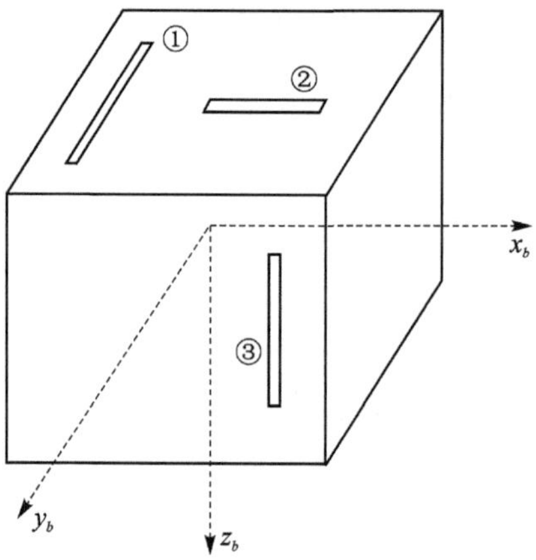

图 6.8 三个太阳敏感器安装方式

$$\left.\begin{aligned} m_\theta &= \frac{S_{bx}}{S_{bz}} \\ m_\gamma &= \frac{S_{by}}{S_{bz}} \\ m_\psi &= \frac{S_{bx}}{S_{by}} \end{aligned}\right\} \tag{6.81}$$

采用小角度条件下的 $Z \to X \to Y$ 转序姿态矩阵，即

$$\boldsymbol{C}_O^b = \begin{bmatrix} 1 & \psi & -\theta \\ -\psi & 1 & \gamma \\ \theta & -\gamma & 1 \end{bmatrix} \tag{6.82}$$

因此，可得太阳方向矢量在本体系下的分量列阵：

$$\boldsymbol{S}_b = \boldsymbol{C}_O^b \boldsymbol{S}_O = \begin{bmatrix} S_{bx} \\ S_{by} \\ S_{bz} \end{bmatrix} = \begin{bmatrix} S_{Ox} + \psi S_{Oy} - \theta S_{Oz} \\ -\psi S_{Ox} + S_{Oy} + \gamma S_{Oz} \\ \theta S_{Ox} - \gamma S_{Oy} + S_{Oz} \end{bmatrix} \tag{6.83}$$

将式(6.83)中 $\boldsymbol{S}_b$ 各分量代入式(6.81)中，可以得到

$$\left.\begin{aligned} m_\theta &= \frac{S_{bx}}{S_{bz}} = \frac{S_{Ox} + \psi S_{Oy} - \theta S_{Oz}}{\theta S_{Ox} - \gamma S_{Oy} + S_{Oz}} \\ m_\gamma &= \frac{S_{by}}{S_{bz}} = \frac{-\psi S_{Ox} + S_{Oy} + \gamma S_{Oz}}{\theta S_{Ox} - \gamma S_{Oy} + S_{Oz}} \\ m_\psi &= \frac{S_{bx}}{S_{by}} = \frac{S_{Ox} + \psi S_{Oy} - \theta S_{Oz}}{-\psi S_{Ox} + S_{Oy} + \gamma S_{Oz}} \end{aligned}\right\} \tag{6.84}$$

根据式(6.81)～式(6.84)，即可求解出三轴稳定卫星的姿态角。需要注意的是，采用三个太阳敏感器时仍然只能测量得到一个参考矢量（即太阳矢量）的方向信息，只有当三个姿态角均为小角度时，才可以利用上述方法完全确定载体相对于轨道坐标系的姿态信息。

6.3 小 结

本章详细介绍了基于星敏感器的天文定姿原理与方法，并对不同定姿算法的特点进行了分析。在此基础上，从星敏感器的安装误差和测量误差出发，建立了基于星敏感器的天文定姿

误差模型。星敏感器根据多个星光矢量信息可以获得载体相对于惯性系的姿态信息,由于恒星在惯性空间中的方位变化很小,经长期天文观测后获得的星历较为精确,且星敏感器测量精度可以达到角秒级,因此基于星敏感器的定姿方法精度较高,是当前应用最为广泛的天文定姿方法。

此外,本章还介绍了基于地球敏感器与太阳敏感器的天文定姿方法。地球敏感器通过测量地球相对于载体的方位,可以获得载体相对于轨道坐标系的滚转角和俯仰角,但由于载体绕地垂线的转动不影响地球敏感器的输出,故无法获得偏航角;太阳敏感器是通过敏感太阳矢量方向来获得载体相对于轨道系的姿态信息,虽然太阳光强度大、信噪比高、容易检测,但是载体在地球阴影区时无法采用这种定姿方法,且该方法假设姿态为小角度时才可以完全确定三轴姿态。鉴于这两种方法单独定姿时存在的缺陷,通常将这两种天体敏感器组合使用来弥补各自的不足。

第7章 天文定位方法

天文定位主要通过天体敏感器测量得到已知天体的矢量方向，利用几何关系或将轨道动力学方程与最优估计方法相结合以获得载体的位置信息。因此，目前天文定位方法主要包括基于几何法的定位方法和基于轨道动力学方程的定位方法两大类：

- 基于几何法的定位方法主要利用测得的高度角构造等高圆，或利用测得的星光角距构造的多个锥面，这些等高圆或锥面的交点就是载体所在的位置，如等高圆法和纯天文几何解析法；这类方法主要应用于航海、航空及深空探测等领域；
- 基于轨道动力学方程的定位方法主要根据载体运行规律建立状态模型，以天文观测信息建立量测模型，结合最优估计方法获得载体的运动参数，这类方法主要应用于各类轨道航天器中。

对于近地航天器而言，根据敏感地平方式的不同，天文定位方法又可以分为直接敏感地平和星光折射间接敏感地平两类方法。

下面将从天文定位原理与方法、误差源分析与建模等方面，分别介绍等高圆定位方法、纯天文几何解析定位方法、直接敏感地平定位方法以及间接敏感地平定位方法等天文定位方法。

7.1 等高圆定位方法

等高圆定位方法是在观测不同天体的基础上，以各天体投影点为圆心，以各天体观测高度为半径画天文位置圆，通过确定位置圆交点来确定载体的位置，该方法多用于舰船。因此，获得高精度的天体观测高度并准确确定天体投影点是等高圆定位法的关键。

7.1.1 测量仪器

根据天体方位来确定舰船的位置，需要已知某天体的真高度及准确的世界时。因此，舰船上通常会配备航海六分仪和天文钟以获得精确的天体高度角和世界时。

1. 航海六分仪

航海六分仪是测量天体高度的精密测角仪器。它度量的是天体反射影像和水天线在望远镜视野中央相切时的两镜（动镜和定镜）夹角，主要用于测量海平面上肉眼可见的天体。

(1) 分类及结构

常用的航海六分仪有千分尺鼓轮六分仪、游标尺六分仪、人造地平六分仪。

① 千分尺鼓轮六分仪

图7.1所示为一架千分尺鼓轮六分仪，现在大多数舰船都采用这种航海六分仪。其主体是一个扇形架体，扇形弧度是60°，也就是圆周的1/6，主要由一块固定的半反射玻璃（水平镜）、一块可活动的镜子（指标镜）、望远镜以及活动臂组成。其中，水平镜又叫“固定镜”，镜面的一半为平面镜，另一半为透明镜，可直接观测水天线；指标镜又叫“动镜”，可随指标杆转动，

用来将入射目标的影像反射到水平镜上；望远镜，正对水平镜，用来放大并观察远处目标和水天线。千分尺鼓轮六分仪可以测定天体与水天线之间的夹角，从而推算测者的地理坐标。

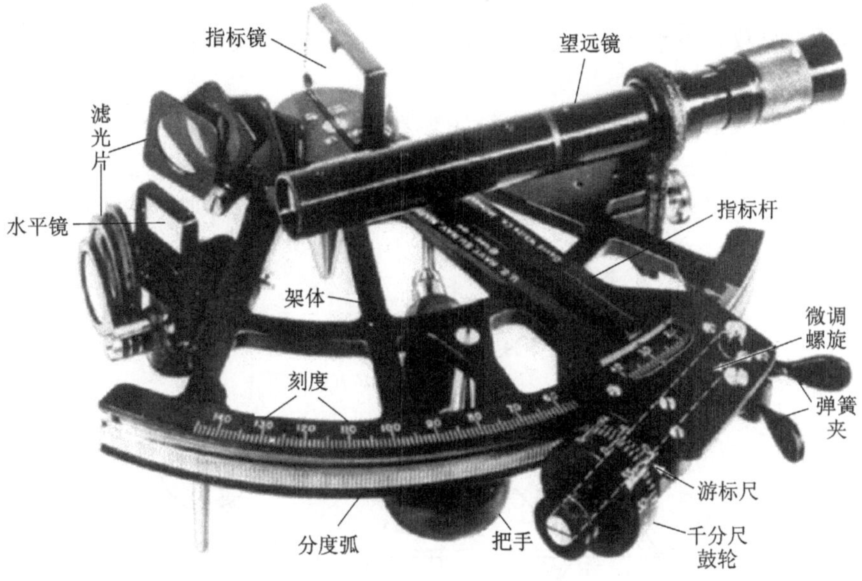

图 7.1　美国海军马克-2 型航海六分仪

使用千分尺鼓轮六分仪读数时，首先按照指标杆所指的值从分度弧上读取度数，然后从鼓轮上按照游标尺 0 刻度线所指的值读取分数，最后在游标尺上按游标尺与鼓轮对齐的刻线读取分的小数。

② 游标尺六分仪

图 7.2 所示为游标尺六分仪，其测量原理与千分尺鼓轮六分仪相同，但与千分尺鼓轮六分仪的主要区别在于读取数据的方式不同。游标尺六分仪又可分为制动螺丝游标尺六分仪和无限微调游标尺六分仪两类。

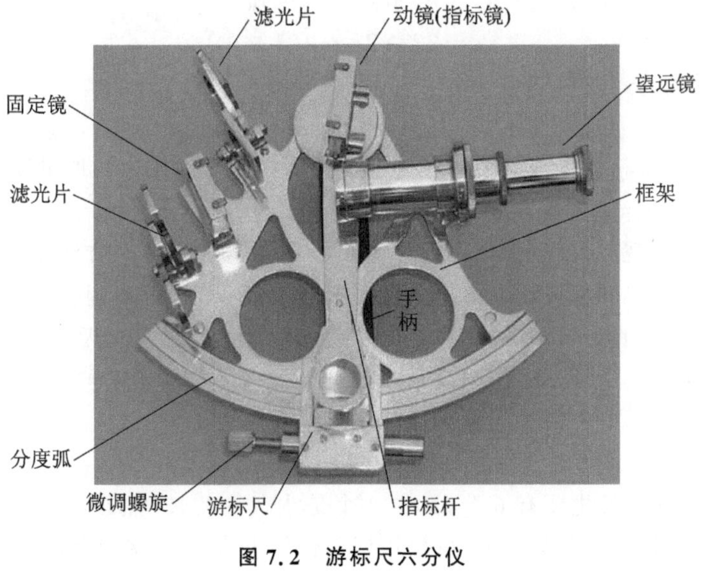

图 7.2　游标尺六分仪

③ 人造地平六分仪

千分尺鼓轮六分仪和游标尺六分仪是以水天线为参考来精确测量天体高度的，因此它们的使用前提是水天线清晰可见。但是，如果在夜间或恶劣天气条件下无法看清水天线，就需要采用人造地平六分仪。当水天线观测不清时，人造地平六分仪的测量精度高于其他两种六分仪。

人造地平六分仪主要包括气泡六分仪、陀螺六分仪、摆式六分仪等。

(2) 测量原理

航海六分仪是根据几何关系测量天体高度角的，其测量原理如图 7.3 所示。

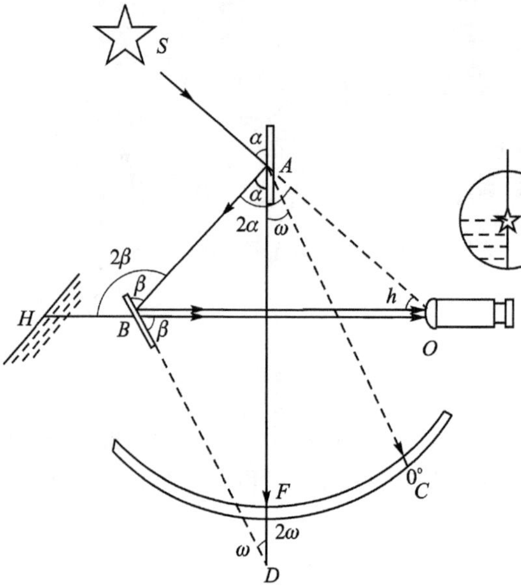

图 7.3 航海六分仪测量原理

当天体位于水天线时，指标镜和固定镜平行，即 $BD/\!/AC$，这时分度弧及游标尺的读数是 0°。当天体高于水天线时，由 $\triangle ABO$ 的外角和定理可知

$$h = 2\beta - 2\alpha = 2(\beta - \alpha) \tag{7.1}$$

且由 $\triangle ABD$ 的外角和定理可知

$$\omega = \beta - \alpha \tag{7.2}$$

因此可得 $h = 2\omega$，即调整指标杆使天体在望远镜视野中的反射影像与地平线重合时，天体高度角 h 等于固定镜与指标镜夹角 ω 的 2 倍。

使用航海六分仪观测太阳、月球等近天体和恒星等遥远星体时方法略有区别。观测近天体高度时需要测量天体和水天线在天体方位圆上的夹角，因此必须调整六分仪使其分度弧平面与天体方位圆平面相重合，即观测时六分仪应垂直于水天线，且与天体方位一致；此外，由于近天体的影像通常是一个圆（如太阳）或是圆的一部分（如月球），故通常使其圆弧边缘与水天线相切。而观测恒星高度时则使测量星体与水天线重合。

(3) 误差源分析

航海六分仪的误差源主要有 6 个，其中 3 个是永久性的，3 个是可以校正的。其中，永久性误差包括偏心差、棱性差和刻度差，可校正误差包括垂直差、边差和指标差。

- 偏心差是由分度弧圆心与指标杆转轴之间的偏心导致；
- 棱性差是由镜面及滤光片两面不平行导致；
- 刻度差是由分度弧、游标尺及鼓轮刻度不准导致；
- 垂直差是动镜不垂直于分度弧平面造成的测角误差；
- 边差是固定镜不垂直于分度弧平面产生的误差；
- 指标差是指标镜和固定镜平行时的实际刻度读数与 0°的差值。

2. 天文钟

在进行天文定位时，必须根据准确的世界时从航海天文历中查取天体坐标，天文钟就是用来指示世界时的。目前舰船上使用的天文钟主要有机械天文钟和石英天文钟。

机械天文钟的构造与一般机械钟表类似，但是更加精密。钟内有保持水平的装置，以保证发条无论松紧输出力矩都是均匀的，从而保证等时性；同时还有温度补偿装置。因此，机械天文钟比普通钟表精确且受温度影响小。机械天文钟通常被设置成近似世界时，除非需要检测或清洗设备，一般不会重置时间。

石英天文钟的应用日益广泛，是由石英晶体振荡器和电子电路构成的电子钟。与机械天文钟相比，它成本低廉、计时精度高、无需发条、对倾斜与摇摆不敏感。此外，它配备有时钟调整装置，对钟后可通过无线电时间信号当场清除钟差，简化了计算步骤。

7.1.2　定位原理

一个天体的高度或顶距取决于测者和天体投影点 GP 之间的距离，其中天体投影点 GP 是天体到地心的连线与地球表面的交点。当测者与天体投影点 GP 位于相同位置时，该天体会出现在测者的天顶方向，此时天体的高度达到最大值，即为 90°；当测者逐渐远离天体投影点 GP 时，天体的高度也逐渐降低。图 7.4 所示为等高圆定位法的原理示意图。

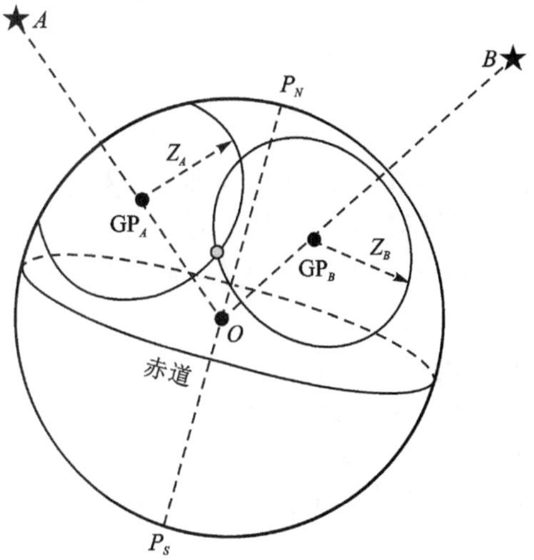

图 7.4　等高圆定位法的原理示意图

以天体投影点 GP 为圆心、舰船到天体的顶距 Z 为半径的圆周称为等高圆，也叫天文位置圆。当测者沿等高圆移动时，测到的天体高度和顶距保持不变。因此，对于一个给定的天体高度，等高圆上的位置到天体投影点 GP 的距离都相等。测量任意一个天体的高度或顶距，即可作出一个等高圆。当观测两个天体并作出两个等高圆时，这两个等高圆会在地球表面交于两点（相切在实际情况中基本不可能出现），其中一点就是测者所在位置。如果有其他辅助信息，如利用指南针测得测者相对天体的方位，或者观测第三个天体，绘制三个等高圆交于一点，则可以唯一确定测者位置。

7.1.3 定位方法

理论上，可以通过在地球仪上画等高圆来得到测者位置，但是这种方法可行性较差，因为这样不仅需要一个非常大的地球仪，而且由地图投影所造成的扭曲也会给绘制带来困难，精度非常低。19 世纪，航海家发明了通过画位置线（等高圆的切线或割线）来确定测者位置的方法，其中比较有代表性的是萨姆纳法和高度差法。

1. 萨姆纳法

1843 年，美国远洋船长萨姆纳提出了等高圆改进方法，称为萨姆纳法，标志着现代天文导航的开端。该方法的具体步骤如下：

① 估计一个粗略的舰船位置，并选择一个位于估计纬度北方的纬度值 Lat_1，Lat_1 最好为绘图纸上离估计位置最近的一个标志点。

② 根据 Lat_1、所观测天体的赤纬 Dec 和测得的天体高度 H_0，由边的余弦公式推导得到该天体相对于测者的地方时角 t_L 满足

$$\cos t_L = \frac{\sin H_0 - \sin \text{Lat}_1 \cdot \sin \text{Dec}}{\cos \text{Lat}_1 \cdot \cos \text{Dec}} \tag{7.3}$$

该式中 t_L 有正负两个解，记为 $\tau(\tau \geqslant 0)$ 和 $-\tau$，分别对应观测天体所在的纬度圈与等高圆的两个交点。根据时角的定义可知，这两个交点的经度值分别为

$$\left.\begin{aligned} \text{Lon} &= \tau - \text{GHA} \\ \text{Lon}' &= -\tau - \text{GHA} \end{aligned}\right\} \tag{7.4}$$

式中，GHA 为所观测天体的格林时角，所观测天体的赤纬和格林时角均可查阅航海天文历并通过推算得到。如果式(7.4)求得的结果超出经度的定义范围$(-180°, 180°]$，则要进行“归一化”调整。将计算得到的经度值与估计位置相比较，选择恰当的一个解记为 Lon_{11}，这种计算经度的方法称为时间高度法。

③ 再选择一个位于估计纬度南方的纬度值 Lat_2，且 Lat_1 和 Lat_2 之间的差值不应该超过 1°～2°。利用新纬度值重复步骤②，并将得到的经度值记为 Lon_{12}。

④ 在绘图纸上，绘出 $(\text{Lon}_{11}, \text{Lat}_1)$ 和 $(\text{Lon}_{12}, \text{Lat}_2)$ 两点，则测者应在以这两点为端点的等高圆弧段上。连接这两点得到一条直线，即为该弧段的割线，又被称为萨姆纳线，这就是所求的位置线 LOP_1。

⑤ 用同样的纬度 Lat_1、Lat_2 和另一颗天体的赤纬、格林时角、观测高度重复步骤①～④，可以得到另一条位置线 LOP_2。如图 7.5 所示，LOP_1 和 LOP_2 的交点即为测者位置 Fix。

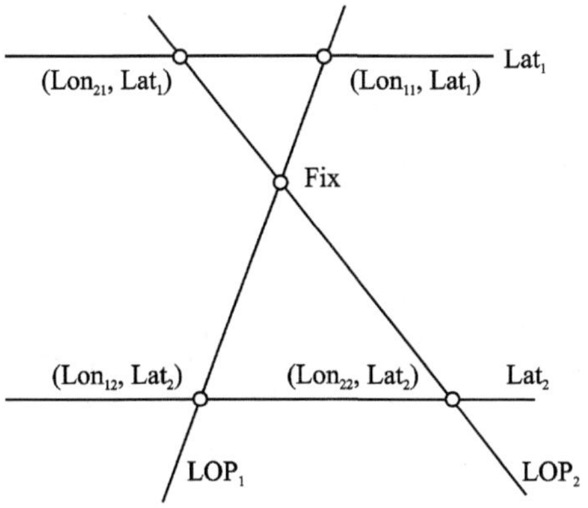

图 7.5　萨姆纳法求测者位置示意图

萨姆纳法的优点在于作位置线时不需要使用量角器，且方法简单，但是该方法忽略了等高圆的曲率，会使得定位结果中包含几何误差从而导致定位精度较低，而且选择的观测天体不能在测者子午线附近，否则萨姆纳线会几乎平行于纬线，并导致该方法的实用性降低。提高萨姆纳法的定位精度主要依靠多次迭代和最优观测天体的选择，当两个观测天体的方位角之差为 90°时定位精度最高，这是因为这样可以使两条萨姆纳线近乎正交，位置交点清晰，从而减小定位误差。

2. 高度差法

高度差法于 1875 年首次公布，克服了萨姆纳法的一些局限，精度较高，已成为天文定位的标准方法。高度差法的具体步骤如下：

① 在估计位置附近，选择一个假定位置 AP，其坐标为(Lon_{AP}，Lat_{AP})，通常选为整度数，也可以直接使用估计位置作为 AP。

② 查阅天文航海历获得观测天体的格林时角 GHA，并结合 Lon_{AP} 计算该天体相对于 AP 点的子午圈时角 t。

$$t=\begin{cases}GHA+Lon_{AP} & GHA+Lon_{AP}<180^\circ \\ GHA+Lon_{AP}-360^\circ & GHA+Lon_{AP}>180^\circ\end{cases} \tag{7.5}$$

其中，子午圈时角的定义如下：起始经圈为地方午圈，自东向西为正，且定义范围为(−180°，180°]。

③ 查阅天文航海历获得观测天体的赤纬 Dec，并结合 Lat_{AP} 和 t 得到观测天体相对 AP 点的计算高度 H_c：

$$H_c=\arcsin(\sin Lat_{AP}\cdot\sin Dec+\cos Lat_{AP}\cdot\cos Dec\cdot\cos t) \tag{7.6}$$

其中，这些角的几何关系如图 7.6 所示。

④ 由 H_c、Lat_{AP} 和观测天体的赤纬 Dec 得到该天体相对 AP 点的真计算方位 A_{zN}：

$$A_z=\arccos\frac{\sin Dec-\sin H_c\cdot\sin Lat_{AP}}{\cos H_c\cdot\cos Lat_{AP}} \tag{7.7}$$

$$A_{zN}=\begin{cases}A_z & t<0^\circ \\ 360^\circ-A_z & t>0^\circ\end{cases} \tag{7.8}$$

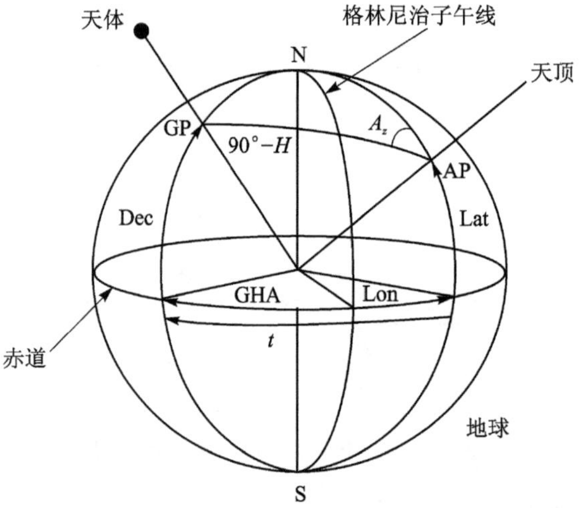

图 7.6 高度差法中所用到的角的几何关系

⑤ 计算高度差 ΔH。如图 7.7 所示，由于假定位置 AP 与测者实际位置的差异，会导致计算高度 H_c 与测量高度 H_0 不同，二者的差值称为高度差。它与过 AP 点和测者实际位置的两个等高圆的半径之差成正比，计算公式为

$$\Delta H = 60 \cdot (H_0 - H_c) \tag{7.9}$$

其中，高度差 ΔH 的单位为海里(mile)，它的定义为地球椭圆子午线上纬度 1′所对应的弧长，H_0 和 H_c 的单位均为度(°)。

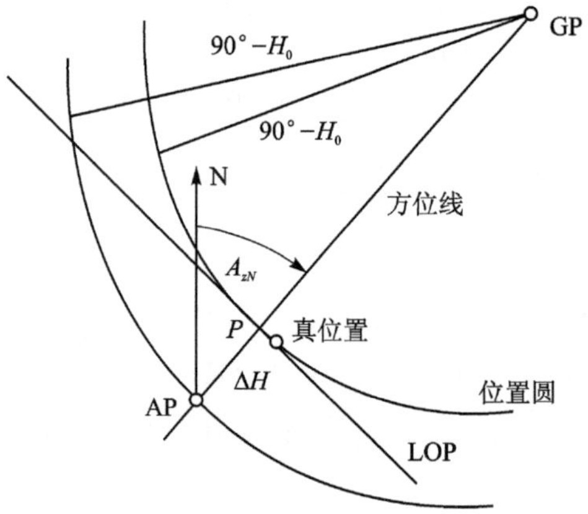

图 7.7 位置线、方位线和等高圆

⑥ 在绘图纸上过 AP 点画出天体方位线，在方位线上从 AP 点量取高度差 ΔH 得到点 P。如果 $\Delta H>0$，则向着天体投影点 GP 的方向量取；反之，如果 $\Delta H<0$，则逆着天体投影点 GP 的方向量取。如图 7.8 所示，过 P 点作方位线的垂直线，即为求得的位置线 LOP_1。

⑦ 针对另一颗天体或不同时刻观测的同一颗天体，重复步骤①～⑥，得到另一条位置线 LOP_2。如图 7.9 所示，两条位置线的交点即为测者位置 Fix，两次计算也可以使用不同的假定位置 AP。

高度差法是基于球面三角几何的求解方法，忽略了真正等高圆的曲率，而代之以直线分析

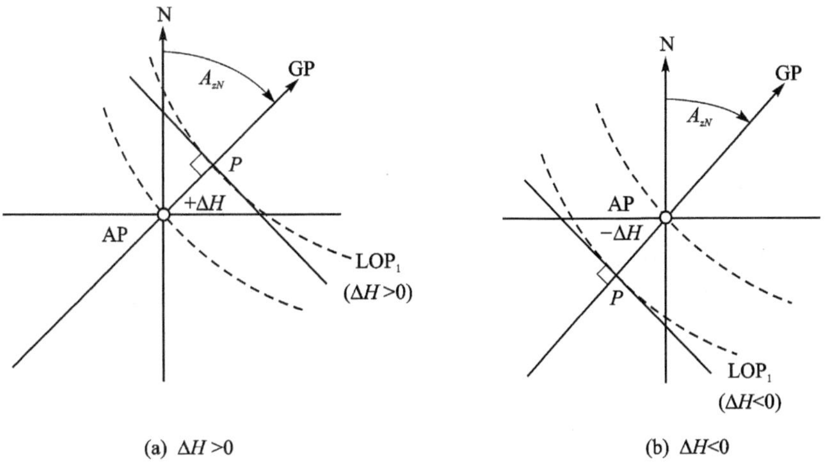

图 7.8　位置线的绘制方法

并求解，因此得到的位置结果和真实的位置之间存在几何误差，但当等高圆半径很大且 AP 点非常接近真实舰船位置时，几何误差很小，可以忽略。而且高度差法固有的几何误差可以通过迭代来减小，例如以当前计算得到的位置作为 AP 点，经过反复迭代可以得到更为精确的位置估计值。

此外，观测三个天体得到的估计结果要比观测两个天体得到的估计结果精度更高。理论上，三条位置线应该交于一点，但由于观测误差、绘制误差等的存在，三条位置线会两两相交，并构成一个误差三角形，此时最可能的测者位置位于该三角形内切圆的圆心。

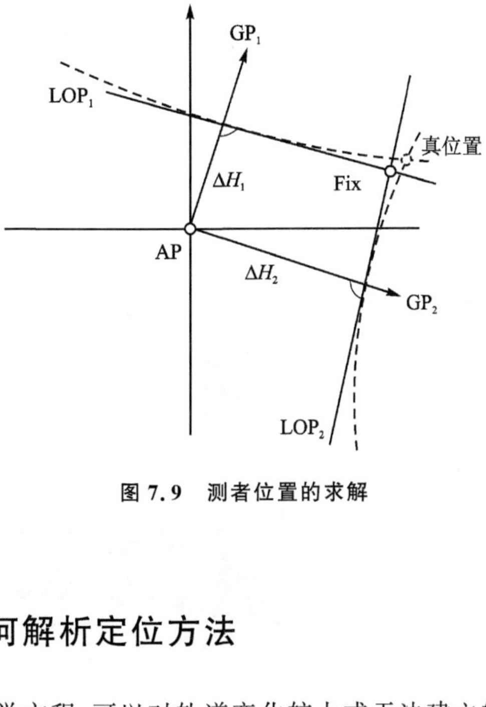

图 7.9　测者位置的求解

7.2　纯天文几何解析定位方法

纯天文几何解析定位方法不需要轨道动力学方程，可以对轨道变化较大或无法建立轨道动力学方程的载体进行定位，但是这种方法不能直接获得载体的速度信息，且未对量测噪声进行适当处理，因此定位精度随量测噪声的变化起伏较大。

7.2.1　定位原理

由于天体的运动遵循其轨道特性，它们的位置可以通过查询太阳历、星历等确定，因此通过观测天体的方位信息可以确定载体的姿态。但恒星距离载体较远，在载体上观测到的两颗恒星之间的夹角不会随着载体位置的改变而变化，而恒星和近天体之间的夹角会随着载体位置的改变而变化。因此，若测得恒星相对于位置已知的近天体的方位信息（即恒星和近天体之间的夹角)，就可以确定载体在空间中的位置。

纯天文几何解析定位方法是利用一颗已知近天体和三颗恒星之间的夹角确定一条位置线，结合该近天体的视角或另一已知近天体与恒星确定的位置线，得到载体的位置信息。如图 7.10 所示，该方法的基本原理如下：

首先，利用天体敏感器得到某一颗恒星矢量和某一颗已知近天体矢量之间的夹角(即星光角距)，并计算其补角(即载体与恒星相对于近天体的张角)β_1。

其次，以近天体中心为顶点，以恒星方向为轴线，以 β_1 为锥心角，在空间画一个圆锥，则载体位于该圆锥面上。

然后，测量第二颗恒星与同一近天体之间的夹角确定第二个圆锥，这两个圆锥的顶点重合，并且相交后得两条位置线。

接着，观测第三颗恒星得到第三个圆锥或利用载体的概略位置信息排除其中一条位置线，即可得到唯一的一条位置线。

最后，确定载体在位置线上的具体位置时，通常采用两种方法：① 根据该近天体的视角，计算得到载体到该近天体的距离，由该距离和已知的位置线即可确定载体的位置；② 选取另一个已知近天体，按照同样的方法得到另一条位置线，两位置线的交点即为载体的位置。

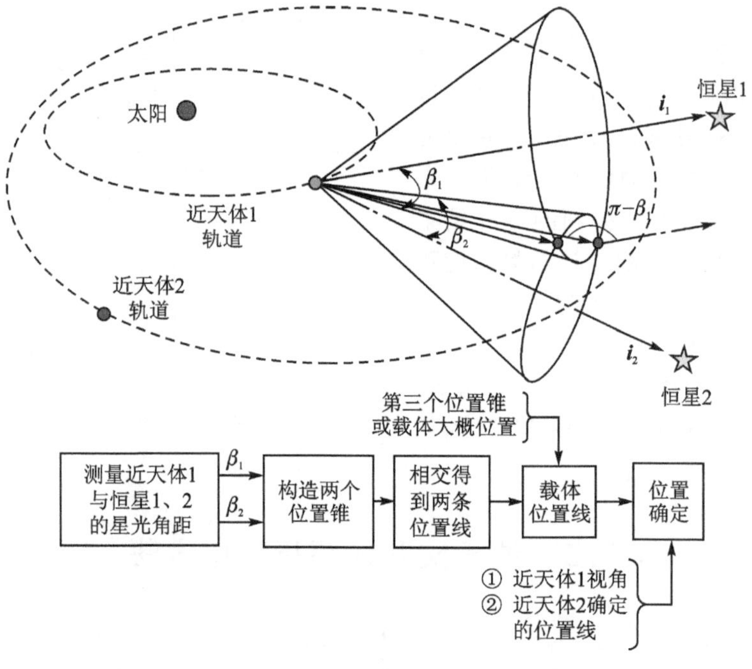

图 7.10 纯天文几何解析定位法的基本原理

7.2.2 定位方法

1. 利用近天体的星光角距定位方法

载体的位置线单位矢量 $\boldsymbol{L}_1$ 可以通过观测一个已知近天体和三颗恒星之间的星光角距来确定，即通过求解下列线性方程组得到

$$\left.\begin{aligned} \boldsymbol{s}_1^{\mathrm{T}}\boldsymbol{L}_1 &= \cos\beta_1 \\ \boldsymbol{s}_2^{\mathrm{T}}\boldsymbol{L}_1 &= \cos\beta_2 \\ \boldsymbol{s}_3^{\mathrm{T}}\boldsymbol{L}_1 &= \cos\beta_3 \end{aligned}\right\} \tag{7.10}$$

式中，$\boldsymbol{s}_i$ 表示恒星 i 的星光矢量，β_i 表示观测得到的近天体与恒星 i 之间星光角距的补角。

将式(7.10)写成矩阵形式，则有

$$\begin{bmatrix} \boldsymbol{s}_1^{\mathrm{T}} \\ \boldsymbol{s}_2^{\mathrm{T}} \\ \boldsymbol{s}_3^{\mathrm{T}} \end{bmatrix} \boldsymbol{L}_1 = \begin{bmatrix} \cos\beta_1 \\ \cos\beta_2 \\ \cos\beta_3 \end{bmatrix} \tag{7.11}$$

可以解得位置线单位矢量 $\boldsymbol{L}_1$ 为

$$\boldsymbol{L}_1 = \begin{bmatrix} \boldsymbol{s}_1^{\mathrm{T}} \\ \boldsymbol{s}_2^{\mathrm{T}} \\ \boldsymbol{s}_3^{\mathrm{T}} \end{bmatrix}^{-1} \begin{bmatrix} \cos\beta_1 \\ \cos\beta_2 \\ \cos\beta_3 \end{bmatrix} \tag{7.12}$$

当观测到的恒星多于 3 颗时，可利用最小二乘法求解得到 $\boldsymbol{L}_1$。

同理，选择另一个近天体可以得到另一条位置线单位矢量 $\boldsymbol{L}_2$，则载体必位于两条位置线的交点上，即

$$\boldsymbol{r} = \boldsymbol{R}_1 + \rho_1\boldsymbol{L}_1 = \boldsymbol{R}_2 + \rho_2\boldsymbol{L}_2 \tag{7.13}$$

式中，$\boldsymbol{r}$ 为载体的位置矢量；$\boldsymbol{R}_1$、$\boldsymbol{R}_2$ 分别为两个近天体的位置矢量；ρ_1、ρ_2 分别为载体到两个近天体的距离。

由式(7.13)可得

$$\rho_1\boldsymbol{L}_1 - \rho_2\boldsymbol{L}_2 = \boldsymbol{R}_2 - \boldsymbol{R}_1 \tag{7.14}$$

整理为矩阵形式，则有

$$\begin{bmatrix} L_{1x} & -L_{2x} \\ L_{1y} & -L_{2y} \\ L_{1z} & -L_{2z} \end{bmatrix} \begin{bmatrix} \rho_1 \\ \rho_2 \end{bmatrix} = \begin{bmatrix} R_{2x} - R_{1x} \\ R_{2y} - R_{1y} \\ R_{2z} - R_{1z} \end{bmatrix} \tag{7.15}$$

式(7.15)是关于 ρ_1 和 ρ_2 的超定方程，利用最小二乘法求解可得

$$\begin{bmatrix} \rho_1 \\ \rho_2 \end{bmatrix} = (\boldsymbol{H}^{\mathrm{T}}\boldsymbol{H})^{-1}\boldsymbol{H}^{\mathrm{T}} \begin{bmatrix} R_{2x} - R_{1x} \\ R_{2y} - R_{1y} \\ R_{2z} - R_{1z} \end{bmatrix} \tag{7.16}$$

$$\boldsymbol{H} = \begin{bmatrix} L_{1x} & -L_{2x} \\ L_{1y} & -L_{2y} \\ L_{1z} & -L_{2z} \end{bmatrix} \tag{7.17}$$

将求解得到的 ρ_1 或 ρ_2 代入式(7.13)，即可得到载体的位置坐标。

事实上，当观测到的恒星少于 3 颗时，利用两个近天体和两颗恒星也可以确定载体的位置，如图 7.11 所示。

定义一组不共面的基础矢量 $\boldsymbol{s}_1$、$\boldsymbol{s}_2$ 和 $\boldsymbol{s}_1 \times \boldsymbol{s}_2$，即任意一个矢量可以表示为这组基础矢量的线性组合，故载体的位置线单位矢量 $\boldsymbol{L}_1$ 可以表示为

$$\boldsymbol{L}_1 = a_1\boldsymbol{s}_1 + b_1\boldsymbol{s}_2 + c_1(\boldsymbol{s}_1 \times \boldsymbol{s}_2) \tag{7.18}$$

其中，线性组合系数 a_1、b_1 和 c_1 待定。

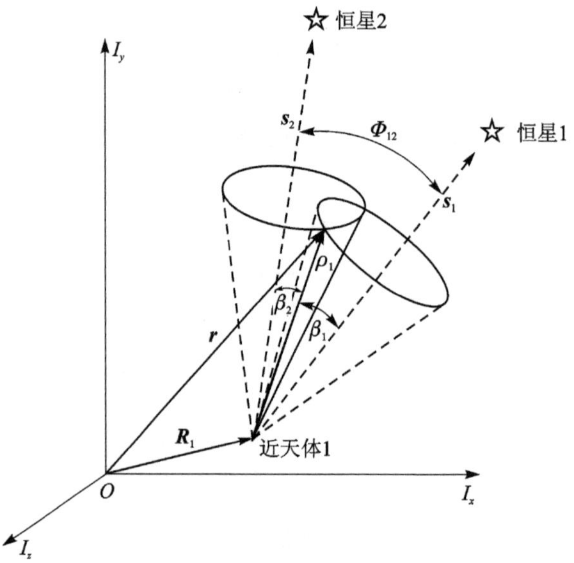

图 7.11 相对惯性坐标系的夹角圆锥

根据几何关系，建立关于 L_1 的一组方程如下：

$$\left.\begin{aligned}&\boldsymbol{L}_1\cdot\boldsymbol{L}_1=1\\&\boldsymbol{L}_1\cdot\boldsymbol{s}_1=\cos\beta_1\\&\boldsymbol{L}_1\cdot\boldsymbol{s}_2=\cos\beta_2\\&\boldsymbol{s}_1\cdot\boldsymbol{s}_2=\cos\Phi_{12}\\&|\boldsymbol{s}_1\times\boldsymbol{s}_2|=\sin\Phi_{12}\end{aligned}\right\}\tag{7.19}$$

其中，Φ_{12} 表示两个星光矢量 $\boldsymbol{s}_1$ 和 $\boldsymbol{s}_2$ 之间的夹角，可由星历信息计算得到。

将式(7.18)代入式(7.19)中，解得

$$\left.\begin{aligned}&a_1=\frac{\cos\beta_1-\cos\beta_2\cos\Phi_{12}}{\sin^2\Phi_{12}}\\&b_1=\frac{\cos\beta_2-\cos\beta_1\cos\Phi_{12}}{\sin^2\Phi_{12}}\\&c_1=\pm\sqrt{1-(a_1^2+b_1^2+2a_1b_1\cos\Phi_{12})}/\sin\Phi_{12}\end{aligned}\right\}\tag{7.20}$$

其中，c_1 有正负两个解，对应于近天体 1 与两颗恒星构成的两个位置锥相交得到的两条位置线。将求得的线性组合系数 a_1、b_1 和 c_1 代入式(7.18)，可以得到 $\boldsymbol{L}_1$ 的两个解。

同样，将载体的位置线单位矢量 $\boldsymbol{L}_2$ 表示为基础矢量组 $\boldsymbol{s}_1$、$\boldsymbol{s}_2$ 和 $\boldsymbol{s}_1\times\boldsymbol{s}_2$ 的线性组合：

$$\boldsymbol{L}_2=a_2\boldsymbol{s}_1+b_2\boldsymbol{s}_2+c_2(\boldsymbol{s}_1\times\boldsymbol{s}_2)\tag{7.21}$$

那么，同样可以得到线性组合系数 a_2、b_2 和 c_2 的解，解的形式与式(7.20)类似，并且 c_2 仍有正负两个解。将求得的线性组合系数 a_2、b_2 和 c_2 代入式(7.21)，可以得到 $\boldsymbol{L}_2$ 的两个解。

最后，再根据载体相对于所观测的近天体的几何关系确定 $\boldsymbol{L}_1$ 和 $\boldsymbol{L}_2$。在 $\boldsymbol{L}_1$ 和 $\boldsymbol{L}_2$ 的 4 种可能组合中，只有一种组合使得 $\boldsymbol{L}_1$、$\boldsymbol{L}_2$ 和 $\boldsymbol{R}_1-\boldsymbol{R}_2$ 共面。因此，通过检验 $\boldsymbol{L}_1$ 和 $\boldsymbol{L}_2$ 的可能组合是否满足

$$(\boldsymbol{R}_1-\boldsymbol{R}_2)\cdot(\boldsymbol{L}_1\times\boldsymbol{L}_2)=0\tag{7.22}$$

即可确定 $\boldsymbol{L}_1$ 和 $\boldsymbol{L}_2$，并利用式(7.13)～式(7.17)最终确定载体的位置坐标。

2. 利用近天体的星光角距及视角定位方法

首先利用一个近天体和三颗或以上恒星之间的星光角距，得到载体相对于该近天体的方位信息，然后通过该近天体的视角计算得到载体到该近天体的距离，进而最终确定载体的位置。具体步骤如下：

① 观测一个已知近天体和三颗恒星之间的星光角距，并根据式(7.12)求得载体的位置线单位矢量 $\boldsymbol{L}_1$。

② 利用测量得到的近天体视角可以计算出载体到该近天体的距离 ρ_1：

$$\rho_1 = \frac{D}{2}\Big/\sin\frac{A}{2} \tag{7.23}$$

其中，A 为测量得到的近天体视角，D 为已知近天体的直径。

③ 将求得的 $\boldsymbol{L}_1$ 和 ρ_1 代入式(7.13)，便可确定载体的位置坐标。

7.2.3 误差传递模型

根据纯天文几何解析定位方法的计算过程可知，行星(近天体)星历的精度和恒星与近天体之间星光角距的测量精度是影响定位精度的主要因素。下面以观测两颗行星和三颗恒星的纯天文几何解析定位方法为例，建立误差传递模型。

1. 行星星历误差

目前，最常用的行星星历是 JPL(Jet Propulsion Laboratory)的 DE 系列星历，不同行星星历的精度不同，从几百米到几十千米不等，这对纯天文几何解析定位精度的影响是不可忽视的。

在纯天文几何解析法定位方法中，行星星历误差直接影响近天体位置矢量 $\boldsymbol{R}_1$、$\boldsymbol{R}_2$ 的准确性。载体到近天体的计算距离 ρ_1 和 ρ_2 与 $\boldsymbol{R}_1$ 和 $\boldsymbol{R}_2$ 有关，将式(7.17)代入式(7.16)，可整理得到

$$\begin{bmatrix}\rho_1\\ \rho_2\end{bmatrix} = \frac{1}{\sin^2\Phi}\begin{bmatrix}1 & \cos\Phi\\ \cos\Phi & 1\end{bmatrix}\begin{bmatrix}\boldsymbol{L}_1^{\mathrm{T}}\\ -\boldsymbol{L}_2^{\mathrm{T}}\end{bmatrix}(\boldsymbol{R}_2 - \boldsymbol{R}_1) \tag{7.24}$$

式中，Φ 表示位置线单位矢量 $\boldsymbol{L}_1$ 和 $\boldsymbol{L}_2$ 之间的夹角，故 $\cos\Phi = \boldsymbol{L}_1^{\mathrm{T}}\boldsymbol{L}_2$。

当不存在行星星历误差时：

$$\rho_1 = \frac{\boldsymbol{L}_1^{\mathrm{T}} - \boldsymbol{L}_2^{\mathrm{T}}\cdot\cos\Phi}{\sin^2\Phi}(\boldsymbol{R}_2 - \boldsymbol{R}_1) \tag{7.25}$$

$$\boldsymbol{r} = \boldsymbol{R}_1 + \rho_1\boldsymbol{L}_1 \tag{7.26}$$

当 $\boldsymbol{R}_1$ 存在星历误差 $\Delta\boldsymbol{R}$ 时：

$$\tilde{\rho}_1 = \frac{\boldsymbol{L}_1^{\mathrm{T}} - \boldsymbol{L}_2^{\mathrm{T}}\cdot\cos\Phi}{\sin^2\Phi}(\boldsymbol{R}_2 - \boldsymbol{R}_1 - \Delta\boldsymbol{R}) \tag{7.27}$$

$$\begin{aligned}\tilde{\boldsymbol{r}} &= \tilde{\boldsymbol{R}}_1 + \tilde{\rho}_1\boldsymbol{L}_1\\ &= (\boldsymbol{R}_1 + \Delta\boldsymbol{R}) + \boldsymbol{L}_1\frac{\boldsymbol{L}_1^{\mathrm{T}} - \boldsymbol{L}_2^{\mathrm{T}}\cdot\cos\Phi}{\sin^2\Phi}(\boldsymbol{R}_2 - \boldsymbol{R}_1 - \Delta\boldsymbol{R})\end{aligned}$$

$$=\boldsymbol{r}+\Delta\boldsymbol{R}-\boldsymbol{L}_1\frac{\boldsymbol{L}_1^{\mathrm{T}}-\boldsymbol{L}_2^{\mathrm{T}}\cdot\cos\Phi}{\sin^2\Phi}\Delta\boldsymbol{R} \tag{7.28}$$

则可得行星星历误差对定位误差的传递模型：

$$\Delta\boldsymbol{r}=\tilde{\boldsymbol{r}}-\boldsymbol{r}=\Delta\boldsymbol{R}-\boldsymbol{L}_1\frac{\boldsymbol{L}_1^{\mathrm{T}}-\boldsymbol{L}_2^{\mathrm{T}}\cdot\cos\Phi}{\sin^2\Phi}\Delta\boldsymbol{R} \tag{7.29}$$

同理，根据式(7.29)可得 $\boldsymbol{R}_2$ 存在星历误差时对定位误差的传递模型。

2. 恒星与近天体的星光角距测量误差

恒星与近天体之间的星光角距测量误差也是影响纯天文几何解析定位精度的主要因素之一。

查阅星历得到所观测恒星的赤经、赤纬后，可将 3 颗恒星的星光矢量写成如下矩阵形式：

$$\boldsymbol{S}=[\boldsymbol{s}_1\quad \boldsymbol{s}_2\quad \boldsymbol{s}_3]^{\mathrm{T}} \tag{7.30}$$

当不存在星光角距的测量误差时，将式(7.30)代入式(7.12)，便可得到近天体 1 的位置线单位矢量为

$$\boldsymbol{L}_1=\boldsymbol{S}^{-1}[\cos\beta_1\quad \cos\beta_2\quad \cos\beta_3]^{\mathrm{T}} \tag{7.31}$$

当存在星光角距测量误差时，载体与恒星 i 相对近天体 1 的张角 β_i' 可表示为

$$\beta_i'=\beta_i+\Delta\beta_i \tag{7.32}$$

其中，$\Delta\beta_i$ 表示测量误差。将 $\Delta\beta_i$ 视作小量，则有

$$\begin{aligned}\cos(\beta_i+\Delta\beta_i)&=\cos\beta_i\cos\Delta\beta_i-\sin\beta_i\sin\Delta\beta_i\\&\approx\cos\beta_i-\Delta\beta_i\sin\beta_i\end{aligned} \tag{7.33}$$

将式(7.33)代入式(7.31)，可计算得到近天体 1 的位置线单位矢量为

$$\begin{aligned}\tilde{\boldsymbol{L}}_1&=\boldsymbol{S}^{-1}[\cos(\beta_1+\Delta\beta_1)\quad \cos(\beta_2+\Delta\beta_2)\quad \cos(\beta_3+\Delta\beta_3)]^{\mathrm{T}}\\&=\boldsymbol{S}^{-1}[\cos\beta_1-\Delta\beta_1\sin\beta_1\quad \cos\beta_2-\Delta\beta_2\sin\beta_2\quad \cos\beta_3-\Delta\beta_3\sin\beta_3]^{\mathrm{T}}\\&=\boldsymbol{S}^{-1}[\cos\beta_1\quad \cos\beta_2\quad \cos\beta_3]^{\mathrm{T}}-\boldsymbol{S}^{-1}[\Delta\beta_1\sin\beta_1\quad \Delta\beta_2\sin\beta_2\quad \Delta\beta_3\sin\beta_3]^{\mathrm{T}}\\&=\boldsymbol{L}_1-\boldsymbol{S}^{-1}[\Delta\beta_1\sin\beta_1\quad \Delta\beta_2\sin\beta_2\quad \Delta\beta_3\sin\beta_3]^{\mathrm{T}}\end{aligned} \tag{7.34}$$

将式(7.34)简记为

$$\begin{aligned}\tilde{\boldsymbol{L}}_1&=[L_{1x}+\mathrm{d}x\quad L_{1y}+\mathrm{d}y\quad L_{1z}+\mathrm{d}z]^{\mathrm{T}}\\&=\boldsymbol{L}_1+\Delta\boldsymbol{L}\end{aligned} \tag{7.35}$$

此时，计算得到的载体位置矢量 $\tilde{\boldsymbol{r}}$ 为

$$\begin{aligned}\tilde{\boldsymbol{r}}&=\boldsymbol{R}_1+\tilde{\rho}_1\cdot\tilde{\boldsymbol{L}}_1\\&=\boldsymbol{R}_1+\frac{\tilde{\boldsymbol{L}}_1^{\mathrm{T}}-(\tilde{\boldsymbol{L}}_1^{\mathrm{T}}\boldsymbol{L}_2)\cdot\boldsymbol{L}_2^{\mathrm{T}}}{1-(\tilde{\boldsymbol{L}}_1^{\mathrm{T}}\boldsymbol{L}_2)^2}(\boldsymbol{R}_2-\boldsymbol{R}_1)\cdot\tilde{\boldsymbol{L}}_1\end{aligned} \tag{7.36}$$

则可得星光角距测量误差对定位误差的传递模型为

$$\begin{aligned}\Delta\boldsymbol{r}&=\tilde{\boldsymbol{r}}-\boldsymbol{r}\\&=\frac{\tilde{\boldsymbol{L}}_1^{\mathrm{T}}-(\tilde{\boldsymbol{L}}_1^{\mathrm{T}}\boldsymbol{L}_2)\cdot\boldsymbol{L}_2^{\mathrm{T}}}{1-(\tilde{\boldsymbol{L}}_1^{\mathrm{T}}\boldsymbol{L}_2)^2}(\boldsymbol{R}_2-\boldsymbol{R}_1)\cdot\tilde{\boldsymbol{L}}_1-\frac{\boldsymbol{L}_1^{\mathrm{T}}-(\boldsymbol{L}_1^{\mathrm{T}}\boldsymbol{L}_2)\cdot\boldsymbol{L}_2^{\mathrm{T}}}{1-(\boldsymbol{L}_1^{\mathrm{T}}\boldsymbol{L}_2)^2}(\boldsymbol{R}_2-\boldsymbol{R}_1)\cdot\boldsymbol{L}_1\end{aligned}$$

$$= \frac{(\boldsymbol{L}_1 + \Delta\boldsymbol{L})^{\mathrm{T}} - [(\boldsymbol{L}_1 + \Delta\boldsymbol{L})^{\mathrm{T}}\boldsymbol{L}_2] \cdot \boldsymbol{L}_2^{\mathrm{T}}}{1 - [(\boldsymbol{L}_1 + \Delta\boldsymbol{L})^{\mathrm{T}}\boldsymbol{L}_2]^2}(\boldsymbol{R}_2 - \boldsymbol{R}_1) \cdot (\boldsymbol{L}_1 + \Delta\boldsymbol{L})^{\mathrm{T}} - \frac{\boldsymbol{L}_1^{\mathrm{T}} - (\boldsymbol{L}_1^{\mathrm{T}}\boldsymbol{L}_2) \cdot \boldsymbol{L}_2^{\mathrm{T}}}{1 - (\boldsymbol{L}_1^{\mathrm{T}}\boldsymbol{L}_2)^2}(\boldsymbol{R}_2 - \boldsymbol{R}_1) \cdot \boldsymbol{L}_1 \tag{7.37}$$

基于纯天文几何解析法的定位精度主要受行星星历误差与星光角距测量误差的影响。因此，可以进行多次观测求平均值以降低观测误差，或利用天文观测量进行几何解算，并将该解算结果作为滤波器的量测信息进行滤波处理，以降低观测噪声的影响。

7.3 直接敏感地平定位方法

直接敏感地平定位方法主要利用星敏感器、红外地平仪等天体敏感器测量得到天文量测信息（如星光角距、星光仰角等），结合轨道动力学和滤波方法估计出载体的位置与速度。

直接敏感地平定位方法简单、可靠、易于实现，且通过滤波方法处理量测噪声，故定位精度受量测噪声影响较小；但受限于红外地平仪精度，这种方法精度较低。

7.3.1 定位原理

如图 7.12 所示，直接敏感地平定位方法的基本原理如下：利用星敏感器观测导航星，得到星光矢量在星敏感器测量坐标系中的方向，通过安装矩阵转换，计算得到星光在载体本体坐标系中的方向；利用红外地平或者空间六分仪测量载体垂线方向或载体至地球边缘的切线方向，得到地心矢量在载体本体系下的方向；再根据载体、所测导航星和地球之间的几何关系，并使用滤波方法估计载体的位置。

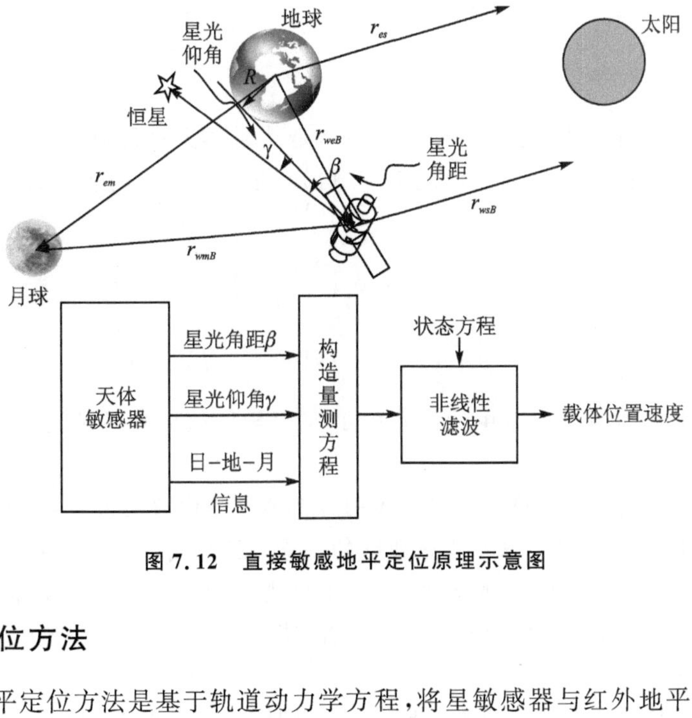

图 7.12　直接敏感地平定位原理示意图

7.3.2 定位方法

直接敏感地平定位方法是基于轨道动力学方程，将星敏感器与红外地平仪测量得到的恒星星光、地平信息等作为观测量，结合扩展或无迹卡尔曼滤波算法等非线性滤波方法估计载体的位置速度信息。下面以卫星为例，介绍直接敏感地平天文导航系统的状态方程与量测方程。

1. 状态方程

选择载体在地心惯性系下位置、速度作为状态向量 $\boldsymbol{X}=[x,y,z,v_x,v_y,v_z]^{\mathrm{T}}$，选取历元 J2000.0 地心赤道惯性坐标系建立轨道动力学模型，即系统的状态方程式

$$\dot{\boldsymbol{X}}(t)=\boldsymbol{f}(\boldsymbol{X},t)+\boldsymbol{w}(t) \tag{7.38}$$

具体可以写作

$$\left.\begin{aligned}\dot{x}&=v_x\\\dot{y}&=v_y\\\dot{z}&=v_z\\\dot{v}_x&=-\frac{\mu}{r^3}x\left[1-J_2\frac{R_e}{r}\left(7.5\frac{z^2}{r^2}-1.5\right)\right]+w_x\\\dot{v}_y&=-\frac{\mu}{r^3}y\left[1-J_2\frac{R_e}{r}\left(7.5\frac{z^2}{r^2}-1.5\right)\right]+w_y\\\dot{v}_z&=-\frac{\mu}{r^3}z\left[1-J_2\frac{R_e}{r}\left(7.5\frac{z^2}{r^2}-4.5\right)\right]+w_z\end{aligned}\right\} \tag{7.39}$$

其中，$r=\sqrt{x^2+y^2+z^2}$，μ 为地球引力常数，J_2 为二阶带谐项系数，R_e 是地球半径，$[w_x,w_y,w_z]^{\mathrm{T}}$ 为地球非球形摄动的高阶摄动、日月摄动、太阳光压摄动和大气摄动等摄动力引起的系统噪声。

2. 量测方程

(1) 星光角距

星光角距是天文导航中常用的一种观测量，是从载体上观测到的导航恒星的星光矢量方向与地心矢量方向之间的夹角。由图 7.13 可知，星光角距 β 的表达式及其对应的量测方程为

$$\beta=\arccos\left(-\frac{\boldsymbol{r}\cdot\boldsymbol{s}}{r}\right) \tag{7.40}$$

$$Z=\beta+v_\beta=\arccos\left(-\frac{\boldsymbol{r}\cdot\boldsymbol{s}}{r}\right)+v_\beta \tag{7.41}$$

式中，$\boldsymbol{r}$ 是载体在地心惯性坐标系中的位置矢量，$\boldsymbol{s}$ 是导航恒星的星光矢量，v_β 为星光角距的量测噪声。

利用地球的星光角距信息只能求得载体相对于地球的位置矢量方向，无法得到载体相对于地心的距离信息，也就是说，单纯依靠地球的星光角距信息无法完全确定载体的位置。因此，星光角距通常与其他量测信息配合使用，如地球视角、轨道高度、星光仰角等观测量；或者结合高精度的轨道动力学模型以得到载体的位置、速度信息。

(2) 星光仰角

星光仰角是指从载体上观测到的导航恒星与地球边缘切向的夹角。由图 7.13 所示的几

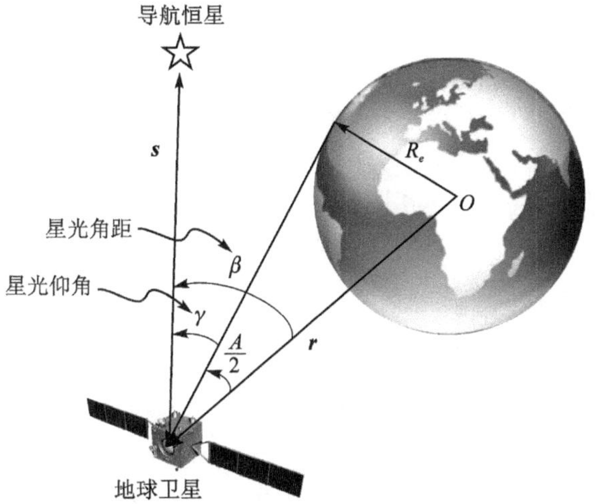

图 7.13　星光角距以及星光仰角示意图

何关系可得星光仰角 γ 的表达式和相应的量测方程：

$$\gamma = \arccos\left(-\frac{\boldsymbol{s} \cdot \boldsymbol{r}}{r}\right) - \arcsin\left(\frac{R_e}{r}\right) \tag{7.42}$$

$$Z = \gamma + v_\gamma = \arccos\left(-\frac{\boldsymbol{s} \cdot \boldsymbol{r}}{r}\right) - \arcsin\left(\frac{R_e}{r}\right) + v_\gamma \tag{7.43}$$

式中，v_γ 为星光仰角的量测噪声。

利用地球的星光仰角信息可以得到载体的位置，这是因为星光仰角本质上包含了星光角距和地球视角两项信息，可以同时获得载体相对于地球的位置矢量方向和地心距。因此，利用星光仰角可以通过解析方法求得载体的位置，也可以结合状态方程进行滤波得到载体的位置，且这种方法对状态方程的依赖度较低。

(3) 日-地-月信息

通过观测“日-地-月”信息，可以确定出地心赤道惯性坐标系下的卫星位置矢量。在日月可见弧段，利用日、地、月敏感器可以测得卫-日、卫-地、卫-月方向矢量在卫星本体坐标系 $O_B x_B y_B z_B$ 中的坐标 $\boldsymbol{u}_{wsB}$，$\boldsymbol{u}_{weB}$，$\boldsymbol{u}_{wmB}$；由卫星高度仪可以测得卫星距离地球表面的高度 H；根据日月星历表可以得到该测量时刻太阳、月球矢量在地心赤道惯性坐标系中的坐标 $\boldsymbol{r}_{esI}$，$\boldsymbol{r}_{emI}$。在星蚀阶段(包括日、月蚀和朔月)，利用日月可见弧段的信息，用轨道预报的方式进行导航。卫星与这些天体的几何关系如图 7.14 所示。地月距离的有限性使得卫-月矢量和地-月矢量不平行。假设地球为球体，月-地-卫几何关系如图 7.15 所示。

在卫星本体坐标系中，由

$$\left.\begin{aligned} &\eta = \arccos(\boldsymbol{u}_{wmB} \cdot \boldsymbol{u}_{weB}) \\ &\boldsymbol{r}_{weB} = (R_e + H)\boldsymbol{u}_{weB} \\ &|\boldsymbol{r}_{emB}| = |\boldsymbol{r}_{emI}| \\ &\frac{\sin\eta}{|\boldsymbol{r}_{emB}|} = \frac{\sin\chi}{|\boldsymbol{r}_{weB}|} = \frac{\sin(\pi - \eta - \chi)}{|\boldsymbol{r}_{wmB}|} \\ &\boldsymbol{r}_{wmB} = \boldsymbol{r}_{weB} + \boldsymbol{r}_{emB} \end{aligned}\right\} \tag{7.44}$$

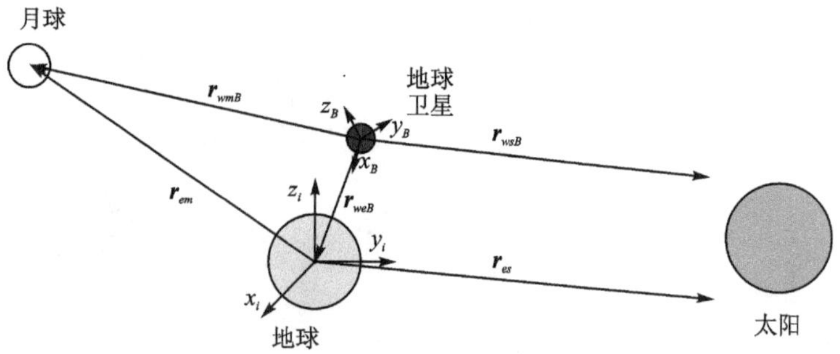

图 7.14 卫星与天体的几何关系

可以得到本体系中的地-月矢量 $\boldsymbol{r}_{emB}$。同理,可以求得本体系中的地-日矢量 $\boldsymbol{r}_{esB}$。

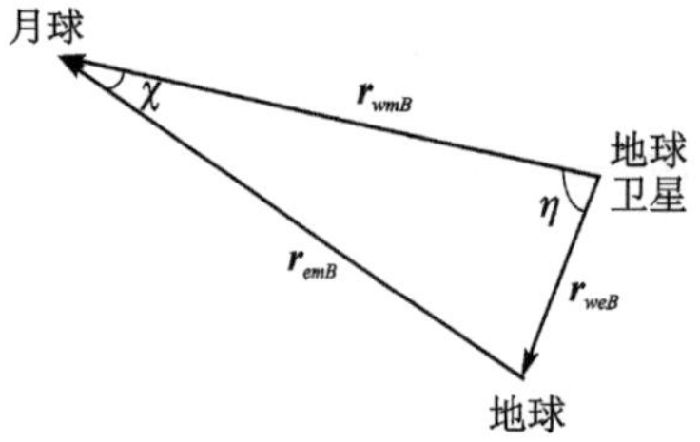

图 7.15 月-地-卫几何关系

已知在非星蚀阶段地-月矢量 $\boldsymbol{r}_{emI}$ 和地-日矢量 $\boldsymbol{r}_{esI}$ 两者不平行。利用 $\boldsymbol{r}_{emI}$ 和 $\boldsymbol{r}_{esI}$ 的不平行性,在地心赤道惯性坐标系中建立新的正交坐标系 M,各坐标轴的单位矢量为

$$\left.\begin{aligned} \boldsymbol{M}_1 &= \frac{\boldsymbol{r}_{emI}}{|\boldsymbol{r}_{emI}|} \\ \boldsymbol{M}_2 &= \frac{\boldsymbol{r}_{emI} \times \boldsymbol{r}_{esI}}{|\boldsymbol{r}_{emI} \times \boldsymbol{r}_{esI}|} \\ \boldsymbol{M}_3 &= \boldsymbol{M}_1 \times \boldsymbol{M}_2 \end{aligned}\right\} \tag{7.45}$$

同样,在卫星本体坐标系中建立一个正交坐标系 N,各坐标轴的单位矢量为

$$\left.\begin{aligned} \boldsymbol{N}_1 &= \frac{\boldsymbol{r}_{emB}}{|\boldsymbol{r}_{emB}|} \\ \boldsymbol{N}_2 &= \frac{\boldsymbol{r}_{emB} \times \boldsymbol{r}_{esB}}{|\boldsymbol{r}_{emB} \times \boldsymbol{r}_{esB}|} \\ \boldsymbol{N}_3 &= \boldsymbol{N}_1 \times \boldsymbol{N}_2 \end{aligned}\right\} \tag{7.46}$$

设地心赤道惯性坐标系与卫星本体坐标系之间的转换矩阵为 $\boldsymbol{C}_b^i$,则有

$$\boldsymbol{r}_{emI} = \boldsymbol{C}_b^i \boldsymbol{r}_{emB}, \quad \boldsymbol{r}_{esI} = \boldsymbol{C}_b^i \boldsymbol{r}_{esB} \tag{7.47}$$

将式(7.45)、式(7.46)代入式(7.47),可得

$$\boldsymbol{U}_M = \boldsymbol{C}_b^i \boldsymbol{V}_N \tag{7.48}$$

其中,$\boldsymbol{U}_M = [\boldsymbol{M}_1 \quad \boldsymbol{M}_2 \quad \boldsymbol{M}_3]$,$\boldsymbol{V}_N = [\boldsymbol{N}_1 \quad \boldsymbol{N}_2 \quad \boldsymbol{N}_3]$。

进而,可得

$$\boldsymbol{C}_b^i = \boldsymbol{U}_M \boldsymbol{V}_N^{-1} = \boldsymbol{U}_M \boldsymbol{V}_N^{\mathrm{T}} \tag{7.49}$$

故在地心赤道惯性坐标系中卫星的位置矢量和相应的量测方程为

$$\boldsymbol{r} = \boldsymbol{C}_b^i \boldsymbol{r}_{ewB} = -\boldsymbol{C}_b^i \boldsymbol{r}_{weB} \tag{7.50}$$

$$\boldsymbol{Z} = \boldsymbol{r} + \boldsymbol{v}_r \tag{7.51}$$

显然,量测方程式(7.41)、式(7.43)与式(7.51)都是非线性的,可统一简写为

$$\boldsymbol{Z}(t) = \boldsymbol{h}(\boldsymbol{X}, t) + \boldsymbol{v}(t) \tag{7.52}$$

由于直接敏感地平天文导航系统的状态方程与量测方程都是非线性的,因此,通常采用 EKF 或 UKF 等非线性滤波算法对状态量进行估计。

7.3.3　导航性能

直接敏感地平定位方法中，影响定位精度的因素主要包括量测种类的选取、测量器件的精度、滤波器采样周期等。下面以地球卫星为例，采用 EKF 滤波估计算法，针对以上三种因素，分析其对定位精度的影响。

以 J2000.0 地心赤道惯性坐标系为导航坐标系，卫星轨道的升交点赤经 $\Omega=30^\circ$，偏心率 $e=1.809\times10^{-3}$，近地点幅角 $\omega=30^\circ$，轨道半长轴 $a=7\ 136.635$ km，轨道倾角 $i=65^\circ$。

1. 量测选取对导航定位的影响

选用的红外地平仪精度为 0.05°，星敏感器精度为 3″，图 7.16～图 7.19 所示依次为使用星光角距、星光仰角、星光角距＋地球视角、星光角距＋星光仰角为量测的导航结果。

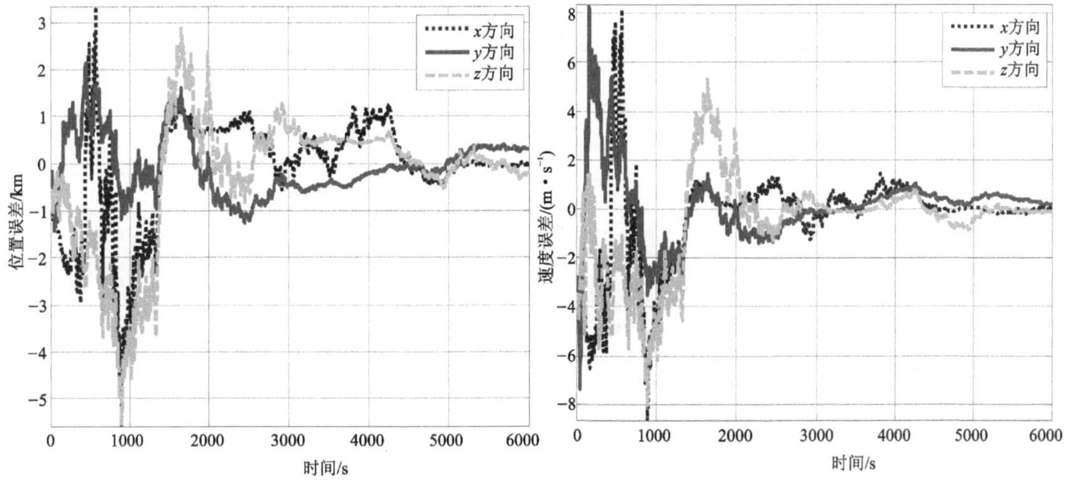

图 7.16　星光角距为量测量时的导航结果

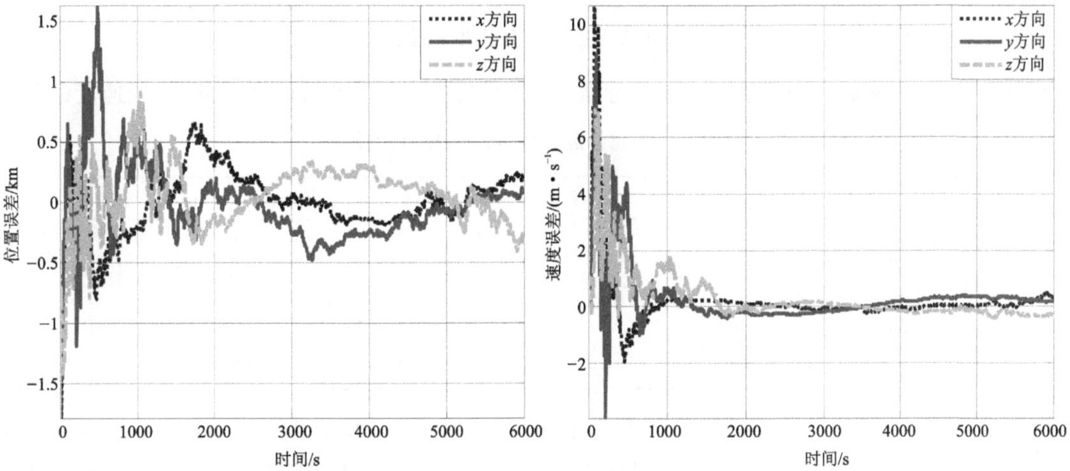

图 7.17　星光仰角为量测量时的导航结果

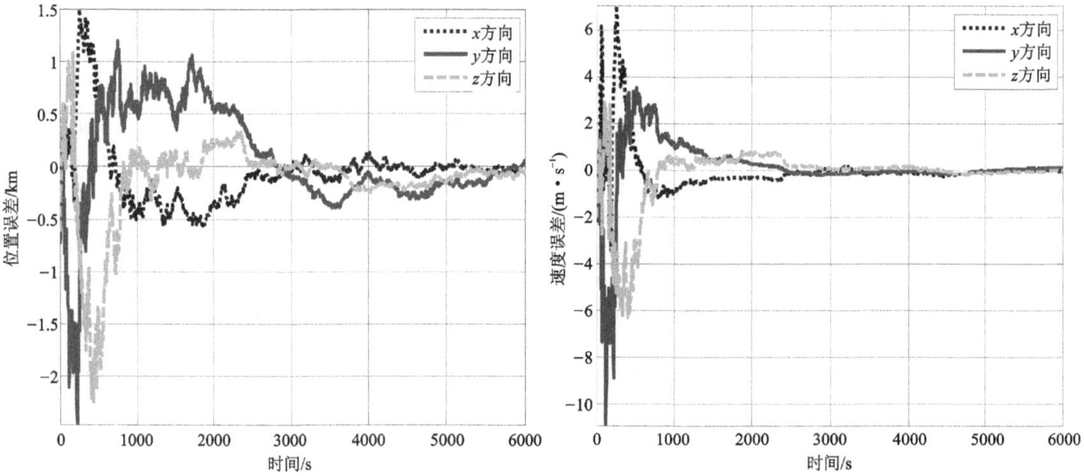

图 7.18　星光角距＋地球视角为量测量时的导航结果

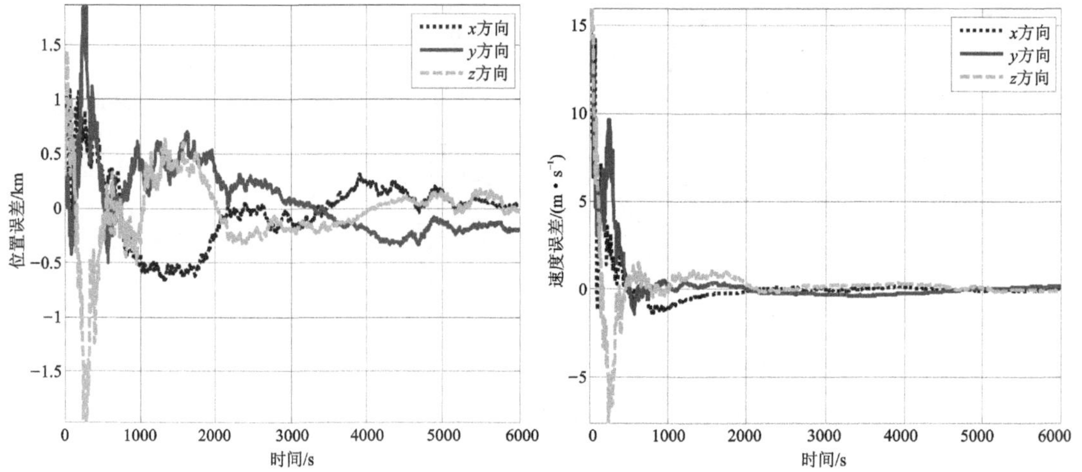

图 7.19　星光角距＋星光仰角为量测量时的导航结果

为了直观比较采用不同量测量时的导航精度，表 7.1 列出了滤波收敛后的位置、速度误差。

表 7.1　不同量测量的导航精度对比情况

量测量名称	位置误差（1σ）/km	速度误差（1σ）/（$m\cdot s^{-1}$）
星光角距	0.995 3	1.186 1
星光仰角	0.321 2	0.328 3
星光角距＋地球视角	0.279 3	0.292 9
星光角距＋星光仰角	0.296 6	0.321 8

由图 7.16～图 7.19 与表 7.1 可以看出，仅用星光角距作为量测量，位置与速度误差最大，这是由于仅利用星光角距只能得到载体相对于地球的位置矢量方向信息，而载体相对于地心的距离信息只能通过状态方程修正，故具有较大误差。而星光仰角可以独立确定载体位置，导航精度也相应较高。但若把互补的量测量进行组合，如星光角距＋地球视角或星光仰角，则

可大大提高系统的导航精度。

2. 测量器件精度对导航定位的影响

以星光角距的测量为例，星敏感器用于确定恒星方向，红外地平仪用于确定地心矢量方向。其中，星敏感器测量精度为角秒级，与红外地平仪相比，对星光角距测量精度的影响几乎可以忽略，因此，重点分析红外地平仪精度对定位误差的影响。将红外地平仪精度分别设置为 0.02°、0.05°、0.08°、0.1°，图 7.20～图 7.23 所示为不同红外地平仪精度下的导航定位结果。

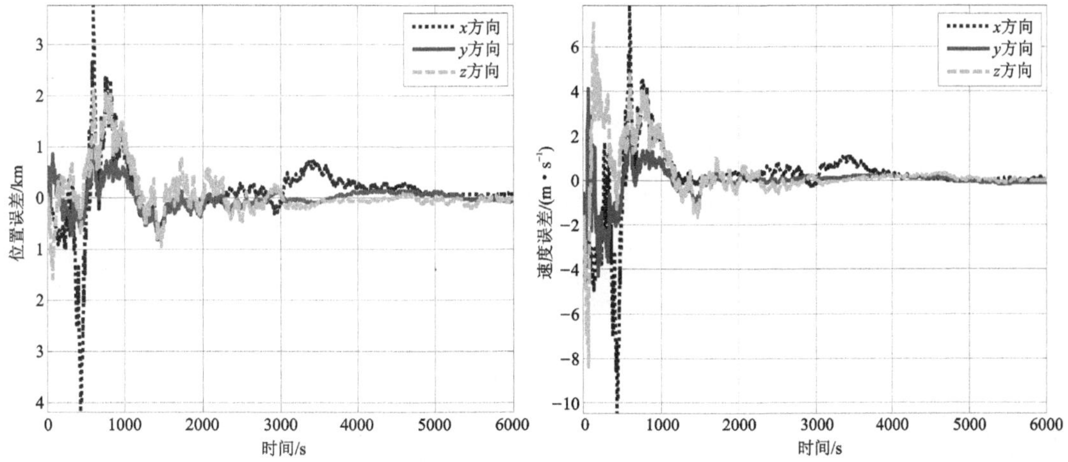

图 7.20　地平仪精度为 0.02°时的导航结果

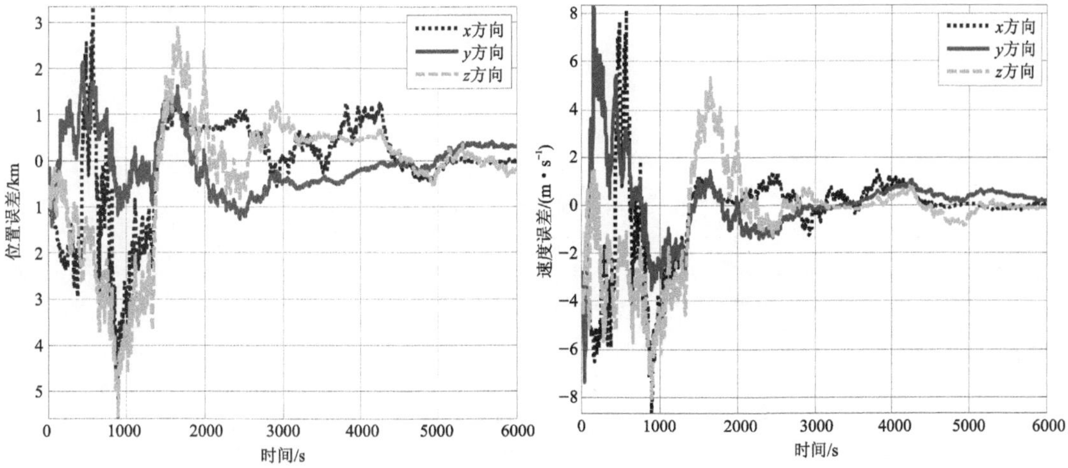

图 7.21　地平仪精度为 0.05°时的导航结果

由图 7.20～图 7.23 可以看出，随着红外地平仪精度的不断下降，测速与定位误差也随之增大。图 7.24 所示为地平仪精度与位置、速度误差均方根的关系。

由图 7.24 可以看出，位置、速度误差与红外地平仪精度近似呈线性关系，故红外地平仪精度对导航精度的影响非常显著。目前红外地平仪的精度只能达到 0.05°左右。因此，对于直接敏感地平天文导航系统而言，限制导航性能提高的主要因素就是红外地平仪的精度。

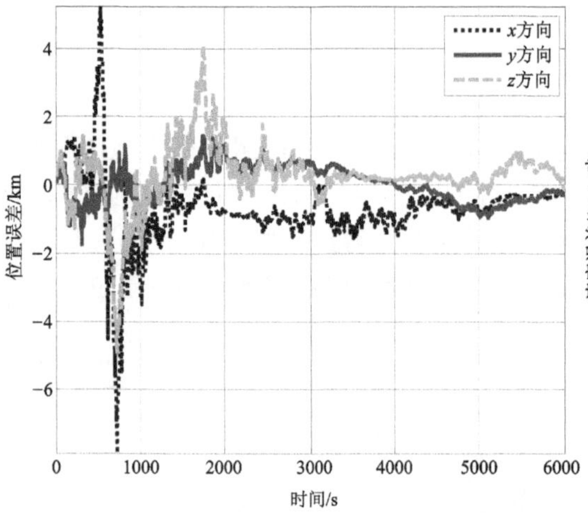

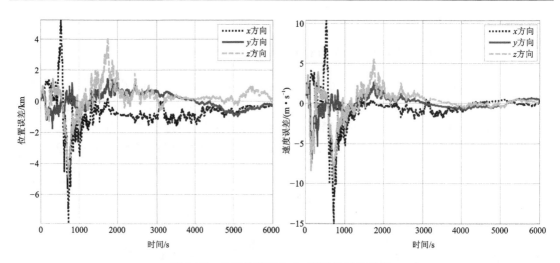

图 7.22 地平仪精度为 0.08°时的导航结果

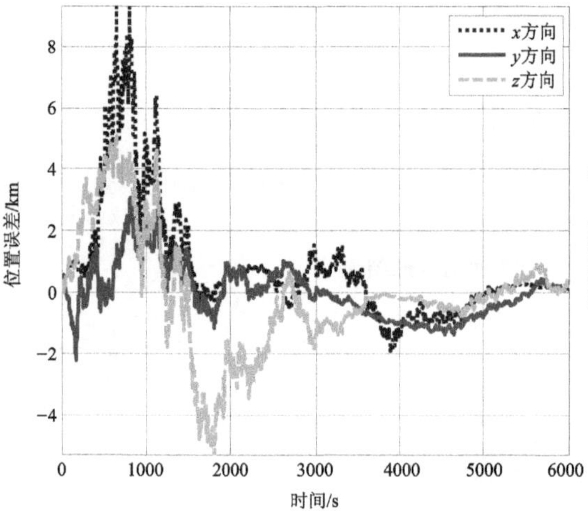

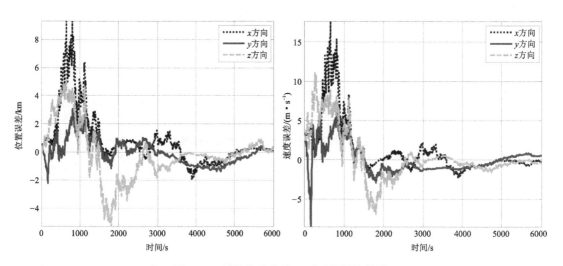

图 7.23 地平仪精度为 0.1°时的导航结果

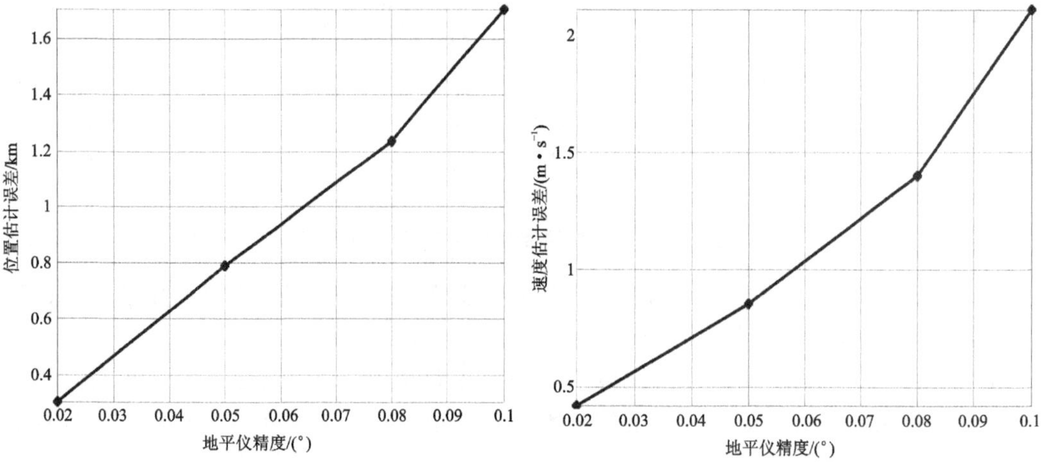

图 7.24 不同地平仪精度的导航结果比较

3. 滤波周期对定位精度的影响

直接敏感地平天文导航定位系统的状态模型和量测模型均为非线性模型，在利用 EKF 滤波算法进行最优估计时需要对模型进行线性化和离散化，由 EKF 滤波算法的原理可知，滤波周期对离散化过程有直接影响。因此，需要分析滤波周期对定位精度的影响。以星光角距为量测量，设置红外地平仪精度为 0.05°，将滤波周期分别设置为 3 s、15 s、30 s，不同滤波周期下的导航定位结果如图 7.25～图 7.27 所示。

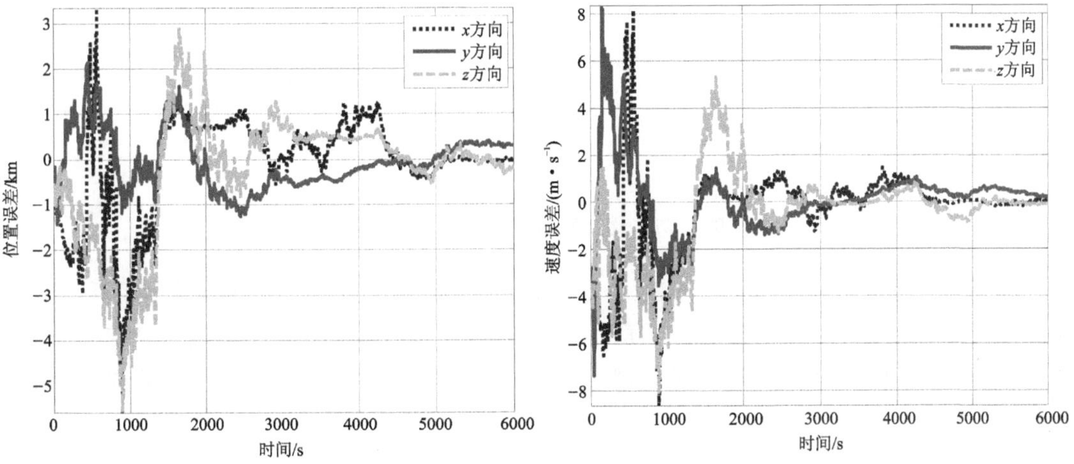

图 7.25　滤波周期为 3 s 的导航结果

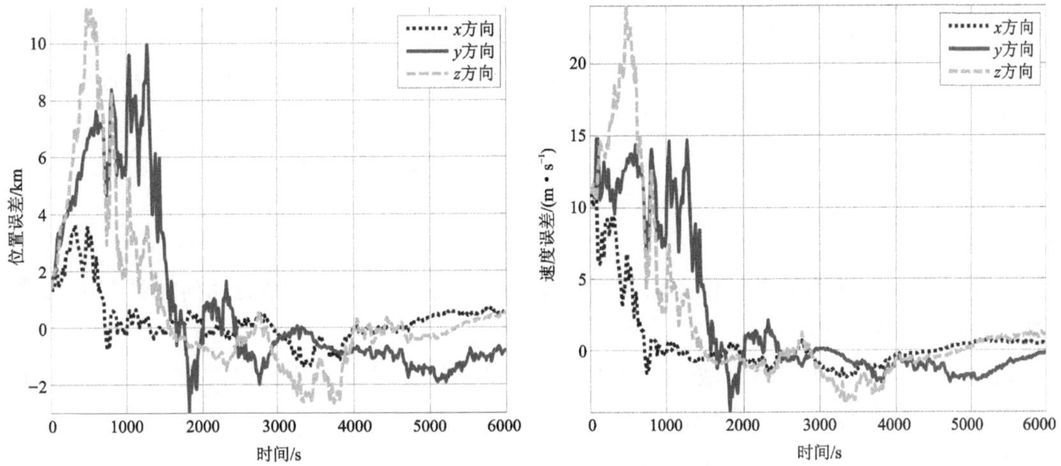

图 7.26　滤波周期为 15 s 的导航结果

由图 7.25～图 7.27 可以看出，随着滤波周期的增加，载体的位置与速度误差显著增加，滤波周期为 3 s、15 s、30 s 的位置误差均方根分别为 0.995 3 km、1.866 9 km、3.113 5 km，速度误差均方根分别为 1.186 1 m/s、2.283 8 m/s、4.583 0 m/s。此外，随着滤波周期的增大，收敛前的误差波动也显著增大。因此，减小滤波周期是提高直接敏感地平天文导航定位精度的一种有效途径。

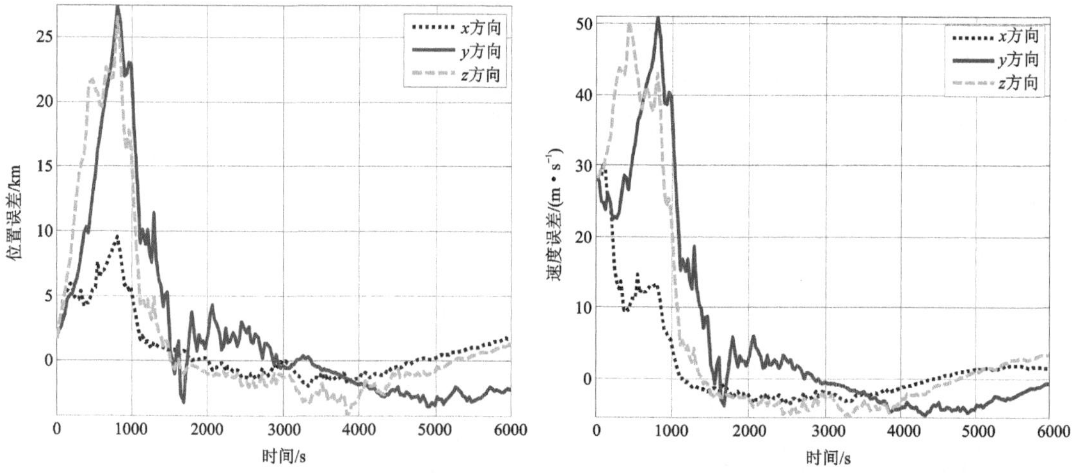

图 7.27 滤波周期为 30 s 的导航结果

直接敏感地平方法虽然简单可靠、技术成熟、易于实现，但是地球敏感器精度较低，直接限制了导航性能的提高。除了提升地球敏感器的精度之外，还可以寻求其他地平确定方法来提高定位精度，如利用星光折射间接敏感地平，借助星敏感器的高精度提高地平基准的准确性等。

7.4 间接敏感地平定位方法

间接敏感地平定位方法是利用星敏感器观测穿过大气层的恒星，通过测量恒星经过大气折射后的星光矢量方向的变化，再结合大气折射模型，得到折射光线的视高度，从而精确计算出载体当前的位置矢量。该方法利用折射星光精确敏感地平，导航精度高；但是由于折射星的折射高度限制，可利用的观测量较少，因此不能提供连续的观测信息。

7.4.1 定位原理

星光折射间接敏感地平定位方法是利用发生了折射的星光矢量结合几何关系与大气数据推算出载体的位置矢量 $\boldsymbol{r}_s$。

如图 7.28 所示，从载体上敏感到的折射后恒星光线相对于地球的视高度为 h_a，而实际上真实光线的切向高度为 h_g，折射角 R 为恒星视方向与折射前真实方向的夹角。

大气密度可表示为

$$\rho_g = \rho_0 \exp\left(-\frac{h_g - h_0}{H}\right) \tag{7.53}$$

式中，ρ_g 为高度 h_g 处的大气密度，ρ_0 为高度 h_0 处的大气密度，H 是密度标尺高度，其定义式为

$$H = \frac{R_g T_m}{M_0 g + R_g \cdot \dfrac{\mathrm{d}T_m}{\mathrm{d}h}} \tag{7.54}$$

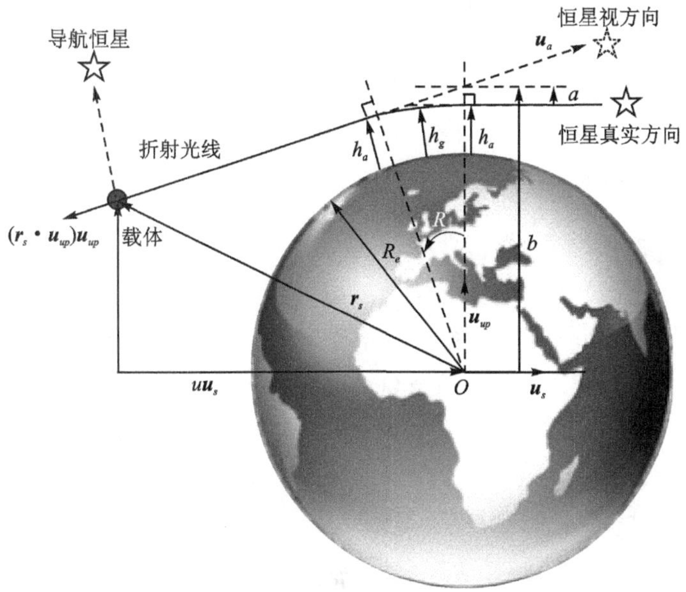

图 7.28　间接敏感地平定位原理示意图

式中，g 为重力加速度；T_m 为分子标尺温度；M_0 为大气相对分子质量；R_g 为气体常数。g 和 T_m 是高度的函数，因此 H 也为高度的函数。

虽然 H 随着高度变化而变化，但是在有限范围内，H 可近似认为是常数，在这种情况下，折射角 R 的近似表达为

$$R=(\mu_g-1)\left[\frac{2\pi(R_e+h_g)}{H_g}\right]^{\frac{1}{2}} \tag{7.55}$$

式中，R_e 为地球半径；μ_g 为高度 h_g 处的折射指数；H_g 为高度 h_g 处的密度标尺高度。

Gladstone－Dale 定律表明了 μ 与 ρ 的函数关系：

$$\mu-1=k(\lambda)\rho \tag{7.56}$$

式中，$k(\lambda)$是仅与波长 λ 有关的散射参数。因此，折射角 R 也可表示为

$$R=k(\lambda)\rho_g\left[\frac{2\pi(R_e+h_g)}{H_g}\right]^{\frac{1}{2}} \tag{7.57}$$

由于 $R_e \gg h_g$，故把式(7.53)代入式(7.57)可以简化为

$$R=k(\lambda)\rho_g\left(\frac{2\pi R_e}{H}\right)^{\frac{1}{2}}=k(\lambda)\rho_0\left(\frac{2\pi R_e}{H}\right)^{\frac{1}{2}}\exp\left(-\frac{h_g-h_0}{H}\right) \tag{7.58}$$

将式(7.58)进行变形，有

$$h_g=h_0-H\ln(R)+H\ln\left[k(\lambda)\rho_0\left(\frac{2\pi R_e}{H}\right)^{\frac{1}{2}}\right] \tag{7.59}$$

如果发生折射处的大气可视为球状分层结构，那么根据 Snell 定律，在光路上的任何一点 s，都有

$$\mu_s r_s \sin(Z_s)=C \tag{7.60}$$

式中，μ_s 为给定的折射指数；r_s 为该点距地心的径向距离；Z_s 为该点的径向与光线方向的夹

角；C 为常数。对于光线距地球表面的最近点 h_g 处，有 $Z_s=90°$，$r_s=R_e+h_g$，$\mu_s=\mu_g$，故有

$$C=\mu_g(R_e+h_g) \tag{7.61}$$

假设 $\mu_s=1$，将常值 C 代入式(7.60)得

$$\sin(Z_s)=\mu_g(R_e+h_g)/r_s \tag{7.62}$$

又由图 7.28 的几何关系，可得

$$\sin(Z_s)=(R_e+h_a)/r_s \tag{7.63}$$

因此，联立式(7.62)和式(7.63)可得

$$h_a=R_e(\mu_g-1)+\mu_g h_g \tag{7.64}$$

把式(7.56)代入式(7.64)，即可得折射光线的切向高度 h_g 与视高度 h_a 之间的关系：

$$h_a=[1+k(\lambda)\rho_g]h_g+k(\lambda)\rho_g R_e \tag{7.65}$$

对于高度在 20 km 以上的大气，$k(\lambda)\rho_g<2\times10^{-3}$，常常可以忽略，因此有

$$h_a\approx h_g+k(\lambda)\rho_g R_e \tag{7.66}$$

又由式(7.58)可得

$$k(\lambda)\rho_g=R\left(\frac{H}{2\pi R_e}\right)^{\frac{1}{2}} \tag{7.67}$$

将式(7.59)、式(7.67)代入式(7.66)可得

$$h_a=h_0-H\ln(R)+H\ln\left[k(\lambda)\rho_0\left(\frac{2\pi R_e}{H}\right)^{\frac{1}{2}}\right]+R\left(\frac{HR_e}{2\pi}\right)^{\frac{1}{2}} \tag{7.68}$$

由图 7.28 中的几何关系可以得出

$$h_a=\sqrt{|\boldsymbol{r}_s|^2-u^2}+u\tan R-R_e-a \tag{7.69}$$

式中，$u=|\boldsymbol{r}_s\cdot\boldsymbol{u}_s|$，$\boldsymbol{u}_s$ 为折射星折射前的星光矢量，a 可由 $b=(R_e+h_a)/\cos R=R_e+h_a+a$ 得到，即

$$a=\left(\frac{1}{\cos R}-1\right)(R_e+h_a) \tag{7.70}$$

a 的量值较小，通常可以忽略；R、h_g 与 $\boldsymbol{r}_s$ 本身没有直接相互关系，但是通过式(7.68)与式(7.69)，利用 h_a 把 R 和 $\boldsymbol{r}_s$ 联系起来，即折射视高度 h_a 是连接折射角 R 和载体位置矢量 $\boldsymbol{r}_s$ 的桥梁。

7.4.2 定位方法

间接敏感地平定位方法通常以轨道动力学方程为状态方程，将星敏感器测量得到的星光折射视高度、星光折射角等作为量测量，选择适当的非线性滤波估计算法进行载体位置的确定。以卫星为例，其系统状态方程见式(7.39)，其量测方程如下：

(1) 折射视高度 h_a

量测方程需要反映量测量与状态量之间的关系，因此取星光的折射视高度 h_a 为量测量时，其量测方程为

$$h_a=\sqrt{|\boldsymbol{r}_s|^2-u^2}+u\tan R-R_e-a+\nu \tag{7.71}$$

式中，ν 为折射视高度量测噪声。

(2) 载体位置矢量 $\boldsymbol{r}_s$ 在 $\boldsymbol{u}_{up}$ 方向上的投影 $\boldsymbol{r}_s \cdot \boldsymbol{u}_{up}$

矢量 $\boldsymbol{u}_{up}$ 定义为在星光与载体位置矢量组成的平面内垂直于折射前星光矢量的单位矢量，即

$$\boldsymbol{u}_{up} = \frac{(\boldsymbol{u}_s \times \boldsymbol{r}_s) \times \boldsymbol{u}_s}{|(\boldsymbol{u}_s \times \boldsymbol{r}_s) \times \boldsymbol{u}_s|} \tag{7.72}$$

根据 $\boldsymbol{u}_{up}$ 的定义，载体的位置矢量 $\boldsymbol{r}_s$ 可以表示为两个正交矢量的和：

$$\boldsymbol{r}_s = (\boldsymbol{r}_s \cdot \boldsymbol{u}_s)\boldsymbol{u}_s + (\boldsymbol{r}_s \cdot \boldsymbol{u}_{up})\boldsymbol{u}_{up} \tag{7.73}$$

取 $\boldsymbol{r}_s \cdot \boldsymbol{u}_{up}$ 为量测量，当星敏感器观测到折射角 R 时，可以根据式(7.68)计算出相应的视高度 h_a，从而得到量测方程：

$$\boldsymbol{r}_s \cdot \boldsymbol{u}_{up} = R_e + h_a - |\boldsymbol{r}_s \cdot \boldsymbol{u}_s| \tan R \tag{7.74}$$

量测方程式(7.71)和式(7.74)都是非线性的，可统一简写为

$$\boldsymbol{Z}(t) = \boldsymbol{h}(\boldsymbol{X}, t) + \boldsymbol{v}(t) \tag{7.75}$$

与直接敏感地平定位类似，间接敏感地平天文导航系统的状态方程与量测方程也都是非线性的，故同样需要采用 EKF 或 UKF 等非线性滤波算法得到状态量的最优估计结果。

7.4.3　定位误差模型

基于星光折射间接敏感地平定位原理，将式(7.68)代入式(7.69)可得其定位模型：

$$\sqrt{|\boldsymbol{r}_s|^2 - u^2} = h_0 - H\ln R + H\ln\left[k(\lambda)\rho_0\left(\frac{2\pi R_e}{H}\right)^{\frac{1}{2}}\right] + R\left(\frac{HR_e}{2\pi}\right)^{\frac{1}{2}} - u\tan R + R_e \tag{7.76}$$

在式(7.76)中，大气密度 ρ_0、折射角 R 及密度标尺高度 H 为变量，这些变量均包含较大误差；而其余参数在星光折射间接敏感地平定位模型中都可视为定值，数值较为准确，造成的误差较小。基于星光折射间接敏感地平定位模型，可以得出大气密度 ρ_0、折射角 R、密度标尺高度 H 是影响定位精度的三个主要因素，因此将从这三方面建立误差传递模型。

1. 大气密度误差传递模型

大气密度的误差主要来源于平流层 20～50 km 的大气密度模型误差。平流层的大气密度变化取决于纬度和季节等诸多因素，因此大气数据随时间、空间的改变而改变。受已知观测数据的限制，准确的平流层大气密度模型还未建立，因此根据大气密度模型计算得到的大气密度与实际的大气密度存在误差。

为了定量分析大气密度误差对定位精度的影响，对式(7.76)等式两边大气密度 ρ_0 求偏导，可得

$$\mathrm{d}\sqrt{\boldsymbol{r}_s^2 - u^2} = H\,\frac{\mathrm{d}\rho_0}{\rho_0} \tag{7.77}$$

从式(7.77)可知，大气密度误差对定位误差的影响只取决于折射高度处的密度标尺高度 H 和大气密度的误差百分比。其中，密度标尺高度 H 可拟合为折射高度 h_g 的二次函数，其值取决于折射星的折射高度 h_g。

选定 25 km、30 km、40 km、50 km 的折射高度，大气密度误差为 1%～10%，采用 MSIS 大气数据，代入式(7.77)计算得到大气密度对定位精度的影响，计算结果见表 7.2。其中，MSIS 大气数据是美国科研人员在美国标准大气的基础上，根据最新的大气分析提出的全球大气环流结果，准确度较高。

表 7.2 不同高度处大气密度误差产生的定位误差

折射高度/km	大气密度误差									
	1	2	3	4	5	6	7	8	9	10
25	63.7	127.3	190.9	254.6	318.3	381.9	445.6	509.3	572.9	636.6
30	64.4	128.6	193.0	257.4	321.7	386.1	450.4	514.7	579.1	643.5
40	68.7	137.3	206.0	274.7	343.2	412.1	480.7	549.4	618.1	686.8
50	75.3	150.6	225.9	301.2	376.5	451.9	527.2	602.5	677.8	753.1

由表 7.2 可知：

① 当大气密度误差确定时，折射高度在 25～50 km 范围内，定位误差随着折射高度的增大而缓慢增大。

② 当折射高度确定时，定位误差随大气密度误差的增大而增大，大气密度误差与定位误差为正比关系。

因此，应尽量选择折射高度较小的折射星，以降低定位误差；与此同时，也应该选择更加接近实际的大气密度数据以减小大气密度误差，从而减小定位误差。

2. 折射角误差传递模型

基于星光折射间接敏感地平定位的天文导航系统实际工作时，折射角是通过星敏感器测得的折射星视位置与真实位置求差获得的。因此，折射角 R 的误差主要源于星敏感器的安装偏差、器件误差、匹配识别算法误差等。

为了定量分析折射角误差对定位精度的影响，对式(7.76)等式两边折射角 R 求偏导可得

$$\mathrm{d}\sqrt{|\boldsymbol{r}_s|^2 - u^2} = -\frac{H\,\mathrm{d}R}{R} + \left(\frac{HR_e}{2\pi}\right)^{\frac{1}{2}}\mathrm{d}R - u\sec^2 R\,\mathrm{d}R \tag{7.78}$$

从式(7.78)可知，折射角误差对定位精度的影响主要取决于折射高度处的密度标尺高度 H、折射角 R 与折射角误差 $\mathrm{d}R$。其中，密度标尺高度 H 越小，则定位误差越小；折射角 R 越大，则定位误差越小。由式(7.58)可知，折射星的折射高度 h_g 越小，折射角 R 就越大，故应该尽量选取折射高度较低的折射星。同时还应考虑到，在计算过程中 $u\approx\sqrt{|\boldsymbol{r}_s|^2-R_e^2}$，故载体飞行高度对定位误差也有影响，飞行高度越高，定位误差越大。

选定 25 km、30 km、40 km、50 km 的折射高度，折射角误差为 1″～10″，轨道高度为 120 km，采用 MSIS 大气数据，代入式(7.78)求解折射角误差对定位精度的影响，计算结果见表 7.3。

表 7.3 不同高度处折射角误差产生的定位误差

折射高度/km	折射角误差								
	1″	2″	3″	4″	5″	6″	7″	8″	9″
25	48.6	97.2	145.9	194.53	243.16	291.79	340.42	389.06	437.69
30	103.7	207.4	311.18	414.90	518.63	622.36	726.08	829.81	933.54
40	491.47	982.95	1 474.4	1 965.9	2 457.4	2 948.8	3 440.3	3 931.8	4 423.3
50	2 096.3	4 192.5	6 288.8	8 385.0	10 481	12 578	14 674	16 770	18 866

由表 7.3 可知：

① 当折射角误差确定时，折射高度在 25～50 km 范围内，定位误差随着折射高度的升高而显著增大。

② 当折射高度确定时，定位误差随着折射角误差的增大而增大；折射角误差与定位误差近似为正比关系；折射角误差与定位误差的关系曲线斜率随折射高度变化，折射高度越高，斜率越大。

由式(7.59)可知，折射高度为密度标尺高度 H 与该处折射角 R 的函数，因此折射高度的变化引起的定位误差变化反映了密度标尺高度 H 与该处折射角 R 的大小对定位精度的共同影响，其中折射角 R 的影响更加明显。这是由于随着折射高度的增加，大气密度减小使得折射现象不明显，折射角也显著减小，从计算结果得到了进一步验证。

因此，应尽量选择折射高度较低的折射星。折射高度较低时，折射角误差与定位误差的关系曲线斜率较小，即折射角误差的增大对定位误差的影响较小。也就是说，若折射星的折射高度较低，则对星敏感器的精度要求可以适当降低。

3. 密度标尺高度误差传递模型

密度标尺高度 H 在传统模型中都采用 25 km 处的密度标尺高度，通常被视为常量。然而，由式(7.54)可以看出，密度标尺高度 H 与分子标尺温度 T_m 及其随高度的变化率有关，而 T_m 及其变化率都可以写作随折射高度变化的函数，因此，密度标尺高度是随折射高度变化的。利用 MSIS 大气数据可以对密度标尺高度进行拟合：

$$H = 6.518\,204\,58 - 0.037\,355\,360\,2h + 0.001\,152\,170\,1h^2 \tag{7.79}$$

由于所采用的大气数据和二次曲线形式的大气模型均与大气的实际情况存在偏差，故拟合得到的密度标尺高度模型式(7.79)存在误差。

为了进一步定量分析 H 的误差对定位精度的影响，对式(7.76)等式两边的 H 求偏导可得

$$\mathrm{d}\sqrt{|\boldsymbol{r}_s|^2 - u^2} = -\ln R\,\mathrm{d}H - \frac{1}{2}\mathrm{d}H + \frac{1}{2}R\left(\frac{R_e}{2\pi H}\right)^{\frac{1}{2}}\mathrm{d}H + \ln\left[k(\lambda)\rho_0\left(\frac{2\pi R_e}{H}\right)^{\frac{1}{2}}\right]\mathrm{d}H \tag{7.80}$$

从式(7.80)可知，密度标尺高度误差对定位精度的影响主要取决于折射角 R、密度标尺高度 H 及密度标尺高度误差 $\mathrm{d}H$。选定 25 km、30 km、40 km、50 km 的折射高度，密度标尺高度误差为 10～100 m，采用 MSIS 大气数据，代入式(7.80)求解密度标尺高度误差对定位精度

的影响，计算结果见表 7.4。

表 7.4 不同高度处密度标尺高度误差产生的定位误差

折射高度/km	密度标尺高度误差/m									
	10	20	30	40	50	60	70	80	90	100
25	4.95	9.90	14.86	19.81	24.77	29.72	34.68	39.63	44.59	49.54
30	4.98	9.96	14.94	19.92	24.90	29.88	34.86	39.84	44.82	49.80
40	4.99	9.99	14.98	19.98	24.97	29.97	34.97	39.96	44.96	49.95
50	4.99	9.99	14.99	19.99	24.99	29.99	34.99	39.99	44.99	49.98

由表 7.4 所列的仿真结果可知：

① 当密度标尺高度误差确定时，折射高度在 25～50 km 范围内，定位误差随着折射高度的增大近乎不变，因此在密度标尺高度误差确定时，可以将其引起的定位误差看作常数。

② 当折射高度确定时，定位误差随着密度标尺高度误差的增大而增大，密度标尺高度误差与定位误差近似为正比关系。

综合式(7.77)、式(7.78)、式(7.80)可知，对定位模型即式(7.76)求全微分可得

$$\mathrm{d}\sqrt{|\boldsymbol{r}_s|^2-u^2}=H\frac{\mathrm{d}\rho_0}{\rho_0}-\ln R\mathrm{d}H-\frac{1}{2}\mathrm{d}H+\ln\left[k(\lambda)\rho_0\left(\frac{2\pi R_e}{H}\right)^{\frac{1}{2}}\right]\mathrm{d}H+$$
$$\frac{1}{2}R\left(\frac{R_e}{2\pi H}\right)^{\frac{1}{2}}\mathrm{d}H-H\frac{\mathrm{d}R}{R}+\left(\frac{HR_e}{2\pi}\right)^{\frac{1}{2}}\mathrm{d}R-u\sec^2 R\mathrm{d}R \tag{7.81}$$

式(7.81)直观地表示出星光折射间接敏感地平定位模型的定位误差与大气密度误差、折射角误差、密度标尺高度误差之间的关系，反映了 ρ_0、R、H 对定位精度的共同影响。其中，大气密度误差和折射角误差(星敏感器测量误差)对定位精度的影响显著，如图 7.29 所示。

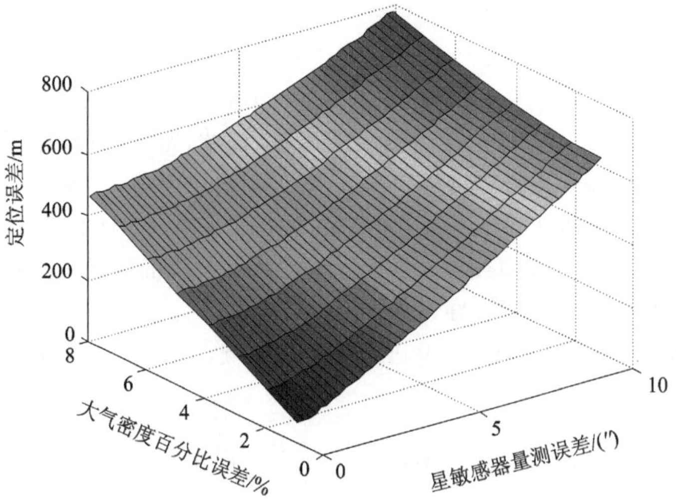

图 7.29 大气密度误差、星敏感器误差对定位精度的影响

若大气密度模型不能精确描述实际大气数据的规律，则会引起较大的定位误差，并直接限制了星光折射间接敏感地平的导航精度。考虑到星敏感器的成本及面临的技术难题，因此，建

立准确的大气折射模型是提高星光折射间接敏感地平定位精度的关键。

7.4.4　星光大气折射模型

式(7.59)与式(7.68)分别描述了折射星的折射切向高度 h_g、折射视高度 h_a 与星光折射角 R 的关系，即大气折射模型。然而，由于式(7.59)与式(7.68)中的密度标尺高度 H 的大小与折射切向高度 h_g 有关，因此根据星光折射角直接确定折射星的折射切向高度与视高度的求解过程复杂、计算量大，难以直接应用于星光折射间接敏感地平天文导航系统。因此，需要在分析大气分布特性和星光折射特性的基础上，结合实测大气数据，建立精确的大气折射模型。下面对目前典型的几种星光大气折射模型进行分析，并进一步建立一种平流层 20～50 km 连续高度范围内的星光大气折射模型。

1. 典型星光大气折射模型

(1) $R=2.21\times10^{-2}\exp(-0.14h_g)$

若假设地球大气层是对称球形结构，则星光折射角 R 仅取决于星光折射高度，根据大气密度模型，可以表示为

$$R = 2.21\times10^{-2}\exp(-0.14h_g) \tag{7.82}$$

式中，R 的单位为 rad，h_g 的单位为 km。该模型是一个经验公式，使用时需要进行形式及单位的转换，适用的高度范围也不明确。

(2) $R=7.155\,84\times10^{-4}\exp\left(-\frac{h_g-25}{6.366}\right)$

唐琼提出了一种大气折射模型：

$$h_a = -6.366\ln R + 80.388R - 21.105\,2 \tag{7.83}$$

式中，R 的单位为 rad，h_g 的单位为 km。

该模型建立在式(7.59)与式(7.68)的基础上，选取参考高度为 $h_0=25$ km，根据《1976 年美国标准大气》给出的数据，选取参考高度 h_0 处的大气密度 $\rho_0=40.084$ g/m^3，密度标尺高度 $H=6.366$ km，$\lambda=0.7$ μm，$k(\lambda)=2.25\times10^{-7}$，因此有

$$R = 7.155\,84\times10^{-4}\exp\left(-\frac{h_g-25}{6.366}\right) \tag{7.84}$$

$$h_a = -6.366\ln R + 80.388R - 21.105\,2 \tag{7.85}$$

由于该模型选取的是 25 km 处的大气数据，因此，在观测折射高度为 25 km 处的恒星时精度最高，但随着星光折射高度的变化，模型精度下降，故该模型适用高度范围较小。

(3) $R=3\,885.1012\exp(-0.136\,955\,9h_g)$

王国权指出，根据《1976 年美国标准大气》的数据可知，随高度变化的大气密度模型符合 $\rho=a\exp(bh)$ 的曲线形式，所以利用实测大气数据进行曲线拟合可以得到大气密度模型：

$$\rho_g = 1.05\,508\,87\exp(-0.137\,033\,87h_g) \tag{7.86}$$

式中，h_g 的单位为 km，ρ_g 的单位为 kg/m^3。

将式(7.86)代入式(7.57)，可得 20～60 km 范围内星光折射角随折射切向高度变化的经验公式：

$$R = 3\ 885.101\ 2\exp(-0.136\ 955\ 9h_g) \tag{7.87}$$

式中，R 的单位为“″”，h_g 的单位为 km。

该模型体现了星光折射角受大气密度变化的影响，但没有考虑压强、温度的变化对密度的影响，也没有考虑密度标尺高度的变化，因而模型精度不高。

(4) $R=0.033\ 8\exp(-0.151\ 802\ 6h_g)$

胡静利用《1976 年美国标准大气》中的大气密度数据进行曲线拟合，得到随高度变化的大气密度模型为

$$\rho_g = 1\ 537.3\exp(-0.146\ 2h_g) \tag{7.88}$$

式中，h_g 的单位是 km，ρ_g 的单位是 g/m^3。

假设密度标尺高度符合 $H(h)=C_0+C_1h+C_2h^2$ 的曲线形式，则可拟合得到密度标尺高度模型为

$$H(h) = 7.635\ 1 - 0.011\ 44h + 0.002\ 4h^2 \tag{7.89}$$

取 $\lambda=0.7\ \mu m$，$k(\lambda)=2.25\times10^{-7}$，联立式(7.88)和式(7.89)，并经过数学转换得到星光大气折射模型为

$$R = 0.033\ 8\exp(-0.151\ 802\ 6h_g) \tag{7.90}$$

式中，h_g 的单位是 km，R 的单位是 rad。

将式(7.90)进行数学转换，得到折射高度与折射角的函数关系为

$$h_g = -22.313\ 8 - 6.587\ 5\ln R \tag{7.91}$$

根据折射高度与视高度的关系可以得到适用于高度范围在 20～50 km 内的大气折射模型：

$$h_a = -22.313\ 8 - 6.587\ 5\ln R + R\left(\frac{HR_e}{2\pi}\right)^{\frac{1}{2}} \tag{7.92}$$

由于该模型没有考虑压强、温度的变化对密度的影响，因此模型精度不高。

(5) $R=6\ 965.479\ 3\exp(-0.151\ 802\ 63h_g)$

王国权指出，大气压强随高度的增加而减小，并且减小的程度逐渐变缓。由《1976 年美国标准大气》可知，随高度变化的大气压强模型符合 $p=a\exp(bh)$ 的曲线形式，通过曲线拟合可以得到大气压强随高度变化的模型：

$$p = 99\ 710.641\exp(-0.144\ 016\ 01h) \tag{7.93}$$

该模型符合高度范围在 0～90 km 内的大气实际压强变化规律，其中 h 的单位为 km，p 的单位为 Pa。

此外，由《1976 年美国标准大气》可知，在 20～50 km 的高度范围内，大气温度随高度的变化符合 $T=c+dh+eh^2$ 的曲线形式，通过曲线拟合可以得到大气温度随高度变化的模型为

$$T = 195.65 + 0.685h + 0.017\ 5h^2 \tag{7.94}$$

式中，h 的单位为 km，T 的单位为 K。

在通常的大气条件下，可应用理想气体的状态方程 $\rho=\dfrac{p}{KT}$ 来研究空气的状态变化，因此，可以得到随高度变化的大气密度模型：

$$\rho = 1.891\ 642\ 6\exp(-0.151\ 880\ 59h) \tag{7.95}$$

式中，h 的单位为 km，ρ 的单位为 kg/m^3，该模型符合高度范围在 20～50 km 内的实际大气密度变化规律。

根据《1976 年美国标准大气》中的数据，$h_g=25$ km 时，$\rho_0=40.084\ g/m^3$，$H_g=6.366$ km，代入式(7.57)可得折射角为

$$R=2.25\times10^{-7}\times1.891\,642\exp(-0.151\,880\,59h_g)\times\left[\frac{2\pi\times(6\,378.14+h_g)}{6.366}\right]^{\frac{1}{2}} \tag{7.96}$$

经数学变换后，得到 20～50 km 范围内星光折射角随高度变化的经验公式为

$$R=6\,965.4793\exp(-0.151\,802\,63h_g) \tag{7.97}$$

$$h_g=58.290\,96-6.587\,5\ln R \tag{7.98}$$

式中，R 的单位为"″"，h_g 的单位为 km。

该模型考虑了星光折射角受压强、温度、密度等变化的影响，但忽略了密度标尺高度随着高度的变化，认为密度标尺高度是一个常数，因此模型精度受到影响。

2. 连续高度星光大气折射模型

由于没有综合温度、压强与大气密度标尺高度等因素的影响，式(7.97)与式(7.98)所表示的模型精度较低，因此在该模型的基础上，根据《1976 年美国标准大气》，准确计算星光折射角与折射星的折射高度之间的关系，并建立精确的连续高度星光大气折射模型，从而为基于星光折射间接敏感地平的定位方法服务。

(1) 连续高度大气温度模型

大气温度随高度的变化非常复杂，在 20～50 km 高度范围内，随着高度的增加，气温逐步升高；而且在高层由于臭氧较多，能有效吸收太阳紫外线，气温升高加快，因此大气温度随高度的变化也不是均匀的。根据这一变化规律，在 20～50 km 高度范围内，用 $T(h)=c+dh+eh^2$ 的二次曲线形式拟合大气温度随高度变化的模型，设 $x=h$，$y=T$，根据曲线拟合算法，相应的拟合方程为

$$\begin{bmatrix} m & \sum_{i=1}^{m}x_i & \sum_{i=1}^{m}x_i^2 \\ \sum_{i=1}^{m}x_i & \sum_{i=1}^{m}x_i^2 & \sum_{i=1}^{m}x_i^3 \\ \sum_{i=1}^{m}x_i^2 & \sum_{i=1}^{m}x_i^3 & \sum_{i=1}^{m}x_i^4 \end{bmatrix}\begin{bmatrix} c \\ d \\ e \end{bmatrix}=\begin{bmatrix} \sum_{i=1}^{m}y_i \\ \sum_{i=1}^{m}x_iy_i \\ \sum_{i=1}^{m}x_i^2y_i \end{bmatrix} \tag{7.99}$$

代入《1976 年美国标准大气》给出的高度、温度数据，解得

$$\begin{bmatrix} c \\ d \\ e \end{bmatrix}=\begin{bmatrix} 218.920\,149\,950\,034 \\ -1.015\,290\,587\,019 \\ 0.044\,178\,804\,045 \end{bmatrix} \tag{7.100}$$

于是得到大气温度随高度变化的模型：

$$T(h)=218.920\,149\,950\,034-1.015\,290\,587\,019h+0.044\,178\,804\,045h^2 \tag{7.101}$$

其中，h 的单位为 km，T 的单位为 K。

(2) 连续高度大气压强模型

大气压强随高度的增加而减小，且减小程度逐渐变缓。根据这一变化规律，对大气压强数据建模以获得大气压强模型。根据《1976 年美国标准大气》可知，大气压强随高度变化的模型符合 $P(h)=a\times\exp(bh)$ 的指数曲线形式，设 $x=h$，$y=\ln P$，$A=\ln a$，$B=b$，根据曲线拟合算法，相应的拟合方程为

$$\begin{bmatrix} m & \sum_{i=1}^{m} x_i \\ \sum_{i=1}^{m} x_i & \sum_{i=1}^{m} x_i^2 \end{bmatrix} \begin{bmatrix} A \\ B \end{bmatrix} = \begin{bmatrix} \sum_{i=1}^{m} y_i \\ \sum_{i=1}^{m} x_i y_i \end{bmatrix} \tag{7.102}$$

代入《1976 年美国标准大气》中的高度与压强数据，可得

$$\begin{bmatrix} A \\ B \end{bmatrix} = \begin{bmatrix} 11.414\ 620\ 974 \\ -0.143\ 848\ 133\ 3 \end{bmatrix} \tag{7.103}$$

即

$$\begin{cases} a=\exp(A)=90\ 637.287\ 961\ 187\ 5 \\ b=B=-0.143\ 848\ 133\ 3 \end{cases} \tag{7.104}$$

进而，得到大气压强随高度变化的模型：

$$P(h)=90\ 637.287\ 961\ 187\ 5\exp(-0.143\ 848\ 133\ 3h) \tag{7.105}$$

其中，h 的单位为 km，P 的单位为 Pa。

(3) 连续高度大气密度模型

大气密度与大气复杂的状态(气压、温度、高度等)变化有关。由于空气中气体分子间的作用力和分子本身的大小可以忽略不计，通常把空气当作理想气体来处理，因此可以采用理想气体的状态方程来研究空气的状态变化。根据大气压强模型、大气温度模型及理想气体状态方程，可得到大气密度随高度变化的模型。

由理想气体的状态方程，可得大气密度模型的一般函数表达式：

$$\rho(h)=\frac{P(h)}{R_0\cdot T(h)} \tag{7.106}$$

其中，$R_0=287$ 为比气体常数。

将大气温度模型式(7.101)和大气压强模型式(7.105)代入理想气体的状态方程，可以得到 20～50 km 高度范围内的大气密度随高度变化的模型：

$$\rho(h)=\frac{90\ 637.287\ 961\ 187\ 5\exp(-0.143\ 848\ 133\ 3h)}{287\times(218.920\ 149\ 950\ 034-1.015\ 290\ 587\ 019h+0.044\ 178\ 804\ 045h^2)} \tag{7.107}$$

然而，式(7.107)所表示的大气密度与高度的关系复杂，不方便应用。

由于在 20～50 km 高度范围内，大气密度模型可以被描述为高度的指数函数形式，因此将式(7.107)近似写作：

$$\rho(h)=1.762\ 161\ 807\ 939\ 7\times\exp(-0.152\ 220\ 385\ 856\ 59h) \tag{7.108}$$

式中，h 的单位为 km，ρ 的单位为 kg/m^3。

(4) 连续高度大气密度标尺高度模型

传统的星光大气折射模型将折射星的选取范围限制在 25 km 星光折射切向高度附近，这

是由于传统模型采用固定的 25 km 处的密度标尺高度。但是，由于重力加速度 $g(h)$ 和分子标尺温度 $T_m(h)$ 均随高度变化而变化，故密度标尺高度 $H(h)$ 也相应地随高度发生变化。《1976 年美国标准大气》没有给出大气密度标尺高度数据，而给出的是大气压强标高数据，因此，根据大气密度标尺高度与大气压强标高的关系式(7.54)以及温度数据，计算得到大气密度标尺高度数据。

根据大气密度标尺高度的变化规律，在 20～50 km 高度范围内，用 $H(h)=C+Dh+Eh^2$ 的二次曲线形式拟合密度标尺高度模型，设 $x=h$，$y=H$，根据曲线拟合算法，相应的拟合方程为

$$\begin{bmatrix} m & \sum_{i=1}^{m} x_i & \sum_{i=1}^{m} x_i^2 \\ \sum_{i=1}^{m} x_i & \sum_{i=1}^{m} x_i^2 & \sum_{i=1}^{m} x_i^3 \\ \sum_{i=1}^{m} x_i^2 & \sum_{i=1}^{m} x_i^3 & \sum_{i=1}^{m} x_i^4 \end{bmatrix} \begin{bmatrix} C \\ D \\ E \end{bmatrix} = \begin{bmatrix} \sum_{i=1}^{m} y_i \\ \sum_{i=1}^{m} x_i y_i \\ \sum_{i=1}^{m} x_i^2 y_i \end{bmatrix} \tag{7.109}$$

代入《1976 年美国标准大气》中的高度数据和计算所得的密度标尺高度数据，可得

$$\begin{bmatrix} C \\ D \\ E \end{bmatrix} = \begin{bmatrix} 6.518\ 205\ 045\ 786\ 09 \\ -0.037\ 355\ 360\ 217\ 96 \\ 0.001\ 152\ 170\ 052\ 78 \end{bmatrix} \tag{7.110}$$

因此，可得到大气密度标尺高度模型为

$$H(h)=6.518\ 205\ 045\ 786\ 09-0.037\ 355\ 360\ 217\ 96h+0.001\ 152\ 170\ 052\ 78h^2 \tag{7.111}$$

其中，h 和 H 的单位均为 km。当折射高度在 20～50 km 范围内变化时，密度标尺高度从 6.232 km 逐渐增加到 7.531 km，因此在建立大气折射模型的时候把密度标尺高度考虑为常值，会降低模型的精确度。

(5) 连续高度星光大气折射模型

星光大气折射模型式(7.57)说明了星光折射角的大小受大气密度、密度标尺高度、星光折射切向高度等因素的影响。根据《1976 年美国标准大气》数据，对各影响因素在 20～50 km 高度范围内进行了精确的建模，把由大气温度模型式(7.101)和大气压强模型式(7.105)得到的大气密度模型式(7.108)、大气密度标尺高度模型式(7.111)代入到星光大气折射模型式(7.57)，可得到高度在 20～50 km 范围内的星光折射角随星光折射切向高度变化的模型

$$\begin{aligned} R &= k(\lambda)\rho(h)\left[\frac{2\pi(R_e+h)}{H(h)}\right]^{\frac{1}{2}} \\ &= 2.25\times10^{-7}\times1.762\ 2\times\exp(-0.152\ 22h)\times\left[\frac{2\pi(R_e+h)}{6.518\ 2-0.037\ 35h+0.001\ 152h^2}\right]^{\frac{1}{2}} \end{aligned} \tag{7.112}$$

在基于星光折射间接敏感地平定位的天文导航系统中，需要由星光折射角计算星光折射切向高度，式(7.112)所表示的折射角与高度的关系复杂，不方便应用。根据该模型得到的星光折射角数据，通过模型拟合可得到星光大气折射模型：

$$\left.\begin{aligned} R &= 7\,056.436\,416\,680\,20 \times \exp(-0.155\,247\,544\,76h) \\ h &= 57.081\,066\,627\,558\,98 - 6.441\,325\,700\,486\,40\ln R \end{aligned}\right\} \tag{7.113}$$

式中，R 的单位为“″”，h 的单位为 km。该模型拟合了大气温度、大气压强随高度变化的曲线，同时也拟合了密度标尺高度随高度变化的函数，模型精度高，且形式简单、应用方便。

3. 星光大气折射模型对比

对比连续高度星光大气折射模型与其他五种大气折射模型的特点及其适用范围，结果如表 7.5 所列。

表 7.5 星光大气折射模型对比表

大气模型	折射角 R 与切向高度 h_g 间的关系	单位	适用范围	特 点
1	$R=2.21\times10^{-2}\exp(-0.14h_g)$	rad	不明确	适用范围不明
2	$R=7.155\,84\times10^{-4}\exp\left(-\dfrac{h_g-25}{6.366}\right)$	rad	25 km	适用范围小
3	$R=3\,885.101\,2\exp(-0.136\,955\,9h_g)$	″	20～60 km	未考虑密度标尺高度、压强、温度的影响
4	$R=0.033\,8\exp(-0.151\,802\,6h_g)$	rad	20～50 km	未考虑压强、温度的变化对密度的影响
5	$R=6\,965.479\,3\exp(-0.151\,802\,63h_g)$	″	20～50 km	忽略了大气密度标尺高度随着高度的变化
新模型	$R=7\,056.436\,4\exp(-0.155\,247\,54h_g)$	″	20～50 km	考虑了压强、温度、密度标尺高度，符合实际

由表 7.5 可以看出，模型 1 是经验公式，适用范围不明确；模型 2 是以 25 km 处的数据代入的，因此适用范围有限；模型 3 未考虑密度标尺高度、压强、温度对大气折射模型的影响；模型 4 未考虑压强、温度的变化对密度的影响；模型 5 忽略了大气密度标尺高度的变化；而建立的连续高度星光大气折射模型考虑因素比较全面，更符合实际情况。

根据大气折射模型的适用范围，计算不同大气折射模型在不同折射高度处的折射角，并与理论计算值进行比较，结果如表 7.6 所列。

表 7.6 不同大气折射模型在不同折射高度处的折射角

折射模型	折射高度			
	25 km	30 km	40 km	50 km
理论值	148.1″	67.43″	14.17″	3.48″
模型 1	经验公式，适用范围不明确			
模型 2	147.60″(−0.5)	—	—	—
模型 3	126.60″(−21.5)	63.83″(−0.36)	16.23″(+2.06)	4.13″(+0.65)
模型 4	156.74″(+8.84)	73.37″(+5.94)	16.08″(+1.91)	3.52″(+0.04)
模型 5	156.59″(+8.49)	73.31″(+5.88)	16.06″(+1.89)	3.52″(+0.04)
新模型	145.55″(−2.55)	66.97″(+2.54)	14.18″(+0.01)	3.00″(−0.48)

分析表 7.6 中结果可知，在大气折射模型的精度方面：

- 在 25 km 处大气折射模型 2 的精度最高，其次是新建立的连续高度星光大气折射模型。这是因为大气折射模型 2 特地利用了 25 km 高度处的大气数据进行建模，但这也限制了该模型的应用范围。
- 将同一折射高度处不同折射模型的折射角拟合结果与理论计算值进行比较可以看出，新建立的连续高度星光大气折射模型的精度总体来看是最高的，因为该模型综合考虑了大气压强、大气温度、大气密度标尺高度等因素对大气折射模型的影响。
- 综合考虑模型的精度和完善性，新建立的连续高度星光大气折射模型具有较优的综合性能。

7.4.5　最小二乘微分校正天文解析定位方法

传统的基于轨道动力学方程的间接敏感地平定位方法需要首先建立准确的状态模型与量测模型，进而通过非线性滤波算法完成载体位置与速度的估计，在实际应用中会遇到诸多问题：

① 系统状态方程需要精确建模。航天器在运动过程中受到各种轨道摄动因素的影响，对各种轨道摄动因素进行精确建模是一个十分复杂的问题，即使能够对各种摄动因素进行精确建模，模型也会变得十分复杂，计算量大，无法满足系统的实时性要求。

② 对于大多数飞行器，它们的运动特性不满足轨道动力学方程。如当航天器受到外力，机动飞行时，航天器的运动特性也不再满足轨道动力学方程，使得基于轨道动力学模型的间接敏感地平的天文导航方法不再适用。

③ 基于轨道动力学模型的天文导航方法，是采用卡尔曼滤波技术递推估计系统的状态。基于该定位方法的天文导航系统属于非线性系统，需要采用 EKF、UKF、粒子滤波等非线性滤波方法，但是这些滤波算法计算量大、稳定性差，在工程实践中应用还有一定困难。

为了解决这个问题，下面介绍一种新的基于最小二乘微分校正的天文导航定位方法，完成载体位置的解算。

1. 最小二乘微分校正定位算法

星光折射间接敏感地平导航方法的观测方程式(7.69)描述了视高度 $h_a(\boldsymbol{r}_s)$ 与载体位置 $\boldsymbol{r}_s$ 的联系。方程中含有 3 个未知数 (x,y,z)，即载体在空间中的三维位置，当同时观测到 3 颗或以上的折射星时，就可以组成方程组，通过求解方程组就可以直接得到载体位置。这样，基于星光折射间接敏感地平的天文定位方法就可以归结为求解由多个折射星光矢量信息得到的非线性方程组，可以采用最小二乘微分校正法完成解算。该方法通过迭代不断修正载体的位置矢量，使折射视高度的计算值在最小二乘意义下逐渐逼近折射视高度观测值，最终得到载体在允许误差范围内的精确位置，如图 7.30 所示。

最小二乘微分校正法的具体步骤如下：

① 根据大气折射模型，利用式(7.114)求解出 n 个量测值 $\widetilde{h}_{a1}(\boldsymbol{r}_s),\widetilde{h}_{a2}(\boldsymbol{r}_s),\cdots,\widetilde{h}_{an}(\boldsymbol{r}_s)$，并组成折射视高度的观测向量

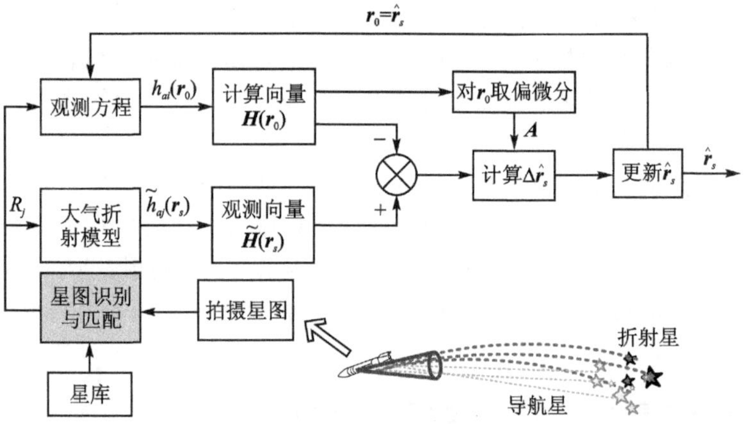

图 7.30 最小二乘微分校正定位原理图

$$\tilde{\boldsymbol{H}}(\boldsymbol{r}_s)=\begin{bmatrix}\tilde{h}_{a1}(\boldsymbol{r}_s)\\ \tilde{h}_{a2}(\boldsymbol{r}_s)\\ \cdots\\ \tilde{h}_{an}(\boldsymbol{r}_s)\end{bmatrix}=\begin{bmatrix}h_{g1}(R_1)+k(\lambda)\rho_{g1}(h_{g1})\cdot(R_e+h_{g1})\\ h_{g2}(R_2)+k(\lambda)\rho_{g2}(h_{g2})\cdot(R_e+h_{g2})\\ \cdots\\ h_{gn}(R_n)+k(\lambda)\rho_{gn}(h_{gn})\cdot(R_e+h_{gn})\end{bmatrix} \tag{7.114}$$

式中，R_j、h_{gj}、ρ_{gj} 分别为第 j 颗折射星的折射角、折射高度及对应的大气密度，通常选定波长 $\lambda=0.7\ \mu\text{m}$，则散射参数 $k(\lambda)=2.25\times10^{-7}$。

② 估计载体的概略位置 $\boldsymbol{r}_0$ 作为循环迭代的初值，根据式(7.115)求得视高度的 n 个解算值 $h_{a1}(\boldsymbol{r}_0)$，$h_{a2}(\boldsymbol{r}_0)$，…，$h_{an}(\boldsymbol{r}_0)$，并组成折射视高度的计算向量：

$$\boldsymbol{H}(\boldsymbol{r}_0)=\begin{bmatrix}h_{a1}(\boldsymbol{r}_0)\\ h_{a2}(\boldsymbol{r}_0)\\ \vdots\\ h_{an}(\boldsymbol{r}_0)\end{bmatrix}=\begin{bmatrix}\sqrt{r_0^2-u_1^2}+u_1\tan R_1-R_e\\ \sqrt{r_0^2-u_2^2}+u_2\tan R_2-R_e\\ \vdots\\ \sqrt{r_0^2-u_n^2}+u_n\tan R_n-R_e\end{bmatrix} \tag{7.115}$$

式中，$r_0=|\boldsymbol{r}_0|$，$\boldsymbol{u}_{sj}=[s_{jx}\quad s_{jy}\quad s_{jz}]^{\mathrm{T}}$ 和 $u_j=|\boldsymbol{r}_0\cdot\boldsymbol{u}_{sj}|=|xs_{jx}+ys_{jy}+zs_{jz}|$ 分别为第 j 颗折射星折射前在地心惯性系下的方向矢量及载体概略位置在该方向矢量上的投影。

③ 对非线性观测方程组进行线性化。将折射视高度的观测向量 $\tilde{\boldsymbol{H}}(\boldsymbol{r}_s)$ 在计算向量 $\boldsymbol{H}(\boldsymbol{r}_0)$ 处进行一阶泰勒展开，得到

$$\tilde{\boldsymbol{H}}(\boldsymbol{r}_s)=\boldsymbol{H}(\boldsymbol{r}_0)+\boldsymbol{A}\cdot\Delta\boldsymbol{r}_s+\boldsymbol{V} \tag{7.116}$$

式中，$\Delta\boldsymbol{r}_s=\boldsymbol{r}_s-\boldsymbol{r}_0$ 为概略位置矢量 $\boldsymbol{r}_0$ 的微分校正量；$\boldsymbol{V}$ 为残差序列；矩阵 $\boldsymbol{A}$ 为计算向量 $\boldsymbol{H}(\boldsymbol{r}_0)$ 对概略位置矢量 $\boldsymbol{r}_0$ 的偏微分，即

$$\boldsymbol{A}=\frac{\partial\boldsymbol{H}(\boldsymbol{r}_0)}{\partial\boldsymbol{r}_0}=\begin{bmatrix}\dfrac{\partial h_{a1}(\boldsymbol{r}_0)}{\partial x} & \dfrac{\partial h_{a1}(\boldsymbol{r}_0)}{\partial y} & \dfrac{\partial h_{a1}(\boldsymbol{r}_0)}{\partial z}\\ \dfrac{\partial h_{a2}(\boldsymbol{r}_0)}{\partial x} & \dfrac{\partial h_{a2}(\boldsymbol{r}_0)}{\partial y} & \dfrac{\partial h_{a2}(\boldsymbol{r}_0)}{\partial z}\\ \vdots & \vdots & \vdots\\ \dfrac{\partial h_{an}(\boldsymbol{r}_0)}{\partial x} & \dfrac{\partial h_{an}(\boldsymbol{r}_0)}{\partial y} & \dfrac{\partial h_{an}(\boldsymbol{r}_0)}{\partial z}\end{bmatrix} \tag{7.117}$$

式中，

$$\left.\begin{aligned}\frac{\partial h_{aj}(\boldsymbol{r}_0)}{\partial x}&=\frac{x-(xs_{jx}+ys_{jy}+zs_{jz})s_{jx}}{\sqrt{|\boldsymbol{r}_s|^2-u_j^2}}+\frac{(\tan R_j)(xs_{jx}+ys_{jy}+zs_{jz})s_{jx}}{u_j}\\\frac{\partial h_{aj}(\boldsymbol{r}_0)}{\partial y}&=\frac{y-(xs_{jx}+ys_{jy}+zs_{jz})s_{jy}}{\sqrt{|\boldsymbol{r}_s|^2-u_j^2}}+\frac{(\tan R_j)(xs_{jx}+ys_{jy}+zs_{jz})s_{jy}}{u_j}\\\frac{\partial h_{aj}(\boldsymbol{r}_0)}{\partial z}&=\frac{z-(xs_{jx}+ys_{jy}+zs_{jz})s_{jz}}{\sqrt{|\boldsymbol{r}_s|^2-u_j^2}}+\frac{(\tan R_j)(xs_{jx}+ys_{jy}+zs_{jz})s_{jz}}{u_j}\end{aligned}\right\}\tag{7.118}$$

④ 求微分校正量 $\Delta\boldsymbol{r}_s$ 的最小二乘解，就是求 $\Delta\boldsymbol{r}_s$ 使残差 $\mathbf{V}$ 的平方和最小，即极小化目标函数：

$$\begin{aligned}J&=\mathbf{V}^{\mathrm{T}}\mathbf{V}=[\widetilde{\boldsymbol{H}}(\boldsymbol{r}_s)-\boldsymbol{H}(\boldsymbol{r}_0)-\boldsymbol{A}\cdot\Delta\boldsymbol{r}_s]^{\mathrm{T}}[\widetilde{\boldsymbol{H}}(\boldsymbol{r}_s)-\boldsymbol{H}(\boldsymbol{r}_0)-\boldsymbol{A}\cdot\Delta\boldsymbol{r}_s]\\&=[\widetilde{\boldsymbol{H}}(\boldsymbol{r}_s)-\boldsymbol{H}(\boldsymbol{r}_0)]^{\mathrm{T}}[\widetilde{\boldsymbol{H}}(\boldsymbol{r}_s)-\boldsymbol{H}(\boldsymbol{r}_0)]-\Delta\boldsymbol{r}_s^{\mathrm{T}}\boldsymbol{A}^{\mathrm{T}}[\widetilde{\boldsymbol{H}}(\boldsymbol{r}_s)-\boldsymbol{H}(\boldsymbol{r}_0)]-\\&\quad[\widetilde{\boldsymbol{H}}(\boldsymbol{r}_s)-\boldsymbol{H}(\boldsymbol{r}_0)]^{\mathrm{T}}\boldsymbol{A}\Delta\boldsymbol{r}_s+\Delta\boldsymbol{r}_s^{\mathrm{T}}\boldsymbol{A}^{\mathrm{T}}\boldsymbol{A}\Delta\boldsymbol{r}_s\end{aligned}\tag{7.119}$$

将目标函数 J 对微分校正量 $\Delta\boldsymbol{r}_s$ 求偏微分，并令偏导数为零，即

$$\frac{\partial J}{\partial\Delta\boldsymbol{r}_s}=-\boldsymbol{A}^{\mathrm{T}}[\widetilde{\boldsymbol{H}}(\boldsymbol{r}_s)-\boldsymbol{H}(\boldsymbol{r}_0)]-\boldsymbol{A}^{\mathrm{T}}[\widetilde{\boldsymbol{H}}(\boldsymbol{r}_s)-\boldsymbol{H}(\boldsymbol{r}_0)]+2\boldsymbol{A}^{\mathrm{T}}\boldsymbol{A}\Delta\boldsymbol{r}_s=\boldsymbol{0}\tag{7.120}$$

由式(7.120)可得正则方程：

$$\boldsymbol{A}^{\mathrm{T}}\boldsymbol{A}\Delta\boldsymbol{r}_s=\boldsymbol{A}^{\mathrm{T}}[\widetilde{\boldsymbol{H}}(\boldsymbol{r}_s)-\boldsymbol{H}(\boldsymbol{r}_0)]\tag{7.121}$$

解方程式(7.121)，可得微分校正量的最小二乘估计解 $\Delta\hat{\boldsymbol{r}}_s$：

$$\Delta\hat{\boldsymbol{r}}_s=(\boldsymbol{A}^{\mathrm{T}}\boldsymbol{A})^{-1}\boldsymbol{A}^{\mathrm{T}}[\widetilde{\boldsymbol{H}}(\boldsymbol{r}_s)-\boldsymbol{H}(\boldsymbol{r}_0)]\tag{7.122}$$

⑤ 利用计算得到的 $\Delta\hat{\boldsymbol{r}}_s$ 校正载体的位置矢量

$$\hat{\boldsymbol{r}}_s=\boldsymbol{r}_0+\Delta\hat{\boldsymbol{r}}_s\tag{7.123}$$

⑥ 设置门限 $d_{\min}$，以 $[\boldsymbol{H}(\hat{\boldsymbol{r}}_s)-\boldsymbol{H}(\boldsymbol{r}_0)]^{\mathrm{T}}[\boldsymbol{H}(\hat{\boldsymbol{r}}_s)-\boldsymbol{H}(\boldsymbol{r}_0)]\leqslant d_{\min}$ 为迭代终止条件，当满足条件时，停止迭代；如果不满足，则将结果 $\hat{\boldsymbol{r}}_s$ 作为下一次计算的初值 $\boldsymbol{r}_0$，重复步骤②～⑥，直到满足终止条件，就可以得到天文导航的定位解算结果。

2. 最小二乘微分校正定位精度影响因素

为了分析影响定位算法精度的因素，假设载体的迭代初始位置为 $\boldsymbol{X}_0=[x_0\quad y_0\quad z_0]^{\mathrm{T}}$，而载体真实位置为 $\boldsymbol{X}=[x\quad y\quad z]^{\mathrm{T}}$。通过最小二乘微分校正得到的载体位置为 $\hat{\boldsymbol{X}}=[\hat{x}\quad\hat{y}\quad\hat{z}]^{\mathrm{T}}$，真实微分校正量为 $\Delta\boldsymbol{r}_s$，而最小二乘微分校正定位算法得到的校正量为 $\Delta\hat{\boldsymbol{r}}_s$，即

$$\left.\begin{aligned}\boldsymbol{X}&=\boldsymbol{X}_0+\Delta\boldsymbol{r}_s\\\hat{\boldsymbol{X}}&=\boldsymbol{X}_0+\Delta\hat{\boldsymbol{r}}_s\end{aligned}\right\}\tag{7.124}$$

那么，位置估计误差为

$$\Delta\boldsymbol{X}=\hat{\boldsymbol{X}}-\boldsymbol{X}=(\boldsymbol{X}_0+\Delta\hat{\boldsymbol{r}}_s)-(\boldsymbol{X}_0+\Delta\boldsymbol{r}_s)=\Delta\hat{\boldsymbol{r}}_s-\Delta\boldsymbol{r}_s\tag{7.125}$$

将 $\Delta\boldsymbol{r}_s$ 写成 $\Delta\boldsymbol{r}_s=(\boldsymbol{A}^{\mathrm{T}}\boldsymbol{A})^{-1}\boldsymbol{A}^{\mathrm{T}}\boldsymbol{A}\Delta\boldsymbol{r}_s$，并与式(7.122)一并代入式(7.125)，得

$$\Delta\boldsymbol{X}=\Delta\hat{\boldsymbol{r}}_s-\Delta\boldsymbol{r}_s=(\boldsymbol{A}^{\mathrm{T}}\boldsymbol{A})^{-1}\boldsymbol{A}^{\mathrm{T}}[\hat{\boldsymbol{H}}(\boldsymbol{r}_s)-\boldsymbol{H}(\boldsymbol{r}_0)]-(\boldsymbol{A}^{\mathrm{T}}\boldsymbol{A})^{-1}\boldsymbol{A}^{\mathrm{T}}\boldsymbol{A}\Delta\boldsymbol{r}_s$$

$$=(\boldsymbol{A}^{\mathrm{T}}\boldsymbol{A})^{-1}\boldsymbol{A}^{\mathrm{T}}[\hat{\boldsymbol{H}}(\boldsymbol{r}_s)-\boldsymbol{H}(\boldsymbol{r}_0)-\boldsymbol{A}\Delta\boldsymbol{r}_s]=(\boldsymbol{A}^{\mathrm{T}}\boldsymbol{A})^{-1}\boldsymbol{A}^{\mathrm{T}}\boldsymbol{V} \tag{7.126}$$

则定位误差方差阵为

$$\begin{aligned}\boldsymbol{P}&=E(\Delta\boldsymbol{X}\cdot\Delta\boldsymbol{X}^{\mathrm{T}})=E\{[(\boldsymbol{A}^{\mathrm{T}}\boldsymbol{A})^{-1}\boldsymbol{A}^{\mathrm{T}}\boldsymbol{V}][(\boldsymbol{A}^{\mathrm{T}}\boldsymbol{A})^{-1}\boldsymbol{A}^{\mathrm{T}}\boldsymbol{V}]^{\mathrm{T}}\}\\&=E[(\boldsymbol{A}^{\mathrm{T}}\boldsymbol{A})^{-1}\boldsymbol{A}^{\mathrm{T}}\boldsymbol{V}\boldsymbol{V}^{\mathrm{T}}\boldsymbol{A}(\boldsymbol{A}^{\mathrm{T}}\boldsymbol{A})^{-1}]=(\boldsymbol{A}^{\mathrm{T}}\boldsymbol{A})^{-1}\boldsymbol{A}^{\mathrm{T}}E(\boldsymbol{V}\boldsymbol{V}^{\mathrm{T}})\boldsymbol{A}(\boldsymbol{A}^{\mathrm{T}}\boldsymbol{A})^{-1}\end{aligned} \tag{7.127}$$

假设残差序列为相互独立的高斯白噪声，则其协方差阵为

$$\boldsymbol{Q}=E(\boldsymbol{V}\boldsymbol{V}^{\mathrm{T}})=\begin{bmatrix}\sigma_1^2 & & & \\ & \sigma_2^2 & & \\ & & \ddots & \\ & & & \sigma_n^2\end{bmatrix} \tag{7.128}$$

那么最小二乘解的定位误差协方差阵可以写作

$$\boldsymbol{P}=(\boldsymbol{A}^{\mathrm{T}}\boldsymbol{A})^{-1}\boldsymbol{A}^{\mathrm{T}}\boldsymbol{Q}\boldsymbol{A}(\boldsymbol{A}^{\mathrm{T}}\boldsymbol{A})^{-1} \tag{7.129}$$

特别地，如果残差序列的方差相等，即 $\sigma_1^2=\sigma_1^2=\cdots=\sigma_n^2=\sigma^2$，则 $\boldsymbol{Q}=\sigma^2\boldsymbol{I}$，从而最小二乘解的定位误差协方差阵为

$$\begin{aligned}\boldsymbol{P}&=(\boldsymbol{A}^{\mathrm{T}}\boldsymbol{A})^{-1}\boldsymbol{A}^{\mathrm{T}}\boldsymbol{Q}\boldsymbol{A}(\boldsymbol{A}^{\mathrm{T}}\boldsymbol{A})^{-1}=(\boldsymbol{A}^{\mathrm{T}}\boldsymbol{A})^{-1}\boldsymbol{A}^{\mathrm{T}}\sigma^2\boldsymbol{I}\boldsymbol{A}(\boldsymbol{A}^{\mathrm{T}}\boldsymbol{A})^{-1}\\&=\sigma^2(\boldsymbol{A}^{\mathrm{T}}\boldsymbol{A})^{-1}\boldsymbol{A}^{\mathrm{T}}\boldsymbol{A}(\boldsymbol{A}^{\mathrm{T}}\boldsymbol{A})^{-1}=\sigma^2(\boldsymbol{A}^{\mathrm{T}}\boldsymbol{A})^{-1}=\sigma^2\boldsymbol{Q}_{xx}\end{aligned} \tag{7.130}$$

由式(7.130)可知，最小二乘微分校正定位算法的精度主要受两方面的影响，一是残差序列(视高度量测噪声)方差 σ^2，二是权系数矩阵(或称为协调因素阵)$\boldsymbol{Q}_{xx}=(\boldsymbol{A}^{\mathrm{T}}\boldsymbol{A})^{-1}$。

① 视高度量测噪声方差 σ^2 的大小取决于星敏感器的精度，星敏感器精度和视高度量测噪声对应关系如表 7.7 所列。

表 7.7 星敏感器的精度与量测噪声方差 σ^2 的关系

星敏感器精度(1σ)	0.5″	1″	2″	3″	4″
量测噪声均方差(1σ)/m	70	80	115	142	195

因此，选择的星敏感器精度越高，量测噪声均方差会越小，相应的定位精度就会越高。

② 引入几何精度因子(GDOP)来描述权系数矩阵 $\boldsymbol{Q}_{xx}=(\boldsymbol{A}^{\mathrm{T}}\boldsymbol{A})^{-1}$。几何精度因子可以衡量观测恒星的几何构型对定位精度的影响，在相同的观测精度(量测噪声方差 σ^2)情况下，几何精度因子越小，定位精度越高。

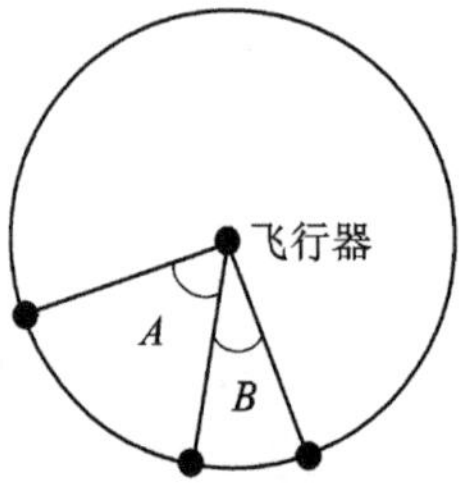

图 7.31 折射星与载体之间的几何分布示意图

以观测三颗折射星为例，为了提高定位精度，应该选择使几何精度因子最小的三颗星进行观测。折射星光的切向高度范围为 20～50 km，故 20～50 km 的折射带投影到天球上会形成一个环带。当载体飞行高度较高时，折射带近似为一个单位圆，因此载体到折射星的矢量方向大致分布在单位圆上，折射星与载体之间的几何分布如图 7.31 所示。

此时，GDOP 的求解公式为

$$\mathrm{GDOP}=K\frac{3-\cos A-\cos B-\cos\sqrt{A+B}}{\sin A+\sin B-\sin(A+B)} \tag{7.131}$$

其中 K 是常数，A 和 B 分别表示折射星之间的角距。由式(7.131)可知：当三颗折射星呈等边三角形分布时，即 $A=B=120°$ 时，GDOP 最小；只要任意两颗折射星非常靠近，即 $A\approx 0$ 或者 $B\approx 0$ 时，GDOP 的值就很大。因此，三颗折射星之间的角距越大，彼此越松散，几何精度因子 GDOP 才越小，定位精度才能越高。

7.5 小　结

本章首先介绍了等高圆法、纯天文几何解析定位法两种基于几何法的天文定位方法，并建立了纯天文几何解析定位方法的误差传递模型。这两种天文定位方法主要应用于航海、深空探测等领域，由于缺乏对噪声的处理，导航精度随测量噪声的变化起伏较大。

此外，从定位原理、误差建模与误差分析等方面介绍了直接敏感地平和间接敏感地平这两种基于轨道动力学的天文定位方法。直接敏感地平定位精度较低，但技术较为成熟；间接敏感地平定位可以达到较高精度，具有极大的发展潜力，但是观测信息不连续。由于大气折射模型的准确性会直接影响间接敏感地平的定位精度，因此对目前几种典型星光大气折射模型的特点进行了对比分析，进而根据大气温度、压强、密度与密度标高模型，建立了一种连续高度星光大气折射模型。之后进一步介绍了一种新型最小二乘微分校正天文解析定位方法，该定位方法扩展了间接敏感地平定位法的适用范围，能够适用于状态模型不准确或者无法建立的情况。

第 8 章　天文导航系统的数字仿真方法

天文导航系统具有隐蔽性好、自主性强、定向定位精度高等优点，已成为组合导航系统的重要组成部分，广泛应用于舰艇、飞机、导弹和空间飞行器等。

天文导航技术的飞行实验不仅难度大，而且成本极高，天文导航系统的性能很难完全通过飞行实验进行验证与测试。因此，通过搭建天文导航系统数字仿真平台，不仅能够精确验证天文导航设计方案与各部分算法的可行性，而且还可以缩短开发周期，降低试验成本。数字仿真系统平台的搭建对于天文导航系统实际系统的研制具有很强的理论指导意义和工程参考价值。

数字仿真的功用有：

① 验证数学模型的精确性。进行数字仿真时，首先要根据系统的数学模型，编制好相应的主程序与子程序。当数学模型存在错误或误差较大时，仿真结果就会出现异常。通过数字仿真，可以验证数学模型的精确性。

② 系统软件的仿真。通过开展天文导航系统各模块的仿真，可以单独研究各模块的算法误差，例如质心提取算法误差、星图识别算法误差、测姿定位算法误差等。此外，通过系统软件的仿真还可以对各算法中的阈值、迭代周期等参数进行选取，从而使软件算法更好地满足导航应用需求。

③ 系统硬件的选取。通过在计算机中人为设置天体敏感器的误差和杂光干扰，来确定硬件参数对天文导航系统误差的影响。这样，即可根据导航精度的要求，设计或选用适当参数指标的星敏感器或其他天体敏感器。

④ 天文导航系统的仿真。在实现上述各仿真功能的基础上，对整个系统进行数字仿真，可以测试所设计的天文导航系统的整体性能。

由此可见，数字仿真手段对于天文导航系统中星敏感器或其他天体敏感器的误差模型、星图预处理、星图识别和天文测姿定位等算法测试和性能验证具有重要的应用价值。基于此，本章将介绍天文导航系统数字仿真平台设计方法与系统性能验证方法。

8.1　天文导航系统数字仿真平台工作原理

天文导航系统数字仿真平台的工作过程为：首先，根据轨迹发生器产生的载体位置、姿态信息，计算出星敏感器视轴指向信息；接着，综合考虑大气折射影响和星敏感器视场大小，检索导航星库并提取视场内的恒星，进而模拟生成拍摄星图；然后，对该模拟星图进行星图预处理与星图识别，得到星图中星点的质心位置及其相应的星历信息，并计算折射恒星的折射角；最后，根据星体的质心位置、星历信息、折射角信息等确定载体的姿态、位置。可见，天文导航系统数字仿真平台应由以下三部分组成，如图 8.1 所示。

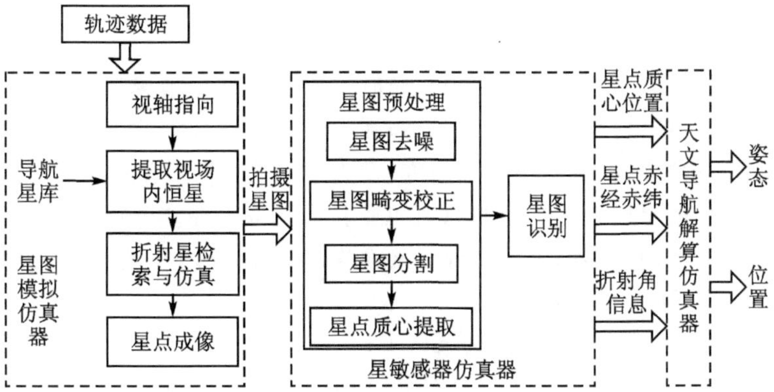

图 8.1　天文导航系统数字仿真平台总体框架

1. 星图模拟仿真器

星图模拟仿真器用于模拟实拍星图，为后续进行星图预处理、星图识别及导航解算提供星图数据。首先，根据轨迹发生器生成的轨迹数据，并结合星敏感器安装矩阵，计算出星敏感器视轴指向信息；然后，综合考虑大气折射影响和星敏感器视场大小从导航星库中提取该时刻星敏感器视场内的恒星；最后，根据星敏感器成像原理模拟生成拍摄的星图。

2. 星敏感器仿真器

星敏感器仿真器包括星图预处理与星图识别两个部分。星图预处理主要是对拍摄星图进行去噪处理、图像畸变的分析与校正、星图分割及星点质心提取等，得到亚像素精度的星点位置；星图识别主要是对拍摄星图中的恒星与导航星库的恒星进行匹配，得到星敏感器视场内恒星的赤经、赤纬等信息，并计算折射星的折射角，供导航解算模块使用。

3. 天文导航解算仿真器

天文导航解算仿真器是根据星敏感器仿真器输出的结果，确定载体的姿态与位置信息的。该模块分为测姿与定位两个部分，测姿部分利用恒星在星敏感器测量坐标系及惯性坐标系下的星光矢量求解姿态转换矩阵；定位部分利用折射星的星历及折射角信息结合星光折射间接敏感地平定位算法求解载体位置。

8.2　星图模拟仿真器

星图模拟仿真器主要利用星敏感器视轴指向及导航星库中的星历信息模拟星敏感器的拍摄星图。它的基本工作过程分为确定视轴指向、获取视场内恒星、折射星的检索与仿真、星点成像四个步骤。

为了提高星图模拟及后续星图识别的速度与效率，首先要建立导航星库并对其进行天区划分。

8.2.1 导航星库的构建

导航星库的建立是天文导航的第一步。导航星库装订在星敏感器的存储器中，用来存放恒星的赤经、赤纬和星等信息，是进行星图识别和姿态确定的基准。导航星库的建立可以加快星表中导航星的检索速度，提高星图识别速度，在天文导航中有重要作用。

导航星库中的导航星要根据一定的原则和经验来选取。在实际应用中，导航星库是综合考虑实际飞行任务和星敏感器的灵敏度等因素而构建的，除此之外，还要考虑检索的速度与效率。通常，基于下列原则构建导航星库：

① 导航星应在星敏感器可能扫过的天区中；

② 导航星的星等范围应该略大于星敏感器所能敏感的星等范围；

③ 剔除变星、双星；

④ 对星表进行划分并有序排列。

为了快速检索导航星，采用球矩形法将天区进行划分，即按照赤经圈和赤纬圈将天球划分为互不重叠的区域。以视场为10°×10°的星敏感器为例，将赤经和赤纬分别划为36等分和18等分，整个天区共分为648个球矩形。已知视轴指向时，可直接确定该视轴所在的球矩形，直接检索这个球矩形及相邻球矩形，即可得到视场内的恒星。此外，当视轴在天极附近时，需要检索天极附近的所有球矩形才可确定视场内的恒星。

8.2.2 视轴指向的确定

为了得到载体在飞行过程中所能观测到的导航星，需要知道整个飞行过程中星敏感器的视轴指向，而星敏感器与载体捷联安装，其安装矩阵 $\boldsymbol{C}_b^s$ 是已知的，因此只要得到载体相对于地心赤道惯性系的姿态矩阵 $\boldsymbol{C}_i^b$，即可得到星敏感器姿态矩阵 $\boldsymbol{C}_i^s$：

$$\boldsymbol{C}_i^s = \boldsymbol{C}_b^s \cdot \boldsymbol{C}_i^b \tag{8.1}$$

而载体相对于地心赤道惯性系的姿态矩阵 $\boldsymbol{C}_i^b$ 可以通过载体相对于导航系的姿态矩阵和导航系相对于惯性系的方向余弦矩阵得到：

$$\boldsymbol{C}_i^b = \boldsymbol{C}_n^b \cdot \boldsymbol{C}_i^n \tag{8.2}$$

式中，$\boldsymbol{C}_n^b$ 可根据载体飞行过程中相对于导航坐标系的姿态角得到。

通常，不同载体所选择的导航坐标系是不同的，以弹道导弹为例，导航坐标系一般选择发射点惯性坐标系，即

$$\begin{aligned}\boldsymbol{C}_n^b &= \boldsymbol{L}_x(\gamma)\boldsymbol{L}_y(\psi)\boldsymbol{L}_z(\theta)\\ &= \begin{bmatrix} \cos\theta\cos\psi & \sin\theta\cos\psi & -\sin\psi \\ \cos\theta\sin\psi\sin\gamma - \sin\theta\cos\gamma & \sin\theta\sin\psi\sin\gamma + \cos\theta\cos\gamma & \sin\gamma\cos\psi \\ \cos\theta\sin\psi\cos\gamma + \sin\theta\sin\gamma & \sin\theta\sin\psi\cos\gamma - \cos\theta\sin\gamma & \cos\gamma\cos\psi \end{bmatrix}\end{aligned} \tag{8.3}$$

$$\begin{aligned}\boldsymbol{C}_i^n &= \boldsymbol{L}_y(-A-90°)\boldsymbol{L}_x(L_0)\boldsymbol{L}_z(S_0+\lambda_0-90°)\\ &= \begin{bmatrix} -\cos A\sin L_0\cos(\lambda_0+S_0) - \sin A\sin(\lambda_0+S_0) & -\cos A\sin L_0\sin(\lambda_0+S_0) + \sin A\cos(\lambda_0+S_0) & \cos A\cos L_0 \\ \cos L_0\cos(\lambda_0+S_0) & \cos L_0\sin(\lambda_0+S_0) & \sin L_0 \\ \sin A\sin L_0\cos(\lambda_0+S_0) - \cos A\sin(\lambda_0+S_0) & \sin A\sin L_0\sin(\lambda_0+S_0) + \cos A\cos(\lambda_0+S_0) & -\sin A\cos L_0 \end{bmatrix}\end{aligned} \tag{8.4}$$

式中，θ,ψ,γ 分别为弹道导弹的俯仰角、偏航角及滚转角；A 为发射方位角；S_0 为发射时刻的

格林尼治恒星时；λ_0 和 L_0 分别为发射点的地理经度和纬度。

通过式(8.1)～式(8.4)，即可得到星敏感器测量坐标系相对于地心赤道惯性坐标系的姿态转换矩阵 $\boldsymbol{C}_i^s$。由于星敏感器测量坐标系与地心惯性系的坐标原点不同，因此，由地心惯性坐标系 i 向星敏感器测量坐标系 s 转换，需要利用坐标平移和旋转来实现。由于恒星到地球的距离远远大于地球到导弹的距离，因此对恒星而言，从地心惯性坐标系到星敏感器测量坐标系的转换可不考虑坐标平移所带来的误差，即认为星敏感器测量坐标系的原点 O' 与地心 O 重合，地心惯性坐标系到星敏感器测量坐标系的转换只需考虑旋转变换。

由于星敏感器视轴在星敏感器测量坐标系中的坐标为 $\boldsymbol{S}^s=[0\quad 0\quad 1]^{\mathrm{T}}$，所以利用式(8.1)得到的星敏感器姿态矩阵 $\boldsymbol{C}_i^s$，可以进一步得到星敏感器视轴在地心惯性系中的坐标为

$$\boldsymbol{S}^i=\boldsymbol{C}_s^i\boldsymbol{S}^s \tag{8.5}$$

将式(8.5)求得的结果记为 $\boldsymbol{S}^i=[S_x^i\quad S_y^i\quad S_z^i]^{\mathrm{T}}$。此外，由于任意矢量在地心惯性系的坐标可用相应的赤经和赤纬进行描述，所以星敏感器视轴在地心惯性系中的坐标还可以表示为

$$\boldsymbol{S}^i=\begin{bmatrix}\cos\alpha_0\cos\delta_0\\ \sin\alpha_0\cos\delta_0\\ \sin\delta_0\end{bmatrix} \tag{8.6}$$

其中，α_0 和 δ_0 分别表示星敏感器视轴的赤经和赤纬，$\alpha_0\in(0°\sim360°)$，$\delta_0\in(-90°\sim90°)$。

联合式(8.5)和式(8.6)便可求得星敏感器视轴的赤经和赤纬的主值为

$$\alpha_0=\arctan\frac{S_y^i}{S_x^i},\qquad \delta_0=\arctan\frac{S_z^i}{\sqrt{(S_x^i)^2+(S_y^i)^2}} \tag{8.7}$$

在式(8.7)的基础上，结合式(8.5)求得的星敏感器视轴在地心惯性系中各坐标分量的正负号可进一步确定视轴指向的赤经和赤纬的真值。

8.2.3　可成像星的获取

1. 视场内可观测星范围的确定

当星敏感器视轴的赤经和赤纬固定时，在星敏感器视场下，通过透镜镜头可看到天球上的区域是固定不变的。利用星敏感器视轴的赤经和赤纬(α_0，δ_0)以及星敏感器参数中的圆形视场半径 R，便可确定出星敏感器视场内可观测星的赤经和赤纬应满足的范围，如图 8.2 所示。

在图 8.2 中，将代表星敏感器圆形视场的圆平面看作天球的一个圆截面，则所截得的一小块球面上分布的恒星都会落在星敏感器圆形视场中。当星敏感器圆形视场未包含天北(南)极时，想要确定该圆形视场内可观测星的范围，就要找到与该块小球面相切的经线和纬线；当该圆形视场包含天北(南)极时，可观测星的赤纬范围依然是去寻找该块小球面的切线，而可观测星的赤经范围则是整个天球的赤经范围。

(1) 确定赤纬范围

显然，该圆形视场内可观测星的赤纬范围就是与星敏感器视轴的视轴赤纬 δ_0 相差不超过圆形视场半径 R 的部分，即

$$\delta\in(\delta_0-R,\delta_0+R) \tag{8.8}$$

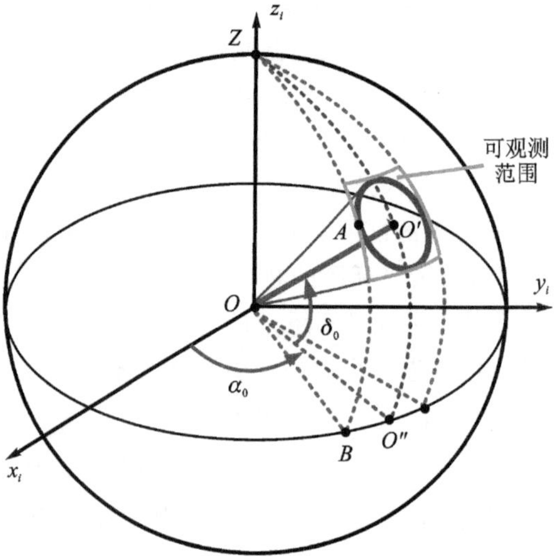

图 8.2 视场内可观测星范围的确定

(2) 确定赤经范围

以星敏感器视轴方向在天赤道以北为例,说明该圆形视场内可观测星的赤经范围的确定。

1) 圆形视场包含天北极,即 $\delta_0 > 90° - R$

由于所有经线都会交于天北极,而天北极又处于圆形视场内,所以 $\alpha \in [0°, 360°)$。

2) 圆形视场未包含天北极,即 $\delta_0 \leqslant 90° - R$

在图 8.2 中,O'为星敏感器视轴在天球上的投影点,Z 为天北极,O''为经线 ZO' 与天赤道的交点,经线 ZB 与该块小球面相切于点 A。在球面三角形 $\Delta ZAO'$ 中,$\angle ZAO' = 90°$,边 $ZO' = 90° - \delta_0$,边 $O'A = R$,则由球面三角正弦定理得

$$\sin(\angle AZO') = \frac{\sin(O'A)\sin(\angle ZAO')}{\sin(ZO')} = \frac{\sin R}{\cos \delta_0} \tag{8.9}$$

另外,由球面三角中角的定义可知$\angle AZO' = \angle BOO''$,所以有

$$\frac{\Delta\alpha}{2} = \angle BOO'' = \angle AZO' = \arcsin \frac{\sin R}{\cos \delta_0} \tag{8.10}$$

又因为 $\delta_0 \leqslant 90° - R$,所以 $0 < \sin R \leqslant \cos \delta_0$,即 $0 < \frac{\sin R}{\cos \delta_0} < 1$,符合反正弦函数定义域要求。推广到星敏感器视轴方向在南天球时的情况,可知可观测星的赤经范围应满足

$$\alpha \in \begin{cases} \left[\alpha_0 - \arcsin \frac{\sin R}{\cos \delta_0}, \alpha_0 + \arcsin \frac{\sin R}{\cos \delta_0}\right], & |\delta_0| \in [0°, 90° - R] \\ [0, 360°], & |\delta_0| \in (90° - R, 90°] \end{cases} \tag{8.11}$$

这样,综合式(8.8)和式(8.11)便可确定视场内可观测星的赤经和赤纬范围。

2. 可成像星的确定

由于满足可观测范围只是一颗恒星可在 CCD 像平面内成像的一个必要条件,因此,需要在可观测范围内做进一步筛选才能确定一颗恒星是否为可成像星。

如图 8.3 所示，可观测范围内的一部分恒星位于星敏感器圆形视场之外，其余恒星虽然位于星敏感器圆形视场之内，但其中又有一部分恒星位于 CCD 成像面外。因此，根据星敏感器视轴指向和圆形视场半径确定得到可观测星的赤经和赤纬范围之后，还需要根据星点坐标是否处于 CCD 成像面内进一步判断其能否成像。具体方法为：利用星敏感器成像模型，计算得到可观测范围内的恒星 i 在 CCD 像平面上的像素坐标(x_i,y_i)，若满足

$$\left.\begin{aligned} x_i &\in \left(-\frac{N_x}{2},\frac{N_x}{2}\right) \\ y_i &\in \left(-\frac{N_y}{2},\frac{N_y}{2}\right) \end{aligned}\right\} \tag{8.12}$$

则恒星 i 为可成像星，否则恒星 i 为不可成像星。

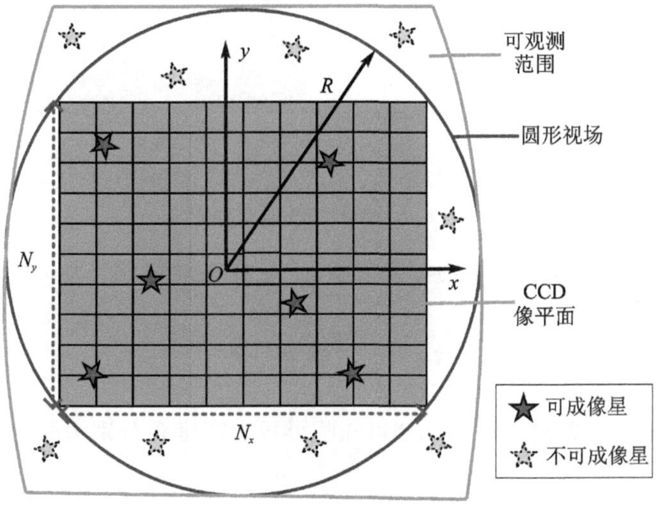

图 8.3　可成像星的确定

由于构建导航星库时已经进行了天区的划分，所以在获取可成像星时可根据视轴指向缩小搜索范围。在确定该视轴指向所在的天区编号后，只须遍历该天区及相邻天区的恒星即可，而无须遍历导航星库中所有的恒星。这样不仅缩短了获取视场内恒星的时间，而且大大提高了星图模拟的效率。

8.2.4　折射星的检索与仿真

当星光穿越大气时，其轨迹将向地心方向弯曲，这就是星光在大气中的折射。为了进行星光折射间接敏感地平定位，需要捕获折射星的信息。模拟带折射效应的恒星，需要检索出视场中的折射星，并求解其折射后等效的赤经和赤纬信息，以供后续星点成像使用。

1. 折射星的检索

将获得的视场范围内的恒星星光矢量设为集合 $\boldsymbol{D}$，可以将 $\boldsymbol{D}$ 分为两部分：发生折射的星光矢量集合 $\boldsymbol{D}_1$ 与未发生折射的星光矢量集合 $\boldsymbol{D}_2$。

图 8.4 中，$\boldsymbol{u}_1$ 和 $\boldsymbol{u}_2$ 分别为发生折射的临界星光矢量(折射前)，$\boldsymbol{u}_1'$和 $\boldsymbol{u}_2'$分别为对应的发生折射后的星光矢量，$h_1=20$ km，$h_2=50$ km，$R_{\max}$ 和 $R_{\min}$ 分别为最大和最小星光折射角(即

316.32″和 3.00″)，β_1 和 β_2 分别为相对应的星光折射高度角。

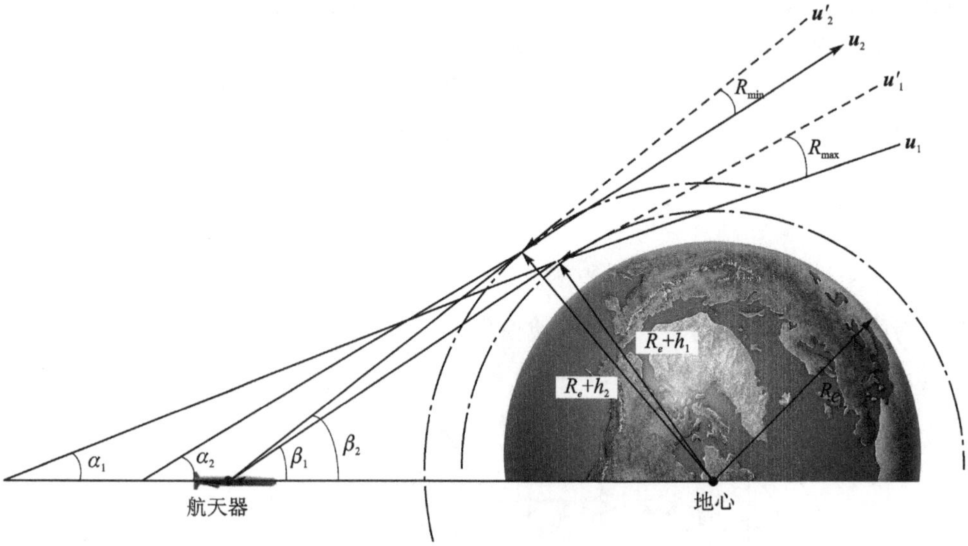

图 8.4 折射星获取原理图

设星光高度角 α 为未发生折射的星光矢量 $\boldsymbol{u}_s$ 与载体的位置矢量 $\boldsymbol{r}_s$ 所夹的角度，其定义式为

$$\alpha = \arccos\left(-\frac{\boldsymbol{u}_s \cdot \boldsymbol{r}_s}{r_s}\right) \tag{8.13}$$

其中，r_s 为载体到地心的距离。由图 8.3 可知临界星光高度角分别为

$$\left.\begin{aligned} \alpha_1 &= \beta_1 - R_{\max} = \arcsin\frac{R_e + h_1}{r_s} - R_{\max} \\ \alpha_2 &= \beta_2 - R_{\min} = \arcsin\frac{R_e + h_2}{r_s} - R_{\min} \end{aligned}\right\} \tag{8.14}$$

可将视场内的恒星通过式(8.14)进行分类。

$$\left.\begin{aligned} &\alpha_1 \leqslant \alpha \leqslant \alpha_2, \quad u_s \in \boldsymbol{D}_1 \\ &\alpha \geqslant \alpha_2, \quad u_s \in \boldsymbol{D}_2 \end{aligned}\right\} \tag{8.15}$$

至此，即可检索出视场内的折射星。

2. 折射角的求解

恒星的入射光线与折射后的光线之间的夹角就是折射角 R。根据星光折射间接敏感地平定位原理可得

$$h_a = [1 + k(\lambda)\rho_g]h_g + k(\lambda)\rho_g R_e \tag{8.16}$$

$$h_a = \sqrt{|\boldsymbol{r}_s|^2 - u^2} + u\tan R - R_e \tag{8.17}$$

式中，折射角 R 单位为 rad；$u = |\boldsymbol{r}_s \cdot \boldsymbol{u}_s|$；$h_a$ 为视高度；$k(\lambda)$ 为散射系数，由光波波长 λ 决定；ρ_g 为 h_g 处的大气密度(单位：g/m^3)。

20 km～50 km 范围内切线高度 h_g(单位：km)随折射角 R(单位：″)变化的关系为

$$h_g = 57.081\ 066\ 627\ 6 - 6.441\ 325\ 700\ 5\ln R \tag{8.18}$$

将式(8.16)～式(8.18)联立即可得折射角 R 与载体位置矢量 $\boldsymbol{r}_s$ 的关系方程为

$$\begin{gathered}[1+k(\lambda)\rho_g](57.081\,066\,627\,6-6.441\,325\,700\,5\ln R+R_e)-\\ \sqrt{|\boldsymbol{r}_s|^2-u^2}-u\tan R=0\end{gathered} \tag{8.19}$$

取波长 $\lambda=0.7\ \mu\mathrm{m}$，散射系数 $k(\lambda)=2.25\times10^{-7}$，地球半径 $R_e=6\ 378.14\ \mathrm{km}$。

由于 20 km 以上的大气层有 $k(\lambda)\rho\ll1$，因此式(8.19)可以近似为

$$6.441\,325\,700\,5\ln R+u\tan R+\sqrt{|\boldsymbol{r}_s|^2-u^2}-6\,435.221\,066\,627\,601=0 \tag{8.20}$$

将式(8.20)简记为 $f(R)=0$，则可以通过牛顿迭代法求取折射角 R：

$$R_{k+1}=R_k-\frac{f(R_k)}{f'(R_k)},\quad k=0,1,2,\cdots \tag{8.21}$$

根据式(8.21)，即可求解出各颗折射星的理论折射角。

3. 折射后等效星历信息的计算

求解出折射星的折射角 R 后，需要确定折射后星光矢量 $\boldsymbol{u}'_s$ 在地心惯性系中的坐标。由于折射后星光矢量 $\boldsymbol{u}'_s$ 仍在折射前星光矢量 $\boldsymbol{u}_s$ 和位置矢量 $\boldsymbol{r}_s$ 构成的平面内，只是偏转了折射角 R，所以可以利用四元数实现星光矢量偏转后的坐标计算。折射前星光矢量 $\boldsymbol{u}_s$ 和位置矢量 $\boldsymbol{r}_s$ 所在平面的单位法向量 $\boldsymbol{n}$ 可表示为

$$\boldsymbol{n}=\frac{\boldsymbol{u}_s\times\boldsymbol{r}_s}{|\boldsymbol{u}_s\times\boldsymbol{r}_s|} \tag{8.22}$$

利用转轴 $\boldsymbol{n}$ 和转角 R 可以描述星光矢量折射前后在同一坐标系中的坐标转换关系，用四元数形式可表示为

$$\begin{aligned}\boldsymbol{q}&=[q_0\quad q_1\quad q_2\quad q_3]^{\mathrm{T}}\\&=\left[\cos\frac{R}{2}\quad n_x^i\sin\frac{R}{2}\quad n_y^i\sin\frac{R}{2}\quad n_z^i\sin\frac{R}{2}\right]^{\mathrm{T}}\end{aligned} \tag{8.23}$$

其中，n_x^i、n_y^i 和 n_z^i 分别表示 $\boldsymbol{n}$ 在地心惯性系中的三个坐标分量。

根据四元数与坐标转换矩阵之间的对应关系，可以得到与该四元数对应的坐标转换矩阵为

$$\boldsymbol{C}=\begin{bmatrix}q_0^2+q_1^2-q_2^2-q_3^2 & 2(q_1q_2-q_0q_3) & 2(q_1q_3+q_0q_2)\\ 2(q_1q_2+q_0q_3) & q_0^2-q_1^2+q_2^2-q_3^2 & 2(q_2q_3-q_0q_1)\\ 2(q_1q_3-q_0q_2) & 2(q_2q_3+q_0q_1) & q_0^2-q_1^2-q_2^2+q_3^2\end{bmatrix} \tag{8.24}$$

所以，折射后星光矢量 $\boldsymbol{u}'_s$ 在地心惯性系中的坐标的计算公式为

$$(\boldsymbol{u}'_s)^i=\boldsymbol{C}(\boldsymbol{u}_s)^i \tag{8.25}$$

其中，$(\boldsymbol{u}_s)^i$ 和 $(\boldsymbol{u}'_s)^i$ 分别表示 $\boldsymbol{u}_s$ 和 $\boldsymbol{u}'_s$ 在地心惯性系下的坐标。

将式(8.25)计算得到的折射后星光矢量在地心惯性系中的坐标记为 $(\boldsymbol{u}'_s)^i=[x'_s,y'_s,z'_s]^{\mathrm{T}}$，则可进一步计算得到折射后恒星等效的赤经 α'_i 和赤纬 δ'_i 的主值为

$$\left.\begin{aligned}\alpha'_i&=\arctan\frac{y'_s}{x'_s}\\ \delta'_i&=\arcsin z'_s\end{aligned}\right\} \tag{8.26}$$

在此基础上，结合式(8.25)求得的折射后星光矢量在地心惯性系中各坐标分量的正负号可进一步确定折射后恒星等效的赤经和赤纬的真值，并用于后续的星点成像过程。

8.2.5 星点成像

星点成像就是在已知星敏感器视轴指向(α_0,δ_0)、视场内恒星的赤经和赤纬(α_i,δ_i)(折射星的等效赤经和赤纬(α_i',δ_i'))与星等的条件下,将这些信息映射为星敏感器CCD坐标及灰度值信息的过程。

1. 由天球系到CCD平面坐标系的转换

根据定义,任一恒星(α_i,δ_i)在天球系(与地心赤道惯性坐标系同轴)中的坐标可表示为

$$[U_i \quad V_i \quad W_i]^{\mathrm{T}} = [\cos\alpha_i\cos\delta_i \quad \sin\alpha_i\cos\delta_i \quad \sin\delta_i]^{\mathrm{T}} \tag{8.27}$$

由式(8.1)可以得到星敏感器姿态矩阵 $\boldsymbol{C}_i^s$,也就是天球系到星敏感器测量坐标系的转换矩阵 $\boldsymbol{M}$,所以该恒星在星敏感器测量坐标系中的坐标为

$$[X_i \quad Y_i \quad Z_i]^{\mathrm{T}} = \boldsymbol{M}[U_i \quad V_i \quad W_i]^{\mathrm{T}} \tag{8.28}$$

由 $[X_i \quad Y_i \quad Z_i]^{\mathrm{T}}$ 可以确定该恒星在CCD平面坐标系(其原点位于星图中心)的坐标(x_i,y_i),其原理如图8.5所示。

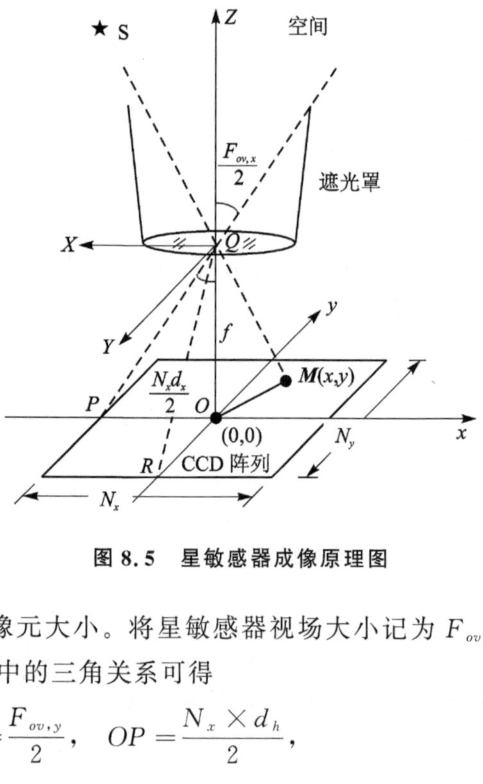

图8.5 星敏感器成像原理图

根据星敏感器成像原理图所示的相似三角形几何关系可得

$$\left.\begin{aligned}\frac{x_i\times d_h}{f}&=\frac{X_i}{Z_i}\\ \frac{y_i\times d_v}{f}&=\frac{Y_i}{Z_i}\end{aligned}\right\}$$

即

$$\left.\begin{aligned}x_i&=\frac{f\times X_i}{d_h\times Z_i}\\ y_i&=\frac{f\times Y_i}{d_v\times Z_i}\end{aligned}\right\} \tag{8.29}$$

式中,(x_i,y_i)是恒星在CCD平面上的质心位置;f 为星敏感器光学系统的焦距;d_h,d_v 为像元大小。将星敏感器视场大小记为 $F_{ov,x}\times F_{ov,y}$,CCD面阵像元数记为 $N_x\times N_y$,由图8.5中的三角关系可得

$$\angle PQO=\frac{F_{ov,x}}{2},\quad \angle RQO=\frac{F_{ov,y}}{2},\quad OP=\frac{N_x\times d_h}{2},$$

$$OR=\frac{N_y\times d_v}{2},\quad \tan\angle PQO=\frac{OP}{f},\quad \tan\angle RQO=\frac{OR}{f}$$

进而,焦距 f 可表示为

$$f=\frac{N_x\cdot d_h}{2\tan\dfrac{F_{ov,x}}{2}}=\frac{N_y\cdot d_v}{2\tan\dfrac{F_{ov,y}}{2}} \tag{8.30}$$

根据式(8.27)~式(8.30),即可求出恒星在CCD平面上的位置(x_i,y_i)。

由于计算机屏幕上的坐标原点在左上角(y 轴正方向垂直向下,x 轴正方向水平向右),为

正确显示模拟星图，需要首先进行坐标平移，平移公式为

$$\left.\begin{aligned} x_i' &= N_x/2 + x_i \\ y_i' &= N_y/2 - y_i \end{aligned}\right\} \tag{8.31}$$

这样，可以得到各星点在计算机屏幕中的映射坐标(x_i'，y_i')。

2. 由星等到灰度的转换

在计算机屏幕上显示的模拟星图为一幅二维数字图像。因此，除得到星点在 CCD 平面上的位置坐标之外，还需要获得每个像素点的灰度值，即将星敏感器视场内观测星的星等 m_i 转换为灰度 g_i。星点在星图中的灰度主要与星点本身的亮度及星敏感器的曝光时间有关。

星点的亮度主要由星等来体现，星等值越小，对应的亮度越大，相应的灰度值越大实际用到的导航星星等往往在 0～7 之间。在 19 世纪通过光度计测定，1 等星的平均亮度约为 6 等星的 100 倍，星等每降低一等，亮度增加为前一星等的 2.51 倍。当星点的灰度值与其亮度成正比时，结合不同星等的星体相对亮度的数学关系，星等和灰度的基本关系可以写作

$$g = g_0 2.51^{-m} \tag{8.32}$$

式中，m 为星体的星等；g_0 为 0 等星的灰度值。

星点星等越低，亮度越大，星像的灰度值越大，但在式(8.32)中没有考虑星敏感器曝光时间的影响。用与曝光时间成正比的曝光系数 K 来表示星点成像灰度与星等的关系，则有

$$g = K \cdot g_0 2.51^{-m} \tag{8.33}$$

星敏感器的曝光时间越长，曝光系数 K 也就越大，星敏感器接受星点辐射的能量越多，成像亮度也就越大。

星图在计算机中通常表示为 8 位灰度图像，共有 256 个灰度级。故星点的灰度值在 0～255 范围内，当星点的灰度值达到上限 255 时所对应的星等即为饱和星等；而当星点的灰度值降低至无法与背景相区分时，所对应的星等即为星敏感器可识别的阈值星等。

3. 星点成像的点扩散函数

由于光学系统衍射、像差等因素综合作用，恒星在 CCD 平面上所成的像是以质心位置为中心的光斑，质心位置周围的像素都有一定的灰度分布。由于恒星可以看作距离无穷远的天体，近似为点光源，所以其成像的灰度分布可用点扩散函数表示。实际星敏感器光学系统的点扩散函数趋于高斯型，恒星在 CCD 面阵上的能量分布近似为二维高斯分布。因此，可按照高斯规律进行灰度扩散，以模拟散焦效果。

对于任一恒星，根据它的赤经和赤纬值，利用式(8.27)～式(8.31)可以得到其在计算机屏幕中的映射坐标(x_i'，y_i')。星像点映射坐标(x_i'，y_i')是亚像素级的精确浮点值。然后可围绕映射坐标(x_i'，y_i')再进一步做灰度扩散处理，星敏感器中星像的光斑大小通常为 3×3、5×5、7×7 像素等。下面以 3×3 像素为例分析星点成像的点扩散函数，如图 8.6 所示。

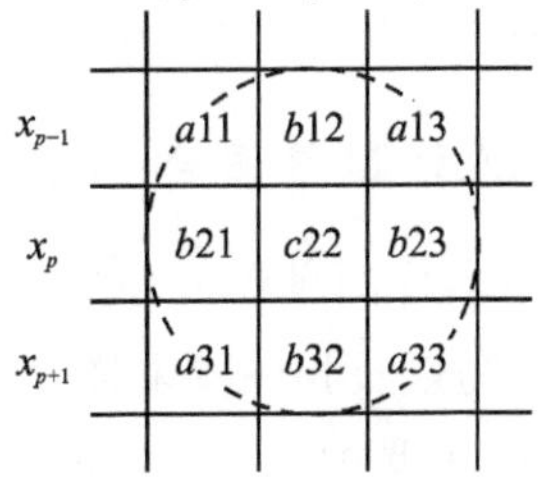

图 8.6　3×3 像素散焦范围

星像点的灰度分布符合以映射坐标(x'_i, y'_i)为中心的二维高斯分布，对映射坐标(x'_i, y'_i)四舍五入取整得到散焦星像点的中心像素坐标(x_p, y_p)，那么，可得中心及相邻像素坐标(i, j)的灰度计算公式如下：

$$s(i,j)=\frac{g}{2\pi\sigma^2}\exp\left(-\frac{(i-x'_i)^2+(j-y'_i)^2}{2\sigma^2}\right) \tag{8.34}$$

式中，σ与散焦程度和像差大小的综合效果有关，当$\sigma<0.671$时，有95%以上的接收能量落在3×3像素范围上；g为星点的灰度值，与星等及星敏感器的曝光时间有关。对视场内的每颗恒星都按照式(8.34)进行运算，则可以得到模拟星图。

如图8.7和图8.8所示分别为实拍星图单个星像点的灰度分布和基于二维高斯曲面拟合的星像效果，通过对比可以看出基于二维高斯曲面拟合的星图模拟方法得到的星像效果与实际成像效果基本吻合，可以满足对天文导航系统进行仿真验证的需求。

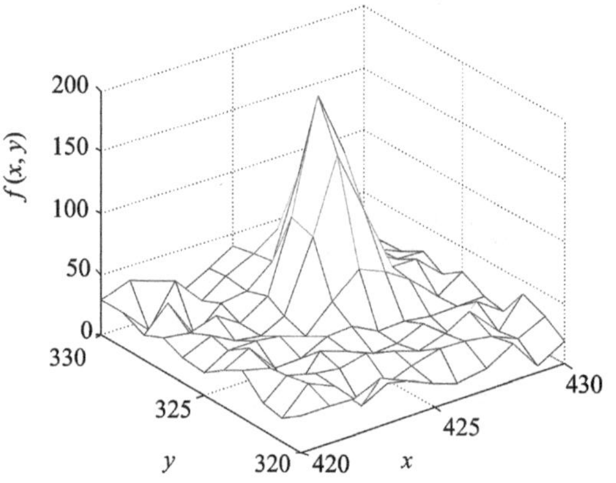

图8.7　实拍星图单个星像点的灰度分布

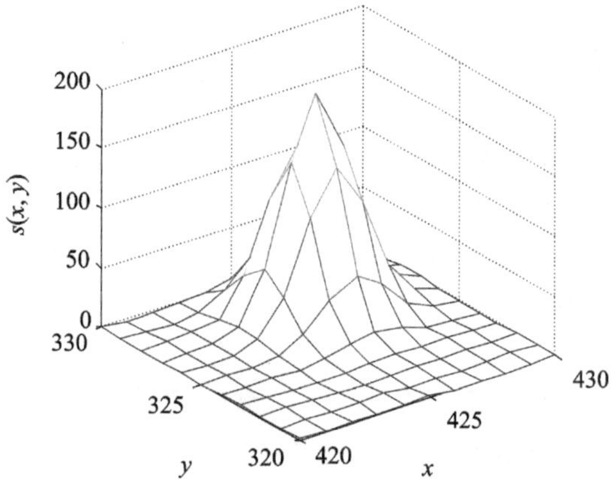

图8.8　基于二维高斯曲面拟合的星像效果

8.2.6　星图噪声模型

相比杂散光和星敏感器自身噪声，其他影响星图质量的因素都属于个别情况，出现的概率有限。因此，这里主要考虑背景杂散光、星等噪声和星敏感器自身噪声的影响，以便更真实地模拟实拍星图。

星图灰度分布可用式(8.35)所示的数学模型来描述：

$$f(i,j)=s(i,j)+b(i,j)+n(i,j) \tag{8.35}$$

式中，$f(i,j)$为星图中第i行、第j列像素的灰度值；$s(i,j)$为无噪声干扰的星像点灰度值；$b(i,j)$为背景噪声；$n(i,j)$为噪声信号。

1. CCD器件噪声

CCD器件的噪声可分为转移噪声、输出噪声、暗电流噪声和散粒噪声等。随着制造工艺水平的提高以及相关双采样等技术的应用，转移噪声和输出噪声已经降到很低水平，可不予考虑。因此，主要考虑其暗电流噪声和散粒噪声。暗电流噪声是在无光条件下的载流子引发的噪声，只与温度和曝光时间有关，温度升高时暗电流噪声增大。暗电流噪声的不均匀分布会使背景不均，可近似为白噪声。散粒噪声是光电器件和电子线路中的光电子随机发射引起的一个泊松过程。在噪声模拟时可将 CCD 器件噪声近似为均值为 0 的高斯白噪声。因此，考虑温度与曝光时间的影响，CCD 器件噪声方差 σ_n^2 与曝光系数 K 的关系为

$$\sigma_n^2 = \sqrt{K} \times \sigma(T)^2 \tag{8.36}$$

式中，$\sigma(T)^2$ 为 $K=1$ 时某温度下的噪声方差。

2. 背景杂散光

夜晚成像时，背景杂散光可认为是相当于 10 等星的亮度。白天成像时，背景杂散光相对较强，在星图中表现为高亮度。因此，可以在背景图像上加入 100～150 的随机灰度值来模拟杂散光的影响。背景杂散光灰度值的大小会影响可识别星等及天球中可观测星的数量，如表 8.1 所列。

表 8.1　背景光灰度与可识别星等及整个天球中可观测星数量的关系表

背景光灰度值	90	120	150	180	200	220	230
可识别星等/Mv	5.9	5.8	5.7	5.6	5.5	5.4	5.3
星的数量/个	4 510	4 087	3 597	3 233	2 852	2 558	2 310

根据表 8.1 可知，随着背景杂散光灰度值的增加，可识别星等明显降低，星的数量也明显减少。

3. 星等噪声

星等的误差主要来源于杂散光、辐射、小行星以及星敏感器的灵敏度。在星图模拟时，将这些因素对星等亮度的影响用高斯噪声来代替，则星等与灰度的转换关系为

$$g = K \cdot g_0 2.51^{-(m+m_\delta)} \tag{8.37}$$

式中，m_δ 为均值为 0、方差为 δ_m^2 的高斯白噪声。

8.3　星敏感器仿真器

星敏感器是天文导航的核心器件，可以对拍摄星图进行实时处理，是获取精确姿态和位置的前提。根据星敏感器的工作原理，星敏感器仿真器的主要功能为：针对模拟的实时星图，进行星图预处理得到星图中星点的质心位置；对预处理后的星图进行快速星图识别匹配，得到星点相应的星历信息。

8.3.1　星图预处理

星图预处理是进行星图识别的前提，它主要包括星图去噪、星图畸变校正、星图分割及星点质心提取，以得到较高精度的星点质心位置。在星敏感器仿真器中，星图预处理的主要流程为：

① 采用维纳滤波器处理星图中的噪声；

② 综合运用模糊星图复原技术与温度误差补偿方法，处理星图运动模糊与温度变化产生的星图畸变；

③ 对处理后的星图进行阈值分割与目标聚类；

④ 采用带阈值的质心法提取星图中星点的质心位置。

8.3.2 星图识别

星图识别是将实时拍摄的星图中提取的星点与预先储存在导航星库中的导航星进行匹配，确定星图中星点与导航星的对应关系。为了完成基于星光折射的天文定位，所搭建的天文导航系统数字仿真平台除了识别非折射星外，还将基于双星敏感器完成折射星的识别与折射角的求取。具体的过程如下：

① 星敏感器Ⅰ的视轴指向无折射现象发生的天区，基于 Hausdorff 距离星图识别算法识别该星图中拍摄的导航星，并获得高精度的姿态信息。

② 星敏感器Ⅱ的视轴与地球相切，以捕获经过大气折射后的星光。根据两个星敏感器的安装关系，可以获得星敏感器Ⅱ的视轴指向信息，进而根据星图模拟原理得到相应的未发生折射的"标准星图"中星点的像素位置和星库中存储的星号。

③ 对比标准星点与实拍星点的位置，如图 8.9 所示，并计算实拍星点与对应标准星点的欧式距离，若距离大于一定阈值（根据星图的成像质量和匹配算法的性能来设定），即认为该星是折射星，并确定其星历信息。

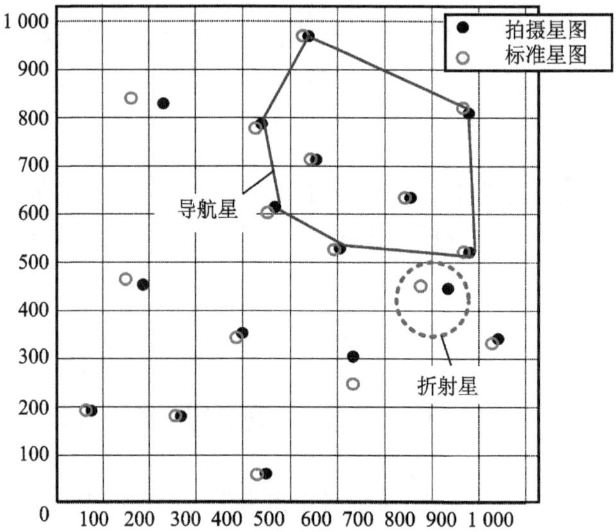

图 8.9 折射星识别原理示意图

④ 计算折射星的折射角。

经过星图预处理后可提取到第 j 颗折射星在星敏感器Ⅱ拍摄星图中实际成像位置为 (x_{js}, y_{js})，将该折射星在模拟的"标准星图"中的对应成像位置记为 (x'_{js}, y'_{js})，则该折射星的折射角 R_j 可以通过下式求取：

$$R_j = \arccos(\boldsymbol{W}_j^{\mathrm{T}} \boldsymbol{W}'_j) \tag{8.38}$$

式中，$\boldsymbol{W}'_j$ 表示该恒星未发生折射之前在星敏感器坐标系中的坐标；$\boldsymbol{W}_j$ 表示该折射星在星敏感器坐标系中的坐标。$\boldsymbol{W}'_j$ 和 $\boldsymbol{W}_j$ 的具体形式分别为

$$W'_j=\frac{1}{\sqrt{x'_{2js}+y'^2_{js}+f^2}}\begin{bmatrix}-x'_{js}\\-y'_{js}\\f\end{bmatrix} \tag{8.39}$$

$$W_j=\frac{1}{\sqrt{x^2_{js}+y^2_{js}+f^2}}\begin{bmatrix}-x_{js}\\-y_{js}\\f\end{bmatrix} \tag{8.40}$$

至此，经过星图识别后，星敏感器仿真器便可输出星敏感器视场内星点的赤经和赤纬等星历信息，以及折射星对应的折射角信息，从而为后续的天文导航解算仿真器提供输入信息。

8.4 天文导航解算仿真器

8.4.1 姿态测量

根据基于星敏感器的多参考矢量定姿方法，采用最小二乘算法计算得到星敏感器测量坐标系到惯性系的转换矩阵 $\boldsymbol{C}_s^i$。星敏感器捷联安装在载体上，其安装矩阵为 $\boldsymbol{C}_b^s$，所以载体的姿态矩阵 $\boldsymbol{C}_n^b$ 可表示为

$$\boldsymbol{C}_n^b=(\boldsymbol{C}_i^n\boldsymbol{C}_s^i\boldsymbol{C}_b^s)^{\mathrm{T}} \tag{8.41}$$

以弹道导弹为例，若选定发射点惯性坐标系作为导航系，则 $\boldsymbol{C}_i^n$ 可表示为

$$\begin{aligned}\boldsymbol{C}_i^n&=\boldsymbol{L}_y(-A-90^\circ)\boldsymbol{L}_x(L_0)\boldsymbol{L}_z(S_0+\lambda_0-90^\circ)\\&=\begin{bmatrix}-\cos A\sin L_0\cos(\lambda_0+S_0)-\sin A\sin(\lambda_0+S_0) & -\cos A\sin L_0\sin(\lambda_0+S_0)+\sin A\cos(\lambda_0+S_0) & \cos A\cos L_0\\ \cos L_0\cos(\lambda_0+S_0) & \cos L_0\sin(\lambda_0+S_0) & \sin L_0\\ \sin A\sin L_0\cos(\lambda_0+S_0)-\cos A\sin(\lambda_0+S_0) & \sin A\sin L_0\sin(\lambda_0+S_0)+\cos A\cos(\lambda_0+S_0) & -\sin A\cos L_0\end{bmatrix}\end{aligned} \tag{8.42}$$

式中，A 为发射方位角；S_0 为发射时刻的格林尼治恒星时；λ_0 和 L_0 分别为发射点的地理经度和纬度。因此，$\boldsymbol{C}_i^n$ 可视为已知信息。

将先验已知的 $\boldsymbol{C}_i^n$、星敏感器捷联安装矩阵 $\boldsymbol{C}_b^s$ 以及计算得到的星敏感器姿态矩阵 $\boldsymbol{C}_s^i$ 代入式(8.41)后，即可解算出载体的俯仰角 φ、航向角 ψ、滚转角 γ 主值为

$$\left.\begin{aligned}\varphi&=\arctan\frac{\boldsymbol{C}_n^b(1,2)}{\boldsymbol{C}_n^b(1,1)}\\ \psi&=-\arcsin\boldsymbol{C}_n^b(1,3)\\ \gamma&=\arctan\frac{\boldsymbol{C}_n^b(2,3)}{\boldsymbol{C}_n^b(3,3)}\end{aligned}\right\} \tag{8.43}$$

在式(8.43)的基础上，结合载体的姿态矩阵 $\boldsymbol{C}_n^b$ 中相应元素的正负号可进一步确定这3个姿态角的真值。

8.4.2 位置确定

根据是否建立状态方程，基于星光折射间接敏感地平确定载体位置的方法可以分为两种：

基于轨道动力学和基于解析求解的定位方法。为了满足现阶段载体对机动性能的要求,所设计的天文导航解算仿真器根据星敏感器仿真器得到的折射星星历及其折射角信息,采用基于最小二乘微分校正的天文导航定位方法,完成载体位置的解算。

8.5 天文导航系统性能仿真验证

下面以弹道导弹为应用对象,基于所设计的天文导航系统数字仿真平台分别对天文导航系统的静态性能和动态性能进行验证。

8.5.1 静态性能验证

天文导航系统静态性能验证采用蒙特卡洛方法随机生成载体的姿态、位置信息输入仿真平台,根据给定姿态、位置的条件下拍摄星图、星图预处理、星图识别及测姿定位等功能模块的输出结果,验证天文导航系统在静态情况下的系统性能。

1. 仿真条件

星敏感器仿真条件:视场大小 10°×10°,CCD 面阵分辨率为 512×512,像素尺寸 d_{CCD}=20 μm,透镜焦距 f=58.52 mm,曝光系数选为 1,星图像素灰度噪声为 5 灰度值,星等噪声为 0.2Mv;选用 SAO 星表中亮于 6.95Mv 的恒星构建完备星表。

使用蒙特卡罗方法随机产生的弹道导弹相对于发射点惯性坐标系的俯仰角、偏航角、滚转角分别为(19.695 4°,0.186 9°,0.514 4°),弹道导弹的经度、纬度和高度分别为(114.235 8°,36.464 4°,122.544 5 km),星敏感器Ⅰ(敏感导航星)的视轴与导弹 y 轴同向,星敏感器Ⅱ(敏感折射星)的视轴与地平相切。在该条件下实验 100 次,以测试平台的静态性能。

2. 星图模拟

在该视轴指向下,星敏感器Ⅰ与星敏感器Ⅱ都拍摄到 22 颗恒星,其部分恒星信息如表 8.2 所列,第 1 次实验的星图如图 8.10 和图 8.11 所示。

表 8.2 星敏感器Ⅰ与星敏感器Ⅱ视场内的部分恒星信息

星敏感器Ⅰ			星敏感器Ⅱ		
赤经/rad	赤纬/rad	星等/Mv	赤经/rad	赤纬/rad	星等/Mv
3.333 6	−0.494 3	5.7	0.171 6	0.538 6	3.5
3.352 9	−0.481 7	5.8	0.163 0	0.617 8	5.6
3.339 1	−0.502 1	6.8	0.254 1	0.592 6	6.2
3.362 8	−0.593 4	5.0	0.168 2	0.511 6	4.5
3.433 5	−0.625 9	5.6	0.304 3	0.621 7	2.4
⋮	⋮	⋮	⋮	⋮	⋮

星敏感器Ⅱ视场中的恒星中有 4 颗折射星,18 颗非折射星,多次实验结果中视场内的折射星不变。

表 8.3　星敏感器Ⅱ视场内的折射星信息及成像坐标信息

赤经/rad	赤纬/rad	折射前		折射后		折射角/(″)
		x 坐标/pixel	y 坐标/pixel	x 坐标/pixel	y 坐标/pixel	
0.161 2	0.588 7	391.066 5	362.829 2	390.185 3	363.201 9	67.302 3
0.137 2	0.586 1	448.990 7	371.976 1	448.907 5	372.011 1	6.337 8
0.141 0	0.611 0	420.679 1	439.140 5	419.684 6	439.555 2	75.655 4
0.234 5	0.515 0	268.053 3	108.271 9	266.512 8	108.955 2	118.605 6

图 8.10　星敏感器Ⅰ拍摄星图

图 8.11　星敏感器Ⅱ拍摄星图

从表 8.3 中可以看出，与折射前的坐标相比，折射星在折射后的坐标有明显变化。而且，随折射角的不同折射前后的坐标改变量也不同，该坐标改变量可以有效反映折射角的大小。

3. 星图预处理与识别

(1) 星图预处理

对模拟星图进行滤波去噪、星图分割处理后，进行星点质心提取，继而结合装订的导航星特征库，采用改进的 Hausdorff 距离算法完成星图识别。第 1 次实验部分星点质心提取结果如表 8.4 所列，可以看出，带阈值的质心法提取星点位置误差不超过 0.05 个像素。

表 8.4　星点的质心提取位置与实际位置比较

星　号	x 方向/pixel			y 方向/pixel		
	实　际	提　取	误　差	实　际	提　取	误　差
11767	27.637 8	27.678 5	−0.040 7	193.653 1	193.695 5	−0.042 4
9147	54.796 6	54.838 9	−0.042 3	318.478 0	318.470 3	0.007 7
4545	99.241 1	99.193 1	0.048 0	193.943 8	193.959 2	−0.015 4
3463	125.172 8	125.130 5	0.042 3	75.945 2	75.960 6	−0.015 4

续表 8.4

星号	x 方向/pixel			y 方向/pixel		
	实际	提取	误差	实际	提取	误差
11782	144.572 4	144.599 6	−0.027 2	94.424 3	94.408 6	0.015 7
⋮	⋮	⋮	⋮	⋮	⋮	⋮

(2) 星图识别

基于改进的 Hausdorff 距离星图识别算法具备较强的抵抗噪声与不明星体干扰的能力，受质心提取误差的影响较小。经 100 次实验导航星识别正确率达 99%。经过折射星识别与折射角求解后，得到星敏感器Ⅱ视场内折射星的折射角信息如表 8.5 所列。

表 8.5 星图识别折射角与理论折射角比较

星号	星图识别折射角/(″)	理论折射角/(″)	识别误差/(″)
791	68.973 4	67.302 3	1.671 1
5 231	4.695 7	6.337 8	−1.642 1
9 882	73.335 0	75.655 4	−2.320 4
10 258	118.208 4	118.605 6	−0.397 2

4. 测姿定位

经星图匹配识别后，可获得已识别恒星的赤经、赤纬与星点质心坐标，采用最小二乘方法可以获得载体的姿态信息；经星图识别，还可以获得折射星的赤经、赤纬、星点质心坐标及其折射角，利用最小二乘微分校正法，可以获得载体的位置信息。

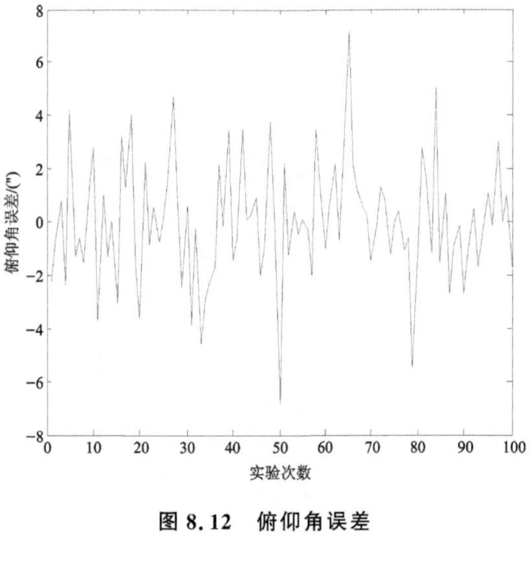

图 8.12 俯仰角误差

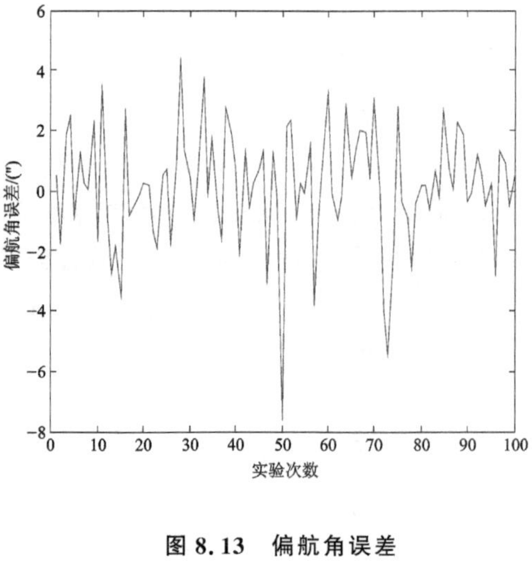

图 8.13 偏航角误差

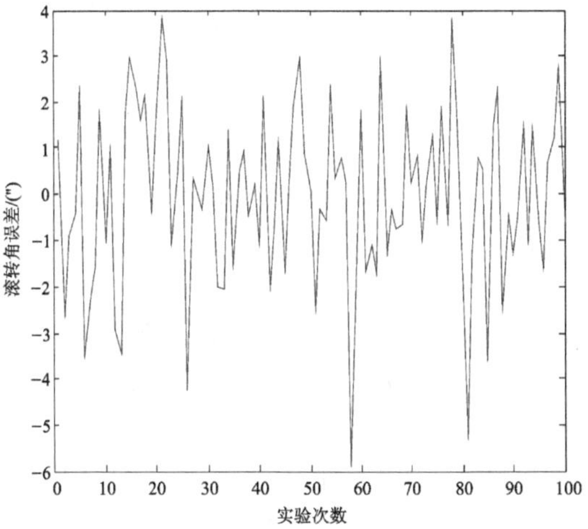

图 8.14　滚转角误差

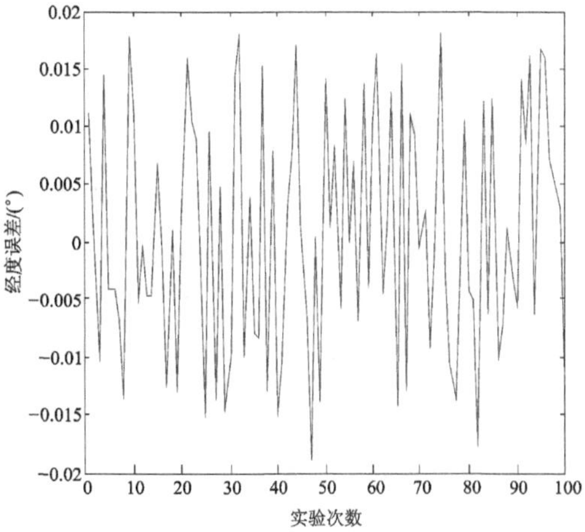

图 8.15　经度误差

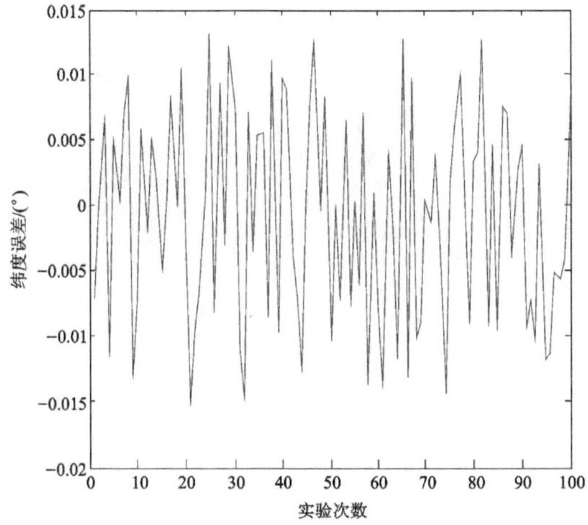

图 8.16　纬度误差

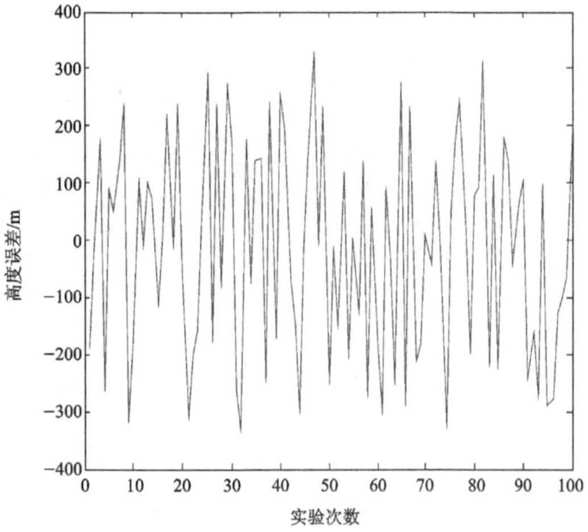

图 8.17　高度误差

根据图 8.12～图 8.17 可知，天文导航系统数字仿真平台得到的姿态测量精度在 10″以内，经度、纬度误差在 0.02°以内，高度误差在 350 m 以内，具有较好的静态性能。

8.5.2　动态性能验证

天文导航系统动态性能验证是指：通过设计轨迹发生器（或使用 STK 软件）生成载体的轨迹参数，串行输入仿真平台，依次得到各时刻的载体姿态、位置信息，并将解算出的载体姿态、位置信息与轨迹发生器生成的标称信息进行比较，以验证天文导航系统在动态情况下的系统性能。

1. 仿真条件

弹道导弹初始发射位置为（112°E，34°N），初始的俯仰角、偏航角、滚转角为（90°，0°，0°），发射方位角为 36°；导弹垂直上升时间为 10 s，在第 30 s 末结束转弯，第 200 s 发动机关机，导弹推力加速度为 40.7 m/s^2。星敏感器在导弹飞出大气层后(第 83 s)开始工作,第 1 763 s 关闭。

2. 性能验证

将轨迹发生器生成的导弹轨迹参数串行输入仿真平台,依次得到各时刻的导弹姿态、位置信息。在星敏感器开机的全程内,星敏感器Ⅰ视场内都存在导航星,所以姿态信息是连续的。天文导航系统数字仿真平台得到的测姿结果如图 8.18～图 8.20 所示。

根据图 8.18～图 8.20 可知,天文导航系统数字仿真平台解算的俯仰角、偏航角和滚转角的误差均值分别为 0.473 1″、−0.304 6″和−0.359 5″,误差标准差分别为 5.304 7″、3.013 3″和 2.457 3″,该仿真平台的姿态测量精度较高,验证了该系统的可靠性和稳定性。

星敏感器Ⅱ视场内的折射星带较窄,有时折射星数目小于 3 颗,此时,天文导航定位失效,星敏感器Ⅱ视场内的折射星数目如图 8.21 所示,虚线为定位有效的标准线。天文导航系统数

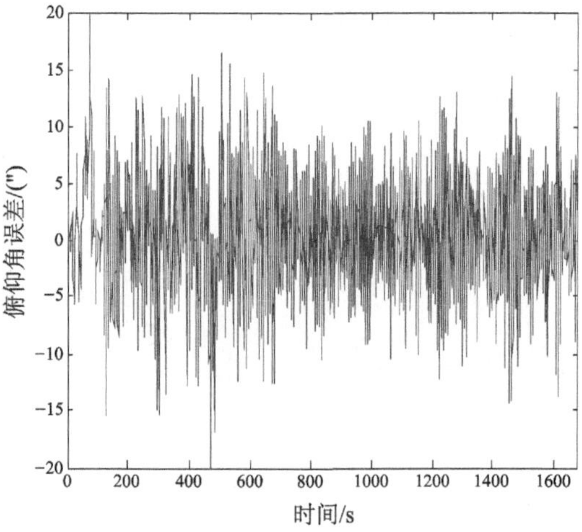

图 8.18　83～1 763 s 天文导航俯仰角误差

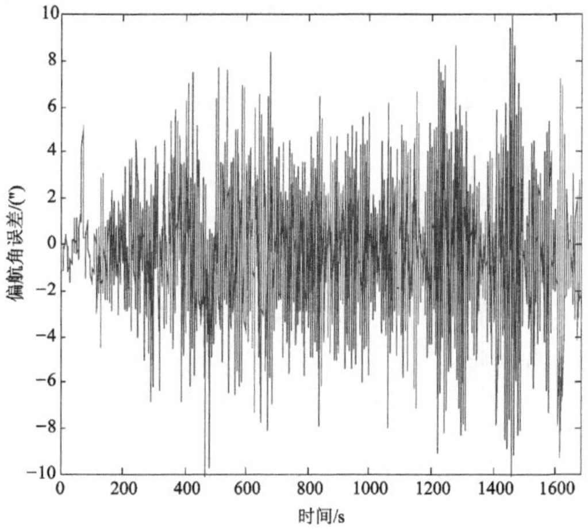

图 8.19　83～1 763 s 天文导航偏航角误差

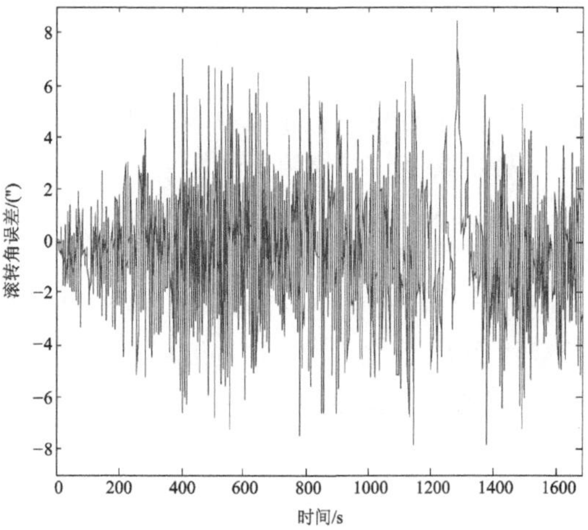

图 8.20　83～1 763 s 天文导航滚转角误差

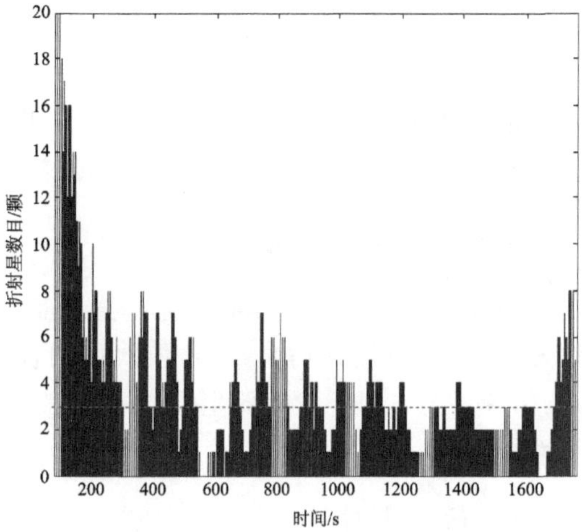

图 8.21　导弹飞行全程折射星数目

字仿真平台得到的定位结果如图 8.22～图 8.24 所示，其中，在折射星少于 3 颗的时刻无法定位，用实线标出。

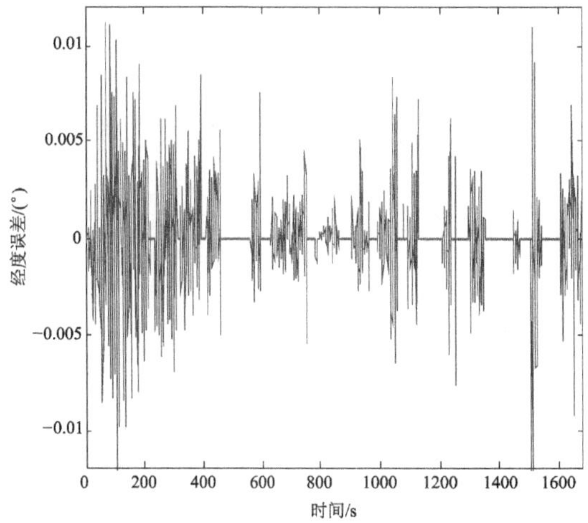

图 8.22　83～1 763 s 天文导航经度误差

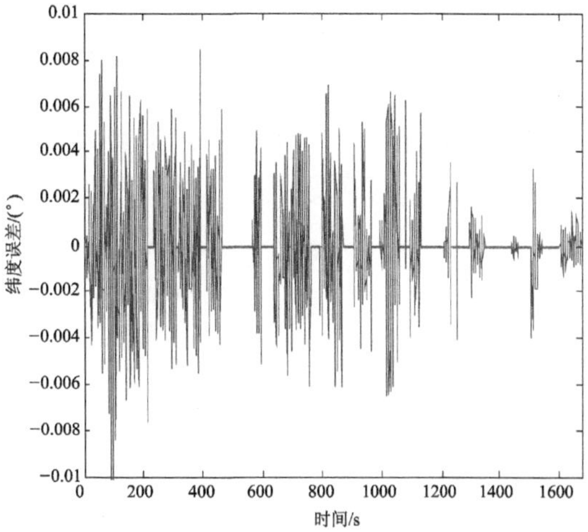

图 8.23　83～1 763 s 天文导航纬度误差

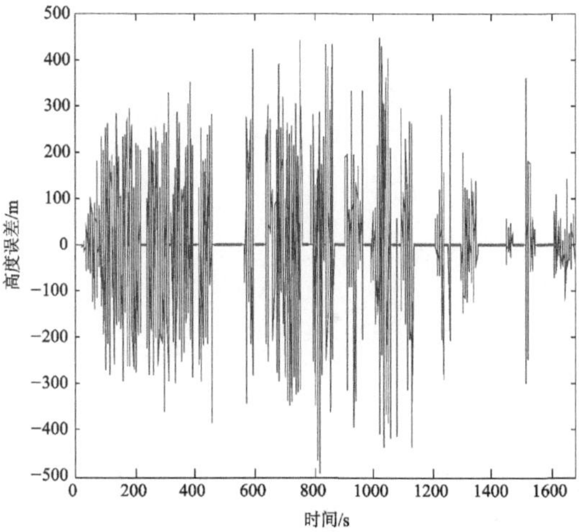

图 8.24　83～1 763 s 天文导航高度误差

根据图 8.22～图 8.24 可知，当星敏感器Ⅱ视场内的折射星大于 3 颗时，天文导航数字仿真系统解算的经度、纬度和高度的误差均值分别为 $3.526\,0\times10^{-5}$°、$-7.115\,9\times10^{-5}$°和 2.927 5 m，误差标准差分别为 0.002 9°、0.002 7°和 156.437 6 m。

8.6　小　结

为了对天文导航系统的性能进行简单有效的测试与验证，本章介绍了天文导航系统数字仿真平台的设计方法与系统性能验证方法。首先，给出了天文导航系统数字仿真平台的组成结构及其工作原理；进而详细介绍了星图模拟仿真器、星敏感器仿真器和天文导航解算仿真器三个模块的设计方法;最后,以弹道导弹为应用对象,基于设计的数字仿真平台分别对天文导航系统的静态性能和动态性能进行了验证。

天文导航系统数字仿真平台可以根据任务需要对任意载体飞行轨迹进行测试,检测天文导航系统的多种性能,从而为星敏感器的选择、导航性能的评估提供参考;该平台的建立还有利于自主天文导航新方法、新思路与新方案的研究与验证;此外,该平台还可以大大节省测试过程的成本,减少许多不必要的重复劳动,为天文导航系统的设计提供了一种实用而有效的工具。

第 9 章　捷联惯导系统工作原理及其误差方程

惯性导航系统利用惯性器件(陀螺仪、加速度计等)测量载体相对于惯性空间的角速度和加速度,进而通过积分运算获得载体的导航参数(位置、速度和姿态)并实时输出。由于惯性导航系统工作时不依赖任何外部信息,也不向外部辐射能量,具有自主性强、隐蔽性好、导航信息完备、短时精度高、数据输出率高等优点,因此,被广泛应用于海陆空天地各种运载体中。惯性导航系统主要包括平台式惯性导航系统与捷联式惯性导航系统两类。

平台式惯性导航系统(Platform Inertial Navigation System, PINS)简称平台惯导系统,其利用陀螺稳定平台(惯性平台)跟踪当地水平面,并在该平台上分别安装东向、北向和垂直加速度计,测量载体的运动加速度,进而通过积分运算得到载体的速度与位置信息;捷联式惯性导航系统(Strapdown Inertial Navigation System, SINS)简称捷联惯导系统,其是将惯性器件(陀螺仪和加速度计)直接安装在载体上的导航系统。从结构上说,捷联式惯性导航系统去掉了实体的惯性平台而代之以存贮在计算机里的"数学平台"。在平台式惯性导航系统中,惯性平台成为系统结构的主体,其体积和重量约占整个系统的一半,而安装在平台上的陀螺仪和加速度计却只占平台重量的 1/7 左右。此外,该惯性平台是一个复杂的高精度机电控制系统,它所需要的加工制造成本大约占整个系统费用的 2/5。而且,惯性平台的结构复杂、故障率较高,大大影响了惯导系统工作的可靠性。近年来,随着激光陀螺和光纤陀螺等新型惯性器件的广泛应用以及现代控制理论、计算机技术的飞速发展,捷联式惯性导航系统以其体积小、重量轻及成本低等方面的优势已逐渐成为惯性导航系统发展的主流。

本章首先介绍了捷联惯性导航系统的基本工作原理及力学编排方程,在此基础上,进一步建立了捷联惯导系统的误差方程。

9.1　捷联惯导系统基本工作原理

与平台惯导系统相比,捷联惯导系统利用存贮在计算机里的"数学平台"代替了实体的惯性平台,进而完成姿态、速度与位置的解算,其基本工作原理如图 9.1 所示。

载体的姿态可用本体坐标系(b 系)相对导航坐标系(n 系)的三个欧拉角确定,即偏航角 ψ、俯仰角 θ 和滚转角 γ 确定。由于载体的姿态是不断改变的,因此,姿态矩阵 $\boldsymbol{C}_b^n$ 的元素是时间的函数。为随时确定载体的姿态,当用四元数方法确定姿态矩阵时,应解一个四元数运动学微分方程(若用方向余弦方法,要解一个方向余弦矩阵微分方程),即

$$\dot{\boldsymbol{q}}=\frac{1}{2}\boldsymbol{q}\circ\boldsymbol{\omega}_{nb}^{b} \tag{9.1}$$

式中,$\boldsymbol{\omega}_{nb}^{b}$ 表示以 0 为实部、姿态矩阵的速度 $\boldsymbol{\omega}_{nb}^{b}$ 为虚部的四元数,$\boldsymbol{q}\circ\boldsymbol{\omega}_{nb}^{b}$ 表示姿态四元数 $\boldsymbol{q}$ 和四元数 $\boldsymbol{\omega}_{nb}^{b}$ 的四元数乘法运算;姿态矩阵的速度 $\boldsymbol{\omega}_{nb}^{b}$ 与其他角速度的关系可由式(9.2)给出,因 $\boldsymbol{\omega}_{nb}^{b}=\boldsymbol{\omega}_{ib}^{b}-\boldsymbol{\omega}_{in}^{b}$,可得

$$\boldsymbol{\omega}_{nb}^{b}=\boldsymbol{\omega}_{ib}^{b}-\boldsymbol{C}_{n}^{b}\boldsymbol{\omega}_{in}^{n}$$

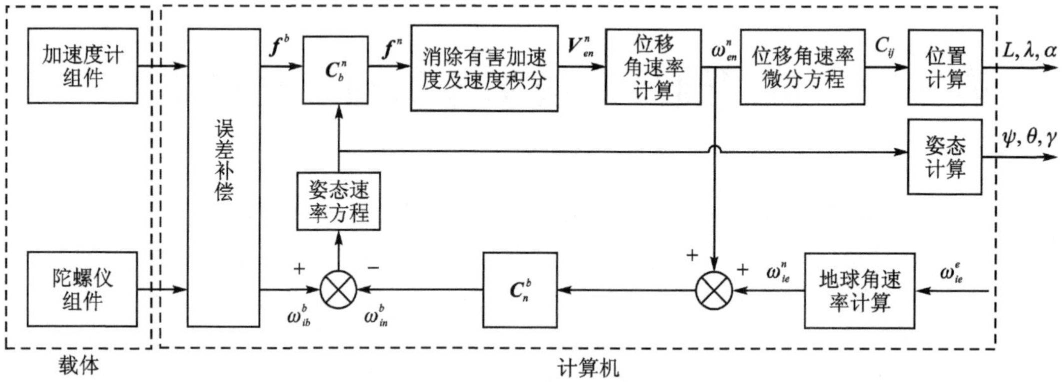

图 9.1 捷联惯导系统工作原理框图

$$=\boldsymbol{\omega}_{ib}^{b}-\boldsymbol{C}_{n}^{b}(\boldsymbol{\omega}_{ie}^{n}+\boldsymbol{\omega}_{en}^{n}) \tag{9.2}$$

式中，$\boldsymbol{\omega}_{ie}^{n}$ 为地球自转角速度，是已知的；$\boldsymbol{\omega}_{en}^{n}$ 为位置角速度，它可以由相对速度 $\boldsymbol{V}_{en}^{n}$ 求得。在确定姿态矩阵 $\boldsymbol{C}_{b}^{n}$ 之后，姿态角便可根据 $\boldsymbol{C}_{b}^{n}$ 中的相应元素求得。

对加速度计组件的输出进行补偿后可得 $\boldsymbol{f}^{b}$，它是沿载体轴的比力，经 $\boldsymbol{C}_{b}^{n}$ 实现其从载体的本体系到导航系的变换，得到导航系中的比力 $\boldsymbol{f}^{n}$。相对速度 $\boldsymbol{V}_{en}^{n}$ 可以通过对相对加速度 $\boldsymbol{a}_{en}^{n}$ 积分得到，其中相对加速度 $\boldsymbol{a}_{en}^{n}$ 是在导航系下的比力经过消除有害加速度后得到的。

载体的位置计算与相对速度亦即与位置角速度有关。在获得相对速度的基础上，由于载体位置在不断地改变，为正确反映这种变化，需要求解方向余弦矩阵微分方程

$$\dot{\boldsymbol{C}}_{e}^{n}=-\boldsymbol{\Omega}_{en}^{n}\boldsymbol{C}_{e}^{n} \tag{9.3}$$

由 $\boldsymbol{C}_{e}^{n}$ 相应元素可求得载体位置。

9.2 捷联惯导系统的力学编排

9.2.1 姿态方程

对于平台惯导系统，由于惯性测量器件安装在物理平台的台体上，加速度计的敏感轴分别沿三个坐标轴的正向安装，测得载体的加速度信息即为比力 $\boldsymbol{f}$ 在平台坐标系中的分量 f_x^p，f_y^p 和 f_z^p。如果使平台坐标系精确跟踪某一选定的导航坐标系，便可得到比力 $\boldsymbol{f}$ 在导航坐标系中的分量 f_x^n，f_y^n 和 f_z^n。对于捷联惯导系统，加速度计是沿本体坐标系安装的，它只能测量沿本体坐标系的比力分量 f_x^b，f_y^b，f_z^b，因此需要将 f_x^b，f_y^b，f_z^b 转换成 f_x^n，f_y^n，f_z^n。实现由本体坐标系到导航坐标系坐标转换的方向余弦矩阵 $\boldsymbol{C}_{b}^{n}$ 又叫作捷联矩阵；根据捷联矩阵可以唯一地确定载体的姿态角，因此 $\boldsymbol{C}_{b}^{n}$ 又可叫作载体的姿态矩阵。由于捷联矩阵起到了类似平台的作用（借助于它可以获得 f_x^n，f_y^n，f_z^n），所以还可叫作“数学平台”。显然，捷联惯导系统要解决的关键问题就是如何实时求解捷联矩阵，即进行捷联矩阵的即时修正。

1. 捷联矩阵的定义

设本体坐标系固连在载体上，其 Ox_b、Oy_b、Oz_b 轴分别沿载体的横轴、纵轴与竖轴，选取

游动方位坐标系作为导航坐标系(仍称 n 系),如图 9.2 所示。图 9.3 中还表示了导航坐标系至本体坐标系之间的转换关系,导航坐标系进行三次旋转可以到达本体坐标系,其旋转顺序为

$$x_n y_n z_n \xrightarrow[\psi_G]{\text{绕 } z_n \text{ 轴}} x'_n y'_n z'_n \xrightarrow[\theta]{\text{绕 } x'_n \text{ 轴}} x''_n y''_n z''_n \xrightarrow[\gamma]{\text{绕 } y''_n \text{ 轴}} x_b y_b z_b$$

其中,θ、γ 分别代表载体的俯仰角和滚转角;ψ_G 表示载体纵轴 y_b 的水平投影 y'_n 与游动方位坐标系 y_n 之间的夹角,即游动方位系统的偏航角,称为格网偏航角。由于 y_n(格网北)与地理北向 y_t(真北)之间相差一个游动方位角 α(见图 9.3),故 y'_n 与真北 y_t 之间的夹角即真偏航角为

$$\psi = \psi_G + \alpha \tag{9.4}$$

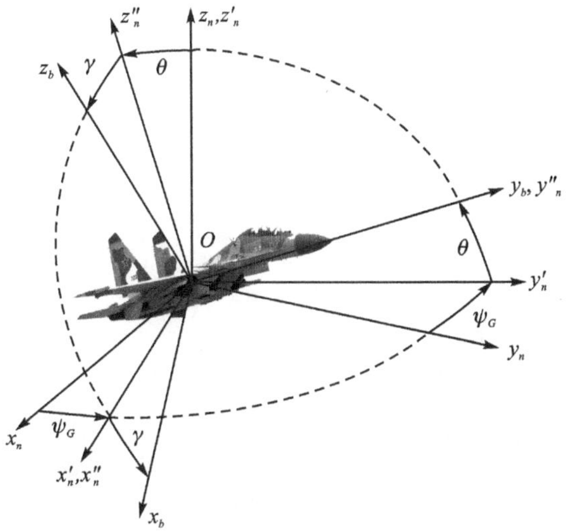

图 9.2　游动方位坐标系与本体坐标系之间的关系

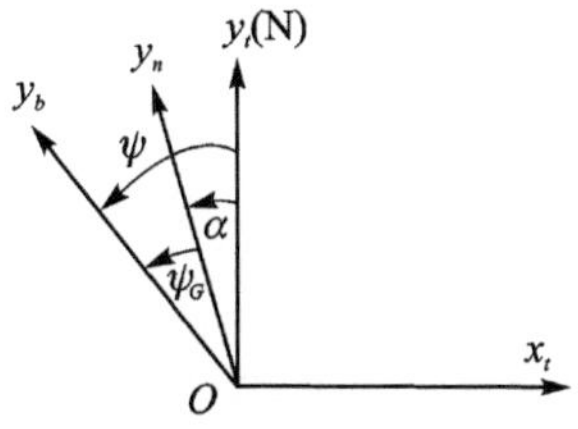

图 9.3　游动方位系统的真偏航角 ψ 与 α、ψ_G 之间的关系

根据三轴旋转顺序,可以得到由导航坐标系到本体坐标系的转换关系,即

$$\begin{bmatrix} x_b \\ y_b \\ z_b \end{bmatrix} = \begin{bmatrix} \cos\gamma & 0 & -\sin\gamma \\ 0 & 1 & 0 \\ \sin\gamma & 0 & \cos\gamma \end{bmatrix} \begin{bmatrix} 1 & 0 & 0 \\ 0 & \cos\theta & \sin\theta \\ 0 & -\sin\theta & \cos\theta \end{bmatrix} \begin{bmatrix} \cos\psi_G & \sin\psi_G & 0 \\ -\sin\psi_G & \cos\psi_G & 0 \\ 0 & 0 & 1 \end{bmatrix} \begin{bmatrix} x_n \\ y_n \\ z_n \end{bmatrix}$$

$$= \begin{bmatrix} \cos\gamma\cos\psi_G - \sin\gamma\sin\theta\sin\psi_G & \cos\gamma\sin\psi_G + \sin\gamma\sin\theta\cos\psi_G & -\sin\gamma\cos\theta \\ -\cos\theta\sin\psi_G & \cos\theta\cos\psi_G & \sin\theta \\ \sin\gamma\cos\psi_G + \cos\gamma\sin\theta\sin\psi_G & \sin\gamma\sin\psi_G - \cos\gamma\sin\theta\cos\psi_G & \cos\gamma\cos\theta \end{bmatrix} \cdot \begin{bmatrix} x_n \\ y_n \\ z_n \end{bmatrix} \tag{9.5}$$

由于方向余弦矩阵 $\boldsymbol{C}_b^n$ 为正交矩阵,所以 $\boldsymbol{C}_b^n = [\boldsymbol{C}_n^b]^{-1} = [\boldsymbol{C}_n^b]^{\mathrm{T}}$,令

$$\boldsymbol{C}_b^n = \begin{bmatrix} T_{11} & T_{12} & T_{13} \\ T_{21} & T_{22} & T_{23} \\ T_{31} & T_{32} & T_{33} \end{bmatrix} \tag{9.6}$$

于是

$$
\boldsymbol{C}_b^n = \begin{bmatrix} \cos\gamma\cos\psi_G - \sin\gamma\sin\theta\sin\psi_G & -\cos\theta\sin\psi_G & \sin\gamma\cos\psi_G + \cos\gamma\sin\theta\sin\psi_G \\ \cos\gamma\sin\psi_G + \sin\gamma\sin\theta\cos\psi_G & \cos\theta\cos\psi_G & \sin\gamma\sin\psi_G - \cos\gamma\sin\theta\cos\psi_G \\ -\sin\gamma\cos\theta & \sin\theta & \cos\gamma\cos\theta \end{bmatrix} \tag{9.7}
$$

当求得捷联矩阵 $\boldsymbol{C}_b^n$ 后，沿本体坐标系测量的比力 $\boldsymbol{f}^b$ 就可以转换到导航坐标系上，得到 $\boldsymbol{f}^n$ 为

$$
\boldsymbol{f}^n = \boldsymbol{C}_b^n \boldsymbol{f}^b \tag{9.8}
$$

根据导航系下的 $\boldsymbol{f}^n$，即可进一步求解载体的速度与位置信息。根据式(9.4)～式(9.8)，可以看出捷联矩阵 $\boldsymbol{C}_b^n$ 起到了平台惯导系统中惯性平台的作用。

2. 由捷联矩阵确定载体的姿态角

由式(9.7)可以看出捷联矩阵 $\boldsymbol{C}_b^n$ 是 ψ_G、θ、γ 的函数。由 $\boldsymbol{C}_b^n$ 的元素可以唯一地确定 ψ_G、θ、γ，然后由式(9.4)确定 ψ，从而求得载体的姿态角。

由式(9.9)可得 ψ_G、θ、γ 的主值为

$$
\begin{aligned}
\theta_{主} &= \arcsin T_{32} \\
\gamma_{主} &= \arctan\left(\frac{-T_{31}}{T_{33}}\right) \\
\psi_{G主} &= \arctan\left(\frac{-T_{12}}{T_{22}}\right)
\end{aligned} \tag{9.9}
$$

为了唯一地确定 ψ_G、θ、γ 的真值，首先应给出它们的定义域。俯仰角 θ 的定义域为 $(-90°, 90°)$，滚转角 γ 的定义域为 $(-180°, 180°)$，格网偏航角 ψ_G 的定义域为 $(0°, 360°)$。分析式(9.9)可以看出，由于俯仰角 θ 的定义域与反正弦函数的主值域是一致的，所以 θ 的主值就是其真值；而滚转角 γ 与格网偏航角 ψ_G 的定义域与反正切函数的主值域不一致，所以在求得 γ 及 ψ_G 的主值后还要根据 T_{33} 或 T_{22} 的符号来确定其真值。θ、γ、ψ_G 的真值可表示为

$$
\begin{aligned}
&\theta = \theta_{主} \\
&\gamma = \begin{cases} \gamma_{主} & T_{33} > 0 \\ \gamma_{主} + 180° & T_{33} < 0 \quad \begin{cases} \gamma_{主} < 0 \\ \gamma_{主} > 0 \end{cases} \\ \gamma_{主} - 180° & \end{cases} \\
&\psi_G = \begin{cases} \psi_{G主} & T_{22} > 0 \quad \begin{cases} \psi_{G主} > 0 \\ \psi_{G主} < 0 \end{cases} \\ \psi_{G主} + 360° & \\ \psi_{G主} + 180° & T_{22} < 0 \end{cases}
\end{aligned} \tag{9.10}
$$

当 ψ_G 确定后，根据式(9.4)可以确定载体的偏航角 ψ 为

$$
\psi = \psi_G + \alpha \tag{9.11}
$$

可见，捷联矩阵 $\boldsymbol{C}_b^n$ 有两个作用：其一是用它来实现坐标转换，将沿本体坐标系安装的加速度计测量的比力转换到导航坐标系上；其二是根据捷联矩阵的元素确定载体的姿态角。

3. 姿态矩阵微分方程

$\boldsymbol{C}_b^n$ 元素是时间的函数。为求 $\boldsymbol{C}_b^n$ 需要求解姿态矩阵微分方程

$$\dot{\boldsymbol{C}}_b^n=\boldsymbol{C}_b^n\boldsymbol{\Omega}_{nb}^b \tag{9.12}$$

式中，$\boldsymbol{\Omega}_{nb}^b$ 为姿态角速度 $\boldsymbol{\omega}_{nb}^b=[\omega_{nbx}^b,\omega_{nby}^b,\omega_{nbz}^b]^{\mathrm{T}}$ 组成的反对称阵。

在解式(9.12)时，需要首先已知姿态角速度 $\boldsymbol{\omega}_{nb}^b$。捷联惯导系统的 $\boldsymbol{\omega}_{nb}^b$ 可以利用陀螺仪测得的角速度 $\boldsymbol{\omega}_{ib}^b$、位置角速度 $\boldsymbol{\omega}_{en}^n$ 及已知的地球角速度 $\boldsymbol{\omega}_{ie}^e$ 求取。具体过程为

$$\boldsymbol{\omega}_{ib}^b=\boldsymbol{\omega}_{ie}^b+\boldsymbol{\omega}_{en}^b+\boldsymbol{\omega}_{nb}^b \tag{9.13}$$

所以

$$\boldsymbol{\omega}_{nb}^b=\boldsymbol{\omega}_{ib}^b-\boldsymbol{\omega}_{ie}^b-\boldsymbol{\omega}_{en}^b \tag{9.14}$$

式中，$\boldsymbol{\omega}_{ie}^b$ 为地球自转角速度在本体坐标系上的分量；$\boldsymbol{\omega}_{en}^b$ 为导航坐标系相对地球坐标系(e)的角速度在本体坐标系上的分量；$\boldsymbol{\omega}_{nb}^b$ 为本体坐标系相对导航坐标系的角速度在本体坐标系上的分量；$\boldsymbol{\omega}_{ib}^b$ 为陀螺仪测得的本体坐标系相对惯性空间的角速度在本体坐标系上的分量。

考虑到 $\boldsymbol{\omega}_{ie}^b$ 和 $\boldsymbol{\omega}_{ie}^e$、$\boldsymbol{\omega}_{en}^b$、$\boldsymbol{\omega}_{en}^n$ 有如下关系：

$$\left.\begin{aligned}\boldsymbol{\omega}_{ie}^b&=\boldsymbol{C}_n^b\boldsymbol{\omega}_{ie}^n=\boldsymbol{C}_n^b\boldsymbol{C}_e^n\boldsymbol{\omega}_{ie}^e\\ \boldsymbol{\omega}_{en}^b&=\boldsymbol{C}_n^b\boldsymbol{\omega}_{en}^n\end{aligned}\right\} \tag{9.15}$$

将式(9.15)代入式(9.14)，可得

$$\boldsymbol{\omega}_{nb}^b=\boldsymbol{\omega}_{ib}^b-\boldsymbol{C}_n^b(\boldsymbol{\omega}_{ie}^n+\boldsymbol{\omega}_{en}^n) \tag{9.16}$$

式中，$\boldsymbol{\omega}_{en}^n$ 为位置角速度，它在位置方程中由位置角速度方程求得，而 $\boldsymbol{\omega}_{ie}^n$ 可以写作

$$\boldsymbol{\omega}_{ie}^n=\boldsymbol{C}_e^n\boldsymbol{\omega}_{ie}^e=\begin{bmatrix}C_{11}&C_{12}&C_{13}\\C_{21}&C_{22}&C_{23}\\C_{31}&C_{32}&C_{33}\end{bmatrix}\begin{bmatrix}0\\0\\\omega_{ie}\end{bmatrix}=\begin{bmatrix}C_{13}\omega_{ie}\\C_{23}\omega_{ie}\\C_{33}\omega_{ie}\end{bmatrix} \tag{9.17}$$

式中，$\boldsymbol{C}_e^n$ 是位置矩阵，它将在位置方程中求得。由式(9.16)和式(9.17)即可得 $\boldsymbol{\omega}_{nb}^b$：

$$\boldsymbol{\omega}_{nb}^b=\begin{bmatrix}\omega_{nbx}^b\\\omega_{nby}^b\\\omega_{nbz}^b\end{bmatrix}=\begin{bmatrix}\omega_{ibx}^b\\\omega_{iby}^b\\\omega_{ibz}^b\end{bmatrix}-\boldsymbol{C}_n^b\begin{bmatrix}C_{13}\omega_{ie}+\omega_{enx}^n\\C_{23}\omega_{ie}+\omega_{eny}^n\\C_{33}\omega_{ie}+\omega_{enz}^n\end{bmatrix} \tag{9.18}$$

将式(9.12)展开，则有

$$\begin{bmatrix}\dot{T}_{11}&\dot{T}_{12}&\dot{T}_{13}\\\dot{T}_{21}&\dot{T}_{22}&\dot{T}_{23}\\\dot{T}_{31}&\dot{T}_{32}&\dot{T}_{33}\end{bmatrix}=\begin{bmatrix}T_{11}&T_{12}&T_{13}\\T_{21}&T_{22}&T_{23}\\T_{31}&T_{32}&T_{33}\end{bmatrix}\begin{bmatrix}0&-\omega_{nbz}^b&\omega_{nby}^b\\\omega_{nbz}^b&0&-\omega_{nbx}^b\\-\omega_{nby}^b&\omega_{nbx}^b&0\end{bmatrix} \tag{9.19}$$

可以看出，式(9.19)对应九个一阶微分方程。只要给定初始值 ψ_{G0}、θ_0 和 γ_0，并根据式(9.18)求得姿态角速度 $\boldsymbol{\omega}_{nb}^b$，即可确定姿态矩阵 $\boldsymbol{C}_b^n$ 中的元素值，进而确定载体的姿态角。

然而，由于飞行器等载体的姿态变化速率很快，可达 400(°)/s 甚至更高，绕三个轴的速率分量一般来讲都比较大，因此，要解九个微分方程，需要采用高阶积分算法才能保证精度。解姿态矩阵微分方程的目的是求出三个姿态角。若采用四元数法，只要解四个微分方程，而采用方向余弦法需要解九个微分方程，所以采用四元数法效率更高些。总的看来，捷联惯导系统的姿态计算采用四元数法比方向余弦法更好。因此，目前捷联惯导系统的姿态方程通常都采用四元数法，再利用四元数和方向余弦矩阵之间的关系，求解姿态矩阵 $\boldsymbol{C}_b^n$ 中的元素值。

4. 四元数与姿态矩阵之间的关系

从四元数理论在捷联惯导系统中的应用这一角度出发，给出四元数与姿态矩阵中的元素之间的关系，以确定捷联惯导系统的姿态矩阵。

四元数是由一个实数单位1和三个虚数单位i、j、k组成的含有四个元的数，其表达式为

$$\boldsymbol{q}=q_0+q_1\mathrm{i}+q_2\mathrm{j}+q_3\mathrm{k} \tag{9.20}$$

一个坐标系相对另一个坐标系的转动可以用四元数唯一地表示出来，用四元数来描述本体坐标系相对游动方位坐标系的转动时，可得

$$\begin{bmatrix}x_n\\y_n\\z_n\end{bmatrix}=\begin{bmatrix}q_0^2+q_1^2-q_2^2-q_3^2 & 2(q_1q_2-q_0q_3) & 2(q_1q_3+q_0q_2)\\2(q_1q_2+q_0q_3) & q_0^2-q_1^2+q_2^2-q_3^2 & 2(q_2q_3-q_0q_1)\\2(q_1q_3-q_0q_2) & 2(q_2q_3+q_0q_1) & q_0^2-q_1^2-q_2^2+q_3^2\end{bmatrix}\begin{bmatrix}x_b\\y_b\\z_b\end{bmatrix} \tag{9.21}$$

因此有

$$\boldsymbol{C}_b^n=\begin{bmatrix}q_0^2+q_1^2-q_2^2-q_3^2 & 2(q_1q_2-q_0q_3) & 2(q_1q_3+q_0q_2)\\2(q_1q_2+q_0q_3) & q_0^2-q_1^2+q_2^2-q_3^2 & 2(q_2q_3-q_0q_1)\\2(q_1q_3-q_0q_2) & 2(q_2q_3+q_0q_1) & q_0^2-q_1^2-q_2^2+q_3^2\end{bmatrix} \tag{9.22}$$

四元数姿态矩阵式(9.22)与方向余弦矩阵式(9.7)是完全等效的，即对应元素相等，但其表达形式不同。显然，如果知道四元数 $\boldsymbol{q}$ 的四个元数，就可以求出姿态矩阵中的九个元素，并构成姿态矩阵。反之，知道了姿态矩阵的九个元素，也可以求出四元数中的四个元数。

由四元数姿态矩阵与方向余弦矩阵对应元素相等，可得

$$\left.\begin{aligned}q_0^2+q_1^2-q_2^2-q_3^2&=T_{11}\\q_0^2-q_1^2+q_2^2-q_3^2&=T_{22}\\q_0^2-q_1^2-q_2^2+q_3^2&=T_{33}\end{aligned}\right\} \tag{9.23}$$

对规范化的四元数，存在

$$q_0^2+q_1^2+q_2^2+q_3^2=1 \tag{9.24}$$

由式(9.23)和式(9.24)可得

$$\left.\begin{aligned}q_0&=\pm\frac{1}{2}\sqrt{1+T_{11}+T_{22}-T_{33}}\\q_1&=\pm\frac{1}{2}\sqrt{1+T_{11}-T_{22}-T_{33}}\\q_2&=\pm\frac{1}{2}\sqrt{1-T_{11}+T_{22}-T_{33}}\\q_3&=\pm\frac{1}{2}\sqrt{1-T_{11}-T_{22}+T_{33}}\end{aligned}\right\} \tag{9.25}$$

根据式(9.22)中非对角元素之差，可得如下关系：

$$\begin{aligned}4q_0q_1&=T_{32}-T_{23}\\4q_0q_2&=T_{13}-T_{31}\\4q_0q_3&=T_{21}-T_{12}\end{aligned} \tag{9.26}$$

只要先确定 q_0 的符号，则 q_1、q_2 和 q_3 的符号也可相应确定，而 q_0 的符号实际上是任意的，这是因为四元数的四个元数同时变符号，四元数不变。因此取

$$\left.\begin{aligned}&\operatorname{sign} q_0=+\\&\operatorname{sign} q_1=\operatorname{sign}\left(T_{32}-T_{23}\right)\\&\operatorname{sign} q_2=\operatorname{sign}\left(T_{13}-T_{31}\right)\\&\operatorname{sign} q_3=\operatorname{sign}\left(T_{21}-T_{12}\right)\end{aligned}\right\} \tag{9.27}$$

在捷联惯导系统的计算过程中要用到四元数的初值，而在系统初始对准结束后，认为 ψ_0（注意 $\psi=\psi_G-\alpha$）、θ_0 和 γ_0 是已知的，因而可以得到初始的方向余弦矩阵。因此要确定四元数 q_0、q_1、q_2 和 q_3 的初值，可以将已知的方向余弦矩阵代入式(9.25)和式(9.27)求得。

由四元数可以直接求出方向余弦矩阵的各元素，因而可以根据四元数计算载体的姿态角，并不断更新姿态矩阵。由于姿态角速度 $\boldsymbol{\omega}_{nb}^b$ 的存在，载体姿态在不断变化，因此，四元数是时间的函数。为了确定四元数的时间特性，需要求解四元数运动学微分方程。

5．四元数运动学微分方程

四元数运动学微分方程可以写作

$$\dot{\boldsymbol{q}}=\frac{1}{2}\boldsymbol{q}\circ\boldsymbol{\omega}_{nb}^b \tag{9.28}$$

由于任意两个四元数 $\boldsymbol{q}=[q_0\quad q_1\quad q_2\quad q_3]^{\mathrm{T}}$ 和 $\boldsymbol{p}=[p_0\quad p_1\quad p_2\quad p_3]^{\mathrm{T}}$ 的四元数乘法运算 $\boldsymbol{q}\circ\boldsymbol{p}$ 可以表示为

$$\boldsymbol{q}\circ\boldsymbol{p}=\begin{bmatrix}p_0&-p_1&-p_2&-p_3\\p_1&p_0&p_3&-p_2\\p_2&-p_3&p_0&p_1\\p_3&p_2&-p_1&p_0\end{bmatrix}\begin{bmatrix}q_0\\q_1\\q_2\\q_3\end{bmatrix} \tag{9.29}$$

因此，将式(9.28)写成矩阵形式为

$$\begin{bmatrix}\dot{q}_0\\\dot{q}_1\\\dot{q}_2\\\dot{q}_3\end{bmatrix}=\frac{1}{2}\begin{bmatrix}0&-\omega_{nbx}^b&-\omega_{nby}^b&-\omega_{nbz}^b\\\omega_{nbx}^b&0&\omega_{nbz}^b&-\omega_{nby}^b\\\omega_{nby}^b&-\omega_{nbz}^b&0&\omega_{nbx}^b\\\omega_{nbz}^b&\omega_{nby}^b&-\omega_{nbx}^b&0\end{bmatrix}\begin{bmatrix}q_0\\q_1\\q_2\\q_3\end{bmatrix} \tag{9.30}$$

综上所述，则捷联惯导系统中姿态参数 ψ_G、θ、γ 的求解过程为：首先，系统根据式(9.18)求出姿态角速度 $\boldsymbol{\omega}_{nb}^b$，在此基础上利用式(9.30)求出四元数中的四个元数 q_0、q_1、q_2 和 q_3，然后利用四元数姿态矩阵与方向余弦矩阵对应元素相等的原则得到姿态矩阵中的元素 T_{11}，…，T_{33}，最后根据式(9.9)～式(9.11)求出姿态参数。

9.2.2　位置和速度方程

选取游动方位坐标系作为导航坐标系，建立位置方程，以便求解载体的纬度 L、经度 λ 和游动方位角 α。

1．位置矩阵 $\boldsymbol{C}_e^n$ 的定义

将地球坐标系的 x_e 轴和 y_e 轴固定在赤道平面内，且 x_e 轴正方向与零经线（本初子午线）一致。参照图 9.4 可知，只要经过两次旋转，地球坐标系(e)便与地理坐标系(t)重合。第一次

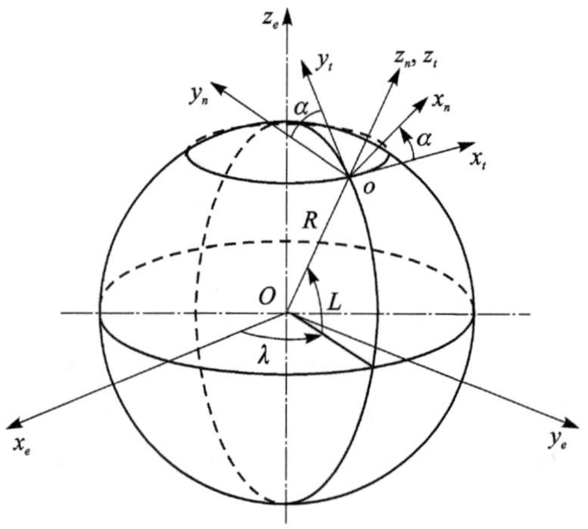

图 9.4 e 系、t 系与导航坐标系之间的关系

绕 z_e 轴转$(90°+\lambda)$，第二次绕 x_t(东)旋转$(90°-L)$。可见，地球坐标系与地理坐标系的转换矩阵 $\boldsymbol{C}_e^n$ 包含载体的经纬度信息，因此，称 $\boldsymbol{C}_e^n$ 为位置矩阵。依据坐标系的旋转关系，可得位置矩阵 $\boldsymbol{C}_e^t$ 为

$$\boldsymbol{C}_e^t = \begin{bmatrix} -\sin\lambda & \cos\lambda & 0 \\ -\sin L\cos\lambda & -\sin L\sin\lambda & \cos L \\ \cos L\cos\lambda & \cos L\sin\lambda & \sin L \end{bmatrix} \tag{9.31}$$

又因地理坐标系与导航坐标系之间仅差一个游动方位角 α，它们之间的转换矩阵为

$$\boldsymbol{C}_t^n = \begin{bmatrix} \cos\alpha & \sin\alpha & 0 \\ -\sin\alpha & \cos\alpha & 0 \\ 0 & 0 & 1 \end{bmatrix} \tag{9.32}$$

于是地球坐标系(e)与导航坐标系(n)之间的转换矩阵为

$$\boldsymbol{C}_e^n = \boldsymbol{C}_t^n \boldsymbol{C}_e^t \tag{9.33}$$

将式(9.31)和式(9.32)代入式(9.33)，可得

$$\boldsymbol{C}_e^n = \begin{bmatrix} -\cos\alpha\sin\lambda - \sin\alpha\sin L\cos\lambda & \cos\alpha\cos\lambda - \sin\alpha\sin L\sin\lambda & \sin\alpha\cos L \\ \sin\alpha\sin\lambda - \cos\alpha\sin L\cos\lambda & -\sin\alpha\cos\lambda - \cos\alpha\sin L\sin\lambda & \cos\alpha\cos L \\ \cos L\cos\lambda & \cos L\sin\lambda & \sin L \end{bmatrix} \tag{9.34}$$

定义 $\boldsymbol{C}_e^n$ 中各元素为

$$\boldsymbol{C}_e^n = \begin{bmatrix} C_{11} & C_{12} & C_{13} \\ C_{21} & C_{22} & C_{23} \\ C_{31} & C_{32} & C_{33} \end{bmatrix} \tag{9.35}$$

则由式(9.34)和式(9.35)可得 L、λ 和游动方位角 α 的主值为

$$\begin{aligned} L &= \arcsin C_{33} \\ \lambda &= \arctan\frac{C_{32}}{C_{31}} \\ \alpha &= \arctan\frac{C_{13}}{C_{23}} \end{aligned} \tag{9.36}$$

在式(9.36)的反三角函数计算中,因反三角函数存在多值问题,而我们需要的是 L、λ 和 α 的真值,该真值的判断方法与姿态角的判断方法相同。

2. 位置矩阵 $\boldsymbol{C}_e^n$ 微分方程

欲得到式(9.35)对应的方向余弦阵 $\boldsymbol{C}_e^n$,则需要解 $\boldsymbol{C}_e^n$ 所对应的微分方程,即

$$\dot{\boldsymbol{C}}_e^n = -\boldsymbol{\Omega}_{en}^n \boldsymbol{C}_e^n \tag{9.37}$$

式中:

$$\boldsymbol{\Omega}_{en}^n = \begin{bmatrix} 0 & -\omega_{enz}^n & \omega_{eny}^n \\ \omega_{enz}^n & 0 & -\omega_{enx}^n \\ -\omega_{eny}^n & \omega_{enx}^n & 0 \end{bmatrix} \tag{9.38}$$

是位置角速度 $\boldsymbol{\omega}_{en}^n$ 组成的反对称阵。

对于游动方位系统 $\omega_{enz}^n=0$,展开式(9.38),则导航计算机要解算的微分方程为

$$\left.\begin{aligned} \dot{C}_{12} &= -\omega_{eny}^n C_{32} \\ \dot{C}_{13} &= -\omega_{eny}^n C_{33} \\ \dot{C}_{22} &= \omega_{enx}^n C_{32} \\ \dot{C}_{23} &= \omega_{enx}^n C_{33} \\ \dot{C}_{32} &= \omega_{eny}^n C_{12} - \omega_{enx}^p C_{22} \\ \dot{C}_{33} &= \omega_{eny}^n C_{13} - \omega_{enx}^p C_{23} \end{aligned}\right\} \tag{9.39}$$

在给定初始值 L_0、λ_0 和 α_0 后,根据式(9.34)和式(9.35)求得 $\boldsymbol{C}_e^n$ 中 C_{12},C_{13},C_{22},C_{23},C_{32},C_{33} 这六个元素的初值;然后利用位置角速度 $\boldsymbol{\omega}_{en}^n$ 求解式(9.39),并利用方向余弦矩阵中各元素之间的关系

$$C_{31} = C_{12}C_{23} - C_{22}C_{13} \tag{9.40}$$

求得 C_{31};最后根据式(9.36)确定位置参数。

3. 位置角速度方程

由式(9.37)~式(9.39)可知,位置矩阵的确定需要已知位置角速度 $\boldsymbol{\omega}_{en}^n$。因此,先建立位置角速度方程,进而求得位置角速度 $\boldsymbol{\omega}_{en}^n$。

在地理坐标系(t)内,位置角速度与相对速度 $\boldsymbol{V}_{en}^t$ 之间的关系为

$$\left.\begin{aligned} \omega_{etx}^t &= -\frac{V_y^t}{R_{yt}} \\ \omega_{ety}^t &= \frac{V_x^t}{R_{xt}} \\ \omega_{etz}^t &= \frac{V_x^t}{R_{xt}}\tan L \end{aligned}\right\} \tag{9.41}$$

其中,$R_{xt}=R_e(1+e\sin^2 L)$;$R_{yt}=R_e(1-2e+3e\sin^2 L)$;$e$ 为地球扁率。因为

$$\left.\begin{aligned}V_x^t&=V_x^n\cos\alpha-V_y^n\sin\alpha\\V_y^t&=V_x^n\sin\alpha+V_y^n\cos\alpha\end{aligned}\right\}\tag{9.42}$$

又

$$\begin{bmatrix}\omega_{enx}^n\\\omega_{eny}^n\\\omega_{enz}^n\end{bmatrix}=\boldsymbol{C}_t^n\begin{bmatrix}\omega_{etx}^t\\\omega_{ety}^t\\\omega_{etz}^t\end{bmatrix}=\begin{bmatrix}\cos\alpha&\sin\alpha&0\\-\sin\alpha&\cos\alpha&0\\0&0&1\end{bmatrix}\begin{bmatrix}\omega_{etx}^t\\\omega_{ety}^t\\\omega_{etz}^t\end{bmatrix}\tag{9.43}$$

对游动方位系统来说，$\omega_{enz}^n=0$，故可得

$$\begin{bmatrix}\omega_{enx}^n\\\omega_{eny}^n\end{bmatrix}=\begin{bmatrix}-\left(\dfrac{1}{R_{yt}}-\dfrac{1}{R_{xt}}\right)\sin\alpha\cos\alpha&-\left(\dfrac{\cos^2\alpha}{R_{yt}}+\dfrac{\sin^2\alpha}{R_{xt}}\right)\\\dfrac{\sin^2\alpha}{R_{yt}}+\dfrac{\cos^2\alpha}{R_{xt}}&\left(\dfrac{1}{R_{yt}}-\dfrac{1}{R_{xt}}\right)\sin\alpha\cos\alpha\end{bmatrix}\begin{bmatrix}V_x^n\\V_y^n\end{bmatrix}\tag{9.44}$$

令

$$\left.\begin{aligned}\frac{1}{R_{yn}}&=\frac{\cos^2\alpha}{R_{yt}}+\frac{\sin^2\alpha}{R_{xt}}\\\frac{1}{R_{xn}}&=\frac{\sin^2\alpha}{R_{yt}}+\frac{\cos^2\alpha}{R_{xt}}\end{aligned}\right\}\tag{9.45}$$

相当于游动方位等效曲率半径。

令

$$\frac{1}{\tau_a}=\left(\frac{1}{R_{yt}}-\frac{1}{R_{xt}}\right)\sin\alpha\cos\alpha\tag{9.46}$$

则有

$$\begin{bmatrix}\omega_{enx}^n\\\omega_{eny}^n\end{bmatrix}=\begin{bmatrix}-\dfrac{1}{\tau_a}&-\dfrac{1}{R_{yn}}\\\dfrac{1}{R_{xn}}&\dfrac{1}{\tau_a}\end{bmatrix}\begin{bmatrix}V_x^n\\V_y^n\end{bmatrix}\tag{9.47}$$

式中，τ_a 为扭曲曲率。而

$$\begin{bmatrix}-\dfrac{1}{\tau_a}&-\dfrac{1}{R_{yn}}\\\dfrac{1}{R_{xn}}&\dfrac{1}{\tau_a}\end{bmatrix}$$

称为曲率阵。式(9.47)提供了地球为椭球体情况下的位置角速度方程。

4. 速度方程

从惯性导航基本方程出发，可以直接写出捷联惯导系统的速度方程，即

$$\begin{bmatrix}\dot V_x^n\\\dot V_y^n\\\dot V_z^n\end{bmatrix}=\begin{bmatrix}f_x^n\\f_y^n\\f_z^n\end{bmatrix}+\begin{bmatrix}0&2\omega_{iez}^n&-(2\omega_{iey}^n+\omega_{eny}^n)\\-2\omega_{iez}^n&0&2\omega_{iex}^n+\omega_{enx}^n\\2\omega_{iey}^n+\omega_{eny}^n&-(2\omega_{iex}^n+\omega_{enx}^n)&0\end{bmatrix}\begin{bmatrix}V_x^n\\V_y^n\\V_z^n\end{bmatrix}-\begin{bmatrix}0\\0\\g\end{bmatrix}\tag{9.48}$$

9.2.3　捷联惯导系统力学编排方框图

采用游动方位坐标系为导航坐标系的捷联惯导系统的力学编排如图 9.5 所示。固联于载体上的加速度计和陀螺仪分别测量载体相对惯性空间的比力 $\boldsymbol{f}^{b'}$ 和角速度 $\boldsymbol{\omega}_{ib}^{b'}$。为消除载体角运动等干扰对惯性器件的影响,加速度计和陀螺仪的输出必须经过误差补偿才能作为系统位置和姿态参数计算的输入信息。在理想情况下,经误差补偿后的惯性器件输出就是载体相对惯性空间的比力 $\boldsymbol{f}^{b}$ 和角速度 $\boldsymbol{\omega}_{ib}^{b}$。

为计算位置参数,首先,将加速度计测量的本体坐标系相对惯性空间的比力在本体坐标系轴向上的分量 $\boldsymbol{f}^{b}$ 通过姿态矩阵 $\boldsymbol{C}_b^n$ 变换到游动方位坐标系,得到 $\boldsymbol{f}^{n}$。然后,将比力 $\boldsymbol{f}^{n}$ 用速度方程对有害加速度和重力加速度进行补偿并通过积分运算得到相对速度 $\boldsymbol{V}_{en}^{n}$。相对速度 $\boldsymbol{V}_{en}^{n}$ 不仅可用作系统的输出,而且可以结合位置角速度方程得到位置角速度 $\boldsymbol{\omega}_{en}^{n}$。位置角速度 $\boldsymbol{\omega}_{en}^{n}$ 一方面通过求解位置矩阵微分方程更新位置矩阵 $\boldsymbol{C}_e^n$,进而解算载体的位置参数 L,λ,α;另一方面与地球角速度 $\boldsymbol{\omega}_{ie}^{n}$ 叠加,经姿态矩阵变换后与陀螺仪输出的角速度 $\boldsymbol{\omega}_{ib}^{b}$ 一起构成姿态角速度 $\boldsymbol{\omega}_{nb}^{n}$,并通过姿态微分方程的积分运算实时更新姿态矩阵 $\boldsymbol{C}_b^n$。姿态矩阵 $\boldsymbol{C}_b^n$ 除了可以完成从本体坐标系到游动方位坐标系的坐标变换,起到“数学平台”的作用之外,还可根据其中的元素解算出载体的姿态参数 θ,γ,ψ_G。

同时,为克服系统高度通道不稳定的缺陷,系统引入大气数据计算机提供的气压高度信息,并采用三阶阻尼方案,以得到稳定的高度输出信息。

9.3　捷联惯导系统的误差方程

9.3.1　姿态误差方程

以地理坐标系为导航系,在捷联惯导系统中,载体的姿态角是通过姿态矩阵(“数学平台”)计算出来的。理想情况下,导航计算机计算的地理坐标系(用 $\hat{t}$ 表示)应与真地理坐标系(t 系)一致,即计算姿态矩阵 $\boldsymbol{C}_b^{\hat{t}}$ 与理想姿态矩阵 $\boldsymbol{C}_b^t$ 相同。然而,由于系统存在测量误差、计算误差和干扰误差等误差源,故计算姿态矩阵 $\boldsymbol{C}_b^{\hat{t}}$ 与理想姿态矩阵 $\boldsymbol{C}_b^t$ 之间会产生偏差,即“数学平台”存在误差。显然,“数学平台”的误差反映了计算地理系 $\hat{t}$ 和真地理系 t 之间的姿态误差(其大小用平台失准角 $\boldsymbol{\varphi}$ 表示),所以捷联惯导系统的姿态误差方程即为“数学平台”的误差方程。

捷联惯导系统中,姿态矩阵 $\boldsymbol{C}_b^t$ 是通过姿态微分方程 $\dot{\boldsymbol{C}}_b^t=\boldsymbol{C}_b^t\boldsymbol{\Omega}_{tb}^b$ 计算出来的,而反对称矩阵 $\boldsymbol{\Omega}_{tb}^b$ 是由姿态角速度 $\boldsymbol{\omega}_{tb}^b$ 决定的,$\boldsymbol{\omega}_{tb}^b$ 又是通过姿态角速度方程 $\boldsymbol{\omega}_{tb}^b=\boldsymbol{\omega}_{ib}^b-\boldsymbol{C}_t^b\boldsymbol{\omega}_{ie}^t-\boldsymbol{C}_t^b\boldsymbol{\omega}_{et}^t$ 得到的。这样,当陀螺仪存在测量误差、地面输入的经纬度存在输入误差及导航计算机存在计算误差时,姿态角速度 $\boldsymbol{\omega}_{tb}^b$ 必然存在误差,从而使计算的姿态矩阵 $\boldsymbol{C}_b^{\hat{t}}$ 与理想姿态矩阵 $\boldsymbol{C}_b^t$ 存在偏差,也就是计算的地理系 $\hat{t}$ 和真地理系 t 之间存在平台失准角 $\boldsymbol{\varphi}$。

可见,“数学平台”的误差角运动由矩阵微分方程 $\dot{\boldsymbol{C}}_b^{\hat{t}}=\boldsymbol{C}_b^{\hat{t}}\boldsymbol{\Omega}_{\hat{t}b}^b$ 确定,而 $\boldsymbol{\Omega}_{\hat{t}b}^b$ 取决于 $\boldsymbol{\omega}_{\hat{t}b}^b$。因此,在推导数学平台误差方程的过程中,首先应确定 $\boldsymbol{\omega}_{\hat{t}b}^b$,并分析其物理含义,进而将矩阵微分

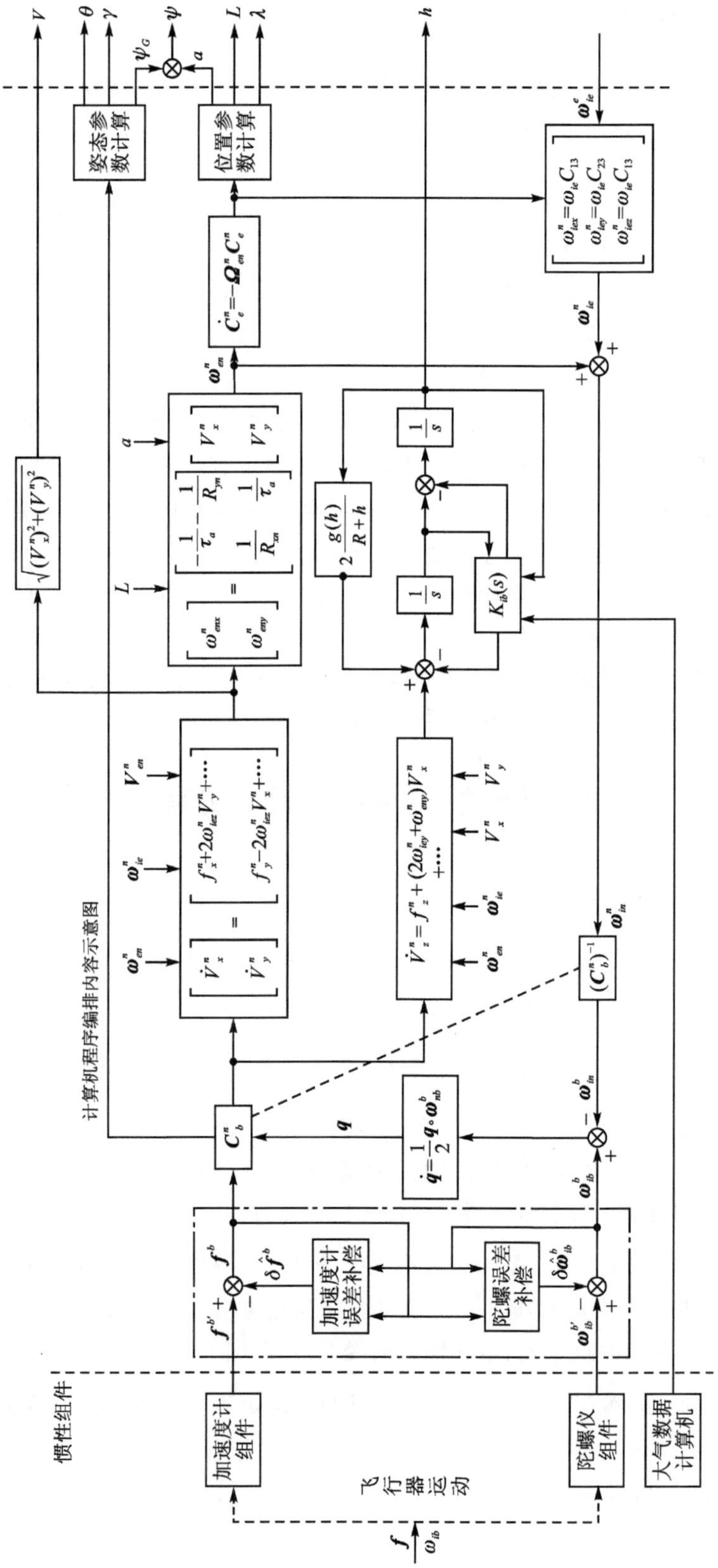

图9-5 捷联惯导系统力学编排方框图

方程变换成平台失准角 $\boldsymbol{\varphi}$ 表示的姿态误差方程。

1. 姿态角速度 $\boldsymbol{\omega}_{\hat{t}b}^{b}$ 的计算

设真地理系 t 到计算地理系 $\hat{t}$ 的方向余弦矩阵为 $\boldsymbol{C}_t^{\hat{t}}$，由于真地理系与计算地理系之间仅相差一个小角度 $\boldsymbol{\varphi}=[\phi_x \quad \phi_y \quad \phi_z]^{\mathrm{T}}$，所以有

$$\boldsymbol{C}_t^{\hat{t}}=\begin{bmatrix}1 & \phi_z & -\phi_y \\ -\phi_z & 1 & \phi_x \\ \phi_y & -\phi_x & 1\end{bmatrix}=\boldsymbol{I}-\boldsymbol{\Phi}^t \tag{9.49}$$

式中：

$$\boldsymbol{\Phi}^t=\begin{bmatrix}0 & -\phi_z & \phi_y \\ \phi_z & 0 & -\phi_x \\ -\phi_y & \phi_x & 0\end{bmatrix} \tag{9.50}$$

同理，计算地理系到真地理系的方向余弦矩阵 $\boldsymbol{C}_{\hat{t}}^{t}$ 为

$$\boldsymbol{C}_{\hat{t}}^{t}=[\boldsymbol{C}_t^{\hat{t}}]^{\mathrm{T}}=\begin{bmatrix}1 & -\phi_z & \phi_y \\ \phi_z & 1 & -\phi_x \\ -\phi_y & \phi_x & 1\end{bmatrix}=\boldsymbol{I}+\boldsymbol{\Phi}^t \tag{9.51}$$

姿态角速度 $\boldsymbol{\omega}_{\hat{t}b}^{b}$ 的表达式为

$$\boldsymbol{\omega}_{\hat{t}b}^{b}=\tilde{\boldsymbol{\omega}}_{ib}^{b}-\hat{\boldsymbol{\omega}}_{ie}^{b}-\boldsymbol{\omega}_{e\hat{t}}^{b} \tag{9.52}$$

式中，$\tilde{\boldsymbol{\omega}}_{ib}^{b}$ 表示由陀螺仪测量的载体角速度；$\hat{\boldsymbol{\omega}}_{ie}^{b}$ 表示由导航计算机计算的地球角速度；$\boldsymbol{\omega}_{e\hat{t}}^{b}$ 表示由导航计算机计算的载体位置角速度。

捷联惯导系统中的陀螺仪，在其输出的测量值 $\tilde{\boldsymbol{\omega}}_{ib}^{b}$ 中除了地球角速度 $\boldsymbol{\omega}_{ie}^{b}$ 之外，还含有陀螺漂移 $\boldsymbol{\varepsilon}_b$ 以及角运动和线运动干扰 $\boldsymbol{\omega}_d^b$，即

$$\tilde{\boldsymbol{\omega}}_{ib}^{b}=\boldsymbol{\omega}_{ie}^{b}+\boldsymbol{\varepsilon}_b+\boldsymbol{\omega}_d^b \tag{9.53}$$

设 $\delta\boldsymbol{\omega}_{ib}^{b}=\boldsymbol{\varepsilon}_b+\boldsymbol{\omega}_d^b$，则有

$$\tilde{\boldsymbol{\omega}}_{ib}^{b}=\boldsymbol{\omega}_{ie}^{b}+\delta\boldsymbol{\omega}_{ib}^{b} \tag{9.54}$$

为实现地球角速度 $\boldsymbol{\omega}_{ie}^{t}$ 从地理系到本体系的变换，需要用到 $\boldsymbol{C}_t^b$ 及其逆矩阵。但导航计算机中只能得到 $\boldsymbol{C}_{\hat{t}}^{b}$ 及其逆矩阵。因此，实际计算时只能采用 $\boldsymbol{C}_{\hat{t}}^{b}$ 代替 $\boldsymbol{C}_t^b$，即

$$\hat{\boldsymbol{\omega}}_{ie}^{b}=\boldsymbol{C}_{\hat{t}}^{b}\hat{\boldsymbol{\omega}}_{ie}^{t} \tag{9.55}$$

在式(9.55)中用 $\hat{\boldsymbol{\omega}}_{ie}^{t}$ 代替 $\boldsymbol{\omega}_{ie}^{t}$，这是由于地球角速度 $\boldsymbol{\omega}_{ie}^{t}$ 也是计算得到的。

当存在纬度误差时，计算的地球角速度 $\hat{\boldsymbol{\omega}}_{ie}^{t}$ 可表示为

$$\hat{\boldsymbol{\omega}}_{ie}^{t}=\begin{bmatrix}0 \\ \omega_{ie}\cos(L+\delta L) \\ \omega_{ie}\sin(L+\delta L)\end{bmatrix}\approx\begin{bmatrix}0 \\ \omega_{ie}\cos L \\ \omega_{ie}\sin L\end{bmatrix}+\begin{bmatrix}0 \\ -\delta L\omega_{ie}\sin L \\ \delta L\omega_{ie}\cos L\end{bmatrix} \tag{9.56}$$

令

$$\delta\boldsymbol{\omega}_{ie}^{t}=\begin{bmatrix}0 \\ -\delta L\omega_{ie}\sin L \\ \delta L\omega_{ie}\cos L\end{bmatrix} \tag{9.57}$$

则式(9.56)可写成

$$\hat{\boldsymbol{\omega}}_{ie}^{t}=\boldsymbol{\omega}_{ie}^{t}+\delta\boldsymbol{\omega}_{ie}^{t} \tag{9.58}$$

将式(9.58)代入式(9.55)可得

$$\hat{\boldsymbol{\omega}}_{ie}^{b}=\boldsymbol{C}_{\hat{t}}^{b}\boldsymbol{\omega}_{ie}^{t}+\boldsymbol{C}_{\hat{t}}^{b}\delta\boldsymbol{\omega}_{ie}^{t} \tag{9.59}$$

在式(9.59)的右端第二项中，因 δL 是一阶小量，故 $\delta\boldsymbol{\omega}_{ie}^{t}$ 也是一阶小量，又 t 系与 $\hat{t}$ 系之间只差一个小角度 $\boldsymbol{\varphi}$，可认为两者近似重合。由于一阶小量 $\delta\boldsymbol{\omega}_{ie}^{t}$ 在两个接近重合的坐标系中分解时，其投影是相等的，于是式(9.59)右端第二项可写成

$$\boldsymbol{C}_{\hat{t}}^{b}\delta\boldsymbol{\omega}_{ie}^{t}=\boldsymbol{C}_{\hat{t}}^{b}\delta\boldsymbol{\omega}_{ie}^{\hat{t}}=\delta_{1}\boldsymbol{\omega}_{ie}^{b} \tag{9.60}$$

而在式(9.59)的右端第一项中，因 $\boldsymbol{\omega}_{ie}^{t}$ 不是小量，所以 $\boldsymbol{C}_{\hat{t}}^{b}\boldsymbol{\omega}_{ie}^{t}\neq\boldsymbol{\omega}_{ie}^{b}$，而是应把式(9.51)代入，得

$$\begin{aligned}\boldsymbol{C}_{\hat{t}}^{b}\boldsymbol{\omega}_{ie}^{t}&=\boldsymbol{C}_{t}^{b}\boldsymbol{C}_{\hat{t}}^{t}\boldsymbol{\omega}_{ie}^{t}\\&=\boldsymbol{C}_{t}^{b}(\boldsymbol{I}+\boldsymbol{\Phi}^{t})\boldsymbol{\omega}_{ie}^{t}\\&=\boldsymbol{C}_{t}^{b}\boldsymbol{\omega}_{ie}^{t}+\boldsymbol{C}_{t}^{b}\boldsymbol{\Phi}^{t}\boldsymbol{\omega}_{ie}^{t}\\&=\boldsymbol{\omega}_{ie}^{b}+\boldsymbol{C}_{t}^{b}\boldsymbol{\Phi}^{t}\boldsymbol{\omega}_{ie}^{t}\\&=\boldsymbol{\omega}_{ie}^{b}+\delta_{2}\boldsymbol{\omega}_{ie}^{b}\end{aligned} \tag{9.61}$$

式中，$\delta_{2}\boldsymbol{\omega}_{ie}^{b}=\boldsymbol{C}_{t}^{b}\boldsymbol{\Phi}^{t}\boldsymbol{\omega}_{ie}^{t}$。式(9.61)表明，在本体坐标系下，地球角速度的理想值与计算值之间存在交叉耦合误差 $\delta_{2}\boldsymbol{\omega}_{ie}^{b}$。

将式(9.60)和式(9.61)代入式(9.59)，得

$$\hat{\boldsymbol{\omega}}_{ie}^{b}=\boldsymbol{\omega}_{ie}^{b}+\delta_{1}\boldsymbol{\omega}_{ie}^{b}+\delta_{2}\boldsymbol{\omega}_{ie}^{b} \tag{9.62}$$

由式(9.62)可以看出，计算得到的地球角速度 $\hat{\boldsymbol{\omega}}_{ie}^{b}$ 由两部分组成：一是理想地球角速度 $\boldsymbol{\omega}_{ie}^{b}$；二是因输入纬度误差而引起的计算误差 $\delta_{1}\boldsymbol{\omega}_{ie}^{b}$ 及经由坐标变换而产生的交叉耦合误差 $\delta_{2}\boldsymbol{\omega}_{ie}^{b}$。

把式(9.54)和式(9.62)代入式(9.52)，可得

$$\begin{aligned}\boldsymbol{\omega}_{\hat{t}b}^{b}&=\boldsymbol{\omega}_{ie}^{b}+\delta\boldsymbol{\omega}_{ib}^{b}-(\boldsymbol{\omega}_{ie}^{b}+\delta_{1}\boldsymbol{\omega}_{ie}^{b}+\delta_{2}\boldsymbol{\omega}_{ie}^{b})-\boldsymbol{\omega}_{e\hat{t}}^{b}\\&=\delta\boldsymbol{\omega}_{ib}^{b}-\delta_{1}\boldsymbol{\omega}_{ie}^{b}-\delta_{2}\boldsymbol{\omega}_{ie}^{b}-\boldsymbol{\omega}_{e\hat{t}}^{b}\end{aligned} \tag{9.63}$$

2. 姿态误差方程

根据真地理系的姿态矩阵微分方程可类推出计算地理系的姿态矩阵微分方程为

$$\dot{\boldsymbol{C}}_{b}^{\hat{t}}=\boldsymbol{C}_{b}^{\hat{t}}\boldsymbol{\Omega}_{\hat{t}b}^{b} \tag{9.64}$$

式中，$\boldsymbol{\Omega}_{\hat{t}b}^{b}$ 是 $\boldsymbol{\omega}_{\hat{t}b}^{b}$ 的反对称矩阵。

由于

$$\boldsymbol{C}_{b}^{\hat{t}}=\boldsymbol{C}_{t}^{\hat{t}}\boldsymbol{C}_{b}^{t} \tag{9.65}$$

对式(9.65)求导可得

$$\dot{\boldsymbol{C}}_{b}^{\hat{t}}=\dot{\boldsymbol{C}}_{t}^{\hat{t}}\boldsymbol{C}_{b}^{t}+\boldsymbol{C}_{t}^{\hat{t}}\dot{\boldsymbol{C}}_{b}^{t} \tag{9.66}$$

对式(9.49)求导，可得

$$\dot{\boldsymbol{C}}_{t}^{\hat{t}}=-\dot{\boldsymbol{\Phi}}^{t} \tag{9.67}$$

结合 $\dot{\boldsymbol{C}}_b^{\hat{t}}=\boldsymbol{C}_b^{\hat{t}}\boldsymbol{\Omega}_{\hat{t}b}^b$、$\dot{\boldsymbol{C}}_b^t=\boldsymbol{C}_b^t\boldsymbol{\Omega}_{tb}^b$、式(9.49)与式(9.67)，可将式(9.66)写作

$$\boldsymbol{C}_b^{\hat{t}}\boldsymbol{\Omega}_{\hat{t}b}^b=-\dot{\boldsymbol{\Phi}}^t\boldsymbol{C}_b^t+(\boldsymbol{I}-\boldsymbol{\Phi}^t)\boldsymbol{C}_b^t\boldsymbol{\Omega}_{tb}^b \tag{9.68}$$

两边同时右乘 $\boldsymbol{C}_t^b$，整合可得

$$\begin{aligned}\dot{\boldsymbol{\Phi}}^t&=\boldsymbol{C}_b^t\boldsymbol{\Omega}_{tb}^b\boldsymbol{C}_t^b-\boldsymbol{\Phi}^t\boldsymbol{C}_b^t\boldsymbol{\Omega}_{tb}^b\boldsymbol{C}_t^b-\boldsymbol{C}_b^{\hat{t}}\boldsymbol{\Omega}_{\hat{t}b}^b\boldsymbol{C}_t^b\\&=\boldsymbol{C}_b^t\boldsymbol{\Omega}_{tb}^b\boldsymbol{C}_t^b-\boldsymbol{\Phi}^t\boldsymbol{C}_b^t\boldsymbol{\Omega}_{tb}^b\boldsymbol{C}_t^b-\boldsymbol{C}_b^t\boldsymbol{\Omega}_{\hat{t}b}^b\boldsymbol{C}_t^b+\boldsymbol{\Phi}^t\boldsymbol{C}_b^t\boldsymbol{\Omega}_{\hat{t}b}^b\boldsymbol{C}_t^b\end{aligned} \tag{9.69}$$

根据相似变换法则

$$\left.\begin{aligned}\boldsymbol{\Omega}_{tb}^t&=\boldsymbol{C}_b^t\boldsymbol{\Omega}_{tb}^b\boldsymbol{C}_t^b\\\boldsymbol{\Omega}_{\hat{t}b}^t&=\boldsymbol{C}_b^t\boldsymbol{\Omega}_{\hat{t}b}^b\boldsymbol{C}_t^b\end{aligned}\right\} \tag{9.70}$$

可将式(9.69)变换为

$$\dot{\boldsymbol{\Phi}}^t=\boldsymbol{\Omega}_{tb}^t-\boldsymbol{\Omega}_{\hat{t}b}^t-\boldsymbol{\Phi}^t\boldsymbol{\Omega}_{tb}^t+\boldsymbol{\Phi}^t\boldsymbol{\Omega}_{\hat{t}b}^t \tag{9.71}$$

根据式(9.71)可知，推导 $\boldsymbol{\Omega}_{\hat{t}b}^t$ 与 $\boldsymbol{\Omega}_{tb}^t$ 的差值，即可得到捷联惯导系统的姿态误差方程。$\boldsymbol{\Omega}_{\hat{t}b}^t$ 与 $\boldsymbol{\Omega}_{tb}^t$ 分别由 $\boldsymbol{\omega}_{\hat{t}b}^t$ 与 $\boldsymbol{\omega}_{tb}^t$ 确定，可以分别写作

$$\begin{aligned}\boldsymbol{\omega}_{\hat{t}b}^t&=\boldsymbol{C}_b^t(\boldsymbol{\omega}_{ib}^b+\delta\boldsymbol{\omega}_{ib}^b)-\boldsymbol{C}_{\hat{t}}^t(\boldsymbol{\omega}_{ie}^{\hat{t}}+\boldsymbol{\omega}_{e\hat{t}}^{\hat{t}})\\\boldsymbol{\omega}_{tb}^t&=\boldsymbol{C}_b^t\boldsymbol{\omega}_{ib}^b-(\boldsymbol{\omega}_{ie}^t+\boldsymbol{\omega}_{et}^t)\end{aligned} \tag{9.72}$$

式中，$\delta\boldsymbol{\omega}_{ib}^b$ 为陀螺仪的测量误差(同式(9.54))；$\boldsymbol{\omega}_{ie}^{\hat{t}}$ 与 $\boldsymbol{\omega}_{e\hat{t}}^{\hat{t}}$ 均为计算地理系下的计算角速度。

考虑到解算值 $\boldsymbol{\omega}_{ie}^{\hat{t}}$ 和 $\boldsymbol{\omega}_{e\hat{t}}^{\hat{t}}$ 与对应真值间存在误差小量，即有

$$\begin{aligned}\boldsymbol{\omega}_{ie}^{\hat{t}}&=\boldsymbol{\omega}_{ie}^t+\delta\boldsymbol{\omega}_{ie}^t\\\boldsymbol{\omega}_{e\hat{t}}^{\hat{t}}&=\boldsymbol{\omega}_{et}^t+\delta\boldsymbol{\omega}_{et}^t\end{aligned} \tag{9.73}$$

将式(9.72)和式(9.73)代入矩阵微分方程式(9.71)，并将式(9.71)中的元素写成列向量形式，忽略二阶小量后可得捷联惯导系统的姿态误差方程为

$$\dot{\boldsymbol{\varphi}}=\begin{bmatrix}\dot{\phi}_x\\\dot{\phi}_y\\\dot{\phi}_z\end{bmatrix}=-\boldsymbol{\omega}_{it}^t\times\boldsymbol{\varphi}+\delta\boldsymbol{\omega}_{it}^t-\boldsymbol{C}_b^t\delta\boldsymbol{\omega}_{ib}^b \tag{9.74}$$

式中：

$$\boldsymbol{\omega}_{it}^t=\boldsymbol{\omega}_{ie}^t+\boldsymbol{\omega}_{et}^t=\begin{bmatrix}0\\\omega_{ie}\cos L\\\omega_{ie}\sin L\end{bmatrix}+\begin{bmatrix}-\dfrac{v_N^n}{R_M+h}\\\dfrac{v_E^n}{R_N+h}\\\dfrac{v_E^n\tan L}{R_N+h}\end{bmatrix}$$

$$\delta\boldsymbol{\omega}_{ib}^{b}=\begin{bmatrix}\varepsilon_x^b+\omega_{dx}^b\\ \varepsilon_y^b+\omega_{dy}^b\\ \varepsilon_z^b+\omega_{dz}^b\end{bmatrix}$$

$$\delta\boldsymbol{\omega}_{it}^{t}=\delta\boldsymbol{\omega}_{ie}^{t}+\delta\boldsymbol{\omega}_{et}^{t}=\begin{bmatrix}0\\ -\omega_{ie}\delta L\sin L\\ \omega_{ie}\delta L\cos L\end{bmatrix}+\begin{bmatrix}-\dfrac{1}{R_M+h}\delta v_N^n+\dfrac{v_N^n}{(R_M+h)^2}\delta h\\ \dfrac{1}{R_N+h}\delta v_E^n-\dfrac{v_E^n}{(R_N+h)^2}\delta h\\ \dfrac{\tan L}{R_N+h}\delta v_E^n+\dfrac{v_E^n\sec^2 L}{R_N+h}\delta L-\dfrac{v_E^n\tan L}{(R_N+h)^2}\delta h\end{bmatrix}$$

其中，卯酉圈半径 $R_N=R_e(1+e\sin^2 L)$；子午圈半径 $R_M=R_e(1-2e+3e\sin^2 L)$。

9.3.2　速度误差方程

根据惯导系统的比力方程

$$\boldsymbol{f}^b=\boldsymbol{C}_t^b\left[\dot{\boldsymbol{v}}_{et}^t+(2\boldsymbol{\omega}_{ie}^t+\boldsymbol{\omega}_{et}^t)\times\boldsymbol{v}_{et}^t-\boldsymbol{g}^t\right] \tag{9.75}$$

可得载体相对于地理系的加速度在地理系下分量 $\dot{\boldsymbol{v}}_{et}^t$ 为

$$\dot{\boldsymbol{v}}_{et}^t=\boldsymbol{C}_b^t\boldsymbol{f}^b-(2\boldsymbol{\omega}_{ie}^t+\boldsymbol{\omega}_{et}^t)\times\boldsymbol{v}_{et}^t+\boldsymbol{g}^t \tag{9.76}$$

而在惯导系统实际解算的过程中，只能利用加速度计输出 $\tilde{\boldsymbol{f}}^b$ 近似代替 $\boldsymbol{f}^b$，由地球重力场模型确定的当地重力加速度 $\hat{\boldsymbol{g}}^t$ 近似代替 $\boldsymbol{g}^t$，并利用惯导系统解算得到的 $\boldsymbol{\omega}_{ie}^{\hat{t}}$、$\boldsymbol{\omega}_{e\hat{t}}^{\hat{t}}$ 和 $\boldsymbol{C}_b^{\hat{t}}$ 分别近似代替 $\boldsymbol{\omega}_{ie}^t$、$\boldsymbol{\omega}_{et}^t$ 和 $\boldsymbol{C}_b^t$ 来确定载体的对地加速度，则有

$$\dot{\boldsymbol{v}}_{e\hat{t}}^{\hat{t}}=\boldsymbol{C}_b^{\hat{t}}\tilde{\boldsymbol{f}}^b-(2\boldsymbol{\omega}_{ie}^{\hat{t}}+\boldsymbol{\omega}_{e\hat{t}}^{\hat{t}})\times\boldsymbol{v}_{e\hat{t}}^{\hat{t}}+\hat{\boldsymbol{g}}^t \tag{9.77}$$

考虑到各测量值和解算值与对应真值间存在误差小量，即有

$$\begin{gathered}\tilde{\boldsymbol{f}}^b=\boldsymbol{f}^b+\delta\boldsymbol{f}^b,\quad \hat{\boldsymbol{g}}^t=\boldsymbol{g}^t+\delta\boldsymbol{g}^t\\ \boldsymbol{v}_{e\hat{t}}^{\hat{t}}=\boldsymbol{v}_{et}^t+\delta\boldsymbol{v}_{et}^t,\quad \boldsymbol{\omega}_{ie}^{\hat{t}}=\boldsymbol{\omega}_{ie}^t+\delta\boldsymbol{\omega}_{ie}^t\\ \dot{\boldsymbol{v}}_{e\hat{t}}^{\hat{t}}=\dot{\boldsymbol{v}}_{et}^t+\delta\dot{\boldsymbol{v}}_{et}^t,\quad \boldsymbol{\omega}_{e\hat{t}}^{\hat{t}}=\boldsymbol{\omega}_{et}^t+\delta\boldsymbol{\omega}_{et}^t\end{gathered} \tag{9.78}$$

式中，$\delta\boldsymbol{f}^b$ 为加速度计的测量误差，主要包括常值偏置∇与角运动引起的扰动 $\boldsymbol{a}_d$；$\delta\boldsymbol{g}^t$ 为重力加速度补偿残余误差项，其影响通常可忽略。将式(9.78)代入式(9.77)，可得

$$\dot{\boldsymbol{v}}_{e\hat{t}}^{\hat{t}}=(\boldsymbol{I}-\boldsymbol{\Phi}^t)\boldsymbol{C}_b^t(\boldsymbol{f}^b+\delta\boldsymbol{f}^b)-\left[2(\boldsymbol{\omega}_{ie}^t+\delta\boldsymbol{\omega}_{ie}^t)+(\boldsymbol{\omega}_{et}^t+\delta\boldsymbol{\omega}_{et}^t)\right]\times(\boldsymbol{v}_{et}^t+\delta\boldsymbol{v}_{et}^t)+\boldsymbol{g}^t \tag{9.79}$$

令式(9.79)与式(9.76)作差，并略去二阶及以上高阶小量得

$$\delta\dot{\boldsymbol{v}}_{et}^t\approx\boldsymbol{f}^t\times\boldsymbol{\varphi}-(2\boldsymbol{\omega}_{ie}^t+\boldsymbol{\omega}_{et}^t)\times\delta\boldsymbol{v}_{et}^t+\boldsymbol{v}_{et}^t\times(2\delta\boldsymbol{\omega}_{ie}^t+\delta\boldsymbol{\omega}_{et}^t)+\boldsymbol{C}_b^t\delta\boldsymbol{f}^b \tag{9.80}$$

式(9.80)即为捷联惯导系统的速度误差方程。

9.3.3　位置误差方程

载体所在位置的地理纬度、经度和高度的时间导数可表示为

$$\dot{L}=\frac{v_N^n}{R_M+h},\quad \dot{\lambda}=\frac{v_E^n\sec L}{R_N+h},\quad \dot{h}=v_U^n \tag{9.81}$$

式中，$\boldsymbol{v}_{et}^{t}=\begin{bmatrix}v_E^n & v_N^n & v_U^n\end{bmatrix}^{\mathrm{T}}$ 为载体速度在地理系下的分量。忽略子午圈和卯酉圈半径的微小误差，对式(9.81)求微分可得

$$\begin{aligned}
\delta\dot{L} &= \frac{\delta v_N^n}{R_M+h}-\frac{v_N^n}{(R_M+h)^2}\delta h \\
\delta\dot{\lambda} &= \frac{\sec L}{R_N+h}\delta v_E^n+\frac{v_E^n\sec L\tan L}{R_N+h}\delta L-\frac{v_E^n\sec L}{(R_N+h)^2}\delta h \\
\delta\dot{h} &= \delta v_U^n
\end{aligned} \tag{9.82}$$

式(9.82)即为捷联惯导系统的位置误差方程。

9.4　小　结

本章首先介绍了捷联惯导系统基本工作原理，并给出了捷联惯导系统的力学编排。在此基础上，介绍了捷联惯导系统的误差方程，包括姿态误差方程、速度误差方程与位置误差方程，这些误差方程是捷联惯导系统与其他导航系统组合的基础。

第10章　捷联惯导系统的数字仿真方法

由于捷联惯导系统(SINS)的大部分工作要在导航计算机中完成,因此在整个系统误差中,很多方面的误差难以用解析的方法给出,而需要用数字仿真的方法给出。计算技术的飞速发展使得捷联惯导系统的设计与分析工作(特别是系统的误差分析工作)可以首先在计算机上进行,在此基础上再进行系统的硬件(包括陀螺仪、加速度计与导航计算机等)及软件(包括各种计算机算法及不同迭代周期的选择等)的设计或选择。

根据系统误差的特点,按照数字仿真的功用可将数字仿真分为以下几类。

(1) 检验数学模型的正确性

在进行数字仿真时,首先要为系统的数学模型选择机上执行算法,编制好相应的主程序与子程序,并进行数字仿真。当数学模型有错误时,仿真的结果就会出现异常。当所选用的数学模型不够精确时,系统的误差将不能满足要求,从而应探讨更精确的数学模型。

(2) 系统软件的仿真

这时可将惯性器件看成无误差的理想器件,从而单独研究由于计算机算法所造成的误差,其中包括数值积分算法的选取、各种迭代周期的选取、字长的选取以及单精度或双精度的选取等。

(3) 系统硬件的选取

这时可在计算机中人为地设置惯性器件的误差,通过采用高精度的算法来减小算法误差的影响,从而确定硬件对系统误差的影响。这样就可以根据导航精度的要求对惯性器件提出适宜的要求,进而设计或选用适当的惯性器件。接下来在系统软件仿真的基础上,确定所选用器件的类型与输出形式,选用适宜的导航计算机,以满足系统对导航计算机实时接口、计算速度及计算机字长等方面的要求。

(4) 捷联惯导系统的仿真

在上述仿真的基础上,进而可对整个系统进行数字仿真。数字仿真可以采用以下几种方式进行。

① 对于给定的飞行任务条件进行一次完整飞行过程的全数字仿真,确定总的系统误差。

② 对于典型的工作状态(包括最不利的工作状态)进行仿真,确定系统在典型工作状态下的误差。典型的工作状态包括静止状态、等角速率运动状态和振动状态等。

③ 系统的初始对准仿真,根据选用的惯性器件以及导航计算机的性能对初始对准误差进行仿真,从而判断系统的初始对准是否满足给定的要求。

④ 与初步的飞行试验配合进行的数字仿真。将捷联惯导的惯性器件安装在飞行器上进行飞行试验,并通过机载记录装置将陀螺仪与加速度计的输出记录下来,然后到地面上再进行离线的数字仿真,从而为捷联惯导系统的飞行试验打下基础。

由此可见,数字仿真手段对于捷联惯导系统中惯性器件误差模型、导航解算和初始对准等算法测试及性能验证具有重要意义。巡航式飞行器和弹道式飞行器是两类最为典型的飞行器,它们在受力情况、飞行任务特点、导航坐标系的选取等方面存在差异。基于此,本章将分别介绍巡航式飞行器和弹道式飞行器的捷联惯导系统数字仿真平台设计方法，并基于该数字仿真平台对捷联惯导系统的性能进行验证。

10.1 捷联惯导系统数字仿真平台工作原理

捷联惯导系统数字仿真平台的工作过程为：首先，根据巡航式(或弹道式)飞行器的飞行任务特点设计一段轨迹，并生成飞行器的位置、速度和姿态等导航参数的理想值；其次，根据生成的导航参数的理想值并结合陀螺仪和加速度计的数学模型，生成惯性器件的实际模拟数据；然后，将惯性器件的实际模拟数据输出到 SINS 导航解算仿真器中得到导航解算结果；最后，将解算的导航结果与导航参数的理想值相比较，得到导航误差结果并验证惯性器件误差模型和导航解算算法的性能。可见，捷联惯导系统数字仿真平台应由以下四部分组成，如图 10.1 所示。

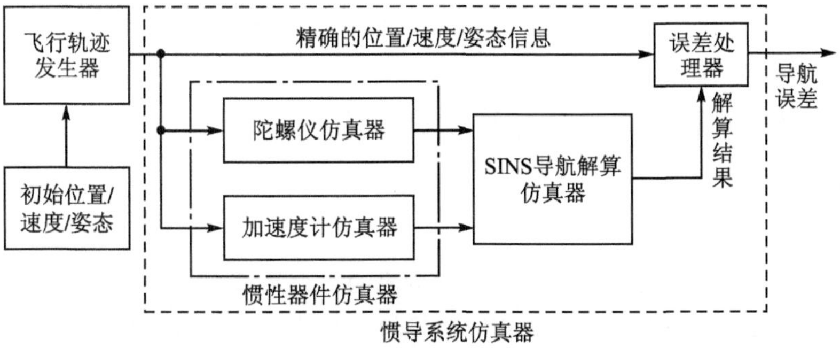

图 10.1 捷联惯导系统数字仿真平台总体框架

1. 飞行轨迹发生器

飞行轨迹发生器对飞行器的轨迹进行模拟，为后续进行惯性器件测量数据生成、SINS 导航解算和导航误差处理与性能评估提供依据。对于巡航式飞行器，该模块根据巡航式飞行器的飞行任务特点，生成包含爬升、转弯、俯冲或加减速等飞行状态在内的一条完整轨迹，然后再根据不同飞行状态的数学模型实时输出飞行器对应时刻的位置、速度和姿态等导航参数的理想值；而对于弹道式飞行器，该模块则根据弹道式飞行器在不同阶段的飞行特点，生成包含主动段、自由段和再入段等飞行段在内的一条完整轨迹，再根据不同飞行阶段的数学模型实时输出飞行器对应时刻的位置、速度和姿态等导航参数的理想值。

2. 惯性器件仿真器

惯性器件仿真器模拟生成陀螺仪和加速度计的实际模拟数据，供 SINS 导航解算仿真器使用。该模块以飞行轨迹发生器输出的导航参数的理想值为输入信息，根据陀螺仪和加速度计的数学模型，生成包含惯性器件误差的角速度和比力。

3. SINS 导航解算仿真器

SINS 导航解算仿真器是根据捷联惯导系统的力学编排设计而成的，它以惯性器件仿真器输出的实际模拟数据为输入信息，通过位置、速度和姿态更新解算得到飞行器的位置、速度和姿态等导航结果。

4. 误差处理器

误差处理器将SINS导航解算仿真器计算得到的包含解算误差的导航结果与飞行轨迹发生器输出的导航参数的理想值进行比较，得到SINS解算的位置、速度和姿态等参数的导航误差。在此基础上，对惯性器件误差模型和导航解算算法的性能进行分析和评估。

10.2 飞行轨迹发生器

对于给定的飞行任务可以先设计出相应的飞行轨迹，然后利用飞行轨迹发生器计算出不同时刻的位置、速度和姿态等导航参数的理想值。下面从不同飞行状态的数学模型、导航参数的求取方法等方面分别对巡航式飞行器和弹道式飞行器的飞行轨迹发生器的设计方法进行介绍。

10.2.1 巡航式飞行器的飞行轨迹发生器

1. 典型机动动作的数学模型

对于巡航式飞行器，为使飞行轨迹发生器生成的飞行轨迹尽可能接近实际情况，需要建立各种典型机动动作的数学模型，并做成相应的模块。在测试时，可以将任意几种机动动作组合成一条飞行轨迹，从而充分反映捷联惯导系统在各种机动情况下的性能。下面针对巡航式飞行器的飞行任务特点，分别建立爬升、转弯和俯冲这三种典型机动动作的数学模型。

(1) 爬 升

巡航式飞行器的爬升可分为3个阶段：改变俯仰角的拉起阶段、等俯仰角爬升阶段和结束爬升后的改平阶段。

1）拉起阶段

在该阶段，巡航式飞行器的俯仰角以等角速率 $\dot{\theta}_0$ 逐渐增加到等角爬升的角度。设该阶段的初始时刻为 t_{01}，则有

$$\dot{\theta}=\dot{\theta}_0,\quad \theta=\dot{\theta}(t-t_{01}) \tag{10.1}$$

2）等角爬升阶段

在该阶段，巡航式飞行器以恒定的俯仰角 θ_c 爬升到需要的高度，则有

$$\dot{\theta}=0,\quad \theta=\theta_c \tag{10.2}$$

3）改平阶段

在该阶段，巡航式飞行器以等角速率 $-\dot{\theta}_0$ 逐渐减小俯仰角。设该阶段的初始时刻为 t_{02}，则有

$$\dot{\theta}=-\dot{\theta}_0,\quad \theta=\theta_c+\dot{\theta}(t-t_{02}) \tag{10.3}$$

(2) 转 弯

设巡航式飞行器为协调转弯，转弯过程无侧滑，飞行轨迹在水平面内。以右转弯为例分析

协调转弯过程中的转弯半径和转弯角速率。

设转弯过程中巡航式飞行器的速度为 V_y^b，转弯半径为 R，转弯角速率为 ω_z^h，转弯所需的向心力 A_x^h 由升力因倾斜产生的水平分量来提供，则有

$$\left.\begin{aligned}&A_x^h=R\cdot(\omega_z^h)^2=(V_y^b)^2/R=g\cdot\tan\gamma\\&R=(V_y^b)^2/(g\cdot\tan\gamma)\\&\omega_z^h=V_y^b/R=g\cdot\tan\gamma/V_y^b\end{aligned}\right\}\tag{10.4}$$

巡航式飞行器的转弯分为 3 个阶段：由平飞改变滚转角进入转弯阶段、保持滚转角以等角速率转弯阶段和转完后的改平阶段。

1）进入转弯阶段

在该阶段，巡航式飞行器以等角速率 $\dot{\gamma}_0$ 将滚转角调整到所需的值。设该阶段的初始时刻为 t_{03}，则有

$$\left.\begin{aligned}&\dot{\gamma}=\dot{\gamma}_0\\&\gamma=\dot{\gamma}(t-t_{03})\\&\omega_z^h=g\cdot\tan\gamma/V_y^b=g\cdot\tan[\dot{\gamma}(t-t_{03})]/V_y^b\\&\Delta\psi=\int_{t_{03}}^{t}\omega_z^h\mathrm{d}t\end{aligned}\right\}\tag{10.5}$$

2）等角速率转弯阶段

在该阶段，巡航式飞行器保持滚转角 γ_c 以等角速率 ω_0 转弯，则有

$$\gamma=\gamma_c,\quad \omega_z^h=\omega_0\tag{10.6}$$

3）改平阶段

在该阶段，巡航式飞行器以等角速率 $-\dot{\gamma}_0$ 逐渐减小滚转角。设该阶段的初始时刻为 t_{04}，则有

$$\dot{\gamma}=-\dot{\gamma}_0,\quad \gamma=\gamma_c+\dot{\gamma}(t-t_{04})\tag{10.7}$$

(3) 俯　冲

俯冲过程的飞行轨迹在地垂面内，俯仰角的改变方向与爬升过程相反，分为改变俯仰角进入俯冲、等俯仰角持续俯冲和俯冲后的改平 3 个阶段。

1）进入俯冲阶段

在该阶段，巡航式飞行器以等角速率 $\dot{\theta}_1$ 逐渐减小到所需的俯冲角。设该阶段的初始时刻为 t_{05}，则有

$$\dot{\theta}=-\dot{\theta}_1,\quad \theta=\dot{\theta}(t-t_{05})\tag{10.8}$$

2）等角俯冲阶段

在该阶段，巡航式飞行器以恒定的俯仰角 θ_{c1} 俯冲到需要的高度，则有

$$\dot{\theta}=0,\quad \theta=\theta_{c1}\tag{10.9}$$

3）改平阶段

在该阶段，巡航式飞行器以等角速率 $\dot{\theta}_1$ 逐渐增加俯仰角。设该阶段的初始时刻为 t_{06}，则有

$$\dot{\theta}=\dot{\theta}_1,\quad \theta=\theta_{c1}+\dot{\theta}(t-t_{06}) \tag{10.10}$$

2. 导航参数的求取

除上述三种典型机动动作外，巡航式飞行器的一段完整轨迹中通常还可能包含起飞、加速、减速、平飞和降落等飞行状态。下面进一步介绍不同飞行状态下导航参数精确值的求取。

(1) 加速度

① 巡航式飞行器机动飞行时在轨迹坐标系中的加速度：

巡航式飞行器以加速度 a 作直线加速飞行时：$a_x^t=a_z^t=0, a_y^t=a$；

巡航式飞行器以滚转角 γ 作无侧滑转弯时：$a_y^t=a_z^t=0, a_x^t=g\cdot\tan\gamma$；

巡航式飞行器爬升或俯冲时：$a_x^t=a_y^t=0, a_z^t=\dot{\theta}\cdot V_y^t$；

巡航式飞行器爬升改平或俯冲改平时：$a_x^t=a_y^t=0, a_z^t=\dot{\theta}\cdot V_y^t$；

巡航式飞行器匀速等角爬升或等角俯冲时：$a_x^t=a_y^t=a_z^t=0$。

② 巡航式飞行器在导航系中的加速度为

$$\begin{bmatrix} a_x^n \\ a_y^n \\ a_z^n \end{bmatrix}=\boldsymbol{C}_t^n\begin{bmatrix} a_x^t \\ a_y^t \\ a_z^t \end{bmatrix} \tag{10.11}$$

③ 巡航式飞行器在机体系中的加速度为

$$\begin{bmatrix} a_x^b \\ a_y^b \\ a_z^b \end{bmatrix}=\boldsymbol{C}_t^b\begin{bmatrix} a_x^t \\ a_y^t \\ a_z^t \end{bmatrix} \tag{10.12}$$

(2) 速　度

① 在导航系中的速度为

$$\begin{bmatrix} V_x^n \\ V_y^n \\ V_z^n \end{bmatrix}=\begin{bmatrix} V_{x0}^n \\ V_{y0}^n \\ V_{z0}^n \end{bmatrix}+\begin{bmatrix} \int_{t_0}^t a_x^n\,\mathrm{d}t \\ \int_{t_0}^t a_y^n\,\mathrm{d}t \\ \int_{t_0}^t a_z^n\,\mathrm{d}t \end{bmatrix} \tag{10.13}$$

② 在轨迹系中的速度为

$$\begin{bmatrix} V_x^t \\ V_y^t \\ V_z^t \end{bmatrix}=\boldsymbol{C}_n^t\begin{bmatrix} V_x^n \\ V_y^n \\ V_z^n \end{bmatrix} \tag{10.14}$$

③ 在机体系中的速度为

$$\begin{bmatrix} V_x^b \\ V_y^b \\ V_z^b \end{bmatrix}=\boldsymbol{C}_n^b\begin{bmatrix} V_x^n \\ V_y^n \\ V_z^n \end{bmatrix} \tag{10.15}$$

(3) 位　置

$$\begin{bmatrix} L \\ \lambda \\ h \end{bmatrix} = \begin{bmatrix} L_0 \\ \lambda_0 \\ h_0 \end{bmatrix} + \begin{bmatrix} \int_{t_0}^{t} \frac{V_y^n}{R_M + h} \mathrm{d}t \\ \int_{t_0}^{t} \frac{V_x^n \sec L}{R_N + h} \mathrm{d}t \\ \int_{t_0}^{t} V_z^n \mathrm{d}t \end{bmatrix} \tag{10.16}$$

式中，$R_M = R_e(1 - 2e + 3e\sin^2 L)$；$R_N = R_e(1 + e\sin^2 L)$；$e$ 为地球椭圆度；R_e 为地球的长半轴；L 为即时纬度；λ 为即时经度；h 为即时高度。

10.2.2　弹道式飞行器的飞行轨迹发生器

在设计弹道式飞行器的飞行轨迹发生器时，首先需要建立描述其速度、位置、姿态的动力学和运动学方程，进而根据给定的初始条件生成包含主动段、自由段和再入段等飞行阶段在内的一条完整轨迹，以及对应时刻的位置、速度和姿态等导航参数的理想值。下面对弹道式飞行器在不同飞行阶段的受力情况进行分析，并在此基础上介绍各飞行段轨迹的设计方法。

1. 不同飞行阶段受力情况分析

弹道式飞行器的飞行过程大致可以分为三个阶段：主动段、自由段和再入段，各飞行阶段的受力情况如表 10.1 所列。

表 10.1　弹道式飞行器的飞行阶段与受力情况

	主动段	自由段	再入段
飞行阶段	从发射点到关机点	从关机之后到再入地球大气层为止	从进入大气层到打击目标为止
受力情况	地心引力、推力、阻力	地心引力	地心引力、阻力

① 主动段：从发射点到关机点，有效载荷被助推到需要的高度和预定的状态，然后与非有效载荷分离。主动段又可以分为垂直发射、主动段转弯和等角爬升三个阶段。

② 自由段：有效载荷仅在地心引力作用下按照椭圆轨迹飞行。

③ 再入段：弹头或者作为自由再入体的运载火箭再入地球大气层时，在迎面阻力和升力等气动力以及地心引力的影响下运动。

2. 主动段弹道轨迹设计

弹道式飞行器在主动段消耗燃料加速上升，受发动机推力、空气阻力、升力、重力等的影响，实际的受力情况比较复杂。因此，这里进行简化处理：假定主动段内弹体姿态只有俯仰角 θ_g 发生变化，而偏航角 ψ_g 与滚转角 γ_g 无变化，所以弹体的飞行轨迹一直在发射点重力坐标系的 Ox_gy_g 面内；此外，考虑到主动段飞行时间较短，可以认为主动段内弹体所受的重力一直沿发射点重力坐标系 Oy_g 轴的负向。从而，在发射点重力系下建立弹道式飞行器主动段的质心动力学和运动学方程为

$$\left.\begin{aligned}\dot{v} &= \frac{P - X_d}{m} - g\sin\theta_g \\ v_x^g &= v\cos\theta_g \\ v_y^g &= v\sin\theta_g\end{aligned}\right\} \tag{10.17}$$

式中，v 为弹体相对发射点的速度大小；重力加速度 g 可表示为 $g = g_0\left(\frac{R_e}{r}\right)^2$，$g_0$ 为赤道海平面处的重力加速度，$r = \sqrt{{x_g}^2 + (y_g + R_e)^2}$ 为弹体到地心的距离；θ_g 为弹体相对发射点重力系的俯仰角；P 为发动机推力；X_d 为空气阻力。当攻角为零且不考虑风速影响时，空气阻力的计算公式为

$$X_d = \frac{1}{2}\rho v^2 C_{xw} S_w \tag{10.18}$$

式中，ρ 为空气密度；C_{xw} 为标准阻力系数，与相对速度大小 v 有关；S_w 为弹体横截面积。

对姿态变化直接给定运动规律，θ_g 按抛物线规律给定，偏航角 ψ_g 和滚转角 γ_g 则恒定为零，保持不变。

$$\left.\begin{aligned}\theta_g &= \theta(t) \\ \psi_g &= 0 \\ \gamma_g &= 0\end{aligned}\right\} \tag{10.19}$$

$$\theta(t) = \begin{cases}\theta_1, & t < t_1 \\ \dfrac{(\theta_1 - \theta_2)(t_2 - t)^2}{(t_2 - t_1)^2}, & t_1 \leqslant t \leqslant t_2 \\ \theta_2, & t_2 \leqslant t\end{cases} \tag{10.20}$$

在设定发射点位置(λ_0, L_0, h_0)、方位角 A、发射时刻 t_0 和初始相对速度 $\boldsymbol{V}_0^g$ 后，根据式(10.17)便可计算得到任意当前时刻 t 弹体在发射点重力坐标系下的相对速度 $\boldsymbol{V}_r^g = [v_x^g \quad v_y^g \quad 0]^{\mathrm{T}}$ 和位置 $\boldsymbol{P}_r^g = [x_g \quad y_g \quad 0]^{\mathrm{T}}$，其中，下标 r 表示相对速度或位置。

弹道式飞行器通常以发射点惯性系（li 系）为导航坐标系，进一步考虑地球自转影响，便可得到弹体相对发射点惯性系下的绝对速度

$$\boldsymbol{V}^{li} = \boldsymbol{C}_g^{li}\boldsymbol{V}_r^g + (\boldsymbol{C}_i^{li}\boldsymbol{\omega}_{ie}^i) \times (\boldsymbol{C}_g^{li}\boldsymbol{P}_r^g) \tag{10.21}$$

利用得到的弹体相对发射点惯性系的绝对速度 $\boldsymbol{V}^{li}$，用一阶算法积分，结合初始位置信息便可得到弹体在发射点惯性系的位置信息，即

$$\boldsymbol{P}_{k+1}^{li} = \boldsymbol{P}_k^{li} + \boldsymbol{V}_k^{li} T_s \tag{10.22}$$

式中，T_s 为采样间隔；下标 k 表示时间序列。

本体系相对于发射点惯性系的姿态可以根据它们间的转换关系求得

$$\boldsymbol{C}_{li}^b = \boldsymbol{C}_g^b \boldsymbol{C}_{li}^g \tag{10.23}$$

式中，$\boldsymbol{C}_g^b = \boldsymbol{L}_x(\gamma_g)\boldsymbol{L}_y(\psi_g)\boldsymbol{L}_z(\theta_g)$。

此外，根据 $\boldsymbol{C}_{li}^b$ 中各元素与姿态角之间的关系

$$\boldsymbol{C}_{li}^b = \begin{bmatrix}\cos\psi\cos\theta & \cos\psi\sin\theta & -\sin\psi \\ \sin\gamma\sin\psi\cos\theta - \cos\gamma\sin\theta & \sin\gamma\sin\psi\sin\theta + \cos\gamma\cos\theta & \sin\gamma\cos\psi \\ \cos\gamma\sin\psi\cos\theta + \sin\gamma\sin\theta & \cos\gamma\sin\psi\sin\theta - \sin\gamma\cos\theta & \cos\gamma\cos\psi\end{bmatrix} \tag{10.24}$$

可进一步求得姿态角。

3. 自由段弹道轨迹设计

弹道式飞行器在关机点后的自由段处于大气层外，受力相对简单，动力学模型可简化为开普勒二体轨道模型。利用关机点时刻的速度 $\boldsymbol{V}_S^{li}$ 和位置 $\boldsymbol{P}_S^{li}$ 便可完全确定其轨迹，其中，下标 S 表示关机点。

(1) 求得关机点时刻弹体在地心惯性系下的位置和速度

利用坐标系间的转换关系，求得关机点时刻弹体在地心惯性系下的位置和速度分别为

$$\left.\begin{aligned}\boldsymbol{P}_S^i &= \boldsymbol{P}_{L,0}^i + \boldsymbol{C}_{li}^i \boldsymbol{P}_S^{li} \\ \boldsymbol{V}_S^i &= \boldsymbol{C}_{li}^i \boldsymbol{V}_S^{li}\end{aligned}\right\} \tag{10.25}$$

其中，$\boldsymbol{P}_{L,0}^i$ 表示发射点惯性系的坐标原点在地心惯性系下的位置，即发射时刻 t_0 发射点 L 在地心惯性系下的分量：

$$\boldsymbol{P}_{L,0}^i = R_e\,[\cos L_0 \cos(S_0+\lambda_0), \cos L_0 \sin(S_0+\lambda_0), \sin L_0]^T \tag{10.26}$$

其中，λ_0 和 L_0 分别为发射点的经度和纬度；S_0 为发射时刻的格林尼治恒星时。

(2) 求得轨道根数，并确定轨道形状

① 根据关机点处的地心距 r_S 和速率 v_S 计算半长轴 a：

$$r_S = |\boldsymbol{P}_S^i|, \quad v_S = |\boldsymbol{V}_S^i| \tag{10.27}$$

$$a = \frac{\mu r_S}{2\mu - r_S v_S^2} \tag{10.28}$$

式中，μ 为地球引力常数。

② 计算偏心率 e 和关机点处的偏近点角 E。由于

$$\left.\begin{aligned} e\sin E &= \frac{1}{\sqrt{\mu a}} \boldsymbol{P}_S^i \cdot \boldsymbol{V}_S^i \\ e\cos E &= 1 - \frac{r_S}{a}\end{aligned}\right\} \tag{10.29}$$

所以偏心率 e 和关机点处的偏近点角 E 主值为

$$\left.\begin{aligned} e &= \sqrt{\frac{(\boldsymbol{P}_S^i \cdot \boldsymbol{V}_S^i)^2}{\mu a} + \left(1 - \frac{r_S}{a}\right)^2} \\ E_{\text{main}} &= \arctan\left[\frac{1}{\sqrt{\mu a}}(\boldsymbol{P}_S^i \cdot \boldsymbol{V}_S^i) \Big/ \left(1 - \frac{r_S}{a}\right)\right]\end{aligned}\right\} \tag{10.30}$$

由于 $E \in [0°, 360°)$，所以可以进一步得到偏近点角真值为

$$E = \begin{cases} E_{\text{main}}, & e\sin E > 0 \,\&\, e\cos E > 0 \\ E_{\text{main}} + \pi, & e\cos E < 0 \\ E_{\text{main}} + 2\pi, & e\sin E < 0 \,\&\, e\cos E > 0 \end{cases} \tag{10.31}$$

③ 计算轨道倾角 i。由于 $i \in [0, 180°)$，所以可以直接得到轨道倾角真值为

$$i = \arccos\left[\frac{P_{S,x}^i V_{S,y}^i - P_{S,y}^i V_{S,x}^i}{\sqrt{\mu a(1-e^2)}}\right] \tag{10.32}$$

④ 计算升交点赤经 Ω。由于

$$\left.\begin{aligned}\sin\Omega&=\frac{P_{S,y}^{i}V_{S,z}^{i}-P_{S,z}^{i}V_{S,y}^{i}}{\sqrt{\mu a(1-e^{2})}\sin i}\\\cos\Omega&=\frac{P_{S,x}^{i}V_{S,z}^{i}-P_{S,z}^{i}V_{S,x}^{i}}{\sqrt{\mu a(1-e^{2})}\sin i}\end{aligned}\right\}\tag{10.33}$$

所以升交点赤经主值为

$$\Omega_{\text{main}}=\arctan\left(\frac{P_{S,y}^{i}V_{S,z}^{i}-P_{S,z}^{i}V_{S,y}^{i}}{P_{S,x}^{i}V_{S,z}^{i}-P_{S,z}^{i}V_{S,x}^{i}}\right)\tag{10.34}$$

又因为 $\Omega\in[0°,360°)$，所以可以进一步得到升交点赤经真值为

$$\Omega=\begin{cases}\Omega_{\text{main}}, & \sin\Omega>0\&\cos\Omega>0\\\Omega_{\text{main}}+\pi, & \cos\Omega<0\\\Omega_{\text{main}}+2\pi, & \sin\Omega<0\&\cos\Omega>0\end{cases}\tag{10.35}$$

⑤ 计算关机点处的平近点角 M_S。根据偏心率 e 和关机点处的偏近点角 E 可得

$$M_S=E-e\sin E\tag{10.36}$$

⑥ 计算关机点处的真近点角 f。由于

$$\tan\frac{f}{2}=\sqrt{\frac{1+e}{1-e}}\tan\frac{E}{2}\tag{10.37}$$

所以关机点处的真近点角的半角主值为

$$\left(\frac{f}{2}\right)_{\text{main}}=\arctan\left(\sqrt{\frac{1+e}{1-e}}\tan\frac{E}{2}\right)\tag{10.38}$$

根据$\frac{f}{2}$与$\frac{E}{2}$同象限且$\frac{f}{2}\in[0°,180°)$，求得真近点角的半角真值为

$$\frac{f}{2}=\begin{cases}\left(\frac{f}{2}\right)_{\text{main}}, & \frac{E}{2}<\frac{\pi}{2}\\\left(\frac{f}{2}\right)_{\text{main}}+\pi, & \frac{E}{2}>\frac{\pi}{2}\end{cases}\tag{10.39}$$

进而可以计算得到真近点角 f。

⑦ 计算关机点处的纬度幅角 u 和近地点幅角 ω。根据

$$\left.\begin{aligned}\sin u&=\frac{P_{S,z}^{i}}{r_S\sin i}\\\cos u&=\frac{P_{S,y}^{i}\sin\Omega}{r_S}+\frac{P_{S,x}^{i}\cos\Omega}{r_S}\end{aligned}\right\}\tag{10.40}$$

可以求得关机点处的纬度幅角 u，并由

$$\omega=u-f\tag{10.41}$$

进一步求得近地点幅角主值，将其归一化到$[0°,360°)$便可得到近地点幅角 ω。综上，便可得到一段弹道轨迹的所有轨道参数。

(3) 利用轨道参数确定弹体在任意时刻 t 的位置和速度

① 计算当前时刻的平近点角 M。

$$M=M_S+\sqrt{\frac{\mu}{a^{3}}}(t-t_S)\tag{10.42}$$

其中，t_S 为关机时刻。

② 计算当前时刻的偏近点角 E。

设定精度阈值 ε，利用迭代公式

$$E_{j+1}=M+e\sin E_j \tag{10.43}$$

计算得到此时的偏近点角 E_{j+1}，若 $|E_{j+1}-E_j|\leqslant\varepsilon$，则结束迭代过程，其中，下标 j 表示迭代次数。

③ 计算当前时刻的真近点角 f。利用式(10.37)～式(10.39)所表示的真近点角与偏近点角的关系确定此时的真近点角 f。

④ 计算当前时刻弹体在轨道坐标系下的位置和速度。计算此时弹体的地心距以及轨道坐标系下的径向速度和横向速度分别为

$$\left.\begin{aligned}
r&=\frac{a(1-e^2)}{1+e\cos f}\\
v_r&=\sqrt{\frac{\mu}{a(1-e^2)}}e\sin f\\
v_u&=\sqrt{\frac{\mu}{a(1-e^2)}}(1+e\cos f)
\end{aligned}\right\} \tag{10.44}$$

据此，可得到轨道坐标系下的位置和速度分别为 $\boldsymbol{P}^o=[r,0,0]^{\mathrm{T}}$ 和 $\boldsymbol{V}^o=[v_r,v_u,0]^{\mathrm{T}}$。

⑤ 计算当前时刻弹体在发射点惯性系下的位置和速度。利用地心赤道惯性系与轨道坐标系间的转换矩阵 $\boldsymbol{C}_i^o=\boldsymbol{L}_z(u)\boldsymbol{L}_x(i)\boldsymbol{L}_z(\Omega)$ 可得到地心赤道惯性系下位置和速度分别为

$$\left.\begin{aligned}
\boldsymbol{P}^i&=\boldsymbol{C}_o^i\boldsymbol{P}^o\\
\boldsymbol{V}^i&=\boldsymbol{C}_o^i\boldsymbol{V}^o
\end{aligned}\right\} \tag{10.45}$$

进而可得到弹体在发射点惯性系下的位置和速度分别为

$$\left.\begin{aligned}
\boldsymbol{P}^{li}&=\boldsymbol{C}_i^{li}(\boldsymbol{P}^i-\boldsymbol{P}_{\mathrm{L},0}^i)\\
\boldsymbol{V}^{li}&=\boldsymbol{C}_i^{li}\boldsymbol{V}^i
\end{aligned}\right\} \tag{10.46}$$

4. 再入段弹道轨迹设计

在再入段，通常是将弹道式飞行器视为一个质量集中于质心的质点来看待，此时弹体主要受到地心引力和大气阻力作用。为了简化处理，仍假定弹体始终处于同一弹道面内飞行，并且攻角为零。

在发射点重力系下建立弹道式飞行器再入段的质心动力学和运动学方程为

$$\left.\begin{aligned}
\dot{v}&=-g\sin\theta_g-\frac{X_d}{m}\\
\dot{\theta}_g&=\left(\frac{v}{y_g+R_e}-\frac{g}{v}\right)\cos\theta_g\\
v_x^g&=\frac{R_e v\cos\theta_g}{y_g+R_e}\\
v_y^g&=v\sin\theta_g
\end{aligned}\right\} \tag{10.47}$$

式(10.47)的求解需要利用再入段开始时弹体在发射点重力系下的位置、速度和姿态等导航参数信息作为初值信息。下面介绍如何利用自由段结束时弹体在地心赤道惯性系下的位置

和速度参数计算得到再入段的初值信息。

将自由段结束时弹体在地心赤道惯性系下的位置和速度分别记为 $\boldsymbol{P}_{\mathrm{R}}^{i}$ 和 $\boldsymbol{P}_{\mathrm{R}}^{i}$，其中，下标 R 表示再入段起点。利用地心赤道惯性系与发射点重力系间的转换矩阵 $\boldsymbol{C}_{i}^{g}$，可得到再入段开始时刻 t_3 弹体在发射点重力系下的相对位置和速度分别为

$$\left.\begin{aligned}\boldsymbol{P}_{r,t_3}^{g} &= \boldsymbol{C}_{i}^{g}(\boldsymbol{P}_{\mathrm{R}}^{i} - \boldsymbol{P}_{\mathrm{L},t_3}^{i})\\ \boldsymbol{V}_{r,t_3}^{g} &= \boldsymbol{C}_{i}^{g}\boldsymbol{V}_{\mathrm{R}}^{i} - (\boldsymbol{C}_{i}^{g}\boldsymbol{\omega}_{ie}^{i})\times\boldsymbol{P}_{r,t_3}^{g}\end{aligned}\right\} \tag{10.48}$$

式中，$\boldsymbol{P}_{\mathrm{L},t_3}^{i}$ 表示再入段开始时刻 t_3 发射点在地心赤道惯性系下的投影：

$$\boldsymbol{P}_{\mathrm{L},t_3}^{i} = R_e\left[\cos L_0\cos S_{t_3} + \lambda_0, \cos L_0\sin S_{t_3} + \lambda_0, \sin L_0\right]^{\mathrm{T}} \tag{10.49}$$

此外，再入段开始时刻 t_3 弹体相对发射点重力系的俯仰角可利用发射点重力系下的相对速度 $\boldsymbol{V}_{r,t_3}^{g} = [v_{x,t_3}^{g} \quad v_{y,t_3}^{g} \quad 0]^{\mathrm{T}}$ 计算得到

$$\theta_{g,t_3} = \arctan\frac{v_{y,t_3}^{g}}{v_{x,t_3}^{g}} \tag{10.50}$$

将式(10.48)～式(10.50)计算得到的再入段开始时刻弹体在发射点重力系下的相对位置、速度和俯仰角作为再入段的初值信息，利用式(10.47)便可计算得到整个再入段弹体在发射点重力系下的位置、速度和姿态等导航参数信息。最后，仍然将再入段弹体在发射点重力系下的导航参数转换到发射点惯性系下，计算过程与主动段一致。

10.3 惯性器件仿真器

惯性器件仿真器包括陀螺仪仿真器和加速度计仿真器两部分。陀螺仪和加速度计仿真器输出仿真数据的过程实质为 SINS 导航解算仿真器的逆过程，是已知姿态角、速度、位置信息求陀螺仪和加速度计输出的过程。

陀螺仪、加速度计模型的输入量是由飞行轨迹发生器产生的。经过运算和处理之后，陀螺仪和加速度计可输出捷联解算所需的角速度和比力信息。当只研究导航算法误差时，则不考虑惯性器件的误差；当研究惯性器件的误差时，其误差也可通过惯性器件仿真器给出。

10.3.1 陀螺仪仿真器的数学模型

陀螺仪是敏感载体角运动的器件，实际输出中包含理想输出量和器件误差两部分。理想角速度陀螺仪测量的是机体坐标系(b 系)相对于惯性坐标系(i 系)的转动角速度在机体坐标系中的投影 $\boldsymbol{\omega}_{ib}^{b}$。下面分别介绍巡航式飞行器和弹道式飞行器中陀螺仪理想输出量的计算方法，并在此基础上考虑陀螺仪的误差，进而建立陀螺仪仿真器的数学模型。

1. 巡航式飞行器陀螺仪理想输出量的计算

对于巡航式飞行器，通过飞行轨迹数据中的姿态角和姿态角速率可以得到机体坐标系相对于导航坐标系(n 系)的转动角速度在机体坐标系中的投影 $\boldsymbol{\omega}_{nb}^{b}$；通过飞行轨迹数据中的水平速度、纬度、高度可以计算出导航坐标系相对于惯性坐标系的转动角速度在地理坐标系中的投影 $\boldsymbol{\omega}_{in}^{n}$，通过姿态角可以计算出从导航坐标系到机体坐标系之间的转换矩阵 $\boldsymbol{C}_{n}^{b}$，$\boldsymbol{\omega}_{in}^{n}$ 与转换矩阵 $\boldsymbol{C}_{n}^{b}$ 相乘即可得到 $\boldsymbol{\omega}_{in}^{b}$；然后将 $\boldsymbol{\omega}_{nb}^{b}$ 与 $\boldsymbol{\omega}_{in}^{b}$ 相加，就可以得到陀螺仪的理想输出 $\boldsymbol{\omega}_{ib}^{b}$。具体求

解过程如下：

① 求得机体坐标系相对于导航坐标系（n 系）的转动角速度在机体坐标系中的投影 $\boldsymbol{\omega}_{nb}^{b}$ 为

$$\boldsymbol{\omega}_{nb}^{b}=\begin{bmatrix}\omega_{nbx}^{b}\\ \omega_{nby}^{b}\\ \omega_{nbz}^{b}\end{bmatrix}=\boldsymbol{L}_{y}(\gamma)\boldsymbol{L}_{x}(\theta)\begin{bmatrix}0\\0\\ \dot{\psi}\end{bmatrix}+\boldsymbol{L}_{y}(\gamma)\begin{bmatrix}\dot{\theta}\\0\\0\end{bmatrix}+\begin{bmatrix}0\\ \dot{\gamma}\\0\end{bmatrix}$$

$$=\begin{bmatrix}\cos\gamma & 0 & -\sin\gamma\cos\theta\\ 0 & 1 & \sin\theta\\ \sin\gamma & 0 & \cos\gamma\cos\theta\end{bmatrix}\begin{bmatrix}\dot{\theta}\\ \dot{\gamma}\\ \dot{\psi}\end{bmatrix} \tag{10.51}$$

② 求导航坐标系相对于惯性坐标系的转动角速度在机体坐标系中的投影 $\boldsymbol{\omega}_{in}^{b}$。

导航坐标系相对于惯性坐标系的转动角速度在导航坐标系中的投影 $\boldsymbol{\omega}_{in}^{n}$ 可以表示为

$$\boldsymbol{\omega}_{in}^{n}=\boldsymbol{\omega}_{ie}^{n}+\boldsymbol{\omega}_{en}^{n} \tag{10.52}$$

式中，$\boldsymbol{\omega}_{ie}^{n}$、$\boldsymbol{\omega}_{en}^{n}$ 分别为地球自转角速度和导航系相对于地球系的转动角速度在导航坐标系中的投影，其表达式分别为

$$\left.\begin{aligned}\boldsymbol{\omega}_{ie}^{n}&=\begin{bmatrix}0\\ \omega_{ie}\cos L\\ \omega_{ie}\sin L\end{bmatrix}\\ \boldsymbol{\omega}_{en}^{n}&=\begin{bmatrix}-V_{y}^{n}/(R_{M}+h)\\ V_{x}^{n}/(R_{N}+h)\\ (V_{x}^{n}\tan L)/(R_{N}+h)\end{bmatrix}\end{aligned}\right\} \tag{10.53}$$

其中，ω_{ie} 为地球自转角速率。

根据式(10.52)、式(10.53)以及姿态转换矩阵 $\boldsymbol{C}_{n}^{b}$ 可以得到

$$\boldsymbol{\omega}_{in}^{b}=\boldsymbol{C}_{n}^{b}\boldsymbol{\omega}_{in}^{n}=\boldsymbol{C}_{n}^{b}(\boldsymbol{\omega}_{ie}^{n}+\boldsymbol{\omega}_{en}^{n}) \tag{10.54}$$

③ 求得陀螺仪仿真器的理想输出 $\boldsymbol{\omega}_{ib}^{b}$ 为

$$\boldsymbol{\omega}_{ib}^{b}=\boldsymbol{\omega}_{in}^{b}+\boldsymbol{\omega}_{nb}^{b} \tag{10.55}$$

2. 弹道式飞行器陀螺仪理想输出量的计算

由于弹道式飞行器通常以发射点惯性系（li 系）为导航坐标系，所以通过飞行轨迹数据中的姿态角和姿态角速率可以得到弹体坐标系相对于发射点惯性系（li 系）的转动角速度在弹体坐标系中的投影 $\boldsymbol{\omega}_{lib}^{b}$：

$$\begin{bmatrix}\omega_{libx}^{b}\\ \omega_{liby}^{b}\\ \omega_{libz}^{b}\end{bmatrix}=\boldsymbol{L}_{x}(\gamma)\boldsymbol{L}_{y}(\psi)\begin{bmatrix}0\\0\\ \dot{\theta}\end{bmatrix}+\boldsymbol{L}_{x}(\gamma)\begin{bmatrix}0\\ \dot{\psi}\\0\end{bmatrix}+\begin{bmatrix}\dot{\gamma}\\0\\0\end{bmatrix}$$

$$=\begin{bmatrix}-\sin\psi & 0 & 1\\ \cos\psi\sin\gamma & \cos\gamma & 0\\ \cos\psi\cos\gamma & -\sin\gamma & 0\end{bmatrix}\begin{bmatrix}\dot{\theta}\\ \dot{\psi}\\ \dot{\gamma}\end{bmatrix} \tag{10.56}$$

因为任意两个惯性坐标系之间不存在相互转动，所以式(10.55)求得的 $\boldsymbol{\omega}_{lib}^{b}$ 便可作为陀螺仪仿真器的理想输出 $\boldsymbol{\omega}_{ib}^{b}$，即 $\boldsymbol{\omega}_{ib}^{b}=\boldsymbol{\omega}_{lib}^{b}$。

3. 陀螺仪仿真器的数学模型

陀螺仪是敏感载体角运动的器件，由于陀螺仪本身存在误差，因此陀螺仪的输出为

$$\tilde{\boldsymbol{\omega}}_{ib}^{b}=\boldsymbol{\omega}_{ib}^{b}+\boldsymbol{\varepsilon}^{b} \tag{10.57}$$

式中，$\tilde{\boldsymbol{\omega}}_{ib}^{b}$ 为陀螺仪实际测得的角速度；$\boldsymbol{\varepsilon}^{b}$ 为陀螺仪器件的误差。

巡航式飞行器和弹道式飞行器中陀螺仪的理想输出可分别根据式(10.51)～式(10.55)或者式(10.56)求出。在陀螺仪仿真器中，仅考虑陀螺仪的常值漂移、时间相关漂移和随机误差的影响，则 $\boldsymbol{\varepsilon}^{b}$ 可以表示为

$$\boldsymbol{\varepsilon}^{b}=\boldsymbol{\varepsilon}_{b}+\boldsymbol{\varepsilon}_{r}+\boldsymbol{w}_{g} \tag{10.58}$$

式中，$\boldsymbol{\varepsilon}_{b}$ 为常值漂移；$\boldsymbol{\varepsilon}_{r}$ 为时间相关漂移，可用一阶马尔科夫过程来描述；$\boldsymbol{w}_{g}$ 为白噪声。$\boldsymbol{\varepsilon}_{b}$、$\boldsymbol{\varepsilon}_{r}$ 的数学模型为

$$\left.\begin{aligned}\dot{\boldsymbol{\varepsilon}}_{b}&=0\\\dot{\boldsymbol{\varepsilon}}_{r}&=-\frac{1}{T_{r}}\boldsymbol{\varepsilon}_{r}+\boldsymbol{w}_{r}\end{aligned}\right\} \tag{10.59}$$

式中，T_{r} 为相关时间；$\boldsymbol{w}_{r}$ 为驱动白噪声，其方差为 σ_{r}^{2}。

陀螺仪仿真器的原理框图如图10.2所示。

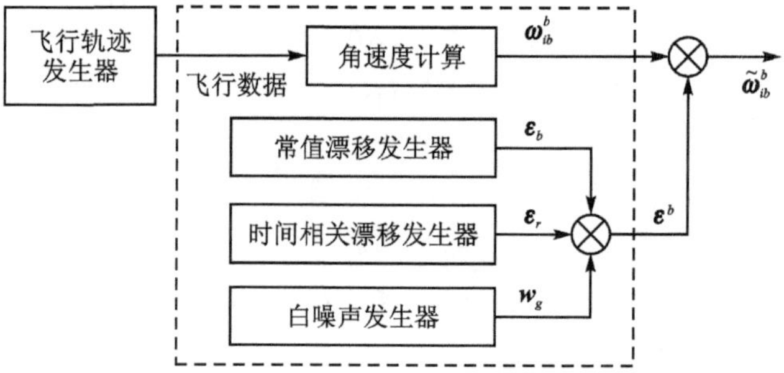

图10.2 陀螺仪仿真器原理框图

10.3.2 加速度计仿真器的数学模型

加速度计是敏感载体线运动的器件，它测量的物理量是比力，实际输出中同样包含理想输出量和器件误差两部分。下面分别介绍巡航式飞行器和弹道式飞行器中加速度计理想输出量的计算方法，并在此基础上考虑加速度计的误差，进而建立加速度计仿真器的数学模型。

1. 巡航式飞行器加速度计理想输出量的计算

巡航式飞行器通常以地理坐标系为导航坐标系。在导航坐标系中，比力与机体相对地球加速度之间的关系可以表示为

$$\boldsymbol{f}^{n}=\boldsymbol{a}^{n}+(2\boldsymbol{\omega}_{ie}^{n}+\boldsymbol{\omega}_{en}^{n})\times\boldsymbol{V}^{n}-\boldsymbol{g}^{n} \tag{10.60}$$

式中，$\boldsymbol{a}^{n}$ 为机体相对于地球的加速度在导航坐标系中的投影；$\boldsymbol{\omega}_{en}^{n}\times\boldsymbol{V}^{n}$ 为机体相对于地球转

动所引起的向心加速度；$2\boldsymbol{\omega}_{ie}^{n}\times\boldsymbol{V}^{n}$ 为机体相对地球速度与地球自转角速度的相互影响而形成的哥氏加速度；$\boldsymbol{g}^{n}$ 为地球的重力加速度在导航系的投影。

$\boldsymbol{a}^{n}$、$\boldsymbol{V}^{n}$ 可以从飞行轨迹数据中获得；根据式(10.53)可知，$\boldsymbol{\omega}_{ie}^{n}$、$\boldsymbol{\omega}_{en}^{n}$ 可以通过飞行轨迹数据中的水平速度、纬度和高度算出。利用式(10.60)算出导航系下的比力 $\boldsymbol{f}^{n}$，将其乘上转换矩阵 $\boldsymbol{C}_{n}^{b}$，就可以得到机体系下的比力为

$$\boldsymbol{f}^{b}=\boldsymbol{C}_{n}^{b}\boldsymbol{f}^{n} \tag{10.61}$$

式中，$\boldsymbol{C}_{n}^{b}$ 可通过飞行轨迹数据中的姿态角计算得到。

$\boldsymbol{f}^{b}$ 就是捷联惯导系统中加速度计仿真器的理想输出。

2. 弹道式飞行器加速度计理想输出量的计算

弹道式飞行器通常以发射点惯性系(li 系)为导航坐标系。在发射点惯性系(li 系)中，比力与弹体相对 li 系的加速度 $\boldsymbol{a}^{li}$ 之间的关系可以表示为

$$\boldsymbol{f}^{li}=\boldsymbol{a}^{li}-\boldsymbol{g}^{li} \tag{10.62}$$

式中，$\boldsymbol{a}^{li}$ 为弹体相对于 li 系的加速度在 li 系中的投影，可以从飞行轨迹数据中获得；$\boldsymbol{g}^{li}$ 表示重力加速度在 li 系中的投影，可根据地球的引力场模型及飞行轨迹数据中弹体在发射点惯性系下的位置得到。

通过飞行轨迹数据中的姿态角可以算出转换矩阵 $\boldsymbol{C}_{li}^{b}$，利用式(10.62)算出导航系下的比力 $\boldsymbol{f}^{li}$，将其乘上转换矩阵 $\boldsymbol{C}_{li}^{b}$，就可以得到弹体系下的比力，即加速度计仿真器的理想输出为

$$\boldsymbol{f}^{b}=\boldsymbol{C}_{li}^{b}\boldsymbol{f}^{li} \tag{10.63}$$

3. 加速度计仿真器的数学模型

加速度计是敏感载体线运动的器件。由于加速度计本身存在误差，因此，加速度计的输出为

$$\tilde{\boldsymbol{f}}^{b}=\boldsymbol{f}^{b}+\nabla_{a}^{b} \tag{10.64}$$

式中，$\tilde{\boldsymbol{f}}^{b}$ 为加速度计实际测得的比力；∇_{a}^{b} 为加速度计的误差。

巡航式飞行器和弹道式飞行器中加速度计的理想输出可分别根据式(10.60)和式(10.61)或者式(10.62)和式(10.63)计算得出。在加速度计仿真器中，仅考虑加速度计的常值零偏、时间相关误差和随机误差的影响，则加速度计误差 ∇_{a}^{b} 的计算公式为

$$\nabla_{a}^{b}=\nabla_{a}+\nabla_{r}+\boldsymbol{w}_{a} \tag{10.65}$$

式中，∇_{a} 为加速度计的常值零偏；∇_{r} 为时间相关误差，可用一阶马尔科夫过程来描述；$\boldsymbol{w}_{a}$ 为白噪声。∇_{b}、∇_{r} 的数学模型为

$$\left.\begin{aligned}\dot{\nabla}_{a}&=0\\ \dot{\nabla}_{r}&=-\frac{1}{T_{a}}\nabla_{r}+\boldsymbol{w}_{a}\end{aligned}\right\} \tag{10.66}$$

式中，T_{a} 为相关时间；$\boldsymbol{w}_{a}$ 为白噪声，其方差为 σ_{a}^{2}。

加速度计仿真器的原理框图如图 10.3 所示。

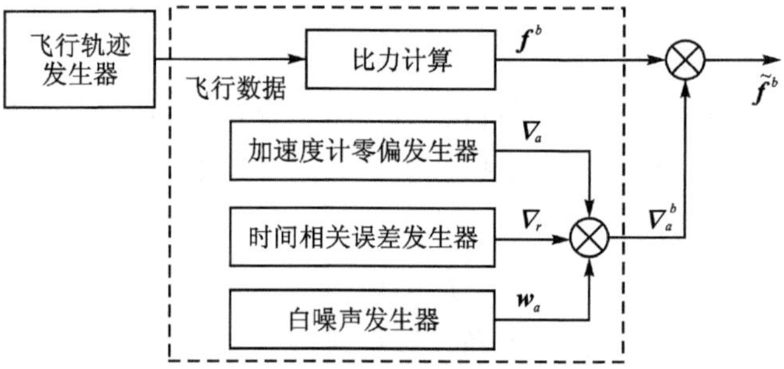

图 10.3 加速度计仿真器的原理框图

10.4 SINS 导航解算仿真器

在捷联惯导系统(SINS)导航解算仿真器内,可以利用陀螺仪和加速度计的输出进行SINS 解算,进而得到载体相对于导航坐标系的位置、速度和姿态等导航参数。通常,由于巡航式飞行器和弹道式飞行器所选用的导航坐标系不同,所以下面分别从姿态更新、速度更新和位置更新等方面对巡航式飞行器和弹道式飞行器的 SINS 导航解算仿真器进行介绍。

10.4.1 巡航式飞行器的 SINS 导航解算仿真器

对于巡航式飞行器,SINS 导航解算得到的位置、速度和姿态等导航参数需要在地理坐标系中进行表示,其相应的导航解算原理如图 10.4 所示。

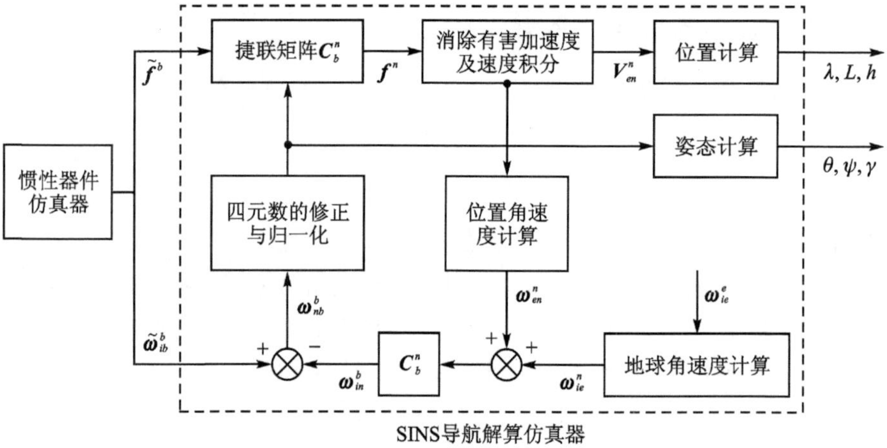

图 10.4 基于地理坐标系的 SINS 导航解算原理框图

巡航式飞行器的 SINS 导航解算仿真器中各部分算法如下:

1. 姿态角速度计算

捷联惯导系统的姿态角速度 $\boldsymbol{\omega}_{nb}^b$ 可以利用陀螺仪测得的角速度 $\boldsymbol{\omega}_{ib}^b$、地球角速度 $\boldsymbol{\omega}_{ie}^n$、位置角速度 $\boldsymbol{\omega}_{en}^n$ 以及姿态矩阵 $\boldsymbol{C}_b^n$ 来求取。由于整个捷联算法是一个迭代算法,如果用 k 表示当前这一次循环,则 $\boldsymbol{\omega}_{nb,k}^b$ 的表达式为

$$\boldsymbol{\omega}_{nb,k}^{b}=\boldsymbol{\omega}_{ib,k}^{b}-(\boldsymbol{C}_{b,k}^{n})^{\mathrm{T}}(\boldsymbol{\omega}_{en,k}^{n}+\boldsymbol{\omega}_{ie,k}^{n}) \tag{10.67}$$

式中，$\boldsymbol{\omega}_{ie}^{n}$、$\boldsymbol{\omega}_{en}^{n}$ 的表达式如下：

$$\left.\begin{aligned}\boldsymbol{\omega}_{ie}^{n}&=\begin{bmatrix}0\\ \omega_{ie}\cos L\\ \omega_{ie}\sin L\end{bmatrix}\\ \boldsymbol{\omega}_{en}^{n}&=\begin{bmatrix}-V_y^n/(R_M+h)\\ V_x^n/(R_N+h)\\ (V_x^n\tan L)/(R_N+h)\end{bmatrix}\end{aligned}\right\}$$

2. 四元数计算

由四元数对姿态矩阵进行更新计算，给出四元数微分方程的表达式为

$$\dot{\boldsymbol{q}}=\frac{1}{2}\boldsymbol{q}\circ\boldsymbol{\omega}_{nb}^{b} \tag{10.68}$$

式中，$\boldsymbol{q}=[q_0\quad q_1\quad q_2\quad q_3]^{\mathrm{T}}$ 表示姿态四元数；$\boldsymbol{\omega}_{nb}^{b}$ 表示以 0 为实部、姿态矩阵的速度 $\boldsymbol{\omega}_{nb}^{b}$ 为虚部的四元数；$\boldsymbol{q}\circ\boldsymbol{\omega}_{nb}^{b}$ 表示姿态四元数 $\boldsymbol{q}$ 和四元数 $\boldsymbol{\omega}_{nb}^{b}$ 的四元数乘法运算。

式(10.68)可进一步展开为

$$\begin{bmatrix}\dot{q}_0\\ \dot{q}_1\\ \dot{q}_2\\ \dot{q}_3\end{bmatrix}=\frac{1}{2}\begin{bmatrix}0 & -\omega_{nbx}^{b} & -\omega_{nby}^{b} & -\omega_{nbz}^{b}\\ \omega_{nbx}^{b} & 0 & \omega_{nbz}^{b} & -\omega_{nby}^{b}\\ \omega_{nby}^{b} & -\omega_{nbz}^{b} & 0 & \omega_{nbx}^{b}\\ \omega_{nbz}^{b} & \omega_{nby}^{b} & -\omega_{nbx}^{b} & 0\end{bmatrix}\begin{bmatrix}q_0\\ q_1\\ q_2\\ q_3\end{bmatrix} \tag{10.69}$$

四元数微分方程的解的迭代形式为

$$\boldsymbol{q}(k+1)=\left\{\cos\frac{\Delta\theta_0}{2}\boldsymbol{I}+\frac{\sin\dfrac{\Delta\theta_0}{2}}{\Delta\theta_0}[\Delta\boldsymbol{\theta}]\right\}\boldsymbol{q}(k) \tag{10.70}$$

其中，$[\Delta\boldsymbol{\theta}]$的表达式如下：

$$\Delta\boldsymbol{\theta}=\begin{bmatrix}0 & -\Delta\theta_x & -\Delta\theta_y & -\Delta\theta_z\\ \Delta\theta_x & 0 & \Delta\theta_z & -\Delta\theta_y\\ \Delta\theta_y & -\Delta\theta_z & 0 & \Delta\theta_x\\ \Delta\theta_z & \Delta\theta_y & -\Delta\theta_x & 0\end{bmatrix} \tag{10.71}$$

设采样间隔为 Δt，则 $\Delta\boldsymbol{\theta}_i=\boldsymbol{\omega}_{nbi}^{b}\Delta t\,(i=x,y,z)$，$\Delta\theta_0$ 的表达式为

$$\Delta\theta_0=\sqrt{\Delta\theta_x^2+\Delta\theta_y^2+\Delta\theta_z^2} \tag{10.72}$$

根据式(10.70)实时地求出姿态四元数，便可以唯一确定姿态矩阵中的各个元素，将式中的 $\cos\dfrac{\Delta\theta_0}{2}$、$\sin\dfrac{\Delta\theta_0}{2}$ 展成级数并取有限项，据此得到的四元数更新算法为

一阶算法：

$$\boldsymbol{q}(k+1)=\left\{\boldsymbol{I}+\frac{1}{2}[\Delta\boldsymbol{\theta}]\right\}\boldsymbol{q}(k) \tag{10.73}$$

二阶算法：

$$\boldsymbol{q}(k+1)=\left\{\left(1-\frac{(\Delta\theta_0)^2}{8}\right)\boldsymbol{I}+\frac{1}{2}[\Delta\boldsymbol{\theta}]\right\}\boldsymbol{q}(k) \tag{10.74}$$

三阶算法：

$$\boldsymbol{q}(k+1)=\left\{\left(1-\frac{(\Delta\theta_0)^2}{8}\right)\boldsymbol{I}+\left(\frac{1}{2}-\frac{(\Delta\theta_0)^2}{48}\right)[\Delta\boldsymbol{\theta}]\right\}\boldsymbol{q}(k) \tag{10.75}$$

四阶算法：

$$\boldsymbol{q}(k+1)=\left\{\left(1-\frac{(\Delta\theta_0)^2}{8}+\frac{(\Delta\theta_0)^4}{384}\right)\boldsymbol{I}+\left(\frac{1}{2}-\frac{(\Delta\theta_0)^2}{48}\right)[\Delta\boldsymbol{\theta}]\right\}\boldsymbol{q}(k) \tag{10.76}$$

3. 姿态矩阵计算

设 q_0、q_1、q_2 和 q_3 为更新后的姿态四元数，则姿态矩阵 $\boldsymbol{C}_b^n$ 可表示为

$$\begin{aligned}\boldsymbol{C}_{b,k+1}^n&=\begin{bmatrix}q_0^2+q_1^2-q_2^2-q_3^2 & 2(q_1q_2-q_0q_3) & 2(q_1q_3+q_0q_2)\\ 2(q_1q_2+q_0q_3) & q_0^2-q_1^2+q_2^2-q_3^2 & 2(q_2q_3-q_0q_1)\\ 2(q_1q_3-q_0q_2) & 2(q_2q_3+q_0q_1) & q_0^2-q_1^2-q_2^2+q_3^2\end{bmatrix}\\ &=\begin{bmatrix}T_{11} & T_{12} & T_{13}\\ T_{21} & T_{22} & T_{23}\\ T_{31} & T_{32} & T_{33}\end{bmatrix}\end{aligned} \tag{10.77}$$

4. 姿态角计算

利用式(10.77)，可以求出 $k+1$ 时刻的姿态角主值分别为

$$\left.\begin{aligned}\psi&=\arctan\left(-\frac{T_{12}}{T_{22}}\right)\\ \theta&=\arcsin T_{32}\\ \gamma&=\arctan\left(-\frac{T_{31}}{T_{33}}\right)\end{aligned}\right\} \tag{10.78}$$

进一步根据姿态矩阵 $\boldsymbol{C}_b^n$ 中元素的正负号可得到姿态角的真值。

5. 速度计算

速度计算在仿真器中分两步进行：

① 导航坐标系中的比力计算，即比力坐标变换。用加速度计输出的 k 时刻的比力 $\boldsymbol{f}^b$ 和姿态转换矩阵 $\boldsymbol{C}_b^n$ 计算出此时比力在导航系中的投影

$$\boldsymbol{f}^n=\boldsymbol{C}_b^n\boldsymbol{f}^b \tag{10.79}$$

② 速度微分方程求解。利用 k 时刻地球角速度 $\boldsymbol{\omega}_{ie,k}^n$、位置角速度 $\boldsymbol{\omega}_{en,k}^n$ 以及导航系中的比力 $\boldsymbol{f}_k^n$ 可以求出速度的微分方程为

$$\begin{bmatrix}\dot{V}_x^n\\ \dot{V}_y^n\\ \dot{V}_z^n\end{bmatrix}=\begin{bmatrix}f_x^n\\ f_y^n\\ f_z^n\end{bmatrix}-\begin{bmatrix}0 & -(2\omega_{iez}^n+\omega_{enz}^n) & 2\omega_{iey}^n+\omega_{eny}^n\\ 2\omega_{iez}^n+\omega_{enz}^n & 0 & -(2\omega_{iex}^n+\omega_{enx}^n)\\ -(2\omega_{iey}^n+\omega_{eny}^n) & 2\omega_{iex}^n+\omega_{enx}^n & 0\end{bmatrix}\begin{bmatrix}V_x^n\\ V_y^n\\ V_z^n\end{bmatrix}+\begin{bmatrix}0\\ 0\\ -g_k\end{bmatrix} \tag{10.80}$$

式中，g_k 为地球重力加速度，其表达式可近似写成

$$g_k = g_0\left(1 - \frac{2h}{R_e}\right) \tag{10.81}$$

其中，$g_0 = 9.780\ 49\ \mathrm{m/s^2}$。

6. 位置计算

机体所在位置的经度、纬度和高度可以根据下列方程求得：

$$\dot{L} = \frac{V_y^n}{R_M + h},\quad \dot{\lambda} = \frac{V_x^n}{R_N + h},\quad \dot{h} = V_z^n \tag{10.82}$$

由于高度通道是发散的，所以一般不单纯对垂直加速度计输出进行积分来计算高度，而是使用高度计（如气压式高度表、无线电高度表、大气数据系统等）的信息对惯导系统的高度通道进行阻尼。

7. 初始条件的设定

为了导航解算，需要事先知道两类数据：一类是开始计算时给定的初始条件，另一类是通过计算而获得的初始数据。

1）初始条件的给定

在进行惯导解算之前，需要给定的初始条件包括：初始位置 L_0、λ_0、h_0；初始速度 V_{x0}^n、V_{y0}^n、V_{z0}^n；初始姿态角 ψ_0、θ_0、γ_0。

2）初始条件的计算

① 初始四元数的计算。根据四元数与欧拉角的关系，并利用给定的初始姿态角，求出初始四元数为

$$\left.\begin{aligned}
q_0 &= \cos\frac{\psi_0}{2}\cos\frac{\theta_0}{2}\cos\frac{\gamma_0}{2} - \sin\frac{\psi_0}{2}\sin\frac{\theta_0}{2}\sin\frac{\gamma_0}{2}\\
q_1 &= \cos\frac{\psi_0}{2}\sin\frac{\theta_0}{2}\cos\frac{\gamma_0}{2} - \sin\frac{\psi_0}{2}\cos\frac{\theta_0}{2}\sin\frac{\gamma_0}{2}\\
q_2 &= \cos\frac{\psi_0}{2}\cos\frac{\theta_0}{2}\sin\frac{\gamma_0}{2} + \sin\frac{\psi_0}{2}\sin\frac{\theta_0}{2}\cos\frac{\gamma_0}{2}\\
q_3 &= \cos\frac{\psi_0}{2}\sin\frac{\theta_0}{2}\sin\frac{\gamma_0}{2} + \sin\frac{\psi_0}{2}\cos\frac{\theta_0}{2}\cos\frac{\gamma_0}{2}
\end{aligned}\right\} \tag{10.83}$$

利用初始的姿态四元数，还可以根据式(10.77)获得初始姿态矩阵 $\boldsymbol{C}_{b0}^n$。

② 初始地球角速度和位置角速度的计算。根据式(10.53)，并利用给定的初始位置和速度，可以求出初始时刻的地球角速度 $\boldsymbol{\omega}_{ie0}^n$、位置角速度 $\boldsymbol{\omega}_{en0}^n$。

③ 重力加速度的初始值的计算。重力加速度 g 的初始值可以根据 h_0 的初始值由式(10.81)计算得到。

④ 子午圈、卯酉圈半径初始值的计算。子午圈半径 R_M、卯酉圈半径 R_N 的表达式分别为

$$\left.\begin{aligned}
R_M &= R_e(1 - 2e + 3e\sin^2 L)\\
R_N &= R_e(1 + e\sin^2 L)
\end{aligned}\right\} \tag{10.84}$$

利用给定的初始纬度 L_0 即可求出 R_{M0}、R_{N0}。

10.4.2 弹道式飞行器的 SINS 导航解算仿真器

对于弹道式飞行器，SINS 导航解算得到的位置、速度和姿态等导航参数需要在发射点惯性坐标系中进行表示，其相应的导航解算原理如图 10.5 所示。

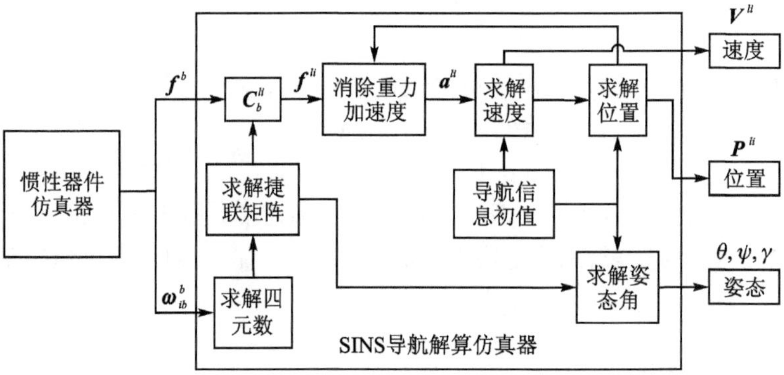

图 10.5 基于发射点惯性坐标系的 SINS 导航解算原理框图

弹道式飞行器的 SINS 导航解算仿真器中各部分算法如下：

1. 四元数计算

由四元数对姿态矩阵进行更新计算，给出四元数微分方程的表达式为

$$\dot{\boldsymbol{q}} = \frac{1}{2}\boldsymbol{q} \circ \boldsymbol{\omega}_{ib}^b \tag{10.85}$$

式中，$\boldsymbol{q}=[q_0 \quad q_1 \quad q_2 \quad q_3]^{\mathrm{T}}$ 表示姿态四元数；$\boldsymbol{\omega}_{ib}^b$ 表示以 0 为实部、陀螺仪测得的姿态角速度 $\boldsymbol{\omega}_{ib}^b$ 为虚部的四元数。

式(10.85)可进一步展开为

$$\begin{bmatrix}\dot{q}_0\\ \dot{q}_1\\ \dot{q}_2\\ \dot{q}_3\end{bmatrix} = \frac{1}{2}\begin{bmatrix}0 & -\omega_{ibx}^b & -\omega_{iby}^b & -\omega_{ibz}^b\\ \omega_{ibx}^b & 0 & \omega_{ibz}^b & -\omega_{iby}^b\\ \omega_{iby}^b & -\omega_{ibz}^b & 0 & \omega_{ibx}^b\\ \omega_{ibz}^b & \omega_{iby}^b & -\omega_{ibx}^b & 0\end{bmatrix}\begin{bmatrix}q_0\\ q_1\\ q_2\\ q_3\end{bmatrix} \tag{10.86}$$

该四元数微分方程的求解过程同式(10.70)～式(10.76)。

2. 姿态矩阵计算

设 q_0、q_1、q_2 和 q_3 为更新后的姿态四元数，则姿态矩阵 $\boldsymbol{C}_b^{li}$ 可表示为

$$\begin{aligned}\boldsymbol{C}_{b,k+1}^{li} &= \begin{bmatrix}q_0^2+q_1^2-q_2^2-q_3^2 & 2(q_1q_2-q_0q_3) & 2(q_1q_3+q_0q_2)\\ 2(q_1q_2+q_0q_3) & q_0^2-q_1^2+q_2^2-q_3^2 & 2(q_2q_3-q_0q_1)\\ 2(q_1q_3-q_0q_2) & 2(q_2q_3+q_0q_1) & q_0^2-q_1^2-q_2^2+q_3^2\end{bmatrix}\\ &= \begin{bmatrix}T_{11} & T_{12} & T_{13}\\ T_{21} & T_{22} & T_{23}\\ T_{31} & T_{32} & T_{33}\end{bmatrix}\end{aligned} \tag{10.87}$$

3. 姿态角计算

利用式(10.87)可以求出 $k+1$ 时刻的姿态角主值分别为

$$\left.\begin{aligned}\theta &= \arctan\frac{T_{21}}{T_{11}}\\ \psi &= \arcsin(-T_{31})\\ \gamma &= \arctan\frac{T_{32}}{T_{33}}\end{aligned}\right\}\tag{10.88}$$

进一步根据姿态矩阵 $\boldsymbol{C}_b^{li}$ 中元素的正负号可得到姿态角的真值。

4. 速度计算

速度计算在仿真器中分两步进行：

① 发射点惯性坐标系中的比力计算，即比力坐标变换。用加速度计输出的比力 $\boldsymbol{f}^b$ 和姿态转换矩阵 $\boldsymbol{C}_b^{li}$ 计算出此时比力在发射点惯性坐标系中的投影，即

$$\boldsymbol{f}^{li} = \boldsymbol{C}_b^{li}\boldsymbol{f}^b \tag{10.89}$$

② 速度微分方程求解。利用发射点惯性坐标系中的比力 $\boldsymbol{f}^{li}$ 可以求解速度的微分方程，即

$$\begin{bmatrix}\dot{V}_x\\ \dot{V}_y\\ \dot{V}_z\end{bmatrix} = \begin{bmatrix}f_x^{li}\\ f_y^{li}\\ f_z^{li}\end{bmatrix} + \begin{bmatrix}g_x^{li}\\ g_y^{li}\\ g_z^{li}\end{bmatrix} \tag{10.90}$$

式中，$\boldsymbol{g}^{li}=[g_x^{li}\quad g_y^{li}\quad g_z^{li}]^{\mathrm{T}}$ 为重力加速度在 li 系中的投影，其表达式可近似写成

$$\boldsymbol{g}^{li} = \boldsymbol{C}_i^{li}\boldsymbol{g}^i = \boldsymbol{C}_i^{li}\left(-\frac{\mu}{r^3}\boldsymbol{P}^i\right) \tag{10.91}$$

式中，$\boldsymbol{P}^i$ 表示弹体在地心赤道惯性坐标系（i 系）中的位置；$r=|\boldsymbol{P}^i|$ 表示弹体到地心的距离。

$\boldsymbol{P}^i$ 可根据弹体在 li 系中的位置 $\boldsymbol{P}^{li}$ 计算得到

$$\boldsymbol{P}^i = \boldsymbol{P}_{\mathrm{L},0}^i + \boldsymbol{C}_{li}^i\boldsymbol{P}^{li} \tag{10.92}$$

式中，$\boldsymbol{P}_{\mathrm{L},0}^i$ 表示 li 系的坐标原点在 i 系下的位置，即发射时刻 t_0 发射点 L 在 i 系的投影：

$$\boldsymbol{P}_{\mathrm{L},0}^i = R_e\,[\cos L_0\cos(S_0+\lambda_0),\cos L_0\sin(S_0+\lambda_0),\sin L_0]^{\mathrm{T}} \tag{10.93}$$

式中，λ_0 和 L_0 分别为发射点的经度和纬度；S_0 为发射时刻的格林尼治恒星时。

5. 位置计算

弹体在发射点惯性坐标系中的位置 $\boldsymbol{P}^{li}=[X,Y,Z]^{\mathrm{T}}$ 可以根据下列微分方程求得：

$$\dot{\boldsymbol{P}}^{li} = \boldsymbol{V}^{li} \tag{10.94}$$

6. 初始条件的设定

为了导航解算，需要事先知道两类数据：一类是开始计算时给定的初始条件，另一类是通过计算获得的初始数据。

1）初始条件的给定

在进行惯导解算之前，需要给定的初始条件包括：初始位置 X_0, Y_0, Z_0；初始速度 V_{x0}，V_{y0}, V_{z0}；初始姿态角 $\theta_0, \psi_0, \gamma_0$。

2）初始条件的计算

初始四元数计算。根据四元数与欧拉角的关系，并利用给定的初始姿态角，可以求出初始四元数为

$$\left.\begin{aligned}
q_0 &= \cos\frac{\psi_0}{2}\cos\frac{\theta_0}{2}\cos\frac{\gamma_0}{2} + \sin\frac{\psi_0}{2}\sin\frac{\theta_0}{2}\sin\frac{\gamma_0}{2} \\
q_1 &= \cos\frac{\psi_0}{2}\cos\frac{\theta_0}{2}\sin\frac{\gamma_0}{2} - \sin\frac{\psi_0}{2}\sin\frac{\theta_0}{2}\cos\frac{\gamma_0}{2} \\
q_2 &= \sin\frac{\psi_0}{2}\cos\frac{\theta_0}{2}\cos\frac{\gamma_0}{2} + \cos\frac{\psi_0}{2}\sin\frac{\theta_0}{2}\sin\frac{\gamma_0}{2} \\
q_3 &= \cos\frac{\psi_0}{2}\sin\frac{\theta_0}{2}\cos\frac{\gamma_0}{2} - \sin\frac{\psi_0}{2}\cos\frac{\theta_0}{2}\sin\frac{\gamma_0}{2}
\end{aligned}\right\} \tag{10.95}$$

利用初始的姿态四元数，还可以根据式(10.87)获得初始姿态矩阵 $\boldsymbol{C}_{b0}^{li}$。

10.5 误差处理器

将 SINS 导航解算仿真器计算出的带误差的导航参数与飞行轨迹发生器产生的导航参数的理想值进行比较，得出计算的位置、速度和姿态等参数的导航误差。这些误差中往往包含有噪声。对这些带有噪声的导航误差进行处理后可得到仿真器的计算误差。

10.6 捷联惯导系统性能仿真验证

图 10.6 所示为捷联惯导系统数字仿真平台的结构框图。下面以巡航式飞行器飞机为例，进行捷联惯导系统数字仿真平台的设计及其性能的验证。

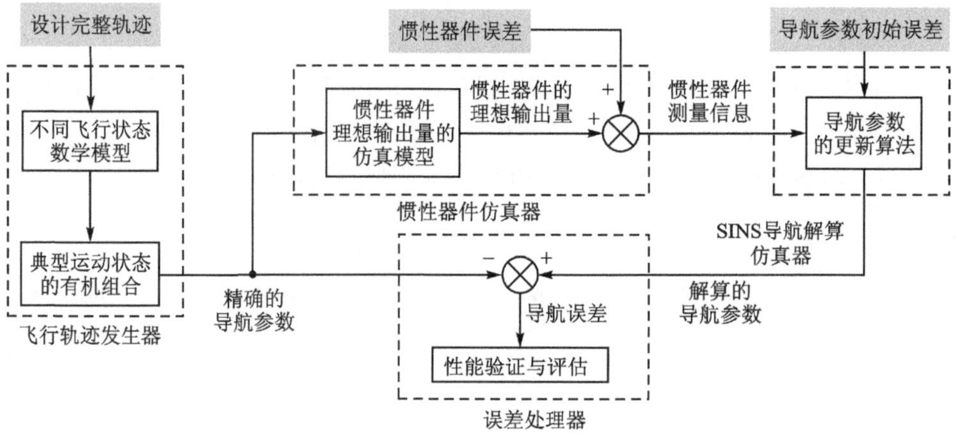

图 10.6 捷联惯导系统数字仿真平台的结构框图

10.6.1　飞行轨迹仿真设计

利用巡航式飞行器的飞行轨迹发生器设计一条飞机的飞行轨迹，该轨迹包含起飞、爬升、转弯、连续转弯、俯冲和加减速等典型机动动作。其中爬升包含拉起、等角爬升和改平三个阶段；转弯包含进入转弯、等角转弯和转弯改平三个阶段；连续转弯由多次转弯连续地构成 S 形轨迹以完成巡航任务；俯冲包含进入俯冲、等角俯冲和俯冲改平三个阶段。

飞机的初始位置为：40°N、116°E、高度 100 m，初始速度和姿态角均为零。飞机在加减速时的加速度大小均为 4 m/s^2，在爬升和俯冲时的俯仰角速率均为 0.15(°)/s，在转弯时的滚转角速率均为 0.15(°)/s，在连续转弯时的滚转角速率均为 0.35(°)/s。系统的仿真步长设定为 0.01 s，仿真总时间为 90 min，具体的飞行状态见表 10.2。

表 10.2　飞行状态

序　号	时间/s	状　态	序　号	时间/s	状　态
1	0～100	匀加速直线行驶	17	3 800～3 941	等角转弯
2	100～200	匀速直线行驶	18	3 941～4 041	转弯改平
3	200～250	进入爬升	19	4 041～4 200	匀速直线行驶
4	250～300	等角爬升	20	4 200～4 250	进入爬升
5	300～350	爬升改平	21	4 250～4 300	等角爬升
6	350～550	匀速直线行驶	22	4 300～4 350	爬升改平
7	550～650	进入转弯	23	4 350～4 450	匀速直线行驶
8	650～791	等角转弯	24	4 450～4 550	匀加速直线行驶
9	791～891	转弯改平	25	4 550～4 850	匀速直线行驶
10	891～991	匀加速直线行驶	26	4 850～4 950	匀减速直线行驶
11	991～1 200	匀速直线行驶	27	4 950～5 050	匀速直线行驶
12	1 200～3 308	连续转弯	28	5 050～5 100	进入俯冲
13	3 308～3 500	匀速直线行驶	29	5 100～5 150	等角俯冲
14	3 500～3 600	匀减速直线行驶	30	5 150～5 200	俯冲改平
15	3 600～3 700	匀速直线行驶	31	5 200～5 400	匀速直线行驶
16	3 700～3 800	进入转弯			

巡航式飞行器的飞行轨迹发生器输出的飞机三维飞行轨迹如图 10.7 所示。

利用飞行轨迹发生器得到的速度和姿态角曲线分别如图 10.8 和图 10.9 所示。

通过将飞行轨迹发生器输出的飞机轨迹以及位置、速度和姿态等导航参数结果与预先设定的飞机完整轨迹的各个飞行状态进行对比，可以发现飞行轨迹发生器的输出结果与预先设计的飞行轨迹一致。

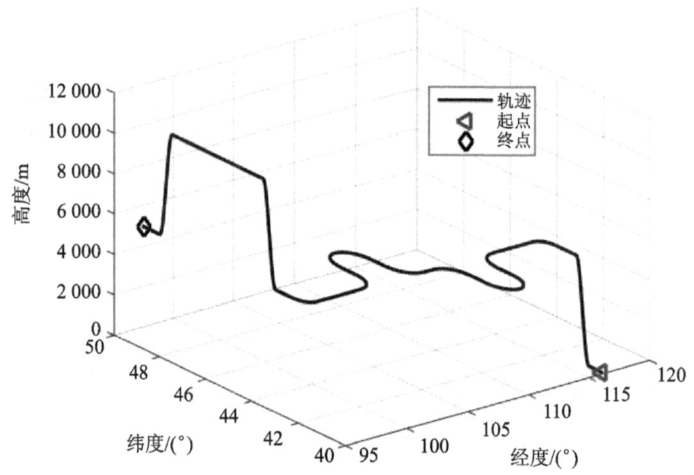

图 10.7 仿真飞行轨迹

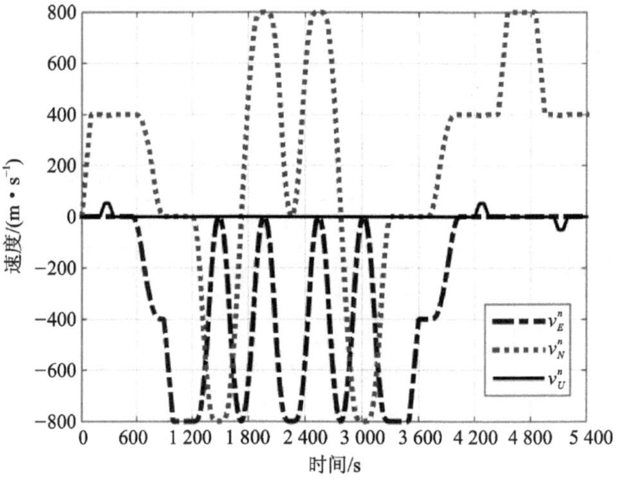

图 10.8 速度曲线

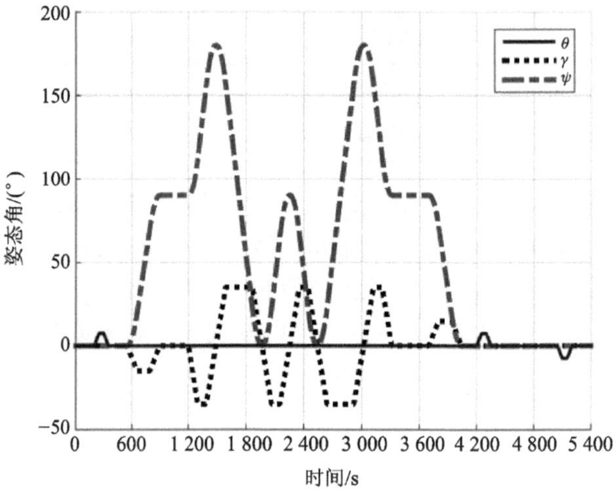

图 10.9 姿态角曲线

10.6.2 惯性器件仿真器的输出结果

将飞行轨迹发生器生成的导航参数的理想值输入惯性器件仿真器中，同时考虑惯性器件受常值误差和随机噪声影响，设置陀螺仪常值偏移和高斯白噪声的标准差均为 0.01(°)/h，加速度计零偏和高斯白噪声的标准差均为 10 μg，得到陀螺仪和加速度计仿真器的输出分别如图 10.10 和图 10.11 所示。

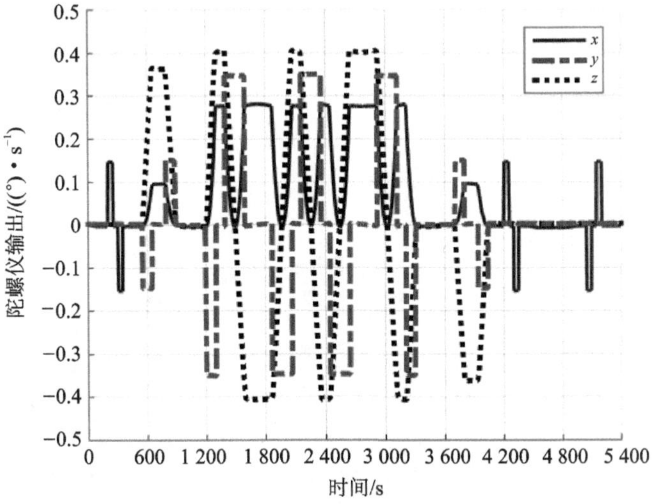

图 10.10 陀螺仪仿真器的输出

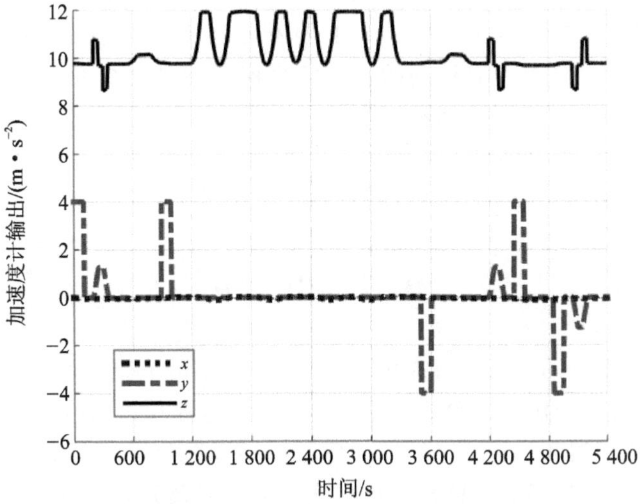

图 10.11 加速度计仿真器的输出

通过将惯性器件仿真器输出的角速度和比力结果与预先设计的飞机完整轨迹各个阶段的飞行状态进行对比，可以发现惯性器件仿真器的输出结果与预先设计的各个阶段的飞行状态一致。

10.6.3 捷联惯导系统性能验证

将惯性器件仿真器生成的角速度和比力结果输入巡航式飞行器的 SINS 导航解算仿真器中,并设置初始对准误差为零,则 SINS 导航解算仿真器便可通过位置、速度和姿态更新解算得到飞行器的位置、速度和姿态等导航结果。图 10.12 所示为解算得到的轨迹与飞行轨迹发生器生成的理论轨迹的对比结果。

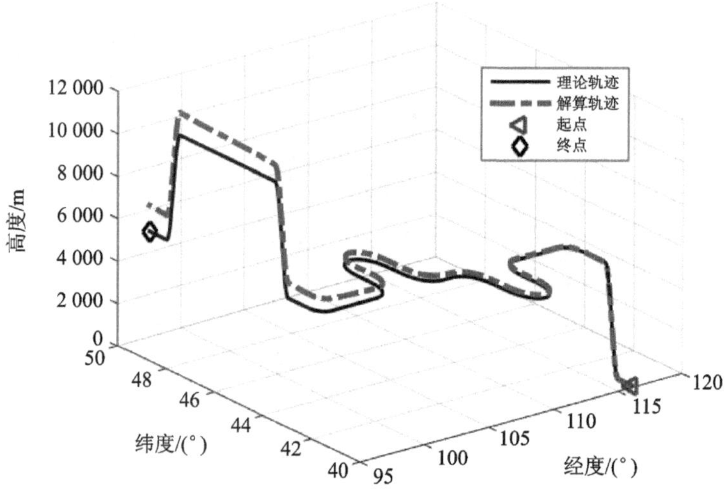

图 10.12 解算轨迹与理论轨迹的对比结果

从图 10.12 可以看出,SINS 导航解算仿真器解算得到的轨迹与飞行轨迹发生器生成的理论轨迹基本吻合,但是受惯性器件误差的影响,两者的差异(即导航解算误差)随时间累积。进一步将 SINS 导航解算仿真器计算得到的包含解算误差的导航结果输入误差处理器中,则误差处理器便可将 SINS 导航解算仿真器计算得到的导航结果与飞行轨迹发生器输出的导航参数的理想值进行比较,进而得到 SINS 解算的位置、速度和姿态等参数的导航误差,从而实现对捷联惯导系统性能的仿真验证。

10.7 小 结

为了对捷联惯导系统的性能进行测试与验证,本章介绍了捷联惯导系统数字仿真平台的设计方法。首先,给出了该仿真平台的组成结构及其工作原理;接着,根据飞行器的飞行特点,分别介绍了巡航式飞行器和弹道式飞行器的捷联惯导系统数字仿真平台的设计方法,包括飞行轨迹发生器、惯性器件仿真器、SINS 导航解算仿真器以及误差处理器四个模块;最后,以飞机为例,进行了捷联惯导系统数字仿真平台的设计及 SINS 性能的仿真验证。

捷联惯导系统数字仿真平台可以根据任务需要,将不同的典型机动方式进行组合,可对任意运动方式及任意精度惯性器件条件下捷联惯导系统的性能进行测试与验证。它能大大节省测试过程的开支,减少许多不必要的重复劳动,为捷联惯导系统的设计提供一种强有力的工具。

第 11 章　SINS/CNS 组合导航模式

捷联惯导系统(SINS)是一种完全自主的导航定位系统,具有短时精度高、输出信息连续、抗干扰能力强、导航信息完备等其他导航系统无法比拟的优点。但是其导航误差随时间积累,难以长时间独立工作,需要与其他导航系统组合以提高导航性能。天文导航系统(CNS)通过观测自然天体进行导航,自主性强,且导航精度不受时间、距离的限制,但是输出导航信息的频率低且不连续。

由于捷联惯导系统(SINS)、天文导航系统(CNS)各有优缺点,将两者结合起来进行SINS/CNS 组合导航,可以实现优势互补。CNS 以恒星作为观测目标,根据恒星在天空中的固有运动规律来确定载体在空间的导航参数,再通过与 SINS 输出的导航解算信息进行不同深度的融合,来获得最终的导航信息,是一种完全自主的组合导航方式;其无须与外界通信,不向外辐射能量,隐蔽性高;恒星在空间的运动规律不受人为破坏,不怕外界电磁干扰,从根本上保证了系统的可靠性。

目前,按照组合方式的不同,SINS/CNS 组合导航有以下四种模式:简单组合模式、基于陀螺仪漂移校正的组合模式、深组合模式以及基于全面最优校正的组合模式。本章将主要从SINS/CNS 不同组合模式的工作原理及其数学模型的角度介绍不同组合导航模式的特点。

11.1　SINS/CNS 简单组合导航模式

11.1.1　组合原理

在简单组合模式下,惯导系统独立工作,提供位置、速度、姿态等导航信息;天文导航系统自主确定载体相对于惯性空间的姿态,并利用惯导系统提供的基准信息获取载体的位置信息;然后,采用输出校正的方式直接修正惯导系统的导航结果,而不影响惯导系统内部的导航解算过程。

简单组合模式下,SINS/CNS 组合导航方案如图 11.1 所示。

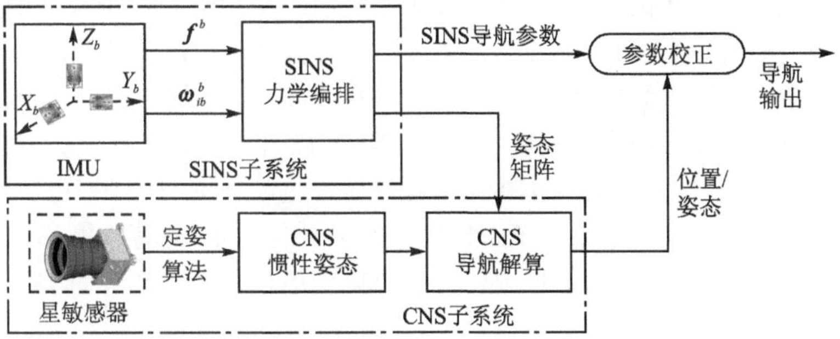

图 11.1　简单组合模式的 SINS/CNS 组合导航方案

在基于简单组合模式的 SINS/CNS 组合导航系统中，SINS 子系统利用惯性测量单元(IMU)的陀螺仪和加速度计测量角速度与比力信息，通过捷联惯性导航解算得到相对于导航坐标系的姿态、位置信息；CNS 子系统首先利用星敏感器捕获与识别恒星信息，进而获取载体相对于惯性系的姿态，然后利用来自 SINS 的基准信息(姿态矩阵)得到相对于导航坐标系的姿态和位置信息。最后，利用 CNS 子系统获得的位置和姿态信息对 SINS 导航参数进行修正。

基于简单组合模式的 SINS/CNS 组合导航系统仅利用天文导航信息对惯性导航系统进行修正，不能校正惯性器件的误差，且天文导航输出的位置信息依赖于惯导系统提供的捷联矩阵，所以这种组合导航系统的误差依旧是发散的，精度提高效果不明显。

11.1.2 系统数学模型

利用大视场星敏感器，天文导航系统可以直接输出载体相对于惯性空间的姿态信息 $\tilde{\boldsymbol{C}}_i^b$，与惯导系统输出的捷联矩阵 $\hat{\boldsymbol{C}}_b^n$ 相结合，可以得到包含位置信息的矩阵 $\tilde{\boldsymbol{C}}_e^n$：

$$\tilde{\boldsymbol{C}}_e^n = \hat{\boldsymbol{C}}_b^n \cdot \tilde{\boldsymbol{C}}_i^b \cdot \boldsymbol{C}_e^i \tag{11.1}$$

式中，$\tilde{\boldsymbol{C}}_e^n$ 为地球坐标系与导航坐标系之间的转换矩阵；$\boldsymbol{C}_e^i$ 为地球坐标系与惯性坐标系之间的转换矩阵，它可根据时间基准得到。

根据矩阵 $\tilde{\boldsymbol{C}}_e^n$ 的定义，可以得到载体的经、纬度坐标(λ, L)的主值为

$$\lambda = \arctan(\tilde{\boldsymbol{C}}_e^n(3,2)/\tilde{\boldsymbol{C}}_e^n(3,1)) \qquad L = \arcsin(\tilde{\boldsymbol{C}}_e^n(3,3)) \tag{11.2}$$

进一步根据矩阵 $\tilde{\boldsymbol{C}}_e^n$ 中元素的正负号可得到经、纬度坐标的真值。

这样，根据式(11.1)与式(11.2)，天文导航系统可以利用惯导系统提供的捷联矩阵信息完成天文定位。然后，利用天文导航系统输出的位置信息直接对惯导系统输出的位置信息进行修正，以减小惯导系统的累积误差，提高导航系统的精度。

11.2 基于陀螺仪漂移校正的 SINS/CNS 组合导航模式

11.2.1 组合原理

在基于陀螺仪漂移校正的组合模式中，天文导航系统利用惯导系统提供的位置信息得到载体在导航系下的姿态信息，再与惯导系统输出的姿态信息进行信息融合，估计并补偿惯导系统中的陀螺仪漂移，以修正惯导系统的误差，最终的导航输出结果就是惯性导航系统的输出。

基于陀螺仪漂移校正的组合模式下，SINS/CNS 组合导航方案如图 11.2 所示。

① SINS 子系统：SINS 子系统利用惯性测量器件输出的角速度和比力，解算载体的位置、速度和姿态信息；并利用信息融合子系统提供的平台失准角、陀螺仪漂移误差对惯导解算过程进行校正。同时，该子系统为信息融合子系统提供地理系姿态信息，向 CNS 子系统提供位置信息。

② CNS 子系统：CNS 子系统利用大视场星敏感器直接输出载体相对于惯性系的姿态信息，并在 SINS 提供的位置信息的辅助下，输出地理系下的姿态信息。该子系统可为信息融合

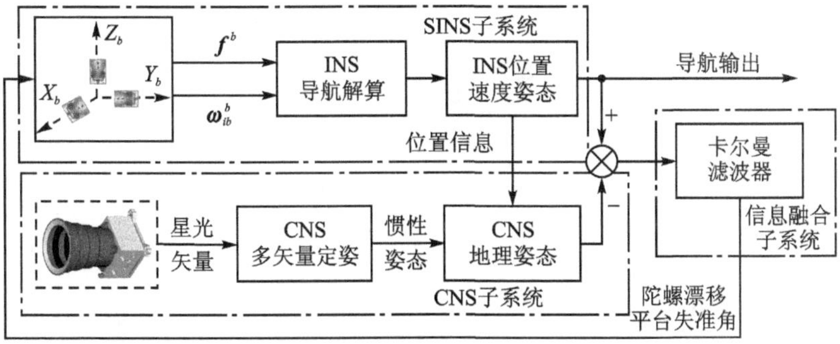

图 11.2　基于陀螺仪漂移校正的 SINS/CNS 组合导航方案

子系统提供姿态信息。

③ 信息融合子系统：信息融合子系统采用卡尔曼滤波算法进行信息融合。以惯导系统误差方程为状态方程，以 SINS 和 CNS 的姿态角差值为量测进行卡尔曼滤波，得到数学平台失准角和陀螺仪漂移的估计值，并利用这些误差估计值对惯导解算过程进行校正。

基于陀螺仪漂移校正的组合导航系统修正了陀螺仪漂移，可以有效提高组合导航系统的精度；但天文导航系统无法提供位置信息，而且加速度计零偏会累积位置误差，最终仍会导致组合导航系统的导航误差发散。

11.2.2　系统数学模型

1. 状态方程

选择东北天地理坐标系作为导航坐标系，SINS 姿态误差方程可以写成

$$\left.\begin{aligned}
\dot{\phi}_E &= -\frac{\delta v_N}{R_M+h} + \left(\omega_{ie}\sin L + \frac{v_E}{R_N+h}\tan L\right)\phi_N - \left(\omega_{ie}\cos L + \frac{v_E}{R_N+h}\right)\phi_U + \\
&\quad \frac{v_N}{(R_M+h)^2}\delta h - \varepsilon_E \\
\dot{\phi}_N &= \frac{\delta v_E}{R_N+h} - \left(\omega_{ie}\sin L + \frac{v_E}{R_N+h}\tan L\right)\phi_E - \frac{v_N}{R_M+h}\phi_U - \omega_{ie}(\sin L)\delta L - \\
&\quad \frac{v_E}{(R_N+h)^2}\delta h - \varepsilon_N \\
\dot{\phi}_U &= \frac{\delta v_E}{R_N+h}\tan L + \left(\omega_{ie}\cos L + \frac{v_E}{R_N+h}\right)\phi_E + \frac{v_N}{R_M+h}\phi_N - \frac{v_E\tan L}{(R_N+h)^2}\delta h + \\
&\quad \left(\omega_{ie}\cos L + \frac{v_E}{R_N+h}\sec^2 L\right)\delta L - \varepsilon_U
\end{aligned}\right\} \tag{11.3}$$

根据姿态误差方程(11.3)，可以得到系统的状态方程为

$$\dot{\boldsymbol{X}} = \boldsymbol{FX} + \boldsymbol{GW} \tag{11.4}$$

式中，状态向量 $\boldsymbol{X}=[\phi_E,\phi_N,\phi_U,\varepsilon_x,\varepsilon_y,\varepsilon_z]^{\mathrm{T}}$，包括平台失准角 ϕ_E,ϕ_N,ϕ_U 和陀螺仪漂移误差

$\varepsilon_x, \varepsilon_y, \varepsilon_z$；$\boldsymbol{F}$ 为系统状态矩阵：

$$\boldsymbol{F}=\begin{bmatrix}\boldsymbol{F}_\varphi & -\boldsymbol{C}_b^n\\ \boldsymbol{0}_{3\times3} & \boldsymbol{0}_{3\times3}\end{bmatrix}$$

$\boldsymbol{F}_\varphi$ 是平台失准角对应的系统状态矩阵，即

$$\boldsymbol{F}_\varphi=\begin{bmatrix}0 & \omega_{ie}\sin L+\dfrac{v_E}{R_N+h}\tan L & -\omega_{ie}\cos L-\dfrac{v_E}{R_N+h}\\ -\omega_{ie}\sin L-\dfrac{v_E}{R_N+h}\tan L & 0 & -\dfrac{v_N}{R_M+h}\\ \omega_{ie}\cos L+\dfrac{v_E}{R_N+h} & \dfrac{v_N}{R_M+h} & 0\end{bmatrix}$$

$\boldsymbol{G}$ 为系统噪声驱动矩阵：

$$\boldsymbol{G}=-\boldsymbol{C}_b^n$$

$\boldsymbol{W}=[W_{gx}, W_{gy}, W_{gz}]$为系统噪声，且 W_{gx}, W_{gy}, W_{gz} 为陀螺仪随机噪声。

2. 量测方程

以捷联惯导子系统与天文导航子系统的姿态角之差作为量测量。

由于 SINS 输出的捷联矩阵的转置矩阵 $\hat{\boldsymbol{C}}_n^b$ 中含有平台失准角 $\boldsymbol{\varphi}$，所以 SINS 解算得到的姿态角 $\hat{\theta}, \hat{\psi}, \hat{\gamma}$ 也包含姿态误差角 $\delta\theta, \delta\psi, \delta\gamma$，即

$$\left.\begin{aligned}\hat{\theta}&=\theta+\delta\theta\\ \hat{\psi}&=\psi+\delta\psi\\ \hat{\gamma}&=\gamma+\delta\gamma\end{aligned}\right\}\tag{11.5}$$

CNS 解算得到的姿态角 $\tilde{\theta}, \tilde{\psi}, \tilde{\gamma}$ 可以表示为理想值叠加量测噪声，即

$$\left.\begin{aligned}\tilde{\theta}&=\theta+V_\theta\\ \tilde{\psi}&=\psi+V_\psi\\ \tilde{\gamma}&=\gamma+V_\gamma\end{aligned}\right\}\tag{11.6}$$

设惯导系统输出的捷联矩阵为 $\hat{\boldsymbol{C}}_n^b$，真实的捷联矩阵为 $\boldsymbol{C}_n^b$，$\boldsymbol{\varphi}=[\phi_E, \phi_N, \phi_U]$为平台失准角，则根据定义有

$$\boldsymbol{C}_n^b=\hat{\boldsymbol{C}}_n^b\boldsymbol{C}_n^{\hat{n}}=\begin{bmatrix}C_{11} & C_{12} & C_{13}\\ C_{21} & C_{22} & C_{23}\\ C_{31} & C_{32} & C_{33}\end{bmatrix}=\begin{bmatrix}\hat{C}_{11} & \hat{C}_{12} & \hat{C}_{13}\\ \hat{C}_{21} & \hat{C}_{22} & \hat{C}_{23}\\ \hat{C}_{31} & \hat{C}_{32} & \hat{C}_{33}\end{bmatrix}\begin{bmatrix}1 & \phi_U & -\phi_N\\ -\phi_U & 1 & \phi_E\\ \phi_N & -\phi_E & 1\end{bmatrix}\tag{11.7}$$

根据捷联矩阵的定义，可知 $\sin\theta=C_{23}$、$\tan\psi=-C_{21}/C_{22}$、$\tan\gamma=-C_{13}/C_{33}$，联立式(11.5)和式(11.7)，可得

$$\sin(\hat{\theta}-\delta\theta)=-\phi_N\hat{C}_{21}+\phi_E\hat{C}_{22}+\hat{C}_{23} \tag{11.8}$$

$$\tan(\hat{\psi}-\delta\psi)=-\frac{\hat{C}_{21}-\phi_U\hat{C}_{22}+\phi_N\hat{C}_{23}}{\phi_U\hat{C}_{21}+\hat{C}_{22}-\phi_E\hat{C}_{23}} \tag{11.9}$$

$$\tan(\hat{\gamma}-\delta\gamma)=-\frac{-\phi_N\hat{C}_{11}+\phi_E\hat{C}_{12}+\hat{C}_{13}}{-\phi_N\hat{C}_{31}+\phi_E\hat{C}_{32}+\hat{C}_{33}} \tag{11.10}$$

将式(11.8)～式(11.10)按泰勒级数展开，并忽略二阶及以上小量，可得

$$\delta\theta=-\phi_E\cos\hat{\psi}-\phi_N\sin\hat{\psi} \tag{11.11}$$

$$\delta\psi=-\phi_E\sin\hat{\psi}\tan\hat{\theta}+\phi_N\cos\hat{\psi}\tan\hat{\theta}-\phi_U \tag{11.12}$$

$$\delta\gamma=\phi_E\frac{\sin\hat{\psi}}{\cos\hat{\theta}}-\phi_N\frac{\cos\hat{\psi}}{\cos\hat{\theta}} \tag{11.13}$$

式(11.11)～式(11.13)给出了平台失准角 ϕ_E,ϕ_N,ϕ_U 与 SINS 姿态误差角 $\delta\theta,\delta\psi,\delta\gamma$ 之间的转换关系，写成矩阵形式为

$$\begin{bmatrix}\delta\theta\\ \delta\psi\\ \delta\gamma\end{bmatrix}=\begin{bmatrix}-\cos\hat{\psi} & -\sin\hat{\psi} & 0\\ -\sin\hat{\psi}\tan\hat{\theta} & \cos\hat{\psi}\tan\hat{\theta} & -1\\ \dfrac{\sin\hat{\psi}}{\cos\hat{\theta}} & -\dfrac{\cos\hat{\psi}}{\cos\hat{\theta}} & 0\end{bmatrix}\begin{bmatrix}\phi_E\\ \phi_N\\ \phi_U\end{bmatrix} \tag{11.14}$$

将 SINS 和 CNS 解算得到的姿态角 $\hat{\theta},\hat{\psi},\hat{\gamma}$ 和 $\tilde{\theta},\tilde{\psi},\tilde{\gamma}$ 的差值作为量测向量 $\boldsymbol{Z}$，则联立式(11.5)和式(11.6)可得

$$\boldsymbol{Z}=\begin{bmatrix}\hat{\theta}-\tilde{\theta}\\ \hat{\psi}-\tilde{\psi}\\ \hat{\gamma}-\tilde{\gamma}\end{bmatrix}=\begin{bmatrix}(\theta+\delta\theta)-(\theta+V_\theta)\\ (\psi+\delta\psi)-(\psi+V_\psi)\\ (\gamma+\delta\gamma)-(\gamma+V_\gamma)\end{bmatrix}=\begin{bmatrix}\delta\theta-V_\theta\\ \delta\psi-V_\psi\\ \delta\gamma-V_\gamma\end{bmatrix} \tag{11.15}$$

将式(11.14)代入式(11.15)，便可得到量测方程

$$\begin{aligned}\boldsymbol{Z}&=\boldsymbol{HX}+\boldsymbol{V}\\ &=[\boldsymbol{H}_\varphi\quad \boldsymbol{0}_{3\times3}]\boldsymbol{X}+\boldsymbol{V}\end{aligned} \tag{11.16}$$

式中，$\boldsymbol{H}$ 为量测矩阵；$\boldsymbol{V}=-[V_\theta,V_\psi,V_\gamma]^{\mathrm{T}}$ 是量测噪声，$\boldsymbol{H}_\varphi$ 为

$$\boldsymbol{H}_\varphi=\begin{bmatrix}-\cos\hat{\psi} & -\sin\hat{\psi} & 0\\ -\sin\hat{\psi}\tan\hat{\theta} & \cos\hat{\psi}\tan\hat{\theta} & -1\\ \dfrac{\sin\hat{\psi}}{\cos\hat{\theta}} & -\dfrac{\cos\hat{\psi}}{\cos\hat{\theta}} & 0\end{bmatrix} \tag{11.17}$$

11.3 SINS/CNS深组合导航模式

11.3.1 组合原理

深组合模式中，惯性导航系统与天文导航系统相互辅助，进而完成导航信息的融合。惯性导航系统在天文导航系统的辅助下输出高精度的地平信息；天文导航系统在惯性导航系统提供的地平信息的辅助下，输出高精度的位置、姿态信息；再将惯性导航系统和天文导航系统的位置、姿态输出作为量测值，利用卡尔曼滤波算法对惯导系统的位置误差、姿态误差进行估计、校正，以提高组合导航系统的精度。

深组合模式下，SINS/CNS组合导航方案如图11.3所示。

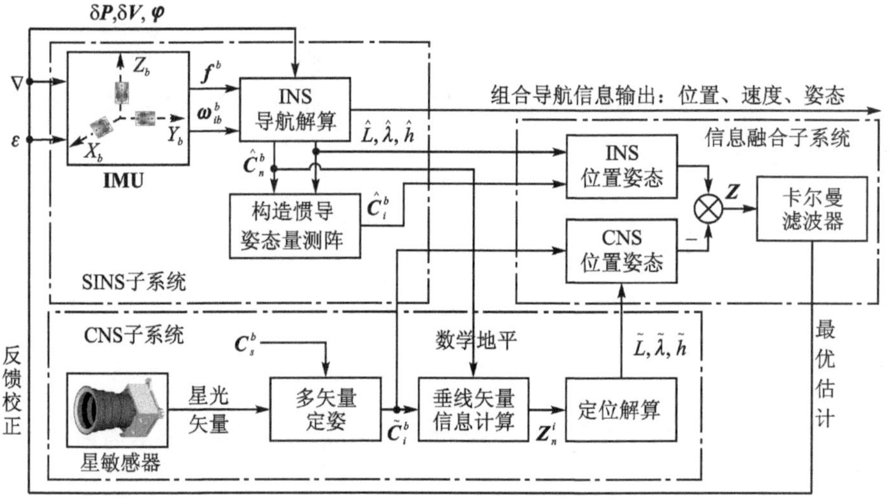

图11.3 深组合模式的SINS/CNS导航方案

SINS/CNS深组合导航模式在基于数学地平（由惯导系统提供）进行天文定位的基础上，引入天文位置信息辅助SINS，进一步减小载体长航时位置误差积累对水平基准的影响，并最终实现高精度的组合导航定位。

SINS/CNS深组合导航系统主要由三部分组成：SINS子系统、CNS子系统和信息融合子系统。

① SINS子系统：SINS根据惯性器件的测量信息（比力和角速度），通过力学编排算法得到载体的位置 $\hat{L},\hat{\lambda},\hat{h}$，速度和姿态 $\hat{\psi},\hat{\theta},\hat{\gamma}$；但由于SINS中陀螺仪漂移、加速度计零偏以及平台失准角等各种误差因素的影响，SINS的导航误差随时间积累。

② CNS子系统：大视场星敏感器可直接输出高精度的惯性姿态矩阵 $\tilde{\boldsymbol{C}}_i^b$，结合CNS辅助下的SINS得到的高精度数学地平 $\hat{\boldsymbol{C}}_b^n$，可得到当地垂线矢量 $\boldsymbol{Z}_n^i$，从而实现CNS导航定位，获取天文定位信息 $\tilde{L},\tilde{\lambda},\tilde{h}$。

③ 信息融合子系统：SINS、CNS 分别能够提供载体的位置信息 $\hat{L},\hat{\lambda},\hat{h},\tilde{L},\tilde{\lambda},\tilde{h}$ 和惯性姿态矩阵 $\hat{\boldsymbol{C}}_i^b$、$\tilde{\boldsymbol{C}}_i^b$，将位置和惯性姿态矩阵的差值作为量测信息，并利用卡尔曼滤波算法进行信息融合，可以估计出陀螺仪漂移、位置误差及平台失准角等。将卡尔曼滤波估计得到的 SINS 误差反馈回 SINS 子系统并对导航参数和惯性器件误差进行校正补偿后，能够实现高精度的 SINS 位置和姿态确定，进一步提高了 SINS 数学地平 $\hat{\boldsymbol{C}}_b^n$、位置矩阵 $\hat{\boldsymbol{C}}_e^n$ 的精度，在此基础上，CNS 的导航精度也将得到提高。

通过 SINS、CNS 两者之间相互辅助，可以实现载体的高精度导航，SINS 的最终输出即为 SINS/CNS 深组合导航系统的位置、速度和姿态信息。

基于深组合模式的 SINS/CNS 组合导航系统利用天文子系统输出的姿态信息校正惯导的陀螺仪漂移和平台失准角，同时利用天文定位信息对惯导位置累积误差进行修正，提高了组合导航系统的性能；但是，天文子系统采用的地平基准耦合了惯导误差，随着惯导误差的累积，地平基准误差也会累积，最终将导致深组合导航系统误差的发散。

11.3.2　系统数学模型

1. 状态方程

选择东北天地理坐标系作为导航坐标系，状态方程由惯导系统的姿态误差方程、速度误差方程和位置误差方程构成。其中，惯导系统的速度误差方程和位置误差方程分别为

① 速度误差方程

$$\left.\begin{aligned}
\delta\dot{v}_E =\ & f_N\phi_U - f_U\phi_N + \left(\frac{v_N\tan L}{R_N+h} - \frac{v_U}{R_N+h}\right)\delta v_E + \left(2\omega_{ie}\sin L + \frac{v_E\tan L}{R_N+h}\right)\delta v_N - \\
& \left(2\omega_{ie}\cos L + \frac{v_E}{R_N+h}\right)\delta v_U + \frac{v_Ev_U - v_Ev_N\tan L}{(R_N+h)^2}\delta h + \\
& \left(2\omega_{ie}\cos L v_N + \frac{v_Ev_N}{R_N+h}\sec^2 L + 2\omega_{ie}\sin L v_U\right)\delta L + \nabla_E \\
\delta\dot{v}_N =\ & f_U\phi_E - f_E\phi_U - 2\left(\omega_{ie}\sin L + \frac{v_E}{R_N+h}\tan L\right)\delta v_E - \frac{v_U}{R_M+h}\delta v_N - \frac{v_N}{R_M+h}\delta v_U - \\
& \left(2\omega_{ie}\cos L + \frac{v_E}{R_N+h}\sec^2 L\right)v_E\delta L + \left(\frac{v_Nv_U}{(R_M+h)^2} + \frac{v_E^2\tan L}{(R_N+h)^2}\right)\delta h + \nabla_N \\
\delta\dot{v}_U =\ & f_E\phi_N - f_N\phi_E + 2\left(\omega_{ie}\cos L + \frac{v_E}{R_N+h}\right)\delta v_E + \frac{2v_N}{R_M+h}\delta v_N - \\
& 2\omega_{ie}\sin L v_E\delta L - \left(\frac{v_N^2}{(R_M+h)^2} + \frac{v_E^2}{(R_N+h)^2}\right)\delta h + \nabla_U
\end{aligned}\right\}$$

(11.18)

② 位置误差方程

$$
\left.\begin{aligned}
\delta\dot{L} &= \frac{\delta v_N}{R_M+h} - \frac{v_N}{(R_M+h)^2}\delta h \\
\delta\dot{\lambda} &= \frac{\delta v_E}{R_N+h}\sec L + \frac{v_E}{R_N+h}\sec L(\tan L)\delta L - \frac{v_E}{(R_N+h)^2}(\sec L)\delta h \\
\delta\dot{h} &= \delta v_U
\end{aligned}\right\} \tag{11.19}
$$

将速度、位置误差方程与姿态误差方程式(11.3)相结合，可以得到系统的状态方程为

$$
\dot{\boldsymbol{X}} = \boldsymbol{FX} + \boldsymbol{GW} \tag{11.20}
$$

式中，状态向量 $\boldsymbol{X}=[\phi_E,\phi_N,\phi_U,\delta v_E,\delta v_N,\delta v_U,\delta L,\delta\lambda,\delta h,\varepsilon_x,\varepsilon_y,\varepsilon_z,\nabla_x,\nabla_y,\nabla_z]^{\mathrm{T}}$，包括平台失准角 ϕ_E,ϕ_N,ϕ_U，速度误差 $\delta v_E,\delta v_N,\delta v_U$，位置误差 $\delta L,\delta\lambda,\delta h$，陀螺仪常值漂移 $\varepsilon_x,\varepsilon_y,\varepsilon_z$ 和加速度计零偏$\nabla_x,\nabla_y,\nabla_z$；$\boldsymbol{F}$ 为惯导系统误差方程对应的系统状态矩阵：

$$
\boldsymbol{F}=\begin{bmatrix}\boldsymbol{F}_N & \boldsymbol{F}_S \\ \boldsymbol{0}_{6\times9} & \boldsymbol{0}_{6\times6}\end{bmatrix},\quad \boldsymbol{F}_S=\begin{bmatrix}-\boldsymbol{C}_b^n & \boldsymbol{0}_{3\times3} \\ \boldsymbol{0}_{3\times3} & \boldsymbol{C}_b^n \\ \boldsymbol{0}_{3\times3} & \boldsymbol{0}_{3\times3}\end{bmatrix}
$$

$\boldsymbol{F}_N$ 是平台失准角、速度误差和位置误差对应的系统矩阵，其非零元素为

$$\boldsymbol{F}(1,2)=\omega_{ie}\sin L+\frac{v_E}{R_N+h}\tan L \qquad \boldsymbol{F}(1,3)=-\left(\omega_{ie}\cos L+\frac{v_E}{R_N+h}\right)$$

$$\boldsymbol{F}(1,5)=-\frac{1}{R_M+h} \qquad \boldsymbol{F}(1,9)=\frac{v_N}{(R_M+h)^2}$$

$$\boldsymbol{F}(2,1)=-\omega_{ie}\sin L-\frac{v_E}{R_N+h}\tan L \qquad \boldsymbol{F}(2,3)=-\frac{v_N}{R_M+h}$$

$$\boldsymbol{F}(2,4)=\frac{1}{R_N+h} \qquad \boldsymbol{F}(2,7)=-\omega_{ie}\sin L$$

$$\boldsymbol{F}(2,9)=-\frac{v_E}{(R_N+h)^2} \qquad \boldsymbol{F}(3,1)=\omega_{ie}\cos L+\frac{v_E}{R_N+h}$$

$$\boldsymbol{F}(3,2)=\frac{v_N}{R_M+h} \qquad \boldsymbol{F}(3,4)=\frac{1}{R_N+h}\tan L$$

$$\boldsymbol{F}(3,7)=\omega_{ie}\cos L+\frac{v_E}{R_N+h}\sec^2 L \qquad \boldsymbol{F}(3,9)=-\frac{v_E\tan L}{(R_N+h)^2}$$

$$\boldsymbol{F}(4,2)=-f_U \qquad \boldsymbol{F}(4,3)=f_N$$

$$\boldsymbol{F}(4,4)=\frac{v_N}{R_N+h}\tan L-\frac{v_U}{R_N+h} \qquad \boldsymbol{F}(4,5)=2\omega_{ie}\sin L+\frac{v_E}{R_N+h}\tan L$$

$$\boldsymbol{F}(4,6)=-\left(2\omega_{ie}\cos L+\frac{v_E}{R_N+h}\right) \qquad \boldsymbol{F}(4,9)=\frac{v_Ev_U-v_Ev_N\tan L}{(R_N+h)^2}$$

$$\boldsymbol{F}(4,7)=2\omega_{ie}(\cos L)v_N+\frac{v_Ev_N}{R_N+h}\sec^2 L+2\omega_{ie}(\sin L)v_U \qquad \boldsymbol{F}(5,1)=f_U$$

$$\boldsymbol{F}(5,3)=-f_E \qquad \boldsymbol{F}(5,4)=-2\left(\omega_{ie}\sin L+\frac{v_E}{R_N+h}\tan L\right)$$

$$\boldsymbol{F}(5,5)=-\frac{v_U}{R_M+h} \qquad \boldsymbol{F}(5,6)=-\frac{v_N}{R_M+h}$$

$$F(5,7)=-\left(2\omega_{ie}\cos L+\frac{v_E}{R_N+h}\sec^2 L\right)v_E \qquad F(5,9)=\frac{v_N v_U}{(R_M+h)^2}+\frac{v_E^2\tan L}{(R_N+h)^2}$$

$$F(6,1)=-f_N \qquad F(6,2)=f_E$$

$$F(6,4)=2\left(\omega_{ie}\cos L+\frac{v_E}{R_N+h}\right) \qquad F(6,5)=\frac{2v_N}{R_M+h}$$

$$F(6,7)=-2v_E\omega_{ie}\sin L \qquad F(6,9)=-\frac{v_N^2}{(R_M+h)^2}-\frac{v_E^2}{(R_N+h)^2}$$

$$F(7,5)=\frac{1}{R_M+h} \qquad F(7,9)=-\frac{v_N^n}{(R_M+h)^2}$$

$$F(8,4)=\frac{\sec L}{R_N+h} \qquad F(8,7)=\frac{v_E}{R_N+h}\sec L\tan L$$

$$F(8,9)=-\frac{v_E}{(R_N+h)^2}\sec L \qquad F(9,6)=1$$

$\boldsymbol{G}$ 为系统噪声驱动矩阵：

$$\boldsymbol{G}=\begin{bmatrix} -\boldsymbol{C}_b^n & \boldsymbol{0}_{3\times3} \\ \boldsymbol{0}_{3\times3} & \boldsymbol{C}_b^n \\ \boldsymbol{0}_{9\times3} & \boldsymbol{0}_{9\times3} \end{bmatrix}$$

$\boldsymbol{W}=[W_{gx},W_{gy},W_{gz},W_{ax},W_{ay},W_{az}]^{\mathrm{T}}$ 为系统噪声，包括陀螺仪随机噪声 W_{gx},W_{gy},W_{gz} 和加速度计随机噪声 W_{ax},W_{ay},W_{az}。

2. 量测方程

(1) 姿态量测方程

星敏感器可以直接测量本体系相对于惯性系的姿态矩阵，若想获取载体相对于导航系的姿态信息，需要惯导系统提供数学地平辅助，然而这样会引入累积的误差，降低导航精度，因此，SINS/CNS 深组合导航系统以惯性姿态矩阵误差为量测，并建立其相应的姿态量测方程。

惯导系统的位置误差可以写作 $\delta\boldsymbol{P}=[-\delta L\quad \delta\lambda\cdot\cos L\quad \delta\lambda\cdot\sin L]^{\mathrm{T}}$，则可以得到惯导系统输出的捷联矩阵 $\hat{\boldsymbol{C}}_b^n$ 和惯性系相对于导航系的转换矩阵 $\hat{\boldsymbol{C}}_i^n$ 的表达式为

$$\hat{\boldsymbol{C}}_b^n=(\boldsymbol{I}-[\boldsymbol{\varphi}\times])\boldsymbol{C}_b^n \tag{11.21}$$

$$\hat{\boldsymbol{C}}_i^n=(\boldsymbol{I}-[\delta\boldsymbol{P}\times])\boldsymbol{C}_i^n \tag{11.22}$$

式中，$\hat{\boldsymbol{C}}_b^n$ 为惯导系统输出的捷联矩阵；$\hat{\boldsymbol{C}}_i^n$ 为惯导系统输出的惯性系相对于导航系的转换矩阵；$\boldsymbol{C}_b^n$ 和 $\boldsymbol{C}_i^n$ 分别为相应矩阵的真值；$[\boldsymbol{\varphi}\times]$、$[\delta\boldsymbol{P}\times]$为平台失准角 $\boldsymbol{\varphi}$ 和位置误差 $\delta\boldsymbol{P}$ 的叉乘矩阵。

根据式(11.21)和式(11.22)，姿态误差矩阵 $\boldsymbol{Z}_s$ 可以写成

$$\boldsymbol{Z}_s=\hat{\boldsymbol{C}}_i^b-\tilde{\boldsymbol{C}}_i^b=\hat{\boldsymbol{C}}_n^b\hat{\boldsymbol{C}}_i^n-(\boldsymbol{C}_i^b+\boldsymbol{v}_s)=\boldsymbol{C}_n^b[\boldsymbol{\varphi}\times]\boldsymbol{C}_i^n-\boldsymbol{C}_n^b[\delta\boldsymbol{P}\times]\boldsymbol{C}_i^n-\boldsymbol{v}_s \tag{11.23}$$

式中，$\boldsymbol{v}_s$ 为星敏感器的量测噪声矩阵。

利用矩阵 $\boldsymbol{Z}_{s(3\times3)}$ 的三个列向量组成姿态量测向量 $\boldsymbol{Z}_{1(9\times1)}$，并建立姿态量测向量 $\boldsymbol{Z}_1$ 与状态向量之间的关系，可以得到姿态量测方程为

$$Z_1 = H_1 X + v_1 \tag{11.24}$$

式中，H_1 为姿态量测矩阵

$$H_1 = \begin{bmatrix} H_{11} & 0_{3\times3} & H_{11}H_p & 0_{3\times7} \\ H_{12} & 0_{3\times3} & H_{12}H_p & 0_{3\times7} \\ H_{13} & 0_{3\times3} & H_{13}H_p & 0_{3\times7} \end{bmatrix}$$

其中：

$$H_{11} = \begin{bmatrix} C^b_{n,1} \times C^n_{i,1}{}^{\mathrm{T}} \\ C^b_{n,1} \times C^n_{i,2}{}^{\mathrm{T}} \\ C^b_{n,1} \times C^n_{i,3}{}^{\mathrm{T}} \end{bmatrix}, \quad H_{12} = \begin{bmatrix} C^b_{n,2} \times C^n_{i,1}{}^{\mathrm{T}} \\ C^b_{n,2} \times C^n_{i,2}{}^{\mathrm{T}} \\ C^b_{n,2} \times C^n_{i,3}{}^{\mathrm{T}} \end{bmatrix}$$

$$H_{13} = \begin{bmatrix} C^b_{n,3} \times C^n_{i,1}{}^{\mathrm{T}} \\ C^b_{n,3} \times C^n_{i,2}{}^{\mathrm{T}} \\ C^b_{n,3} \times C^n_{i,3}{}^{\mathrm{T}} \end{bmatrix}, \quad H_p = \begin{bmatrix} 1 & 0 \\ 0 & -\cos L \\ 0 & -\sin L \end{bmatrix}$$

其中，$C^b_{n,k}$ 表示 C^b_n 的第 k 行，$C^n_{i,k}$ 表示 C^n_i 的第 k 列，$k=1,2,3$；$v_{1(9\times1)}$ 为与 $v_{s(3\times3)}$ 对应的量测噪声。

(2) 位置量测方程

选择惯导系统与天文导航系统输出位置的差值作为位置量测向量，则其量测方程为

$$Z_2 = H_2 X + v_2 \tag{11.25}$$

其中，$Z_2 = [\hat{L}-\tilde{L} \quad \hat{\lambda}-\tilde{\lambda} \quad \hat{h}-\tilde{h}]^{\mathrm{T}}$ 为位置量测向量，$\hat{L}$，$\hat{\lambda}$，$\hat{h}$ 为惯导系统输出的位置信息；$\tilde{L}$，$\tilde{\lambda}$，$\tilde{h}$ 为天文导航系统输出的位置信息；$H_2 = [0_{3\times6} \quad I_{3\times3} \quad 0_{3\times6}]$为位置量测矩阵；$v_2$ 为天文导航系统位置信息的噪声。

根据式(11.24)和式(11.25)，可得到深组合模式的量测方程为

$$Z = HX + v \tag{11.26}$$

式中，$Z = [Z_1^{\mathrm{T}} \quad Z_2^{\mathrm{T}}]^{\mathrm{T}}$；$H = [H_1^{\mathrm{T}} \quad H_2^{\mathrm{T}}]^{\mathrm{T}}$；$v = [v_1^{\mathrm{T}} \quad v_2^{\mathrm{T}}]^{\mathrm{T}}$。

11.4 基于全面最优校正的 SINS/CNS 组合导航模式

11.4.1 组合原理

基于全面最优校正的惯导/天文组合模式中，天文导航系统定位所依赖的地平基准不是来自惯导系统的，而是来自精度更高的星光折射间接敏感地平法的，该地平信息精度保持稳定，误差不随时间漂移。天文导航利用高精度的地平信息确定载体的姿态、位置信息，进而与惯导系统输出的姿态、位置信息进行融合，全面估计惯导系统的误差，不仅可以校正姿态误差、位置误差，补偿惯性器件误差，而且可以补偿初始对准等其他因素引起的误差。

基于全面最优校正的组合模式下，SINS/CNS 组合导航方案如图 11.4 所示。

① SINS 子系统：SINS 子系统利用惯性测量器件输出的角速度和比力解算出载体的位置、速度和姿态信息；并利用信息融合子系统提供的误差估计信息(平台失准角、陀螺仪漂移和位置误差)对惯导系统的解算过程进行校正。同时，SINS 子系统也为信息融合子系统提供地

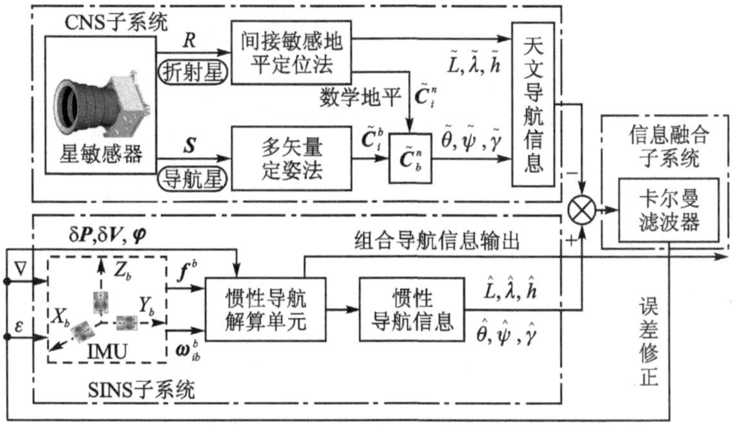

图 11.4 基于全面最优校正的 SINS/CNS 导航方案

理系姿态信息和位置信息。

② CNS 子系统：利用基于星光折射间接敏感地平的天文定位方法确定载体的三维位置信息和地平信息，大视场星敏感器在地平信息的辅助下输出载体相对于导航系的姿态信息。该子系统可为信息融合子系统提供导航系姿态信息和位置信息。

③ 信息融合子系统：信息融合子系统采用卡尔曼滤波算法进行信息融合。以惯导系统误差方程为状态方程，以 SINS 子系统和 CNS 子系统的姿态差值以及位置差值为量测进行卡尔曼滤波，得到惯导系统误差的估计值，并用估计结果对 SINS 子系统的解算过程进行校正。

在基于全面最优校正的 SINS/CNS 组合导航系统中，天文导航系统的地平基准不再依赖于惯导系统，而是通过星光折射间接敏感地平得到不随时间发散的高精度地平基准，真正实现了高精度测姿、定位，实现了对惯导系统位置、姿态的全面校正，有效解决了惯导误差发散的问题，导航精度高且稳定性好。

11.4.2 系统数学模型

1. 基于星光折射的数学地平获取方法

恒星星光在通过地球大气时，由于大气层密度不均匀，光线会向地心发生偏折。从飞行器上看，当恒星的真实位置已经下沉时，其视位置还保持在地平线之上。折射光线的偏折量反映了飞行器与地球之间的位置关系，因此可以根据这个偏折量确定飞行器的地平信息。如图 11.5 所示为星光折射间接敏感地平的基本原理示意图。

飞行器上观测到的折射光线相对于地球的视高度为 h_a，实际上折射光线距地球表面的高度为一个略低的高度 h_g，称为切向高度。恒星折射前真实方向与视方向之间的角距为星光折射角 R。根据大气折射模型，切向高度 h_g、星光折射角 R 与视高度 h_a 之间满足以下关系：

$$\left.\begin{aligned} h_g &= h_0 - H\ln R + H\ln\left[k(\lambda)\rho_0\left(\frac{2\pi R_e}{H}\right)^{\frac{1}{2}}\right] \\ h_a &= h_g + R\left(\frac{HR_e}{2\pi}\right)^{\frac{1}{2}} \end{aligned}\right\} \tag{11.27}$$

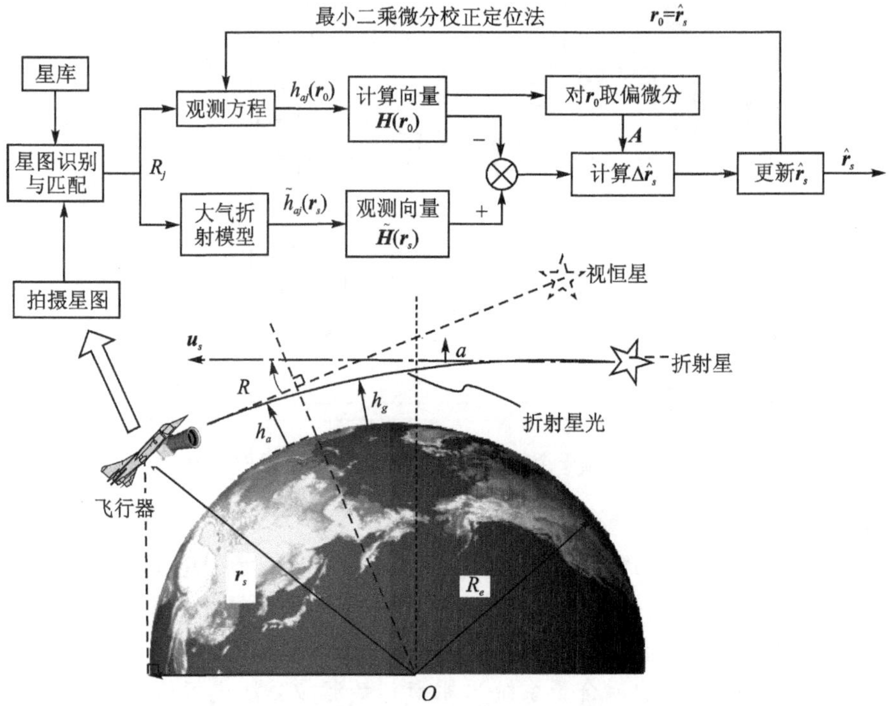

图 11.5 星光折射间接敏感地平基本原理示意图

式中，ρ_0 为高度 h_0 处的大气密度；H 是密度标尺高度；$k(\lambda)$ 为与波长 λ 有关的散射参数，它们均可视为已知量。

此外，由图 11.5 中的几何关系可以得出

$$h_a=\sqrt{|\boldsymbol{r}_s|^2-u^2}+u\tan R-R_e-a \tag{11.28}$$

式中，$u=|\boldsymbol{r}_s\cdot\boldsymbol{u}_s|$，$\boldsymbol{u}_s$ 为折射星折射前的星光矢量；a 的量值较小，通常可以忽略。

可见，式(11.27)与式(11.28)建立了折射角 R 与飞行器的位置矢量 $\boldsymbol{r}_s$ 间的函数关系。由于飞行器的位置矢量 $\boldsymbol{r}_s$ 包含三个未知分量(r_x，r_y，r_z)，所以当利用星敏感器观测到 3 颗及以上的折射星时，便可通过求解非线性方程组而得到载体的位置矢量 $\boldsymbol{r}_s$。实际应用中可以采用最小二乘微分校正定位法，通过迭代不断修正载体的位置矢量，使折射视高度的计算值在最小二乘意义下逐渐逼近折射视高度的观测值，最终得到载体在允许误差范围内的精确位置。

根据计算得到的位置矢量 $\boldsymbol{r}_s$ 可以直接确定飞行器在地心赤道惯性系下的赤经、赤纬(α_d，δ_d)的主值：

$$\left.\begin{aligned}\alpha_d&=\arctan(r_y/r_x)\\ \delta_d&=\arctan\left(r_z/\sqrt{r_x^2+r_y^2}\right)\end{aligned}\right\} \tag{11.29}$$

进一步根据(r_x，r_y，r_z)的正负号可得到赤经、赤纬的真值。再将地心赤道惯性系下的赤经、赤纬(α_d，δ_d)转换为地理系下的经度、纬度和高度，即

$$\left.\begin{aligned}\tilde{\lambda}&=\alpha_d-t_G\\ \tilde{L}&=\delta_d\\ \tilde{h}&=\sqrt{r_x^2+r_y^2+r_z^2}-R_e\end{aligned}\right\} \tag{11.30}$$

式中，t_G 为春分点的格林时角，可由时间基准得到。

此外，单位位置矢量可表示为 $\boldsymbol{p}=\boldsymbol{r}_s/|\boldsymbol{r}_s|=[p_x \quad p_y \quad p_z]^{\mathrm{T}}$，而 $\boldsymbol{p}$ 包含了地平信息，即矩阵 $\boldsymbol{C}_i^n$：

$$\widetilde{\boldsymbol{C}}_i^n=\begin{bmatrix} -\dfrac{p_y}{\sqrt{1-p_z^2}} & \dfrac{p_x}{\sqrt{1-p_z^2}} & 0 \\ -\dfrac{p_x p_z}{\sqrt{1-p_z^2}} & -\dfrac{p_y p_z}{\sqrt{1-p_z^2}} & \sqrt{1-p_z^2} \\ p_x & p_y & p_z \end{bmatrix} \tag{11.31}$$

至此，完成了基于星光折射间接敏感地平的解析天文定位，并得到了精确的地平信息。可见，采用该基于星光折射的数学地平获取方法后，天文导航系统的地平基准不再依赖于惯导系统，真正实现了高精度测姿、定位，为对惯导系统位置、姿态的全面校正创造了条件。

2. 滤波系统模型

基于全面最优校正的组合模式的状态方程与深组合模式的状态方程相同，选择平台失准角、速度误差、位置误差、陀螺仪漂移误差和加速度计零偏误差作为状态向量，以式(11.20)为状态方程。

将 CNS 解算得到的姿态角和位置表示为理想值叠加量测噪声，选择 SINS 和 CNS 解算得到的姿态角差值以及位置差值作为量测向量 $\boldsymbol{Z}$：

$$\boldsymbol{Z}=\begin{bmatrix} \hat{\theta}-\tilde{\theta} \\ \hat{\psi}-\tilde{\psi} \\ \hat{\gamma}-\tilde{\gamma} \\ \hat{L}-\tilde{L} \\ \hat{\lambda}-\tilde{\lambda} \\ \hat{h}-\tilde{h} \end{bmatrix}=\begin{bmatrix} (\theta+\delta\theta)-(\theta+V_\theta) \\ (\psi+\delta\psi)-(\psi+V_\psi) \\ (\gamma+\delta\gamma)-(\gamma+V_\gamma) \\ (L+\delta L)-(L+V_L) \\ (\lambda+\delta\lambda)-(\lambda+V_\lambda) \\ (h+\delta h)-(h+V_h) \end{bmatrix}=\begin{bmatrix} \delta\theta-V_\theta \\ \delta\psi-V_\psi \\ \delta\gamma-V_\gamma \\ \delta L-V_L \\ \delta\lambda-V_\lambda \\ \delta h-V_h \end{bmatrix} \tag{11.32}$$

式中，$\hat{\theta},\hat{\psi},\hat{\gamma}$ 为 SINS 解算得到的姿态角；$\tilde{\theta},\tilde{\psi},\tilde{\gamma}$ 为 CNS 解算得到的姿态角；$\hat{L},\hat{\lambda},\hat{h}$ 为 SINS 解算得到的位置信息；$\tilde{L},\tilde{\lambda},\tilde{h}$ 为 CNS 解算得到的位置信息。

建立量测向量 $\boldsymbol{Z}$ 与状态向量之间的关系，可以得到基于全面最优校正的组合模式的量测方程为

$$\boldsymbol{Z}=\boldsymbol{H}\boldsymbol{X}+\boldsymbol{v} \tag{11.33}$$

其中，$\boldsymbol{v}$ 为量测噪声向量，量测矩阵 $\boldsymbol{H}$ 为

$$\boldsymbol{H}=\begin{bmatrix} \boldsymbol{H}_\varphi & \boldsymbol{0}_{3\times3} & \boldsymbol{0}_{3\times3} & \boldsymbol{0}_{3\times6} \\ \boldsymbol{0}_{3\times3} & \boldsymbol{0}_{3\times3} & \boldsymbol{I}_{3\times3} & \boldsymbol{0}_{3\times6} \end{bmatrix}$$

11.5 SINS/CNS 组合导航性能仿真验证

11.5.1 仿真条件

以机载 SINS/CNS 组合导航为例。

初始条件：初始位置为东经 100°，北纬 40°，高度 30 km，初始东向、北向位置误差为 100 m；东向初始速度为 141.4 m/s，北向初始速度为 141.4 m/s，东向、北向初始速度误差均为 0.141 m/s；初始滚转角和俯仰角为 0°，初始偏航角为 45°，俯仰角、偏航角和滚转角的初始姿态误差角依次为 10″、60″和 10″。

器件误差：陀螺仪漂移为 0.01(°)/h，加速度计零偏为 10 μg，陀螺仪随机噪声标准差为 0.005(°)/h，加速度计随机噪声标准差为 5 μg；星敏感器量测噪声标准差为 3″，星光折射视高度噪声标准差为 80 m。惯导系统的采样时间为 0.02 s，天文导航系统的采样时间为 1 s，卡尔曼滤波周期为 1 s，仿真共进行 4 h。

另外，纯惯导模式、简单组合模式、基于陀螺仪漂移校正组合模式和深组合模式中，需要引入雷达高度计的高度信息以维持惯导系统高度通道的稳定，雷达高度计的精度为 5 m；基于全面最优校正的组合模式利用天文导航系统输出的高度信息对惯导系统高度通道进行阻尼。

11.5.2 仿真验证结果

图 11.6 所示为纯惯导模式下输出的姿态、位置误差曲线。从图中可以看出，由于陀螺仪漂移、加速度计零偏和初始导航误差的影响，纯惯导系统的导航误差随时间发散。4 小时内，整体位置误差发散至 6 873.6 m，姿态误差发散至 369.8″。以纯惯导模式下的误差曲线作为对比标准，分别验证简单组合导航、基于陀螺仪漂移校正的组合导航、深组合导航和基于全面最优校正的组合导航的性能。

1. 简单组合导航

图 11.7 所示为基于简单组合模式的 SINS/CNS 组合导航系统输出的姿态、位置误差曲线。

由图 11.7 可知，简单组合模式可以减缓惯导系统误差的发散，最大位置误差为 672.6 m，最大姿态误差为 199.2″。由于简单组合模式仅利用天文导航输出的位置信息对惯导系统的位置输出进行修正，无法对陀螺仪漂移和加速度计零偏进行校正，因此其导航误差依旧发散；同时，由于天文导航系统的定位结果含有较大的随机噪声，因此该模式下导航系统的位置误差波动较大。

2. 基于陀螺仪漂移校正的组合导航

图 11.8 所示为基于陀螺仪漂移校正的 SINS/CNS 组合导航系统输出的姿态、位置误差曲线。

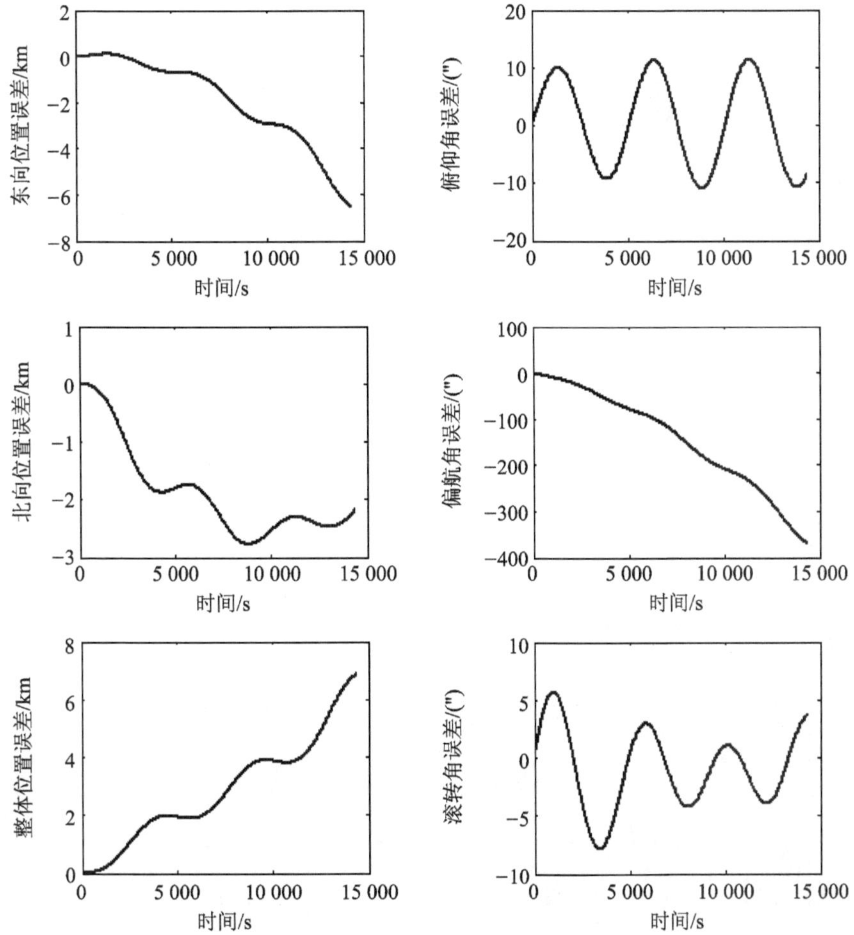

图 11.6　纯惯导系统导航误差

图 11.8 显示了基于陀螺仪漂移校正的组合模式的导航误差，从图中可知，该模式可以有效提高组合导航系统的精度，位置误差控制在 350 m 以下，姿态误差保持在 10″左右；但是该组合导航模式的导航误差依旧随时间缓慢发散。在基于陀螺仪漂移校正的组合模式中，利用惯导系统提供的地平信息，天文导航系统可以输出载体在导航系下的姿态信息，进而对平台失准角和陀螺仪漂移引起的导航误差进行估计和校正。然而，这种组合模式中，由于天文导航系统无法提供高精度的位置信息，加速度计零偏引起的累积位置误差无法被估计，因此，采用该组合模式时惯性/天文组合导航系统的位置误差随时间缓慢发散，进而引起惯导系统提供的地平信息的误差随时间发散，最终导致组合导航系统姿态误差发散。

3. 深组合导航

图 11.9 所示为基于深组合模式的 SINS/CNS 组合导航系统输出的姿态、位置误差曲线。

根据图 11.9 显示的导航误差可以看出，利用深组合模式进行惯性/天文组合导航，可以得到高精度的导航结果，位置误差小于 200 m，姿态误差小于 7.8″。与基于陀螺仪漂移校

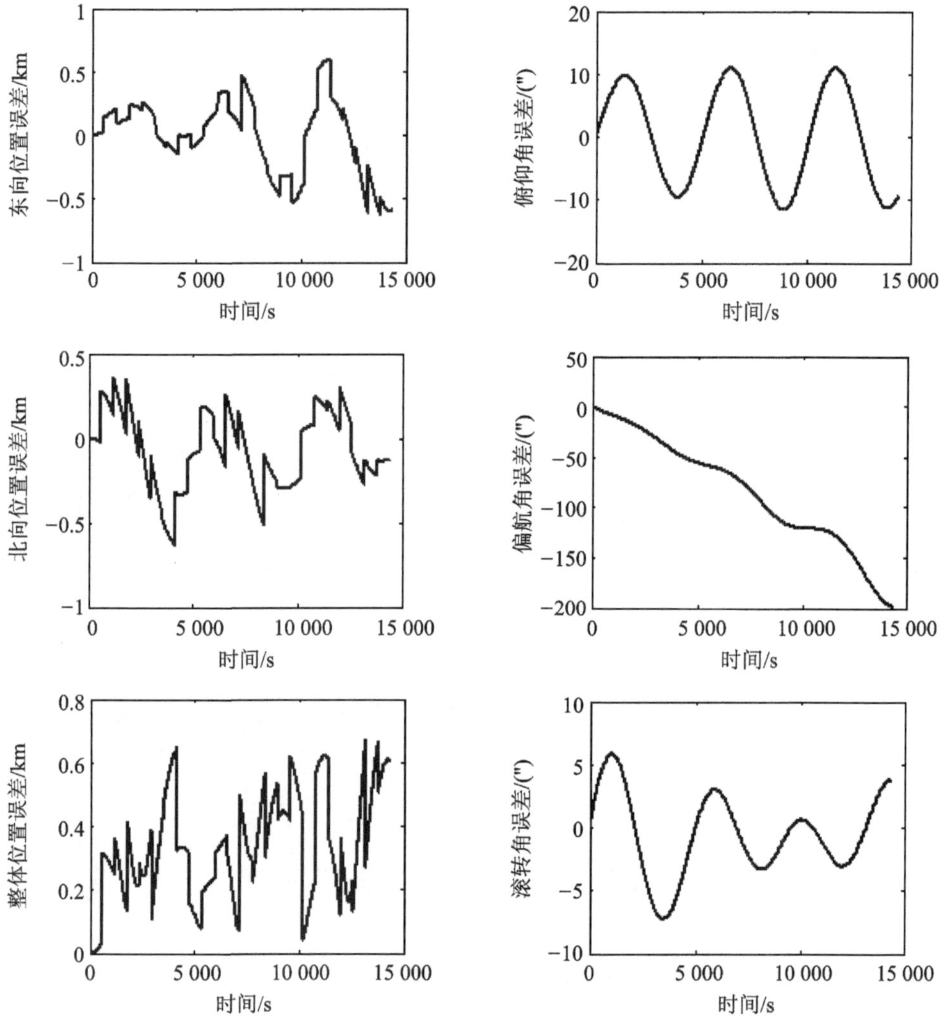

图 11.7 简单组合模式导航误差

正的组合模式相比，深组合模式一方面利用天文导航系统输出的高精度的惯性系姿态信息对惯导系统的平台失准角和陀螺仪漂移进行估计校正，得到高精度的导航系姿态信息，进而为天文导航系统提供高精度的地平信息；另一方面，天文导航系统利用惯导系统提供的高精度地平信息进行定位，进而对惯导系统的累积位置误差进行校正，显著地提高了组合导航系统的精度。

4. 基于全面最优校正的组合导航

图 11.10 所示为基于全面最优校正的 SINS/CNS 组合导航系统输出的姿态、位置误差曲线。

由图 11.10 可知，利用基于全面最优校正的组合模式进行组合导航，滤波稳定后最大位置误差为 267 m，姿态误差小于 7.4″，且导航精度全程保持稳定，不随时间发散。基于全面最优校正的组合模式中，天文导航系统利用基于星光折射间接敏感地平的解析天文定位方法提供的高精度地平信息得到高精度的导航系姿态信息，摆脱了对惯导系统地平信息的依赖，可以真正地实现高精度定姿，且定姿精度全程保持稳定；同时，该组合模式由于引入基于星光折射间接敏感地平的天文解析定位方法提供的位置信息，可以对惯导系统的位置误差进行估计和校正，进而抑制惯导系统位置误差的发散。

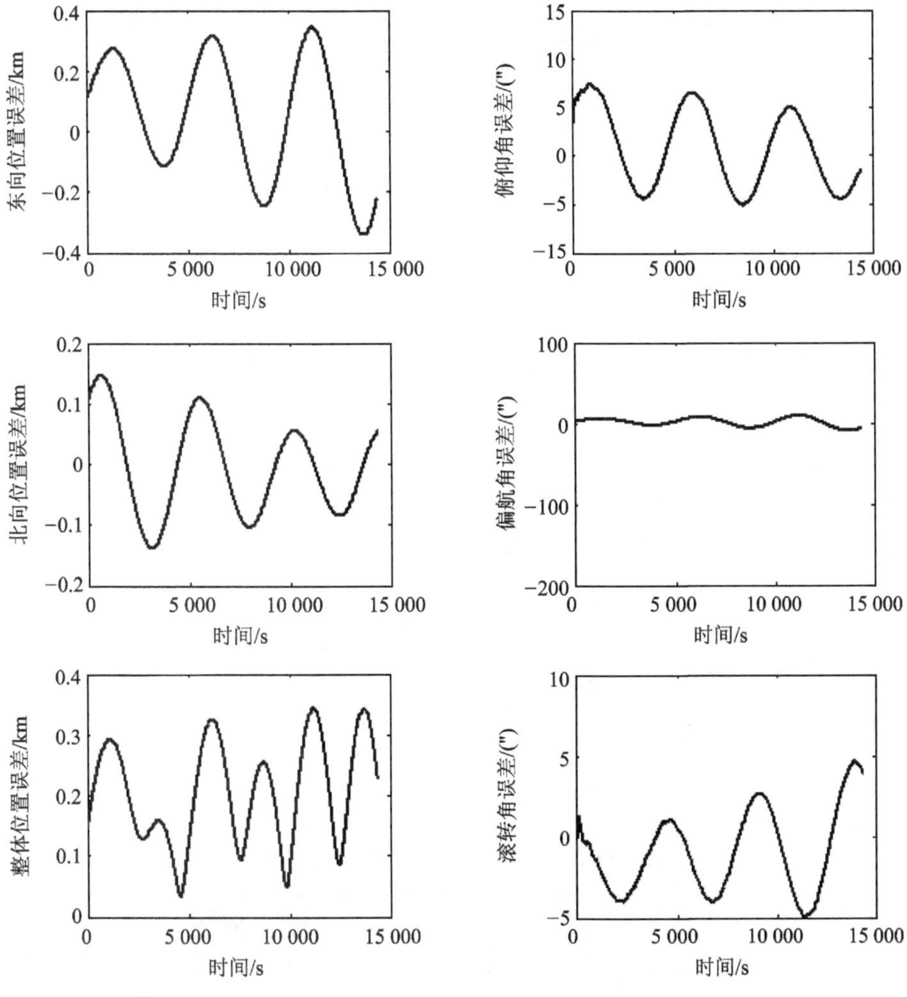

图 11.8　基于陀螺仪漂移校正的组合模式导航误差

表 11.1 对比了四种不同组合模式下的 SINS/CNS 组合导航误差。可以发现，由于星光折射间接敏感地平得到的地平信息不随时间发散，且精度较高，所以全面最优校正组合模式的定位精度明显高于其他组合模式；此外，深组合模式与全面最优校正组合模式的测姿精度基本相当。

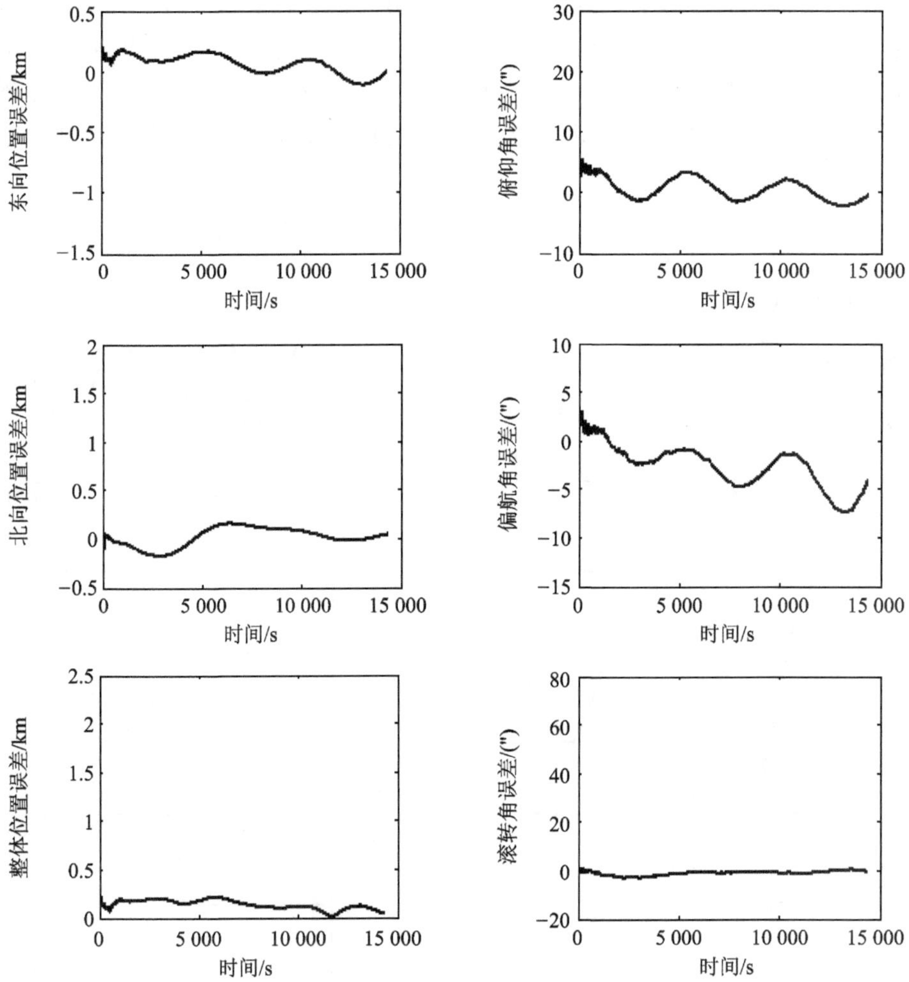

图 11.9 深组合模式导航误差

表 11.1 几种组合模式导航误差比较

导航误差	整体位置误差平均值/m	整体位置误差标准差/m	整体姿态误差平均值/(″)	整体姿态误差标准差/(″)
纯惯导模式	2 832.6	180.2	143.9	105.7
简单组合	334.0	116.4	85.7	54.2
陀螺仪漂移校正	207.0	83.9	6.7	3.1
深组合	130.0	27.9	3.9	1.5
全面最优校正	78.6	44.3	4.7	1.4

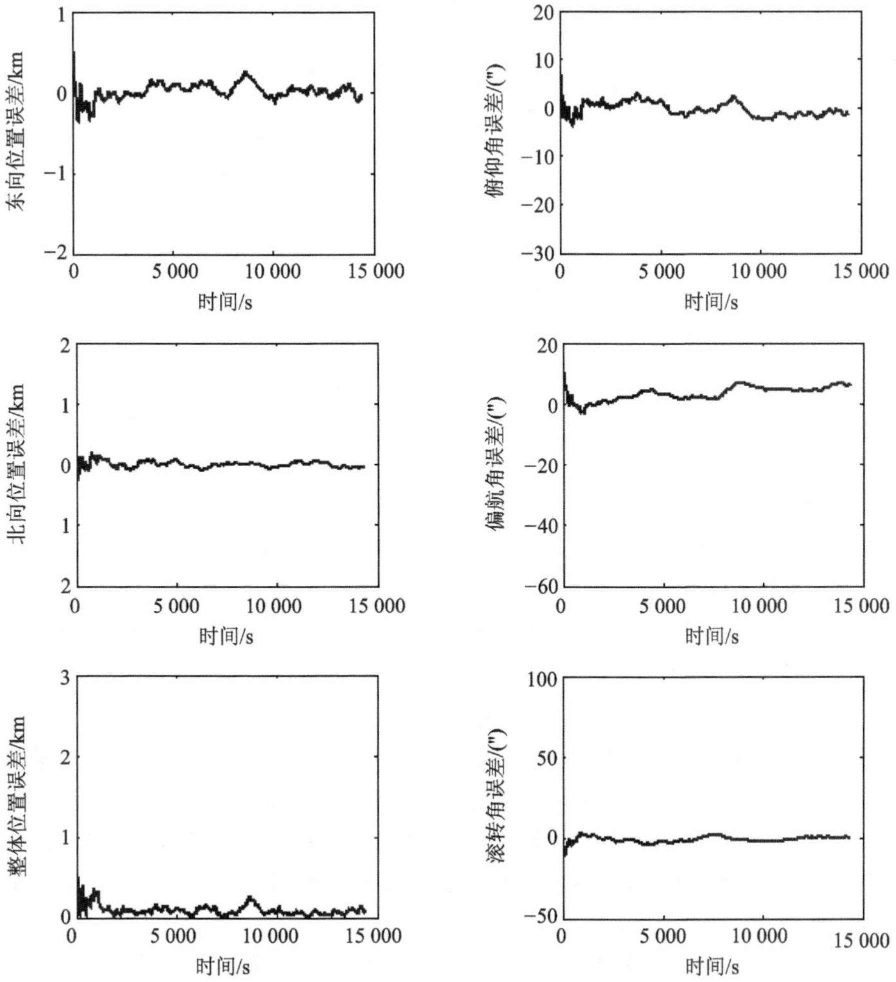

图 11.10　基于全面最优校正的组合模式导航误差

11.6　小　结

本章分别介绍了简单组合、基于陀螺仪漂移校正的组合、深组合和基于全面最优校正的组合这四种 SINS/CNS 组合导航模式的组合原理与系统的数学模型,并对不同组合模式的导航性能进行了仿真验证。其中,SINS/CNS 简单组合、基于陀螺仪漂移校正的 SINS/CNS 组合与 SINS/CNS 深组合都需要惯导系统提供辅助地平信息,导航误差呈发散趋势。由于简单组合导航模式仅进行输出校正,不校正惯性器件误差,因此误差发散最明显;而深组合导航模式利用惯导地平辅助,输出天文姿态与位置信息作为量测信息,并反馈校正惯性器件误差,因此误差发散最慢;基于陀螺仪漂移校正的组合模式缺乏天文位置量测信息,发散速度居中。而基于全面最优校正的 SINS/CNS 组合利用星光折射间接敏感地平定位方法得到的高精度地平信息,可以提供高精度、稳定的姿态与位置信息,进而抑制惯导系统误差的累积,是精度最高的 SINS/CNS 导航组合模式。

第 12 章 SINS/CNS 组合导航在弹道导弹中的应用方法

现代作战条件对武器系统的精确性、自主性以及可靠性提出了更高的要求。目前，惯性导航系统因自主性好、短时精度高、实时性好、使用环境不受限制且能输出完备的导航信息，在弹道导弹导航系统中应用广泛。然而，惯导系统的误差随时间发散，因此通常不单独使用，而是与其他导航系统组合使用的。天文导航作为一种自主的导航手段，隐蔽性好，抗干扰能力强，而且具有误差不随时间发散的特点。因此，将这两种导航方式进行组合，可以综合惯性导航与天文导航的优点，使得惯性/天文组合导航系统在自主性、抗干扰能力、精度、实时性等诸多方面优势显著，受到了军事领域的广泛关注。

根据弹道导弹的飞行特点可知，在自由段，导弹飞行在大气层外（轨道高度高于 200 km），易于观测恒星，为天文导航系统正常工作提供了有利条件。因此，弹道导弹的自由段适合采用天文导航信息辅助惯性导航系统，从而获得导弹高精度的姿态与位置信息。导弹的天文姿态信息可以通过星敏感器观测多颗恒星，结合多矢量定姿算法解算得到；导弹的天文位置信息可以通过直接敏感地平或间接敏感地平两种定位方法确定。其中，直接敏感地平法受限于地平仪或惯导水平基准的精度，定位误差较大；而近年来出现的星光折射间接敏感地平方法，利用星敏感器敏感折射星，结合高精度大气折射模型，可以精确敏感地平，摆脱了传统水平基准的精度限制。因此，基于星光折射间接敏感地平的天文导航系统与惯性导航系统的组合是目前极具发展潜力的一种全自主组合导航手段，应用于弹道导弹具有隐蔽性好、抗干扰能力强、导航精度高等优势。

本章结合弹道导弹的飞行特点，设计了一种基于单星敏感器的弹道导弹 SINS/CNS 组合导航方案，并对 SINS/CNS 组合导航系统的组成、工作原理、单星敏感器的安装方法与视轴控制方法、组合导航系统数学模型等进行了重点介绍。

12.1 SINS/CNS 组合导航系统方案设计

12.1.1 系统工作流程

弹道导弹的飞行阶段可以分为主动段、自由段和再入段，其导航系统工作流程如图 12.1 所示。

1）主动段：飞行时间较短，导弹在大气层内圈飞行，星敏感器无法工作，通常只依靠惯性导航系统完成测姿与定位。

2）自由段：导弹飞出大气层后，发动机关闭，星敏感器开始工作。随着导弹飞行高度的不断增加，大气折射模型的精度降低，星光折射间接敏感地平天文定位误差随之增大。因此，考虑弹道导弹的位置精度要求，在弹道高度低于 500 km 的情况下利用星光折射信息进行位置修正。基于此，将自由段划分为以下三个阶段：

① 第一次姿态＋位置修正：发动机关机后，星敏感器开始工作。大视场星敏感器的视轴

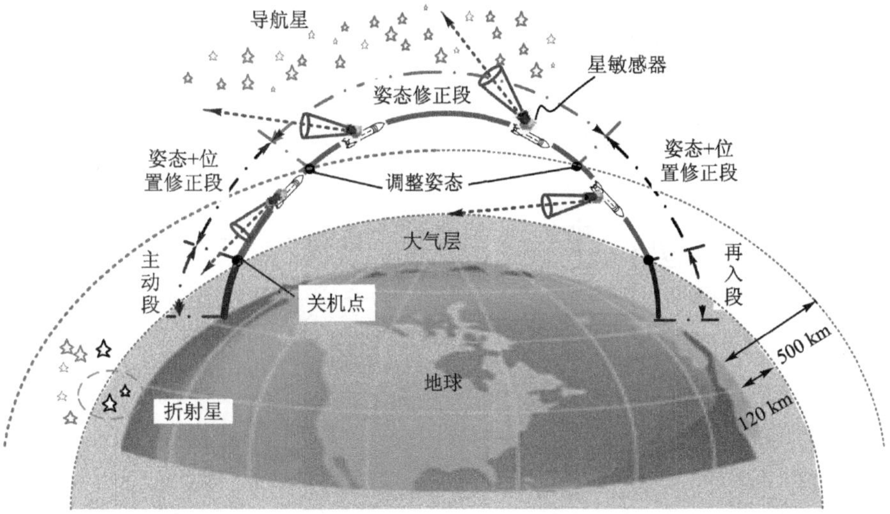

图 12.1　适用于弹道导弹的导航系统工作流程示意图

指向地球边缘，可以同时捕获导航星和折射星，分别得到导弹的天文姿态与位置信息，以便同时修正惯导的姿态和位置误差。

② 姿态修正：当弹道高度达到 500 km 以上时，星光折射定位误差较大，不再对惯导系统进行位置修正。为了消除折射星对导航星匹配识别过程的干扰，调整星敏感器的视轴指向上方天区，仅观测导航星进行定姿，并利用该姿态信息校正惯导的姿态误差。

③ 第二次姿态＋位置修正：当弹道高度低于 500 km 时，再次调整星敏感器视轴指向地球边缘，进而获得天文姿态和位置信息修正惯导误差，直到进入再入段。

3）再入段：导弹再入大气层之后，星敏感器停止工作。由于导弹在再入段飞行速度快、时间短，通常仅依靠惯性导航系统即可满足导航需求。

综上，在整个飞行过程中，惯导系统一直处于工作状态；而星敏感器在发动机关机后开始工作，即天文导航系统仅在自由段处于工作状态。由于只有一个星敏感器，在自由段低轨飞行时，为了同时观测折射星与导航星，需要调整星敏感器视轴指向地球边缘，并利用天文测姿、定位信息同时修正惯导的姿态与位置误差；而在较高的轨道飞行时，星光折射定位精度低，故调整星敏感器视轴指向天顶，仅观测导航星，进而利用天文测姿信息校正惯导的姿态误差。SINS/CNS 组合导航系统的工作流程如表 12.1 所列。

表 12.1　惯性/天文组合导航系统工作流程

飞行阶段		阶段划分	导航方式	量测信息
主动段		发射点到关机点处	惯导	惯性测量信息
自由段	姿态修正段	飞行高度 500 km 以上	惯导＋天文	① 惯性测量信息 ② 导航星光方向
	姿态＋位置修正段	飞行高度 200～500 km 处	惯导＋天文	① 惯性测量信息 ② 导航星光方向 ③ 折射星光方向
再入段		再入点到目标点处	惯导	惯性测量信息

12.1.2 导航方案设计

弹道导弹自由段的SINS/CNS组合导航方案由四部分组成，捷联惯导子系统、天文导航子系统、信息融合子系统以及反馈校正环节，如图12.2所示。

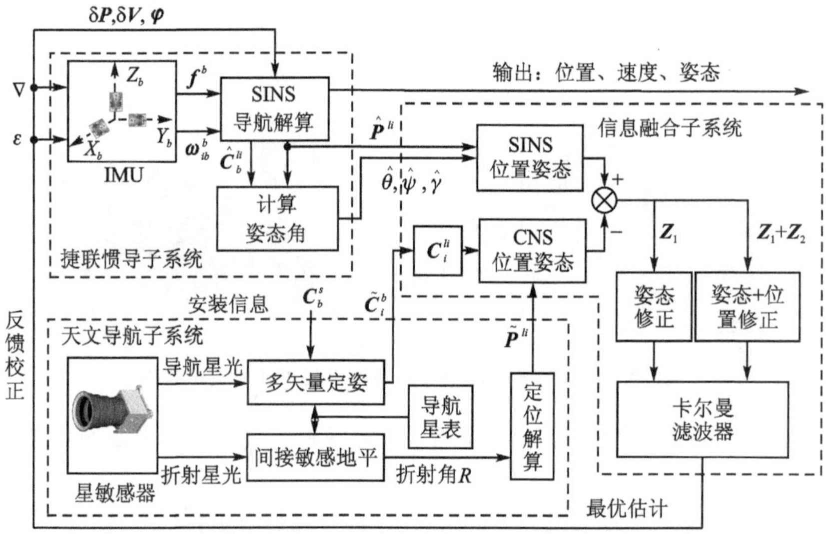

图12.2 SINS/CNS组合导航系统方案

1）捷联惯导子系统：根据惯性测量器件提供的角速度 $\boldsymbol{\omega}_{ib}^{b}$ 和比力信息 $\boldsymbol{f}^{b}$，以发射点惯性坐标系（li 系）为导航系，通过力学编排算法得到导弹在发射点惯性系下的位置信息和姿态信息。

2）天文导航子系统：星敏感器可直接输出导弹本体系到地心赤道惯性系的转换矩阵 $\widetilde{\boldsymbol{C}}_{i}^{b}$，通过 $\widetilde{\boldsymbol{C}}_{i}^{li}$ 转换到发射点惯性系下，即可得到导弹高精度的姿态信息；结合大气折射模型，利用最小二乘微分校正法可以解算弹体在地心赤道惯性系中的位置信息，进而结合 $\widetilde{\boldsymbol{C}}_{i}^{li}$ 可得到发射点惯性系下的定位结果。

3）信息融合子系统：捷联惯导子系统和天文导航子系统分别能够提供弹体的位置 $\hat{\boldsymbol{r}}_{s}$、$\widetilde{\boldsymbol{r}}_{s}$ 和姿态信息 $\hat{\theta},\hat{\psi},\hat{\gamma},\widetilde{\theta},\widetilde{\psi},\widetilde{\gamma}$，两者做差即可得到量测信息。信息融合子系统分为姿态修正阶段和姿态＋位置修正阶段：

① 姿态修正阶段：星敏感器观测导航星，利用多矢量定姿方法确定导弹的姿态 $\widetilde{\theta},\widetilde{\psi},\widetilde{\gamma}$，以捷联惯导子系统和天文导航子系统的姿态差作为量测量 $\boldsymbol{Z}_{1}$。

② 姿态＋位置修正阶段：星敏感器同时观测导航星和折射星，利用多矢量定姿方法确定姿态 $\widetilde{\theta},\widetilde{\psi},\widetilde{\gamma}$，利用星光折射间接敏感地平方法确定导弹的位置 $\widetilde{\boldsymbol{r}}_{s}$，以捷联惯导子系统和天文导航子系统的姿态差和位置差作为量测量 $[\boldsymbol{Z}_{1}^{\mathrm{T}} \quad \boldsymbol{Z}_{2}^{\mathrm{T}}]^{\mathrm{T}}$。

4）反馈校正环节：将卡尔曼滤波估计得到的状态量反馈回捷联惯导子系统，校正惯性导航参数或者补偿惯性器件误差，最终输出弹道导弹高精度的姿态、位置与速度信息。

通过捷联惯导子系统和天文导航子系统之间的相互辅助，达到高精度定位导航的目的。

12.2 基于单个星敏感器的天文导航工作原理

弹道导弹在自由段飞行过程中，通过姿态控制系统调节星敏感器视轴指向，进而对不同天区进行拍摄。拍摄的星图经过星图预处理与匹配识别，输出恒星星光在星敏感器测量坐标系与地心赤道惯性系下的方向矢量。导航星光矢量可用于获取导弹高精度的姿态信息；结合大气折射模型，折射星光矢量可用于解算导弹的位置信息，基于单个星敏感器的天文导航系统工作流程如图 12.3 所示。

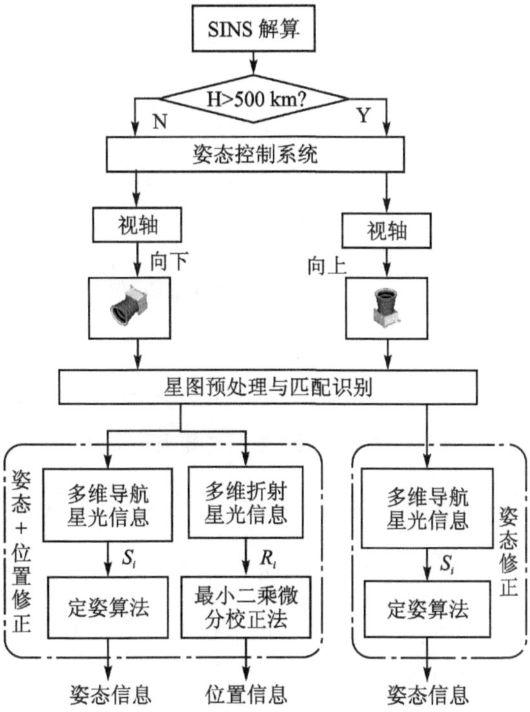

图 12.3 基于单个星敏感器的天文导航系统工作流程

12.2.1 星敏感器安装与视轴指向确定方法

传统的双星敏感器天文导航系统存在体积大、质量重、成本高及难以精确完成时间配准的问题，因此，这里所设计的 SINS/CNS 组合导航方案只采用一个星敏感器进行天文导航。在敏感导航星时，星敏感器的视轴指向天区上方；当敏感折射星的时候，星敏感器视轴调整到地球边缘(天区下方)。为了合理调节星敏感器视轴指向，需要首先设计星敏感器的安装方式及其视轴指向的确定方法。

如图 12.4 所示，由于大部分穿越大气的折射星的折射光线距离地球较近，所以在利用星光折射间接敏感地平方法定位时，希望将星敏感器的视场边界设置到地平附近，以保证尽可能多的折射星落在视场内。充分考虑大气折射模型对定位精度的影响，所以只针对折射高度 h_g 在 20～50 km 范围内的折射星进行分析。由于视高度 h_a 与折射高度 h_g 很接近，所以可认为折射星的视高度范围为 $h_a \in [h_{a1} \quad h_{a2}] = [20 \quad 50]$ km。在该视高度范围内，发生折射的临

界星光矢量 $\boldsymbol{s}_1$、$\boldsymbol{s}_2$ 如图 12.4 所示。

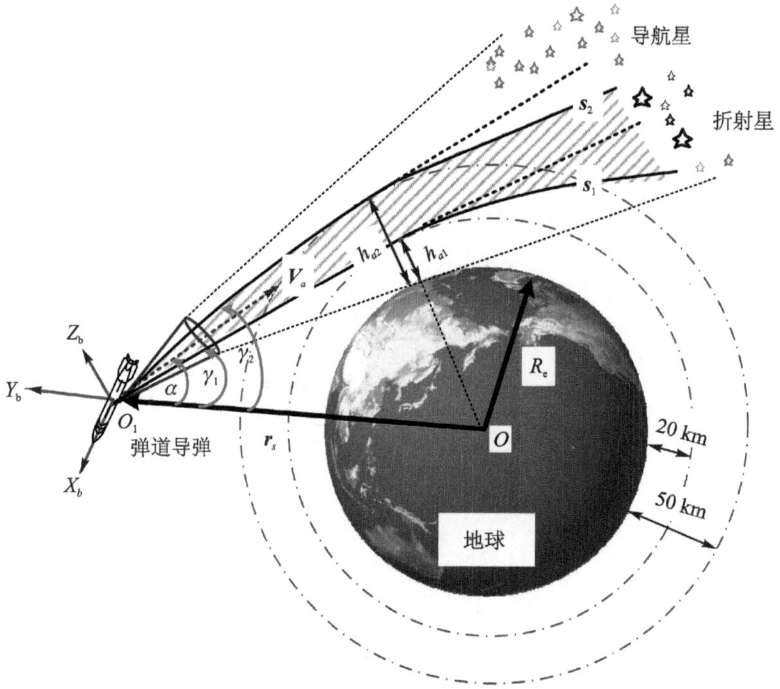

图 12.4 观测折射星过程中星敏感器视轴指向几何示意图

星光矢量与弹道导弹位置矢量 $\boldsymbol{r}_s$ 之间的夹角 γ 可以通过以下公式求取：

$$\gamma = \arcsin \frac{R_e + h_a}{r_s} \tag{12.1}$$

式中，$r_s = |\boldsymbol{r}_s|$ 是位置矢量 $\boldsymbol{r}_s$ 的长度(即地心距)；R_e 是地球半径。

根据式(12.1)可以得到折射星光矢量对应的夹角 γ 范围是

$$\left.\begin{aligned} &\gamma_1 \leqslant \gamma \leqslant \gamma_2 \\ &\gamma_1 = \arcsin \frac{R_e + h_{a1}}{r_s} \\ &\gamma_2 = \arcsin \frac{R_e + h_{a2}}{r_s} \end{aligned}\right\} \tag{12.2}$$

如果星敏感器的视轴指向落在图 12.4 中两条临界星光矢量 $\boldsymbol{s}_1$ 和 $\boldsymbol{s}_2$ 所夹的阴影区域之内，就能保证星敏感器观测到大部分的折射星。将弹道导弹的位置矢量 $\boldsymbol{r}_s$ 的反方向与星敏感器的视轴指向 $\boldsymbol{V}_a$ 之间的夹角 α 定义为星敏感器的安装角。为了寻求合适的安装角 α，将图 12.4 中的几何关系投影到天球中，如图 12.5 所示。

在图 12.5 中，M' 是弹道导弹的位置 M 在天球面上的投影，MM' 与位置矢量 $\boldsymbol{r}_s$ 方向相反；20～50 km 的折射带投影到天球面上可形成环带；圆面是星敏感器视场在天球面上的投影，V' 是视轴指向 $\boldsymbol{V}_a$ 与天球面的交点。圆面与环带相重合的区域 $ABCD$ 便是星敏感器视场内可以观测到的折射区域。由于安装角 α 的改变会引起区域 $ABCD$ 面积的变化，所以当 $ABCD$ 的面积较大时，安装角 α 比较适宜。

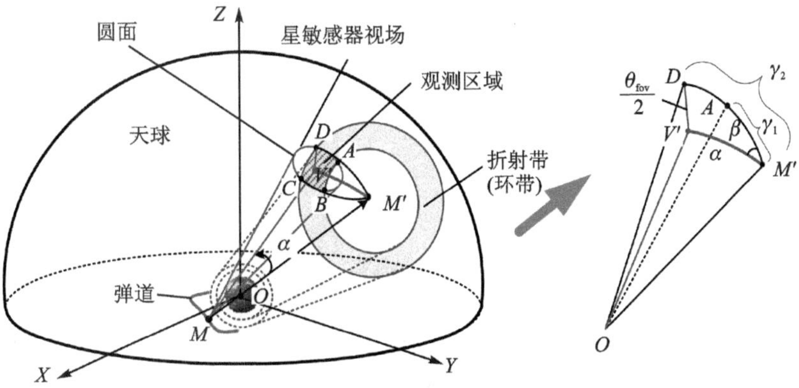

图 12.5　天球坐标系下星敏感器视轴指向示意图

由图 12.5 可知，区域 $ABCD$ 面积的大小可以用球面角 β 来衡量。在球面三角形 $DV'M'$ 中，边的余弦公式为

$$\cos\frac{\theta_{fov}}{2}=\cos\alpha\cos\gamma_2+\sin\alpha\sin\gamma_2\cos\beta \tag{12.3}$$

式中，θ_{fov} 为星敏感器的圆形视场半径。可知，β 可表示为

$$\beta=\arccos\frac{\cos\dfrac{\theta_{fov}}{2}-\cos\alpha\cos\gamma_2}{\sin\alpha\sin\gamma_2} \tag{12.4}$$

对式(12.4)关于安装角 α 求偏导，可得

$$\frac{\partial\beta}{\partial\alpha}=\frac{\left(\cos\dfrac{\theta_{fov}}{2}\cos\alpha-\cos\gamma_2\right)\sin\gamma_2}{(\sin\alpha\sin\gamma_2)^2\sqrt{1-\left(\dfrac{\cos\dfrac{\theta_{fov}}{2}-\cos\alpha\cos\gamma_2}{\sin\alpha\sin\gamma_2}\right)^2}} \tag{12.5}$$

令 $\dfrac{\partial\beta}{\partial\alpha}=0$，对应的星敏感器安装角 α 取值为

$$\alpha=\arccos\frac{\cos\gamma_2}{\cos\dfrac{\theta_{fov}}{2}} \tag{12.6}$$

由于 γ_2 可由位置矢量 $\boldsymbol{r}_s$ 和折射星的视高度上界 h_{a2} 求得，所以根据星敏感器的圆形视场半径 θ_{fov}、视高度上界 h_{a2} 以及位置矢量 $\boldsymbol{r}_s$ 可以得到最佳的星敏感器安装角，使得星敏感器视场内可以观测到的折射区域达到最大。

在确定星敏感器安装角 α 后，可进一步确定星敏感器测量坐标系 s 相对于本体坐标系 b 的安装矩阵。由于导弹的位置矢量 $\boldsymbol{r}_s$ 与本体系 Y_b 轴之间夹角很小，所以可令星敏感器的视轴方向与 Y_b 轴的反方向夹角为 α。此外，考虑到视轴指向与导弹运动方向相反时可以更好地预测进出视场及发生折射的恒星，所以令星敏感器视轴的安装方向与速度方向(即 X_b 轴)相反。最终，确定星敏感器的视轴安装在 $O_1X_bY_b$ 平面内并与 Y_b 轴的反方向夹角为 α，且与速度方向相反，如图 12.6 所示为星敏感器的安装方式示意图。

此时，星敏感器测量坐标系 s 相对于弹道导弹本体坐标系 b 的安装矩阵可以写为

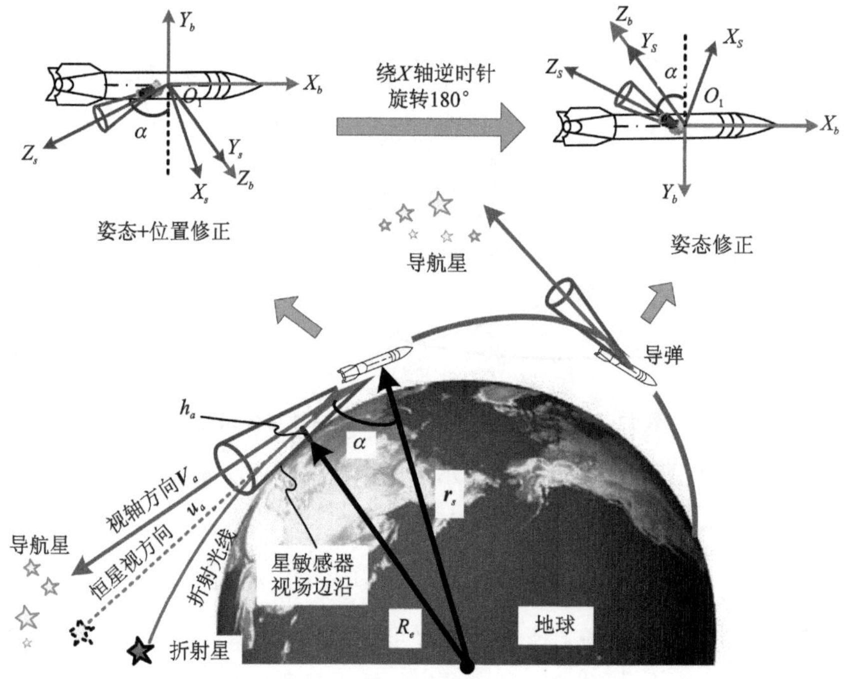

图 12.6　星敏感器的安装方式示意图

$$C_b^s=\begin{bmatrix}\cos\alpha & 0 & \sin\alpha\\ 0 & 1 & 0\\ -\sin\alpha & 0 & \cos\alpha\end{bmatrix}\begin{bmatrix}1 & 0 & 0\\ 0 & \cos 90^\circ & \sin 90^\circ\\ 0 & -\sin 90^\circ & \cos 90^\circ\end{bmatrix}$$

$$=\begin{bmatrix}\cos\alpha & -\sin\alpha & 0\\ 0 & 0 & 1\\ -\sin\alpha & -\cos\alpha & 0\end{bmatrix}\tag{12.7}$$

如图 12.6 所示，当星敏感器视轴需要从指向地球边缘变为指向上方天区时，只需要控制弹体使其绕着 X_b 轴逆时针旋转 180°。这样，就实现了单个星敏感器的视轴指向在姿态修正和姿态＋位置修正两个阶段之间的快速切换。

12.2.2　基于单星敏感器的测姿定位算法

1. 测姿算法

弹道导弹飞行在自由段时，根据星敏感器捕获的导航星，利用多矢量定姿方法，即可确定导弹的姿态信息，具体流程如图 12.7 所示。

若有 n 颗导航星在大视场星敏感器所拍摄的星图中成像，则经过星图预处理后可提取到它们的像素坐标。若第 k 颗导航星的像素坐标为 $P(x_{ks},y_{ks})$，则该导航星光矢量在星敏感器测量坐标系（s 系）中可以表示为

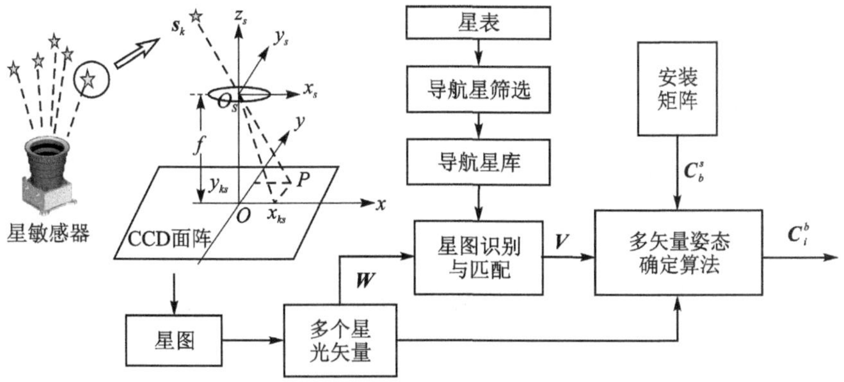

图 12.7　基于单星敏感器的定姿算法流程

$$\boldsymbol{W}_k = \frac{1}{\sqrt{x_{ks}^2 + y_{ks}^2 + f^2}} \begin{bmatrix} -x_{ks} \\ -y_{ks} \\ f \end{bmatrix} \tag{12.8}$$

式中，f 代表星敏感器的焦距。

对星图进行星图识别，从而得到该恒星对应的星历信息，包括赤经 α_k 和赤纬 δ_k，则可以得到该恒星在地心赤道惯性坐标系中的星光矢量 $\boldsymbol{V}_k$ 为

$$\boldsymbol{V}_k = \begin{bmatrix} \cos\alpha_k \cos\delta_k \\ \sin\alpha_k \cos\delta_k \\ \sin\delta_k \end{bmatrix} \tag{12.9}$$

根据多颗恒星在星敏感器测量坐标系与地心赤道惯性坐标系下的星光矢量 $\boldsymbol{W}_k$ 与 $\boldsymbol{V}_k$，选用 QUEST 算法等多矢量定姿方法，即可解算出星敏感器测量坐标系相对于地心赤道惯性坐标系的姿态矩阵 $\tilde{\boldsymbol{C}}_s^i$。由以下坐标转换矩阵间的关系便可得到导弹本体系相对于发射点惯性坐标系的姿态矩阵

$$\tilde{\boldsymbol{C}}_b^{li} = \boldsymbol{C}_i^{li} \tilde{\boldsymbol{C}}_s^i \boldsymbol{C}_b^s \tag{12.10}$$

式中，$\boldsymbol{C}_b^s$ 可由式(12.7)计算得到；$\boldsymbol{C}_i^{li}$ 可由下式计算得到：

$$\boldsymbol{C}_i^{li} = \boldsymbol{L}_y(-A - 90°)\boldsymbol{L}_x(L_0)\boldsymbol{L}_z(S_0 + \lambda_0 - 90°)$$

$$= \begin{bmatrix} -\cos A\sin L_0\cos(\lambda_0+S_0) - \sin A\sin(\lambda_0+S_0) & -\cos A\sin L_0\sin(\lambda_0+S_0) + \sin A\cos(\lambda_0+S_0) & \cos A\cos L_0 \\ \cos L_0\cos(\lambda_0+S_0) & \cos L_0\sin(\lambda_0+S_0) & \sin L_0 \\ \sin A\sin L_0\cos(\lambda_0+S_0) - \cos A\sin(\lambda_0+S_0) & \sin A\sin L_0\sin(\lambda_0+S_0) + \cos A\cos(\lambda_0+S_0) & -\sin A\cos L_0 \end{bmatrix} \tag{12.11}$$

式中，S_0 为发射时刻的格林尼治恒星时；λ_0 和 L_0 分别为发射点的经度和纬度；A 为发射方位角。

最后，根据姿态角 θ,ψ,γ 与 $\boldsymbol{C}_{li}^b$ 中各元素之间的关系

$$\boldsymbol{C}_{li}^b = \boldsymbol{L}_x(\gamma)\boldsymbol{L}_y(\psi)\boldsymbol{L}_z(\theta)$$

$$= \begin{bmatrix} C_{11} & C_{12} & C_{13} \\ C_{21} & C_{22} & C_{23} \\ C_{31} & C_{32} & C_{33} \end{bmatrix}$$

$$= \begin{bmatrix} \cos\theta\cos\psi & \sin\theta\cos\psi & -\sin\psi \\ \cos\theta\sin\psi\sin\gamma - \sin\theta\cos\gamma & \sin\theta\sin\psi\sin\gamma + \cos\theta\cos\gamma & \sin\gamma\cos\psi \\ \cos\theta\sin\psi\cos\gamma + \sin\theta\sin\gamma & \sin\theta\sin\psi\cos\gamma - \cos\theta\sin\gamma & \cos\gamma\cos\psi \end{bmatrix}$$
(12.12)

便可计算得到导弹的姿态角,记作 $\tilde{\theta},\tilde{\psi},\tilde{\gamma}$。

2. 定位算法

利用星光折射间接敏感地平天文定位方法,可以确定导弹的位置信息。考虑到算法的计算量与稳定性,采用最小二乘微分校正法求解折射视高度非线性观测方程,可估计得到导弹的天文位置信息,具体流程如图 12.8 所示。

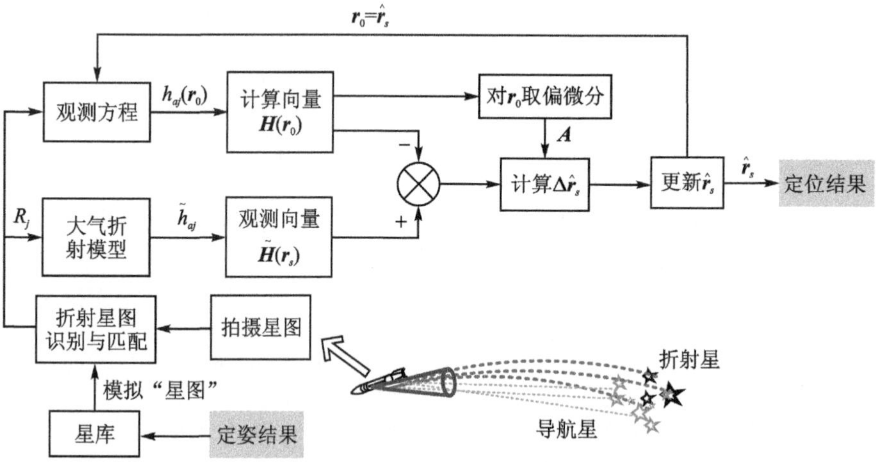

图 12.8 最小二乘微分校正定位算法流程

(1) 获得折射角

根据天文定姿结果,按照星图模拟流程生成一幅不考虑星光折射效应的模拟“星图”,然后经过折射星图识别与匹配后得到各折射星在模拟“星图”中的对应成像位置以及该恒星在地心赤道惯性坐标系中的星光矢量 $\boldsymbol{u}_{sj}=[s_{jx} \quad s_{jy} \quad s_{jz}]^{\mathrm{T}}$。$\boldsymbol{u}_{sj}$ 的各个分量可用该恒星的赤经和赤纬(α_j,δ_j)来表示,即

$$\boldsymbol{u}_{sj}=\begin{bmatrix} s_{jx} \\ s_{jy} \\ s_{jz} \end{bmatrix}=\begin{bmatrix} \cos\alpha_j\cos\delta_j \\ \sin\alpha_j\cos\delta_j \\ \sin\delta_j \end{bmatrix} \tag{12.13}$$

假设第 j 颗折射星在模拟“星图”中的对应成像位置为(x'_{js},y'_{js}),则该恒星折射前的星光矢量在星敏感器测量坐标系中的坐标 $\boldsymbol{W}'_j$ 可表示为

$$\boldsymbol{W}'_j=\frac{1}{\sqrt{x'^2_{js}+y'^2_{js}+f^2}}\begin{bmatrix} -x'_{js} \\ -y'_{js} \\ f \end{bmatrix} \tag{12.14}$$

此外,经过星图预处理后可提取到第 j 颗折射星在星敏感器拍摄星图中实际成像位置为(x_{js},y_{js}),则该折射星折射后的星光矢量在星敏感器测量坐标系中的坐标 $\boldsymbol{W}_j$ 可表示为

$$\boldsymbol{W}_j = \frac{1}{\sqrt{x_{js}^2 + y_{js}^2 + f^2}} \begin{bmatrix} -x_{js} \\ -y_{js} \\ f \end{bmatrix} \tag{12.15}$$

那么第 j 颗折射星的折射角 R_j 可以通过以下公式求取：

$$R_j = \arccos(\boldsymbol{W}_j^{\mathrm{T}} \boldsymbol{W}'_j) \tag{12.16}$$

(2) 获得折射视高度的观测向量

根据 20～50 km 范围内的连续高度星光大气折射模型，可以得到第 j 颗折射星对应的视高度 $\tilde{h}_{aj}$：

$$\tilde{h}_{aj} = 57.081\,066\,627\,558\,98 - 6.441\,325\,700\,486\,401 n R_j \tag{12.17}$$

式中，R_j 的单位为″，$\tilde{h}_{aj}$ 的单位为 km。若大视场星敏感器共捕获到 n 颗折射星，则这些量测值 $\tilde{h}_{a1}, \tilde{h}_{a2}, \cdots, \tilde{h}_{an}$ 可组成折射视高度的观测向量：

$$\tilde{\boldsymbol{H}}(\boldsymbol{r}_s) = \begin{bmatrix} \tilde{h}_{a1} & \tilde{h}_{a2} & \cdots & \tilde{h}_{an} \end{bmatrix}^{\mathrm{T}} \tag{12.18}$$

式中，$\tilde{\boldsymbol{H}}(\boldsymbol{r}_s)$ 表示该观测向量包含有导弹的位置信息。

(3) 获得折射视高度的计算向量

将导弹的概略位置 $\boldsymbol{r}_0$ 作为循环迭代的初值，根据式(12.19)求得这些折射星对应折射视高度的计算向量：

$$\boldsymbol{H}(\boldsymbol{r}_0) = \begin{bmatrix} h_{a1}(\boldsymbol{r}_0) \\ h_{a2}(\boldsymbol{r}_0) \\ \vdots \\ h_{an}(\boldsymbol{r}_0) \end{bmatrix} = \begin{bmatrix} \sqrt{r_0^2 - u_1^2} + u_1 \tan R_1 - R_e \\ \sqrt{r_0^2 - u_2^2} + u_2 \tan R_2 - R_e \\ \vdots \\ \sqrt{r_0^2 - u_n^2} + u_n \tan R_n - R_e \end{bmatrix} \tag{12.19}$$

式中，$r_0 = |\boldsymbol{r}_0|$ 是导弹到地心的距离，$\boldsymbol{r}_0 = [x \quad y \quad z]^{\mathrm{T}}$ 为导弹在地心赤道惯性系下的位置矢量，三个方向的分量分别为 x, y, z；$u_j = |\boldsymbol{r}_0 \cdot \boldsymbol{u}_{sj}|$ 为导弹位置矢量在 $\boldsymbol{u}_{sj}$ 方向上的投影。

(4) 校正位置矢量

计算得到微分校正量的最小二乘解 $\Delta\hat{\boldsymbol{r}}_s$：

$$\Delta\hat{\boldsymbol{r}}_s = (\boldsymbol{A}^{\mathrm{T}}\boldsymbol{A})^{-1}\boldsymbol{A}^{\mathrm{T}}[\tilde{\boldsymbol{H}}(\boldsymbol{r}_s) - \boldsymbol{H}(\boldsymbol{r}_0)] \tag{12.20}$$

式中，矩阵 $\boldsymbol{A}$ 为计算向量 $\boldsymbol{H}(\boldsymbol{r}_0)$ 对位置矢量 $\boldsymbol{r}_0$ 的偏微分，即

$$\boldsymbol{A} = \frac{\partial \boldsymbol{H}(\boldsymbol{r}_0)}{\partial \boldsymbol{r}_0} = \begin{bmatrix} \frac{\partial h_{a1}(\boldsymbol{r}_0)}{\partial x} & \frac{\partial h_{a1}(\boldsymbol{r}_0)}{\partial y} & \frac{\partial h_{a1}(\boldsymbol{r}_0)}{\partial z} \\ \frac{\partial h_{a2}(\boldsymbol{r}_0)}{\partial x} & \frac{\partial h_{a2}(\boldsymbol{r}_0)}{\partial y} & \frac{\partial h_{a2}(\boldsymbol{r}_0)}{\partial z} \\ \vdots & \vdots & \vdots \\ \frac{\partial h_{an}(\boldsymbol{r}_0)}{\partial x} & \frac{\partial h_{an}(\boldsymbol{r}_0)}{\partial y} & \frac{\partial h_{an}(\boldsymbol{r}_0)}{\partial z} \end{bmatrix} \tag{12.21}$$

式中：

$$\left.\begin{aligned}\frac{\partial h_{aj}(\boldsymbol{r}_0)}{\partial x}&=[x-(xs_{jx}+ys_{jy}+zs_{jz})s_{jx}]/\sqrt{|\boldsymbol{r}_0|^2-u_j^2}+\tan R_j(xs_{jx}+ys_{jy}+zs_{jz})s_{jx}/u_j\\\frac{\partial h_{aj}(\boldsymbol{r}_0)}{\partial y}&=[y-(xs_{jx}+ys_{jy}+zs_{jz})s_{jy}]/\sqrt{|\boldsymbol{r}_0|^2-u_j^2}+\tan R_j(xs_{jx}+ys_{jy}+zs_{jz})s_{jy}/u_j\\\frac{\partial h_{aj}(\boldsymbol{r}_0)}{\partial z}&=[z-(xs_{jx}+ys_{jy}+zs_{jz})s_{jz}]/\sqrt{|\boldsymbol{r}_0|^2-u_j^2}+\tan R_j(xs_{jx}+ys_{jy}+zs_{jz})s_{jz}/u_j\end{aligned}\right\}\tag{12.22}$$

利用计算得到的 $\Delta\hat{\boldsymbol{r}}_s$ 校正导弹的位置矢量

$$\hat{\boldsymbol{r}}_s=\boldsymbol{r}_0+\Delta\hat{\boldsymbol{r}}_s\tag{12.23}$$

设置门限 $d_{\min}$，以 $[\boldsymbol{H}(\hat{\boldsymbol{r}}_s)-\boldsymbol{H}(\boldsymbol{r}_0)]^{\mathrm{T}}[\boldsymbol{H}(\hat{\boldsymbol{r}}_s)-\boldsymbol{H}(\boldsymbol{r}_0)]\leqslant d_{\min}$ 为迭代终止条件，当满足条件时，停止迭代；如果不满足，则将结果 $\hat{\boldsymbol{r}}_s$ 作为下一次计算的初值 $\boldsymbol{r}_0$，重复步骤(3)～步骤(4)，直到满足终止条件，就可以得到导弹在地心赤道惯性系中的位置矢量 $\hat{\boldsymbol{r}}_s$。

进而得到导弹在发射点惯性系下的位置为

$$\widetilde{\boldsymbol{P}}^{li}=\boldsymbol{C}_i^{li}(\hat{\boldsymbol{r}}_s-\boldsymbol{P}_{\mathrm{L},0}^i)\tag{12.24}$$

式中，$\boldsymbol{P}_{\mathrm{L},0}^i$ 表示发射点惯性系的坐标原点在地心赤道惯性系下的位置，即发射时刻 t_0 发射点 L 在地心赤道惯性系下的分量，可由下式计算得到：

$$\boldsymbol{P}_{\mathrm{L},0}^i=R_e[\cos L_0\cos(S_0+\lambda_0),\cos L_0\sin(S_0+\lambda_0),\sin L_0]^{\mathrm{T}}\tag{12.25}$$

式中，S_0 为发射时刻的格林尼治恒星时。

12.3 SINS/CNS 组合导航系统模型

12.3.1 状态方程

弹道导弹的 SINS/CNS 组合导航系统以发射点惯性坐标系为导航系，并以该坐标系下的 SINS 误差方程作为组合导航系统的状态方程。

1. 发射点惯性系下的捷联惯导解算方程

以发射点惯性坐标系 li 为导航系，SINS 中的姿态矩阵、速度和位置微分方程分别为

$$\dot{\boldsymbol{C}}_b^{li}=\boldsymbol{C}_b^{li}\boldsymbol{\Omega}_{ib}^b\tag{12.26}$$

$$\dot{\boldsymbol{V}}^{li}=\boldsymbol{C}_b^{li}\boldsymbol{f}^b+\boldsymbol{g}^{li}\tag{12.27}$$

$$\dot{\boldsymbol{P}}^{li}=\boldsymbol{V}^{li}\tag{12.28}$$

式中，$\boldsymbol{C}_b^{li}$ 表示本体坐标系相对于发射点惯性坐标系的转换矩阵，即姿态矩阵，又叫捷联矩阵；$\boldsymbol{\Omega}_{ib}^b$ 表示由姿态角速度 $\boldsymbol{\omega}_{ib}^b$ 构成的反对称矩阵；$\boldsymbol{g}^{li}$ 表示重力加速度在 li 系下的分量；$\boldsymbol{V}^{li}=[V_x\quad V_y\quad V_z]^{\mathrm{T}}$ 表示导弹在 li 系下的速度，三个方向的分量分别为 V_x,V_y,V_z；$\boldsymbol{P}^{li}=[X\quad Y\quad Z]^{\mathrm{T}}$ 表示导弹在 li 系下的位置，三个方向的分量分别为 X,Y,Z。

2. 姿态误差方程

SINS 在实际解算过程中以陀螺仪测量结果 $\tilde{\boldsymbol{\omega}}_{ib}^b$ 代替 $\boldsymbol{\omega}_{ib}^b$ 对姿态矩阵进行更新，所以 SINS

解算得到的姿态矩阵 $\hat{C}_b^{li}$ 满足以下微分方程：

$$\dot{\hat{C}}_b^{li} = \hat{C}_b^{li}\tilde{\Omega}_{ib}^b \tag{12.29}$$

式中，$\tilde{\Omega}_{ib}^b$ 表示由陀螺仪测量结果 $\tilde{\omega}_{ib}^b$ 构成的反对称矩阵。陀螺仪测量结果中通常包含有测量误差 $\delta\omega_{ib}^b$，即

$$\tilde{\omega}_{ib}^b = \omega_{ib}^b + \delta\omega_{ib}^b \tag{12.30}$$

所以 SINS 解算得到的姿态矩阵 $\hat{C}_b^{li}$ 中也会包含有平台失准角 φ，即

$$\hat{C}_b^{li} = (I - \Phi)C_b^{li} \tag{12.31}$$

式中，Φ 表示由平台失准角 φ 构成的反对称矩阵。

对式(12.31)求导，可得

$$\dot{\hat{C}}_b^{li} = -\dot{\Phi}C_b^{li} + (I - \Phi)\dot{C}_b^{li} \tag{12.32}$$

将式(12.26)代入式(12.32)中，可得

$$\dot{\hat{C}}_b^{li} = -\dot{\Phi}C_b^{li} + (I - \Phi)C_b^{li}\Omega_{ib}^b \tag{12.33}$$

联立式(12.29)、式(12.31)和式(12.33)，整理可得

$$\dot{\Phi} = -(I - \Phi)C_b^{li}(\tilde{\Omega}_{ib}^b - \Omega_{ib}^b)C_{li}^b \tag{12.34}$$

利用式(12.34)中的反对称矩阵与对应向量之间的关系，忽略二阶小量后可得 SINS 的姿态误差方程为

$$\dot{\varphi} = -C_b^{li}(\tilde{\omega}_{ib}^b - \omega_{ib}^b) = -C_b^{li}\delta\omega_{ib}^b \tag{12.35}$$

考虑陀螺仪常值漂移和随机噪声，则式(12.35)写成分量形式为

$$\begin{bmatrix} \dot{\phi}_x \\ \dot{\phi}_y \\ \dot{\phi}_z \end{bmatrix} = -C_b^{li}\begin{bmatrix} \varepsilon_x + W_{gx} \\ \varepsilon_y + W_{gy} \\ \varepsilon_z + W_{gz} \end{bmatrix} \tag{12.36}$$

式中，ϕ_x, ϕ_y, ϕ_z 为平台失准角 φ 的三个分量；$\varepsilon_x, \varepsilon_y, \varepsilon_z$ 为陀螺仪常值漂移；W_{gx}, W_{gy}, W_{gz} 为陀螺仪随机噪声。

3. 速度误差方程

SINS 在实际解算过程中以加速度计输出 $\tilde{f}^b$ 代替 f^b 对速度进行更新，所以 SINS 解算得到的速度 $\hat{V}^{li}$ 满足以下微分方程：

$$\dot{\hat{V}}^{li} = \hat{C}_b^{li}\tilde{f}^b + \hat{g}^{li} \tag{12.37}$$

式中，$\hat{g}^{li}$ 表示由引力场模型得到的重力加速度在 li 系下的分量。

由于 $\hat{g}^{li}$ 需要将 SINS 解算得到的载体位置 $\hat{P}^{li}$ 代入引力场模型得到，所以当 SINS 解算的载体位置 $\hat{P}^{li}$ 包含误差 δP 时，$\hat{g}^{li}$ 同样也会存在误差 δg^{li}，即

$$\hat{P}^{li} = P^{li} + \delta P \tag{12.38}$$

$$\hat{\boldsymbol{g}}^{li}=\boldsymbol{g}^{li}+\delta\boldsymbol{g}^{li} \tag{12.39}$$

由引力场模型可知，$\delta\boldsymbol{g}^{li}$ 与 $\delta\boldsymbol{P}$ 之间满足以下关系：

$$\delta\boldsymbol{g}^{li}=\boldsymbol{F}_p\delta\boldsymbol{P}=\begin{bmatrix} f_{11} & f_{12} & f_{13} \\ f_{21} & f_{22} & f_{23} \\ f_{31} & f_{32} & f_{33} \end{bmatrix}\delta\boldsymbol{P} \tag{12.40}$$

式中，$f_{ij}(i=1,2,3;j=1,2,3)$可由重力加速度 $\boldsymbol{g}^{li}=[g_x \quad g_y \quad g_z]^{\mathrm{T}}$ 对位置坐标 X,Y,Z 求偏微分得到，具体形式为

$$f_{11}=\frac{\partial g_x}{\partial X}=-\frac{\mu}{r^3}\left(1-3\,\frac{X^2}{r^2}\right) \qquad f_{12}=\frac{\partial g_x}{\partial Y}=3\,\frac{\mu}{r^3}\,\frac{X(Y+R_e)}{r^2}$$

$$f_{13}=\frac{\partial g_x}{\partial Z}=3\,\frac{\mu}{r^3}\,\frac{XZ}{r^2} \qquad f_{21}=\frac{\partial g_y}{\partial X}=\frac{\partial g_x}{\partial Y}=f_{12}$$

$$f_{22}=\frac{\partial g_y}{\partial Y}=-\frac{\mu}{r^3}\left[1-3\,\frac{(R_e+Y)^2}{r^2}\right] \qquad f_{23}=\frac{\partial g_y}{\partial Z}=3\,\frac{\mu}{r^3}\,\frac{Z(Y+R_e)}{r^2}$$

$$f_{31}=\frac{\partial g_z}{\partial X}=\frac{\partial g_x}{\partial Z}=f_{13} \qquad f_{32}=\frac{\partial g_z}{\partial Y}=\frac{\partial g_y}{\partial Z}=f_{23}$$

$$f_{33}=\frac{\partial g_z}{\partial Z}=-\frac{\mu}{r^3}\left(1-3\,\frac{Z^2}{r^2}\right) \qquad r=\sqrt{X^2+(Y+R_e)^2+Z^2}$$

式中，μ 是地球引力常数；r 为导弹到地心的距离。

此外，加速度计测量结果中通常包含有测量误差 $\delta\boldsymbol{f}^b$，即

$$\tilde{\boldsymbol{f}}^b=\boldsymbol{f}^b+\delta\boldsymbol{f}^b \tag{12.41}$$

将式(12.31)、式(12.39)和式(12.41)代入式(12.37)，整理可得

$$\dot{\hat{\boldsymbol{V}}}^{li}=(\boldsymbol{I}-\boldsymbol{\Phi})\boldsymbol{C}_b^{li}(\boldsymbol{f}^b+\delta\boldsymbol{f}^b)+\boldsymbol{g}^{li}+\delta\boldsymbol{g}^{li} \tag{12.42}$$

可见，SINS 解算得到的速度 $\hat{\boldsymbol{V}}^{li}$ 中包含有速度误差 $\delta\boldsymbol{V}$，即

$$\hat{\boldsymbol{V}}^{li}=\boldsymbol{V}^{li}+\delta\boldsymbol{V} \tag{12.43}$$

将式(12.42)与式(12.27)作差，并略去二阶及以上高阶小量，可得 SINS 的速度误差方程为

$$\begin{aligned}\delta\dot{\boldsymbol{V}}&=-\boldsymbol{\Phi}\boldsymbol{C}_b^{li}\boldsymbol{f}^b+\boldsymbol{C}_b^{li}\delta\boldsymbol{f}^b+\delta\boldsymbol{g}^{li}\\&=\boldsymbol{F}_a\boldsymbol{\varphi}+\boldsymbol{F}_p\delta\boldsymbol{P}+\boldsymbol{C}_b^{li}\delta\boldsymbol{f}^b\end{aligned} \tag{12.44}$$

式中，$\boldsymbol{F}_a$ 为 li 系下比力 $\boldsymbol{f}^{li}$ 所构成的反对称矩阵。

考虑加速度计零偏和随机噪声，则式(12.44)写成分量形式为

$$\begin{bmatrix}\delta\dot{V}_x\\ \delta\dot{V}_y\\ \delta\dot{V}_z\end{bmatrix}=\begin{bmatrix} 0 & -f_z^{li} & f_y^{li} \\ f_z^{li} & 0 & -f_x^{li} \\ -f_y^{li} & f_x^{li} & 0 \end{bmatrix}\begin{bmatrix}\phi_x\\ \phi_y\\ \phi_z\end{bmatrix}+\begin{bmatrix} f_{11} & f_{12} & f_{13} \\ f_{21} & f_{22} & f_{23} \\ f_{31} & f_{32} & f_{33} \end{bmatrix}\begin{bmatrix}\delta X\\ \delta Y\\ \delta Z\end{bmatrix}+\boldsymbol{C}_b^{li}\begin{bmatrix}\nabla_x+W_{ax}\\ \nabla_y+W_{ay}\\ \nabla_z+W_{az}\end{bmatrix} \tag{12.45}$$

式中，$\delta V_x,\delta V_y,\delta V_z$ 为速度误差 $\delta\boldsymbol{V}$ 的三个分量；$\delta X,\delta Y,\delta Z$ 为位置误差 $\delta\boldsymbol{P}$ 的三个分量；∇_x，∇_y，∇_z 为加速度计零偏；W_{ax},W_{ay},W_{az} 为加速度计随机噪声。

4. 位置误差方程

SINS 解算得到的位置 $\hat{\boldsymbol{P}}^{li}$ 满足以下微分方程：

$$\dot{\hat{\boldsymbol{P}}}^{li}=\hat{\boldsymbol{V}}^{li} \tag{12.46}$$

将式(12.43)代入式(12.46)，整理可得

$$\dot{\hat{\boldsymbol{P}}}^{li}=\boldsymbol{V}^{li}+\delta\boldsymbol{V} \tag{12.47}$$

将式(12.47)与式(12.28)作差，可得 SINS 的位置误差方程为

$$\delta\dot{\boldsymbol{P}}=\delta\boldsymbol{V} \tag{12.48}$$

式(12.48)写成分量形式为

$$\begin{bmatrix}\delta\dot{X}\\ \delta\dot{Y}\\ \delta\dot{Z}\end{bmatrix}=\begin{bmatrix}1&0&0\\0&1&0\\0&0&1\end{bmatrix}\begin{bmatrix}\delta V_x\\ \delta V_y\\ \delta V_z\end{bmatrix} \tag{12.49}$$

综上，以发射点惯性坐标系 li 为导航系，选取 SINS 的平台失准角、速度误差、位置误差以及陀螺仪和加速度计常值误差作为状态向量，即

$$\boldsymbol{X}(t)=\begin{bmatrix}\phi_x & \phi_y & \phi_z & \delta V_x & \delta V_y & \delta V_z & \delta X & \delta Y & \delta Z & \varepsilon_x & \varepsilon_y & \varepsilon_z & \nabla_x & \nabla_y & \nabla_z\end{bmatrix}^{\mathrm{T}}$$

则 SINS/CNS 组合导航系统的状态方程为

$$\dot{\boldsymbol{X}}(t)=\boldsymbol{F}(t)\boldsymbol{X}(t)+\boldsymbol{G}(t)\boldsymbol{W}(t) \tag{12.50}$$

式中，$\boldsymbol{F}(t)$ 为系统状态矩阵，写作

$$\boldsymbol{F}(t)=\begin{bmatrix}\boldsymbol{0}_{3\times3} & \boldsymbol{0}_{3\times3} & \boldsymbol{0}_{3\times3} & -\boldsymbol{C}_b^{li} & \boldsymbol{0}_{3\times3}\\ \boldsymbol{F}_a & \boldsymbol{0}_{3\times3} & \boldsymbol{F}_p & \boldsymbol{0}_{3\times3} & \boldsymbol{C}_b^{li}\\ \boldsymbol{0}_{3\times3} & \boldsymbol{I}_{3\times3} & \boldsymbol{0}_{3\times3} & \boldsymbol{0}_{3\times3} & \boldsymbol{0}_{3\times3}\\ \boldsymbol{0}_{6\times3} & \boldsymbol{0}_{6\times3} & \boldsymbol{0}_{6\times3} & \boldsymbol{0}_{6\times3} & \boldsymbol{0}_{6\times3}\end{bmatrix} \tag{12.51}$$

$\boldsymbol{G}(t)$ 为系统噪声驱动阵，写作

$$\boldsymbol{G}(t)=\begin{bmatrix}-\boldsymbol{C}_b^{li} & \boldsymbol{0}_{3\times3}\\ \boldsymbol{0}_{3\times3} & \boldsymbol{C}_b^{li}\\ \boldsymbol{0}_{9\times3} & \boldsymbol{0}_{9\times3}\end{bmatrix} \tag{12.52}$$

$\boldsymbol{W}=[W_{gx},W_{gy},W_{gz},W_{ax},W_{ay},W_{az}]$ 为系统噪声。

12.3.2　量测方程

1. 姿态修正阶段

在姿态修正阶段，导弹的 SINS/CNS 组合导航系统以捷联惯导子系统与天文导航子系统的姿态之差作为量测量。

以发射点惯性坐标系 li 为导航系时，姿态角 θ,ψ,γ 与捷联矩阵的转置矩阵 $\boldsymbol{C}_{li}^{b}$ 之间的关系可表示为

$$
\begin{aligned}
\boldsymbol{C}_{li}^{b} &= \boldsymbol{L}_x(\gamma)\boldsymbol{L}_y(\psi)\boldsymbol{L}_z(\theta) \\
&= \begin{bmatrix} C_{11} & C_{12} & C_{13} \\ C_{21} & C_{22} & C_{23} \\ C_{31} & C_{32} & C_{33} \end{bmatrix} \\
&= \begin{bmatrix} \cos\theta\cos\psi & \sin\theta\cos\psi & -\sin\psi \\ \cos\theta\sin\psi\sin\gamma - \sin\theta\cos\gamma & \sin\theta\sin\psi\sin\gamma + \cos\theta\cos\gamma & \sin\gamma\cos\psi \\ \cos\theta\sin\psi\cos\gamma + \sin\theta\sin\gamma & \sin\theta\sin\psi\cos\gamma - \cos\theta\sin\gamma & \cos\gamma\cos\psi \end{bmatrix}
\end{aligned} \tag{12.53}
$$

式中，$C_{ij}(i=1,2,3;j=1,2,3)$表示 $\boldsymbol{C}_{li}^{b}$ 的第 i 行、第 j 列元素。可知，$\sin\psi=-C_{13}$、$\tan\theta=C_{12}/C_{11}$、$\tan\gamma=C_{23}/C_{33}$。

由于 SINS 输出的捷联矩阵的转置矩阵 $\hat{\boldsymbol{C}}_{li}^{b}$ 中含有平台失准角 $\boldsymbol{\varphi}$，所以 SINS 解算得到的姿态角 $\hat{\theta},\hat{\psi},\hat{\gamma}$ 也包含姿态误差角 $\delta\theta,\delta\psi,\delta\gamma$，即

$$
\left.\begin{aligned}
\hat{\theta} &= \theta + \delta\theta \\
\hat{\psi} &= \psi + \delta\psi \\
\hat{\gamma} &= \gamma + \delta\gamma
\end{aligned}\right\} \tag{12.54}
$$

根据式(12.31)可得

$$
\boldsymbol{C}_{li}^{b} = \hat{\boldsymbol{C}}_{li}^{b}(\boldsymbol{I}-\boldsymbol{\Phi}) = \begin{bmatrix} C_{11} & C_{12} & C_{13} \\ C_{21} & C_{22} & C_{23} \\ C_{31} & C_{32} & C_{33} \end{bmatrix} = \begin{bmatrix} \hat{C}_{11} & \hat{C}_{12} & \hat{C}_{13} \\ \hat{C}_{21} & \hat{C}_{22} & \hat{C}_{23} \\ \hat{C}_{31} & \hat{C}_{32} & \hat{C}_{33} \end{bmatrix} \begin{bmatrix} 1 & \phi_z & -\phi_y \\ -\phi_z & 1 & \phi_x \\ \phi_y & -\phi_x & 1 \end{bmatrix} \tag{12.55}
$$

联立式(12.53)～式(12.55)，可得

$$
\sin(\hat{\psi}-\delta\psi) = \phi_y\hat{C}_{11} - \phi_x\hat{C}_{12} - \hat{C}_{13} \tag{12.56}
$$

$$
\tan(\hat{\theta}-\delta\theta) = \frac{\phi_z\hat{C}_{11} + \hat{C}_{12} - \phi_x\hat{C}_{13}}{\hat{C}_{11} - \phi_z\hat{C}_{12} + \phi_y\hat{C}_{13}} \tag{12.57}
$$

$$
\tan(\hat{\gamma}-\delta\gamma) = \frac{-\phi_y\hat{C}_{21} + \phi_x\hat{C}_{22} + \hat{C}_{23}}{-\phi_y\hat{C}_{31} + \phi_x\hat{C}_{32} + \hat{C}_{33}} \tag{12.58}
$$

将式(12.56)～式(12.58)按泰勒级数展开，并忽略二阶及以上小量，可得

$$
\delta\psi = \phi_x\sin\hat{\theta} - \phi_y\cos\hat{\theta} \tag{12.59}
$$

$$
\delta\theta = -\phi_x\tan\hat{\psi}\cos\hat{\theta} - \phi_y\tan\hat{\psi}\sin\hat{\theta} - \phi_z \tag{12.60}
$$

$$
\delta\gamma = -\phi_x\frac{\sin\hat{\theta}}{\cos\hat{\psi}} - \phi_y\frac{\cos\hat{\theta}}{\cos\hat{\psi}} \tag{12.61}
$$

式(12.59)～式(12.61)给出了平台失准角 ϕ_x,ϕ_y,ϕ_z 与姿态误差角 $\delta\theta,\delta\psi,\delta\gamma$ 之间的转换关系，写成矩阵形式为

$$\begin{bmatrix}\delta\theta\\ \delta\psi\\ \delta\gamma\end{bmatrix}=\begin{bmatrix}-\tan\hat{\psi}\cos\hat{\theta} & -\tan\hat{\psi}\sin\hat{\theta} & -1\\ \sin\hat{\theta} & -\cos\hat{\theta} & 0\\ -\dfrac{\cos\hat{\theta}}{\cos\hat{\psi}} & -\dfrac{\sin\hat{\theta}}{\cos\hat{\psi}} & 0\end{bmatrix}\begin{bmatrix}\phi_x\\ \phi_y\\ \phi_z\end{bmatrix}\tag{12.62}$$

CNS 解算得到的姿态角 $\tilde{\theta},\tilde{\psi},\tilde{\gamma}$ 可以表示为理想值叠加量测噪声，即

$$\left.\begin{aligned}\tilde{\theta}&=\theta+V_\theta\\ \tilde{\psi}&=\psi+V_\psi\\ \tilde{\gamma}&=\gamma+V_\gamma\end{aligned}\right\}\tag{12.63}$$

将 SINS 和 CNS 解算得到的姿态角 $\hat{\theta},\hat{\psi},\hat{\gamma}$ 和 $\tilde{\theta},\tilde{\psi},\tilde{\gamma}$ 的差值作为量测向量 $\boldsymbol{Z}_1$，则联立式(12.54)和式(12.63)可得

$$\boldsymbol{Z}_1=\begin{bmatrix}\hat{\theta}-\tilde{\theta}\\ \hat{\psi}-\tilde{\psi}\\ \hat{\gamma}-\tilde{\gamma}\end{bmatrix}=\begin{bmatrix}(\theta+\delta\theta)-(\theta+V_\theta)\\ (\psi+\delta\psi)-(\psi+V_\psi)\\ (\gamma+\delta\gamma)-(\gamma+V_\gamma)\end{bmatrix}=\begin{bmatrix}\delta\theta-V_\theta\\ \delta\psi-V_\psi\\ \delta\gamma-V_\gamma\end{bmatrix}\tag{12.64}$$

将式(12.62)代入式(12.64)，便可得到量测方程

$$\begin{aligned}\boldsymbol{Z}_1&=\boldsymbol{H}_1\boldsymbol{X}+\boldsymbol{V}_1\\ &=[\boldsymbol{H}_a\quad \boldsymbol{0}_{3\times12}]\boldsymbol{X}+\boldsymbol{V}_1\end{aligned}\tag{12.65}$$

式中，$\boldsymbol{H}_1$ 为量测矩阵；$\boldsymbol{V}_1=-[V_\theta,V_\psi,V_\gamma]^{\mathrm{T}}$ 是量测噪声；$\boldsymbol{H}_a$ 为

$$\boldsymbol{H}_a=\begin{bmatrix}-\tan\hat{\psi}\cos\hat{\theta} & -\tan\hat{\psi}\sin\hat{\theta} & -1\\ \sin\hat{\theta} & -\cos\hat{\theta} & 0\\ -\dfrac{\cos\hat{\theta}}{\cos\hat{\psi}} & -\dfrac{\sin\hat{\theta}}{\cos\hat{\psi}} & 0\end{bmatrix}\tag{12.66}$$

2. 姿态+位置修正阶段

在姿态+位置修正阶段，导弹的组合导航系统以捷联惯导子系统与天文导航子系统的姿态之差与位置之差作为量测量。

将捷联惯导子系统与天文导航子系统解算得到的导弹在发射点惯性系下的位置 $\hat{\boldsymbol{P}}^{li}$ 和 $\tilde{\boldsymbol{P}}^{li}$ 作差，可得位置量测

$$\begin{aligned}\boldsymbol{Z}_{22}&=\begin{bmatrix}\hat{X}-\tilde{X}\\ \hat{Y}-\tilde{Y}\\ \hat{Z}-\tilde{Z}\end{bmatrix}=\begin{bmatrix}(X+\delta X)-(X+V_X)\\ (Y+\delta Y)-(Y+V_Y)\\ (Z+\delta Z)-(Z+V_Z)\end{bmatrix}=\begin{bmatrix}\delta X-V_X\\ \delta Y-V_Y\\ \delta Z-V_Z\end{bmatrix}\\ &=\boldsymbol{H}_{22}\boldsymbol{X}+\boldsymbol{V}_{22}\end{aligned}\tag{12.67}$$

式中，$\boldsymbol{H}_{22}=[\boldsymbol{0}_{3\times6} \quad \boldsymbol{I}_{3\times3} \quad \boldsymbol{0}_{3\times6}]$，$\boldsymbol{V}_{22}=-[V_X,V_Y,V_Z]^{\mathrm{T}}$ 是量测噪声。该阶段姿态量测方程与姿态修正阶段的量测方程相同：

$$\boldsymbol{Z}_{21}=\boldsymbol{H}_{21}\boldsymbol{X}+\boldsymbol{V}_{21} \tag{12.68}$$

其中，$\boldsymbol{H}_{21}$ 与式(12.65)中的 $\boldsymbol{H}_1$ 相同，$\boldsymbol{V}_{21}$ 是量测噪声，与式(12.65)中的 $\boldsymbol{V}_1$ 相同。

因此，姿态＋位置修正阶段的量测方程可以写作

$$\boldsymbol{Z}_2=\begin{bmatrix}\boldsymbol{Z}_{21}\\ \boldsymbol{Z}_{22}\end{bmatrix}=\begin{bmatrix}\boldsymbol{H}_{21}\\ \boldsymbol{H}_{22}\end{bmatrix}\boldsymbol{X}+\begin{bmatrix}\boldsymbol{V}_{21}\\ \boldsymbol{V}_{22}\end{bmatrix} \tag{12.69}$$

根据系统的状态方程与量测方程，结合卡尔曼滤波算法，即可估计捷联惯导系统误差，并进行校正。

12.4 仿真验证

12.4.1 仿真条件

① 组合导航系统工作流程：仿真时长为 1 000 s：60 s 导弹飞出大气层，发动机关闭；70 s 星敏感器自检并开始工作；70～140 s 星敏感器视轴指向地球边缘，进入第一次姿态＋位置修正段；140～150 s 调整导弹姿态，使得星敏感器视轴调整至上天区；150～880 s 对上天区中的导航星进行观测，完成姿态修正；880～890 s 再次调整导弹姿态，使得星敏感器视轴指向地球边缘附近；890～960 s 进入第二次姿态＋位置修正阶段；960～1 000 s，星敏感器停止工作，导弹再入大气层。捷联惯导系统采样周期为 0.1 s，天文导航系统更新周期为 1 s，滤波状态更新周期为 0.1 s，滤波量测更新周期为 1 s。

② 器件精度：陀螺仪常值漂移为 0.02(°)/h，随机漂移为 0.01(°)/h；加速度计零偏为 100 μg，随机误差为 50 μg；星敏感器姿态测量误差 2″，星敏感器视场为 20°×20°。像平面分辨率为 $N_x\times N_y=1\ 024\times1\ 024$，星敏感器安装角为 80°，星敏感器采样间隔为 1 s。

③ 初始条件：初始滚转角、偏航角和俯仰角分别为：0°，0°，90°；发射方位角为 90°；SINS 初始对准完成后的平台失准角 ϕ_x、ϕ_z 和 ϕ_z 分别为 30″、－40″和－30″；三个方向初始速度均为 0；发射点地理位置为北纬 34.53°，东经 112.0°，海拔高度 120 m。

12.4.2 仿真结果

1. 可见折射星数目分析

统计两次姿态＋位置修正阶段(即 70～140 s 与 890～960 s)过程中星敏感器观测到的折射星数目，如图 12.9 和图 12.10 所示。

根据图 12.9 和图 12.10，在第一次姿态＋位置修正阶段(70～140 s)中，星敏感器全程可以观测到折射星；在第二次姿态＋位置修正阶段(890～960 s)时，除了第 900 s，星敏感器也都可以观测到折射星。而且，在两次姿态＋位置修正阶段，大多数时间折射星在 3 颗以上，这为基于星光折射的最小二乘微分校正天文定位方法提供了必要的量测信息；在折射星数小于 3 颗时，虽然无法直接得到天文位置信息，但是只通过卡尔曼滤波的状态更新过程，在较短时间内也可以估计捷联惯导误差，进而修正导弹的导航信息。

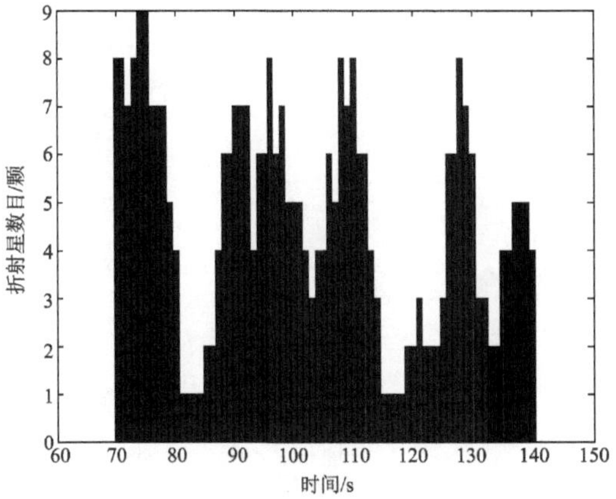

图 12.9　第一次姿态＋位置修正阶段折射星数

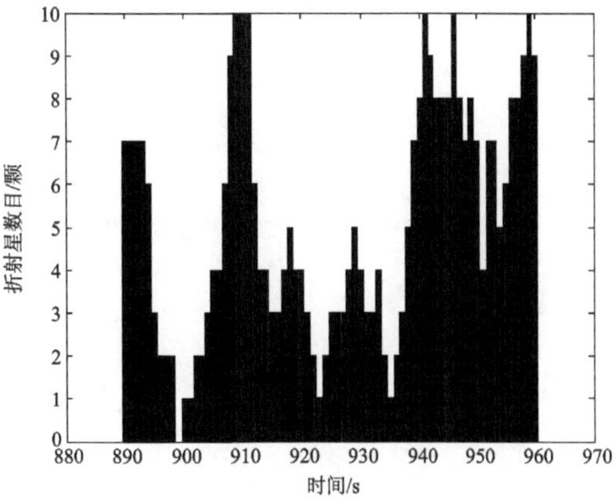

图 12.10　第二次姿态＋位置修正阶段折射星数

2. SINS/CNS 组合导航结果

对弹道导弹 SINS/CNS 组合导航系统性能进行仿真验证，导弹的姿态与位置误差如图 12.11～图 12.16 所示。

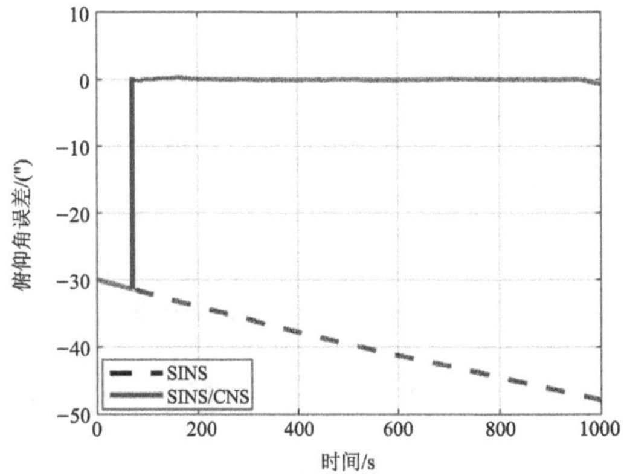

图 12.11　俯仰角误差曲线

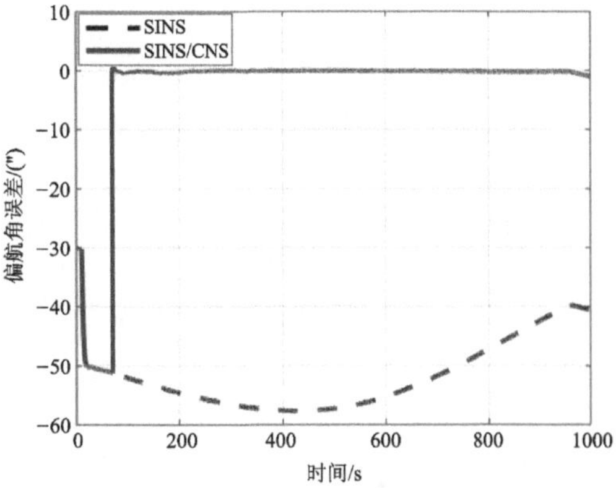

图 12.12　偏航角误差曲线

由图 12.11～图 12.13 可以看出，纯惯性导航的姿态误差随时间发散，1 000 s 时，三个姿态角误差均大于 40″。星敏感器在导弹自由段飞行过程中(即 70～960 s 内)，都可以观测到导航星光，因此，天文导航子系统可以输出高精度的姿态信息以修正捷联惯导的姿态误差。SINS/CNS 组合导航的定姿精度可达 1.5″，且收敛速度很快。

由图 12.14～图 12.16 可以看出，纯惯性导航的位置误差将在短时间内快速发散，1 000 s 时定位误差超过 2 000 m。然而，在天文导航子系统的辅助下，位置的修正效果很明显。在姿态修正阶段，平台失准角的反馈校正提高了姿态矩阵精度，因此，与纯惯性导航相比，位置误差发散也得到了有效的抑制；在姿态＋位置修正阶段，增加了高精度的星光折射天文定位信息，可以进一步抑制捷联惯导位置误差发散，1 000 s 时定位精度达到 30 m。

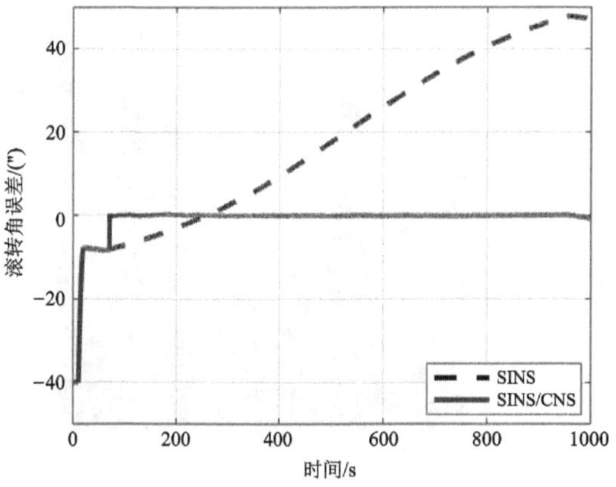

图 12.13 滚转角误差曲线

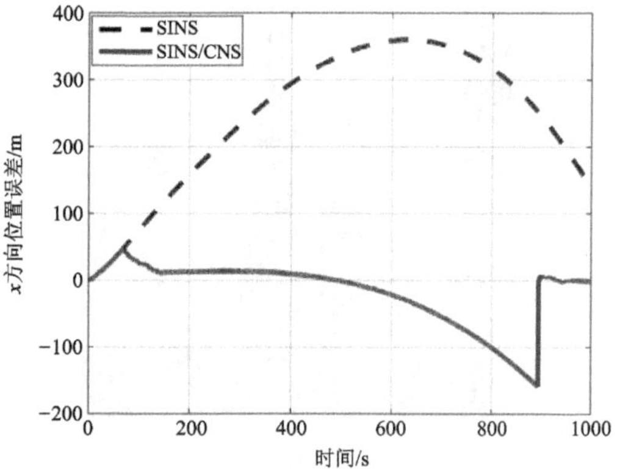

图 12.14 *X* 方向位置误差曲线

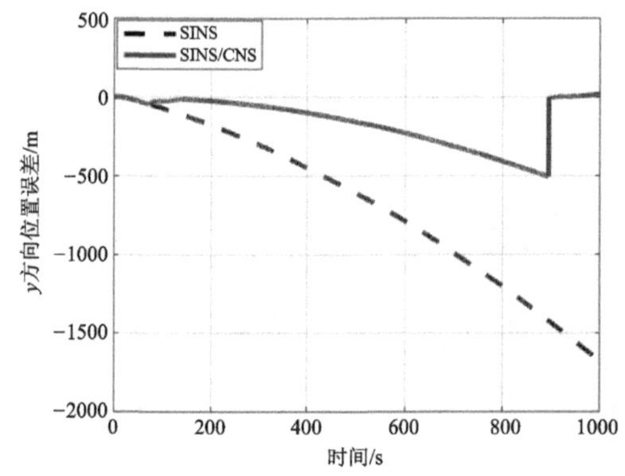

图 12.15 *Y* 方向位置误差曲线

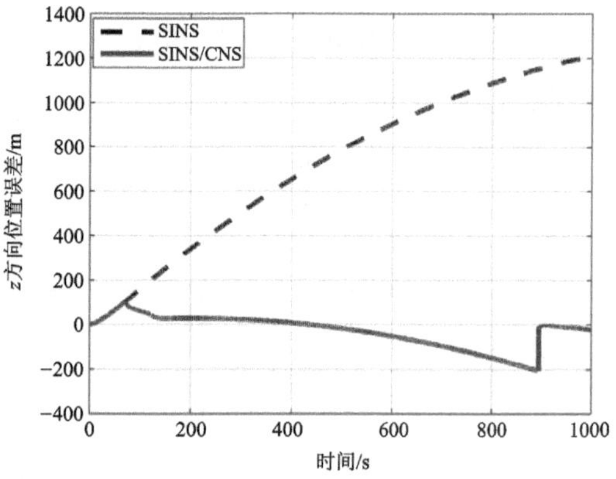

图 12.16 *Z* 方向位置误差曲线

如图 12.17～图 12.19 所示为估计得到的 SINS/CNS 组合导航系统惯性器件常值误差。

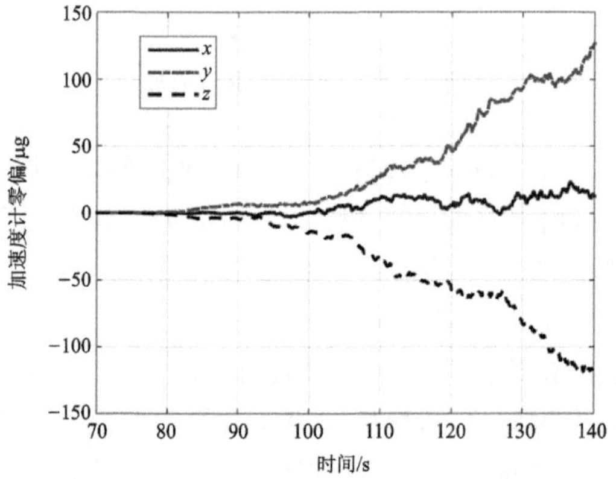

图 12.17 第一次修正加速度计零偏估计曲线

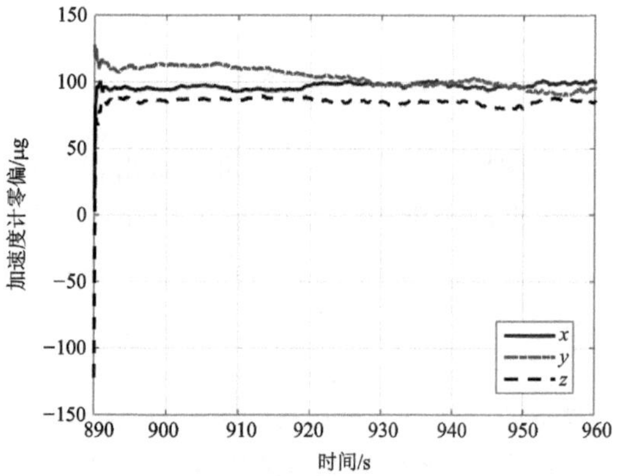

图 12.18 第二次修正加速度计零偏估计曲线

由图 12.17～图 12.18 可知，两次姿态＋位置修正阶段的加速度计估计效果并不理想，这是由于：通过对系统的可观测性分析，位置量测与位置误差直接相关，但反映加速度计零偏需

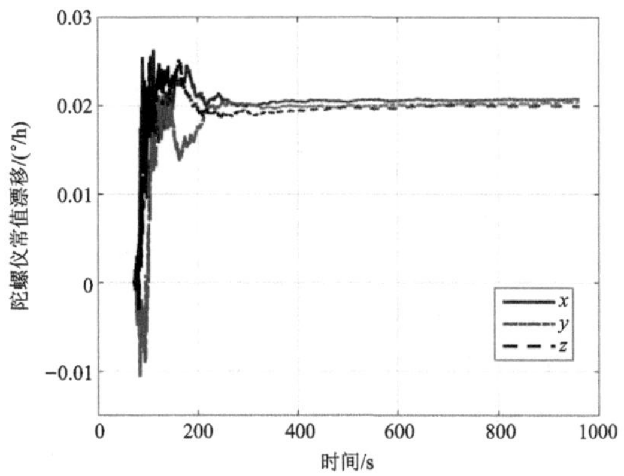

图 12.19　陀螺仪常值漂移估计曲线

要较长时间，然而，姿态＋位置修正阶段的持续时间较短，故加速度计零偏还没有完全收敛。由图 12.19 可知，陀螺仪常值漂移估计效果比较理想，收敛速度快、估计精度高，其主要原因为：通过对系统的可观测性分析可知，由于姿态量测与姿态误差直接相关，而姿态误差与陀螺仪常值漂移之间是直接耦合的，所以估计陀螺仪常值漂移需要的时间也较短，而且，在自由段全段都可以进行姿态修正，持续时间长，因此，陀螺仪常值漂移的估计速度快、精度高。

3. 落点精度分析

为了更加充分地验证弹道导弹 SINS/CNS 组合导航方案的性能，考虑随机干扰对系统的影响，通过多次蒙特卡洛试验来测试系统的导航精度。试验次数为 100 次，所获得位置和姿态误差的统计结果如表 12.2 所列。

表 12.2　不同导航方案位置和姿态误差对比

参数		均方根误差		最大值	
		SINS	SINS/CNS	SINS	SINS/CNS
定位误差/m	X 方向定位误差	139.2	2.1	147.3	6.4
	Y 方向定位误差	1 674.9	18.1	1 759.4	37.3
	Z 方向定位误差	1 208.1	23.8	1 282.8	49.6
	总定位误差	2 069.8	29.9	2 182.4	62.4
定姿误差/(″)	俯仰角误差	47.91	0.78	54.69	1.93
	滚转角误差	40.54	1.02	52.87	2.74
	偏航角误差	47.16	0.70	56.43	2.42
	总定姿误差	78.51	1.46	94.71	4.14

由表 12.2 可知，弹道导弹 SINS/CNS 组合导航系统的落点纵向偏差为纯惯性导航纵向偏差的 1.51％，横向偏差是纯惯性导航横向偏差的 1.97％；并且三个姿态角精度都提高到了 3″以内。采用所设计的 SINS/CNS 组合导航方案后，弹道导弹的落点精度与稳定性都得到较大改善。

12.5 小　结

本章结合弹道导弹的飞行特点，在单个星敏感器条件下，设计了一种基于星光折射间接敏感地平的 SINS/CNS 组合导航方案。

首先，设计了组合导航系统的整体工作方案，该方案结合大气折射模型与弹道导弹的飞行特点，将自由段的修正方式分为两次姿态＋位置修正和一次姿态修正。在姿态＋位置修正阶段，为了使星敏感器捕获到更多的折射星，推导了使得星敏感器视场内可以观测到的折射区域达到最大的安装角条件，进而得到了星敏感器的视轴指向确定方法；在姿态修正阶段，为了降低地球遮挡等因素对星敏感器捕获导航星的影响，设计了使星敏感器视轴从指向地球边缘变为指向上方天区的姿态机动方案，从而实现了单个星敏感器的视轴指向在姿态修正和姿态＋位置修正两个阶段之间的快速切换。然后，以发射点惯性系为导航系，分别结合多矢量定姿算法与基于星光折射的最小二乘微分校正天文定位算法，给出了利用单个星敏感器得到弹道导弹姿态和位置信息的方法。最后，建立了 SINS/CNS 组合导航系统的数学模型，将天文和捷联惯导的姿态差值和位置差值作为量测量，采用卡尔曼滤波算法实现了信息的有效融合。仿真验证结果表明，该方案能够弥补惯导误差随时间积累和天文量测不连续等缺陷，从整体上改善系统性能、提高导航精度，实现了弹道导弹的全自主高精度导航。

第13章　SINS/CNS组合导航在巡航导弹中的应用方法

巡航导弹是指主弹道或主飞行航迹处于“巡航”状态，靠发动机推力克服前进阻力，以近乎恒速等高度状态飞行的导弹。沙漠风暴、沙漠之狐、北约空袭、阿富汗战争和叙利亚战争，都证明了巡航导弹具有射程远、精度高、威力大、超低空突防、隐蔽性好等优良的作战性能，是摧毁严密设防目标、实施纵深打击的重要武器，引起了世界各国的重视。而精确导航与制导技术作为巡航导弹的关键技术之一，是实现精确打击的前提和基础。随着现代战争的不断发展，对巡航导弹导航精度的要求也越来越高。任何单一的导航系统都很难满足巡航导弹对导航性能的要求，而采用组合导航技术是提高导航系统整体性能的有效途径。天文导航和惯性导航的自主性强、隐蔽性好、精度高等特点使其成为远程巡航导弹高性能组合导航方案的重要选择。

传统天文导航以水天线或惯性平台确定垂线矢量（或水平基准），并将其作为基准方向，利用天体敏感器测量该基准方向和天体矢量之间的相对位置，进而获取载体的导航信息，其导航精度主要取决于水平基准精度和天体敏感器的测量精度。由于目前天体敏感器能较容易地达到角秒级的测量精度，所以水平基准精度成为影响天文定位精度的最主要因素。目前，水平基准的确定方法主要有：① 航海六分仪以自然水天线作为水平基准，水天线能否观测及清晰与否直接影响测量精度，该方法只适用于航海；② 惯导系统提供的惯性平台水平基准受限于陀螺仪的精度，且误差不断累积，而通过提高仪表的精度来提高惯性水平基准精度的方法技术难度大、成本高；③ 采用红外地平仪直接敏感地平的精度较低，若地平仪精度取 $0.02°(1\sigma)$，星敏感器精度取 $2''(1\sigma)$，则定位精度只能达到 1～3 km；④ 基于星光折射的间接敏感地平方法精度较高，但是无法用于大气层内飞行的载体。可见，对于巡航导弹来说，高精度地平信息的获取成为天文导航及其组合导航技术的应用关键。

为克服现有天文水平基准确定方案的缺陷，以满足巡航导弹长时间、高精度自主导航的要求，本章结合惯性、天文敏感器的特点，提出了一种高精度、高可靠性的数学地平基准确定方法，并介绍了一种适用于巡航导弹的 SINS/CNS 深组合导航系统及实现方案，从而充分利用各子系统的导航信息，以满足巡航导弹长时间、高精度、高可靠性的飞行要求。

13.1　基于数学地平的垂线基准确定方法

13.1.1　水平基准确定方法

以天体高度角或天体方位角作为量测量是现有星光导航理论的基本特征。高度角是水平以上仰起的角度，方位角是在水平面内度量的。因此，无论是观测高度角还是观测方位角都离不开水平基准。

1. 惯性水平基准

星光导航系统通常与惯性导航系统组合使用(除了利用水天线的航海六分仪),利用平台式惯导系统提供惯性水平基准的示意图如图 13.1 所示。

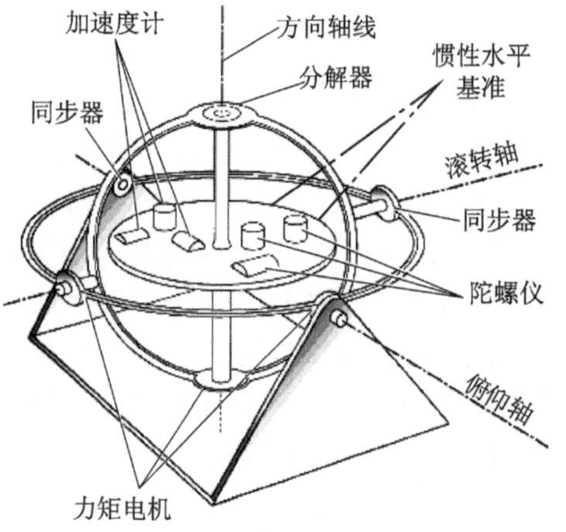

图 13.1 平台式惯性水平基准示意图

惯性平台是一种常用的空间水平基准。平台式惯导系统将惯性测量器件安装在惯性平台的台体上。惯性测量器件包括加速度计和陀螺仪:陀螺仪测量载体沿三个方向转动的角速度,加速度计测量载体沿三个方向平移的加速度。根据所选用的导航坐标系的不同,平台式惯导系统又分为空间稳定惯导系统和当地水平惯导系统两种。

当地水平惯导系统的惯性平台跟踪并稳定在地理坐标系中,台体上的两个加速度计输入轴所构成的基准平面能够始终跟踪载体所在位置的水平面(利用加速度计和陀螺仪组成的舒拉回路),平台能直接建立导航坐标系。由于在工作中惯性平台保持在当地水平面内,因此可以提供惯性水平基准。

由于惯导平台的核心部件——陀螺仪的误差是随时间积累的,因此,惯性水平基准的误差是振荡并发散的。目前,仅通过提高惯性仪表的精度来提高惯性水平基准精度的方法,技术难度大、成本高。

2. 基于数学地平的垂线基准

捷联惯性导航系统可通过捷联矩阵实现从本体坐标系 b 到导航坐标系 n 的坐标转换,获得导航坐标系中的观测矢量,实时修正的捷联矩阵 $\boldsymbol{C}_b^n$ 相当于一个数学平台,而把地理坐标系的转动角速度输入“数学平台”的计算程序中,数学平台可实时跟踪载体所在位置的水平面。由于轨迹水平坐标系 h 定义在水平面内,Z_h 轴与 Z_n 轴重合,指示当地垂线的方向,所以可将 Z_h 轴在地心赤道惯性系(i 系)的位置矢量 $\boldsymbol{Z}_h^i$ 作为当地垂线矢量,如图 13.2 所示。

各坐标系的变换关系为:首先,将矢量 $\boldsymbol{Z}_h$ 绕 X_h 轴旋转 θ 角(俯仰角)与 $\boldsymbol{Z}_t$ 重合,用四元数 $\boldsymbol{q}_1$ 描述该旋转过程;进而将矢量 $\boldsymbol{Z}_t$ 绕 Y_t 轴旋转 γ 角(滚转角)使之与 $\boldsymbol{Z}_b$ 重合,用四元数 $\boldsymbol{q}_2$ 描述该旋转过程;用四元数 $\boldsymbol{q}=\boldsymbol{q}_2\circ\boldsymbol{q}_1$ 描述将矢量 $\boldsymbol{Z}_h$ 旋转到 $\boldsymbol{Z}_b$ 的过程。取投影坐标系为 i 系,四元数 $\boldsymbol{q}$ 及矢量 $\boldsymbol{Z}_h$、$\boldsymbol{Z}_b$ 在 i 系中的投影分别记为 $\boldsymbol{q}^i$,$\boldsymbol{Z}_h^i$ 和 $\boldsymbol{Z}_b^i$,则有

$$\boldsymbol{Z}_b^i=\boldsymbol{q}^i\circ\boldsymbol{Z}_h^i\circ\boldsymbol{q}^{i,*}=\boldsymbol{C}_{q2c}(\boldsymbol{q}^i)\boldsymbol{Z}_h^i=\boldsymbol{B}_h^b\boldsymbol{Z}_h^i \tag{13.1}$$

式中,$\boldsymbol{q}^{i,*}$ 表示 $\boldsymbol{q}^i$ 的共轭四元数。

由于矢量旋转的可逆性,将矢量 $\boldsymbol{Z}_b^i$ 旋转至矢量 $\boldsymbol{Z}_h^i$ 的方向余弦阵为

$$\boldsymbol{B}_b^h=(\boldsymbol{B}_h^b)^{-1}=(\boldsymbol{B}_h^b)^{\mathrm{T}} \tag{13.2}$$

从而,可得到垂线基准 $\boldsymbol{Z}_h$ 在地心赤道惯性系中的位置矢量

$$\boldsymbol{Z}_h^i=\boldsymbol{B}_b^h\boldsymbol{Z}_b^i \tag{13.3}$$

大视场星敏感器的出现,使得同时观测三颗以上的导航星成为可能,在不需要任何外部基

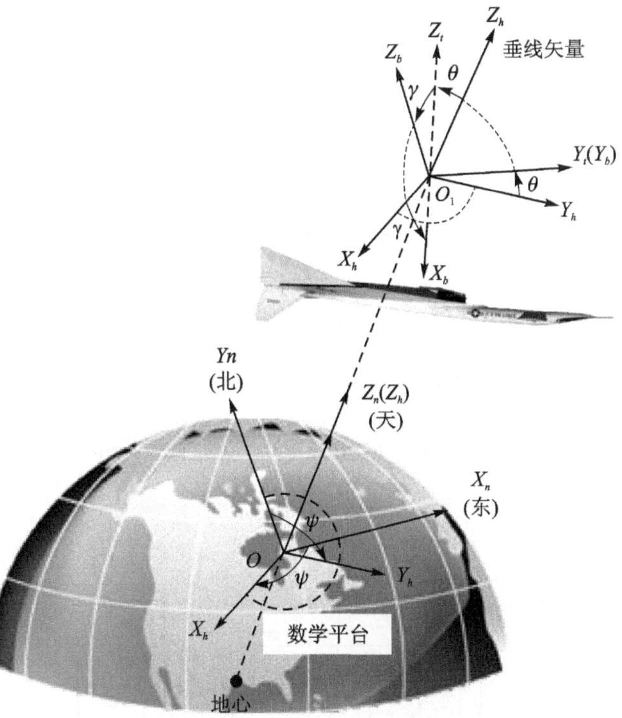

图 13.2　基于数学地平的垂线矢量确定示意图

准信息的前提下，可直接提供载体相对惯性空间的精确姿态信息，且精度在全程保持稳定。根据大视场星敏感器输出的高精度的本体系 b 相对地心赤道惯性系 i 的方向余弦矩阵 $\tilde{\boldsymbol{C}}_i^b$，易得本体系 Z_b 轴在惯性空间的位置矢量

$$\boldsymbol{Z}_b^i = ([0 \quad 0 \quad 1]\tilde{\boldsymbol{C}}_i^b)^{\mathrm{T}} \tag{13.4}$$

方向余弦矩阵 $\boldsymbol{B}_h^b$ 具体的求解过程如下：

(1) 获得四元数 $\boldsymbol{q}_1$ 在 i 系中的投影

$$\boldsymbol{q}_1^i = \cos\frac{\theta}{2} + \boldsymbol{X}_h^i \sin\frac{\theta}{2} = \cos\frac{\theta}{2} + (x_{h1}\mathrm{i} + x_{h2}\mathrm{j} + x_{h3}\mathrm{k})\sin\frac{\theta}{2} \tag{13.5}$$

$$\boldsymbol{X}_h^i = [x_{h1} \quad x_{h2} \quad x_{h3}]^{\mathrm{T}} = ([1 \quad 0 \quad 0]\hat{\boldsymbol{C}}_b^h \tilde{\boldsymbol{C}}_i^b)^{\mathrm{T}} \tag{13.6}$$

其中，$\hat{\boldsymbol{C}}_b^h$ 为 SINS 解算得到的轨迹水平系 h 相对本体系 b 的方向余弦阵；i、j、k 表示组成四元数虚部的虚数单位。

(2) 获得四元数 $\boldsymbol{q}_2$ 在 i 系中的投影

由于 Y_t 轴和 Y_b 轴重合，所以 Y_t 轴在惯性空间的位置矢量 $\boldsymbol{Y}_t^i = \boldsymbol{Y}_b^i$，则有

$$\boldsymbol{q}_2^i = \cos\frac{\gamma}{2} + \boldsymbol{Y}_b^i \sin\frac{\gamma}{2} = \cos\frac{\gamma}{2} + (y_{b1}\mathrm{i} + y_{b2}\mathrm{j} + y_{b3}\mathrm{k})\sin\frac{\gamma}{2} \tag{13.7}$$

其中，$\boldsymbol{Y}_b^i = [y_{b1} \quad y_{b2} \quad y_{b3}]^{\mathrm{T}} = ([0 \quad 1 \quad 0]\tilde{\boldsymbol{C}}_i^b)^{\mathrm{T}}$。

(3) 解算方向余弦矩阵 $\boldsymbol{B}_h^b$

由于 $\boldsymbol{q} = \boldsymbol{q}_2 \circ \boldsymbol{q}_1$，四元数 $\boldsymbol{q}$ 在 i 系中的投影为

$$\boldsymbol{q}^i(q_0,q_1,q_2,q_3)=q_0+q_1\mathrm{i}+q_2\mathrm{j}+q_3\mathrm{k}=\boldsymbol{q}_2^i\circ\boldsymbol{q}_1^i \tag{13.8}$$

则最终得到将矢量 $\boldsymbol{Z}_h^i$ 旋转到与矢量 $\boldsymbol{Z}_b^i$ 重合的方向余弦阵 $\boldsymbol{B}_h^b$ 为

$$\boldsymbol{B}_h^b=\boldsymbol{C}_{q2c}(\boldsymbol{q}^i)=(2q_0^2-1)\boldsymbol{I}_{3\times3}+2\hat{\boldsymbol{q}}\hat{\boldsymbol{q}}^{\mathrm{T}}+2q_0\boldsymbol{Q} \tag{13.9}$$

式中，$\hat{\boldsymbol{q}}=[q_1\quad q_2\quad q_3]^{\mathrm{T}}$；$\boldsymbol{Q}$ 为矢量 $\hat{\boldsymbol{q}}$ 构成的反对称矩阵。

由于初始对准误差及惯性器件误差的存在，SINS 解算得到的 $\hat{\boldsymbol{C}}_b^h$ 包含有随时间累积的误差项，所以通过上述方法得到的垂线基准会随时间漂移。为了克服这一问题，引入星敏感器提供的高精度姿态信息校正 SINS 数学平台随时间的漂移，以提高 SINS 数学地平的精度，进而获得高精度的垂线基准。

13.1.2　高精度数学地平的确定方法

基于大视场星敏感器辅助 SINS 获得高精度数学水平的原理如图 13.3 所示，具体实施过程如下：

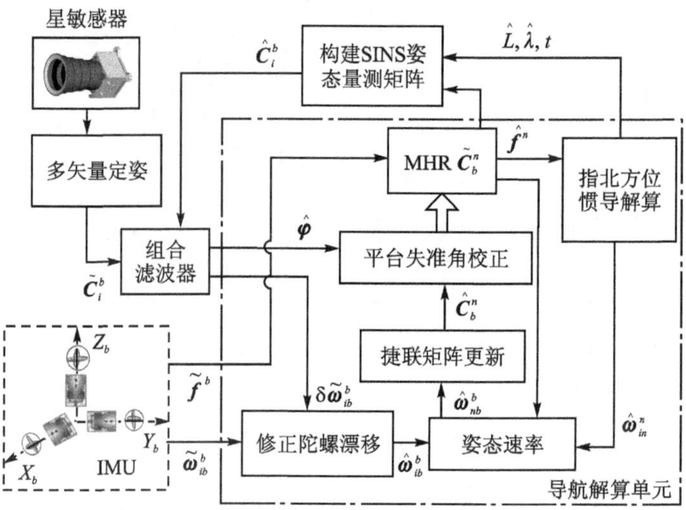

图 13.3　星敏感器辅助 SINS 的数学水平基准确定原理框图

① 在捷联惯导系统中，陀螺仪和加速度计分别测得载体相对于惯性空间的角速度 $\tilde{\boldsymbol{\omega}}_{ib}^b$ 和比力 $\tilde{\boldsymbol{f}}^b$，通过力学编排算法实时计算出载体的位置 $\hat{L}$，$\hat{\lambda}$，$\hat{h}$，速度和姿态等导航信息。

② 根据当前时刻 t，可以得到从地心赤道惯性坐标系 i 转换到地心地固坐标系 e 的方向余弦矩阵 $\boldsymbol{C}_i^e$，结合 SINS 解算得到的捷联矩阵 $\hat{\boldsymbol{C}}_b^n$ 和位置矩阵 $\hat{\boldsymbol{C}}_e^n$，有

$$\hat{\boldsymbol{C}}_i^b=\hat{\boldsymbol{C}}_n^b\hat{\boldsymbol{C}}_e^n\boldsymbol{C}_i^e=(\hat{\boldsymbol{C}}_b^n)^{\mathrm{T}}\hat{\boldsymbol{C}}_e^n\boldsymbol{C}_i^e \tag{13.10}$$

③ 考虑初始对准误差及陀螺漂移等因素的影响，SINS 解算得到的数学平台系 n' 与导航坐标系 n 之间存在平台失准角 $\boldsymbol{\varphi}=[\phi_E\quad\phi_N\quad\phi_U]^{\mathrm{T}}$，有

$$\hat{\boldsymbol{C}}_b^n=(\boldsymbol{I}-[\boldsymbol{\varphi}\times])\boldsymbol{C}_b^n \tag{13.11}$$

式中，$[\boldsymbol{\varphi}\times]$为平台失准角 $\boldsymbol{\varphi}$ 的叉乘矩阵。

而由于 SINS 定位误差 δL，$\delta\lambda$ 的存在，SINS 解算得到的位置矩阵 $\hat{\boldsymbol{C}}_e^n$ 可表示为

$$\hat{\boldsymbol{C}}_e^n = (\boldsymbol{I} - [\delta\boldsymbol{P}\times])\boldsymbol{C}_e^n \tag{13.12}$$

式中，$[\delta\boldsymbol{P}\times]$为位置误差 $\delta\boldsymbol{P}=[-\delta L\quad \delta\lambda\cdot\cos L\quad \delta\lambda\cdot\sin L]^{\mathrm{T}}$ 的叉乘矩阵。

因此，SINS 确定的方向余弦矩阵 $\hat{\boldsymbol{C}}_i^b$ 的误差主要是由 SINS 失准角 $\boldsymbol{\varphi}$ 和定位误差 δL，$\delta\lambda$ 所引起的。

④ 由于平台失准角与陀螺仪漂移具有耦合关系，将星敏感器与 SINS 分别确定的方向余弦矩阵（$\tilde{\boldsymbol{C}}_i^b$、$\hat{\boldsymbol{C}}_i^b$）输入组合导航滤波器，可以获得平台失准角及陀螺仪漂移的估计值 $\hat{\boldsymbol{\varphi}}$，$\delta\hat{\boldsymbol{\omega}}_{ib}^b$，然后对 SINS 平台失准角和陀螺仪漂移进行修正，以提高数学水平基准 $\tilde{\boldsymbol{C}}_b^n$ 的精度，具体方法如下：

利用平台失准角的估计值 $\hat{\boldsymbol{\varphi}}=[\hat{\phi}_E,\hat{\phi}_N,\hat{\phi}_U]^{\mathrm{T}}$ 修正 SINS 解算得到的捷联矩阵 $\hat{\boldsymbol{C}}_b^n$：

$$\tilde{\boldsymbol{C}}_b^n = \boldsymbol{C}_{n'}^n\hat{\boldsymbol{C}}_b^n = [\boldsymbol{I} + (\hat{\boldsymbol{\varphi}}\times)]\hat{\boldsymbol{C}}_b^n \tag{13.13}$$

从而提高数学水平基准 $\tilde{\boldsymbol{C}}_b^n$ 的精度。

对陀螺仪输出 $\tilde{\boldsymbol{\omega}}_{ib}^b$ 进行陀螺漂移的实时补偿：

$$\hat{\boldsymbol{\omega}}_{ib}^b = \tilde{\boldsymbol{\omega}}_{ib}^b - \delta\hat{\boldsymbol{\omega}}_{ib}^b \tag{13.14}$$

结合 SINS 解算得到角速度 $\hat{\boldsymbol{\omega}}_{in}^n$，可得到高精度的本体系相对导航系的姿态角速度：

$$\hat{\boldsymbol{\omega}}_{nb}^b = \hat{\boldsymbol{\omega}}_{ib}^b - \hat{\boldsymbol{\omega}}_{in}^n \tag{13.15}$$

进而通过方向余弦矩阵微分方程 $\dot{\boldsymbol{C}}_b^n=\boldsymbol{C}_b^n\boldsymbol{\Omega}_{nb}^b$ 进行捷联矩阵更新，可进一步提高数学水平基准的精度，其中 $\boldsymbol{\Omega}_{nb}^b$ 为姿态角速度 $\hat{\boldsymbol{\omega}}_{nb}^b$ 在本体坐标系中的叉乘矩阵。

最后，可获得高精度的捷联矩阵 $\tilde{\boldsymbol{C}}_b^n$（即数学水平基准），进而结合星敏感器的高精度姿态信息 $\tilde{\boldsymbol{C}}_i^b$，确定垂线基准并进行天文定位解算。

13.2　基于数学地平的天文定位方法

大视场星敏感器拍摄星图后，对星图进行星图预处理与星图识别，根据质心提取结果和星图识别结果，可分别得到多颗恒星在星敏感器测量坐标系与地心惯性坐标系下的星光矢量，进而通过天文定姿方法得到星敏感器相对惯性空间的姿态矩阵 $\tilde{\boldsymbol{C}}_s^i$。结合星敏感器安装矩阵 $\boldsymbol{C}_b^s$，可进一步输出载体相对惯性空间的姿态矩阵 $\tilde{\boldsymbol{C}}_i^b$，即可根据式(13.4)确定出本体系 Z_b 轴在惯性空间的位置矢量 $\boldsymbol{Z}_b^i$。

利用式(13.13)求得的高精度数学水平基准 $\tilde{\boldsymbol{C}}_b^n$，结合星敏感器提供的高精度姿态信息 $\tilde{\boldsymbol{C}}_i^b$，通过式(13.5)～式(13.9)可构造矩阵 $\boldsymbol{B}_h^b$，从而根据式(13.3)对本体系 Z_b 轴的位置矢量 $\boldsymbol{Z}_b^i$ 进行坐标变换，得到高精度的垂线矢量 $\boldsymbol{Z}_h^i$，最终确定载体的位置。因此，基于数学地平进行天文定位的原理示意图如图 13.4 所示。

基于数学地平的天文定位方法为：

(1) 利用多维星光矢量确定 $\boldsymbol{Z}_b^i$

利用星敏感器同时观测多颗导航星，结合其安装矩阵 $\boldsymbol{C}_s^b$，利用多矢量定姿方法确定 $\tilde{\boldsymbol{C}}_i^b$。

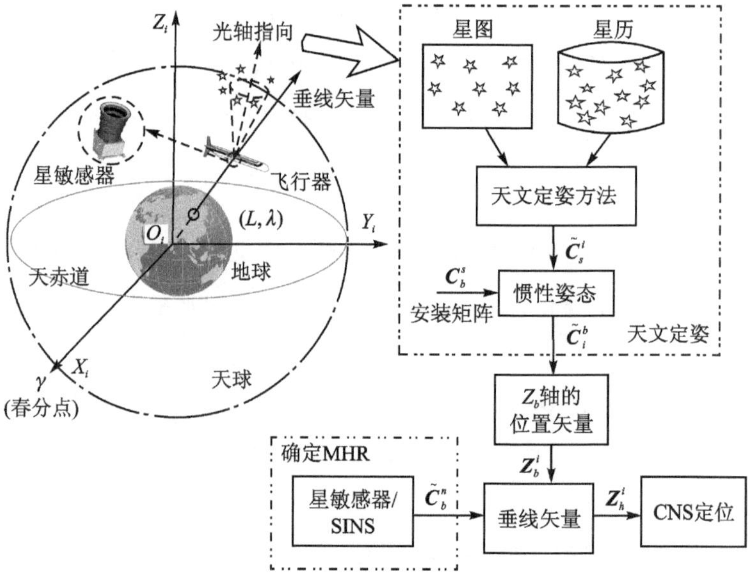

图 13.4 基于数学地平的 CNS 定位原理框图

由于本体坐标系中 Z_b 轴在本体系 b 中的方向矢量为 $\boldsymbol{Z}_b^b=[0\quad 0\quad 1]^{\mathrm{T}}$，易得其在 i 系中的位置矢量 $\boldsymbol{Z}_b^i$ 为

$$\boldsymbol{Z}_b^i=\widetilde{\boldsymbol{C}}_b^i\boldsymbol{Z}_b^b=(\widetilde{\boldsymbol{C}}_i^b)^{\mathrm{T}}\boldsymbol{Z}_b^b \tag{13.16}$$

(2) 通过矢量旋转获取垂线矢量 $\boldsymbol{Z}_h^i$

由式(13.16)可得 Z_b 轴的位置矢量 $\boldsymbol{Z}_b^i$，结合将矢量 $\boldsymbol{Z}_b^i$ 旋转至矢量 $\boldsymbol{Z}_h^i$ 的方向余弦阵 $\boldsymbol{B}_b^h$，可得地平面的铅垂线 Z_h 在 i 系中的位置矢量 $\boldsymbol{Z}_h^i$ 为

$$\boldsymbol{Z}_h^i=\boldsymbol{B}_b^h\boldsymbol{Z}_b^i \tag{13.17}$$

(3) 根据垂线矢量确定载体地理位置

假设(α_d,δ_d)分别为载体所在位置处的铅垂线与天球面交点的赤经、赤纬，则有以下关系存在：

$$\boldsymbol{Z}_h^i=[p_x\quad p_y\quad p_z]^{\mathrm{T}}=[\cos\alpha_d\cos\delta_d\quad \sin\alpha_d\cos\delta_d\quad \sin\delta_d]^{\mathrm{T}} \tag{13.18}$$

$$\alpha_d=\arctan\frac{p_y}{p_x},\quad \delta_d=\arctan\frac{p_z}{\sqrt{p_x^2+p_y^2}} \tag{13.19}$$

由式(13.19)直接计算得到的是(α_d,δ_d)的主值，故还须根据(p_x,p_y,p_z)的正负号才能进一步得到(α_d,δ_d)的真值。

把载体在地心赤道惯性坐标系中的位置(α_d,δ_d)转换为地理经纬度$(\tilde{\lambda},\tilde{L})$，即可得到基于数学地平的天文定位结果：

$$\left.\begin{aligned}\tilde{\lambda}&=\alpha_d-t_G\\ \tilde{L}&=\delta_d\end{aligned}\right\} \tag{13.20}$$

式中，t_G 为春分点的格林时角，可由时间基准得到。

可见，基于建立的数学地平及星敏感器的姿态信息，可以实现天文定位。天文导航的水平基准是星敏感器辅助的 SINS 数学水平基准，虽然短时精度高，但是由于未能修正加速度计零偏等造成的导航误差，因此不能完全消除水平基准的发散趋势，且又因天文导航的数据更新频率较低，基于此，下面设计了一种 SINS/CNS 深组合导航系统方案。该方案在利用数学地平进行天文定位的基础上，引入天文位置信息辅助 SINS，进一步减小长航时位置误差积累对水平基准误差的影响，以最终实现高精度的组合导航定位。

13.3　SINS/CNS 深组合导航方案设计

为了满足巡航导弹长时间、高精度自主导航的需求，并克服天文导航水平基准的限制，设计了适用于巡航导弹的 SINS/CNS 深组合导航方案。如图 13.5 所示，该方案结合确定的高精度数学平台与星敏感器提供的惯性姿态，获得精确的位置观测信息，再结合 SINS 提供的位置、姿态信息，通过信息融合实现对惯性器件误差的有效估计与校正，从而实现巡航导弹高精度的 SINS/CNS 组合导航。

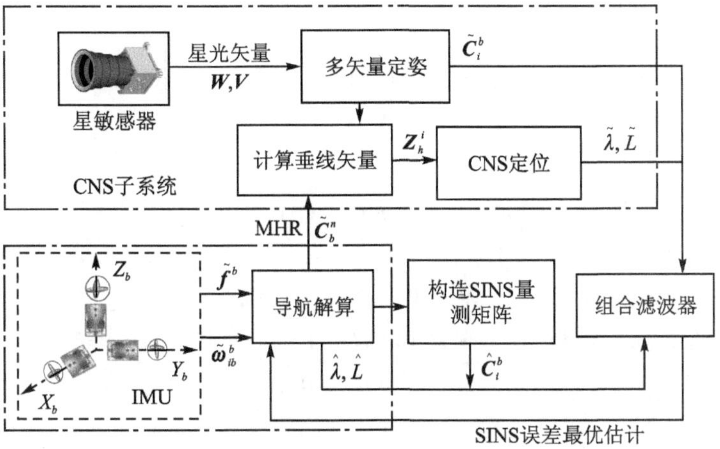

图 13.5　巡航导弹 SINS/CNS 深组合导航方案

巡航导弹 SINS/CNS 深组合导航方案包含四个部分：SINS 子系统、CNS 子系统、卡尔曼滤波信息融合模块及反馈校正环节。

(1) SINS 子系统

SINS 子系统根据惯性测量单元的量测信息 $\tilde{\boldsymbol{\omega}}_{ib}^b$ 和 $\tilde{\boldsymbol{f}}^b$，通过力学编排得到巡航导弹的位置、速度和姿态，并基于当前导航时间及 SINS 输出的导航参数，构造本体系 b 相对地心赤道惯性系 i 的方向余弦阵 $\hat{\boldsymbol{C}}_i^b$。然而，由于 SINS 中惯性器件误差和初始对准误差等各种误差因素的影响，SINS 确定的方向余弦阵 $\hat{\boldsymbol{C}}_i^b$ 中包含有随时间逐渐累积的误差。

(2) CNS 子系统

在 CNS 子系统中，大视场星敏感器通过观测多颗恒星，利用多矢量定姿方法输出巡航导弹高精度的惯性姿态 $\tilde{\boldsymbol{C}}_i^b$，根据天文辅助捷联惯导获得的精确数学水平基准 $\tilde{\boldsymbol{C}}_b^n$，可确定当地垂线矢量 $\boldsymbol{Z}_h^i$，从而获取天文定位信息 $\tilde{\lambda}$，$\tilde{L}$。

(3) 信息融合模块

信息融合模块通过对 SINS 的平台失准角、速度误差、位置误差、惯性器件误差进行建模，得到 SINS/CNS 深组合系统的状态方程，进而利用 SINS、CNS 提供的巡航导弹的位置 $\hat{\lambda}$，$\hat{L}$，$\tilde{\lambda}$，$\tilde{L}$ 和包含姿态信息的 $\hat{\boldsymbol{C}}_i^b$、$\tilde{\boldsymbol{C}}_i^b$ 作为量测信息，通过卡尔曼滤波器进行信息融合，即可估计出平台失准角、速度误差、位置误差、陀螺仪常值漂移及加速度计零偏。

(4) 反馈校正环节

将卡尔曼滤波估计得到的 SINS 误差信息反馈回 SINS 并对导航参数和器件误差进行校正补偿后，能够实现高精度的 SINS 定姿及定位，并且进一步提高了 SINS 数学水平基准 $\tilde{\boldsymbol{C}}_b^n$ 的精度及天文定位精度。

13.4 SINS/CNS 深组合导航系统模型

13.4.1 状态方程

以 SINS 的平台失准角（ϕ_E，ϕ_N，ϕ_U）、速度误差（δV_E，δV_N，δV_U）、位置误差（δL，$\delta\lambda$，δh）、陀螺仪常值漂移（ε_x，ε_y，ε_z）、加速度计零偏（∇_x，∇_y，∇_z）为状态向量，SINS/CNS 深组合导航系统的状态方程可以写作

$$\dot{\boldsymbol{X}} = \boldsymbol{F}\boldsymbol{X} + \boldsymbol{G}\boldsymbol{W} \tag{13.21}$$

其中，$\boldsymbol{X}=[\phi_E,\phi_N,\phi_U,\delta V_E,\delta V_N,\delta V_U,\delta L,\delta\lambda,\delta h,\varepsilon_x,\varepsilon_y,\varepsilon_z,\nabla_x,\nabla_y,\nabla_z]^{\mathrm{T}}$ 为状态向量；$\boldsymbol{F}$ 为系统状态矩阵；$\boldsymbol{W}=[W_{gx},W_{gy},W_{gz},W_{ax},W_{ay},W_{az}]^{\mathrm{T}}$ 为系统噪声，包括陀螺仪随机噪声 W_{gx}，W_{gy}，W_{gz} 和加速度计随机噪声 W_{ax}，W_{ay}，W_{az}；$\boldsymbol{G}$ 为系统噪声驱动矩阵。$\boldsymbol{F}$、$\boldsymbol{F}_S$ 和 $\boldsymbol{G}$ 分别为

$$\boldsymbol{F}=\begin{bmatrix}\boldsymbol{F}_N & \boldsymbol{F}_S\\ \boldsymbol{0}_{6\times9} & \boldsymbol{0}_{6\times6}\end{bmatrix},\quad \boldsymbol{F}_S=\begin{bmatrix}-\boldsymbol{C}_b^n & \boldsymbol{0}_{3\times3}\\ \boldsymbol{0}_{3\times3} & \boldsymbol{C}_b^n\\ \boldsymbol{0}_{3\times3} & \boldsymbol{0}_{3\times3}\end{bmatrix},\quad \boldsymbol{G}=\begin{bmatrix}-\boldsymbol{C}_b^n & \boldsymbol{0}_{3\times3}\\ \boldsymbol{0}_{3\times3} & \boldsymbol{C}_b^n\\ \boldsymbol{0}_{9\times3} & \boldsymbol{0}_{9\times3}\end{bmatrix} \tag{13.22}$$

其中，$\boldsymbol{F}_N$ 可由 SINS 的姿态误差、速度误差以及位置误差方程得到。

13.4.2 量测方程

1. 姿态方程

根据 SINS 解算结果可以构造地心赤道惯性系到本体系的转换矩阵 $\hat{\boldsymbol{C}}_i^b$，但是会引入平台失准角 $\boldsymbol{\varphi}$ 与位置误差 $\delta\boldsymbol{P}$：

$$\begin{aligned}\hat{\boldsymbol{C}}_i^b &= (\hat{\boldsymbol{C}}_b^n)^{\mathrm{T}}\hat{\boldsymbol{C}}_e^n\boldsymbol{C}_i^e = \boldsymbol{C}_n^b(\boldsymbol{I}+[\boldsymbol{\varphi}\times])(\boldsymbol{I}-[\delta\boldsymbol{P}\times])\boldsymbol{C}_e^n\boldsymbol{C}_i^e\\ &= \boldsymbol{C}_n^b\boldsymbol{C}_e^n\boldsymbol{C}_i^e+\boldsymbol{C}_n^b[\boldsymbol{\varphi}\times]\boldsymbol{C}_e^n\boldsymbol{C}_i^e-\boldsymbol{C}_n^b[\delta\boldsymbol{P}\times]\boldsymbol{C}_e^n\boldsymbol{C}_i^e\end{aligned} \tag{13.23}$$

其中，位置误差的叉乘矩阵$[\delta\boldsymbol{P}\times]$为

$$[\delta\boldsymbol{P}\times]=\begin{bmatrix}0 & -\delta\lambda\cdot\sin L & \delta\lambda\cdot\cos L\\ \delta\lambda\cdot\sin L & 0 & \delta L\\ -\delta\lambda\cdot\cos L & -\delta L & 0\end{bmatrix}$$

天文导航主要存在量测误差和星敏感器安装误差，其中，量测误差为角秒级，星敏感器安装误差通过预先标定与补偿可忽略不计。因此，可以认为天文导航误差为零均值白噪声，即星敏感器输出的惯性姿态矩阵可以看作是理想惯性姿态矩阵 $\boldsymbol{C}_i^b$ 与量测噪声矩阵 $\boldsymbol{V}_{3\times 3}$ 之和，即可表示为

$$\widetilde{\boldsymbol{C}}_i^b = \boldsymbol{C}_i^b + \boldsymbol{V}_{3\times 3} \tag{13.24}$$

因此，将 SINS、CNS 输出的惯性姿态矩阵 $\hat{\boldsymbol{C}}_i^b$、$\widetilde{\boldsymbol{C}}_i^b$ 的差值记作姿态误差矩阵 $\boldsymbol{Z}_s$，根据天文导航和惯导提供的惯性姿态矩阵与状态向量之间的关系，即根据式(13.23)与式(13.24)，建立姿态误差矩阵 $\boldsymbol{Z}_s$ 与状态向量之间的关系

$$\boldsymbol{Z}_s = \hat{\boldsymbol{C}}_i^b - \widetilde{\boldsymbol{C}}_i^b = \boldsymbol{C}_n^b[\boldsymbol{\varphi}\times]\boldsymbol{C}_e^n\boldsymbol{C}_i^e - \boldsymbol{C}_n^b[\delta\boldsymbol{P}\times]\boldsymbol{C}_e^n\boldsymbol{C}_i^e - \boldsymbol{V}_s \tag{13.25}$$

将 $\boldsymbol{Z}_s(3\times 3)$ 展开成列向量 $\boldsymbol{Z}_1(9\times 1)$，即可得到量测方程

$$\boldsymbol{Z}_1 = \boldsymbol{H}_1\boldsymbol{X} + \boldsymbol{V}_1 \tag{13.26}$$

式中，$\boldsymbol{H}_1$ 为姿态量测矩阵

$$\boldsymbol{H}_1 = \begin{bmatrix} \boldsymbol{H}_{11} & \boldsymbol{0}_{3\times 3} & \boldsymbol{H}_{11}\boldsymbol{H}_p & \boldsymbol{0}_{3\times 7} \\ \boldsymbol{H}_{12} & \boldsymbol{0}_{3\times 3} & \boldsymbol{H}_{12}\boldsymbol{H}_p & \boldsymbol{0}_{3\times 7} \\ \boldsymbol{H}_{13} & \boldsymbol{0}_{3\times 3} & \boldsymbol{H}_{13}\boldsymbol{H}_p & \boldsymbol{0}_{3\times 7} \end{bmatrix}$$

式中：

$$\boldsymbol{H}_{11} = \begin{bmatrix} \boldsymbol{C}_{n,1}^b \times \boldsymbol{C}_{i,1}^{n\ \mathrm{T}} \\ \boldsymbol{C}_{n,1}^b \times \boldsymbol{C}_{i,2}^{n\ \mathrm{T}} \\ \boldsymbol{C}_{n,1}^b \times \boldsymbol{C}_{i,3}^{n\ \mathrm{T}} \end{bmatrix},\quad \boldsymbol{H}_{12} = \begin{bmatrix} \boldsymbol{C}_{n,2}^b \times \boldsymbol{C}_{i,1}^{n\ \mathrm{T}} \\ \boldsymbol{C}_{n,2}^b \times \boldsymbol{C}_{i,2}^{n\ \mathrm{T}} \\ \boldsymbol{C}_{n,2}^b \times \boldsymbol{C}_{i,3}^{n\ \mathrm{T}} \end{bmatrix}$$

$$\boldsymbol{H}_{13} = \begin{bmatrix} \boldsymbol{C}_{n,3}^b \times \boldsymbol{C}_{i,1}^{n\ \mathrm{T}} \\ \boldsymbol{C}_{n,3}^b \times \boldsymbol{C}_{i,2}^{n\ \mathrm{T}} \\ \boldsymbol{C}_{n,3}^b \times \boldsymbol{C}_{i,3}^{n\ \mathrm{T}} \end{bmatrix},\quad \boldsymbol{H}_p = \begin{bmatrix} 1 & 0 \\ 0 & -\cos L \\ 0 & -\sin L \end{bmatrix}$$

其中，$\boldsymbol{C}_{n,k}^b$ 表示 $\boldsymbol{C}_n^b$ 的第 k 行，$\boldsymbol{C}_{i,k}^n$ 表示 $\boldsymbol{C}_i^n$ 的第 k 列；$\boldsymbol{V}_1$ 为天文定姿的量测噪声。

2. 位置方程

将 SINS、CNS 输出的经纬度 $\hat{\lambda}$，$\hat{L}$，$\tilde{\lambda}$，$\tilde{L}$ 的差值作为位置量测，得

$$\boldsymbol{Z}_2 = \boldsymbol{H}_2\boldsymbol{X} + \boldsymbol{V}_2 \tag{13.27}$$

式中，$\boldsymbol{Z}_2 = [\hat{L} - \tilde{L} \quad \hat{\lambda} - \tilde{\lambda}]^{\mathrm{T}}$ 为位置量测；$\boldsymbol{H}_2 = [\boldsymbol{0}_{2\times 6} \quad \boldsymbol{I}_{2\times 2} \quad \boldsymbol{0}_{2\times 7}]^{\mathrm{T}}$ 为位置量测矩阵；$\boldsymbol{V}_2$ 为天文定位的量测噪声。

在 SINS/CNS 深组合系统开始工作时，由于 SINS 具有一定的误差积累，首先利用星敏感器辅助 SINS 获得高精度数学地平，此时组合系统的量测为

$$\boldsymbol{Z}_{\mathrm{SINS/CNS}} = \boldsymbol{Z}_1 \tag{13.28}$$

基于高精度数学水平基准进行天文定位，可以获得天文定位的经纬度信息 $\tilde{\lambda}$，$\tilde{L}$，此时组合系统的量测为

$$\boldsymbol{Z}_{\mathrm{SINS/CNS}} = [\boldsymbol{Z}_1 \quad \boldsymbol{Z}_2]^{\mathrm{T}} \tag{13.29}$$

根据式(13.28)～式(13.29)所示的组合导航系统量测，利用卡尔曼滤波算法，即可完成惯性导航与天文导航的高精度信息融合。

13.5 仿真验证

13.5.1 仿真条件

初始位置：经度为120°E，纬度为30°N；初始东向位置误差10 m，北向位置误差10 m，高度误差2 m；初始速度：东向速度为1 061 m/s，北向速度为1 061 m/s，初始东向、北向、天向速度误差均为0.2 m/s；初始姿态：偏航角为45°(北偏东为正)，俯仰角为0°，滚转角为0°；初始姿态角误差均为20″。

惯性器件误差：SINS陀螺仪常值漂移0.2(°)/h，随机噪声0.1(°)/h，加速度计零偏10 μg，随机噪声为5 μg；惯性器件数据输出周期为0.01 s。高度通道采用气压表阻尼，气压高度计的精度为5 m(1σ)。星敏感器：直接输出载体的惯性姿态信息$\tilde{\boldsymbol{C}}_i^b$，量测噪声为2″，数据输出周期为1 s；巡航导弹的飞行高度为20 km，总飞行时间为1 000 s，飞行时间300～600 s进行S机动，射程约为1 521 km；滤波周期为1 s。

13.5.2 数学地平误差

由于选用SINS的捷联矩阵提供数学水平基准，所以图13.6所示的组合导航系统的姿态角误差也直接体现了数学水平基准的精度。

从图13.6中可以看出，由于陀螺仪漂移校正模式仅能够校正平台失准角及陀螺漂移导致的导航误差，加速度计误差导致的SINS位置误差并没有得到校正，不能消除姿态角误差随时间发散的趋势，因而导致由SINS捷联矩阵提供数学水平基准存在较大误差。与陀螺仪漂移校正模式相比，通过将SINS与星敏感器构成深组合系统，不仅能够实现陀螺仪漂移校正模式的功能，而且利用基于数学地平的CNS位置信息校正SINS的位置误差，显著地抑制了姿态误差随时间发散的趋势，因而姿态角误差在全程保持稳定，精度达到1″(1σ)以内，且降低了对惯性器件的精度要求，即使采用中等精度的陀螺仪和加速度计，也能得到高精度的数学水平基准。

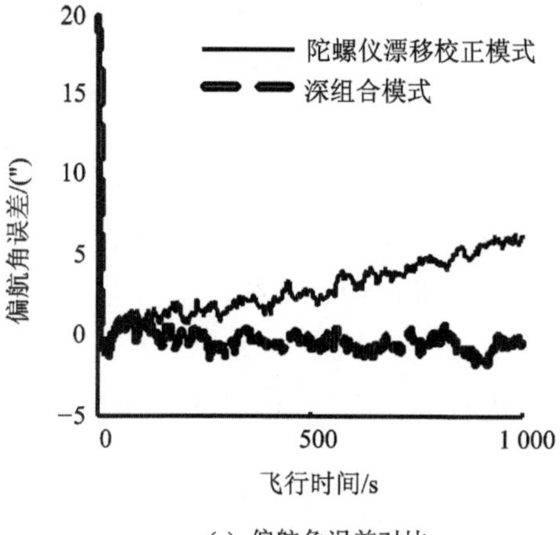

(a) 偏航角误差对比

图13.6 姿态角误差对比

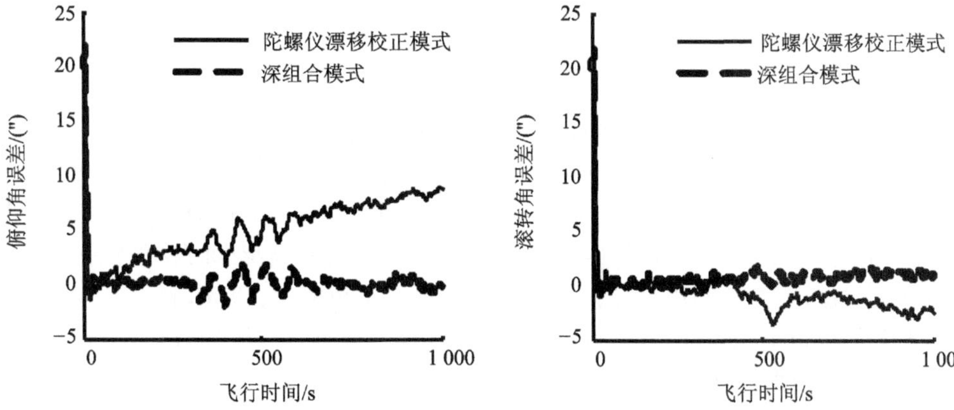

(b) 俯仰角误差对比　　(c) 滚转角误差对比

图 13.6　姿态角误差对比(续)

13.5.3　深组合系统性能验证

图 13.7 分别给出了 SINS/CNS 深组合导航和以修正陀螺漂移为核心的陀螺仪漂移校正模式的位置误差对比图。

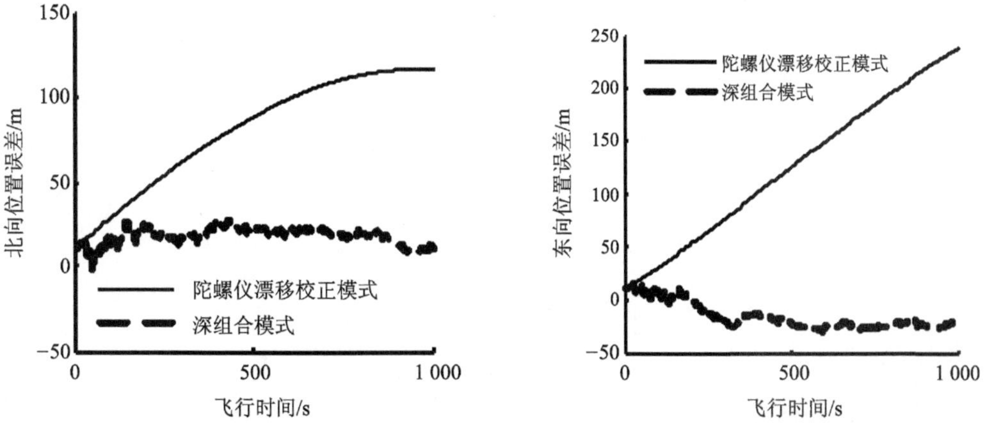

(a) 北向位置误差对比　　(b) 东向位置误差对比

图 13.7　位置误差对比

从图 13.7 中可以看出,由于陀螺仪漂移校正模式只能修正陀螺漂移和平台失准角引起的导航误差,因此,采用陀螺仪漂移校正模式的 SINS/CNS 组合导航的位置误差是随时间发散的。而在采用 SINS/CNS 深组合模式的导航系统中,一方面,高精度的星敏感器姿态测量信息不间断地辅助并修正 SINS,将其姿态误差限制在一定范围内,进而为 CNS 提供高精度的数学水平基准;另一方面,基于高精度数学水平基准可获得更为精确的当地垂线矢量,实现高精度天文定位,而 CNS 位置量测信息的引入有助于估计并修正 SINS 的位置误差,进一步提高数学水平基准的精度及 CNS 定位精度。因此,与陀螺仪漂移校正模式相比,SINS/CNS 深组合系统的位置精度有很大提高,巡航导弹的位置误差仅为 15 m(1σ)。

13.6 小　结

本章设计了一种适用于巡航导弹的基于高精度数学地平的 SINS/CNS 深组合导航方案。SINS 的捷联矩阵可提供数学水平基准信息，但 SINS 的姿态信息随时间漂移。因此，本章首先给出了一种高精度的数学地平确定方法。该方法利用星敏感器提供的高精度姿态信息辅助 SINS，能够实时修正 SINS 的平台失准角及陀螺漂移，从而得到高精度的数学水平基准。巡航导弹飞行在大气层内，无法利用星光折射间接敏感地平定位方法，因此，利用 SINS 提供的数学水平基准获得当地垂线矢量，可得到天文的定位信息。进而，设计了一种适用于巡航导弹的 SINS/CNS 深组合导航方案。该方案能够实时估计并修正 SINS 的导航参数及惯性器件误差，进一步提高了数学水平基准的精度，从而也保证了巡航导弹的测姿及定位精度。

通过这种 SINS/CNS 深组合模式对 SINS 进行误差校正，能够达到利用低成本的中低精度惯性仪表完成高精度导航定位的目的。

第 14 章　SINS/CNS 组合导航在深空探测中的应用方法

深空探测是对地球以外的天体开展的空间探测活动，如月球、除地球外的行星及其卫星、小行星、彗星以及太阳等天体。深空探测是人类航天活动的重要领域，是人类了解太阳系和宇宙，进而考察、勘探、利用甚至定居其他星球的第一步，是继人造卫星应用、载人航天之后的又一航天技术发展新领域。深空探测对一个国家的科学研究、经济发展和军事应用都有无比重要的作用，已作为衡量一个国家综合国力和科学技术发展水平的重要特征与标志，并已引起世界各国的极大关注。

目前，深空探测器的导航主要依赖于地球上的深空测控网进行遥测遥控。由于深空探测器距地球遥远、飞行速度快、运行时间长，这种基于地面测控的导航方法在导航精度、实时性、覆盖性、可靠性等诸多方面受到限制，难以满足深空探测对高精度实时导航的迫切需求。自主导航是指不依赖地面支持，利用航天器上自备的测量设备，实时地确定自身位置、速度和姿态等导航信息的导航方式。深空探测器实现自主导航，一方面可以克服地面测控导航在实时性、运行成本和资源上的限制，增强深空探测器的自主生存能力；另一方面可与地面测控相互补充，共同提高深空探测器的导航精度和实时性。因此，深空探测器自主导航技术是当今航天科技与应用优先发展的关键技术之一，也是深空探测器自动飞行控制技术不断发展的趋势。随着深空探测技术的不断发展与进步，深空探测自主导航技术已经成为一项亟待解决的关键技术。

本章以火星轨道器与火星车为例，介绍了天文导航及其自主组合导航技术在深空探测轨道器与巡视器中的应用方法。

14.1　深空探测自主导航概述

14.1.1　深空探测的发展

深空探测是在人造卫星应用和载人航天取得重大成就的基础上，向更广阔的宇宙空间进行的探索。人类在 20 世纪就已经利用各种探测器访问过太阳系中的八大行星及其一些卫星，并对太阳系附近的星系进行了探测；进入 21 世纪，美国、俄罗斯、欧空局等航天大国和组织相继制订了未来 20 年甚至更长远的深空探测规划。月球、火星、金星、小行星和彗星等是目前探测的重点与热点。

1. 月球探测

月球是距离地球最近的天体，是人类开展深空探测的首选目标。月球富含水冰及各类矿物资源，可以作为深空探测的“中转站”和空间技术的试验点，尤其是月球极区具有更高的探测价值。自 1959 年至今，月球探测大致经历了 3 个阶段：

初始探月高潮期（1959—1976 年）：美苏空间竞赛引发了人类第一次大规模探月高潮。

1959 年 1 月，苏联发射的“月球 1 号”探测器是世界上首个飞越月球的空间探测器；1959 年 9 月，苏联发射的“月球 2 号”探测器实现了月球表面的硬着陆；1966 年 1 月和 1966 年 3 月，苏联分别成功发射“月球 9 号”和“月球 10 号”，前者实现了月球软着陆探测，后者是人类第一个环绕月球飞行的月球轨道器。这期间，美国紧紧跟随苏联的脚步，先后实现了飞越探测、硬着陆、软着陆探测、绕月探测、自动采样等无人月球探测任务。1969 年 7 月，美国“阿波罗 11 号”载人飞船成功登月，人类第一次踏上了月球，在此后 3 年时间内美国又成功实现了 5 次载人登月，标志着美国在空间竞赛中取得了最终胜利。图 14.1 所示为“阿波罗 11 号”实物图。

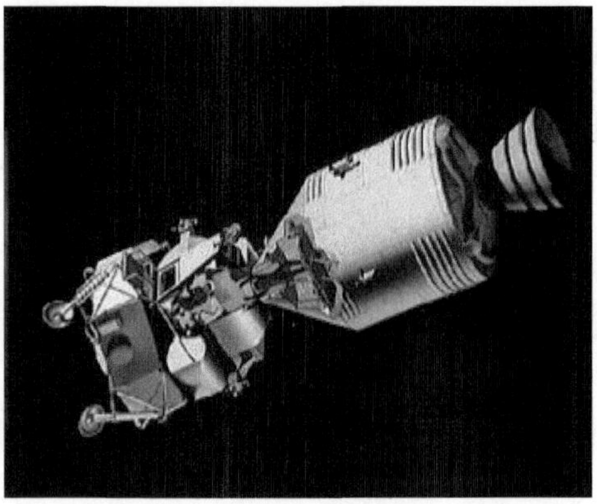

图 14.1 “阿波罗 11 号”载人飞船

冷战结束宁静期(1976—1994 年)：除日本于 1990 年 1 月发射了一个不完全成功的“飞天号”探测器外，人类在近 20 年的时间内没有开展任何月球探测活动。但是，美、俄等国的研究机构对前一时期获取的月球数据展开了系统全面的研究，取得了许多先进的技术成果，为其他空间技术的发展奠定了基础。

重返月球研发期(1994—)：1994 年美国发射的“克莱门汀号”探测器发现月球上可能存在水的证据，掀起了人类探月的第二次高潮。1998 年，美国又发射了“月球勘测者号”来探测月球是否存在水，但这次探测未能给出确切结论。进入 21 世纪，欧洲空间局(ESA，简称欧空局)发布了“曙光”空间探索计划，提出将月球作为载人火星探测的前哨基地；日本的“月球—A”和“月神”计划以及印度的月球探测计划也相继实施，它们以月球资源探测为主要目标，旨在为未来月球资源开发利用奠定基础。而美国于 2004 年提出了“重返月球”计划，旨在建立月球基地，并以此为中转站实现载人火星探测。俄罗斯公布的空间探索计划中，也将月球探测放在了首位，提出了“月球—水珠”“月球—土壤”等一系列任务。

中国是第三个实现月球软着陆和巡视任务的国家。从 2007 年发射的“嫦娥一号”实现绕月探测，到 2010 年发射的“嫦娥二号”实现“一探三”，再到 2013 年发射的“嫦娥三号”实现月面软着陆、2018 年发射的“嫦娥四号”实现人类首次月球背面软着陆和 2020 年“嫦娥五号”完成了从月球取样返回任务，中国探月工程“绕—落—回”三步走战略已取得圆满成功。图 14.2 所示为“嫦娥三号”实物图。

图 14.2 “嫦娥三号”

人类在月球探测活动中获得了丰富的数据、珍贵的样品和宝贵的经验，大大促进了人类对月球形状、轨道参数、近月空间环境、月表结构与特征、月球资源等方面的认识，为探测更遥远的深空目标奠定了基础。

2. 火星探测

作为太阳系内结构和环境最接近地球的行星，火星始终是最受关注的行星探测目标，也是行星探测的首选。从 1960 年尝试发射第一个火星探测器起，人类拉开了对火星进行近距离探测的序幕。火星探测活动大致分为 3 个阶段：

第一阶段(1960—1980 年)：这是火星探测的第一个高潮。这一时期，美国和苏联共实施了 25 次火星探测任务，发射了许多有重要意义的探测器，如苏联的“火星”系列探测器、美国的“水手”系列探测器和“海盗 1 号”“海盗 2 号”火星探测器。随着空间技术水平的提高，这一阶段从开始飞越火星，传回了众多照片与数据，到后来进入环绕探测和软着陆探测阶段，尤其是“海盗 1 号”和“海盗 2 号”两个探测器先后成功在火星表面工作了 6 年和 3 年，对火星表面和大气的化学组成、地形地貌及是否有生命迹象等进行了探测。

第二阶段(1981—1991 年)：这是火星探测的新技术准备期和发射宁静期。这一时期美国停止发射火星探测器，苏联在 1988 年发射了“福布斯 1 号”和“福布斯 2 号”对火卫一进行探测，但是只有“福布斯 2 号”取得了部分成功。

第三阶段(1992 年—)：这是火星探测的第二个高潮。从美国于 1992 年发射“火星观测者号”探测器开始，围绕火星是否存在或曾经存在生命这一主题，美国、俄罗斯、日本、欧洲空间局积极开展了探测活动。其中，具有代表性的火星着陆探测器包括美国的“火星探路者号”着陆器，“火星奥德赛号”轨道器，“勇气号”、“机遇号”和“好奇号”火星探测车以及欧空局的“火星快车”和“猎兔犬 2 号”探测器等。尤以 2011 年 11 月 26 日发射升空、2012 年 8 月 6 日成功着陆火星的“好奇号”最具代表性。“好奇号”是美国迄今最大、最昂贵、最先进的火星车，对新一代进入制导技术、导航与轨迹姿态控制技术、火星软着陆技术等进行了验证，进一步推进了火星着陆探测技术的发展。“好奇号”和“机遇号”火星车的实物图分别如图 14.3 和图 14.4 所示。

图 14.3　美国“好奇号”火星车

图 14.4　美国“机遇号”火星车

中国也展开了对火星的探测，并于 2020 年开始实施火星“绕—落—巡”一体化探测任务，该任务由环绕器和着陆巡视器组成，其中环绕器将环火星飞行1个火星年，火星车将在火星表面运行90个火星日。在此期间，将重点探测火星形貌与地质构造特征、土壤特征与水冰分布、表面物质组成、大气电离层及气候特征以及物理场与内部结构。

3. 金星探测

截至2020年，人类共执行了41次金星探测任务，其中20多个探测器成功完成了飞越、撞击、环绕和软着陆等不同类型的探测任务，如苏联的金星系列、“维加1号”和“维加2号”，美国的水手系列、先驱者系列-金星系列、“麦哲伦号”金星探测器，欧洲空间局的“金星快车”探测器等。这些探测活动探测了金星的等离子体环境、电离层、大气活动和云层结构、闪电和火山活动、大气层的密度、大气层的温度、大气层的压力和大气层的化学成分及金星的地形地貌等，提高了人类对金星的认识水平。

4. 小行星和彗星探测

小行星和彗星等小天体探测是研究太阳系形成与演化、生命起源与进化，以及抵御外来天体撞击地球的重要技术途径。小天体引力场较弱，轨道特性复杂，在小天体探测过程中，普遍采用多目标、多任务的探测方式，这也可为试验新型空间技术，尤其是深空探测技术提供验证平台。近年来，这些深空探测的特殊目标越来越受到重视。

小天体探测在早期以“飞越、环绕”探测为主，目前逐渐发展到“撞击、附着与采样返回”。1985—1986年，美国航空航天局和欧洲空间局共同研制的“国际日地探险者”、苏联的“维加1号”和“维加2号”、日本的“先驱号”和“彗星号”等多个探测器在同一时间段分别对哈雷彗星进行了探测。1996年以来，美国先后发射了近地小行星“交会号”“深空1号”“星尘号”“深度撞击号”“黎明号”等小天体探测器，通过探测小行星来研究太阳系的起源。日本于2003年发射的“隼鸟号”小行星探测器自主附着于25143 Itokawa小行星表面，并于2010年6月携带收集到的小行星样本成功返回了地球。此外，它还对弱引力环境下的自主光学导航与控制技术进行了试验验证，首次利用自主导航与控制技术实现了小天体表面附着。“星尘号”和“黎明号”的实物图分别如图14.5和图14.6所示。

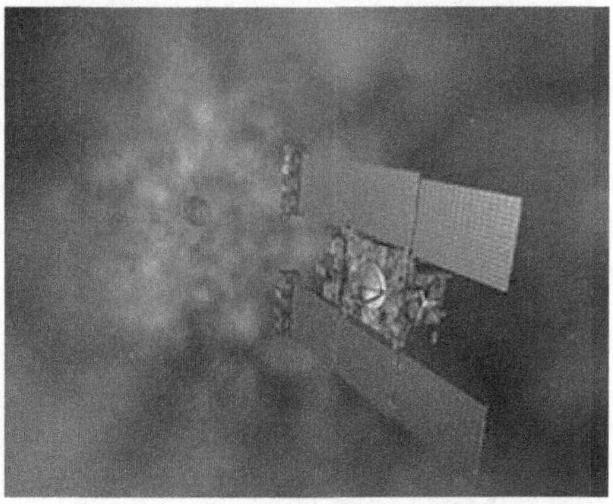

图14.5 “星尘号”

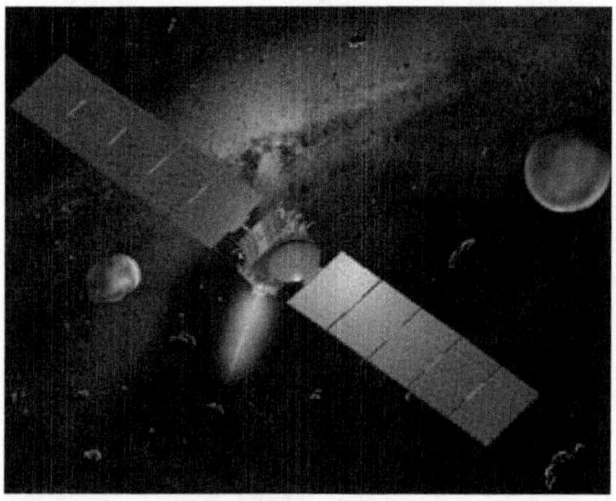

图14.6 “黎明号”

我国的“嫦娥二号”在完成月球探测任务和日地拉格朗日L2点探测任务后，对Toutatis小行星进行了首次近距离飞越探测，使我国成为第四个对小行星开展探测的国家。

14.1.2　深空探测器飞行阶段及其特点

根据不同的飞行特点，深空探测器的飞行可以分为近地停泊段、地星转移段、捕获段、环绕段、着陆段与巡视段等阶段，如图 14.7 所示。其中，深空探测器在近地停泊段与地球距离较近，利用地面无线电测控技术、卫星导航技术、地磁导航技术等都可以完成导航任务。而在其他不同的飞行阶段，由于探测器所处的空间环境不同，其轨道特点也各不相同。

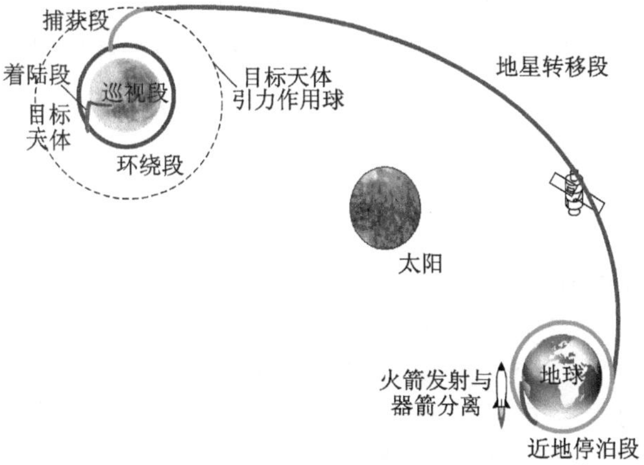

图 14.7　深空探测器飞行阶段

1. 地星转移段

转移轨道是指深空探测器从初始轨道（近地停泊轨道）向目标轨道（捕获轨道）过渡的轨道。转移轨道上的深空探测器距离地球远、动力学模型和星历数据不准确、飞行时间长、速度快，测控和通信受各种因素影响大，且由于地星转移段的导航精度直接决定了深空探测器后续飞行阶段的精度，因而对高精度自主导航的要求十分迫切。

常见的转移轨道有直接转移轨道、调相转移轨道、小推力缓慢转移轨道、经过拉格朗日点的转移轨道和借力飞行转移轨道等。

直接转移轨道是由运载火箭为深空探测器提供较大的入轨速度以使其直接奔向目标天体的轨道，该轨道抵达目标天体的速度快、时间短，但需要较大的制动速度才能使深空探测器进入绕飞阶段。调相转移轨道用于深空探测器飞离地球前先在绕地球的调相轨道上飞行几圈，利用自身推进系统进行多次近地点轨道机动后再奔向目标天体，该轨道可补偿运载火箭运载能力，减小中途修正，且发射窗口也可扩大。小推力缓慢转移轨道用于深空探测器到达近地停泊轨道后依靠微小推力沿螺旋线轨道缓慢爬升进而接近目标天体，该轨道耗时长，但能耗小。经过拉格朗日点的转移轨道用于将深空探测器发射到拉格朗日点，这样深空探测器只需一个很小的速度改变即可飞向目标天体，进而实现轨道转移，该轨道能耗小，但转移时间较长。借力飞行转移轨道通过借助第二引力体改变深空探测器相对中心引力体的能量，进而实现深空探测器的加速、减速或飞行方向改变，该轨道能有效降低发射能量，解决了深空探测运载能量不足的问题，但其转移时间长。

2. 捕获段

深空探测器经过转移轨道到达目标天体的引力作用球后，直到进入环绕目标天体飞行轨道的阶段，称为捕获段。深空探测器进入目标天体引力作用球的速度快、能量大，捕获制动需要的速度增量、燃料消耗更大，捕获效果直接决定天体探测任务的成败，具有极大的挑战性和风险性。

深空探测器导航系统的精度和稳定性是完成捕获任务的基础。捕获段的深空探测器与地球距离远、飞行速度快、持续时间短，依赖地面测控导航的方法在实时性、覆盖性、可靠性等诸多方面受到限制，无法满足该阶段高精度、高自主性的导航要求，通常采用天文自主导航技术来确定探测器的位置和姿态信息。

3. 环绕段

环绕段是实施天体探测任务的重要阶段，主要的科学考察任务都在该阶段进行，包括天体附近空间环境的勘测、表面物质类型的确定以及形状模型、密度、光谱、自旋状态等物理参数的确定等。环绕段的任务特点是未知参数多、轨道和姿态机动频繁、动力学环境复杂，其中未知参数包括深空探测器的位置、姿态信息，目标天体的星历、引力参数等特征信息。

在环绕段初期，地面站需要利用测控数据和光学数据确定探测器绕飞轨道，同时依据由动力学方程推导出的变分方程对目标天体的引力场模型、自旋状态等参数进行估计。之后，探测器将进行轨道机动，在确保安全的前提下降低飞行高度进行目标天体的探测。此时，由于依赖深空探测网的导航需要大量的地面操作，且在实时性、成本和资源上受到种种限制，因此，无论是从降低运行费用还是提高性能指标的角度，都要求深空探测器具有自主导航能力。

4. 着陆段

在绕飞阶段完成对目标天体的探测任务后，探测器将到达目标天体表面，并对其进行更全面的科学考察，探测器到达目标天体表面的过程即为着陆段。着陆段通常包括动力下降段和最终着陆段两个飞行阶段。

动力下降段是深空探测器着陆过程中的关键阶段，是指探测器脱离环绕轨道后进入下降段，在目标天体引力作用下飞向目标着陆点的阶段。在该飞行阶段，探测器的主要任务是调整自身姿态，降低速度使其到达预定高度时速度接近于零，并通过对着陆区域成像自主选择安全着陆点。在最终着陆段，利用导航传感器提供的相对目标点信息，引导探测器高精度垂直到达目标着陆点，并克服目标天体引力摄动的影响，使探测器以零速度垂直精确落于目标着陆点。由于目标天体与地球距离遥远，地面测控存在较长的通信延迟，无法满足着陆段实时性的要求，因此，自主导航与避障是着陆段的关键技术之一。

对于着陆过程，目标天体表面是否存在大气层也有一定影响。若目标天体有大气层，探测器可以利用自身气动外形实现制动控制，然而，利用气动外形实现制动需要考虑气动加热和环境过载的问题，着陆精度也可能会受影响。若目标天体没有大气层，探测器没有大气阻力可供利用，就只能借助制动发动机进行制动。

5. 巡视段

探测器着陆后，深空探测巡视器完成与探测器的分离，驶入探测天体表面，并在目标天体表面移动，实施近距离探测，可以得到更为丰富的科学数据和天体岩石样本等。在该阶段，巡视器的运行环境复杂，且通过地面站测控存在目标容易丢失、测控时延、通信带宽限制等问题。因此，自主导航成为提高巡视器生存能力的有效手段，是巡视器的必备功能之一。

在巡视段，探测器可以实施多点探测，也可以进行巡视探测，通常可以完成环境感知、移动、科学探测及能源补充等工作。巡视器的探测过程包括休眠段和巡视勘察段，在不具备探测条件时，巡视器进入休眠段，在必要时恢复工作状态，进入巡视勘察段。

14.1.3 深空探测自主导航方法

深空探测器飞行距离远、时间长、环境复杂而未知，传统的依靠地面测控的导航与控制方法不仅存在可靠性低、无法接收信号等情况，还存在通信延迟，无法满足一些特殊的深空探测任务对高精度导航与控制的需求。因此，自主导航技术成为深空探测任务能否圆满成功的关键因素之一。

深空探测器自主导航主要是指探测器利用自身携带的各种传感器独立自主地完成轨道和姿态确定任务。本节将简要介绍深空探测轨道器和巡视器常用的自主导航技术。

1. 轨道器自主导航方法

由于深空探测轨道器到太阳和各行星的距离较远，天文导航成为唯一有效的自主导航方法。根据观测天体的不同，深空探测轨道器的自主天文导航方法主要包括基于太阳和行星的自主导航、基于大行星卫星或小行星的自主导航及基于 X 射线脉冲星的自主导航。

基于太阳和行星的自主导航是最为简单和成熟的天文导航方案。根据行星历表可以获取太阳和行星在任意时刻的位置，而从轨道器上可以观测到行星之间的夹角、行星与恒星之间的星光角距及行星视方向等信息，进而通过轨道动力学滤波或天文解析方法求得探测器的导航参数。这种方法计算简单、易于实现，但是导航精度随探测器到太阳、行星之间距离的增加而降低。

基于大行星卫星或小行星的自主导航是利用可观测的近距离大行星卫星或小行星确定轨道器的位置信息的。该方法已应用于“水手号”“旅行者号”“伽利略号”“隼鸟号”等众多探测器。这种方法的基本原理与基于太阳和行星的自主导航方法相同，然而，由于探测器与所观测的大行星卫星或小行星的距离较近，因此导航精度高。但是，探测器与这些大行星卫星或小行星的相遇时间通常较短，且它们的形状不规则、亮度低、观测较为困难，仅能用于部分轨道，且对探测器的轨道设计与姿态机动提出了较高的要求。

基于 X 射线脉冲星的自主导航的基本原理与 GPS 相似，是利用甚长基线干涉等测量手段确定脉冲星在太阳系质心坐标系中的位置矢量和 X 射线脉冲的标准到达时间，将其与深空探测器上携带的 X 射线探测器测得的脉冲星视线方向和脉冲的实际到达时间相比较，采用适当的算法，得到探测器的导航信息。这种方法在提供导航信息的同时还可以提供时间基准，但是目前 X 射线脉冲星的数目还较少，测量精度无法保证，且该方法还处于研究探索之中。

2. 巡视器自主导航方法

巡视器可以获取被探测天体丰富的数据与样本，是深空探测重要的一环。巡视器通常采用无线电测控进行导航控制，但是巡视器经常会处于地面站无法测控的区域，且通信有较大延迟，不便于控制。因此，自主导航技术对于巡视器而言十分必要。目前，比较常用的深空探测巡视器自主导航方法有视觉导航、天文导航、惯性导航及其组合导航。

视觉导航利用视觉传感器采集图像以获取巡视器周围环境信息，通过分析图像并确定其位置，并由此识别环境中的障碍物，进行实时路径规划。这种方法导航精度高，且可以感知周围环境、确定安全路径，能大大提高巡视器的自主生存与自主运行能力。

天文导航利用天体敏感器测量天体的方向，结合星历表中的天体信息，即可获得巡视器的位置、姿态等导航参数。这种方法可以同时提供位置和姿态信息，导航信息完备，且其导航精度不受时间、距离的影响，但是其导航信息不连续，容易受到目标天体能见度的制约，而且数据更新率较低，短时导航精度受测量精度的限制。

惯性导航利用惯性器件分别测得巡视器在 3 个方向上的角速度与加速度，经过积分运算获取巡视器的导航信息。惯性导航不受外界干扰、短时间内精度高，但是惯性导航存在初始对准问题，初始的基准位置、姿态直接影响着巡视器在整个运动过程中的导航精度，且惯导误差随时间漂移。

基于上述三种方法的特点，利用信息融合技术将这些方法进行组合，取长补短，可以有效提高导航精度和可靠性。如 SINS/CNS 组合导航结合了惯性导航与天文导航的优势，总体性能大大优于独立系统，在巡航器的初始对准与导航定位方面都发挥着重要作用。

14.2 深空探测轨道器的自主导航方法

深空探测轨道器从地面发射场发射，通过运载火箭加速，在达到脱离地球引力的最小能量时进入转移轨道，即从地球飞向目标天体。在转移轨道阶段，轨道器所处的空间环境十分复杂，其距离太阳和各行星较远，引力场变化很快，其飞行速度快，测控和通信受各种因素影响大，此时天文导航是唯一有效的自主导航手段。且转移轨道是轨道器飞行距离最长、飞行时间最久的阶段，其导航精度直接决定了轨道器环绕行星、在行星表面着陆的精度。在人类深空探测历史上，多次出现轨道器未能被目标天体捕获而丢失的事例，这些事例基本上都是由于转移轨道导航控制不精确造成的。因此，本节以火星探测轨道器的转移轨道为例，设计相应的导航方案，建立合适的轨道动力学模型并设计适合飞行任务的信息融合方案。

14.2.1 系统模型

深空探测器需要根据不同的飞行任务选择不同的坐标系作为参考坐标系，转移轨道通常以 J2000.0 日心惯性坐标系为参考坐标系。

1. 状态模型

深空探测器自主导航系统的状态模型即为火星探测器在转移轨道上的动力学模型。精确计算火星探测器飞行轨道的过程十分复杂，需要考虑太阳、地球和火星的引力、太阳和地球的扁率以及其他行星的影响，此外岁差、章动等天文常数的不精确也会带来误差。目前常用的动力学模型有二体模型、圆形限制性四体模型、完整模型和有限精度模型等。

(1) 二体模型

当探测器的质量与体积远远小于中心天体(假设为质量均匀的球体)，同时忽略其他天体引力，此时可认为二者构成二体模型。当火星探测器在地球引力影响球内运动时，假设其只受地球中心引力的作用，不考虑火星和其他摄动力的影响；当火星探测器在火星引力影响球内运动时，假设其只受火星中心引力的作用，不考虑地球和其他摄动力的影响。

火星探测器在火星引力影响球内运动时，探测器与火星假设为二体问题，在 J2000.0 日心惯性坐标系下的运动方程为

$$\ddot{\boldsymbol{r}}_{pm} = -\mu_m \frac{\boldsymbol{r}_{pm}}{r_{pm}^3} \tag{14.1}$$

式中，μ_m 为火星的引力常数；$\boldsymbol{r}_{pm}$ 为火星到探测器的矢量。同理，也可得到火星探测器在地球引力影响球内运动的方程。

(2) 圆形限制性四体模型

考虑地球、火星和太阳对探测器的引力，同时忽略其他摄动影响，则构成了圆形限制性四体模型。由于火星探测器相对于地球、火星和太阳的质量非常小，故可忽略它对这些天体运动的影响。

在 J2000.0 日心惯性坐标系下，假定火星绕太阳作半径为日火平均距离 r_{sm} 的匀速圆周运动；地球绕太阳作半径为日地平均距离 r_{se} 的匀速圆周运动；则火星探测器的运动方程可表示为

$$\ddot{\boldsymbol{r}}_{pe} = -\mu_s \frac{\boldsymbol{r}_{ps}}{r_{ps}^3} - \mu_m \left(\frac{\boldsymbol{r}_{pm}}{r_{pm}^3} - \frac{\boldsymbol{r}_{sm}}{r_{sm}^3}\right) - \mu_e \left(\frac{\boldsymbol{r}_{pe}}{r_{pe}^3} - \frac{\boldsymbol{r}_{se}}{r_{se}^3}\right) \tag{14.2}$$

式中，μ_e，μ_m，μ_s 分别为地球、火星和太阳的引力常数；$\boldsymbol{r}_{sm}$ 为太阳到火星的矢量；$\boldsymbol{r}_{pm}$ 为火星到探测器的矢量；$\boldsymbol{r}_{pe}$ 为地球到探测器的矢量；$\boldsymbol{r}_{ps}$ 为太阳到探测器的矢量；$\boldsymbol{r}_{se}$ 为太阳到地球的矢量。

(3) 完整模型

完整模型既考虑地球和火星引力(包括非球形摄动力)、太阳引力和辐射压力，也考虑大气阻力、推进系统的推力以及行星历表的精度等因素。完整模型的表达式为

$$\ddot{\boldsymbol{r}}_{pe} = -\mu_s \frac{\boldsymbol{r}_{ps}}{r_{ps}^3} - \mu_m \left(\frac{\boldsymbol{r}_{pm}}{r_{pm}^3} - \frac{\boldsymbol{r}_{sm}}{r_{sm}^3}\right) - \mu_e \left(\frac{\boldsymbol{r}_{pe}}{r_{pe}^3} - \frac{\boldsymbol{r}_{se}}{r_{se}^3}\right) + \boldsymbol{a}_p + \boldsymbol{a}_a + \boldsymbol{a}_s + \boldsymbol{a}_e + \boldsymbol{a}_m \tag{14.3}$$

式中，$\boldsymbol{a}_p$ 为火箭推力加速度；$\boldsymbol{a}_a$ 为大气阻力加速度；$\boldsymbol{a}_s$ 为太阳辐射压力加速度；$\boldsymbol{a}_e$，$\boldsymbol{a}_m$ 分别为地球和火星的非球形摄动加速度。

(4) 有限精度模型

在完整模型的基础上，根据不同的计算精度需求选取不同的摄动项就构成了有限精度模型，其中可选因素包括：大气阻力摄动、火星非球形摄动、太阳辐射压力摄动等。

以上四种轨道动力学模型具有如下特点：

第一，二体模型是一种理想化的模型，与实际情况相差较大，模型精度较低。中心天体大都是形状不规则、质量分布复杂的天体，且探测器还受中心天体引力之外其他力的作用，而这些作用在探测器长期运行时是不可忽略的。

第二，完整模型和有限精度模型这两种轨道动力学模型精度较高，但同时计算复杂度也较高。

第三，与二体模型相比，圆形限制性四体模型精度更高；与完整模型和有限精度模型相比，圆形限制性四体模型只考虑了对探测器影响较大的天体，计算复杂度有所减小。

因此，综合考虑模型精度及计算复杂度，选用圆形限制性四体模型作为火星探测轨道器的轨道动力学模型，则火星探测轨道器的状态模型为

$$\left.\begin{aligned}
\dot{x} &= v_x \\
\dot{y} &= v_y \\
\dot{z} &= v_z \\
\dot{v}_x &= -\mu_s \frac{x}{r_{ps}^3} - \mu_m\left(\frac{x-x_1}{r_{pm}^3}+\frac{x_1}{r_{sm}^3}\right) - \mu_e\left(\frac{x-x_2}{r_{pe}^3}+\frac{x_2}{r_{se}^3}\right) + w_x \\
\dot{v}_y &= -\mu_s \frac{y}{r_{ps}^3} - \mu_m\left(\frac{y-y_1}{r_{pm}^3}+\frac{y_1}{r_{sm}^3}\right) - \mu_e\left(\frac{y-y_2}{r_{pe}^3}+\frac{y_2}{r_{se}^3}\right) + w_y \\
\dot{v}_z &= -\mu_s \frac{z}{r_{ps}^3} - \mu_m\left(\frac{z-z_1}{r_{pm}^3}+\frac{z_1}{r_{sm}^3}\right) - \mu_e\left(\frac{z-z_2}{r_{pe}^3}+\frac{z_2}{r_{se}^3}\right) + w_z
\end{aligned}\right\} \tag{14.4}$$

式中，(x_1, y_1, z_1)，(x_2, y_2, z_2)和(x, y, z)分别为火星、地球和火星探测器在参考坐标系中的位置，其中火星和地球的坐标可由行星历表获得。

2. 量测模型

深空探测器自主导航系统的量测信息描述了探测器与量测天体的几何关系。常用的量测信息主要包括：图像坐标信息、近天体视线角、视线矢量、夹角信息、径向速度、距离信息、脉冲星信息等。

(1) 图像坐标信息

深空探测器可以利用雷达成像敏感器、光学成像敏感器等各类成像敏感器获得可视导航目标、天体或天体表面的图像，经过特征提取、匹配识别等图像处理过程，进而获得导航信息。例如："深空 1 号(Deep Space 1)"利用拍摄的小行星和恒星影像实现了探测器的自主导航和轨道修正；JPL 实验室的 Bhaskaran 等利用小天体的边缘图像确定绕飞轨道；"火星勘测轨道器(MRO)"利用先进的天文光学导航相机(Optical Navigation Camera，ONC)拍摄火星的两个卫星的图像，同时利用星历信息，使得捕获段火星探测器获得了比地面测控更高的导航精度；日本的 MUSES - C 通过对小行星着陆目标拍照来进行导航。

导航目标的图像坐标(p, l)作为量测量，则可得到其量测模型为

$$\begin{aligned}
p &= f\frac{\boldsymbol{A}_{11}(x_i - x) + \boldsymbol{A}_{12}(y_i - y) + \boldsymbol{A}_{13}(z_i - z)}{\boldsymbol{A}_{31}(x_i - x) + \boldsymbol{A}_{32}(y_i - y) + \boldsymbol{A}_{33}(z_i - z)} \\
l &= f\frac{\boldsymbol{A}_{21}(x_i - x) + \boldsymbol{A}_{22}(y_i - y) + \boldsymbol{A}_{23}(z_i - z)}{\boldsymbol{A}_{31}(x_i - x) + \boldsymbol{A}_{32}(y_i - y) + \boldsymbol{A}_{33}(z_i - z)}
\end{aligned} \tag{14.5}$$

式中，(x_i, y_i, z_i)和(x, y, z)分别为导航目标和探测器在导航系的位置；f 是光学相机的焦距；$\boldsymbol{A}_{jk}(j, k=1,2,3)$为相机相对导航系的姿态转换阵的第 j 行、第 k 列元素。

(2) 近天体视线角

近天体视线角是利用导航相机、分光计、光谱摄制仪等测量得到的已知近天体的方位角、

高度角。如：LES 计划中测量了太阳、地心矢量；Texas University 的 Tucknese 等提出在探月系统中测量日、地、月的方位角和高度角；Guo 提出一种测量探测器相对太阳方向的深空探测自主导航系统；Yim 等提出测量日、地、月的方位角和高度角进行行星探测器导航。

近天体视线角的量测模型为

$$\Phi = \arctan\left(\frac{y - y_t}{x - x_t}\right)$$
$$\Theta = \arcsin\left(\frac{z - z_t}{r_{pt}}\right) \tag{14.6}$$

式中，Φ、Θ 分别表示近天体的方位角和高度角；x,y,z 与 x_t,y_t,z_t 分别为探测器和近天体在参考坐标系中的位置；r_{pt} 为探测器与近天体之间的距离。

(3) 视线矢量

视线矢量指测量的天体中心视线方向。单位视线矢量的量测模型为

$$\boldsymbol{r}_i = \boldsymbol{A}\frac{1}{\sqrt{(x_i - x)^2 + (y_i - y)^2 + (z_i - z)^2}}\begin{bmatrix} x_i - x \\ y_i - y \\ z_i - z \end{bmatrix} \tag{14.7}$$

式中，$(x_i,y_i,z_i)(i=1,2,\cdots,N)$是在观测点$(x,y,z)$观测的导航天体在导航系的位置；$\boldsymbol{A}$ 为探测器相对导航系的姿态矩阵；$\boldsymbol{r}_i$ 为探测器本体系的视线矢量。

(4) 夹角信息

利用空间六分仪或相机等，可以测量目标天体与已知天体视线之间的夹角，如：AGN 测量了探测器与行星和恒星之间的夹角；MANS 导航系统测量了日、地、月矢量间的夹角。天体间的夹角信息主要包括两类：一类是近天体之间的夹角信息，另一类是近天体与恒星之间的夹角信息，其量测模型为

$$\theta = \arccos\frac{(x_1 - x)x + (y_1 - y)y + (z_1 - z)z}{\sqrt{(x_1 - x)^2 + (y_1 - y)^2 + (z_1 - z)^2}\sqrt{x^2 + y^2 + z^2}} \tag{14.8}$$

$$\theta_s = \arccos\left[-\frac{(\cos\alpha_s\cos\delta_s)x + (\sin\alpha_s\cos\delta_s)y + (\sin\delta_s)z}{\sqrt{x^2 + y^2 + z^2}}\right] \tag{14.9}$$

式(14.8)为两个已知近天体之间夹角的表达式，其中(x,y,z)和(x_1,y_1,z_1)分别表示探测器和近天体 1 在参考近天体球心坐标系（即参考坐标系）下的位置坐标；式(14.9)为近天体与恒星方向之间夹角的表达式，其中 α_s、δ_s 分别为恒星的赤经和赤纬。

常用的近天体与恒星之间的夹角信息主要有星光角距和星光仰角两种。星光角距是恒星星光方向与近天体矢量间的夹角 α：

$$\alpha = \arccos\left(-\frac{\boldsymbol{r}_s \cdot \boldsymbol{s}}{r_s}\right) \tag{14.10}$$

式中，$\boldsymbol{r}_s$ 是探测器在参考坐标系中的位置矢量，$r_s = |\boldsymbol{r}_s|$为位置矢量 $\boldsymbol{r}_s$ 的模；$\boldsymbol{s}$ 是恒星星光方向单位矢量。

星光仰角是恒星与近天体边缘的切线间的夹角 γ，表达式为

$$\gamma = \arccos\left(-\frac{\boldsymbol{r}_s \cdot \boldsymbol{s}}{r_s}\right) - \arcsin\frac{R}{r_s} \tag{14.11}$$

式中，R 为近天体半径。

(5) 径向速度

径向速度是指探测器相对于中心天体距离的变化率。探测器径向速度 $\boldsymbol{v}_p$ 可以通过光谱仪或者分光计测量光源与探测器间的多普勒频移得到。径向速度的量测模型可以表示为

$$\boldsymbol{v}_p = \dot{r} = \frac{\boldsymbol{v} \cdot \boldsymbol{r}}{r} \tag{14.12}$$

式中,$\boldsymbol{r}$ 为探测器的位置矢量,$r=|\boldsymbol{r}|$ 为位置矢量 $\boldsymbol{r}$ 的模;$\boldsymbol{v}$ 为探测器的速度矢量。

(6) 距离信息

在接近和着陆目标天体阶段,可以利用激光测距仪等测距敏感器来得到距离信息。例如,Bordi 等利用 NEAR(Near Earth Asteroid Rendezvous)任务研究了只用激光测距仪导航对小天体探测器导航精度的影响;Johnson 等将探测器到特征点的距离作为量测量,研究了自主着陆小天体的导航算法;Miso 等研究了一种跟踪特征点的导航算法。

假设目标天体质心固连坐标系为 s 系,距离量测模型可以表示为

$$r_i = \sqrt{(x - x_i)^2 + (y - y_i)^2 + (z - z_i)^2} \tag{14.13}$$

式中,(x_i, y_i, z_i)为激光测距仪指向的特征点在导航系内的位置坐标;(x, y, z)为探测器在导航系内的位置坐标。

(7) 脉冲星信息

脉冲星导航系统采用脉冲星的脉冲信号作为时钟源进行导航定位,能够自主提供位置、速度、时间和姿态等信息,其原理与卫星导航系统原理基本类似,是将测量的脉冲到达时间与基准的时间模型比较。脉冲星导航的基本量测方程为

$$\Delta t_0 = \Delta t_b + \frac{\boldsymbol{n} \cdot \boldsymbol{r}_0}{c} + \delta t_v + \delta t_g + \delta t_w \tag{14.14}$$

式中,Δt_0 为观测者测量 N 个脉冲的时间间隔,是直接观测量;Δt_b 作为时间计算的基准;其后各项均为时间误差。c,$\boldsymbol{n}$ 分别为光速和光波传播方向的单位矢量;$\boldsymbol{n} \cdot \boldsymbol{r}_0/c$ 是脉冲传播时间的零级近似。

综上,以上几种量测信息的具体特点为:

第一,图像坐标信息具有自主性强、不易受外界干扰的优势,然而,其图像数据量大,处理算法复杂,计算量大,且量测精度还与图像拍摄质量、导航目标本身的特征有着密切关系。

第二,由于视线矢量与姿态信息存在耦合,若采用视线矢量作为深空探测器的量测量,测量精度受姿态精度的影响;而若采用夹角信息量测,则与姿态信息不存在耦合关系。

第三,由于激光测距仪等仪器测量范围的限制,距离测量方法通常用于接近和着陆目标天体阶段。

第四,脉冲星信息量测模型的部分数学模型来自经验公式,模型的有效性和精度需要进一步验证和提高;此外,脉冲到达时间很难进行准确测量,并且可用于导航的 X 射线脉冲星数目有限,且量测更新时间长。

根据各量测信息的特点,选用火星、火卫一和火卫二与恒星之间的夹角信息作为火星探测轨道器转移轨道的量测量,如图 14.8 所示。

因此,探测器自主导航系统的量测模型为

$$\boldsymbol{Z}(t) = \boldsymbol{H}[\boldsymbol{X}(t), t] + \boldsymbol{V}(t) \tag{14.15}$$

$$\boldsymbol{Z} = [\alpha_m \quad \alpha_p \quad \alpha_d]^{\mathrm{T}} \tag{14.16}$$

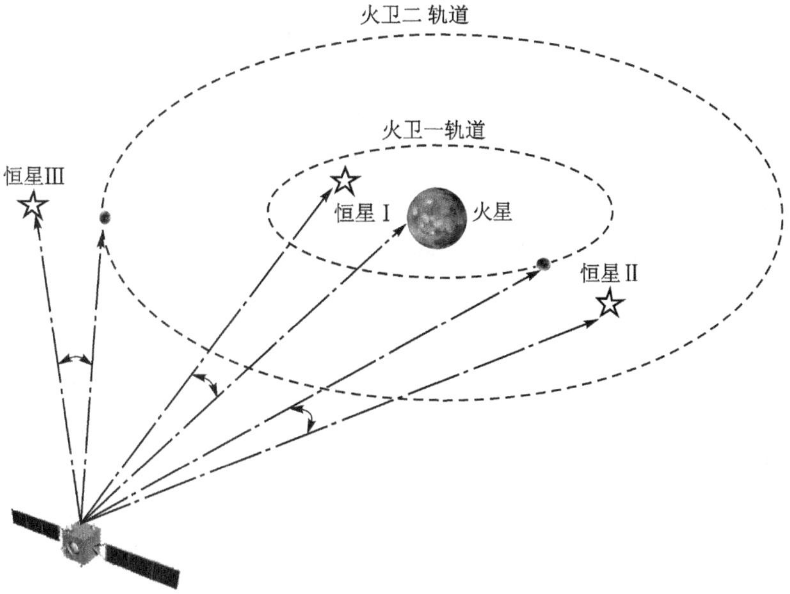

图 14.8　火星及其卫星与恒星之间夹角示意图

$$\left.\begin{aligned}\alpha_m &= \arccos(-\boldsymbol{l}_{pm} \cdot \boldsymbol{s}_1)\\ \alpha_p &= \arccos(-\boldsymbol{l}_{pp} \cdot \boldsymbol{s}_2)\\ \alpha_d &= \arccos(-\boldsymbol{l}_{pd} \cdot \boldsymbol{s}_3)\end{aligned}\right\} \tag{14.17}$$

式中，$\boldsymbol{s}_1,\boldsymbol{s}_2,\boldsymbol{s}_3$ 分别为 3 个恒星星光方向的单位矢量；$\boldsymbol{l}_{pm},\boldsymbol{l}_{pp},\boldsymbol{l}_{pd}$ 分别为火星、火卫一、火卫二到探测器的方向矢量。

14.2.2　信息融合算法

选择合适的滤波算法对提高深空探测轨道器自主导航系统的精度和可靠性具有重要意义。传统的非线性滤波算法，如 EKF、UKF、粒子滤波等，都可以用作轨道器的信息融合算法。UKF 不需要计算雅可比矩阵，也不需要对系统进行线性化，进而也不存在线性化误差，与 EKF 相比具有更高的精度；而 UKF 与粒子滤波相比，不仅避免了粒子匮乏的问题，而且计算量明显减小。因此，在传统滤波算法中，UKF 较适用于深空探测轨道器。但是，UKF 要求噪声统计特性与状态模型都是先验确定且保持不变的，否则会导致滤波输出的状态估计值逐渐偏离实际值，不能得到准确的导航信息，甚至导致滤波发散。因此，针对探测器的状态模型参数、系统噪声统计特性不断变化的特点，改进滤波算法十分必要。

1. 带噪声统计估计器的 UKF 算法

传统的 UKF 滤波算法要求噪声统计特性是先验确定且保持不变的，如果基于不精确的噪声统计特性来设计滤波器，可能会导致较大的状态估计误差。而在深空探测自主导航系统的状态模型中，由于各种摄动力的影响，探测器运动过程中的系统噪声统计特性容易受到诸多因素的影响，这些统计参数的不确定性都会使系统噪声的统计特性发生较大的偏差。此时，若仍然使用基于噪声统计特性不变的传统 UKF 进行滤波计算，可能导致滤波输出的状态估计值在递推的某一个过程甚至整个过程逐渐偏离实际值，导致滤波发散，不能得到准确的导航信息。因此，须采用合适的自适应滤波方法来解决这一问题。

带噪声统计估计器的卡尔曼滤波器的中心思想是使滤波器在工作过程中不断利用获取的新息在线调整、实时修正模型参数和噪声统计特性，以提高滤波器输出精度、得到系统状态量的最优估计值。将噪声统计估计器与UKF滤波算法相结合形成带噪声统计估计器的UKF，可以综合两种滤波器的优点，进一步改善滤波器的滤波效果，从而提高系统的导航精度。

通过分析UKF滤波算法的基本方程可知：系统噪声方差阵 $\boldsymbol{Q}$ 对整个导航系统的滤波结果有很大的影响。当 $\boldsymbol{Q}$ 矩阵偏小时，滤波预测值所占的比重较大，滤波结果更倾向于预测值，此时系统噪声引起的干扰也较小，导航精度相对较高，但当系统发生比较大的突变时，容易发生导航精度严重下降的问题；而当 $\boldsymbol{Q}$ 矩阵偏大时，这时量测值在滤波结果中所占比重较大，滤波结果更倾向于量测值，量测噪声的存在可能会影响导航精度，但相比于 $\boldsymbol{Q}$ 较小的情况，不容易发生导航精度严重下降的情况。因此，可以通过调整系统噪声方差阵 $\boldsymbol{Q}$ 来实现对深空探测自主导航系统的即时跟踪，避免将不确定的系统噪声引入系统中，进而引起导航精度下降的问题。因此，基于极大后验（Maximum a Posterior，MAP）估计原理，提出一种带噪声统计估计器的UKF深空探测自主导航算法。

（1）常值噪声统计估计器

基于极大后验估计原理，系统噪声的最优MAP统计估计器可以写作

$$\hat{\boldsymbol{q}}_k=\frac{1}{k}\sum_{i=1}^{k}\left[\hat{\boldsymbol{x}}_{i/k}-f_{i-1}(\boldsymbol{x}_{i-1})\big|_{\boldsymbol{x}_{i-1}\leftarrow\hat{\boldsymbol{x}}_{i-1/k}}\right] \tag{14.18}$$

$$\hat{\boldsymbol{Q}}_k=\frac{1}{k}\sum_{i=1}^{k}\left\{\left[\hat{\boldsymbol{x}}_{i/k}-f_{i-1}(\boldsymbol{x}_{i-1})\big|_{\boldsymbol{x}_{i-1}\leftarrow\hat{\boldsymbol{x}}_{i-1/k}}-\boldsymbol{q}\right]\left[\hat{\boldsymbol{x}}_{i/k}-f_{i-1}(\boldsymbol{x}_{i-1})\big|_{\boldsymbol{x}_{i-1}\leftarrow\hat{\boldsymbol{x}}_{i-1/k}}-\boldsymbol{q}\right]^{\mathrm{T}}\right\} \tag{14.19}$$

在式(14.18)与式(14.19)中，用滤波估计值 $\hat{\boldsymbol{x}}_{i-1}$ 及 $\hat{\boldsymbol{x}}_i$ 分别近似替代平滑估计值 $\hat{\boldsymbol{x}}_{i-1/k}$ 及 $\hat{\boldsymbol{x}}_{i/k}$，就可以得到系统噪声的次优MAP统计估计器

$$\hat{\boldsymbol{q}}_k=\frac{1}{k}\sum_{i=1}^{k}\left[\hat{\boldsymbol{x}}_{i}-f_{i-1}(\boldsymbol{x}_{i-1})\big|_{\boldsymbol{x}_{i-1}\leftarrow\hat{\boldsymbol{x}}_{i-1}}\right] \tag{14.20}$$

$$\hat{\boldsymbol{Q}}_k=\frac{1}{k}\sum_{i=1}^{k}\left\{\left[\hat{\boldsymbol{x}}_{i}-f_{i-1}(\boldsymbol{x}_{i-1})\big|_{\boldsymbol{x}_{i-1}\leftarrow\hat{\boldsymbol{x}}_{i-1}}-\boldsymbol{q}\right]\left[\hat{\boldsymbol{x}}_{i}-f_{i-1}(\boldsymbol{x}_{i-1})\big|_{\boldsymbol{x}_{i-1}\leftarrow\hat{\boldsymbol{x}}_{i-1}}-\boldsymbol{q}\right]^{\mathrm{T}}\right\} \tag{14.21}$$

其中，$f_{i-1}(\boldsymbol{x}_{i-1})\big|_{\boldsymbol{x}_{i-1}\leftarrow\hat{\boldsymbol{x}}_{i-1}}=\hat{\boldsymbol{x}}_{i-1/i}=\sum\limits_{i=0}^{2n}\omega_m^i\boldsymbol{\chi}_{i,k+1/k}$ 表示状态估计值经过 $f_{j-1}(\cdot)$ 传递之后的后验均值，所以式(14.20)与式(14.21)可以写为

$$\hat{\boldsymbol{q}}_k=\frac{1}{k}\sum_{i=1}^{k}(\hat{\boldsymbol{x}}_i-\hat{\boldsymbol{x}}_{i-1/i}) \tag{14.22}$$

$$\hat{\boldsymbol{Q}}_k=\frac{1}{k}\sum_{i=1}^{k}\left[(\hat{\boldsymbol{x}}_i-\hat{\boldsymbol{x}}_{i-1/i}-\boldsymbol{q})(\hat{\boldsymbol{x}}_i-\hat{\boldsymbol{x}}_{i-1/i}-\boldsymbol{q})^{\mathrm{T}}\right] \tag{14.23}$$

将式(14.22)与式(14.23)写成递推形式

$$\hat{\boldsymbol{q}}_k=\frac{1}{k}\left[(k-1)\hat{\boldsymbol{q}}_{k-1}+\hat{\boldsymbol{x}}_k-\hat{\boldsymbol{x}}_{k-1/k}\right] \tag{14.24}$$

$$\hat{\boldsymbol{Q}}_k = \frac{1}{k}\left[(k-1)\hat{\boldsymbol{Q}}_{k-1} + \boldsymbol{K}_k\widetilde{\boldsymbol{Z}}_{k/k-1}\widetilde{\boldsymbol{Z}}_{k/k-1}^{\mathrm{T}}\boldsymbol{K}_k^{\mathrm{T}} + \boldsymbol{P}_k - \boldsymbol{Pxz}_{k/k-1}\right] \tag{14.25}$$

(2) 时变噪声统计估计器

从式(14.24)和式(14.25)中可以看出，常值噪声统计估计器的每一项是算数平均值，系数均为 $1/k$，但对于具有时变特性的噪声来说，应加强新测量数据在滤波估计中的利用权重，减小对旧测量数据的依赖，因此可以采用渐消记忆指数加权的方法实现，即给每一项乘以不同的加权系数。将次优 MAP 噪声统计估计器与 UKF 结合，即得到适用于时变噪声的 UFK，时变噪声统计估计器的递推形式为

$$\hat{\boldsymbol{q}}_k = (1-d_k)\hat{\boldsymbol{q}}_{k-1} + d_k(\hat{\boldsymbol{X}}_k - \hat{\boldsymbol{X}}_{k-1/k}) \tag{14.26}$$

$$\hat{\boldsymbol{Q}}_k = (1-d_k)\hat{\boldsymbol{Q}}_{k-1} + d_k(\boldsymbol{K}_k\widetilde{\boldsymbol{Z}}_{k/k-1}\widetilde{\boldsymbol{Z}}_{k/k-1}^{\mathrm{T}}\boldsymbol{K}_k^{\mathrm{T}} + \boldsymbol{P}_k - \boldsymbol{Pxz}_{k/k-1}) \tag{14.27}$$

式中，$d_k=(1-b)/(1-b^k)(0<b<1)$为遗忘因子，遗忘因子可以提高新测量数据在估计中的权重，通常在 0.95～0.99 之间选取。利用时变噪声统计估计器可以实时调整系统噪声方差阵，很好地解决了时变噪声统计特性在线估计的问题。

带噪声统计估计器的 UKF 算法在滤波迭代过程中不断地在线估计系统噪声的统计特性，并对系统模型参数进行修正，从而降低了滤波误差，使得位置、速度精度与传统 UKF 算法相比得到明显提高。但随着深空探测器逐渐靠近火星，探测器所受的引力变化剧烈，系统模型出现较大的变化，而带噪声统计估计器的 UKF 算法中的增益矩阵无法快速调整，导致滤波器对突变状态的跟踪能力较弱，对模型参数变化的鲁棒性不强。

2. 强跟踪 UKF 滤波算法

现有的自主导航系统一般都采用固定积分步长进行轨道动力学模型积分，认为在一个积分区间内探测器所受的引力加速度是一个常值，而在实际的深空探测转移轨道阶段中，由于探测器逐渐进入火星影响球范围内且距离火星越来越近，其受到的火星引力随时间迅速变化，导致原有的系统模型出现较大的误差，使得估计精度下降。此外，探测器运动环境和状态的变化，也会导致系统模型的不确定性增加。

传统的 UKF 仍然沿用了卡尔曼滤波框架结构，滤波中的增益矩阵 $\boldsymbol{K}$ 无法根据滤波结果和残差及时快速地进行调整，这就造成传统 UKF 无法快速跟踪系统状态的变化，引起估计精度下降。由于增益矩阵 $\boldsymbol{K}$ 在滤波稳定后是一个小量，状态突变将导致残差增大，但 $\boldsymbol{K}$ 并未随之增大，使得传统 UKF 丧失了对系统突变状态的跟踪能力。

为了解决上述问题，周东华教授在扩展卡尔曼滤波的基础之上提出了强跟踪滤波器的概念。强跟踪滤波器具有较强的鲁棒性，对突变状态和缓变状态都有较强的跟踪能力，且计算量适中。

强跟踪滤波器在滤波过程中引入渐消因子 λ_k，实时调整增益矩阵 $\boldsymbol{K}$，使系统满足

$$E\left[(\boldsymbol{x}_k - \hat{\boldsymbol{x}}_k)(\boldsymbol{x}_k - \hat{\boldsymbol{x}}_k)^{\mathrm{T}}\right] = \min \tag{14.28}$$

$$E\left[\boldsymbol{\varepsilon}_k\boldsymbol{\varepsilon}_{k+j}^{\mathrm{T}}\right] = 0, k=0,1,\cdots, j=1,2,\cdots \tag{14.29}$$

在实际应用中，系统模型的不准确性和噪声统计特性的变化会造成滤波器的状态估计值偏离系统的真实状态，导致输出的残差序列 $\boldsymbol{\varepsilon}_k$ 不正交，同时，这种偏离误差将在残差序列的均值与方差上同时表现出来。因此，采用强跟踪滤波器引入渐消因子，通过在线调整增益矩阵，

迫使残差序列保持正交，从而具有类似高斯白噪声的性质，即迫使式(14.29)成立，使滤波器在系统模型不确定时仍能保持对系统真实状态的跟踪能力。

强跟踪 UKF 以 UKF 作为滤波器的基本理论框架，强跟踪滤波算法的引入增强了滤波器对于系统模型不确定时的鲁棒性。在强跟踪 UKF 中，时间更新与传统 UKF 一致，在量测更新中计算量测预测协方差和互协方差时引入渐消因子，具体步骤为

$$\boldsymbol{Pzz}_{k+1/k}=\lambda_{k+1}\sum_{i=0}^{2n}\omega_c^i(\boldsymbol{Z}_{i,k+1/k}-\hat{\boldsymbol{Z}}_{k+1/k})(\boldsymbol{Z}_{i,k+1/k}-\hat{\boldsymbol{Z}}_{k+1/k})^{\mathrm{T}}+\boldsymbol{R}_{k+1} \tag{14.30}$$

$$\boldsymbol{Pxz}_{k+1/k}=\lambda_{k+1}\sum_{i=0}^{2n}\omega_c^i(\boldsymbol{\chi}_{i,k+1/k}-\hat{\boldsymbol{x}}_{k+1/k})(\boldsymbol{Z}_{i,k+1/k}-\hat{\boldsymbol{Z}}_{k+1/k})^{\mathrm{T}} \tag{14.31}$$

$$\boldsymbol{K}_{k+1}=\boldsymbol{Pxz}_{k+1/k}\boldsymbol{Pzz}_{k+1/k}^{-1} \tag{14.32}$$

$$\hat{\boldsymbol{x}}_{k+1}=\hat{\boldsymbol{x}}_{k+1/k}+\boldsymbol{K}_{k+1}(\boldsymbol{Z}_{k+1}-\hat{\boldsymbol{Z}}_{k+1/k}) \tag{14.33}$$

$$\boldsymbol{P}_{k+1}=\lambda_{k+1}\boldsymbol{P}_{k+1/k}-\boldsymbol{K}_{k+1}\boldsymbol{Pzz}_{k+1/k}\boldsymbol{K}_{k+1}^{\mathrm{T}} \tag{14.34}$$

不同时刻残差序列的协方差为

$$\begin{aligned}E(\boldsymbol{\varepsilon}_{k+1+j}\boldsymbol{\varepsilon}_{k+1}^{\mathrm{T}})=&\boldsymbol{H}_{k+1+j}\boldsymbol{F}_{k+j}(\boldsymbol{F}_{k+j-1}-\boldsymbol{K}_{k+j}\boldsymbol{H}_{k+j}\boldsymbol{F}_{k+j-1})\cdots\\&(\boldsymbol{F}_{k+1}-\boldsymbol{K}_{k+2}\boldsymbol{H}_{k+2}\boldsymbol{F}_{k+1})E(\boldsymbol{P}_{k+1/k}\boldsymbol{H}_{k+1}^{\mathrm{T}}-\boldsymbol{K}_{k+1}\boldsymbol{V}_{k+1})\end{aligned} \tag{14.35}$$

其中，$\boldsymbol{V}_{k+1}=E(\boldsymbol{\varepsilon}_{k+1}\boldsymbol{\varepsilon}_{k+1}^{\mathrm{T}})$；$\boldsymbol{\varepsilon}_{k+1}=\boldsymbol{Z}_{k+1}-\hat{\boldsymbol{Z}}_{k+1/k}$。

根据正交性原理可知，强跟踪 UKF 保持残差正交化的充分条件为

$$\boldsymbol{P}_{k+1/k}\boldsymbol{H}_{k+1}^{\mathrm{T}}-\boldsymbol{K}_{k+1}\boldsymbol{V}_{k+1}=\boldsymbol{0} \tag{14.36}$$

由强跟踪滤波算法可知

$$\begin{aligned}&\boldsymbol{Pzz}_{k+1/k}\\&=E[(\boldsymbol{Z}_{k+1}-\hat{\boldsymbol{Z}}_{k+1/k})(\boldsymbol{Z}_{k+1}-\hat{\boldsymbol{Z}}_{k+1/k})^{\mathrm{T}}]\\&=E\{[\boldsymbol{H}_{k+1}(\boldsymbol{x}_{k+1}-\hat{\boldsymbol{x}}_{k+1/k})+\boldsymbol{v}_{k+1}-\boldsymbol{r}_{k+1}][\boldsymbol{H}_{k+1}(\boldsymbol{x}_{k+1}-\hat{\boldsymbol{x}}_{k+1/k})+\boldsymbol{v}_{k+1}-\boldsymbol{r}_{k+1}]^{\mathrm{T}}\}\\&=\boldsymbol{H}_{k+1}\boldsymbol{P}_{k+1/k}\boldsymbol{H}_{k+1}^{\mathrm{T}}+\boldsymbol{R}_{k+1}\end{aligned} \tag{14.37}$$

$$\begin{aligned}&\boldsymbol{Pxz}_{k+1/k}\\&=E[(\boldsymbol{x}_{k+1}-\hat{\boldsymbol{x}}_{k+1/k})(\boldsymbol{Z}_{k+1}-\hat{\boldsymbol{Z}}_{k+1/k})^{\mathrm{T}}]\\&=E\{[\boldsymbol{x}_{k+1}-\hat{\boldsymbol{x}}_{k+1/k}][\boldsymbol{H}_{k+1}(\boldsymbol{x}_{k+1}-\hat{\boldsymbol{x}}_{k+1/k})+\boldsymbol{v}_{k+1}-\boldsymbol{r}_{k+1}]^{\mathrm{T}}\}\\&=\boldsymbol{P}_{k+1/k}\boldsymbol{H}_{k+1}^{\mathrm{T}}\end{aligned} \tag{14.38}$$

将式(14.38)代入式(14.36)可得

$$\boldsymbol{Pxz}_{k+1/k}=\boldsymbol{K}_{k+1}\boldsymbol{V}_{k+1} \tag{14.39}$$

将式(14.32)代入式(14.39)中可得

$$\boldsymbol{Pzz}_{k+1/k}=\boldsymbol{V}_{k+1} \tag{14.40}$$

将式(14.30)代入式(14.40)中可得

$$\lambda_{k+1}\sum_{i=0}^{2n}\omega_c^i(\boldsymbol{Z}_{i,k+1/k}-\hat{\boldsymbol{Z}}_{k+1/k})(\boldsymbol{Z}_{i,k+1/k}-\hat{\boldsymbol{Z}}_{k+1/k})^{\mathrm{T}}=\boldsymbol{V}_{k+1}-\boldsymbol{R}_{k+1} \tag{14.41}$$

定义

$$\boldsymbol{N}_{k+1}=\boldsymbol{V}_{k+1}-\boldsymbol{R}_{k+1} \tag{14.42}$$

$$\boldsymbol{M}_{k+1}=\sum_{i=0}^{2n}\omega_c^i(\boldsymbol{Z}_{i,k+1/k}-\hat{\boldsymbol{Z}}_{k+1/k})(\boldsymbol{Z}_{i,k+1/k}-\hat{\boldsymbol{Z}}_{k+1/k})^{\mathrm{T}} \tag{14.43}$$

则式(14.41)可以写为 $\lambda_{k+1}\boldsymbol{M}_{k+1}=\boldsymbol{N}_{k+1}$，对其两边求迹可以得到渐消因子 λ_{k+1} 的表达式为

$$\lambda_{k+1}=\begin{cases}\lambda_0 & \lambda_0>1\\ 1 & \lambda_0\leqslant 1\end{cases} \tag{14.44}$$

$$\lambda_0=\frac{\mathrm{tr}\ \boldsymbol{N}_{k+1}}{\mathrm{tr}\ \boldsymbol{M}_{k+1}} \tag{14.45}$$

残差的协方差阵 $\boldsymbol{V}_{k+1}$ 实际中是未知的，估算方法如下：

$$\boldsymbol{V}_{k+1}=\begin{cases}\boldsymbol{\varepsilon}_1\boldsymbol{\varepsilon}_1^{\mathrm{T}}, & k=1\\ \dfrac{\rho\boldsymbol{V}_k+\boldsymbol{\varepsilon}_{k+1}\boldsymbol{\varepsilon}_{k+1}^{\mathrm{T}}}{1+\rho}, & k\geqslant 1\end{cases} \tag{14.46}$$

式中，$0<\rho\leqslant 1$ 为遗忘因子。

强跟踪 UKF 具有 UKF 和强跟踪滤波器的优点，系统状态估计与跟踪效果好，在不增加系统计算复杂度的条件下，提高了系统的快速收敛性与跟踪能力。但是，渐消因子的求取过程中，为了减小计算量，保证在线计算的实时性，牺牲了一定的滤波精度而采用次优算法进行求解，因此破坏了滤波器的最优条件，状态估计精度有所下降。

3. 交互式多模型自适应滤波算法

1965 年 Magill 提出了多模型(Multiple Model，MM)算法，可以很好地解决不确定系统的状态估计问题。多模型算法最早应用于机动目标跟踪、故障诊断和容错控制等领域中。Blom 于 1984 年提出了交互式多模型(Interacting Multiple Model，IMM)算法，IMM 算法被认为是迄今为止最有效的多模型算法之一。在 IMM 算法中，与每个系统模型相匹配的滤波器并行工作，其残差的大小反映了系统的实际状态与各滤波器模型的匹配程度；然后，由残差计算每个滤波器所对应模型的概率值；最后，对每个模型的状态估计值取概率加权平均值即可得实际系统的混合状态估计值。

由于深空环境的复杂性以及各种不确定性噪声的影响，采用单个系统模型显然不能完全反映探测器实际运行的全过程，因此，将 IMM 滤波器应用于深空探测器自主导航系统中，可提高探测器的自主导航精度。

带噪声统计估计器的滤波器和强跟踪滤波器在实际系统运行过程中各有优缺点：前者通过在线估计噪声统计特性提高了滤波输出精度，但对于系统参数变化的鲁棒性低，对突变状态的跟踪稳定性和估计收敛性难以保证；后者通过引入渐消因子来抑制滤波器的发散，使得滤波器对于不确定性因素导致的系统模型变化具有较强的鲁棒性和稳定性，但对于滤波精度的提高效果不明显。因此，设计交互式多模型自适应滤波算法，将两种滤波器结合起来，以解决采用单一滤波器导致的状态估计精度低或鲁棒性差的问题。

在深空探测自主导航滤波算法中，IMM 的两个模型集分别为带噪声统计估计器的 UKF 和强跟踪 UKF，两个滤波器的输出融合得到最终的状态估值。深空探测自主导航系统 IMM 滤波算法流程如图 14.9 所示，主要包括四个过程：输入交互、模型滤波、模型概率更新、输出交互。

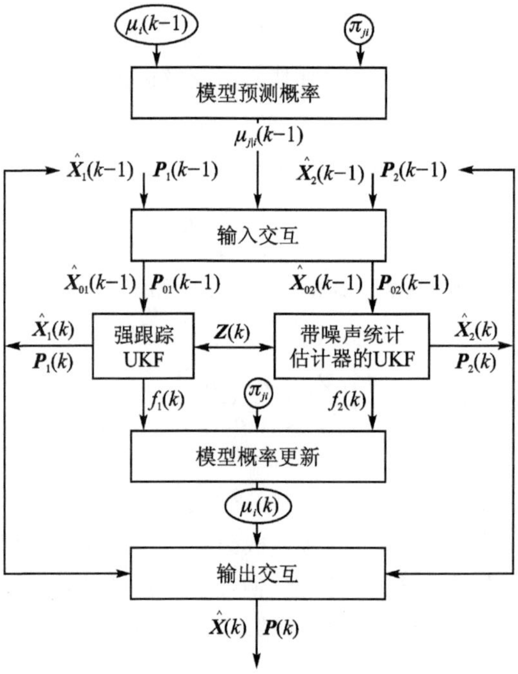

图 14.9 IMM 滤波算法示意图

各模型之间的转换用一个马尔可夫链控制，马尔可夫链的转移概率满足条件

$$\pi_{ji} > 0, 且 \sum_{i=1}^{2} \pi_{ji} = 1, j = 1,2 \tag{14.47}$$

(1) 输入交互

经过模型转移概率修正之后的值构成 IMM 滤波算法中每个模型集的输入。模型预测概率为

$$\mu_{j|1}(k-1) = \frac{\pi_{j1}\mu_1(k-1)}{\sum_{j=1}^{2} \pi_{j1}\mu_j(k-1)} \tag{14.48}$$

$$\mu_{j|2}(k-1) = \frac{\pi_{j2}\mu_2(k-1)}{\sum_{j=1}^{2} \pi_{j2}\mu_j(k-1)} \tag{14.49}$$

$$\hat{\boldsymbol{X}}_{01}(k-1) = \sum_{j=1}^{2} \hat{\boldsymbol{X}}_j(k-1)\mu_{j|1}(k-1) \tag{14.50}$$

$$\hat{\boldsymbol{X}}_{02}(k-1) = \sum_{j=1}^{2} \hat{\boldsymbol{X}}_j(k-1)\mu_{j|2}(k-1) \tag{14.51}$$

$$\boldsymbol{P}_{01}(k-1) = \sum_{j=1}^{2} \mu_{j|1}\{\boldsymbol{P}_j(k-1) + [\hat{\boldsymbol{X}}_j(k-1) - \hat{\boldsymbol{X}}_{01}(k-1)][\hat{\boldsymbol{X}}_j(k-1) - \hat{\boldsymbol{X}}_{01}(k-1)]^{\mathrm{T}}\} \tag{14.52}$$

$$\boldsymbol{P}_{02}(k-1) = \sum_{j=1}^{2} \mu_{j|2}\{\boldsymbol{P}_j(k-1) + [\hat{\boldsymbol{X}}_j(k-1) - \hat{\boldsymbol{X}}_{02}(k-1)][\hat{\boldsymbol{X}}_j(k-1) - \hat{\boldsymbol{X}}_{02}(k-1)]^{\mathrm{T}}\} \tag{14.53}$$

(2) 模型滤波

针对深空探测自主导航系统特点，分别采用带噪声统计估计器的 UKF 和强跟踪 UKF 滤波方法进行模型滤波。

(3) 模型概率更新

通过计算每个滤波器的残差，得到该时刻模型的似然函数为

$$f_1(k)=N[\boldsymbol{\varepsilon}_1(k):0,\boldsymbol{V}_1(k)]=[(2\pi)^m\ |\boldsymbol{V}_1|]^{-1/2}\exp\left(-\frac{1}{2}\boldsymbol{\varepsilon}_1\boldsymbol{V}_1^{-1}\boldsymbol{\varepsilon}_1\right) \tag{14.54}$$

$$f_2(k)=N[\boldsymbol{\varepsilon}_2(k):0,\boldsymbol{V}_2(k)]=[(2\pi)^m\ |\boldsymbol{V}_2|]^{-1/2}\exp\left(-\frac{1}{2}\boldsymbol{\varepsilon}_2\boldsymbol{V}_2^{-1}\boldsymbol{\varepsilon}_2\right) \tag{14.55}$$

式中，$N(x)$为高斯分布的概率密度函数；$\boldsymbol{\varepsilon}(k)$为残差；$\boldsymbol{V}(k)$为残差方差阵。

根据 $k-1$ 时刻的模型概率和模型的先验信息，得到 k 时刻的模型概率为

$$\mu_1=p\{m_1(k)\mid \boldsymbol{Z}(k)\}=\frac{f_1(k)\sum_{j=1}^{2}\pi_{j1}\mu_j(k-1)}{\sum_{i=1}^{2}f_i(k-1)\sum_{j=1}^{2}\pi_{ji}\mu_j(k-1)} \tag{14.56}$$

$$\mu_2=p\{m_2(k)\mid \boldsymbol{Z}(k)\}=\frac{f_2(k)\sum_{j=1}^{2}\pi_{j2}\mu_j(k-1)}{\sum_{i=1}^{2}f_i(k-1)\sum_{j=1}^{2}\pi_{ji}\mu_j(k-1)} \tag{14.57}$$

通过模型概率更新，可以得到当前时刻两个滤波器输出交互的权值。

(4) 输出交互

最终状态估值由各滤波估值概率加权得到

$$\hat{\boldsymbol{X}}(k)=\sum_{i=1}^{2}\hat{\boldsymbol{X}}_i(k)\mu_i(k) \tag{14.58}$$

$$\boldsymbol{P}(k)=\sum_{i=1}^{2}\mu_i\{\boldsymbol{P}_i(k-1)+[\hat{\boldsymbol{X}}_i(k-1)-\hat{\boldsymbol{X}}(k-1)][\hat{\boldsymbol{X}}_i(k-1)-\hat{\boldsymbol{X}}(k-1)]^{\mathrm{T}}\} \tag{14.59}$$

交互式多模型自适应滤波算法兼顾了强跟踪 UKF 和带噪声统计估计器的 UKF 的优点，很好地解决了深空环境复杂变化引起的单个系统模型无法准确描述深空探测轨道器运动规律的问题，具有较高的导航精度和应对模型不确定的强鲁棒性。

14.2.3　仿真验证

1. 仿真条件

火星探测器的具体数据参考美国“Mars Pathfinder”火星探测任务，该探测器于 1996 年 12 月 4 日发射，并于 1997 年 7 月 4 日着陆于火星表面，其轨道示意图如图 14.10 所示。

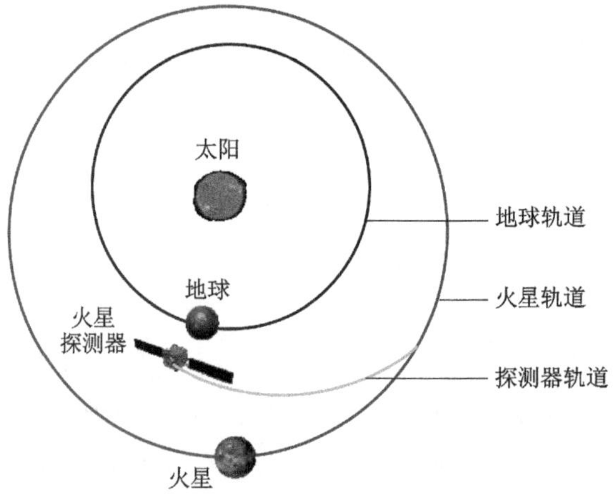

图 14.10 火星探测轨道示意图

仿真中利用 STK 生成火星探测器轨道数据，仿真时间选为 1997 年 7 月 2 日 00:00:00—1997 年 7 月 4 日 17:00:00，共 65 h，参考坐标系采用 J2000.0 日心惯性坐标系，行星星表使用 DE405 星表，恒星星历使用 Tycho－2 星历。探测器的轨道六要素为 $e=0.236\ 386$，$a=1.932\ 163\ 653\ 81\times10^{8}$ km，$i=23.455°$，$\Omega=0.258°$，$\omega=71.347°$，$f=85.152°$。以火星、火卫一和火卫二的星光角距作为量测量，天体敏感器精度为 1″，滤波周期为 15 s。

2. 基于 UKF 算法的导航仿真结果

基于 UKF 算法的转移轨道导航结果如图 14.11～图 14.18 所示。

从图 14.11～图 14.18 中可以看出，位置误差滤波收敛速度慢，0～40 h 波动仍比较大，同时导航精度较低，难以满足深空探测的导航需求；速度误差收敛迅速，10 h 后误差在 10 m/s 范围内波动。但在仿真时间接近 65 h 处，速度误差和位置误差都出现了滤波发散的情况。这主要是因为在火星探测器逐渐靠近火星的过程中，引力场变化越来越迅速，轨道动力学模型复杂，难以精确建模，噪声统计特性不断变化，引起探测器的导航精度降低，最终导致滤波发散。

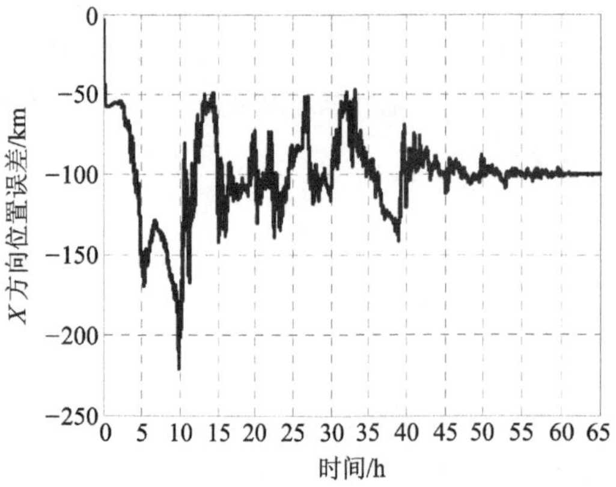

图 14.11 X 方向位置误差

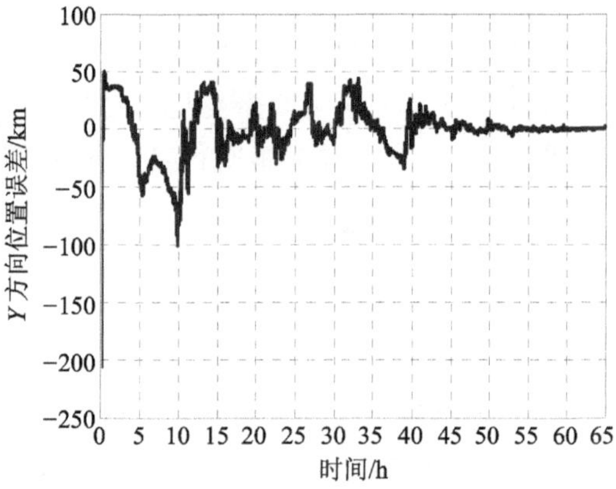

图 14.12 Y 方向位置误差

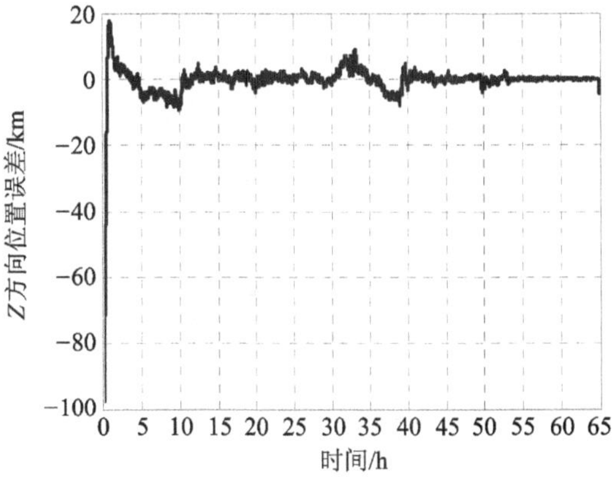

图 14.13　*Z* 方向位置误差

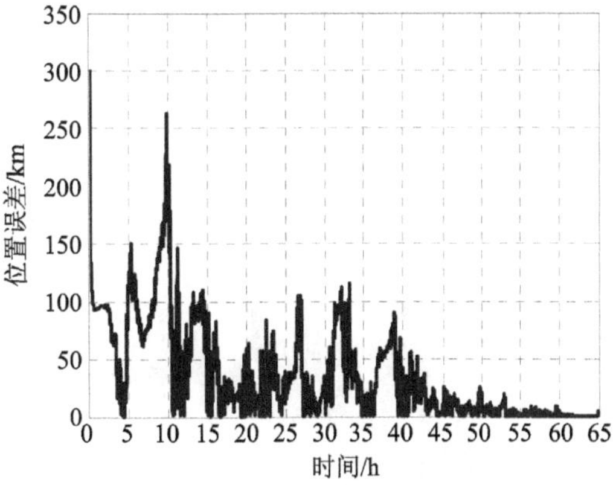

图 14.14　三个方向的位置总误差

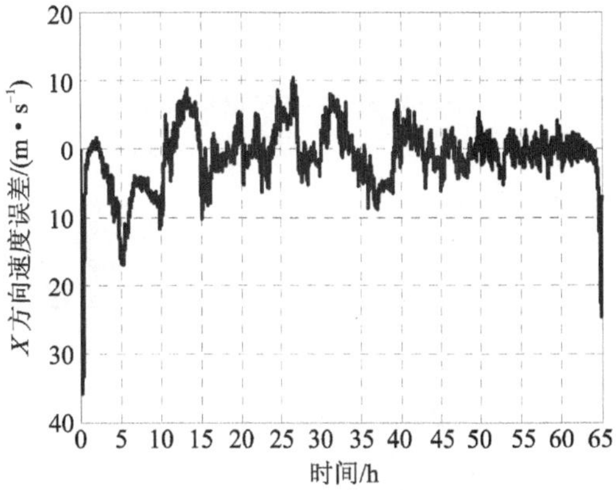

图 14.15　*X* 方向速度误差

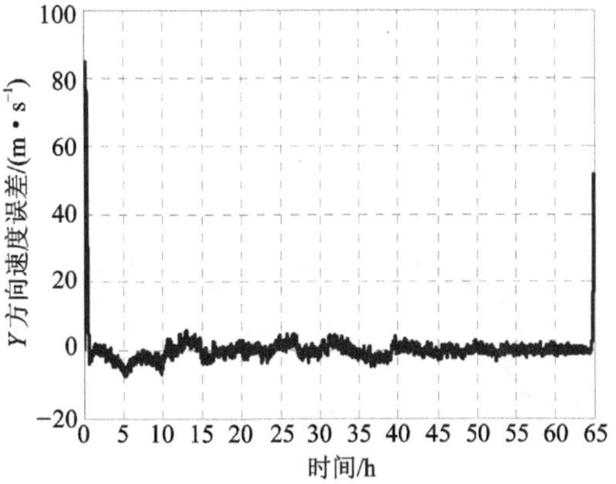

图 14.16　*Y* 方向速度误差

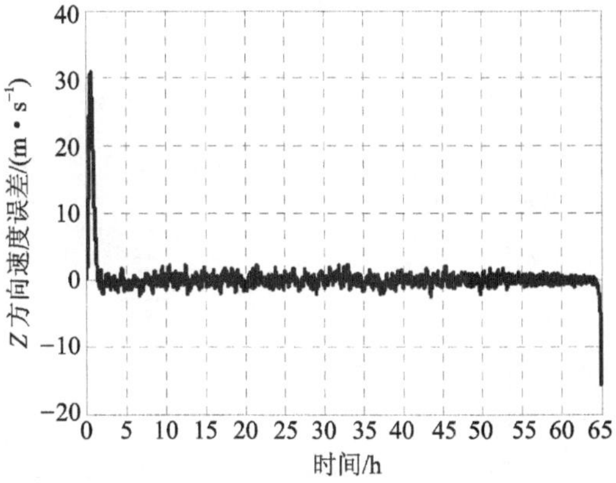

图 14.17　*Z* 方向速度误差

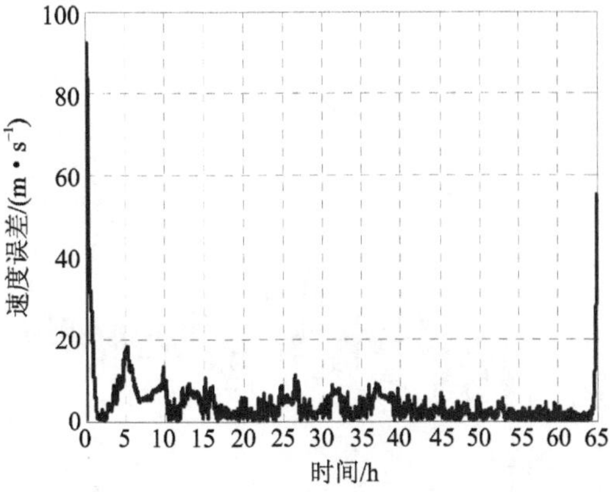

图 14.18　三个方向的速度总误差

3. 基于交互式多模型自适应滤波算法的导航仿真结果

基于交互式多模型自适应滤波算法确定火星探测器的位置与速度信息，仿真结果如图 14.19～图 14.26 所示。

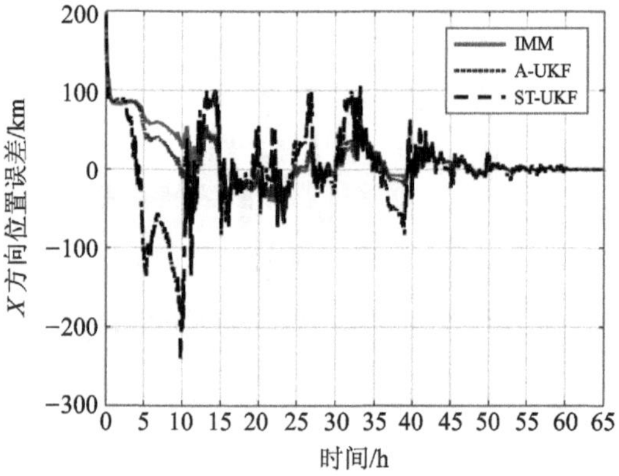

图 14.19　*X* 方向位置误差

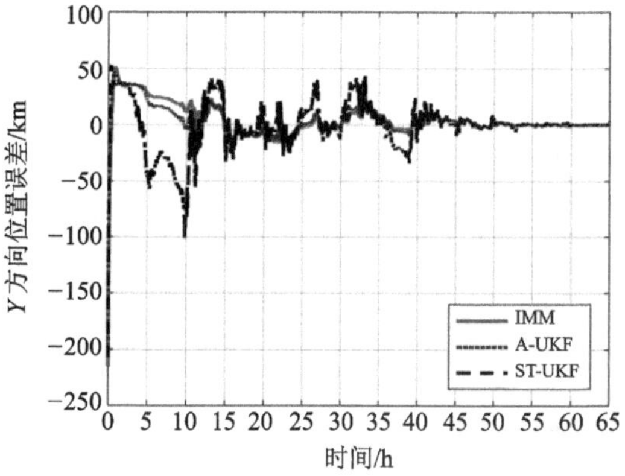

图 14.20　*Y* 方向位置误差

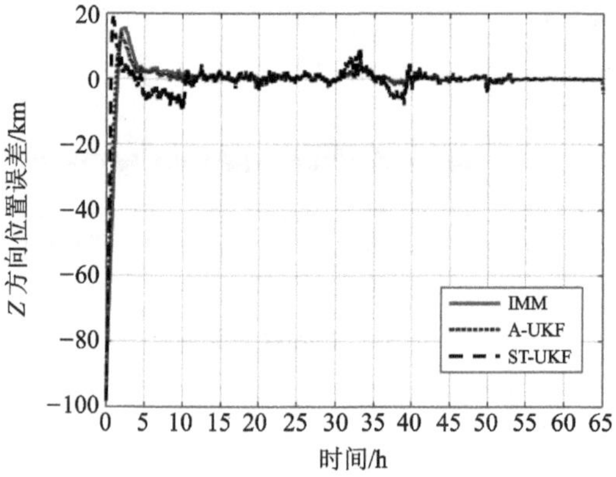

图 14.21　*Z* 方向位置误差

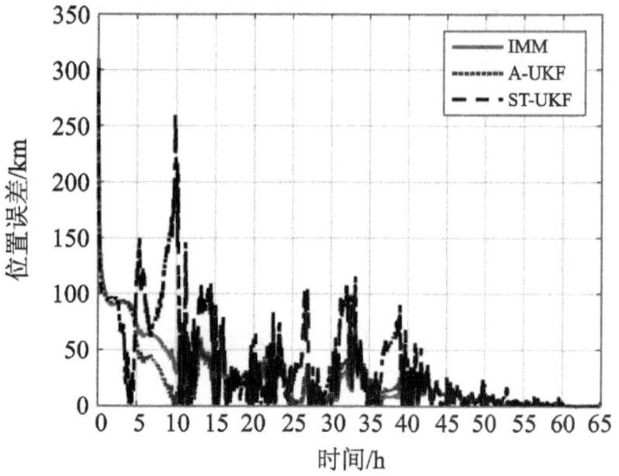

图 14.22　三个方向的位置总误差

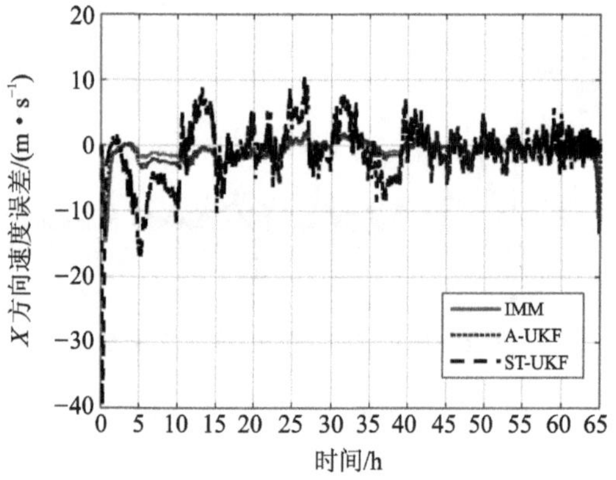

图 14.23　*X* 方向速度误差

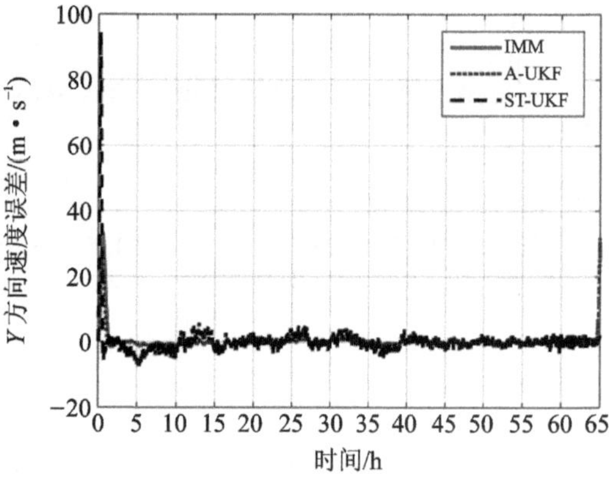

图 14.24　*Y* 方向速度误差

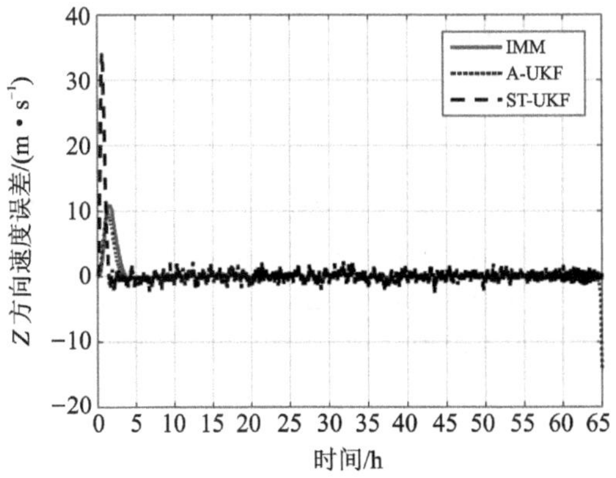

图 14.25　Z 方向速度误差

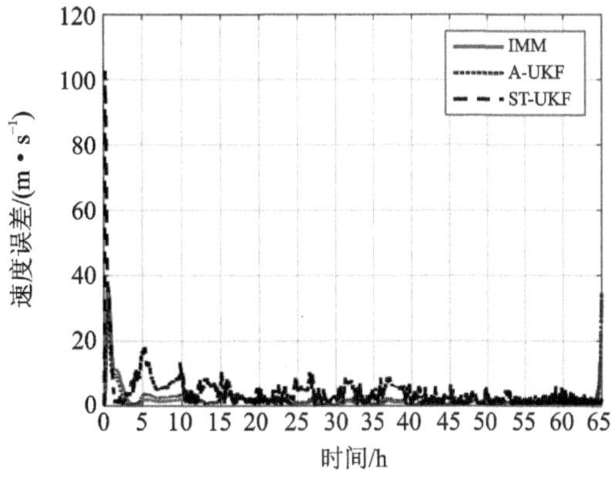

图 14.26　三个方向的速度总误差

根据图 14.19～图 14.26 可知，带噪声统计估计器的 UKF 算法与传统 UKF 滤波算法相比，在收敛速度上有了很大提高，在滤波开始阶段波动相对减小，滤波输出的位置误差、速度误差均减小。但在仿真时间接近 65 h 处，速度误差和位置误差仍出现了发散的情况；强跟踪 UKF 算法引入渐消因子增强了滤波器的鲁棒性，保证了系统对变化状态的跟踪能力，但是，由于破坏了滤波器的最优条件，其导航精度有所下降；而采用交互式多模型自适应滤波算法后，深空探测器自主导航系统位置、速度信息的导航精度得到明显提升，且导航误差稳定收敛，滤波收敛后，位置误差平均值为 14.791 km，速度误差平均值为 0.983 m/s。

仿真结果表明，三种改进的滤波算法都优于传统的 UKF，尤其是交互式多模型自适应滤波算法融合了带噪声统计估计器的 UKF 和强跟踪 UKF 的优势，效果最好。与带噪声统计估计器的 UKF 算法相比，采用交互式多模型自适应滤波算法，导航误差稳定收敛，可以实现对系统的精确跟踪，解决了捕获段末段的滤波发散问题；与强跟踪 UKF 算法相比，交互式多模型自适应滤波算法在迭代过程中通过模型概率更新自动匹配合适的子滤波器，不断修正带噪声统计估计器的自适应 UKF 子滤波器的状态估计值，并且在保证滤波收敛的基础上，通过模型概率更新自动匹配滤波精度较高的带噪声统计估计器的 UKF 算法，导航精度得到了明显提高。

14.3　深空探测巡视器的自主导航方法

深空探测巡视器是深入研究目标天体的地形地貌、地质构造、化学成分等具体特征必不可少的工具。高精度、高可靠性的自主导航定位能力是巡视器安全行驶并成功完成各项科学探测任务的前提。

深空探测巡视器通常采用组合导航方式进行测姿定位，其中，捷联惯导系统是组合导航的基础。因此初始对准与惯性器件误差标定成为必须考虑的问题。以火星车为例，针对深空探测巡视器对高精度初始对准及惯性器件误差标定的要求，提出了一种天文辅助捷联惯导进行高精度初始对准的方法，并基于此设计了一种捷联惯导/天文高精度复合两位置对准以及惯性器件误差标定方法。此外，为了满足火星车全程自主导航的要求，提出了一种适用于火星车运动过程的 SINS/CNS 组合导航方法。

14.3.1 天文辅助捷联惯导初始粗位姿确定方法

1. 火星车初始位姿的定义

火星车的初始位姿信息包括其初始位置和初始姿态。火星车的初始位置是指火星车运动的起始位置（着陆器的着陆点）在火星星固坐标系下的经纬度，实际上就是导航坐标系（n 系）和火星固连坐标系（m 系）之间的位置转换矩阵 $\boldsymbol{C}_m^n$。火星车的初始姿态是指火星车的俯仰角、滚转角与偏航角，实际上就是导航坐标系（n 系）和火星车本体坐标系（b 系）之间的姿态转换矩阵 $\boldsymbol{C}_n^b$。

$$\boldsymbol{C}_m^n = \begin{bmatrix} -\sin\lambda & \cos\lambda & 0 \\ -\cos\lambda\sin L & -\sin\lambda\sin L & \cos L \\ \cos\lambda\cos L & \sin\lambda\cos L & \sin L \end{bmatrix} \tag{14.60}$$

$$\boldsymbol{C}_n^b = \boldsymbol{L}_y(\gamma)\boldsymbol{L}_x(\theta)\boldsymbol{L}_{-z}(\psi) = \begin{bmatrix} c\gamma c\psi + s\gamma s\theta s\psi & -c\gamma s\psi + s\gamma s\theta c\psi & -s\gamma c\theta \\ c\theta s\psi & c\theta c\psi & s\theta \\ s\gamma c\psi - c\gamma s\theta s\psi & -s\gamma s\psi - c\gamma s\theta c\psi & c\gamma c\theta \end{bmatrix} \tag{14.61}$$

其中，λ，L 代表火星车的经纬度；θ，γ，ψ 分别代表火星车的俯仰角、滚转角和偏航角；$c\theta$ 表示的是 $\cos\theta$，$s\theta$ 表示的是 $\sin\theta$，其他的以此类推。

2. 滚转角与俯仰角的确定方法

火星车在初始定位中是处于静止状态的。利用加速度计的输出间接获得重力加速度矢量在 b 系三轴上的分量为 $[f_x^b \quad f_y^b \quad f_z^b]^{\mathrm{T}}$。重力加速度矢量在 n 系中的描述为 $\boldsymbol{g}^n = [0 \quad 0 \quad -g]^{\mathrm{T}}$，可以写作

$$\begin{bmatrix} f_x^b \\ f_y^b \\ f_z^b \end{bmatrix} = -\boldsymbol{C}_n^b g^n = \boldsymbol{C}_n^b \begin{bmatrix} 0 \\ 0 \\ g \end{bmatrix} = \begin{bmatrix} -\cos\theta\sin\gamma \\ \sin\theta \\ \cos\theta\cos\gamma \end{bmatrix} g \tag{14.62}$$

根据式(14.62)可得俯仰角 θ 与滚转角 γ 的主值为

$$\theta = \arcsin(f_y^b / g) \tag{14.63}$$

$$\gamma = \arctan(-f_x^b / f_z^b) \tag{14.64}$$

实际应用中，俯仰角 θ 的取值范围为 $(-\pi/2, \pi/2)$，滚转角 γ 的取值范围为 $(-\pi, \pi)$，根据 (f_x^b, f_y^b, f_z^b) 的正负号可进一步确定 θ 和 γ 的真值。

3. 确定火星车初始位置与偏航角

根据大视场星敏感器的输出便可获得高精度的火星车 b 系相对于火星赤道惯性坐标系（i 系）的方向余弦矩阵 $\widetilde{\boldsymbol{C}}_i^b$。根据当前的导航时间 t 能够获得从 i 系转换到 m 系的方向余弦矩阵 $\boldsymbol{C}_i^m$；由已求得的俯仰角 θ 和滚转角 γ 可以确定地平坐标系（h 系）相对于火星车 b 系的方向余弦矩阵 $\boldsymbol{C}_h^b$，由于

$$\widetilde{\boldsymbol{C}}_i^b = \boldsymbol{C}_h^b \boldsymbol{C}_m^h \boldsymbol{C}_i^m \tag{14.65}$$

所以，$\boldsymbol{C}_m^h = (\boldsymbol{C}_h^b)^{\mathrm{T}} \widetilde{\boldsymbol{C}}_i^b (\boldsymbol{C}_i^m)^{\mathrm{T}}$。

由 m 系到 h 系的转换可以分解成绕 Z_m 轴转动$(90°+\lambda)$得到 $OX_1Y_1Z_1$，绕 X_1 轴转动$(90°-L)$变成 n 系，然后绕 Z_n 轴转动 $-\psi$ 便为地平坐标系。所以，矩阵 $\boldsymbol{C}_m^h$ 与火星车所在位置的经度 λ、纬度 L 以及火星车初始偏航角 ψ 的关系可以写作

$$\boldsymbol{C}_m^h=\begin{bmatrix}C_{11} & C_{12} & C_{13}\\ C_{21} & C_{22} & C_{23}\\ C_{31} & C_{32} & C_{33}\end{bmatrix}=\begin{bmatrix}c\lambda sLs\psi-s\lambda c\psi & c\lambda c\psi+s\lambda sLs\psi & -s\psi cL\\ -c\lambda sLc\psi-s\lambda s\psi & c\lambda s\psi-s\lambda sLc\psi & c\psi cL\\ c\lambda cL & s\lambda cL & sL\end{bmatrix}\tag{14.66}$$

根据式(14.66)可得纬度 L、经度 λ 和偏航角 ψ 的主值为

$$\lambda=\arctan(C_{32}/C_{31})\tag{14.67}$$

$$L=\arcsin(C_{33})\tag{14.68}$$

$$\psi=\arctan(-C_{13}/C_{23})\tag{14.69}$$

实际应用中，经度 λ 的取值范围为$(-\pi,\pi)$，偏航角 ψ 的取值范围为$(0,2\pi)$，根据矩阵 $\boldsymbol{C}_m^h$ 中元素的正负号可进一步确定 λ、L 和 ψ 的真值。

当加速度计零偏为 10 μg，随机噪声为 5 μg，星敏感器输出的惯性姿态信息 $\tilde{\boldsymbol{C}}_i^b$ 的量测误差为 2″时，粗位姿确定方法在东经 110°、北纬 30°处所确定的初始位姿误差的平均值如表 14.1 所列。

表 14.1　粗位姿确定方法的位姿误差的平均值

位　姿	经　度	纬　度	俯仰角	滚转角	偏航角
误差/(″)	3.501 6	−1.167 2	2.517 5	−2.363 3	2.283 7

14.3.2　天文辅助捷联惯导初始精位姿确定方法

天文辅助捷联惯导初始粗位姿确定方法比较简单，能够在短时间内获得火星车的初始位姿信息，但是该方法无法消除量测噪声对火星车初始位姿的影响，而且也无法对陀螺仪常值漂移和加速度计零偏进行标定。

因此，在粗位姿确定方法的基础上，以捷联惯导系统误差模型作为系统状态方程，通过融合星敏感器与 SINS 分别确定的方向余弦矩阵 $\tilde{\boldsymbol{C}}_i^b$、$\hat{\boldsymbol{C}}_i^b$，并将 SINS 输出的速度误差信息作为量测量，进行基于卡尔曼滤波器的精位姿确定过程；利用平台失准角的估计值 $\hat{\boldsymbol{\varphi}}^n$ 以及经纬度误差的估计值 $\delta\hat{\lambda}$ 和 $\delta\hat{L}$ 分别对火星车的初始位姿进行校正，能够得到更高精度的火星车初始位姿信息，并且可以获得陀螺仪常值漂移的估计值。其工作原理如图 14.27 所示。

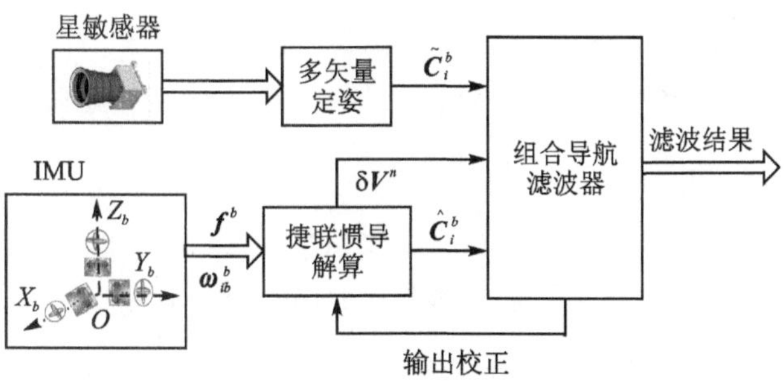

图 14.27　精位姿确定方法原理图

1. 系统状态方程

选择捷联惯导系统的平台失准角(ϕ_E,ϕ_N,ϕ_U)、速度误差($\delta v_E,\delta v_N,\delta v_U$)、位置误差($\delta L$,$\delta\lambda$)、陀螺仪常值漂移($\varepsilon_x,\varepsilon_y,\varepsilon_z$)、加速度计零偏($\nabla_x,\nabla_y,\nabla_z$)作为状态量。忽略高度误差以及火星子午圈和卯酉圈之间的差别,将捷联惯导系统在静基座条件下的误差方程作为天文辅助捷联惯导系统精位姿确定方法的状态方程,则有

$$\dot{\boldsymbol{X}}(t)=\boldsymbol{F}(t)\boldsymbol{X}(t)+\boldsymbol{G}(t)\boldsymbol{W}(t) \tag{14.70}$$

其中,$\boldsymbol{X}=[\phi_E\quad\phi_N\quad\phi_U\quad\delta v_E\quad\delta v_N\quad\delta v_U\quad\delta\lambda\quad\delta L\quad\varepsilon_x\quad\varepsilon_y\quad\varepsilon_z\quad\nabla_x\quad\nabla_y\quad\nabla_z]^{\mathrm{T}}$ 为状态向量;$\boldsymbol{W}(t)=[W_{gx}\quad W_{gy}\quad W_{gz}\quad W_{ax}\quad W_{ay}\quad W_{az}\quad W_{\varepsilon x}\quad W_{\varepsilon y}\quad W_{\varepsilon z}]^{\mathrm{T}}$ 为系统噪声向量,包括陀螺仪随机噪声 W_{gx},W_{gy},W_{gz},加速度计随机噪声 W_{ax},W_{ay},W_{az} 和陀螺仪随机游走过程的驱动噪声 $W_{\varepsilon x},W_{\varepsilon y},W_{\varepsilon z}$;$\boldsymbol{F}(t)$是系统状态矩阵,$\boldsymbol{G}(t)$是系统噪声驱动阵。$\boldsymbol{F}(t)$和 $\boldsymbol{G}(t)$可以写作

$$\boldsymbol{F}(t)=\begin{bmatrix}\boldsymbol{F}_N & \boldsymbol{F}_S\\ \boldsymbol{0}_{6\times8} & \boldsymbol{0}_{6\times6}\end{bmatrix}_{14\times14}\qquad \boldsymbol{F}_S=\begin{bmatrix}-\boldsymbol{C}_b^n & \boldsymbol{0}_{3\times3}\\ \boldsymbol{0}_{3\times3} & \boldsymbol{C}_b^n\\ \boldsymbol{0}_{2\times3} & \boldsymbol{0}_{2\times3}\end{bmatrix}$$

$$\boldsymbol{F}_N=\begin{bmatrix}0 & \omega_U & -\omega_N & 0 & -1/R_m & 0 & 0 & 0\\ -\omega_U & 0 & 0 & 1/R_m & 0 & 0 & 0 & -\omega_U\\ \omega_N & 0 & 0 & (\tan L)/R_m & 0 & 0 & 0 & \omega_N\\ 0 & -f_z^n & f_y^n & 0 & 2\omega_U & -2\omega_N & 0 & 0\\ f_z^n & 0 & -f_x^n & -2\omega_U & 0 & 0 & 0 & 0\\ -f_y^n & f_x^n & 0 & 2\omega_N & 0 & 0 & 0 & 0\\ 0 & 0 & 0 & (\sec L)/R_m & 0 & 0 & 0 & 0\\ 0 & 0 & 0 & 0 & 1/R_m & 0 & 0 & 0\end{bmatrix}$$

$$\boldsymbol{G}(t)=\begin{bmatrix}-\boldsymbol{C}_b^n & \boldsymbol{0}_{3\times3} & \boldsymbol{0}_{3\times3}\\ \boldsymbol{0}_{3\times3} & \boldsymbol{C}_b^n & \boldsymbol{0}_{3\times3}\\ \boldsymbol{0}_{2\times3} & \boldsymbol{0}_{2\times3} & \boldsymbol{0}_{2\times3}\\ \boldsymbol{0}_{3\times3} & \boldsymbol{0}_{3\times3} & \boldsymbol{I}_{3\times3}\\ \boldsymbol{0}_{3\times3} & \boldsymbol{0}_{3\times3} & \boldsymbol{0}_{3\times3}\end{bmatrix}$$

其中,$\omega_N=\omega_{im}\cos L$;$\omega_U=\omega_{im}\sin L$;$R_m$ 为火星半径;ω_{im} 为火星自转角速率。

2. 系统量测方程

根据当前导航时间 t 能够获得从 i 系转换到 m 系的方向余弦矩阵 $\boldsymbol{C}_i^m$,结合 SINS 的捷联矩阵 $\hat{\boldsymbol{C}}_n^b$ 和位置矩阵 $\hat{\boldsymbol{C}}_m^n$,有

$$\hat{\boldsymbol{C}}_i^b=\hat{\boldsymbol{C}}_n^b\hat{\boldsymbol{C}}_m^n\boldsymbol{C}_i^m \tag{14.71}$$

考虑到对准误差及陀螺漂移等因素的影响,SINS 数学平台系(n'系)与 n 系之间存在平台失准角 $\boldsymbol{\varphi}^n=[\phi_E\quad\phi_N\quad\phi_U]^{\mathrm{T}}$,有

$$\boldsymbol{C}_n^b=\hat{\boldsymbol{C}}_n^b(\boldsymbol{I}-[\boldsymbol{\varphi}^n\times]) \tag{14.72}$$

其中，$[\boldsymbol{\varphi}^n\times]$表示 $\boldsymbol{\varphi}^n$ 的叉乘矩阵。

而由于 SINS 定位误差 δL，$\delta\lambda$ 的存在，SINS 输出的计算地理坐标系与实际的地理坐标系不重合，有位置误差 $\delta\boldsymbol{P}=[-\delta L\quad \delta\lambda\cdot\cos L\quad \delta\lambda\cdot\sin L]^{\mathrm{T}}$，则

$$\boldsymbol{C}_m^n=(\boldsymbol{I}+[\delta\boldsymbol{P}\times])\hat{\boldsymbol{C}}_m^n \tag{14.73}$$

其中，$[\delta\boldsymbol{P}\times]$表示 $\delta\boldsymbol{P}$ 的叉乘矩阵。

由式(14.72)和式(14.73)可以看出，SINS 确定的方向余弦矩阵 $\hat{\boldsymbol{C}}_i^b$ 的误差主要由平台失准角 $\boldsymbol{\varphi}^n$ 和位置误差 δL，$\delta\lambda$ 引起。

而星敏感器输出的姿态矩阵 $\tilde{\boldsymbol{C}}_i^b$ 中包含有与星敏感器量测误差有关的失准角 $\delta\boldsymbol{\theta}=[\delta\theta_x\quad\delta\theta_y\quad\delta\theta_z]^{\mathrm{T}}$，即

$$\tilde{\boldsymbol{C}}_i^b=(\boldsymbol{I}-[\delta\boldsymbol{\theta}\times])\boldsymbol{C}_i^b \tag{14.74}$$

其中，$[\delta\boldsymbol{\theta}\times]$表示 $\delta\boldsymbol{\theta}$ 的叉乘矩阵。

将 SINS 与星敏感器分别确定的方向余弦矩阵 $\hat{\boldsymbol{C}}_i^b$ 和 $\tilde{\boldsymbol{C}}_i^b$ 的乘积记作姿态量测矩阵 $\boldsymbol{Z}_s$，则由式(14.71)～式(14.74)可得

$$\begin{aligned}\boldsymbol{Z}_s&=\hat{\boldsymbol{C}}_i^b(\tilde{\boldsymbol{C}}_i^b)^{\mathrm{T}}=\hat{\boldsymbol{C}}_i^b[(\boldsymbol{I}-[\delta\boldsymbol{\theta}\times])\boldsymbol{C}_i^b]^{\mathrm{T}}=\hat{\boldsymbol{C}}_i^b(\boldsymbol{C}_i^b)^{\mathrm{T}}+[\delta\boldsymbol{\theta}\times]\\&=(\hat{\boldsymbol{C}}_n^b\hat{\boldsymbol{C}}_m^n\boldsymbol{C}_i^m)[\hat{\boldsymbol{C}}_n^b(\boldsymbol{I}-[\boldsymbol{\varphi}^n\times])(\boldsymbol{I}+[\delta\boldsymbol{P}\times])\hat{\boldsymbol{C}}_m^n\boldsymbol{C}_i^m]^{\mathrm{T}}+[\delta\boldsymbol{\theta}\times]\\&=\boldsymbol{I}+\hat{\boldsymbol{C}}_n^b[\boldsymbol{\varphi}^n\times](\hat{\boldsymbol{C}}_n^b)^{\mathrm{T}}-\hat{\boldsymbol{C}}_n^b[\delta\boldsymbol{P}\times](\hat{\boldsymbol{C}}_n^b)^{\mathrm{T}}+[\delta\boldsymbol{\theta}\times]\\&=\boldsymbol{I}+[(\hat{\boldsymbol{C}}_n^b\boldsymbol{\varphi}^n)\times]-[(\hat{\boldsymbol{C}}_n^b\delta\boldsymbol{P})\times]+[\delta\boldsymbol{\theta}\times]\end{aligned} \tag{14.75}$$

其中，$\boldsymbol{Z}_s$ 为反对称矩阵，可以表示为

$$\boldsymbol{Z}_s=\begin{bmatrix}1&-Z_z&Z_y\\Z_z&1&-Z_x\\-Z_y&Z_x&1\end{bmatrix}$$

采用 $\boldsymbol{Z}_1=[Z_x\quad Z_y\quad Z_z]^{\mathrm{T}}$ 作为姿态量测向量，并结合系统的状态向量 $\boldsymbol{X}$，可列写出姿态量测方程

$$\boldsymbol{Z}_1=\frac{1}{2}\begin{bmatrix}Z_s(3,2)-Z_s(2,3)\\Z_s(1,3)-Z_s(3,1)\\Z_s(2,1)-Z_s(1,2)\end{bmatrix}=\boldsymbol{H}_1\boldsymbol{X}+\boldsymbol{V}_1 \tag{14.76}$$

其中，$\boldsymbol{H}_1=[\boldsymbol{H}_{11}\quad \boldsymbol{0}_{3\times3}\quad \boldsymbol{H}_{13}\quad \boldsymbol{0}_{3\times6}]$为姿态量测矩阵；$\boldsymbol{V}_1=\delta\boldsymbol{\theta}$ 为与星敏感器量测误差有关的量测噪声，并且有

$$\boldsymbol{H}_{11}=\hat{\boldsymbol{C}}_n^b,\quad \boldsymbol{H}_{13}=\boldsymbol{H}_{11}\times\begin{bmatrix}0&1\\-\cos L&0\\-\sin L&0\end{bmatrix}$$

将 SINS 的速度输出作为速度量测向量，并结合系统的状态向量 $\boldsymbol{X}$，可得到速度量测方程为

$$\boldsymbol{Z}_2=\begin{bmatrix}\delta v_E\\\delta v_N\\\delta v_U\end{bmatrix}=\boldsymbol{H}_2\boldsymbol{X}+\boldsymbol{V}_2 \tag{14.77}$$

其中，$\boldsymbol{H}_2 = [\boldsymbol{0}_{3\times3} \quad \boldsymbol{I}_{3\times3} \quad \boldsymbol{0}_{3\times2} \quad \boldsymbol{0}_{3\times6}]$为速度量测矩阵；$\boldsymbol{V}_2$ 为速度误差的量测噪声。

综合量测方程(14.76)和(14.77)，可得系统的量测方程为

$$\boldsymbol{Z} = \begin{bmatrix} \boldsymbol{Z}_1 \\ \boldsymbol{Z}_2 \end{bmatrix} = \boldsymbol{HX} + \boldsymbol{V} \tag{14.78}$$

其中，$\boldsymbol{H} = \begin{bmatrix} \boldsymbol{H}_{11} & \boldsymbol{0}_{3\times3} & \boldsymbol{H}_{13} & \boldsymbol{0}_{3\times6} \\ \boldsymbol{0}_{3\times3} & \boldsymbol{I}_{3\times3} & \boldsymbol{0}_{3\times2} & \boldsymbol{0}_{3\times6} \end{bmatrix}$；$\boldsymbol{V} = [\boldsymbol{V}_1^{\mathrm{T}} \quad \boldsymbol{V}_2^{\mathrm{T}}]^{\mathrm{T}}$ 为量测噪声。

3. 仿真验证

将粗位姿确定方法求得的位姿信息作为精位姿确定所需的初始值。惯性器件误差设置为：陀螺仪的常值漂移是 0.01(°)/h，随机噪声是 0.005(°)/h，随机游走过程的驱动噪声是 0.001(°)/h，加速度计的零偏是 10 μg，随机噪声是 5 μg；惯性器件的数据输出周期为 0.01 s。星敏感器：直接输出火星车的惯性姿态信息 $\tilde{\boldsymbol{C}}_i^b$，量测噪声为 2″，数据更新周期是 1 s。仿真结果如图 14.28～图 14.31 所示。

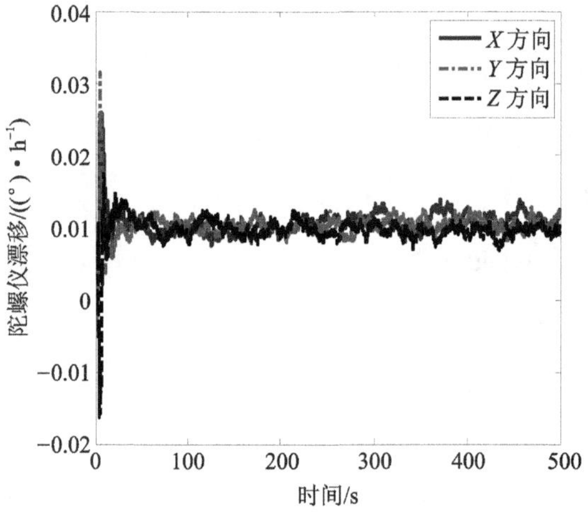

图 14.28 陀螺仪常值漂移的估计曲线

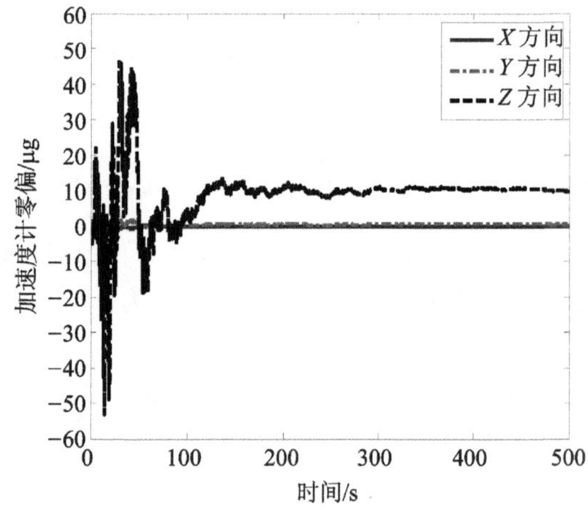

图 14.29 加速度计零偏的估计曲线

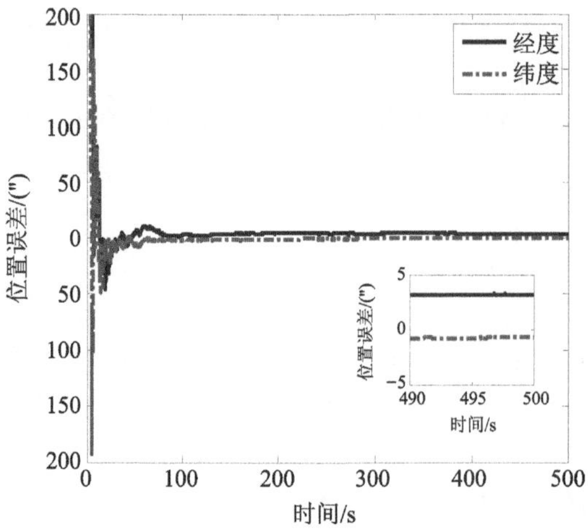

图 14.30 位置误差曲线

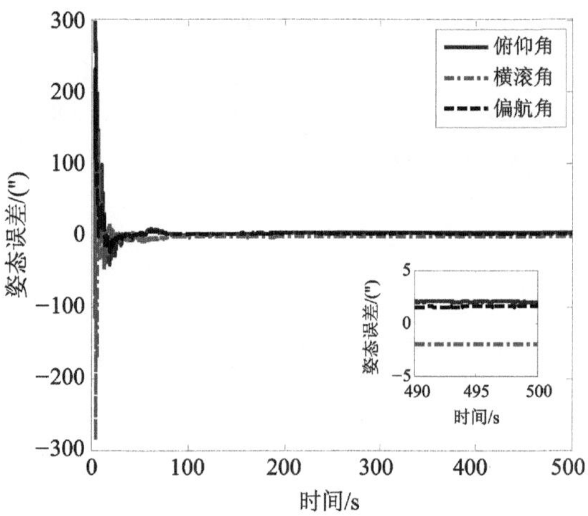

图 14.31 姿态误差曲线

由于平台失准角与陀螺仪常值漂移具有耦合关系，而且星敏感器所确定的方向余弦矩阵 $\widetilde{\boldsymbol{C}}_i^b$ 精度较高，通过将星敏感器与 SINS 分别确定的方向余弦阵($\widetilde{\boldsymbol{C}}_i^b$、$\hat{\boldsymbol{C}}_i^b$)进行信息融合，平台失准角的估计精度较高，因此，陀螺仪常值漂移也可以得到较好地估计。由图 14.28 可以看出，陀螺仪常值漂移的估计效果较好，与理论分析相吻合。当 $\delta\dot{\boldsymbol{V}}^n=\boldsymbol{0}$ 时，$\nabla_x^n-g\phi_y=0$，$\nabla_y^n+g\phi_x=0$，使得∇_x^n和∇_y^n无法得到有效地估计。如图 14.29 所示，只有∇_z^b可以得到较好地估计，其他两个方向上的加速度计零偏无法得到较好地估计，这主要是由于∇_x^n和∇_y^n无法被有效地估计造成的。利用估计的经纬度误差 $\delta\lambda$，δL 对经纬度进行修正以后，经度的估计误差在 2″左右，纬度的估计误差在 1″以内，如图 14.30 所示。由于∇_x^n和∇_y^n无法被有效地估计，从而导致水平方向上平台失准角的估计值存在 2″的误差(加速度零偏为 10 μg)，并最终导致俯仰角与滚转角的误差也在 2″左右，如图 14.31 所示。与粗位姿确定方法相比，基于卡尔曼滤波器的精位姿确定方法的定位精度得到了提高，而且可以获得三个方向上陀螺仪常值漂移的估计值。

14.3.3　捷联惯导天文复合两位置对准及惯性器件误差标定方法

根据天文辅助捷联惯导初始精位姿确定方法的仿真结果可以看出，加速度计零偏的估计效果很差，只有∇_z^b可以得到较好地估计，而且由于加速度计零偏和水平失准角之间的耦合关系，最终影响了火星车的对准精度。为了进一步提高火星车的初始对准精度以及惯性器件的误差标定精度，本节给出了一种捷联惯导天文复合两位置对准及惯性器件误差标定的方法。

1. 火星车两位置对准及惯性器件误差标定方法

通过对火星车初始位置及姿态确定方法进行分析可以看出，该方法借助星敏感器的输出，可以比较容易地获得火星车的初始粗位姿信息，但此时所确定的火星车初始姿态信息受星敏感器测量噪声的影响较大，而且也无法对陀螺仪常值漂移和加速度计零偏进行标校。因此，在所获取的火星车初始粗位姿信息的基础上，以捷联惯导系统误差模型作为系统状态方程，通过融合星敏感器与 SINS 分别确定的方向余弦矩阵($\widetilde{\boldsymbol{C}}_i^b$、$\hat{\boldsymbol{C}}_i^b$)，并将 SINS 输出的速度误差信息作为量测量，采用两位置对准方法估计平台失准角，并用平台失准角的估计结果 $\hat{\boldsymbol{\varphi}}^n$ 对火星车的初始姿态信息进行实时校正，能够提高火星车初始对准的精度，并且可以获得陀螺仪常值漂移和加速度计零偏的估计值。

SINS 误差模型的可观测性可以通过引入姿态变化来得到提高，其中，当 IMU 绕方位轴从初始位置旋转 180°到达第 2 个位置时，各状态变量的估计效果最好。由于 SINS 中的惯性器件直接安装在火星车上，要实现惯性器件的转动，只能让火星车在原地自转一定的角度。又由于缺乏必要的精密设备，所以无法保证火星车准确地自转 180°，只能根据陀螺仪的输出或者星敏感器的输出来使火星车自转的角度在 180°左右。

火星车两位置对准的过程为：首先，火星车在起始位置处进行初始对准及误差标定，然后，让火星车在原地进行自转，通过积分陀螺仪的输出或者星敏感器的输出获得火星车姿态角的变化，当火星车的偏航角改变了 180°以后，让火星车停止自转运动，然后在新的位置上继续进行对准过程和误差标定过程。其转动方法如图 14.32 所示。

(1) 系统状态方程

结合 SINS 的姿态误差方程、速度误差方程和陀螺仪误差模型，可得系统的状态方程为

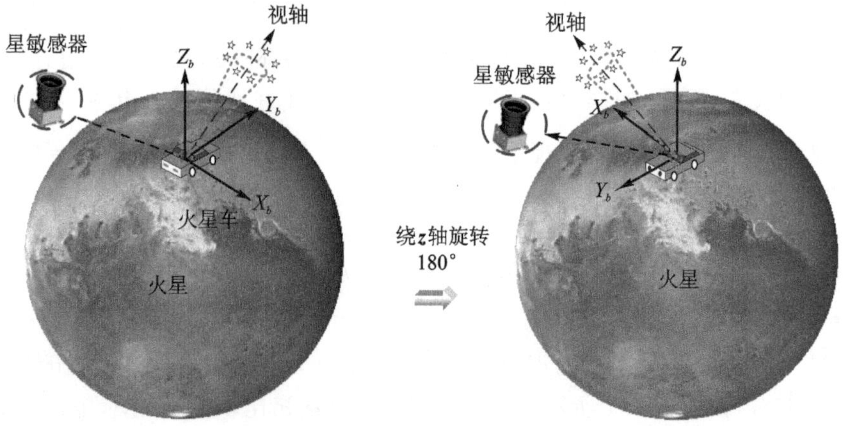

图 14.32 两位置对准转动示意图

$$\dot{\boldsymbol{X}}(t)=\boldsymbol{F}(t)\boldsymbol{X}(t)+\boldsymbol{G}(t)\boldsymbol{W}(t) \tag{14.79}$$

其中,状态向量 $\boldsymbol{X}=[\phi_E \quad \phi_N \quad \phi_U \quad \delta v_E \quad \delta v_N \quad \delta v_U \quad \varepsilon_x \quad \varepsilon_y \quad \varepsilon_z \quad \nabla_x \quad \nabla_y \quad \nabla_z]^{\mathrm{T}}$;$\boldsymbol{W}(t)=[W_{gx} \quad W_{gy} \quad W_{gz} \quad W_{ax} \quad W_{ay} \quad W_{az} \quad W_{\varepsilon x} \quad W_{\varepsilon y} \quad W_{\varepsilon z}]^{\mathrm{T}}$ 为系统噪声向量,包括陀螺仪随机噪声 W_{gx},W_{gy},W_{gz},加速度计随机噪声 W_{ax},W_{ay},W_{az} 和陀螺仪随机游走过程的驱动噪声 $W_{\varepsilon x}$,$W_{\varepsilon y}$,$W_{\varepsilon z}$;$\boldsymbol{F}(t)$是系统状态矩阵,$\boldsymbol{G}(t)$是系统噪声驱动阵。$\boldsymbol{F}(t)$和 $\boldsymbol{G}(t)$可以写作

$$\boldsymbol{F}(t)=\begin{bmatrix}\boldsymbol{F}_N & \boldsymbol{F}_S \\ \boldsymbol{0}_{6\times6} & \boldsymbol{0}_{6\times6}\end{bmatrix}_{12\times12}, \quad \boldsymbol{F}_S=\begin{bmatrix}-\boldsymbol{C}_b^n & \boldsymbol{0}_{3\times3} \\ \boldsymbol{0}_{3\times3} & \boldsymbol{C}_b^n\end{bmatrix}$$

$$\boldsymbol{F}_N=\begin{bmatrix}0 & \omega_U & -\omega_N & 0 & -1/R_m & 0 \\ -\omega_U & 0 & 0 & 1/R_m & 0 & 0 \\ \omega_N & 0 & 0 & (\tan L)/R_m & 0 & 0 \\ 0 & -f_z^n & f_y^n & 0 & 2\omega_U & -2\omega_N \\ f_z^n & 0 & -f_x^n & -2\omega_U & 0 & 0 \\ -f_y^n & f_x^n & 0 & 2\omega_N & 0 & 0\end{bmatrix}$$

$$\boldsymbol{G}(t)=\begin{bmatrix}-\boldsymbol{C}_b^n & \boldsymbol{0}_{3\times3} & \boldsymbol{0}_{3\times3} \\ \boldsymbol{0}_{3\times3} & \boldsymbol{C}_b^n & \boldsymbol{0}_{3\times3} \\ \boldsymbol{0}_{3\times3} & \boldsymbol{0}_{3\times3} & \boldsymbol{I}_{3\times3} \\ \boldsymbol{0}_{3\times3} & \boldsymbol{0}_{3\times3} & \boldsymbol{0}_{3\times3}\end{bmatrix}$$

(2) 系统量测方程

火星车两位置对准系统以 SINS 与星敏感器分别确定的方向余弦阵 $\hat{\boldsymbol{C}}_i^b$、$\tilde{\boldsymbol{C}}_i^b$ 的乘积为姿态量测向量 $\boldsymbol{Z}_s$,以 SINS 输出的速度误差作为速度量测向量,其量测方程分别为

$$\boldsymbol{Z}_1=\frac{1}{2}\begin{bmatrix}Z_s(3,2)-Z_s(2,3) \\ Z_s(1,3)-Z_s(3,1) \\ Z_s(2,1)-Z_s(1,2)\end{bmatrix}=\boldsymbol{H}_1\boldsymbol{X}+\boldsymbol{V}_1 \tag{14.80}$$

$$\boldsymbol{Z}_2=\begin{bmatrix}\delta v_E\\ \delta v_N\\ \delta v_U\end{bmatrix}=\boldsymbol{H}_2\boldsymbol{X}+\boldsymbol{V}_2 \tag{14.81}$$

其中，$\boldsymbol{H}_1=[\hat{\boldsymbol{C}}_n^b\quad \boldsymbol{0}_{3\times 3}\quad \boldsymbol{0}_{3\times 6}]$为姿态量测矩阵；$\boldsymbol{H}_2=[\boldsymbol{0}_{3\times 3}\quad \boldsymbol{I}_{3\times 3}\quad \boldsymbol{0}_{3\times 6}]$为速度量测矩阵；$\boldsymbol{V}_1$为与星敏感器量测误差有关的量测噪声；$\boldsymbol{V}_2$ 为速度误差的量测噪声。

综合量测方程(14.80)和(14.81)，可得系统的量测方程为

$$\boldsymbol{Z}=\begin{bmatrix}\boldsymbol{Z}_1\\ \boldsymbol{Z}_2\end{bmatrix}=\boldsymbol{H}\boldsymbol{X}+\boldsymbol{V} \tag{14.82}$$

其中，$\boldsymbol{H}=\begin{bmatrix}\hat{\boldsymbol{C}}_n^b & \boldsymbol{0}_{3\times 3} & \boldsymbol{0}_{3\times 6}\\ \boldsymbol{0}_{3\times 3} & \boldsymbol{I}_{3\times 3} & \boldsymbol{0}_{3\times 6}\end{bmatrix}$；$\boldsymbol{V}$ 为量测噪声。

(3) 仿真验证结果

火星车的初始位置为：西经 100°、北纬 30°、高度为 0 m，初始经度和纬度误差均为 1″；初始姿态为：俯仰角 5°、滚转角 3°、偏航角 40°。惯性器件误差设置为：陀螺仪的常值漂移是 0.02(°)/h，随机噪声是 0.01(°)/h，随机游走过程的驱动噪声是 0.001(°)/h，加速度计的零偏是 100 μg，随机噪声是 50 μg；惯性器件的数据输出周期为 0.01 s。星敏感器：直接输出火星车的惯性姿态信息 $\tilde{\boldsymbol{C}}_i^b$，量测噪声是 2″，数据更新周期是 1 s。

① 在第一个位置进行对准的情况：

由于星敏感器存在测量噪声，因此，姿态角的误差存在波动，如图 14.33 所示。又因为火星车的初始位置信息存在误差，在无法将火星车初始位置误差消除的情况下，此误差将最终影响火星车初始姿态的精度，因此，姿态角误差的均值不为零，而是存在一定的偏差。平台失准角与陀螺仪常值漂移具有耦合关系，由于由星敏感器所确定的方向余弦矩阵 $\tilde{\boldsymbol{C}}_i^b$ 精度较高，通过将星敏感器与 SINS 分别确定的方向余弦矩阵($\tilde{\boldsymbol{C}}_i^b$、$\hat{\boldsymbol{C}}_i^b$)进行信息融合，平台失准角的估计精度较高，因此，陀螺仪常值漂移也可以得到较好地估计，如图 14.34 所示。由图 14.35 可以看出，加速度计零偏也可以得到较好地估计，Y 方向上加速度计零偏的估计效果较差，其根本原因也是受火星车初始位置误差的影响。

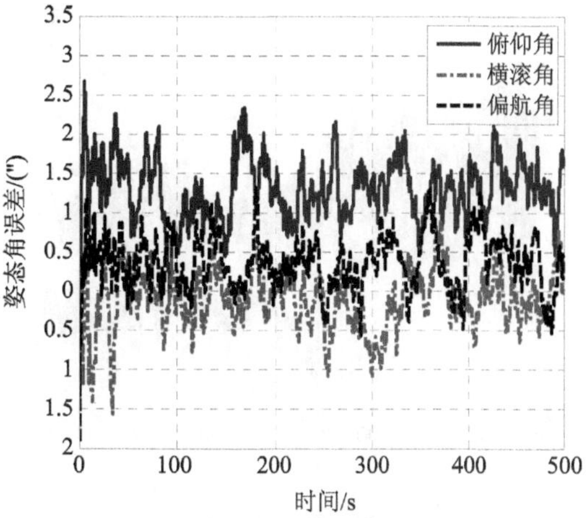

图 14.33　姿态角误差曲线

② 在第二个位置进行对准的情况：

通过第一个位置对准时的仿真分析可以看出，火星车的初始姿态信息、陀螺仪常值漂移以及加速度计零偏都可以得到较好地估计，但由于火星车的初始位置存在偏差，最终导致火星车初始姿态的估计值、加速度计零偏的估计值与真实值之间均存在一定的偏差。因此，为了更好地标定惯性器件，提高捷联惯导系统对准的精度，有必要进行两位置对准。

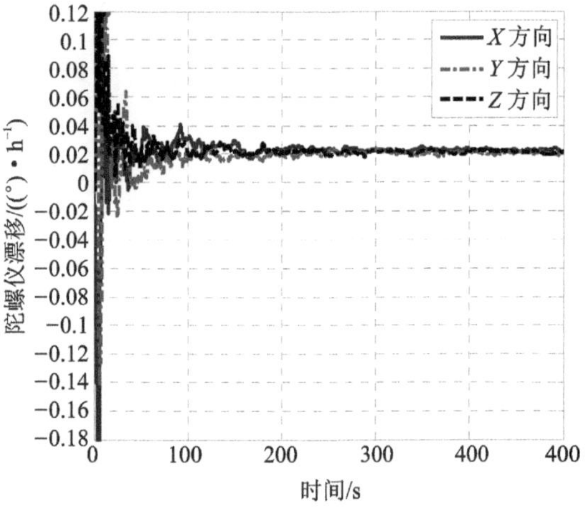

图 14.34 陀螺仪常值漂移的估计曲线

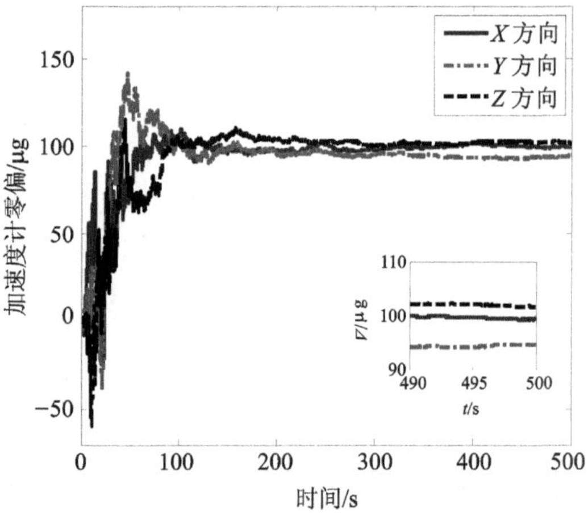

图 14.35 加速度计零偏的估计曲线

进行两位置对准时，由于使火星车在原地旋转了一定的角度，使得 SINS 误差模型中的系统状态矩阵发生了变化，从而改善了捷联惯导系统误差的可观测性，使得加速度计零偏的估计精度得到了较大的提高，如图 14.38 所示。陀螺仪常值漂移依然可以得到较好地估计，如图 14.37 所示。但由于仍受位置误差的影响，两位置对准时姿态角的估计精度没有得到提高，如图 14.36 所示。

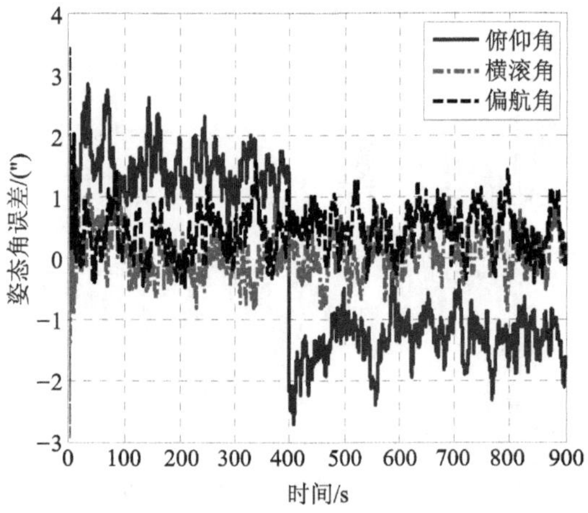

图 14.36 两位置对准姿态角误差

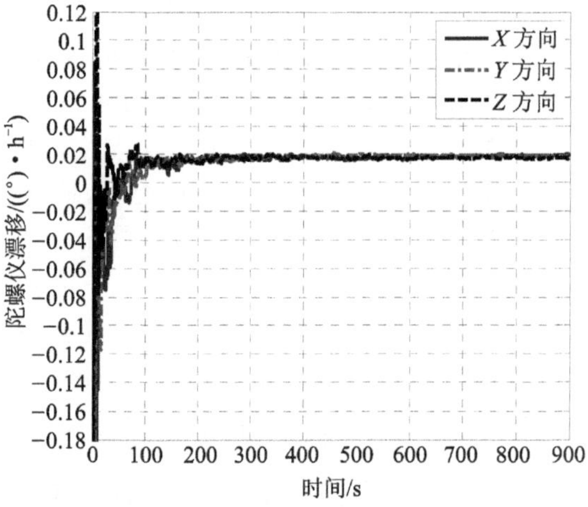

图 14.37 两位置对准陀螺仪常值漂移的估计曲线

2. 复合两位置对准方法

通过两位置对准时的仿真分析可以看出，加速度计零偏的估计精度得到了有效地提高，但火星车姿态角的估计精度并没有得到有效地提高。因此，这里给出了一种利用加速度计零偏高精度的估计结果来提高火星车初始对准精度的方法。

由于星敏感器所确定的高精度惯性姿态信息可以表示为

$$\tilde{\boldsymbol{C}}_i^b=(\boldsymbol{I}-[\delta\boldsymbol{\theta}\times])\boldsymbol{C}_i^b=\boldsymbol{C}_n^b\boldsymbol{C}_m^n\boldsymbol{C}_i^m-[\delta\boldsymbol{\theta}\times]\boldsymbol{C}_i^b=\boldsymbol{C}_n^b(\boldsymbol{I}+[\delta\boldsymbol{P}\times])\hat{\boldsymbol{C}}_m^n\boldsymbol{C}_i^m-[\delta\boldsymbol{\theta}\times]\boldsymbol{C}_i^b \tag{14.83}$$

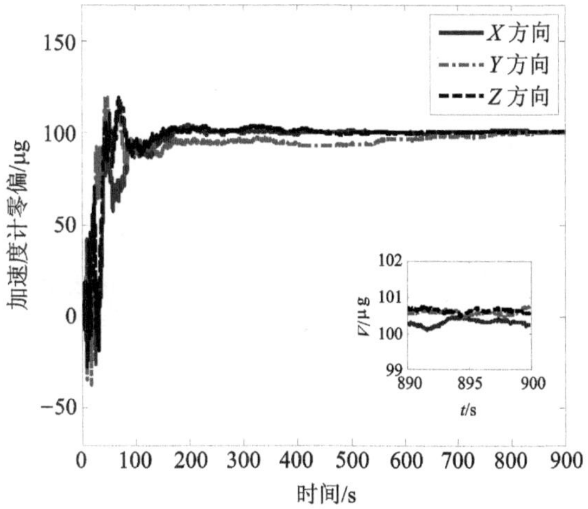

图 14.38　两位置对准加速度计零偏的估计曲线

因此，火星车经过初始对准以后所确定的姿态矩阵 $\boldsymbol{C}_p^b$ 与真实的姿态矩阵 $\boldsymbol{C}_n^b$ 之间的关系为

$$\boldsymbol{C}_p^b = \boldsymbol{C}_n^b(\boldsymbol{I} + [\delta \boldsymbol{P} \times]) \tag{14.84}$$

火星车进行初始对准时，由于存在位置误差的影响，使得平台失准角的估计值与真实值之间存在一定的偏差：

$$\begin{aligned} \Delta\phi_E &= \hat{\phi}_E - \phi_E \\ \Delta\phi_N &= \hat{\phi}_N - \phi_N \\ \Delta\phi_U &= \hat{\phi}_U - \phi_U \end{aligned} \tag{14.85}$$

其中，$\Delta\phi_E$，$\Delta\phi_N$，$\Delta\phi_U$ 分别表示平台失准角的估计误差；$\hat{\phi}_E$，$\hat{\phi}_N$，$\hat{\phi}_U$ 分别表示平台失准角的估计值；ϕ_E，ϕ_N，ϕ_U 分别表示平台失准角的真实值。

由于

$$\begin{aligned} \boldsymbol{C}_n^b &= \hat{\boldsymbol{C}}_n^b(\boldsymbol{I} - [\boldsymbol{\varphi} \times]) = \hat{\boldsymbol{C}}_n^b(\boldsymbol{I} - [(\hat{\boldsymbol{\varphi}} - \Delta\boldsymbol{\varphi}) \times]) \\ &= \hat{\boldsymbol{C}}_n^b(\boldsymbol{I} - [\hat{\boldsymbol{\varphi}} \times])(\boldsymbol{I} + [\Delta\boldsymbol{\varphi} \times]) = \boldsymbol{C}_p^b(\boldsymbol{I} + [\Delta\boldsymbol{\varphi} \times]) \end{aligned} \tag{14.86}$$

因此

$$\boldsymbol{C}_p^b = \boldsymbol{C}_n^b(\boldsymbol{I} - [\Delta\boldsymbol{\varphi} \times]) \tag{14.87}$$

根据式(14.84)和式(14.87)可得

$$\Delta\boldsymbol{\varphi} = -\delta\boldsymbol{P} \tag{14.88}$$

因此

$$\Delta\phi_U = \Delta\phi_N \times \tan L \tag{14.89}$$

而水平方向上平台失准角的估计误差与加速度计零偏的估计误差之间的关系可以写作

$$\left.\begin{aligned} \Delta\phi_E &= \Delta\nabla_N / g \\ \Delta\phi_N &= -\Delta\nabla_E / g \end{aligned}\right\} \tag{14.90}$$

其中，$\Delta\nabla_E$，$\Delta\nabla_N$ 分别表示导航坐标系下等效的东向和北向加速度计零偏的估计误差。

根据式(14.89)和式(14.90)可得：

$$\Delta\phi_U = -\Delta\nabla_E \times \tan L/g \tag{14.91}$$

由于两位置对准时加速度计零偏的估计精度得到了提高，则 $\Delta\nabla_E$，$\Delta\nabla_N$ 可以认为是在第二个位置上进行对准时等效的东向和北向加速度计零偏的估计值与在第一个位置上进行对准时等效的东向与北向加速度计零偏的估计值之差：

$$\begin{aligned}\Delta\nabla_E &= \nabla_E^2 - \nabla_E^1 \\ \Delta\nabla_N &= \nabla_N^2 - \nabla_N^1\end{aligned} \tag{14.92}$$

其中，∇_E^2，∇_N^2 表示在第二个位置上进行对准时东向和北向加速度计零偏的估计值；∇_E^1，∇_N^1 表示在第一个位置上进行对准时东向和北向加速度计零偏的估计值。

将 $\Delta\nabla_E$ 和 $\Delta\nabla_N$ 代入式(14.90)就可以求出 $\Delta\phi_E$，$\Delta\phi_N$，利用式(14.91)就可以求出 $\Delta\phi_U$，然后根据式(14.86)去修正捷联惯导的姿态矩阵就可以提高初始对准的精度，经过修正可得姿态误差如图 14.39～图 14.41 所示。

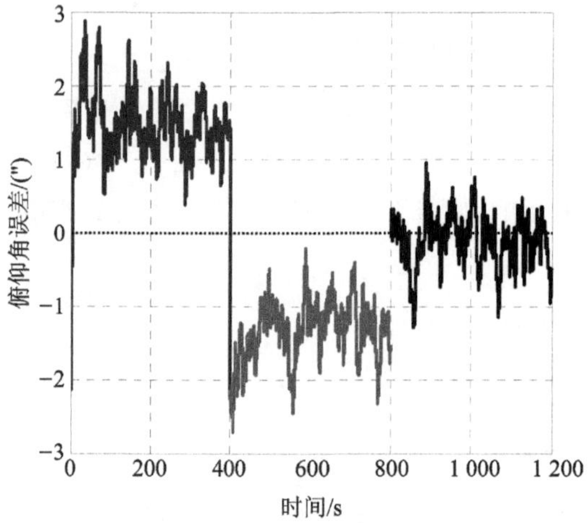

图 14.39 俯仰角误差曲线

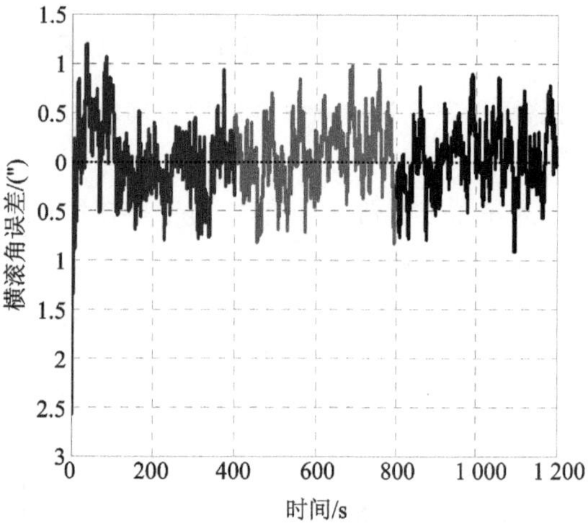

图 14.40 滚转角误差曲线

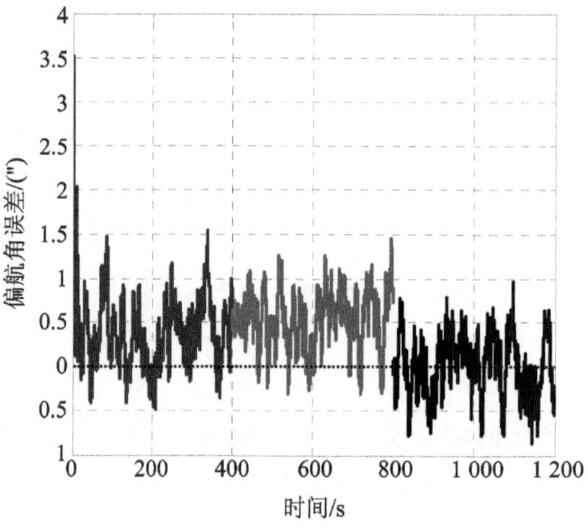

图 14.41 偏航角误差曲线

在图 14.39～图 14.41 中，前 400 s 为在第一个位置进行对准时的姿态角误差曲线；400～

800 s 为在第二个位置进行对准时的姿态角误差曲线；800～1 200 s 为经过修正以后的姿态角误差曲线。通过图 14.39～图 14.41 可以看出，经过姿态角修正以后，姿态角误差曲线虽然仍是波动的，但其误差均值已非常小，基本在零附近。

姿态误差的均值如表 14.2 所列，由表 14.2 可以看出，经过修正以后，火星车的姿态角误差均较小，在 0.2″以内。

表 14.2　经过修正以后的姿态误差

姿　态	俯仰角	滚转角	偏航角
误差/(″)	−0.167 2	0.003 8	0.018 9

另外，根据式(14.73)和式(14.88)对火星车的初始位置进行修正后，可得火星车的初始位置误差如表 14.3 所列。由表 14.3 可以看出，利用这种复合两位置对准方法进行位置修正以后，火星车初始位置的精度也得到了较大的提高，其误差从原来的 1″降低到 0.2″以内。

表 14.3　经过修正以后的位置误差

位　置	经　度	纬　度
误差/(″)	0.064 2	0.157 0

通过表 14.2 和表 14.3 可以看出，经过修正以后，火星车的位置误差与姿态误差均在 0.2″以内。

14.3.4　火星车 SINS/CNS 组合导航方法

为了满足火星车全程自主导航的要求，进一步设计了一种适用于火星车运动过程的自主导航方法。

在火星车的运动过程中，采用天文导航系统的定姿信息对捷联惯导的姿态误差进行校正，并以火星车本体坐标 X 方向与 Z 方向上的零速作为限制条件，建立量测方程，采用卡尔曼滤波器对捷联惯导误差进行实时估计并补偿。火星车自主导航的工作原理如图 14.42 所示。

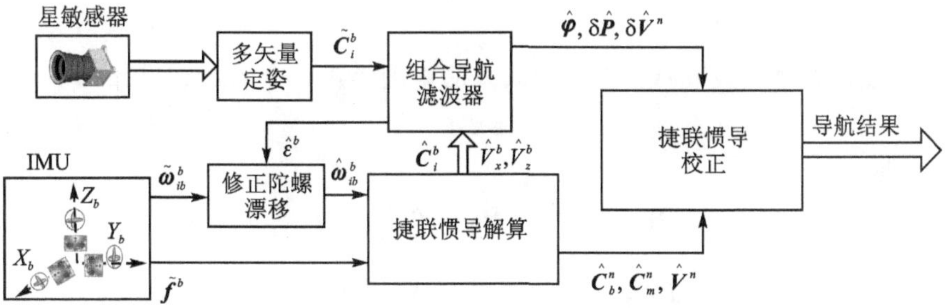

图 14.42　火星车自主导航的工作原理图

在火星车运动过程中，通过将星敏感器与 SINS 分别确定的方向余弦矩阵（$\tilde{C}_i^b$、$\hat{C}_i^b$）进行信息融合，采用平台失准角的估计结果 $\hat{\varphi}^n$ 校正姿态矩阵 $\hat{C}_b^n$，能够达到对火星车高精度定姿的要求。利用陀螺仪常值漂移的估计值 $\hat{\varepsilon}^b$ 对陀螺仪的输出进行校正，能够在很大程度上减缓姿态角的发散速度。以 SINS 在车体横向和垂直方向上的速度输出作为量测，并利用组合导航滤波器估计得到的平台失准角、速度误差和位置误差对捷联惯导系统的姿态、速度和位置参数进行校正,从而提高导航精度。

1. 系统模型

由于火星车的运动速度很慢,在这里忽略实际运动速度对SINS误差模型的影响,因此,火星车SINS/CNS组合导航系统的状态方程与天文辅助捷联惯导初始精位姿确定方法的状态方程相同,即式(14.70)。

如式(14.76)所示,火星车SINS/CNS组合导航系统的姿态量测向量为$\boldsymbol{Z}_1=[Z_x\quad Z_y\quad Z_z]^{\mathrm{T}}$,其中的元素来自SINS与星敏感器分别确定的方向余弦矩阵$\hat{\boldsymbol{C}}_i^b$、$\tilde{\boldsymbol{C}}_i^b$的乘积$\boldsymbol{Z}_s$,如式(14.75)所示。另外,假设载体没有受到侧滑等因素的影响,载体在横向和垂直方向上的速度近似为零,因此,利用b系下x轴速度V_x^b和z轴速度V_z^b为0这一约束条件构成速度量测向量$\boldsymbol{Z}_2$。

捷联惯导系统输出的n系下速度的$\hat{\boldsymbol{V}}^n$到b系下速度$\hat{\boldsymbol{V}}^b$的转换公式为

$$\hat{\boldsymbol{V}}^b=\hat{\boldsymbol{C}}_n^b\hat{\boldsymbol{V}}^n \tag{14.93}$$

由于$\boldsymbol{C}_n^b=\hat{\boldsymbol{C}}_n^b(\boldsymbol{I}-[\boldsymbol{\varphi}^n\times])$,而且$\hat{\boldsymbol{V}}^n=\boldsymbol{V}^n+\delta\boldsymbol{V}^n$,$\boldsymbol{V}^b=\boldsymbol{C}_n^b\boldsymbol{V}^n$,$V_x^b=0$,$V_z^b=0$,所以有

$$\begin{aligned}\delta\boldsymbol{V}^b&=\hat{\boldsymbol{V}}^b-\boldsymbol{V}^b\\&=\hat{\boldsymbol{C}}_n^b\hat{\boldsymbol{V}}^n-\boldsymbol{C}_n^b\boldsymbol{V}^n=\hat{\boldsymbol{C}}_n^b\hat{\boldsymbol{V}}^n-\hat{\boldsymbol{C}}_n^b(\boldsymbol{I}-[\boldsymbol{\varphi}^n\times])(\hat{\boldsymbol{V}}^n-\delta\boldsymbol{V}^n)\\&=\hat{\boldsymbol{C}}_n^b[\boldsymbol{\varphi}^n\times]\hat{\boldsymbol{V}}^n+\hat{\boldsymbol{C}}_n^b\delta\boldsymbol{V}^n\\&=-\hat{\boldsymbol{C}}_n^b[\hat{\boldsymbol{V}}^n\times]\boldsymbol{\varphi}^n+\hat{\boldsymbol{C}}_n^b\delta\boldsymbol{V}^n\end{aligned} \tag{14.94}$$

令

$$\boldsymbol{Z}_2=\begin{bmatrix}\delta V_x^b\\\delta V_z^b\end{bmatrix}=\begin{bmatrix}\hat{V}_x^b-V_x^b\\\hat{V}_z^b-V_z^b\end{bmatrix}=\boldsymbol{H}_2\boldsymbol{X}+\boldsymbol{V}_2 \tag{14.95}$$

式中,$\boldsymbol{H}_2$为速度误差量测矩阵;$\boldsymbol{V}_2$为速度误差的量测噪声。令$\hat{\boldsymbol{C}}_n^b=\begin{bmatrix}T_{11}&T_{12}&T_{13}\\T_{21}&T_{22}&T_{23}\\T_{31}&T_{32}&T_{33}\end{bmatrix}$,则由式(14.94)可得

$$\boldsymbol{H}_2=[\boldsymbol{H}_{21}\quad\boldsymbol{H}_{22}\quad\boldsymbol{0}_{2\times2}\quad\boldsymbol{0}_{2\times6}] \tag{14.96}$$

式中,$\boldsymbol{H}_{21}=\begin{bmatrix}T_{13}\hat{V}_y^n-T_{12}\hat{V}_z^n&T_{11}\hat{V}_z^n-T_{13}\hat{V}_x^n&T_{12}\hat{V}_x^n-T_{11}\hat{V}_y^n\\T_{33}\hat{V}_y^n-T_{32}\hat{V}_z^n&T_{31}\hat{V}_z^n-T_{33}\hat{V}_x^n&T_{32}\hat{V}_x^n-T_{31}\hat{V}_y^n\end{bmatrix}$;$\boldsymbol{H}_{22}=\begin{bmatrix}T_{11}&T_{12}&T_{13}\\T_{31}&T_{32}&T_{33}\end{bmatrix}$。

根据量测方程式(14.76)和式(14.95),得到最终的量测方程为

$$\boldsymbol{Z}=\begin{bmatrix}\boldsymbol{Z}_1\\\boldsymbol{Z}_2\end{bmatrix}=\boldsymbol{H}\boldsymbol{X}+\boldsymbol{V} \tag{14.97}$$

式中,$\boldsymbol{H}=\begin{bmatrix}\boldsymbol{H}_{11}&\boldsymbol{0}_{3\times3}&\boldsymbol{H}_{13}&\boldsymbol{0}_{3\times6}\\\boldsymbol{H}_{21}&\boldsymbol{H}_{22}&\boldsymbol{0}_{2\times2}&\boldsymbol{0}_{2\times6}\end{bmatrix}$;$\boldsymbol{V}$为量测噪声。

2. 仿真验证

首先利用轨迹发生器产生一条 S 形的轨迹，轨迹的初始位置为北纬 30°和东经 110°，初始的俯仰角和滚转角均为 0°，初始的偏航角为北偏东 60°。惯性器件误差为：陀螺仪常值漂移为 0.01(°)/h，随机噪声为 0.005(°)/h，随机游走过程的驱动噪声为0.002(°)/h；加速度计零偏为 10 μg，随机噪声为 5 μg；惯性器件的数据输出周期为 0.01 s。星敏感器：直接输出火星车的惯性姿态信息 $\tilde{\boldsymbol{C}}_i^b$，量测噪声为 2″，数据更新周期为 1 s。

在捷联惯导系统初始对准结束后，采用提出的火星车自主导航方法进行解算，卡尔曼滤波器的周期为 0.01 s，由于星敏感器的数据输出周期为 1 s，所以，在天文导航系统的姿态测量数据到来之前，仅以 SINS 在车体横向和垂直方向上的速度输出作为量测，在天文导航系统的数据到来之后，则同时融合天文导航系统与 SINS 分别确定的方向余弦矩阵($\tilde{\boldsymbol{C}}_i^b$、$\hat{\boldsymbol{C}}_i^b$)。得到所给出的火星车自主导航方法与单独 SINS 分别进行解算的结果如图 14.43～图 14.49 所示。

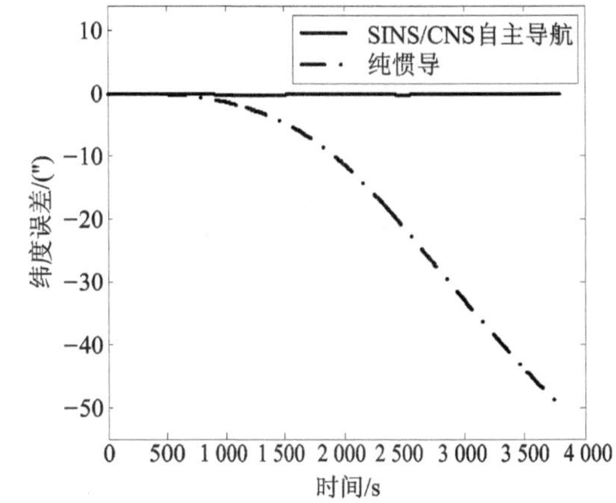

图 14.43　纬度误差

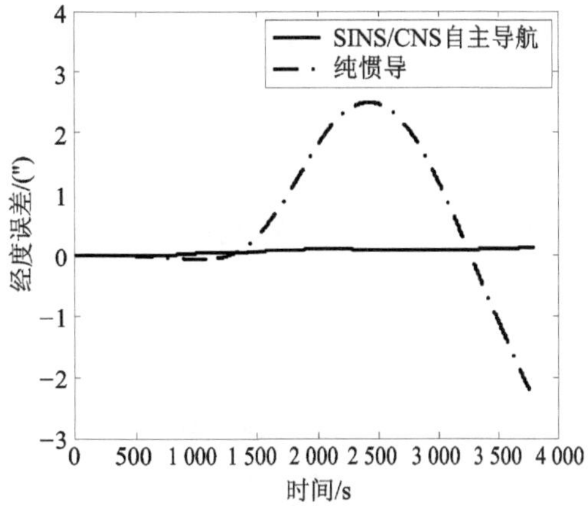

图 14.44　经度误差

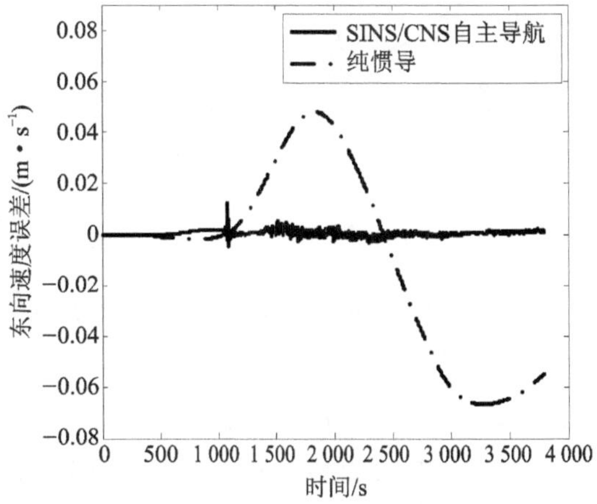

图 14.45　东向速度误差

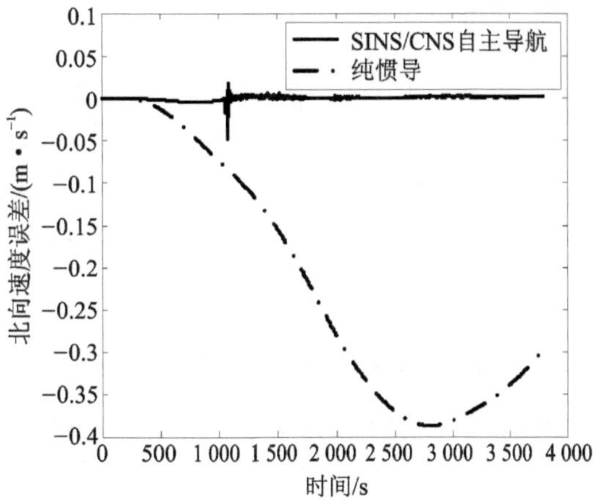

图 14.46　北向速度误差

由于火星车自主导航方法能够估计出火星车的速度误差，利用速度误差的估计值以及速度误差的积分结果校正捷联惯导系统输出的速度和位置信息，能够抑制随时间发散的捷联惯导误差。从图 14.43～图 14.46 可以看出，采用火星车自主导航方法进行解算时，无论是位置误差还是速度误差都很小，解算的运动轨迹与真实轨迹基本重合。而受惯性器件误差影响，捷联惯导解算误差随时间积累，当采用纯捷联惯导进行解算时，位置误差以及速度误差均随时间发散，随着时间延长，解算的火星车运动轨迹越来越远离真实轨迹。

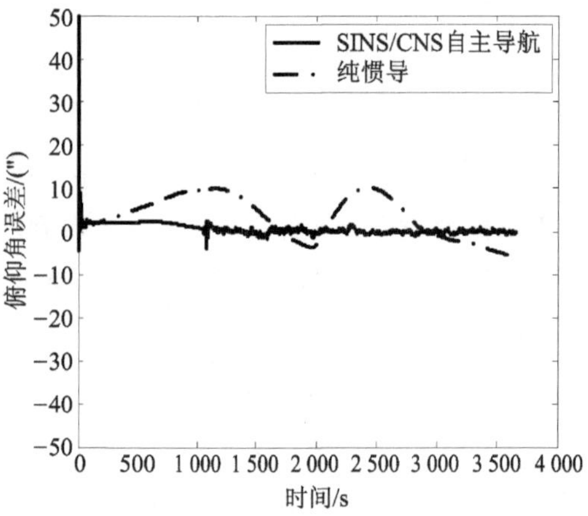

图 14.47　俯仰角误差

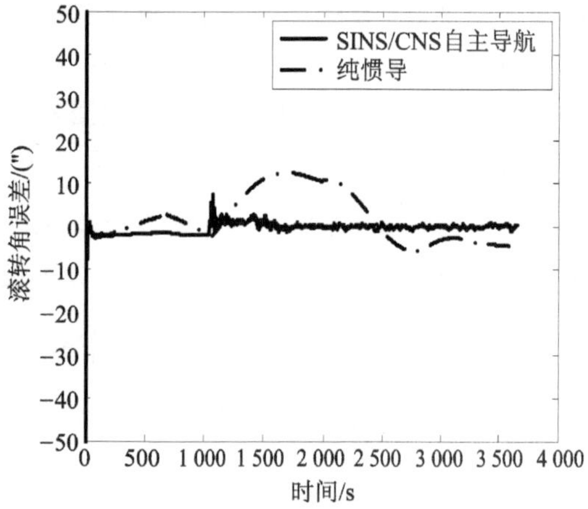

图 14.48　滚转角误差

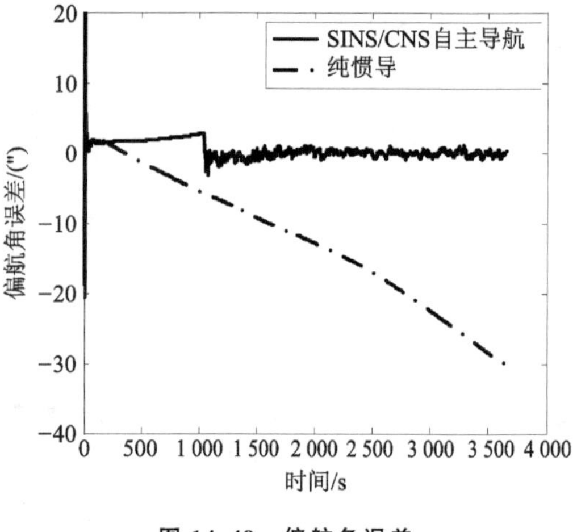

图 14.49　偏航角误差

因为火星车自主导航方法融合了星敏感器与 SINS 分别确定的方向余弦矩阵($\tilde{\boldsymbol{C}}_i^b$、$\hat{\boldsymbol{C}}_i^b$)，能够对陀螺仪常值漂移进行实时估计，并且可以利用平台失准角的估计结果 $\hat{\boldsymbol{\varphi}}^n$ 校正姿态矩阵 $\hat{\boldsymbol{C}}_b^n$，因此，可以得到高精度的姿态信息。由图 14.47～图 14.49 可以看出，采用火星车自主导航方法进行解算时，三个姿态角的误差在 5″以内，而由于陀螺仪漂移以及火星车运动轨迹的影响，当采用纯捷联惯导进行解算时，俯仰角和滚转角的误差上下振荡，偏航角的误差随着时间发散。

根据图 14.43～图 14.49 可以看出，所设计的火星车自主导航方法的性能优越，能够满足火星车对长时间、高精度、高可靠性自主导航的要求。

14.4 小　结

本章首先介绍了深空探测技术的发展现状，并分析了深空探测器各飞行阶段的特点。进而，根据深空探测轨道器在转移轨道的运行特点，建立了其状态模型与量测模型。传统的非线性滤波算法无法适应此阶段轨道动力学模型复杂、噪声统计特性变化的特点，因此，设计了多种自适应滤波器以满足相应的导航需求，包括带噪声统计估计器的 UKF、强跟踪 UKF 以及交互式多模型自适应滤波算法。

最后，针对深空探测巡视器对初始对准与自主导航的高精度要求，提出了一种火星车粗位姿及精位姿确定方法。为了进一步提高初始对准和惯性器件标定的精度，提出了一种星敏感器辅助火星车捷联惯导系统进行两位置对准的方法，能够实现火星车精确初始对准及误差标定的目标。另外，结合火星车的运动特点，设计了一种基于星敏感器与 SINS 的组合导航方案，能够有效抑制 SINS 导航解算误差随时间的累积，实现火星车高精度自主导航。

第15章　SINS/CNS/VNS组合导航在火星车中的应用方法

受限于火星的远距离、弱磁场、陌生的表面环境及内部地质构造等特点，许多自主导航方法（如GNSS导航、地磁导航、信标点导航等）无法应用于火星车。火星车通常采用惯性导航、天文导航、视觉导航来测姿定位。惯性导航短时精度高、实时性好，但是在火星车长期缓慢运行的条件下误差累积十分明显；天文导航的导航精度不受时间、距离的限制，且火星表面稀薄的大气为天体观测提供了有利条件，但是天文导航定位依赖于水平基准，且测速精度较差。因此，惯性/天文组合导航虽然可以提高导航精度，但是受限于惯导系统提供的水平基准精度，SINS/CNS组合导航系统的位置、速度误差仍然会发散。

视觉导航方法根据摄像机获得的外界环境信息，通过图像处理、特征匹配等技术获得导航信息，隐蔽性好、自主性强，不仅具有良好的测速、定位能力，而且还可以为火星车的环境感知、路径规划等提供先验信息，目前已经成为火星车必备的导航手段之一。根据是否有先验导航地图信息，视觉导航方法可以分为地图型导航与无地图导航两类。利用火星轨道卫星所拍摄的火星表面图像，可以生成先验导航地图，然而，受限于火星轨道卫星的数目与分布，该先验导航地图无法覆盖全部火星表面。因此，在有先验导航地图的区域，采用地图型导航方法，通过实时匹配环境图像与先验导航地图中的特征信息来确定载体的位置，如地形匹配、景象匹配等；在缺乏先验导航地图的区域，采用无地图导航方法，通过拍摄的图像序列中的特征点变化来估计载体的运动信息，如视觉里程计、光流法导航、视觉同步定位与地图重构等。为了同时得到火星车高精度的姿态、速度与位置信息，惯性/天文/视觉组合导航方法逐渐成了巡视器自主导航系统的研究与发展重点。

因此，本章首先介绍了两种经典的视觉导航方法，分别为基于景象匹配的视觉导航方法与基于视觉里程计的视觉导航方法。在此基础上，设计了一种适用于火星车的SINS/CNS/VNS组合导航方案，能够为火星车运动提供自主、高精度的导航信息。

15.1　基于景象匹配的视觉导航方法

15.1.1　景象匹配导航基本原理

火星车在有先验导航地图信息的区域行驶时，可以通过景象匹配方法确定火星车的位置信息。基于景象匹配的视觉导航方法利用图像传感器在火星车实际行驶过程中拍摄景象图（称为实时图），与预先制备的、标有实际地理位置的火星表面图像（称为基准图）进行实时匹配计算，进而获得火星车精确的位置信息。景象匹配导航的基本原理如图15.1所示。

通常，火星车自带的图像传感器输出实时图数据的同时，已经采用惯性导航系统确定了当前火星车的大致位置，以便确定匹配区，提高景象匹配的效率，进而，结合匹配区的火星表面基准图，通过景象匹配算法确定火星车的经纬度信息，并进一步获得其速度大小与方向。

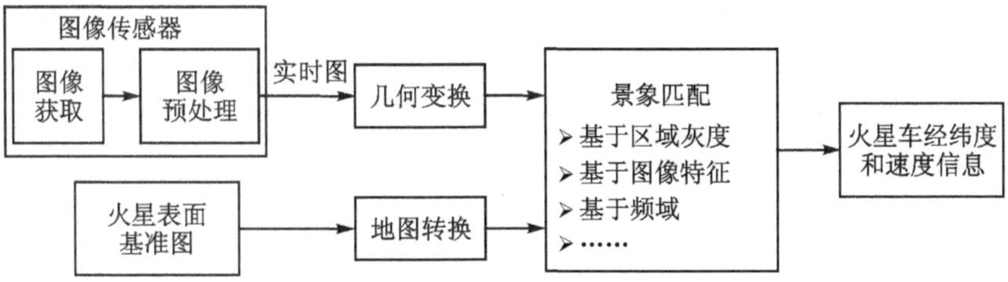

图 15.1　景象匹配导航基本原理

根据景象匹配导航的基本原理可知，景象匹配算法是整个导航系统的核心，景象匹配算法的精度、可靠性与速度直接决定了景象匹配导航系统的性能。

15.1.2　景象匹配算法

1. 景象匹配算法概述

景象匹配算法通过建立一个或多个数学变换来表示实时图与基准图之间的对应关系，如

$$I_t(x,y)=g(I_{\mathrm{ref}}(\lambda,L)) \tag{15.1}$$

式中，$I_t(x,y)$为(x,y)像素点处的实时图；$I_{\mathrm{ref}}(\lambda,L)$为$(\lambda,L)$经纬度处的基准图，$g(\cdot)$表示实时图与基准图之间的映射关系。景象匹配算法的最终目的就是找到最优变换关系使得式(15.1)成立。景象匹配算法原理如图 15.2 所示。

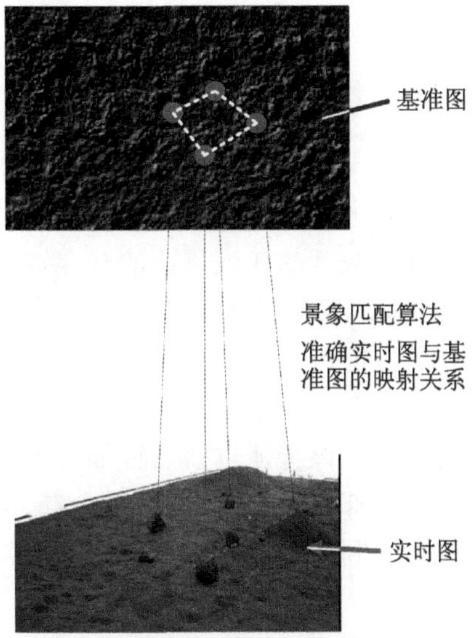

图 15.2　景象匹配算法示意图

在实现过程中，根据 Brown 理论将景象匹配算法分为特征空间、相似性度量、搜索空间与搜索策略四个基本要素。其中，特征空间是指从图像中提取出来的能够体现图像本质特征的图像信息；相似性度量又称为匹配准则，是衡量实时图与基准图之间相似程度的一种度量函数，如相关系数、最小距离、绝对梯度等；搜索空间是待估计参数组成的空间；搜索策略是根据搜索空间的特性，选取的一种计算量与匹配效果都满足匹配需求的搜索方法。

这四个要素是互相联系、互相影响的，设计匹配算法时，需要根据实际应用背景确定性能指标，从而确定特征空间与搜索空间，进而通过合适的搜索策略找到使得相似性度量值最大的最优变换关系。

2. 基于区域灰度的匹配算法

基于区域灰度的匹配算法直接将图像的像素点阵用于匹配运算，如灰度的强度点阵、快速傅里叶变换后的强度点阵等。在这类算法中，通常采用互相关系数、相位相关系数、协方差系

数、差平方和等作为相似性度量函数。其中，以互相关系数为相似性度量函数的算法是最经典的区域灰度匹配算法，抗噪能力较强，匹配效果也较好。因此，下面对该算法进行介绍。

假设 F 为基准图，大小为 $M\times N$，G 为实时图，大小为 $m\times n$，$f_{x,y}$ 是 G 在 F 上移动时对应位置上的基准图的子图，那么互相关系数为

$$\mathrm{NC}(x,y)=\mathrm{cov}(f_{x,y},G)/D_{x,y}D_G \tag{15.2}$$

式中：

$$\mathrm{cov}(f_{x,y},G)=\frac{1}{mn}\sum_{i=1}^{m}\sum_{j=1}^{n}[f_{x,y}(i,j)-\bar{f}_{x,y}]\cdot[G(i,j)-\bar{G}] \tag{15.3}$$

$$D_{x,y}=\sqrt{\frac{1}{mn}\sum_{i=1}^{m}\sum_{j=1}^{n}[f_{x,y}(i,j)-\bar{f}_{x,y}]^2} \tag{15.4}$$

$$D_G=\sqrt{\frac{1}{mn}\sum_{i=1}^{m}\sum_{j=1}^{n}[G(i,j)-\bar{G}]^2} \tag{15.5}$$

其中，$\bar{f}_{x,y}$ 与 $\bar{G}$ 分别为 $f_{x,y}$ 与 G 的平均灰度值。以实时图为模板窗口在基准图上进行遍历，根据式(15.2)～式(15.5)计算每个位置处基准子图与实时图的互相关系数，互相关系数最大的位置即为匹配位置，也就是火星车的经纬度。

基于区域灰度的匹配算法具有精度高的优势，但是也存在明显的缺点：① 对图像的灰度变化、旋转、形变及遮挡比较敏感，可靠性低；② 计算的复杂度很高，实时性差。

3. 基于图像特征的匹配算法

由于基准图与实时图受不同传感器、不同光照条件、不同畸变等因素的影响，它们的区域灰度存在较大区别，而其图像的结构特征却保持不变，因此，基于图像特征的匹配算法可以克服基于区域灰度的匹配算法的缺点，在景象匹配导航系统中应用广泛。基于图像特征的匹配算法通常先检测并提取实时图与基准图中的图像特征，然后建立所提取特征之间的对应关系，进而得到匹配位置。

(1) 特征检测与提取

常用的图像特征包括点特征与边缘特征。点特征是指图像灰度在横向、纵向都有较大变化的一类局部像素点，如曲率最大点、角点、线交叉点等，具有数量少、易标识、旋转不变性与仿射不变性。利用 Harris、Moravec、MIC、SUSAN、SIFT、Hannah 等算子可以实现点特征的检测与提取。

边缘特征是指图像中灰度突变的区域或目标边界，如线特征、轮廓骨架等，边缘特征代表了图像中的大部分本质结构，且计算量小、检测速度快。由于图像灰度的梯度反映了图像的灰度变化，因此，数学上常用灰度的微分来表示和求取边缘。经典的边缘检测算法大多都是基于微分的，如 Sobel、Roberts、Prewitt 等算子是基于一阶微分的，Laplacian、Log 等算子是基于二阶微分的，利用这些算子即可实现边缘特征的检测与提取。如图 15.3 所示为特征检测与提取的示意图。

(2) 特征匹配

在基于图像特征的匹配算法中，通常采用各种距离函数作为相似性度量函数，如欧氏距离（见式(15.6)）、Hausdorff 距离（见式(15.7)）等，此外，也可以采用互相关系数作为相似性度量函数（见式(15.2)）。

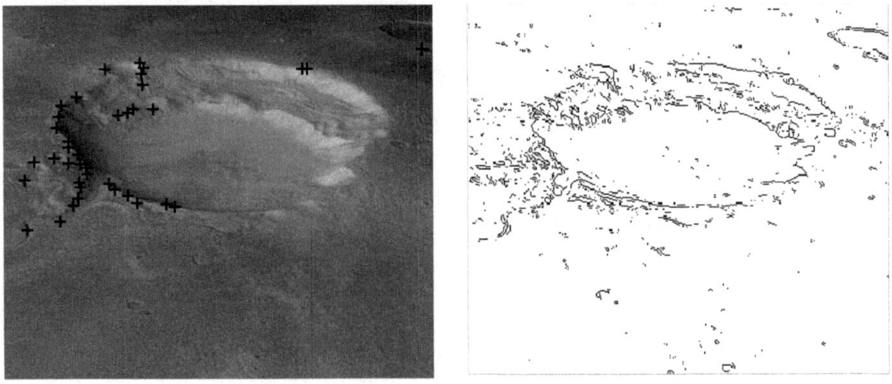

(a) Harris角点提取　　(b) Sobel边缘提取

图 15.3　特征检测与提取

$$d_o=\sqrt{(x_t-x_{\mathrm{ref}})^2+(y_t-y_{\mathrm{ref}})^2} \tag{15.6}$$

$$\begin{cases} d_{\mathrm{HD}}=\max(h(P_t,P_{\mathrm{ref}}),h(P_{\mathrm{ref}},P_t)) \\ h(P_t,P_{\mathrm{ref}})=\max\limits_{p_t^i\in P_t}(\min\limits_{p_{\mathrm{ref}}^j\in P_{\mathrm{ref}}}\|p_t^i-p_{\mathrm{ref}}^j\|) \\ h(P_{\mathrm{ref}},P_t)=\max\limits_{p_{\mathrm{ref}}^j\in P_{\mathrm{ref}}}(\min\limits_{p_t^i\in P_t}\|p_{\mathrm{ref}}^j-p_t^i\|) \end{cases} \tag{15.7}$$

式中，(x_t,y_t)、$P_t=\{p_t^1,p_t^2,\cdots,p_t^{N_t}\}$代表实时图中的特征点；$(x_{\mathrm{ref}},y_{\mathrm{ref}})$、$P_{\mathrm{ref}}=\{p_{\mathrm{ref}}^1,p_{\mathrm{ref}}^2,\cdots,p_{\mathrm{ref}}^{N_{\mathrm{ref}}}\}$代表基准图中的特征点。使欧氏距离、Hausdorff 距离最小，或使互相关系数最大的位置即为匹配位置，也就是火星车的经纬度。

基于图像特征的匹配方法具有显著的优势。第一，与区域灰度相比，图像特征的数目较少，因此大大降低了匹配过程的计算量；第二，基于图像特征的匹配算法对图像畸变、噪声、遮挡等具有一定的鲁棒性。然而，这类匹配算法的匹配性能很大程度上取决于特征提取的质量，且匹配精度较低。

可见，基于景象匹配的视觉导航方法可以直接得到火星车的位置信息，且其误差不随时间累积，进而通过微分可得到火星车的速度信息。然而，这种方法依赖火星表面的先验地图信息，在火星车的实际应用中有较大的限制。

15.2　基于视觉里程计的视觉导航方法

目前，受限于火星轨道卫星的数目与分布，无法获取覆盖火星表面的完整先验导航地图。火星车在缺乏先验地图信息的区域中行驶时，视觉里程计是视觉导航的首选方法。

视觉里程计通过获取视频图像序列间的相对运动信息对火星车的速度、角速度进行估计，进而通过积分获得火星车的位置、姿态信息。目前，单目、双目、全景等各类视觉里程计系统发展迅速。单目视觉里程计将三维场景拍摄成二维图像，由于缺少了景深信息，难以精准确定火星车位置；双目视觉里程计可以根据视差，由三角测量原理计算得到火星表面特征点的距离信息，也便于后续完成火星景象的三维重建，从而获得火星表面地形、地貌、景象信息；全景视觉系统利用 360°全方位视角的图像传感器获取火星表面环境信息进行导航，视场广阔、特征跟踪能力强，但是这种系统的拍摄图像有较大畸变，而且图像处理计算量大。因此，火星车通常采用双目视觉里程计进行视觉导航。

双目视觉里程计通过左右摄像机拍摄的图像，进行特征提取与立体匹配，并根据视差确定当前图像中特征点的位置。当拍摄下一幅图像后，通过特征跟踪得到特征点的变化，可以估计火星车的行驶速度与角速度，进而通过积分获得火星车的位置与姿态信息。

15.2.1 双目视觉立体测量原理

以基于平行视轴的双目视觉立体测量系统为例，根据左、右摄像机拍摄图像中同一特征点的位置(u_L, v_L)和(u_R, v_R)可以得到该特征点对应景物C在摄像机坐标系（c 系）下的位置坐标(x_c, y_c, z_c)，如图 15.4 所示。

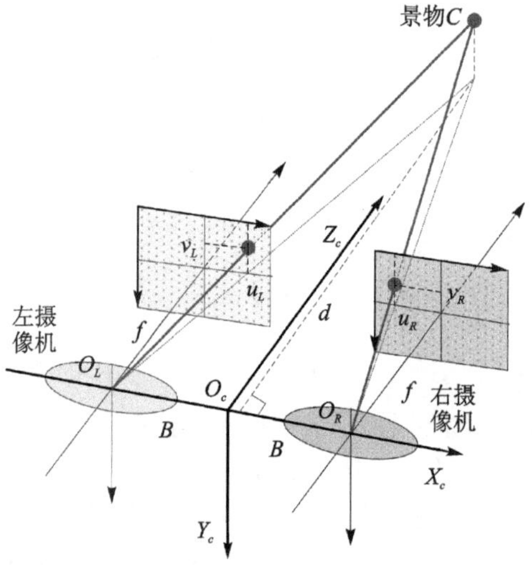

图 15.4 双目视觉立体测量原理

摄像机坐标系固联在火星车上，其 Z_c 轴与火星车本体系（b 系）Y_b 轴重合，X_c 轴与 b 系的 X_b 轴重合，此时景物在 c 系下的坐标 z_c 即为其景深 d。根据相似三角形原理可以描述景物在 c 系的位置$\boldsymbol{R}_c = [x_c \quad y_c \quad z_c]^{\mathrm{T}}$ 与(u_L, v_L)、(u_R, v_R)的关系为

$$z_c \cdot \begin{bmatrix} u_L \\ v_L \\ 1 \end{bmatrix} = \boldsymbol{M}_1 \begin{bmatrix} x_c - B \\ y_c \\ z_c \\ 1 \end{bmatrix}, \quad z_c \cdot \begin{bmatrix} u_R \\ v_R \\ 1 \end{bmatrix} = \boldsymbol{M}_1 \begin{bmatrix} x_c + B \\ y_c \\ z_c \\ 1 \end{bmatrix} \tag{15.8}$$

式中，$2B$ 为双目摄像机的光心间距（基线长度）；$\boldsymbol{M}_1$ 为摄像机的内参数矩阵：

$$\boldsymbol{M}_1 = \begin{bmatrix} f/(dx) & 0 & u_0 & 0 \\ 0 & f/(dy) & v_0 & 0 \\ 0 & 0 & 1 & 0 \end{bmatrix}$$

其中，f 为摄像机的焦距；(u_0, v_0)为摄像机的主点坐标；dx, dy 为像元尺寸。

根据式(15.8)，可求解出该景物在 c 系中的位置$\boldsymbol{R}_c$：

$$\boldsymbol{R}_c=\begin{bmatrix}\dfrac{[2u_0-(u_L+u_R)]\cdot B}{|u_L-u_R|}\\ \dfrac{[2v_0-(v_L+v_R)]\cdot B}{|u_L-u_R|}\\ \dfrac{2\cdot B\cdot f}{|u_L-u_R|\cdot dx}\end{bmatrix} \tag{15.9}$$

利用特征点在左右两幅摄像机拍摄图像中的坐标,根据式(15.9)可以得到该特征点对应景物在摄像机坐标系中的位置,即为当前时刻的双目视觉立体测量的结果。

15.2.2　双目视觉里程计的运动估计

双目视觉里程计的运动估计是指根据前后两帧图像的特征点在摄像机坐标系下的位置变化,估计视觉里程计的运动参数,包括速度和角速度的大小与方向。

1. 估计模型及误差分析

设视觉传感器的相邻两个成像时刻为 t_{k-1} 与 t_k,其时间间隔为 Δt,经过特征跟踪匹配,可以得到 t_{k-1} 与 t_k 时刻特征点 i 在 c 系下的位置 $\boldsymbol{R}_c^i(t_{k-1})$ 与 $\boldsymbol{R}_c^i(t_k)$,该位置的变化与视觉里程计的旋转与平移有关:

$$\boldsymbol{R}_c^i(t_k)=\boldsymbol{C}_{k-1}^k\boldsymbol{R}_c^i(t_{k-1})+\boldsymbol{r}_c+\boldsymbol{e} \tag{15.10}$$

式中,$\boldsymbol{r}_c$ 为 c 系从 t_{k-1} 至 t_k 时刻的位移矢量,通常认为时间间隔 Δt 内火星车做匀速运动,即 $\boldsymbol{r}_c=\boldsymbol{v}_c(t_{k-1})\cdot\Delta t$,$\boldsymbol{v}_c$ 为摄像机速度。$\boldsymbol{e}$ 综合了 t_{k-1} 与 t_k 时刻的特征点位置误差,为了简化后续的运算,认为 t_{k-1} 时刻的特征点位置准确,则 $\boldsymbol{e}$ 为 t_k 时刻该特征点的位置误差。$\boldsymbol{C}_{k-1}^k$ 为 c 系从 t_{k-1} 到 t_k 时刻的旋转矩阵,通常认为时间间隔 Δt 内,c 系转过的角度 θ 是小角度,则 $\boldsymbol{C}_{k-1}^k$ 可以表示为

$$\boldsymbol{C}_{k-1}^k=\begin{bmatrix}1&\theta_z&-\theta_y\\-\theta_z&1&\theta_x\\\theta_y&-\theta_x&1\end{bmatrix}=\begin{bmatrix}1&w_{cz}(t_{k-1})\Delta t&-w_{cy}(t_{k-1})\Delta t\\-w_{cz}(t_{k-1})\Delta t&1&w_{cx}(t_{k-1})\Delta t\\w_{cy}(t_{k-1})\Delta t&-w_{cx}(t_{k-1})\Delta t&1\end{bmatrix} \tag{15.11}$$

式中,$\boldsymbol{w}_c=[w_{cx}\quad w_{cy}\quad w_{cz}]^{\mathrm{T}}$ 为摄像机旋转的角速度。则式(15.10)可变形为

$$\boldsymbol{R}_c^i(t_k)=[\boldsymbol{C}_{k-1}^k\quad \boldsymbol{v}_c(t_{k-1})\cdot\Delta t]\begin{bmatrix}\boldsymbol{R}_c^i(t_{k-1})\\1\end{bmatrix}+\boldsymbol{e}=\boldsymbol{H}\begin{bmatrix}\boldsymbol{R}_c^i(t_{k-1})\\1\end{bmatrix}+\boldsymbol{e} \tag{15.12}$$

易知,特征点数目 $N\geqslant 4$ 时即可完成 $\boldsymbol{v}_c(t_{k-1})$ 与 $\boldsymbol{w}_c(t_{k-1})$ 的估计。

考虑到特征点提取与匹配的误差,从左、右摄像机拍摄的图像中提取的坐标存在误差,因此由式(15.9)计算得到的 $\boldsymbol{R}_c^i$ 也存在误差。若特征点 i 的提取误差分别为 $(\delta u_L,\delta v_L)$ 与 $(\delta u_R,\delta v_R)$,则其导致的 $\delta\boldsymbol{R}_c^i$ 为

$$\begin{aligned}\delta R_{cx}^i&=-\frac{dx\cdot z_c^i}{2f}(\delta u_L+\delta u_R)-\frac{x_c^i}{(u_L-u_R)}(\delta u_L-\delta u_R)\\ \delta R_{cy}^i&=-\frac{dx\cdot z_c^i}{2f}(\delta v_L+\delta v_R)-\frac{y_c^i}{(u_L-u_R)}(\delta u_L-\delta u_R)\\ \delta R_{cz}^i&=-\frac{dx\cdot (z_c^i)^2}{2Bf}(\delta u_L-\delta u_R)\end{aligned} \tag{15.13}$$

根据式(15.13)可知,特征点位置 $\boldsymbol{R}_c^i$ 在三个方向上的误差与景物的景深 z_c^i 有关,距离较远的特征点其 $\boldsymbol{R}_c^i$ 误差更大,对速度、角速度估计误差的影响也更显著。

2. 高精度的运动估计求解算法

根据式(15.13)可知距离较远的特征点位置误差大,所以在进行运动估计时不能把所有特征点统一看待。因此,采用 RANSAC 方法剔除错误匹配的特征点后,基于 Levenberg-Marquardt(LM)算法,对各特征点进行加权,以精确估计视觉里程计的速度与角速度。

记 $\boldsymbol{X}=[\boldsymbol{w}_c(t_{k-1})\Delta t \quad \boldsymbol{v}_c(t_{k-1})\Delta t]^{\mathrm{T}}$,视觉里程计的运动估计实质就是求解使 $F(\boldsymbol{X})=\sum_{i=1}^{N}\|\boldsymbol{R}_c^i(t_k)-\boldsymbol{f}_i(\boldsymbol{X})\|^2$ 最小的 $\boldsymbol{X}$,其中 $\boldsymbol{f}_i(\boldsymbol{X})=\boldsymbol{H}(\boldsymbol{X})\begin{bmatrix}\boldsymbol{R}_c^i(t_{k-1})\\1\end{bmatrix}$。则运动估计的具体方法为:

① 利用加权最小二乘法获得迭代初值 $\boldsymbol{X}_0$,并设置迭代系数初始值 α_0。

基于距离遥远的特征点权重下降的原则,采用加权最小二乘法估计 $\boldsymbol{H}(\boldsymbol{X}_0)$:

$$\boldsymbol{H}(\boldsymbol{X}_0)^{\mathrm{T}}=(\boldsymbol{T}_{k-1}{}^{\mathrm{T}}\boldsymbol{W}\boldsymbol{T}_{k-1})^{-1}\boldsymbol{T}_{k-1}{}^{\mathrm{T}}\boldsymbol{W}\boldsymbol{T}_k \tag{15.14}$$

式中,$\boldsymbol{T}_{k-1}=\begin{bmatrix}\boldsymbol{R}_c^1(t_{k-1}) & \cdots & \boldsymbol{R}_c^N(t_{k-1})\\1 & \cdots & 1\end{bmatrix}^{\mathrm{T}}$,$\boldsymbol{T}_k=[\boldsymbol{R}_c^1(t_k) \quad \cdots \quad \boldsymbol{R}_c^N(t_k)]^{\mathrm{T}}$,$\boldsymbol{W}$ 为加权矩阵。由于马尔科夫估计的均方误差最小,因此,加权矩阵 $\boldsymbol{W}$ 选用量测噪声协方差矩阵的逆 $\boldsymbol{R}^{-1}$,其中 $\boldsymbol{R}$ 可以表示为

$$\boldsymbol{R}=E(\boldsymbol{V}\boldsymbol{V}^{\mathrm{T}})=\mathrm{diag}\{E[(\delta\boldsymbol{R}_c^1)^{\mathrm{T}}(\delta\boldsymbol{R}_c^1)],E[(\delta\boldsymbol{R}_c^2)^{\mathrm{T}}(\delta\boldsymbol{R}_c^2)],\cdots,E[(\delta\boldsymbol{R}_c^N)^{\mathrm{T}}(\delta\boldsymbol{R}_c^N)]\} \tag{15.15}$$

式中,$\boldsymbol{V}$ 为 t_k 时刻各特征点的位置误差。结合式(15.14)可以获得较精确的迭代初值 $\boldsymbol{X}_0$,进而提高 LM 算法的收敛速度以及火星车视觉导航的效率。

② 计算迭代参数 $\boldsymbol{A}_k$ 与 $\boldsymbol{b}_k$。

$\boldsymbol{A}_k$ 与 $\boldsymbol{b}_k$ 的传统计算方法认为不同特征点的贡献是相等的,然而根据特征点位置误差 $\delta\boldsymbol{R}_c^i$ 的特性可知,距离遥远的特征点的贡献应该缩小。因此,在计算 $\boldsymbol{A}_k$ 与 $\boldsymbol{b}_k$ 时引入各特征点的加权矩阵 $\boldsymbol{W}_i$,可得

$$\boldsymbol{A}_k=\sum_{i=1}^{N}\left(\frac{\partial\boldsymbol{f}_i(\boldsymbol{X}_k)}{\partial\boldsymbol{X}_k}\right)^{\mathrm{T}}\boldsymbol{W}_i\left(\frac{\partial\boldsymbol{f}_i(\boldsymbol{X}_k)}{\partial\boldsymbol{X}_k}\right) \tag{15.16}$$

$$\boldsymbol{b}_k=\sum_{i=1}^{N}\left(\frac{\partial\boldsymbol{f}_i(\boldsymbol{X}_k)}{\partial\boldsymbol{X}_k}\right)^{\mathrm{T}}\boldsymbol{W}_i[\boldsymbol{R}_c^i(t_k)-\boldsymbol{f}_i(\boldsymbol{X}_k)] \tag{15.17}$$

式中,$\boldsymbol{W}_i$ 为量测噪声协方差矩阵的逆 $\boldsymbol{R}_i^{-1}$,其中 $\boldsymbol{R}_i$ 可以表示为

$$\boldsymbol{R}_i=E[(\delta\boldsymbol{R}_c^i)(\delta\boldsymbol{R}_c^i)^{\mathrm{T}}] \tag{15.18}$$

引入 $\boldsymbol{W}_i$ 可以根据不同特征点的位置坐标误差大小来判断其置信度及使用权重,以提高火星车运动参数的估计精度。

③ 求解 $\delta\boldsymbol{X}_k$ 并更新 $\boldsymbol{X}_k$。具体计算公式为

$$(\boldsymbol{A}_k+\alpha_k\boldsymbol{I})\delta\boldsymbol{X}_k=\boldsymbol{b}_k,\quad \boldsymbol{X}_{k+1}=\boldsymbol{X}_k+\delta\boldsymbol{X}_k \tag{15.19}$$

④ 判断:若 $F(\boldsymbol{X}_{k+1})<F(\boldsymbol{X}_k)$,转至步骤⑤,否则转至步骤⑥。

⑤ 若 $\left|\dfrac{F(\boldsymbol{X}_{k+1})-F(\boldsymbol{X}_k)}{F(\boldsymbol{X}_k)}\right|<\varepsilon$,输出结果 $\hat{\boldsymbol{X}}=\boldsymbol{X}_{k+1}$;否则令 $\alpha_{k+1}=\alpha_k/\beta$,转至步骤②。其

中，ε 为迭代终止阈值；β 为迭代变化系数，通常取大于 1 的常数。

⑥ 若 $\left|\dfrac{F(\boldsymbol{X}_{k+1})-F(\boldsymbol{X}_k)}{F(\boldsymbol{X}_k)}\right|<\varepsilon$，输出结果 $\hat{\boldsymbol{X}}=\boldsymbol{X}_k$；否则令 $\alpha_{k+1}=\beta\alpha_k$，转至步骤②。

根据输出的估计结果 $\hat{\boldsymbol{X}}$，即可确定视觉里程计的角速度信息 $\boldsymbol{w}_c(t_{k-1})$ 与速度信息 $\boldsymbol{v}_c(t_{k-1})$。

15.2.3 位置、速度与姿态解算

选取东、北、天地理坐标系为导航坐标系。双目视觉里程计的运动估计得到的是摄像机坐标系下的速度与角速度，而最终要求的导航结果是导航坐标系下的速度、姿态及火星固连坐标系（m 系）下的经纬度。因此，还需要进一步解算火星车的速度、位置与姿态信息。

为了方便后续解算，引入世界坐标系（w 系），它相对于所成像的景物处于静止状态，这里选用火星车初始时刻的地理坐标系作为世界坐标系。视觉里程计的角速度 $\boldsymbol{w}_c$ 与速度 $\boldsymbol{v}_c$ 可以看作 c 系相对 w 系的运动在 c 系下的投影。

1. 速度解算

将 $\boldsymbol{v}_c(t_{k-1})$ 转换到 n 系下即可得到火星车的速度信息：

$$\boldsymbol{v}_n(t_{k-1})=\boldsymbol{C}_b^n(t_{k-1})\boldsymbol{C}_c^b\boldsymbol{v}_c(t_{k-1}) \tag{15.20}$$

其中，$\boldsymbol{C}_b^n(t_{k-1})$ 是火星车本体系（b 系）到 n 系的转换矩阵，可由 t_{k-1} 时刻的姿态求得；$\boldsymbol{C}_c^b$ 为摄像机安装矩阵的转置。

2. 位置解算

根据 t_{k-1} 时刻的速度 $\boldsymbol{v}_n(t_{k-1})$ 与经纬度（λ_{k-1}，L_{k-1}）即可求得火星车在 t_k 时刻的经度与纬度：

$$\begin{aligned} L_k &= L_{k-1}+v_{ny}(t_{k-1})\cdot\Delta t/R_M \\ \lambda_k &= \lambda_{k-1}+v_{nx}(t_{k-1})\sec L_k\cdot\Delta t/R_N \end{aligned} \tag{15.21}$$

式中，$R_N=R_m(1+e\sin^2L_{k-1})$；$R_M=R_m(1-2e+3e\sin^2L_{k-1})$，$R_m$ 为火星赤道半径，e 为火星的扁率。

3. 姿态解算

根据刚体转动定理，c 系相对 w 系的转换矩阵可以表示为

$$\dot{\boldsymbol{C}}_c^w(t_{k-1})=-\boldsymbol{\Omega}_{cw}^w\cdot\boldsymbol{C}_c^w(t_{k-1}) \tag{15.22}$$

根据 w 系的定义，$\boldsymbol{C}_c^w$ 的初始值为 $\boldsymbol{C}_c^n(t_0)=\boldsymbol{C}_b^n(t_0)\boldsymbol{C}_c^b$，$\boldsymbol{\Omega}_{cw}^w$ 为视觉里程计的角速度在 w 系下的分量 $\boldsymbol{w}_w(t_{k-1})$ 的反对称矩阵：

$$\boldsymbol{\Omega}_{cw}^w=\begin{bmatrix} 0 & -w_{wz}(t_{k-1}) & w_{wx}(t_{k-1}) \\ w_{wz}(t_{k-1}) & 0 & -w_{wy}(t_{k-1}) \\ -w_{wy}(t_{k-1}) & w_{wx}(t_{k-1}) & 0 \end{bmatrix}$$

式中，$\boldsymbol{w}_w(t_{k-1})=\boldsymbol{C}_c^w(t_{k-1})\boldsymbol{w}_c(t_{k-1})$。

考虑到算法的速度与精度要求，利用典型的四阶龙格库塔法求解微分方程式（15.22）即可

得到 $C_c^w(t_k)$，进而可以得到火星车的姿态矩阵 $C_b^n(t_k)$ 为

$$C_b^n(t_k)=C_m^n(t_k)C_w^m C_c^w(t_k)C_b^c \tag{15.23}$$

式中，$C_w^m=\begin{bmatrix}\sin\lambda_0 & \cos\lambda_0 & 0\\ -\sin L_0\cos\lambda_0 & \sin L_0\sin\lambda_0 & \cos L_0\\ \cos L_0\cos\lambda_0 & \cos L_0\sin\lambda_0 & \sin L_0\end{bmatrix}^{\mathrm{T}}$ 是 w 系到 m 系的转换矩阵；同理，$C_m^n(t_k)$ 可以根据 t_k 时刻的火星车位置 (λ_k, L_k) 得到；进而可以根据火星车的姿态矩阵 $C_b^n(t_k)$ 得到其俯仰角、偏航角和滚转角。

根据式(15.20)～式(15.23)可以看出，基于双目视觉里程计的视觉导航方法直接获得的是火星车在摄像机坐标系下的速度与角速度，其误差大小仅取决于特征提取、匹配与计算误差。但转换为导航系下的速度、位置与姿态信息时离不开积分运算，所以这种方法存在误差累积的问题。

15.3 基于交互式多模型滤波的 SINS/CNS/VNS 组合导航方案设计

作为分散化滤波方法的典型代表，联邦滤波因计算量小、故障恢复能力强而受到重视。基于联邦滤波的 SINS/CNS/VNS 组合导航方案可以有效提高火星车的导航精度，但是由于采用固定的信息分配系数，无法最大化利用各子导航系统的优势。而交互式多模型(IMM)滤波作为一种新型的信息融合方法，它根据各子滤波器的新息自适应调整其模型概率，既可以充分融合各子滤波器的优势，还可以自主隔离发生故障的子滤波器，具有精度高、抵抗故障能力强的特点，能够满足火星车高精度、高容错性的导航要求。因此，下面基于双目视觉里程计与大视场星敏感器，利用交互式多模型滤波器，设计一种 SINS/CNS/VNS 组合导航方案。

15.3.1 导航方案设计

基于交互式多模型信息融合算法设计的 SINS/CNS/VNS 自主导航方案如图 15.5 所示。

SINS/CNS/VNS 组合导航系统以 IMM 滤波器为基础，包括输入交互、惯性/天文组合导航子系统、惯性/视觉组合导航子系统、模型概率更新和输出交互五个部分。在输入交互模块，对惯性/视觉与惯性/天文组合子系统的先前状态进行加权混合，以得到两个子系统的滤波初值。然后，将该滤波初值分别送入惯性/视觉与惯性/天文组合子系统，通过时间与量测更新，完成惯性导航平台失准角、速度位置误差、陀螺仪常值漂移及加速度计零偏的估计。随后，将两个子系统的新息输出到模型概率更新模块，通过判断其与实际模型(真实的系统模型、噪声统计特性等)的匹配程度，自适应调节其模型概率，即调节在最终计算导航结果时各子系统的置信度。最后，在输出交互模块完成最终的加权融合。交互式多模型滤波器的最终估计结果更依赖精度高的子系统，该估计结果不仅可以校正惯导误差，得到最终的高精度组合导航信息；还可以帮助惯性/天文组合子系统修正数学地平信息，辅助惯性/视觉组合子系统提高姿态精度，进一步保证位置误差稳定。此外，IMM 滤波器还具有良好的容错性能，可以自主检测并隔离发生故障的子系统。

在设计的惯性/天文/视觉组合导航方案中，IMM 滤波器是信息融合算法的核心。通常，IMM 滤波器采用一个模型概率进行信息加权融合，即根据两个子系统的姿态与位置的整体精度来判断该子滤波器信息对最终导航结果的贡献。然而，由于惯性/天文与惯性/视觉子系统

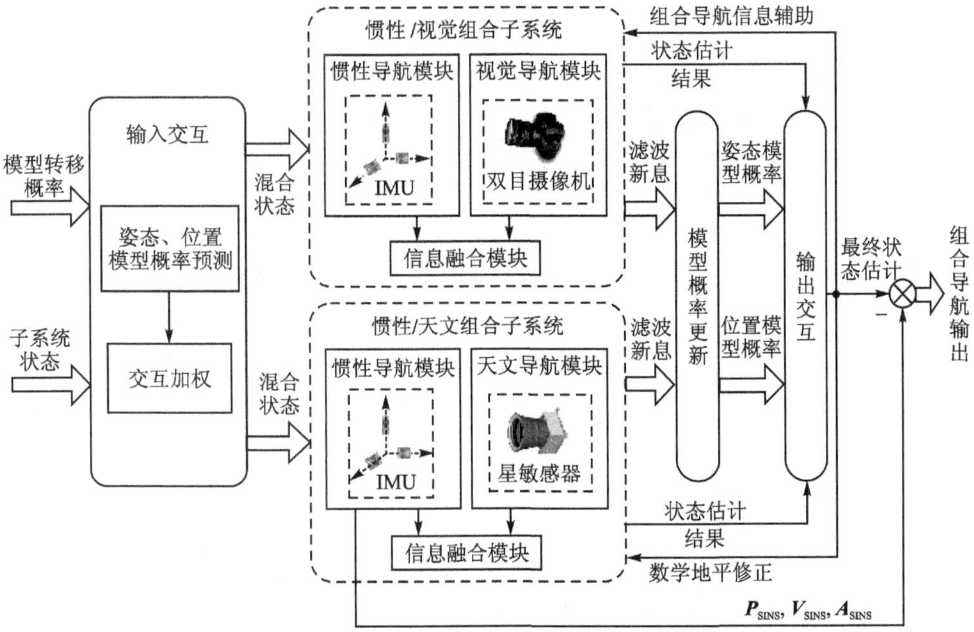

图 15.5 基于交互式多模型滤波的 SINS/CNS/VNS 组合导航方案示意图

分别在测姿、测速定位方面具有显著优势，若采用统一的模型概率加权处理姿态与位置信息，则无法同时得到高精度的姿态、速度与位置信息。基于这一特点，提出了一种基于双模型概率的 IMM 滤波器，从输入交互、模型概率更新到输出交互，采用两类模型概率分别对与姿态、位置相关的信息进行加权混合、模型更新与最终信息融合，两类信息融合过程互相隔离、互不干扰，以同时发挥两个子系统高精度的测姿与定位优势。

15.3.2 SINS/VNS 组合导航子系统模型

1. 系统结构

SINS/VNS 组合导航子系统包括三个模块：惯性导航模块、视觉导航模块与信息融合模块，如图 15.6 所示。

惯性导航模块根据惯性测量单元(IMU)输出的测量信息 $\boldsymbol{\omega}_{ib}^{b}$ 和 $\boldsymbol{f}^{b}$ 解算得到火星车的姿态、速度与位置信息；视觉导航模块根据双目摄像机拍摄的图像序列，估计自身的速度与角速度，进而积分得到位置与姿态信息。由于双目视觉里程计输出的导航系下的速度、位置误差累积，因此，为了提高组合导航子系统的速度、位置精度，采用惯性导航模块输出的摄像机坐标系下的速度 $\boldsymbol{v}_{\mathrm{SINS}}^{c}$ 与视觉导航模块输出的 $\boldsymbol{v}_{\mathrm{VNS}}^{c}$ 之间的差值 $\Delta\boldsymbol{v}_{c}$ 作为速度量测，将惯性导航模块与视觉导航模块输出的姿态误差 $\Delta\boldsymbol{A}$ 作为姿态量测。由于惯性导航模块与视觉导航模块的姿态误差都发散，因此，利用上一时刻的惯性/天文/视觉组合导航系统的导航信息辅助视觉导航的姿态解算，以提高姿态精度，进而抑制由于姿态误差发散引起的位置误差累积。利用卡尔曼滤波器完成信息融合，并输出状态估计结果 $\hat{\boldsymbol{X}}_{k}^{1}$ 及其估计误差协方差矩阵 $\hat{\boldsymbol{P}}_{k}^{1}$ 与新息 $\boldsymbol{v}_{k}^{1}$ 及其协方差矩阵 $\boldsymbol{S}_{k/k-1}^{1}$。

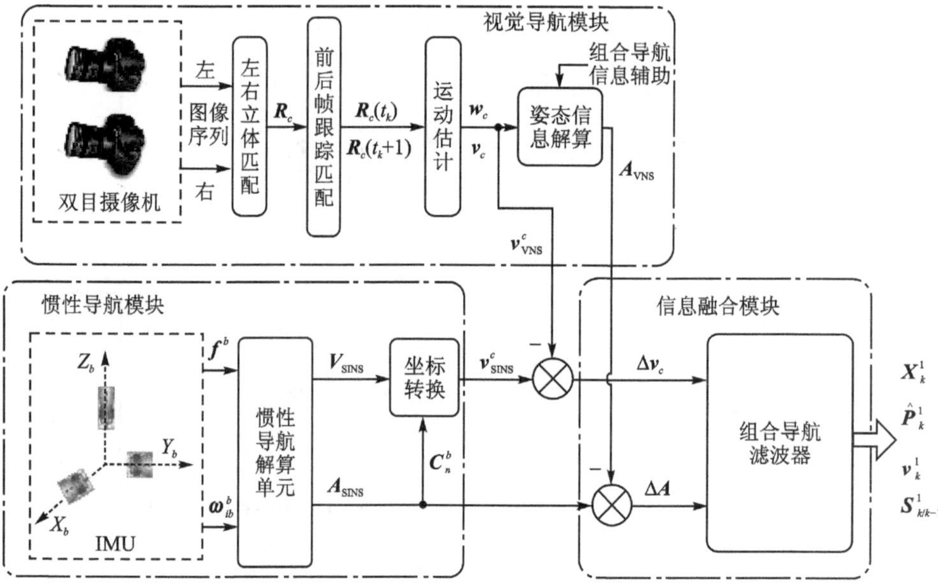

图 15.6 SINS/VNS 组合导航子系统结构

2. 系统模型

(1) 状态方程

惯性导航模块是惯性/视觉组合导航子系统的基础，其误差方程通常作为组合导航系统的状态方程。选取东、北、天地理坐标系为导航坐标系。惯性/视觉组合导航滤波器通常选择惯导系统的平台失准角(ϕ_E,ϕ_N,ϕ_U)、速度误差($\delta v_E,\delta v_N,\delta v_U$)、位置误差($\delta L,\delta\lambda$)、陀螺仪常值漂移($\varepsilon_{bx},\varepsilon_{by},\varepsilon_{bz}$)、加速度计零偏($\nabla_{bx},\nabla_{by},\nabla_{bz}$)作为状态量。则惯性/视觉组合导航滤波器的状态方程可以写为

$$\dot{\boldsymbol{X}}=\boldsymbol{F}\cdot\boldsymbol{X}+\boldsymbol{G}\cdot\boldsymbol{W} \tag{15.24}$$

其中，$\boldsymbol{X}=[\phi_E,\phi_N,\phi_U,\delta V_E,\delta V_N,\delta V_U,\delta L,\delta\lambda,\varepsilon_{bx},\varepsilon_{by},\varepsilon_{bz},\nabla_{bx},\nabla_{by},\nabla_{bz}]^{\mathrm{T}}$ 为状态向量；$\boldsymbol{F}$ 为系统状态矩阵；$\boldsymbol{W}=[\omega_{gx},\omega_{gy},\omega_{gz},\omega_{dx},\omega_{dy},\omega_{dz}]^{\mathrm{T}}$ 为系统噪声向量，由惯性器件噪声组成；$\boldsymbol{G}$ 为系统噪声驱动矩阵。根据捷联惯导系统的姿态、速度和位置误差方程，可得 $\boldsymbol{F}$ 和 $\boldsymbol{G}$ 分别为

$$\boldsymbol{F}=\begin{bmatrix}\boldsymbol{F}_{\mathrm{N}} & \boldsymbol{F}_{\mathrm{S}}\\ \boldsymbol{0}_{6\times8} & \boldsymbol{0}_{6\times6}\end{bmatrix}_{14\times14},\quad \boldsymbol{F}_{\mathrm{S}}=\begin{bmatrix}-\boldsymbol{C}^n_b & \boldsymbol{0}_{3\times3}\\ \boldsymbol{0}_{3\times3} & \boldsymbol{C}^n_b\\ \boldsymbol{0}_{2\times3} & \boldsymbol{0}_{2\times3}\end{bmatrix},\quad \boldsymbol{G}=\begin{bmatrix}-\boldsymbol{C}^n_b & \boldsymbol{0}_{3\times3}\\ \boldsymbol{0}_{3\times3} & \boldsymbol{C}^n_b\\ \boldsymbol{0}_{8\times3} & \boldsymbol{0}_{8\times3}\end{bmatrix}$$

$\boldsymbol{F}_N$ 中的非零元素为

$\boldsymbol{F}_N(1,2)=\omega_{im}\sin L+v^n_E(\tan L)/R_N=-\boldsymbol{F}_N(2,1)=-0.5\times\boldsymbol{F}_N(5,4)$

$\boldsymbol{F}_N(1,3)=-\omega_{im}\cos L-v^n_E/R_N=-\boldsymbol{F}_N(3,1)=-0.5\times\boldsymbol{F}_N(6,4)$

$\boldsymbol{F}_N(1,5)=-1/R_M=-\boldsymbol{F}_N(7,5)$　　$\boldsymbol{F}_N(2,7)=-\omega_{im}\sin L$

$\boldsymbol{F}_N(2,3)=-v^n_N/R_M=-\boldsymbol{F}_N(3,2)=\boldsymbol{F}_N(5,6)=-0.5\times\boldsymbol{F}_N(6,5)$

$\boldsymbol{F}_N(2,4)=1/R_N=\cos L\times\boldsymbol{F}_N(8,4)$　　$\boldsymbol{F}_N(3,4)=(\tan L)/R_N$

$\boldsymbol{F}_N(3,7)=\omega_{im}\cos L+v^n_E(\sec^2 L)/R_N$　　$\boldsymbol{F}_N(4,2)=-f^n_U=-\boldsymbol{F}_N(5,1)$

$\boldsymbol{F}_N(4,3)=f_N^n=-\boldsymbol{F}_N(6,1)$　　$\boldsymbol{F}_N(4,4)=v_N^n(\tan L)/R_N-v_U^n/R_N$

$\boldsymbol{F}_N(4,5)=2\omega_{im}\sin L+v_E^n(\tan L)/R_N$　　$\boldsymbol{F}_N(4,6)=-2\omega_{im}\cos L-v_E^n/R_N$

$\boldsymbol{F}_N(4,7)=2\omega_{im}\cos Lv_N^n+v_E^n v_N^n(\sec^2 L)/R_N+2\omega_{im}(\sin L)v_U^n$

$\boldsymbol{F}_N(5,3)=-f_E^n=-\boldsymbol{F}_N(6,2)$　　$\boldsymbol{F}_N(5,4)=-2\omega_{im}\sin L-2v_E^n(\tan L)/R_N$

$\boldsymbol{F}_N(5,5)=-v_U^n/R_M$　　$\boldsymbol{F}_N(5,7)=-(2\omega_{im}\cos L+v_E^n(\sec^2 L)/R_N)v_E^n$

$\boldsymbol{F}_N(6,7)=-2v_E^n\omega_{im}\sin L$　　$\boldsymbol{F}_N(8,7)=v_E^n\tan L(\sec L)/R_N$

(2) 量测方程

1) 姿态量测方程

采用惯性导航模块输出的 n 系下的姿态角 $\boldsymbol{A}_{\mathrm{SINS}}$ 与视觉里程计解算的姿态角 $\boldsymbol{A}_{\mathrm{VNS}}$ 之间的差值 $\Delta\boldsymbol{A}=[\Delta\theta \quad \Delta\psi \quad \Delta\gamma]^{\mathrm{T}}$ 作为与姿态相关的组合导航量测向量。根据姿态误差角与平台失准角的对应关系可得

$$\boldsymbol{\varphi}=\boldsymbol{M}\cdot\Delta\boldsymbol{A}=\begin{bmatrix}-\cos\psi_{\mathrm{SINS}} & 0 & \sin\psi_{\mathrm{SINS}}\cos\theta_{\mathrm{SINS}}\\ -\sin\psi_{\mathrm{SINS}} & 0 & -\cos\psi_{\mathrm{SINS}}\cos\theta_{\mathrm{SINS}}\\ 0 & -1 & -\sin\theta_{\mathrm{SINS}}\end{bmatrix}\Delta\boldsymbol{A} \tag{15.25}$$

进而得到以 $\Delta\boldsymbol{A}$ 为量测向量 $\boldsymbol{Z}_1$ 的姿态量测方程

$$\boldsymbol{Z}_1=\boldsymbol{H}_1\boldsymbol{X}+\boldsymbol{V}_1 \tag{15.26}$$

式中，$\boldsymbol{H}_1=[\boldsymbol{M}^{-1} \quad \boldsymbol{0}_{3\times 11}]$；$\boldsymbol{V}_1$ 为姿态量测噪声向量。

2) 速度量测方程

为了给组合导航系统提供高精度的量测信息，将惯性导航模块与视觉里程计输出的 c 系下的速度差值 $\Delta\boldsymbol{v}_c$ 作为与位置速度相关的量测向量。设 $\boldsymbol{v}^c$ 为 c 系下的真实速度，则 $\Delta\boldsymbol{v}_c$ 忽略高阶误差项后可写为

$$\begin{aligned}\Delta\boldsymbol{v}_c&=\boldsymbol{v}_{\mathrm{SINS}}^c-\boldsymbol{v}_{\mathrm{VNS}}^c=\boldsymbol{C}_b^c\hat{\boldsymbol{C}}_n^b\boldsymbol{v}_{\mathrm{SINS}}^n-(\boldsymbol{v}^c+\boldsymbol{V}_2)\\&=\boldsymbol{C}_b^c\hat{\boldsymbol{C}}_n^b\boldsymbol{v}_{\mathrm{SINS}}^n-\boldsymbol{C}_b^c\boldsymbol{C}_n^b\boldsymbol{v}^n-\boldsymbol{V}_2\\&=\boldsymbol{C}_b^c\hat{\boldsymbol{C}}_n^b\boldsymbol{v}_{\mathrm{SINS}}^n-\boldsymbol{C}_b^c\hat{\boldsymbol{C}}_n^b[\boldsymbol{I}-(\boldsymbol{\varphi}\times)]\boldsymbol{v}^n-\boldsymbol{V}_2\\&=\boldsymbol{C}_b^c\hat{\boldsymbol{C}}_n^b(\boldsymbol{v}_{\mathrm{SINS}}^n-\boldsymbol{v}^n)+\boldsymbol{C}_b^c\hat{\boldsymbol{C}}_n^b(\boldsymbol{\varphi}\times)\boldsymbol{v}^n-\boldsymbol{V}_2\\&=\boldsymbol{C}_b^c\hat{\boldsymbol{C}}_n^b\cdot\delta\boldsymbol{v}_n-\boldsymbol{C}_b^c\hat{\boldsymbol{C}}_n^b(\boldsymbol{v}_{\mathrm{SINS}}^n\times)\cdot\boldsymbol{\varphi}-\boldsymbol{V}_2\end{aligned} \tag{15.27}$$

以 $\Delta\boldsymbol{v}_c$ 为量测向量 $\boldsymbol{Z}_2$，可得其相应的量测方程为

$$\boldsymbol{Z}_2=\boldsymbol{H}_2\boldsymbol{X}+\boldsymbol{V}_2 \tag{15.28}$$

式中，$\boldsymbol{V}_2$ 为视觉里程计的速度量测噪声向量；$\boldsymbol{H}_2=\left[-\boldsymbol{C}_b^c\hat{\boldsymbol{C}}_n^b(\boldsymbol{v}_{\mathrm{SINS}}^n\times) \quad \boldsymbol{C}_b^c\hat{\boldsymbol{C}}_n^b \quad \boldsymbol{0}_{3\times 8}\right]$，$(\boldsymbol{v}_{\mathrm{SINS}}^n\times)$为惯导速度的叉乘矩阵。

联合式(15.26)与式(15.28)，可得

$$\boldsymbol{Z}_{\mathrm{SINS/VNS}}=\begin{bmatrix}\boldsymbol{Z}_1\\ \boldsymbol{Z}_2\end{bmatrix}=\begin{bmatrix}\boldsymbol{H}_1\\ \boldsymbol{H}_2\end{bmatrix}\boldsymbol{X}+\begin{bmatrix}\boldsymbol{V}_1\\ \boldsymbol{V}_2\end{bmatrix} \tag{15.29}$$

$\boldsymbol{Z}_{\mathrm{SINS/VNS}}$ 和式(15.29)可分别作为 SINS/VNS 子系统的量测向量与量测方程。

15.3.3 SINS/CNS 组合导航子系统模型

1. 系统结构

SINS/CNS 组合导航子系统包括三个模块：惯性导航模块、天文导航模块与信息融合模块，如图 15.7 所示。

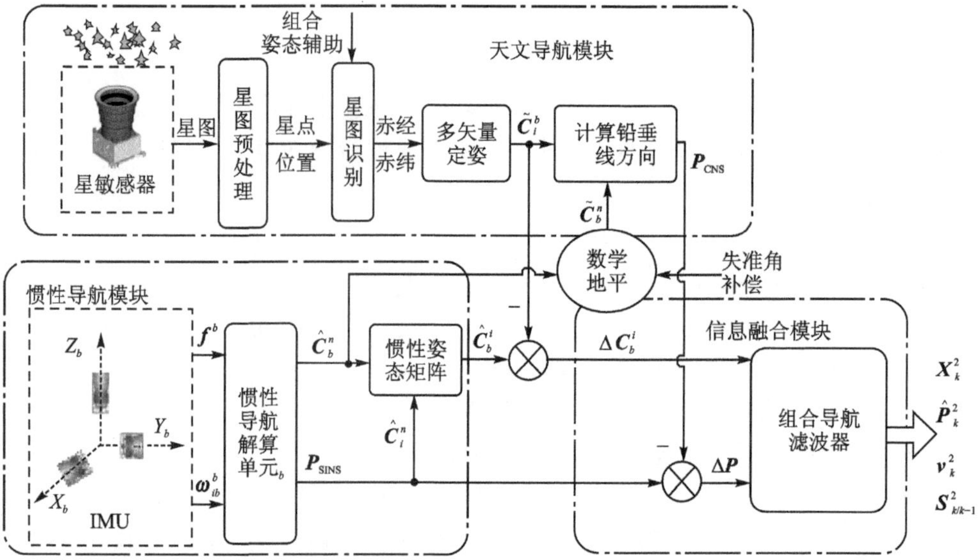

图 15.7 SINS/CNS 组合导航子系统结构

惯性导航模块与惯性/视觉组合导航子系统相似，天文导航模块利用星敏感器可以输出高精度的本体系相对于惯性系的姿态矩阵 $\tilde{C}_i^b$，但若转换到 n 系下则需要结合惯导提供的 $\hat{C}_i^n$ 信息，这样会引起姿态误差发散。因此，为了给组合导航滤波器提供高精度的姿态量测，将惯性导航模块与天文导航模块输出的本体系相对于惯性系的姿态矩阵之间的差值 ΔC_i^b 作为姿态量测；采用惯性导航模块与天文导航模块输出的位置之差 $\Delta \boldsymbol{P}$ 作为位置量测。利用上一时刻的惯性/天文/视觉组合导航系统估计的平台失准角信息校正数学平台，以提高天文导航模块输出的位置精度。利用卡尔曼滤波器完成信息融合，并输出状态估计结果 $\hat{\boldsymbol{X}}_k^2$ 及其估计误差协方差矩阵 $\hat{\boldsymbol{P}}_k^2$ 与新息 $\boldsymbol{v}_k^2$ 及其协方差矩阵 $\boldsymbol{S}_{k/k-1}^2$。

2. 系统模型

(1) 状态方程

SINS/CNS 组合导航子系统的状态方程式与 SINS/VNS 组合导航子系统的状态方程式(15.24)相同，且式中各参数的具体含义也相同，即为

$$\dot{\boldsymbol{X}} = \boldsymbol{F} \cdot \boldsymbol{X} + \boldsymbol{G} \cdot \boldsymbol{W} \tag{15.30}$$

(2) 量测方程

1) 姿态量测方程

惯性导航模块输出的 $\hat{C}_i^b$ 是捷联矩阵 $\hat{C}_b^n$ 与矩阵 $\hat{C}_i^n$(与位置信息有关)的乘积，其精度受平

台失准角与位置误差的影响。而星敏感器的精度可以达到角秒级，因此，天文导航模块输出的姿态矩阵 $\tilde{\boldsymbol{C}}_i^b$ 可以表示为理想矩阵 $\boldsymbol{C}_i^b$ 叠加量测噪声 $\boldsymbol{V}_s$ 的形式。忽略高阶误差项后，$\Delta\boldsymbol{C}_i^b$ 可写为

$$\begin{aligned}\boldsymbol{Z}_s &= \Delta\boldsymbol{C}_i^b = \hat{\boldsymbol{C}}_i^b - \tilde{\boldsymbol{C}}_i^b = \hat{\boldsymbol{C}}_n^b\hat{\boldsymbol{C}}_i^n - (\boldsymbol{C}_n^b\boldsymbol{C}_i^n + \boldsymbol{V}_s) \\ &= \hat{\boldsymbol{C}}_n^b\hat{\boldsymbol{C}}_i^n - \hat{\boldsymbol{C}}_n^b \cdot [\boldsymbol{I} - (\boldsymbol{\varphi}\times)] \cdot [\boldsymbol{I} + (\delta\boldsymbol{P}\times)] \cdot \hat{\boldsymbol{C}}_i^n - \boldsymbol{V}_s \\ &= \hat{\boldsymbol{C}}_n^b\hat{\boldsymbol{C}}_i^n - \hat{\boldsymbol{C}}_n^b \cdot (\delta\boldsymbol{P}\times) \cdot \hat{\boldsymbol{C}}_i^n + \hat{\boldsymbol{C}}_n^b \cdot (\boldsymbol{\varphi}\times) \cdot \hat{\boldsymbol{C}}_i^n - \hat{\boldsymbol{C}}_n^b\hat{\boldsymbol{C}}_i^n - \boldsymbol{V}_s \\ &= -\hat{\boldsymbol{C}}_n^b \cdot (\delta\boldsymbol{P}\times) \cdot \hat{\boldsymbol{C}}_i^n + \hat{\boldsymbol{C}}_n^b \cdot (\boldsymbol{\varphi}\times) \cdot \hat{\boldsymbol{C}}_i^n - \boldsymbol{V}_s\end{aligned} \tag{15.31}$$

式中，$\delta\boldsymbol{P} = [-\delta L \quad \delta\lambda \cdot \cos L_{\text{SINS}} \quad \delta\lambda \cdot \sin L_{\text{SINS}}]^{\text{T}}$；$(\delta\boldsymbol{P}\times)$ 为位置误差的叉乘矩阵。

将 $\boldsymbol{Z}_{s(3\times3)}$ 写为列向量 $\boldsymbol{Z}_{1(9\times1)}$，则可以得到姿态量测方程为

$$\boldsymbol{Z}_1 = \boldsymbol{H}_1\boldsymbol{X} + \boldsymbol{V}_1 \tag{15.32}$$

式中，$\boldsymbol{V}_1$ 为姿态量测噪声向量，与星敏感器测量噪声有关；$\boldsymbol{H}_1$ 可以根据式(15.31)得到

$$\boldsymbol{H}_1 = \begin{bmatrix} \boldsymbol{H}_{11} & \boldsymbol{0}_{3\times3} & \boldsymbol{H}_{11}\boldsymbol{H}_p & \boldsymbol{0}_{3\times6} \\ \boldsymbol{H}_{12} & \boldsymbol{0}_{3\times3} & \boldsymbol{H}_{12}\boldsymbol{H}_p & \boldsymbol{0}_{3\times6} \\ \boldsymbol{H}_{13} & \boldsymbol{0}_{3\times3} & \boldsymbol{H}_{13}\boldsymbol{H}_p & \boldsymbol{0}_{3\times6} \end{bmatrix} \tag{15.33}$$

式中，

$$\boldsymbol{H}_{1k} = \begin{bmatrix} \hat{\boldsymbol{C}}_{n,k}^b \times (\hat{\boldsymbol{C}}_{i,1}^n)^{\text{T}} \\ \hat{\boldsymbol{C}}_{n,k}^b \times (\hat{\boldsymbol{C}}_{i,2}^n)^{\text{T}} \\ \hat{\boldsymbol{C}}_{n,k}^b \times (\hat{\boldsymbol{C}}_{i,3}^n)^{\text{T}} \end{bmatrix}, \quad k = 1,2,3; \quad \boldsymbol{H}_p = \begin{bmatrix} 1 & 0 \\ 0 & -\cos L_{\text{SINS}} \\ 0 & -\sin L_{\text{SINS}} \end{bmatrix}$$

式中，$\hat{\boldsymbol{C}}_{n,k}^b$ 表示 $\hat{\boldsymbol{C}}_n^b$ 的第 k 行；$\hat{\boldsymbol{C}}_{i,l}^n\ (l=1,2,3)$ 表示 $\hat{\boldsymbol{C}}_i^n$ 的第 l 列，× 表示叉乘，叉乘结果表示为行向量。

2) 位置量测方程

在建立位置量测方程之前，首先根据火星车所在位置的天向矢量在惯性系下的分量来获取天文导航的位置 $\boldsymbol{P}_{\text{CNS}}$。导航系的 z 轴单位矢量（当地铅垂线方向）可以表示为 $\boldsymbol{Z}_n^n = [0 \quad 0 \quad 1]^{\text{T}}$，结合天文信息修正后的捷联矩阵 $\tilde{\boldsymbol{C}}_n^b$ 可以得到其在 b 系下的分量为

$$\tilde{\boldsymbol{Z}}_n^b = \tilde{\boldsymbol{C}}_n^b\boldsymbol{Z}_n^n \tag{15.34}$$

进而，结合星敏感器输出的 $\tilde{\boldsymbol{C}}_i^b$，可以得到惯性系下的 $\tilde{\boldsymbol{Z}}_n^i$，即

$$\tilde{\boldsymbol{Z}}_n^i = (\tilde{\boldsymbol{C}}_i^b)^{\text{T}}\tilde{\boldsymbol{Z}}_n^b = [x_n^i \quad y_n^i \quad z_n^i]^{\text{T}} \tag{15.35}$$

若用当地的赤经、赤纬 (α_d, δ_d) 来表示该位置的天向矢量 $\tilde{\boldsymbol{Z}}_n^i$，则有

$$\tilde{\boldsymbol{Z}}_n^i = [\cos\alpha_d\cos\delta_d \quad \sin\alpha_d\cos\delta_d \quad \sin\delta_d]^{\text{T}} = [x_n^i \quad y_n^i \quad z_n^i]^{\text{T}} \tag{15.36}$$

式中，$\alpha_d \in (0°, 360°)$，$\delta_d \in (-90°, 90°)$。结合火星自转角速度与火星春分点时角，可以把火星车在火心赤道惯性坐标系中的位置 (α_d, δ_d) 转换为用地理经纬度表示的 $\boldsymbol{P}_{\text{CNS}}$。

将惯性导航模块、天文导航模块解算的经纬度 $\boldsymbol{P}_{\text{SINS}}$ 与 $\boldsymbol{P}_{\text{CNS}}$ 的差值 $\Delta\boldsymbol{P}$ 作为位置量测向量，即可建立位置量测方程为

$$\boldsymbol{Z}_2 = \boldsymbol{P}_{\text{SINS}} - \boldsymbol{P}_{\text{CNS}} = \begin{bmatrix} \Delta L \\ \Delta\lambda \end{bmatrix} = \boldsymbol{H}_2\boldsymbol{X} + \boldsymbol{V}_2 \tag{15.37}$$

式中，$\boldsymbol{H}_2=[\boldsymbol{0}_{2\times3}\quad \boldsymbol{0}_{2\times3}\quad \boldsymbol{I}_{2\times2}\quad \boldsymbol{0}_{3\times6}]$；$\boldsymbol{V}_2$ 为位置量测噪声向量。

联合式(15.32)与式(15.37)，可得

$$\boldsymbol{Z}_{\mathrm{SINS/CNS}}=\begin{bmatrix}\boldsymbol{Z}_1\\ \boldsymbol{Z}_2\end{bmatrix}=\begin{bmatrix}\boldsymbol{H}_1\\ \boldsymbol{H}_2\end{bmatrix}\boldsymbol{X}+\begin{bmatrix}\boldsymbol{V}_1\\ \boldsymbol{V}_2\end{bmatrix}\tag{15.38}$$

$\boldsymbol{Z}_{\mathrm{SINS/CNS}}$ 和式(15.38)可分别作为 SINS/CNS 子系统的量测向量与量测方程。

15.3.4 交互式多模型信息融合算法

在设计的 SINS/CNS/VNS 组合导航方案中，IMM 滤波器是信息融合算法的核心。SINS/VNS 与 SINS/CNS 组合导航子系统并行工作，根据其新息及模型概率预测准则可以分别更新子系统的姿态、位置概率，实现子系统信息的加权融合，进而得到火星车最终的导航结果。基于双模型概率的 IMM 信息融合算法如图 15.8 所示。

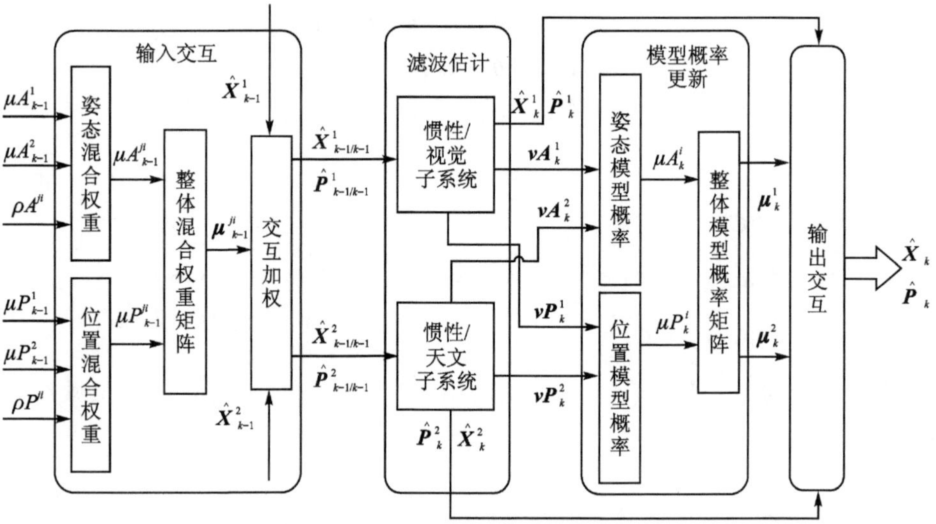

图 15.8 基于双模型概率的 IMM 信息融合算法

1. 输入交互

为了综合两个组合导航子系统的测姿、定位优势，采用姿态与位置两类模型概率来完成信息的输入交互。在输入交互模块中，首先加权混合两个子系统的先前状态。子系统模型 j 到子系统模型 i 在 $k-1$ 时刻的姿态、位置混合权重 μA^{ji}_{k-1}、μP^{ji}_{k-1} 分别为

$$\mu A^{ji}_{k-1}=\frac{\rho A^{ji}\cdot\mu A^{j}_{k-1}}{\sum\limits_{j=1}^{2}\rho A^{ji}\cdot\mu A^{j}_{k-1}},\quad \mu P^{ji}_{k-1}=\frac{\rho P^{ji}\cdot\mu P^{j}_{k-1}}{\sum\limits_{j=1}^{2}\rho P^{ji}\cdot\mu P^{j}_{k-1}},\quad i,j=1,2\tag{15.39}$$

其中，ρA^{ji} 与 ρP^{ji} 为模型 j 到模型 i 的姿态与位置转移概率；μA^{j}_{k-1} 与 μP^{j}_{k-1} 为模型 j 在 $k-1$ 时刻的姿态与位置模型概率。

根据状态向量 $\boldsymbol{X}$ 中各参数的具体含义，平台失准角与陀螺仪常值漂移为与姿态相关的状态量，速度误差、位置误差与加速度计零偏为与位置相关的状态量，因此，为了方便完成输入信息的交互加权，定义整体混合权重矩阵 $\boldsymbol{\mu}^{ji}_{k-1}$ 为

$$\boldsymbol{\mu}_{k-1}^{ji}=\mathrm{diag}([\mu A_{k-1}^{ji}\mathrm{ones}(1,3)\quad \mu P_{k-1}^{ji}\mathrm{ones}(1,5)\quad \mu A_{k-1}^{ji}\mathrm{ones}(1,3)\quad \mu P_{k-1}^{ji}\mathrm{ones}(1,3)])$$

进而可以确定子系统 i 的初始混合状态 $\hat{\boldsymbol{X}}_{k-1/k-1}^{i}$ 及其估计误差协方差矩阵 $\hat{\boldsymbol{P}}_{k-1/k-1}^{i}$ 为

$$\hat{\boldsymbol{X}}_{k-1/k-1}^{i}=\sum_{j=1}^{2}\boldsymbol{\mu}_{k-1}^{ji}\cdot\hat{\boldsymbol{X}}_{k-1}^{j},\quad i=1,2$$

$$\hat{\boldsymbol{P}}_{k-1/k-1}^{i}=\sum_{j=1}^{2}\boldsymbol{\mu}_{k-1}^{ji}\cdot[\hat{\boldsymbol{P}}_{k-1}^{j}+(\hat{\boldsymbol{X}}_{k-1}^{j}-\tilde{\boldsymbol{X}}_{k-1/k-1}^{i})(\hat{\boldsymbol{X}}_{k-1}^{j}-\tilde{\boldsymbol{X}}_{k-1/k-1}^{i})^{\mathrm{T}}],\quad i=1,2 \tag{15.40}$$

其中，$\hat{\boldsymbol{X}}_{k-1}^{j}$ 和 $\hat{\boldsymbol{P}}_{k-1}^{j}$ 分别为模型 j 前一时刻估计的状态及其估计误差协方差矩阵，经过交互加权得到惯性/天文和惯性/视觉组合导航子系统的输入：$\hat{\boldsymbol{X}}_{k-1/k-1}^{i}$ 和 $\hat{\boldsymbol{P}}_{k-1/k-1}^{i}$。

2. 子系统滤波估计

将 $\hat{\boldsymbol{X}}_{k-1/k-1}^{i}$ 和 $\hat{\boldsymbol{P}}_{k-1/k-1}^{i}$ 作为滤波初值送入惯性/天文和惯性/视觉组合导航子系统，进而估计得到 $\hat{\boldsymbol{X}}_{k}^{i}$ 和 $\hat{\boldsymbol{P}}_{k}^{i}$ 送入输出交互模块，同时输出两个子系统的新息 $\boldsymbol{v}_{k}^{i}$ 与其协方差矩阵 $\boldsymbol{S}_{k}^{i}$ 用来更新子系统的模型概率。

3. 模型概率更新

为了隔离姿态与位置的模型概率更新过程，首先对新息进行分类：与姿态相关的记作 $\boldsymbol{vA}_{k}^{i}$，如式(15.26)与式(15.32)量测所对应的新息；与位置相关的记作 $\boldsymbol{vP}_{k}^{i}$，如式(15.28)与式(15.37)量测所对应的新息。与 $\boldsymbol{vA}_{k}^{i}$ 和 $\boldsymbol{vP}_{k}^{i}$ 所对应的协方差矩阵分别为 $\boldsymbol{SA}_{k}^{i}$ 与 $\boldsymbol{SP}_{k}^{i}$。

子系统模型概率的更新是假设检验过程，一般采用贝叶斯假设检验方法来检测各子系统的新息，进而确定 k 时刻各子系统的模型概率。当子系统模型与实际模型完全匹配时，子系统组合导航滤波器的新息为零均值的高斯白噪声，则 k 时刻模型 i 的姿态与位置似然函数分别为

$$fA_{k}^{i}=\frac{\exp\left[-\frac{1}{2}\cdot(\boldsymbol{vA}_{k}^{i})^{\mathrm{T}}\cdot\boldsymbol{SA}_{k}^{i\,-1}\cdot\boldsymbol{vA}_{k}^{i}\right]}{\sqrt{|2\pi\boldsymbol{SA}_{k}^{i}|}},$$

$$fP_{k}^{i}=\frac{\exp\left[-\frac{1}{2}\cdot(\boldsymbol{vP}_{k}^{i})^{\mathrm{T}}\cdot\boldsymbol{SP}_{k}^{i\,-1}\cdot\boldsymbol{vP}_{k}^{i}\right]}{\sqrt{|2\pi\boldsymbol{SP}_{k}^{i}|}},\quad i=1,2 \tag{15.41}$$

根据贝叶斯公式可得模型 i 的姿态模型概率 μA_{k}^{i} 与位置模型概率 μP_{k}^{i} 分别为

$$\mu A_{k}^{i}=\frac{fA_{k}^{i}\sum_{j=1}^{2}\rho A^{ji}\cdot\mu A_{k-1}^{j}}{\sum_{j=1}^{2}\left(fA_{k}^{j}\sum_{i=1}^{2}\rho A^{ij}\cdot\mu A_{k-1}^{i}\right)},\quad \mu P_{k}^{i}=\frac{fP_{k}^{i}\sum_{j=1}^{2}\rho P^{ji}\cdot\mu P_{k-1}^{j}}{\sum_{j=1}^{2}\left(fP_{k}^{j}\sum_{i=1}^{2}\rho P^{ij}\cdot\mu P_{k-1}^{i}\right)},\quad i=1,2 \tag{15.42}$$

在此基础上，定义模型概率矩阵 $\boldsymbol{\mu}_{k}^{i}$：

$$\boldsymbol{\mu}_{k}^{i}=\mathrm{diag}([\mu A_{k}^{i}\mathrm{ones}(1,3)\quad \mu P_{k}^{i}\mathrm{ones}(1,5)\quad \mu A_{k}^{i}\mathrm{ones}(1,3)\quad \mu P_{k}^{i}\mathrm{ones}(1,3)])$$

通过模型概率更新可以得到当前时刻两个子系统滤波结果所占的权值，进而实现惯性/天文与惯性/视觉组合导航子系统的测姿、定位功能的优势互补以及三种导航方式的高精度组合。

而且，模型概率更新使得交互式多模型滤波器具备自主隔离故障子系统的能力，尤其是突变故障。若某子系统 i 发生突变故障，则其量测信息会出现突变，此时，该组合导航子滤波器不再是无偏估计，其新息 $\boldsymbol{v}_k^i$ 会显著增大，导致其相应的 fA_k^i 与 fP_k^i 显著减小，进而引起其姿态与位置模型概率 μA_k^i 与 μP_k^i 减小，甚至降为 0。这样，发生故障的子系统的滤波结果在最终估计结果中所占的比重非常小，甚至被完全隔离。

4. 输出交互

根据各子系统的估计结果，可得 IMM 滤波器的最终输出为

$$\begin{aligned}\hat{\boldsymbol{X}}_k &= \sum_{i=1}^{2}\boldsymbol{\mu}_k^i \cdot \hat{\boldsymbol{X}}_k^i \\ \hat{\boldsymbol{P}}_k &= \sum_{i=1}^{2}\boldsymbol{\mu}_k^i\left[\hat{\boldsymbol{P}}_k^i + (\hat{\boldsymbol{X}}_k^i - \hat{\boldsymbol{X}}_{k/k})(\hat{\boldsymbol{X}}_k^i - \hat{\boldsymbol{X}}_{k/k})^{\mathrm{T}}\right]\end{aligned} \tag{15.43}$$

IMM 滤波器输出的 $\hat{\boldsymbol{X}}_k$ 即可认为是对惯导误差的最优估计。根据惯导误差的估计结果，可以有效校正惯导误差，进而为火星车提供高精度的姿态、速度、位置信息。

15.3.5 仿真验证

1. 仿真条件

(1) 轨迹仿真

火星车的初始位置为东经 100°，北纬 30°；初始偏航角为北偏东 45°，俯仰角和滚转角为 0°。火星车的运动轨迹包括加速、转弯、减速等过程，仿真时间为 1 800 s，火星车共行驶 246.13 m，平均速度为 0.1367 m/s。其行驶轨迹如图 15.9 所示。

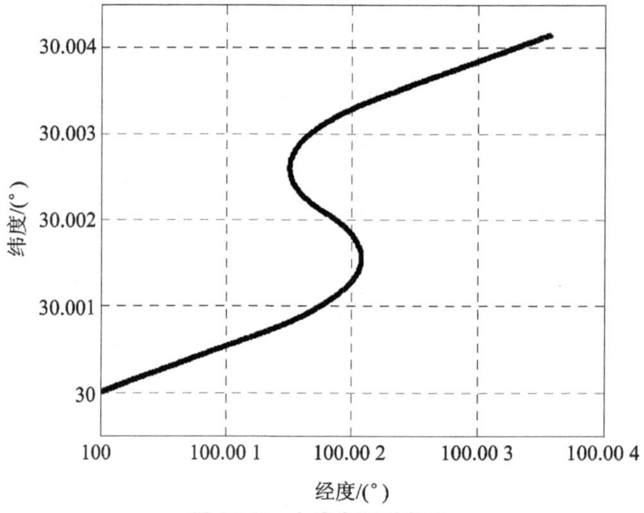

图 15.9 火星车行驶轨迹

(2) 器件精度

惯性测量单元 IMU、星敏感器及视觉传感器的性能参数分别如表 15.1、表 15.2 与表 15.3 所列，其中，星敏感器选用 SAO 星表中亮于 6.95Mv 的恒星建立导航星库。

表 15.1　惯性测量单元性能参数

IMU	常值误差	随机误差	数据更新周期/s
陀螺仪	0.01(°)/h	0.001(°)/h	0.1
加速度计	10 μg	5 μg	

表 15.2　CCD 星敏感器性能参数

视场大小	CCD 面阵	像素尺寸/μm	焦距/mm	星图的灰度噪声	星等噪声/Mv	数据更新/s
20°×20°	1 024×1 024	15	43.56	5	0.2	1

表 15.3　视觉传感器性能参数

视场大小	分辨率	像素尺寸/μm	焦距/mm	双目测量基线/m	特征点提取误差/pixel	数据更新周期/s
45°×45°	1024×1024	12	14.67	0.5	0.05	1

考虑到各传感器的数据更新周期，设置火星车惯性/天文/视觉组合导航系统的滤波周期为 1 s，交互式多模型信息融合周期也为 1 s。

2. 仿真验证结果

(1) SINS/CNS 子系统与 SINS/VNS 子系统导航性能

为了验证 SINS/CNS 子系统与 SINS/VNS 子系统的导航性能，将这两种组合导航子系统与纯捷联惯性导航系统的导航性能进行比较。图 15.10～图 15.16 所示为三种导航方案的姿态、位置、速度误差曲线。

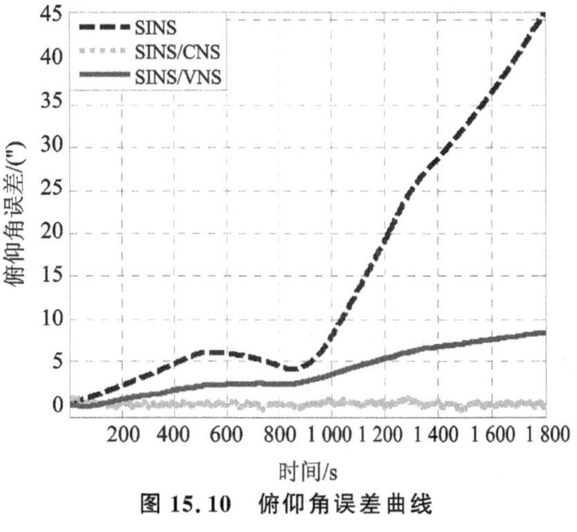

图 15.10　俯仰角误差曲线

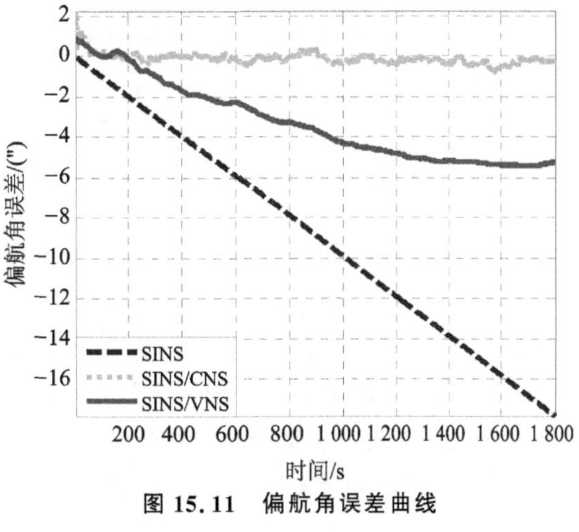

图 15.11　偏航角误差曲线

根据图 15.10～图 15.12 可以看出，纯捷联惯性导航系统的姿态误差发散，火星车运行 1 800 s 后其俯仰角误差甚至达到 45.9″。视觉里程计测得的角速度精度较高且不含常值漂移误差，因此其积分得到的姿态精度优于纯惯导，惯性/视觉子系统的姿态估计精度有所提高，发散速率慢于纯惯导。然而，视觉里程计输出的姿态仍然存在误差累积，因此，惯性/视觉子系统输出的姿态精度有限。星敏感器提供了高精度的惯性空间姿态信息，因此，惯性/天文子系统的姿态误差不再发散，其三轴姿态估计误差保持在 0.8″内。

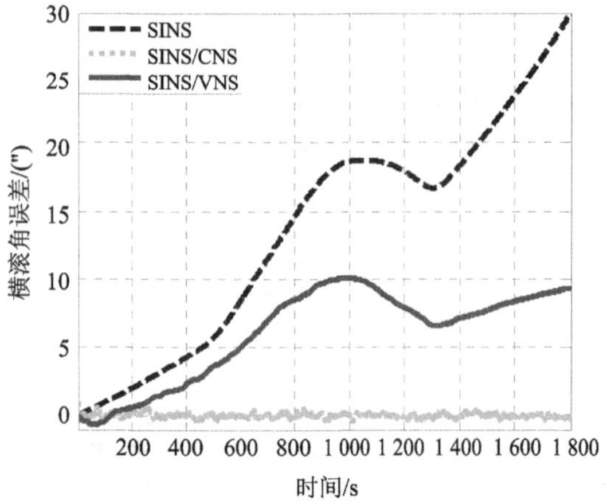

图 15.12　滚转角误差曲线

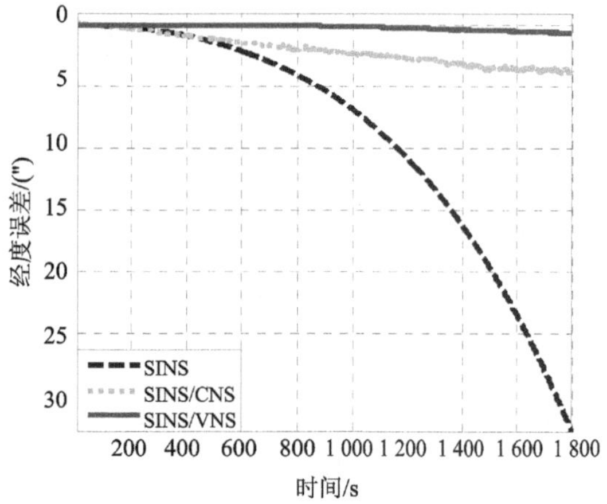

图 15.13　经度误差曲线

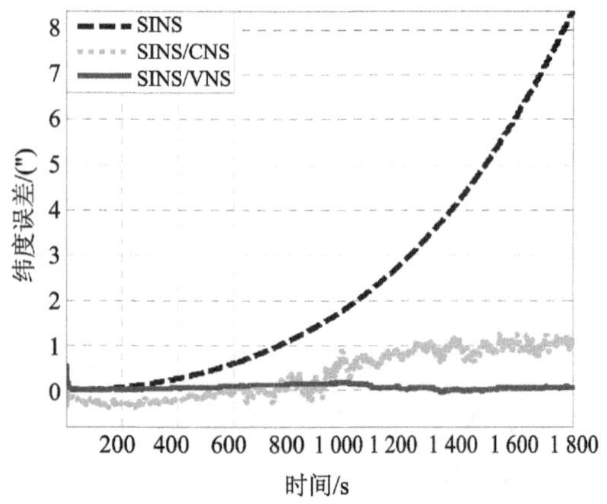

图 15.14　纬度误差曲线

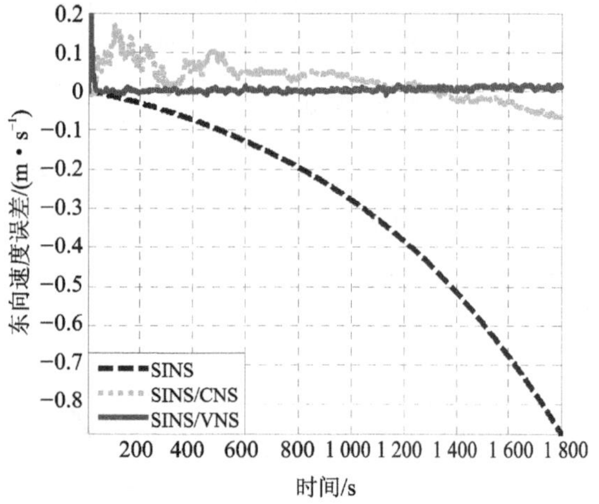

图 15.15　东向速度误差曲线

根据图 15.13～图 15.16 可以看出，纯捷联惯性导航系统的位置与速度误差发散，运行 1 800 s 后，火星车的经度与纬度误差分别达到 32.9″与 8.4″，东向与北向速度误差分别达到 0.8 m/s 与 0.2 m/s 以上。惯性/天文子系统的位置、速度估计精度虽然有所提高，但是由于天文导航输出的位置量测受限于数学地平的精度，所以其位置、速度误差仍然呈发散趋势。惯性/视觉子系统输出了高精度的组合导航速度、位置信息，其速度、位置误差分别保持在 0.01 m/s 和 0.7″内。这是由于视觉里程计输出的摄像机坐标系下的速度信息精度高、无误差累积，作

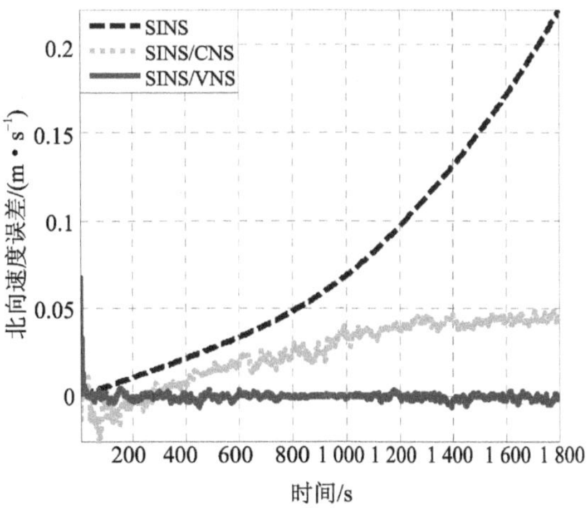

图 15.16　北向速度误差曲线

为量测信息可以有效抑制惯导速度、位置误差的发散。但是在姿态误差(尤其是偏航角)的漂移与积分运算的作用下,惯性/视觉子系统输出的位置误差仍缓慢发散,火星车长时间、长距离运行时将无法满足其导航需求。

对比两个子系统的姿态、速度、位置误差可以看出,惯性/天文子系统在测姿方面优势明显;而惯性/视觉子系统在测速、定位方面优势明显。但是,漂移的姿态误差会影响其位置精度,限制了惯性/视觉子系统的导航精度。因此,若惯性/视觉子系统可以得到精确的姿态信息辅助,尤其是精确的偏航角信息,火星车的位置误差发散会得到更好地抑制。可见,这两个导航子系统在长时间运行时都无法完全满足火星车高精度的导航需求,但是它们的优势是互补的,适合进行深层次信息融合。

(2) 惯性/天文/视觉组合导航性能

对所设计的基于改进 IMM 滤波器的惯性/天文/视觉组合导航系统方案、基于集中式滤波器与基于传统 IMM 滤波器的惯性/天文/视觉组合导航系统方案的性能进行比较,图 15.17～图 15.23 所示分别为三种组合导航方案的姿态、位置与速度误差曲线。

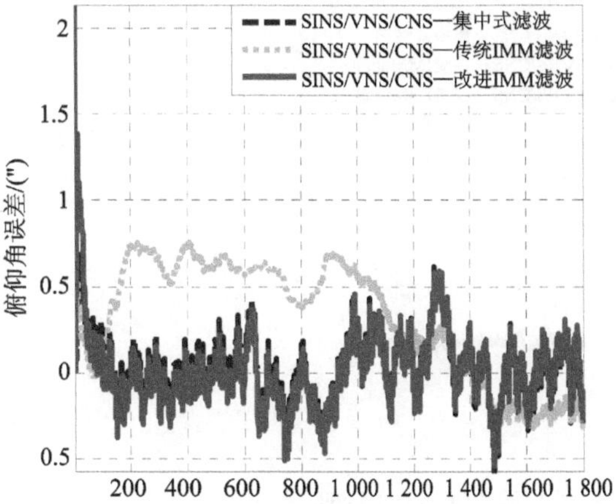

图 15.17　俯仰角误差曲线

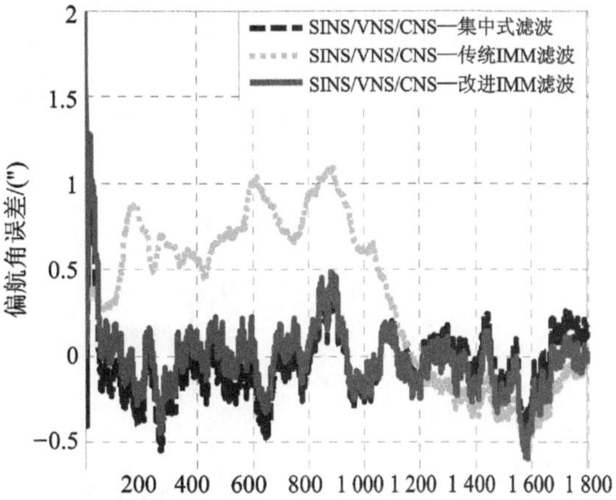

图 15.18　偏航角误差曲线

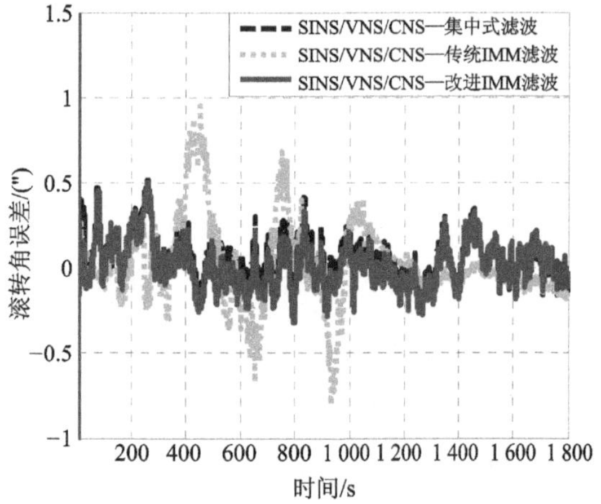

图 15.19　滚转角误差曲线

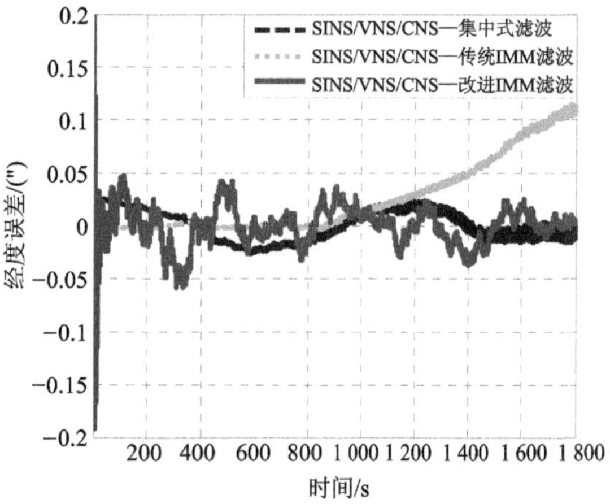

图 15.20　经度误差曲线

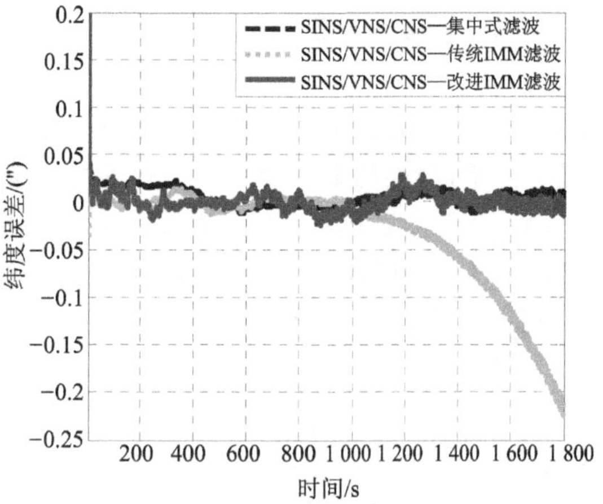

图 15.21　纬度误差曲线

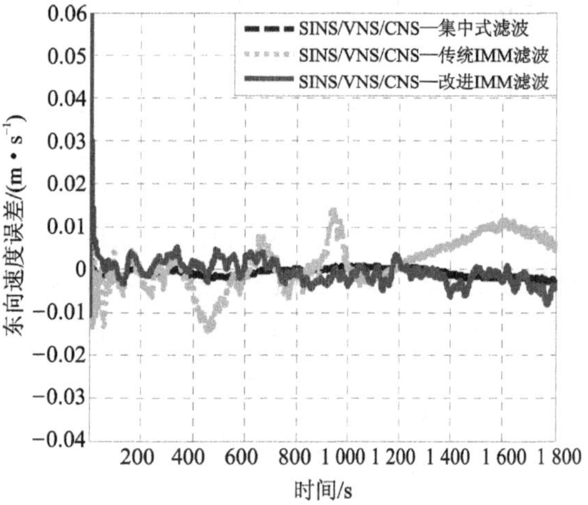

图 15.22　东向速度误差曲线

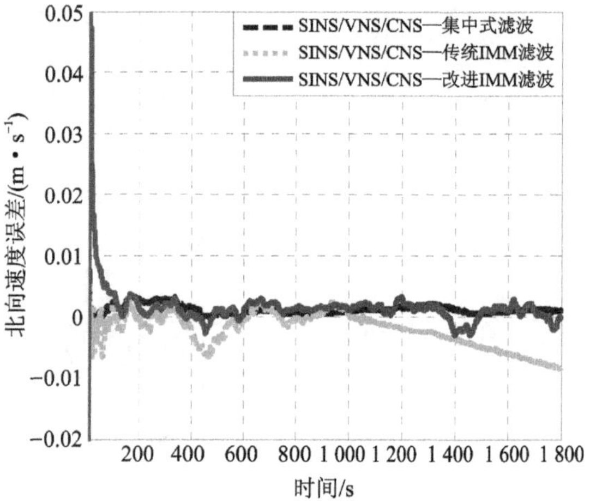

图 15.23　北向速度误差曲线

根据图 15.17～图 15.23 可以看出，在滤波稳定后，所设计的 SINS/CNS/VNS 组合导航方案与基于集中式滤波器的组合导航系统的姿态、速度与位置精度基本相当，而基于传统 IMM 滤波器的组合导航方案误差较大。这是由于传统 IMM 滤波器采用单一模型概率衡量惯性/天文与惯性/视觉子系统的姿态、位置整体精度，经过模型概率的更新，在滤波初中期(100～1 000 s)更依赖于惯性/视觉子系统，位置、速度精度较高；在末期(1 200 s 后)更依赖于惯性/天文子系统，姿态精度较高。因此，基于传统 IMM 滤波器的组合导航方案的姿态、速度与位置很难同时达到较高的精度。而所设计的改进 IMM 滤波器，分别采用不同的模型概率融合子系统的姿态与位置信息，可以同时保留这两个子系统的测姿、定位优势。表 15.4 所列为滤波稳定后(300 s 后)不同组合方案对应的精度性能，表 15.5 所列为 20 次蒙特卡洛仿真的估计误差，可以看出，所设计的组合导航方案的姿态、速度与位置精度与基于集中式滤波器的组合导航方案基本相当。蒙特卡洛仿真时，没有改变轨迹与滤波参数，在表 15.1、表 15.2 与表 15.3 的精度条件下随机产生 IMU、星敏感器与视觉传感器的量测信息。

表 15.4　基于不同滤波器的组合导航系统性能

SINS/VNS/CNS 组合导航系统	姿态误差均方根/(″)	速度误差均方根/(m·s^{-1})	位置误差均方根/m	最终位置误差/行驶路程/(%)
集中式滤波	0.468 3	0.002 4	0.333 6	0.135 5
传统 IMM 滤波	1.293 1	0.009 9	5.039 1	2.047 3
改进 IMM 滤波	0.468 6	0.004 2	0.428 3	0.174 0

表 15.5　20 次蒙特卡洛仿真的组合导航平均估计误差

SINS/VNS/CNS 组合导航系统	姿态误差/(″)	速度误差/(m·s^{-1})	位置误差/m	最终位置误差/行驶路程/(%)
集中式滤波	0.425 1	0.002 5	0.321 4	0.107 0
传统 IMM 滤波	1.172 8	0.010 1	5.147 1	2.134 1
改进 IMM 滤波	0.490 5	0.004 0	0.433 6	0.188 7

此外，SINS/CNS 子系统可以有效估计出陀螺仪常值漂移，但由于缺乏高精度的位置信息，加速度零偏无法估计；而 SINS/VNS 子系统则在加速度计零偏的估计中优势明显。因此，所设计的基于改进 IMM 滤波器的惯性/天文/视觉组合导航方案，可以同时估计出陀螺仪常值漂移、加速度计零偏，估计结果如图 15.24 与图 15.25 所示。

根据图 15.24 与图 15.25 可以看出，所设计的方案可以估计出惯性器件的常值误差，为修正惯性器件误差提供了条件。若将其反馈给惯导系统，还可以进一步提高惯性/天文/视觉组合导航的精度。

(3) 惯性/天文/视觉组合导航容错验证

由于火星车复杂的工作与行驶环境，各传感器出现故障的概率可能会有所增加，因此，需要对惯性/天文/视觉组合导航方案的容错性能进行验证。具体的故障仿真条件为：视觉导航子系统在 1 200～1 300 s 出现阶跃故障，故障条件下的姿态量测为 $\boldsymbol{A}'^{i}_{\mathrm{VNS}}=\boldsymbol{A}^{i}_{\mathrm{VNS}}+100''$，速度量测为 $\boldsymbol{v}'^{c}_{\mathrm{VNS}}=\boldsymbol{v}^{c}_{\mathrm{VNS}}+0.2\ \mathrm{m/s}$；天文导航子系统在 800～900 s 出现阶跃故障，故障条件下的惯性姿态为 $\boldsymbol{A}'^{i}_{\mathrm{CNS}}=\boldsymbol{A}^{i}_{\mathrm{CNS}}+100''$，据此求得相应的 $\tilde{\boldsymbol{C}}'^{b}_{i}$ 与位置参数作为故障条件下的天文量测。

图 15.26～图 15.27 为 IMM 滤波器的姿态、位置模型概率曲线，图 15.28～图 15.30 所示为发生故障的情况下，基于集中式滤波器与所设计的 IMM 滤波器的组合导航系统导航误差曲线。

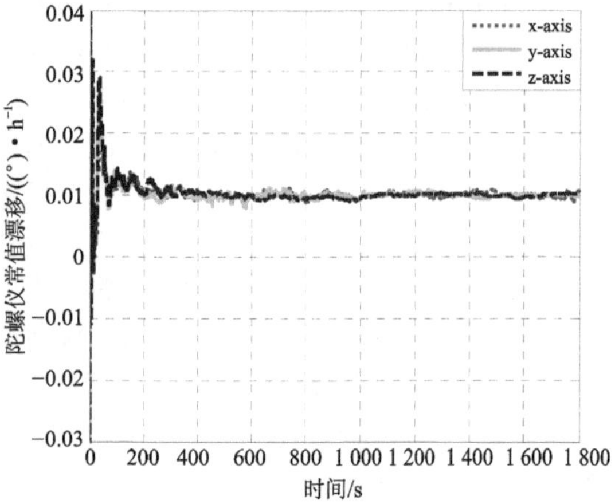

图 15.24 陀螺仪常值漂移估计结果

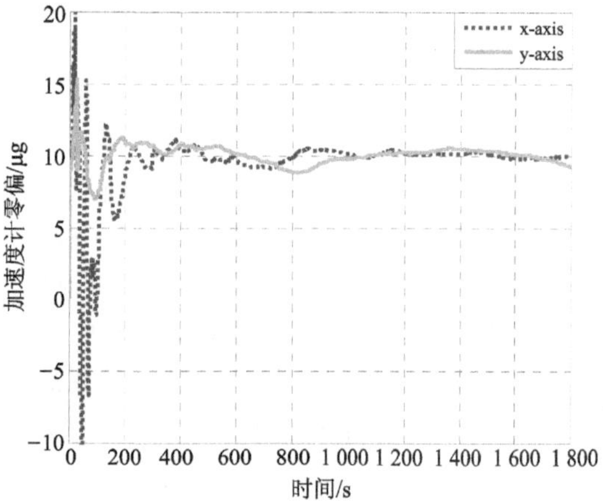

图 15.25 加速度计零偏估计结果

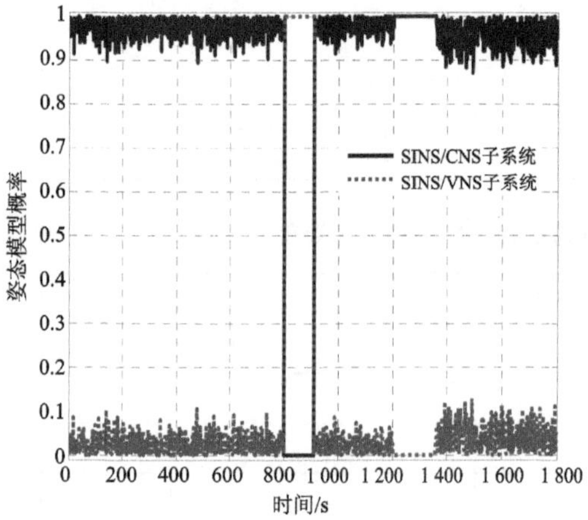

图 15.26 姿态模型概率

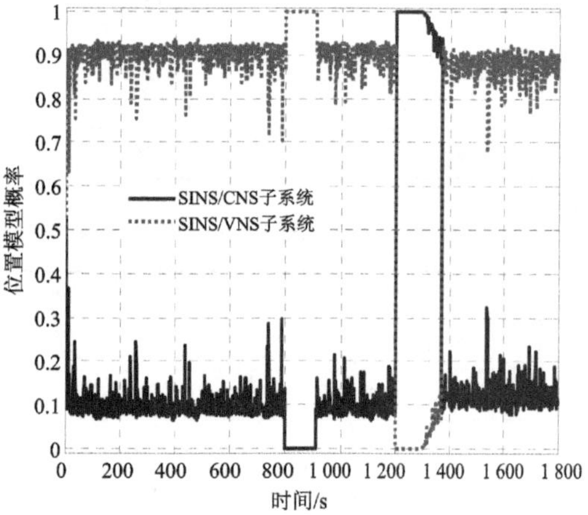

图 15.27 位置模型概率

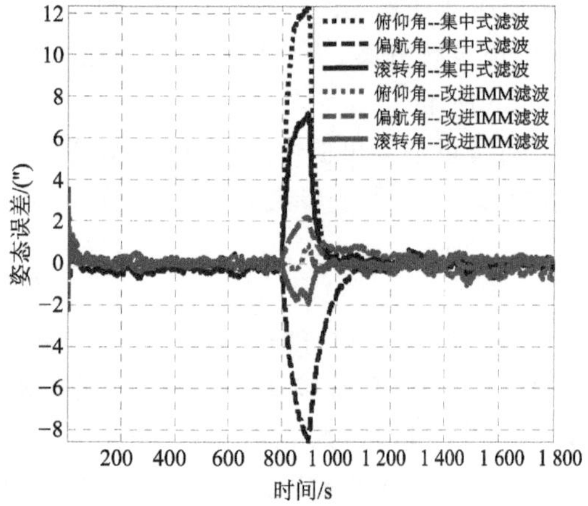

图 15.28 姿态误差曲线

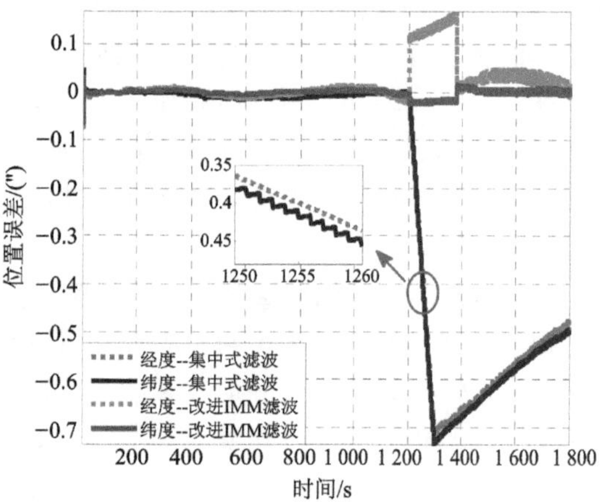

图 15.29 位置误差曲线

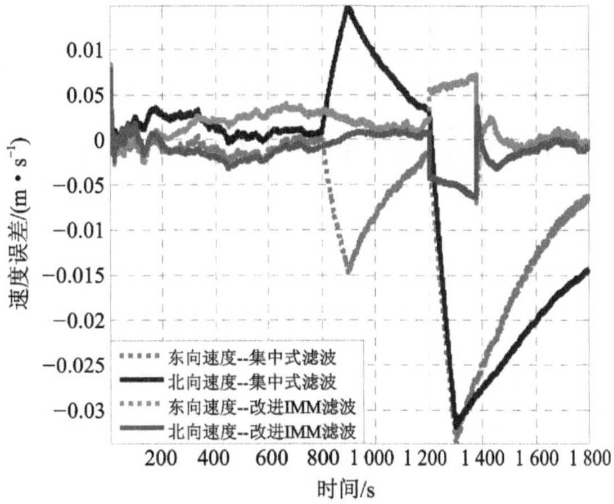

图 15.30　速度误差曲线

由图 15.26～图 15.27 可以看出,当没有故障发生时,惯性/视觉子系统的位置模型概率保持在较高水平,惯性/天文子系统的姿态模型概率保持在较高水平。然而,天文导航子系统在 800～900 s 发生故障时,其姿态模型概率减小为 0;视觉导航子系统在 1 200～1 300 s 发生故障时,其位置模型概率减小为 0。故障消失后,子滤波器很难瞬间恢复正常,交互式多模型滤波器分别在 912 s 与 1 366 s 才开始重新采用恢复后的子系统所提供的量测信息。可见根据自适应的姿态与位置模型概率,IMM 滤波器可以自主检测与隔离故障。

根据图 15.28～图 15.30,由于集中式滤波器无法自主检测与隔离故障,天文或视觉导航子系统的故障数据大大影响了组合导航系统的姿态、位置与速度精度,导航精度波动很大;而所设计的组合导航方案,利用交互式多模型滤波器进行模型切换,可以根据各子滤波器输出的新息自主判断并隔离发生故障的子系统,这时即可利用没有发生故障的子滤波器信息,达到自主隔离故障的目的。虽然在故障发生时由于模型切换导致导航误差略有波动,但是通过模型概率更新,所设计的组合导航方案的导航精度基本稳定,具有良好的容错性能。

15.4　小　结

为了提高火星车在陌生环境中的导航性能,本章设计了一种适用于火星车的高精度 SINS/CNS/VNS 自主组合导航方案。考虑到火星表面地形地貌的先验信息较少,因而采用基于视觉里程计的视觉导航方法,利用双目视觉里程计得到相邻时刻的特征点信息,并通过加权的 LM 算法得到了高精度的摄像机坐标系下的速度、角速度信息。然后,分别建立了 SINS/VNS 子系统及 SINS/CNS 子系统的状态模型和量测模型,所设计的这两个子系统分别在测速定位与测姿方面具有较高精度。进而,为了实现 SINS/VNS 与 SINS/CNS 子系统在测速定位与测姿方面的优势互补,设计了基于双模型概率的 IMM 滤波算法。该算法根据子滤波器新息自适应调整其模型概率,既可以充分融合各子滤波器的优势,还可以自主隔离发生故障的子滤波器,具有精度高、抵抗故障能力强的特点,能够满足火星车高精度、高容错性的导航要求。

第16章　X射线脉冲星天文导航在火星探测器地火转移段的应用方法

根据深空探测器各飞行阶段的特点可知，地火转移段是火星探测器飞行时间最长的阶段，具有距离地球远、飞行速度快、动力学模型和星历数据不准确、测控和通信受各种因素影响大等特点，传统依赖地面深空测控网的导航方法在实时性、连续性和可靠性等诸多方面受到限制，因此，火星探测器在地火转移段对自主导航有着迫切的需求。基于太阳、行星的天文自主导航方法具有实时性好、地火转移段全段可用、技术成熟等优势，但是由于这些天体距离探测器较远，利用天体敏感器观测时微小的测角误差就会引起很大的定姿或定位误差。因此，基于太阳、行星的天文自主导航方法单独使用时精度较低。

近年来，随着对X射线脉冲星的研究不断深入，X射线脉冲星导航作为一种新兴的天文导航方式，逐渐受到深空探测领域的广泛关注。这种导航方式通常以X射线探测仪测得的脉冲到达火星探测器的时间与脉冲星计时模型预测的相应脉冲到达太阳系质心的时间之差作为量测，采用适当的解析或滤波算法，得到探测器的位置、速度、姿态与时间等导航信息。这种导航方法在地火转移段全段可用，且可以提供精确的时间基准。然而，目前已知的X射线脉冲星的数目还比较少，脉冲星导航方法还处于研究探索之中。

为了在地火转移段全段实现火星探测器的高精度实时导航，且为探测器长时间飞行提供精确的时间基准，本章基于深空探测器自主导航技术的应用背景，介绍了脉冲星的基本特征以及基于X射线脉冲星的自主定位、测姿、测速、授时方法，并分析了其主要的误差来源，进而建立了基于X射线脉冲星的高精度导航模型。在此基础上，设计了一种适用于地火转移段的X射线脉冲星辅助的天文自主导航方案。

16.1　脉冲星的基本特征

如图16.1所示，脉冲星是一种高速自转的中子星，它的质量为太阳的0.2～3.2倍，半径为10 km左右，表面磁场强度可达10^4～10^{13} Gs，是一种具有超高密度、超高温度、超强磁场、超强辐射和引力的天体，能够提供高度稳定的周期性脉冲信号，可作为天然的导航信标。它具有以下基本特点：

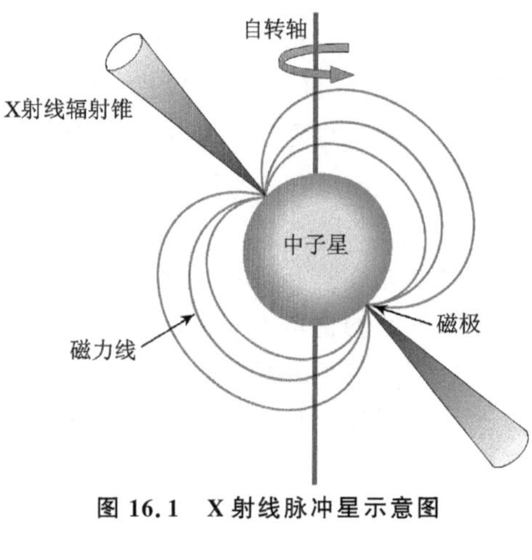

图16.1　X射线脉冲星示意图

(1) 脉冲周期极其稳定

脉冲星的自转轴与磁轴之间有一个夹角，两个磁极会辐射特定的电磁波束，自转时其磁场会周期性地扫过宇宙空间。脉冲星具有良好的周期稳定性，特别是毫秒级脉冲星，它的自转周期

稳定性高达 10^{-19}～10^{-21}，定时稳定性为 10^{-14}/年，远优于目前国际上最先进的星载铷钟和氢钟(周期稳定性约为 10^{-15})，因此，脉冲星也被誉为自然界最精准的天文时钟。

(2) 脉冲星辐射包含多个波段范围

脉冲星通常在光学、射电、红外、X 射线和 γ 射线等多个波段辐射电磁波。其中，射电和红外波段辐射可以穿过地球大气层，并可利用大口径望远镜进行地面观测。而 X 射线、γ 射线波段辐射容易被大气层吸收，只能在地球大气层之外进行观测。由于 X 射线能量高、抗干扰性能好、脉冲到达时间测量分辨率高而易于探测，因此通常采用 X 射线脉冲星进行自主导航。

(3) 位置参数和物理参数近乎不变

脉冲星的位置参数包括赤经、赤纬以及到太阳系质心的距离、自行速度等。脉冲星的赤经、赤纬给出了脉冲星的方向信息，自行参数描述了脉冲星的运动信息，而到太阳系质心的距离在几千光年到几万光年之间。由于脉冲星自行引起的赤经、赤纬变化非常小，且脉冲星距离太阳系十分遥远，因此，通常认为脉冲星的方向与距离在一定时期内近乎保持不变。

脉冲星的物理参数主要包括脉冲轮廓、辐射流量、脉冲比例与宽度等。脉冲轮廓是脉冲星的标识符，通过长期观测数据处理、大量脉冲周期整合而成，具有极高的信噪比，且长期保持稳定。辐射流量以光子计数率的形式表示，即单位时间单位面积内光子到达的数量或能量，反映了脉冲辐射强度的大小，其值相对稳定。

X 射线脉冲星的脉冲周期、位置参数与物理参数稳定，不存在人为破坏与干扰，安全可靠，容易被探测与识别，也不需要任何地面技术维持，是一种绝佳的导航星。因此，航天飞行器可以搭载 X 射线探测器来敏感 X 射线脉冲星，进而完成自主导航。

16.2　X 射线脉冲星自主导航方法

16.2.1　X 射线脉冲星导航原理

X 射线脉冲星导航是采用 X 射线脉冲星的脉冲信号作为时钟源进行测姿定位的一种导航方法。在介绍 X 射线脉冲星导航基本原理之前，首先要定义其时空参考系。

1. 时空参考系

(1) 时间参考系

在脉冲星导航系统中，载体通常采用高精度的星载原子钟记录 X 射线光子到达探测器的时间，为原子时(AT)；而脉冲星计时模型建立在太阳系质心(Solar System Barycenter, SSB)处，通常采用太阳系质心坐标时(TCB)或太阳系质心动力学时(TDB)进行表示。

(2) 空间参考系

在基于 X 射线脉冲星的自主导航系统中，通常以太阳系质心惯性坐标系作为空间参考坐标系。太阳系质心惯性坐标系的坐标原点在太阳系质心，X 轴指向 J2000.0 太阳系质心力学时的平春分点，Z 轴垂直于 J2000.0 太阳系质心力学时平赤道，指向平北极，Y 轴与 X、Z 轴构成右手坐标系。

2. 导航原理

X 射线脉冲星自主导航系统的核心器件是 X 射线光子计数器和成像仪，它在两个环路中分别完成定位与测姿。定位环路的输入信息为X射线光子计数器提取的脉冲相位,输出为载体的位置、速度和时间信息;测姿环路的输入信息为X射线成像仪提取的脉冲星角位置,输出为载体的姿态角。

(1) 定位原理

为了确定载体的位置,可以通过直接解算载体相对于日心的位置 $\boldsymbol{r}$;或者解算位置误差 $\Delta\boldsymbol{r}$,然后结合先验位置 $\tilde{\boldsymbol{r}}$ 得到载体的最终位置。基于此,可以将脉冲星导航定位分为绝对定位与误差修正定位两种。

① 绝对定位

脉冲星绝对定位是通过比较载体处的X射线脉冲星的脉冲达到时间与参考点SSB处的脉冲到达时间,确定载体与太阳系质心在该脉冲星辐射方向上的距离,如图16.2所示。

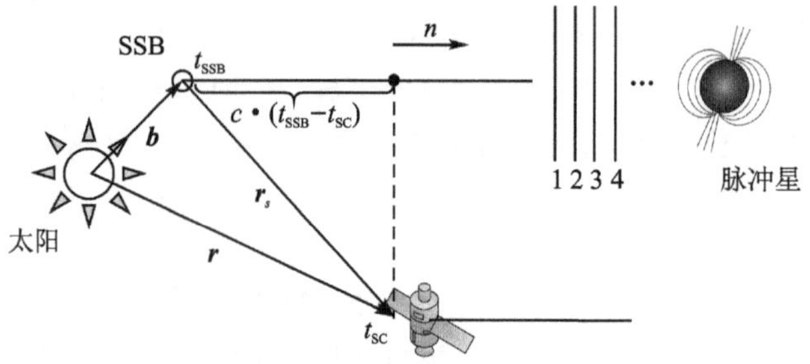

图16.2　脉冲星定位原理

脉冲星绝对定位的基本方法如下:

● 转换光子到达时间

利用星载X射线探测器与星载原子钟,可以测得载体处某颗脉冲星辐射的X射线光子到达载体的时间,即原子时(AT)。由于脉冲星模型数据库是在SSB处以TDB或TCB为时间尺度建立的,因此,必须进行光子到达时间的转换,才能提取脉冲轮廓,进而得到测量脉冲到达时间。

以原子时(AT)与太阳系质心坐标时(TCB)的时间尺度转换为例进行分析。根据AT与TCB的时间尺度转换关系,可以完成时间尺度转换,得到某X射线光子到达载体的TCB时间 $t^i_{\text{photon\_SC}}$;进而利用时间延迟模型将光子到达时间从载体转换到太阳系质心SSB,得到该X射线光子到达SSB的时间 $t^i_{\text{photon\_SSB}}$。考虑空间几何距离修正、相对论效应、载体运动速度等因素的影响,时间延迟模型可以表示为

$$t^i_{\text{photon\_SSB}}=t^i_{\text{photon\_SC}}+\frac{\tilde{\boldsymbol{r}}-\boldsymbol{b}}{c}\cdot\boldsymbol{n}+\frac{1}{2cD}\left[-\|\tilde{\boldsymbol{r}}\|^2+(\tilde{\boldsymbol{r}}\cdot\boldsymbol{n})^2+\|\boldsymbol{b}\|^2-(\boldsymbol{b}\cdot\boldsymbol{n})^2\right]+$$
$$\frac{2\mu_S}{c^3}\ln\left|\frac{(\tilde{\boldsymbol{r}}-\boldsymbol{b})\cdot\boldsymbol{n}+\|\tilde{\boldsymbol{r}}-\boldsymbol{b}\|}{\boldsymbol{b}\cdot\boldsymbol{n}+\|\boldsymbol{b}\|}+1\right|+\frac{T_P\cdot\boldsymbol{n}\cdot\tilde{\boldsymbol{v}}}{2(c+\boldsymbol{n}\cdot\tilde{\boldsymbol{v}})}\tag{16.1}$$

式中,$\boldsymbol{b}$ 为太阳系质心相对于日心的位置矢量;$\boldsymbol{n}$ 为脉冲星相对于太阳系的方向矢量;μ_S 为太阳引力常数;c 为真空中的光速;D 为脉冲星到SSB的距离;T_P 为观测周期;$\tilde{\boldsymbol{r}}$、$\tilde{\boldsymbol{v}}$ 分别为轨道动力学模型或其他导航方式给出的载体相对于太阳质心的位置与速度矢量,为近似值。

● 测量脉冲到达时间

由于X射线脉冲星信号较弱,信噪比较低,一个周期内到达探测器的光子数量有限,且单

个周期信号随机性较大，因此，需要通过多个周期的累积叠加处理，才能得到比较清晰的脉冲轮廓，这就是脉冲轮廓折叠。将一定观测时段内记录的光子累积叠加成测量脉冲轮廓可提高脉冲信号的信噪比，进而得到精确的测量脉冲到达时间。

脉冲到达时间是指提取脉冲轮廓基准点的记录时间，它接近于脉冲信号积分时间中间时刻。利用得到的测量脉冲轮廓与标准脉冲轮廓进行互相关处理，可以得到脉冲到达 SSB 的测量时间 $t_{SSB/M}$，结合时间延迟模型式(16.1)，可以换算得到载体处的测量脉冲到达时间 t_{SC}。其中，标准脉冲轮廓是通过长期观测数据处理、大量脉冲周期整合和同步平均后得到的，具有极高的信噪比。

● 预测脉冲到达时间

利用脉冲星计时模型可以获取该脉冲星的脉冲到达太阳系质心 SSB 的预测时间 t_{SSB}。在太阳系质心惯性坐标系中，脉冲星计时模型可以表示为脉冲信号相位的三阶泰勒级数展开形式：

$$\Phi(t)=\Phi(t_0)+f(t-t_0)+\frac{1}{2}\dot{f}(t-t_0)^2+\frac{1}{6}\ddot{f}(t-t_0)^3 \tag{16.2}$$

式中，$\Phi(t)$ 与 $\Phi(t_0)$ 分别为历元 t 和 t_0 的脉冲信号相位，f、$\dot{f}$ 和 $\ddot{f}$ 分别为脉冲信号频率及其一阶、二阶导数。

● 解算导航参数

根据脉冲到达载体的测量时间 t_{SC}，以及由脉冲星计时模型得到的脉冲到达 SSB 的预测时间 t_{SSB}，可以构造脉冲星导航绝对定位的量测量与量测方程：

$$c(t_{SSB}-t_{SC})=\boldsymbol{r}_s\cdot\boldsymbol{n}=(\boldsymbol{r}-\boldsymbol{b})\cdot\boldsymbol{n} \tag{16.3}$$

式中，$\boldsymbol{r}_s$ 为载体相对于太阳系质心的位置矢量。

由于位置矢量 $\boldsymbol{r}_s$ 中包含有三个未知分量，当观测到三颗及以上脉冲星时便可根据式(16.3)构造方程组进行解析求解；此外，也可以利用卡尔曼滤波器，结合状态方程对载体位置进行估计。

② 误差修正定位 $\boldsymbol{r}_s$

脉冲星导航误差修正定位方法是通过比较 X 射线脉冲星的脉冲到达参考点 SSB 处的测量时间与预测时间，确定载体在该脉冲星辐射方向上的位置误差。该方法也包括转换光子到达时间、测量脉冲到达时间、预测脉冲到达时间与解算导航参数 4 个步骤。区别如下：

- 测量脉冲到达时间时，得到脉冲到达 SSB 的测量时间 $t_{SSB/M}$ 作为后续量测信息，不需要再转换到载体处；
- 解算导航参数时，可构造脉冲星导航误差修正定位的量测量与量测方程为

$$c(t_{SSB}-t_{SSB/M})=\Delta\boldsymbol{r}\cdot\boldsymbol{n} \tag{16.4}$$

进而，通过 $\boldsymbol{r}=\tilde{\boldsymbol{r}}+\Delta\boldsymbol{r}$ 即可得到最终的载体位置矢量。

(2) 测姿原理

X 射线脉冲星导航的测姿原理(如图 16.3 所示)与星敏感器类似，区别在于 X 射线脉冲星导航观测的是 X 射线而不是可见光，相应地，在信号处

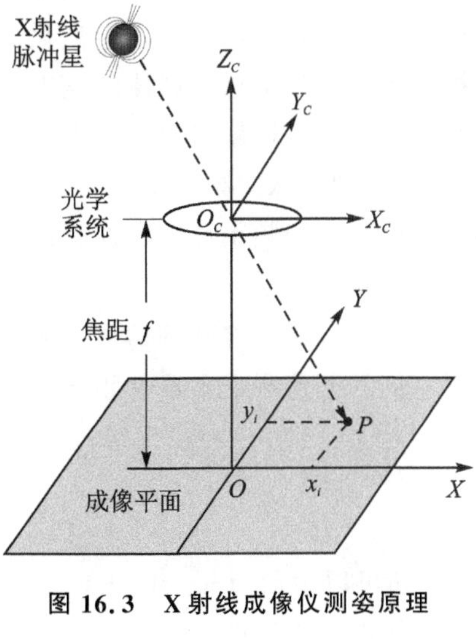

图 16.3　X 射线成像仪测姿原理

理算法上也存在一定差异。

利用 X 射线成像仪提取脉冲星影像，可得到第 i 颗脉冲星的影像在成像平面内的位置坐标 (x_i, y_i)，进而可以确定该脉冲星在成像坐标系 C 的方向矢量 $\boldsymbol{S}_C^i$：

$$\boldsymbol{S}_C^i = \frac{1}{\sqrt{x_i^2 + y_i^2 + f^2}} \begin{bmatrix} -x_i \\ -y_i \\ f \end{bmatrix} \tag{16.5}$$

式中，f 为 X 射线成像仪的焦距。

再结合探测器的安装矩阵 $\boldsymbol{C}_b^C$，即可得到该脉冲星在载体本体系中的方向矢量 $\boldsymbol{S}_b^i$。由于脉冲星导航数据库中已经保存了 X 射线脉冲星在太阳系质心惯性坐标系中的方向矢量，因此通过实测脉冲轮廓与标准脉冲轮廓的互相关处理，可以识别出该脉冲星在导航数据库中的编号，进而得到其在太阳系质心惯性坐标系中的方向矢量 $\boldsymbol{n}^i$：

$$\boldsymbol{n}^i = \begin{bmatrix} \cos\delta^i \cos\alpha^i \\ \cos\delta^i \sin\alpha^i \\ \sin\delta^i \end{bmatrix} \tag{16.6}$$

式中，(α^i, δ^i) 为该脉冲星的赤经、赤纬信息。由于脉冲星距离极其遥远，故可认为其相对于太阳系质心与日心的方向相同，即 $\boldsymbol{n}^i$ 可作为脉冲星在日心惯性坐标系中的方向矢量。

$\boldsymbol{S}_C^i$ 与 $\boldsymbol{n}^i$ 之间的旋转变换关系为

$$\boldsymbol{n}^i = (\boldsymbol{C}_i^b)^{\mathrm{T}} (\boldsymbol{C}_b^C)^{\mathrm{T}} \boldsymbol{S}_C^i \tag{16.7}$$

因此，利用 $n(n \geqslant 3)$ 颗脉冲星信息，得到 $\boldsymbol{S}_C = [\boldsymbol{S}_C^1 \quad \cdots \quad \boldsymbol{S}_C^n]$ 与 $\boldsymbol{S}_{\mathrm{BBS}} = [\boldsymbol{n}^1 \quad \cdots \quad \boldsymbol{n}^n]$，即可得到姿态转换矩阵 $\boldsymbol{C}_i^b$ 为

$$\boldsymbol{C}_i^b = \boldsymbol{C}_C^b (\boldsymbol{S}_C \boldsymbol{S}_{\mathrm{BBS}}^{\mathrm{T}}) (\boldsymbol{S}_{\mathrm{BBS}} \boldsymbol{S}_{\mathrm{BBS}}^{\mathrm{T}})^{-1} \tag{16.8}$$

进而提取得到载体的姿态信息。

(3) 测速原理

载体速度可以通过载体的位置差分获得，然而这种测速方法精度较差。因此，通常利用脉冲星信号的多普勒效应估计载体的速度信息。多普勒效应是指物体辐射的波长、频率因为信号源和观测者的相对运动而产生变化，相对运动速度越高，所产生的频率变化越大。因此，可以根据频率变化量来估计载体的速度信息，该方法对载体位置的依赖性不强，精度也较高。

X 射线脉冲星是高速旋转的中子星，周期性地产生电磁辐射，当载体靠近或远离 X 射线源时，其探测到的脉冲频率 f_{SC} 与脉冲星发射脉冲的频率之间存在差异，这就是多普勒频移。脉冲星发射脉冲的频率可以根据脉冲星计时模型（见式(16.2)）进行预报，进而得到所探测脉冲星的预报频率 f_{SSB}。

如图 16.4 所示，将脉冲信号的测量频率 f_{SC} 与预报频率 f_{SSB} 换算在同一时间系统下，然后根据它们的差值测定多普勒频移量 Δf，进而可以计算出载体沿脉冲星视线方向的运动速率 v_a：

$$v_a = c \cdot \frac{\Delta f}{f_{\mathrm{SSB}}} = c \cdot \frac{f_{\mathrm{SC}} - f_{\mathrm{SSB}}}{f_{\mathrm{SSB}}} \tag{16.9}$$

另外，v_a 还可以表示为 $v_a = \boldsymbol{n}^i \cdot \boldsymbol{v}$。因此，利用 3 颗及以上脉冲星的多普勒频移信息，即可完全确定载体的三维速度。

(4) 授时原理

毫秒级脉冲星具有极其稳定的脉冲周期，远优于目前国际上最先进的星载铷钟和氢钟，被誉为自然界最稳定的天文时钟。对于脉冲星导航系统来说，1 μs 的时间测量误差就会带来 300 m 的距离测量误差，因此，有必要利用脉冲星提供的高精度时间基准，校正星载原子钟的钟差，抑制其随时间的漂移，进而提高导航精度。修正星载原子钟偏差的方法可以分为以下两种：

① 相位锁相环路修正方法

图 16.5 所示为相位锁相环路的基本原理示意图。从 X 射线光子计数器提取脉冲信号，经过时钟测量相位预处理器，可以获得脉冲相位和频率 Φ_1/f_1，再经过鉴相器和环路滤波器处理后，利用环路滤波器输出来控制数控振荡器(NCO)，从而调节星载原子钟的基本频率，以满足锁相环路的控制门限要求，达到时钟校正与时间系统保持的目的。

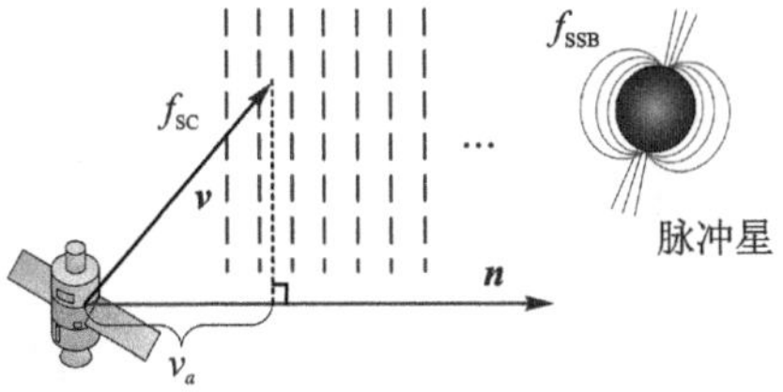

图 16.4　脉冲星多普勒测速原理

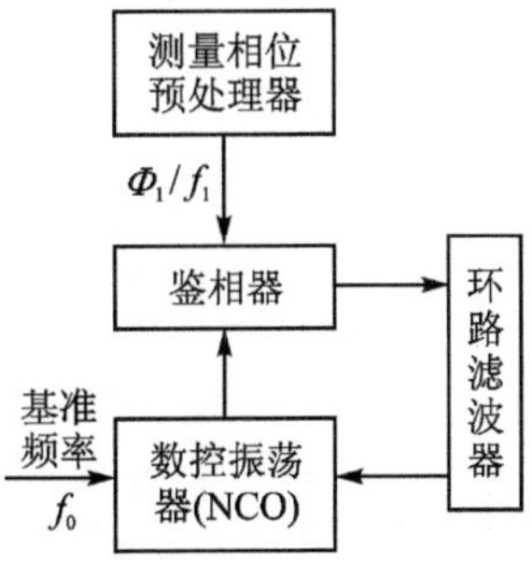

图 16.5　相位锁相环路的基本原理示意图

② 脉冲到达时间修正方法

结合星载原子钟钟差的基本模型，利用测得的脉冲到达时间修正原子钟的钟差，进而达到时钟校正与时间系统保持的目的。星载原子钟的钟差 Δt_{SC} 通常可以表示为

$$\Delta t_{SC} = a_0 + a_1(t - t_0) + a_2(t - t_0)^2 + w_t \tag{16.10}$$

式中，a_0 为 t_0 时刻的原子钟钟差，a_1 为原子钟的钟差漂移率，a_2 表示原子钟的钟差漂移变化率，w_t 为原子钟噪声。

3. 主要误差源

在利用脉冲星信息进行定位、测速与测姿时，影响导航精度的误差主要来源于以下三方面：① 脉冲星星历误差，包括脉冲星方向误差、脉冲星与太阳系质心的距离误差等；② 探测器误差，包括探测器测量噪声、星载原子钟钟差及其引起的频率误差等；③ 基准点位置误差，是指日心相对于太阳系质心的位置误差。

(1) 脉冲星星历误差

受脉冲星测量技术的限制以及脉冲星自行与天体摄动的影响，脉冲星的星历信息必然存在误差。脉冲星星历误差主要包括脉冲星的方向误差 $\Delta \boldsymbol{n}^i$ 以及脉冲星到太阳系质心的距离误差 ΔD。

当对脉冲星进行观测时，对于观测到的第 i 颗脉冲星，其方向误差 $\Delta \boldsymbol{n}^i$ 通常用该脉冲星的赤经、赤纬误差($\Delta\alpha^i$，$\Delta\delta^i$)来表示：

$$\Delta \boldsymbol{n}^{i}=\boldsymbol{n}^{i}-\tilde{\boldsymbol{n}}^{i}=\begin{bmatrix}-\sin\delta^{i}\cos\alpha^{i}\\-\sin\delta^{i}\sin\alpha^{i}\\\cos\delta^{i}\end{bmatrix}\Delta\delta^{i}+\begin{bmatrix}-\cos\delta^{i}\sin\alpha^{i}\\\cos\delta^{i}\cos\alpha^{i}\\0\end{bmatrix}\Delta\alpha^{i} \tag{16.11}$$

式中，$\boldsymbol{n}^i$ 为真实的脉冲星方向，$\tilde{\boldsymbol{n}}^i$ 为星历中的脉冲星方向。脉冲星的方向误差 $\Delta\boldsymbol{n}^i$ 对载体的定位、测姿与测速都有影响。

脉冲星定位的关键是对脉冲到达时间的测量，即测得脉冲星的脉冲信号到达载体与太阳系质心 SSB 的时间差。根据式(16.1)，可以得到脉冲星方向误差引起的时间测量误差 $B(\Delta\boldsymbol{n}^i)$，并忽略量级较小的部分，可得

$$\begin{aligned}B(\Delta\boldsymbol{n}^{i})&=\frac{\partial(t_{\mathrm{SSB}}^{i}-t_{\mathrm{SC}}^{i})}{\partial\boldsymbol{n}^{i}}\cdot\Delta\boldsymbol{n}^{i}\\&=\frac{\boldsymbol{r}-\boldsymbol{b}}{c}\cdot\Delta\boldsymbol{n}^{i}+\frac{T_{P}c\cdot\boldsymbol{v}\cdot\Delta\boldsymbol{n}^{i}}{2(c+\boldsymbol{n}^{i}\cdot\boldsymbol{v})^{2}}+\frac{\Delta\boldsymbol{n}^{i}}{cD^{i}}[(\boldsymbol{r}\cdot\boldsymbol{n}^{i})\boldsymbol{r}-(\boldsymbol{b}\cdot\boldsymbol{n}^{i})\boldsymbol{b}]+\\&\quad\frac{2\mu_{S}}{c^{3}}\left(\frac{\boldsymbol{r}}{\boldsymbol{r}\cdot\boldsymbol{n}^{i}+\|\boldsymbol{r}-\boldsymbol{b}\|+\|\boldsymbol{b}\|}-\frac{\boldsymbol{b}}{\boldsymbol{b}\cdot\boldsymbol{n}^{i}+\|\boldsymbol{b}\|}\right)\cdot\Delta\boldsymbol{n}^{i}\approx\frac{\boldsymbol{r}-\boldsymbol{b}}{c}\cdot\Delta\boldsymbol{n}^{i}\end{aligned} \tag{16.12}$$

脉冲星的赤经、赤纬信息也是脉冲星测姿的关键信息。由式(16.8)易知，脉冲星方向误差也会影响载体姿态转换矩阵的计算结果，即

$$\tilde{\boldsymbol{C}}_{i}^{b}=\boldsymbol{C}_{C}^{b}(\boldsymbol{S}_{C}\tilde{\boldsymbol{S}}_{\mathrm{BBS}}^{\mathrm{T}})(\tilde{\boldsymbol{S}}_{\mathrm{BBS}}\tilde{\boldsymbol{S}}_{\mathrm{BBS}}^{\mathrm{T}})^{-1} \tag{16.13}$$

式中，$\tilde{\boldsymbol{S}}_{\mathrm{BBS}}$ 包含脉冲星的方向误差 $\Delta\boldsymbol{S}_{\mathrm{BBS}}=[\Delta\boldsymbol{n}^1 \quad \cdots \quad \Delta\boldsymbol{n}^n]$，即姿态矩阵 $\tilde{\boldsymbol{C}}_i^b$ 会受到脉冲星方向误差的影响。

同理，脉冲星的方向误差也会影响多普勒测速的结果。根据多普勒频移可以测得载体在脉冲星视方向上的速度大小，转换为载体的速度矢量时会引入脉冲星的方向误差 $\Delta\boldsymbol{n}^i$，进而可得相应的速度测量误差为

$$\Delta\boldsymbol{v}=\frac{\partial(\boldsymbol{v})}{\partial\boldsymbol{n}^{i}}\cdot\Delta\boldsymbol{n}^{i}=-\frac{\Delta\boldsymbol{n}^{i}\cdot\boldsymbol{v}}{\boldsymbol{n}^{i}+\Delta\boldsymbol{n}^{i}} \tag{16.14}$$

除了脉冲星的方向误差，脉冲星到太阳系质心的距离误差 ΔD 也会影响脉冲到达时间，进而影响脉冲星导航的定位精度。然而，相比于脉冲星方向误差，脉冲星到太阳系质心的距离误差 ΔD 引起的时间测量误差量级较小，通常忽略不计。

(2) 探测器误差

探测器的主要误差包括星载原子钟的钟差 Δt_{SC} 及探测器的测量噪声。星载原子钟的钟差模型如式(16.10)所示。原子钟钟差会直接影响时间测量精度，进而引起定位误差。而且，星载原子钟作为载体上的时间基准，还会影响探测器接收 X 射线脉冲星的频率 f_{SC}，导致频率测量误差 Δf_{SC}，进而影响多普勒频移 Δf 的精度，引起测速误差。探测器的测量噪声取决于探测器的探测灵敏度、接收信号质量、算法有效性等。

(3) 基准点位置误差

由于脉冲星的所有模型都是相对于太阳系质心 SSB 建立的，用于导航定位解算的量测量也是脉冲到达载体与 SSB 的时间差，然而载体的位置信息是以日心为参考点的，因此在定位过程中存在位置坐标转换：

$$\boldsymbol{r}_s = \boldsymbol{r} - \boldsymbol{b} \tag{16.15}$$

式中，$\boldsymbol{r}_s$ 为载体相对于 SSB 的位置矢量。限于测量技术所能达到的精度及天体复杂摄动的影响，星历提供的太阳系质心相对于日心的位置矢量 $\boldsymbol{b}$ 与其真实位置存在误差 $\Delta\boldsymbol{b}$。

太阳系质心相对于日心的位置矢量误差 $\Delta\boldsymbol{b}$ 会影响脉冲到达时间。根据式(16.1)，可以得到太阳位置矢量误差 $\Delta\boldsymbol{b}$ 引起的时间测量误差 $B(\Delta\boldsymbol{b})$，并忽略量级较小的部分，可得

$$B(\Delta\boldsymbol{b}) = \frac{\partial(t_{\mathrm{SSB}}^i - t_{\mathrm{SC}}^i)}{\partial\boldsymbol{b}} \cdot \Delta\boldsymbol{b} \approx -\frac{\boldsymbol{n}^i}{c} \cdot \Delta\boldsymbol{b} + \frac{1}{cD^i}[\boldsymbol{b} \cdot \Delta\boldsymbol{b} - (\boldsymbol{b} \cdot \boldsymbol{n}^i)\boldsymbol{n}^i \Delta\boldsymbol{b}] \approx -\frac{\boldsymbol{n}^i}{c} \cdot \Delta\boldsymbol{b} \tag{16.16}$$

综上，式(16.12)与式(16.16)分别定量描述了脉冲星方向误差与基准点位置误差对脉冲到达时间的影响，星载原子钟的钟差 Δt_{SC} 则会直接影响脉冲到达时间的测量结果。式(16.14)定量描述了脉冲星方向误差对多普勒测速精度的影响，星载原子钟的钟差引起的频率测量误差 Δf_{SC} 则会直接影响多普勒频移的测量结果。

4. 脉冲星导航的优势

X 射线脉冲星导航采用 X 射线脉冲星的脉冲信号作为时钟源进行导航定位，能够长期、自主、稳定地为载体提供位置、速度、时间、姿态等高精度自主导航信息。结合脉冲星导航的原理及方法，可知脉冲星导航具有以下优势：

- 脉冲星导航作为天文导航的分支，具有自主性好、不依赖地面设备、抗干扰能力强、导航误差不随时间累积等优点。
- 脉冲星导航可以提供高精度的时间基准。时间基准是导航的重要组成部分，现有导航系统的时间基准大多来自星载时钟和地面校正，长时间工作会导致误差积累。而脉冲星长期稳定性高，可以提供高稳定性和高精度的时间基准，这一优势其他大多导航方法都不具备。
- 脉冲星导航的适用范围广。近如地球卫星，远至深空探测器都可以利用脉冲星进行导航，这是因为脉冲星相对载体的方向和位置可以看作不变，能够在大范围区域为载体提供导航信息。

基于以上优势，X 射线脉冲星导航逐渐受到了各领域的广泛关注。X 射线脉冲星导航能够为载体提供完备、高精度的导航信息，包括位置、速度、姿态等，还能提供精确的时间基准。美国提出的“基于 X 射线源的自主导航定位验证”计划已经进入飞行演示验证阶段，DARPA 实验室提出，其最终目标是建立一个能够提供定轨精度 10 m、定时精度 1 ns 和测姿精度 3″的脉冲星导航网络，完全可以满足未来航天任务从近地轨道、深空至星际空间的全程高精度自主导航的应用需求。

16.2.2　X 射线脉冲星高精度导航模型

由于脉冲星测姿的原理与方法与星敏感器相似，因此重点介绍脉冲星高精度定位与测速方法，其对应的模型分别为脉冲到达时间定位模型与多普勒频移测速模型。

1. 脉冲到达时间定位模型

(1) 直接定位

采用 X 射线脉冲星脉冲到达时间直接定位的原理如图 16.6 所示。

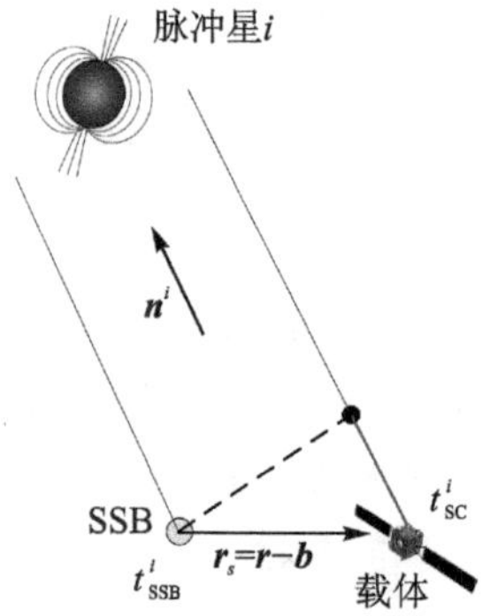

图 16.6 脉冲到达时间定位原理示意图

对于观测到的第 i 颗脉冲星,根据脉冲星定位的基本原理,并考虑脉冲星方向误差 $\Delta\boldsymbol{n}^i$、太阳系质心相对于日心的位置误差 $\Delta\boldsymbol{b}$ 及火星探测器的星载原子钟钟差 Δt_{SC},可以得到脉冲到达时间量测模型为

$$\begin{aligned}Z_{t0} &= t^i_{SSB} - t^i_{SC} = \frac{\boldsymbol{r}-\boldsymbol{b}}{c}\cdot\boldsymbol{n}^i + \frac{T_P\cdot\boldsymbol{n}^i\cdot\boldsymbol{v}}{2(c+\boldsymbol{n}^i\cdot\boldsymbol{v})} + \frac{1}{2cD^i}[-\|\boldsymbol{r}\|^2 + (\boldsymbol{r}\cdot\boldsymbol{n}^i)^2 + \|\boldsymbol{b}\|^2 - (\boldsymbol{b}\cdot\boldsymbol{n}^i)^2] + \\ &\quad \frac{2\mu_S}{c^3}\ln\left|\frac{(\boldsymbol{r}-\boldsymbol{b})\cdot\boldsymbol{n}^i + \|\boldsymbol{r}-\boldsymbol{b}\|}{\boldsymbol{b}\cdot\boldsymbol{n}^i + \|\boldsymbol{b}\|} + 1\right| + B(\Delta\boldsymbol{n}^i) + B(\Delta\boldsymbol{b}) + \Delta t_{SC} + V_{t0} \\ &= \frac{\boldsymbol{r}-\boldsymbol{b}}{c}\cdot\boldsymbol{n}^i + \frac{T_P\cdot\boldsymbol{n}^i\cdot\boldsymbol{v}}{2(c+\boldsymbol{n}^i\cdot\boldsymbol{v})} + t^i_R + t^i_S + B(\Delta\boldsymbol{n}^i) + B(\Delta\boldsymbol{b}) + \Delta t_{SC} + V_{t0}\end{aligned} \tag{16.17}$$

式中,等号右边第 3 项 t^i_R 表示 X 射线平行到达太阳系所引起的时间延迟,第 4 项 t^i_S 表示在太阳引力场作用下光线弯曲引起的时间延迟:

$$t^i_R = \frac{1}{2cD^i}[-\|\boldsymbol{r}\|^2 + (\boldsymbol{r}\cdot\boldsymbol{n}^i)^2 + \|\boldsymbol{b}\|^2 - (\boldsymbol{b}\cdot\boldsymbol{n}^i)^2] \tag{16.18}$$

$$t^i_S = \frac{2\mu_S}{c^3}\ln\left|\frac{(\boldsymbol{r}-\boldsymbol{b})\cdot\boldsymbol{n}^i + \|\boldsymbol{r}-\boldsymbol{b}\|}{\boldsymbol{b}\cdot\boldsymbol{n}^i + \|\boldsymbol{b}\|} + 1\right| \tag{16.19}$$

式中,V_{t0} 为该脉冲星的时间量测噪声,标准差为

$$\sigma_i = \frac{W\sqrt{[B_X + F_X(1-P_F)]AT_Pd + F_XAP_FT_P}}{2F_XAP_FT_P} \tag{16.20}$$

其中,W 为脉冲带宽,B_X 为 X 射线背景辐射流量,F_X 为 X 射线脉冲星的辐射光子流量,P_F 是一个脉冲周期内脉冲辐射流量与平均辐射流量的比值,A 为 X 射线探测器的面积,T_P 是观测周期,d 为脉冲带宽与脉冲周期的比值。

若某历元时刻 t_k 能同时观测到三颗及以上的脉冲星,则可以通过解析法求解由式(16.17)组成的非线性方程组,进而完全确定位置矢量 $\boldsymbol{r}$;也可以将式(16.17)作为量测方程,利用先进的非线性滤波算法进行状态估计,即可估计出探测器的位置矢量 $\boldsymbol{r}$,这种状态估计法不需要同时观测三颗及以上脉冲星,只要存在脉冲星信息即可修正位置矢量。

然而，式(16.17)中包含系统误差 $B(\Delta \boldsymbol{n}^i)$、$B(\Delta \boldsymbol{b})$ 与 Δt_{SC}，采用解析法或状态估计法都无法消除这些系统误差对定位精度的影响，会大大降低脉冲星导航的性能。因此，为了消除脉冲到达时间测量值中的公共误差部分，通过不同形式的差分来提高导航精度。

(2) 单差分定位

脉冲到达时间单差分定位是以 X 射线探测器在同一时刻对两颗脉冲星的测量值之差作为量测量，如图 16.7 所示。

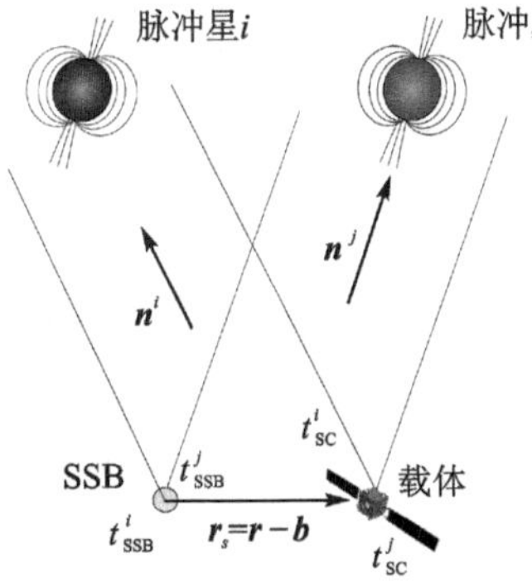

图 16.7　脉冲到达时间单差分定位原理示意图

对不同脉冲星的脉冲到达时间进行差分，可以消除两颗脉冲星观测间的公共误差，如星载原子钟的钟差 Δt_{SC}。这要求两个脉冲星量测值时间同步，即需要将不同时间的量测值归算到同一时刻。

假设同时观测到 i 和 j 两颗脉冲星，则其单差量测模型可以表示为

$$Z_{t1} = (t^i_{SSB} - t^i_{SC}) - (t^j_{SSB} - t^j_{SC}) = \frac{\boldsymbol{r}-\boldsymbol{b}}{c} \cdot (\boldsymbol{n}^i - \boldsymbol{n}^j) + \frac{T_P \cdot c \cdot v \cdot (\boldsymbol{n}^i - \boldsymbol{n}^j)}{2(c + \boldsymbol{n}^i \cdot \boldsymbol{v})(c + \boldsymbol{n}^j \cdot \boldsymbol{v})} +$$

$$(t^i_R - t^j_R) + (t^i_S - t^j_S) + [B(\Delta \boldsymbol{n}^i) - B(\Delta \boldsymbol{n}^j)] - \frac{\Delta \boldsymbol{b}}{c}(\boldsymbol{n}^i - \boldsymbol{n}^j) + V_{t1} \tag{16.21}$$

式中，V_{t1} 为脉冲到达时间的单差量测噪声，若认为不同脉冲星的量测互相独立，则其标准差为

$$\sigma_{t1} = \sqrt{\sigma_i^2 + \sigma_j^2} \tag{16.22}$$

若量测量为以某颗脉冲星为基准的多颗脉冲星单差信息，则需要考虑量测噪声的相关性，即其量测噪声方差阵不再是对角阵。

式(16.21)表明，通过对同一时刻测得的不同脉冲星的脉冲到达时间进行差分，能彻底消除星载原子钟的钟差影响。与直接定位方法类似，单差分定位时解析法与状态估计法都可以得到探测器的位置信息。然而，由于需要两颗脉冲星的量测信息才能构成一个单差量测量，因此，需要增加所观测脉冲星的数目。此外，单差分定位方法采用不同脉冲星的脉冲到达时间之差作为量测，若考虑其量测噪声，则显然各单差分量测值在同一历元时刻是相关的。因此，当采用基于状态估计的滤波算法或者带加权矩阵的解析法时需要考虑这种相关性。

(3) 双差分定位

脉冲到达时间双差分定位是将相邻时刻的两个单差分量测之差构成量测量，如图 16.8 所示。

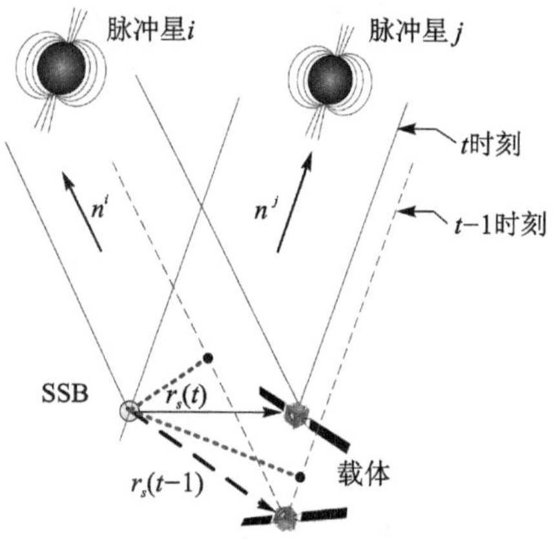

图 16.8 脉冲到达时间双差分定位原理示意图

双差分处理可以消除与时间不相关的误差，如太阳系质心相对于日心的位置误差 $\Delta\boldsymbol{b}$。假设在 $t-1$ 与 t 这两个相邻时刻观测得到 i 和 j 两颗脉冲星的脉冲到达时间，则其双差量测模型可以表示为

$$Z_{t2}=Z_{t1}(t)-Z_{t1}(t-1)\approx\frac{\boldsymbol{r}(t)-\boldsymbol{r}(t-1)}{c}\cdot(\boldsymbol{n}^i-\boldsymbol{n}^j)+\frac{T_P\cdot c\cdot\boldsymbol{v}(t)\cdot(\boldsymbol{n}^i-\boldsymbol{n}^j)}{2[c+\boldsymbol{n}^i\cdot\boldsymbol{v}(t)][c+\boldsymbol{n}^j\cdot\boldsymbol{v}(t)]}-$$
$$\frac{T_P\cdot c\cdot\boldsymbol{v}(t-1)\cdot(\boldsymbol{n}^i-\boldsymbol{n}^j)}{2[c+\boldsymbol{n}^i\cdot\boldsymbol{v}(t-1)][c+\boldsymbol{n}^j\cdot\boldsymbol{v}(t-1)]}+[t_R^i(t)-t_R^j(t)]-[t_R^i(t-1)-t_R^j(t-1)]+$$
$$[t_S^i(t)-t_S^j(t)]-[t_S^i(t-1)-t_S^j(t-1)]+\frac{\boldsymbol{r}(t)-\boldsymbol{r}(t-1)}{c}\cdot(\Delta\boldsymbol{n}^i-\Delta\boldsymbol{n}^j)+V_{t2}\tag{16.23}$$

式中，V_{t2} 为脉冲到达时间的双差量测噪声。

由于相邻时刻的相对论效应变化很小，因此，双差分处理后，认为相对论效应的影响可忽略，即与 t_R 和 t_S 有关项的量级非常小可以忽略不计，即式(16.23)可以写作

$$Z_{t2}\approx\frac{\boldsymbol{r}(t)-\boldsymbol{r}(t-1)}{c}\cdot(\boldsymbol{n}^i-\boldsymbol{n}^j)+\frac{T_P\cdot c\cdot\boldsymbol{v}(t)\cdot(\boldsymbol{n}^i-\boldsymbol{n}^j)}{2[c+\boldsymbol{n}^i\cdot\boldsymbol{v}(t)][c+\boldsymbol{n}^j\cdot\boldsymbol{v}(t)]}-$$
$$\frac{T_P\cdot c\cdot\boldsymbol{v}(t-1)\cdot(\boldsymbol{n}^i-\boldsymbol{n}^j)}{2[c+\boldsymbol{n}^i\cdot\boldsymbol{v}(t-1)][c+\boldsymbol{n}^j\cdot\boldsymbol{v}(t-1)]}+\frac{\boldsymbol{r}(t)-\boldsymbol{r}(t-1)}{c}\cdot(\Delta\boldsymbol{n}^i-\Delta\boldsymbol{n}^j)+V_{t2}\tag{16.24}$$

式中，脉冲星方向矢量的误差无法完全剔除，认为其差值较小可以被忽略，或者将 $\Delta\boldsymbol{n}^i$ 与 $\Delta\boldsymbol{n}^j$ 作为状态量，利用滤波算法对其进行估计。

式(16.24)表明，通过对脉冲星的脉冲到达时间进行双差分处理，可以将星载原子钟的钟差、太阳系质心相对于日心的位置误差彻底消除；而且，由于相邻时刻的相对论效应变化很小，所以双差分后相对论效应的影响可以忽略，这样可以降低量测模型的复杂程度，提高计算效率。与单差分定位方法类似，双差分定位时解析法与状态估计法都可以得到探测器的位置信息。而双差分量测值除了在同一历元相关外，在相邻历元也是相关的。因此，在使用这一定位方法时，需要根据实际观测情况，确定其相应的加权矩阵与滤波算法。

2. 多普勒频移测速模型

(1) 直接测速

X 射线脉冲星具有稳定的辐射频率，因此，根据火星探测器相对于脉冲星的多普勒频移 Δf，可以测得载体沿脉冲星视线方向上的速度信息 v_a。然而，考虑到脉冲星方向误差 $\Delta \boldsymbol{n}^i$ 与火星探测器的星载原子钟钟差 Δt_{SC} 对测速精度的影响，多普勒频移直接测速模型可以写作

$$v_a^i = c \cdot \frac{\Delta f^i}{f_{SSB}^i} + c \cdot \frac{\Delta f_{SC}}{f_{SSB}^i} = \boldsymbol{n}^i \cdot \boldsymbol{v} + \Delta \boldsymbol{n}^i \cdot \boldsymbol{v} + V_v \tag{16.25}$$

式中，Δf_{SC} 为星载原子钟钟差引起的测量频率系统误差，对于同一时间，认为测量频率系统误差 Δf_{SC} 相同。以 $c \cdot \Delta f^i$ 为量测量 Z_{v0}，其量测模型可以写作

$$Z_{v0} = c \cdot \Delta f^i = f_{SSB}^i (\boldsymbol{n}^i \cdot \boldsymbol{v} + \Delta \boldsymbol{n}^i \cdot \boldsymbol{v}) - c \cdot \Delta f_{SC} + V_{v0} \tag{16.26}$$

若某历元时刻 t_k 能同时观测到三颗及以上脉冲星的多普勒频移信息，则可以通过解析法求解式(16.26)，进而完全确定速度矢量 $\boldsymbol{v}$；也可以将式(16.26)作为量测方程，利用滤波算法进行状态估计，即可估计出探测器的速度矢量 $\boldsymbol{v}$，这种状态估计法不需要三颗及以上脉冲星，只要存在脉冲星信息即可修正速度矢量。

(2) 单差分测速

考虑到未知的测量频率系统误差 Δf_{SC} 对速度测量精度的影响，对同一历元时刻不同脉冲星的多普勒频移进行差分，即可消除星载原子钟钟差引起的测量频率系统误差 Δf_{SC}。其量测模型可以写作

$$Z_{v1} = c \cdot (\Delta f^i - \Delta f^j) = (f_{SSB}^i \boldsymbol{n}^i - f_{SSB}^j \boldsymbol{n}^j) \cdot \boldsymbol{v} + (f_{SSB}^i \Delta \boldsymbol{n}^i - f_{SSB}^j \Delta \boldsymbol{n}^j) \cdot \boldsymbol{v} + V_{v1} \tag{16.27}$$

式中，V_{v1} 为多普勒频移的单差量测噪声。脉冲星方向误差无法完全剔除，认为其差值较小可以被忽略，或者将 $\Delta \boldsymbol{n}^i$ 与 $\Delta \boldsymbol{n}^j$ 作为状态量，利用滤波算法对其进行估计。

式(16.27)表明，通过对脉冲星的多普勒频移进行差分，可以消除星载原子钟钟差引起的系统误差。与直接测速方法类似，单差分测速时解析法与状态估计法都可以得到探测器的速度信息。然而，由于需要两颗脉冲星多普勒频移的观测数据才能构成一个单差量测量，因此，需要增加所观测脉冲星的数目。而且，单差分测速采用不同脉冲星的多普勒频移之差作为量测量，若考虑其量测噪声，则显然各单差分量测值在同一历元时刻也是相关的。因此，在采用基于状态估计的滤波算法或者带加权矩阵的解析法时也需要考虑这种相关性。

综上，将脉冲到达时间双差分定位模型与多普勒频移单差分测速模型相结合，可以抑制脉冲星导航的系统误差，通过解析法或状态估计法，可以得到更准确的探测器位置、速度信息。

16.3 地火转移段自主导航方案设计

16.3.1 地火转移段导航特点

地火转移段是火星探测器飞行时间最长的阶段，具有距离地球远、动力学模型和星历数据不准确、测控和通信受各种因素影响大等特点。基于太阳、行星的自主导航方法具有实时性

好、地火转移段全段可用、技术成熟等优势，但是由于这些天体距离探测器较远，这样利用天体敏感器观测这些天体时微小的测角误差就会引起很大的定姿或定位误差，因此基于太阳、行星的自主导航方法单独使用时精度较低。

X射线脉冲星导航是利用X射线脉冲星的脉冲信号作为时钟源进行导航定位，脉冲星的脉冲信号具有极其稳定的脉冲周期，因此，脉冲星导航不仅能够提供高精度、高稳定性的时间基准，而且可长期、稳定地为载体提供位置、速度和姿态等高精度的导航信息。然而，单独利用脉冲星导航时也存在一些问题。首先，为了得到火星探测器在空间中的绝对位置，至少需要同时观测到3颗X射线脉冲星。然而受限于X射线探测器的质量、成本等因素，火星探测器很难同时观测3颗以上脉冲星。可见，脉冲星导航难以独立使用，并且其与太阳、行星天文自主导航方法具有优势互补的特点。其次，由于X射线脉冲星信号的信噪比较低，且单个周期信号随机性较大，这样，就需要多次周期折叠才能得到比较清晰的脉冲轮廓，进而得到脉冲星量测信息。因此，脉冲星量测信息的数据更新率低，与其他量测信息的数据更新频率难以匹配，在进行信息融合时存在非等间隔量测的问题。此外，脉冲星的星历误差、星载原子钟的钟差、基准点位置误差等都会给脉冲到达时间的测量引入系统误差，直接降低火星探测器的定位精度；这些误差也会影响多普勒频移的测量精度，进而降低火星探测器的测速精度。因此，使用脉冲星量测时必须考虑其系统误差对导航精度的影响。

16.3.2 导航方案设计

针对X射线脉冲星导航存在无法单独使用、数据更新频率低、易受系统误差影响等问题，将其与太阳、行星测量信息进行融合，以完成高精度的地火转移段自主导航。基于此，设计了一种适用于地火转移段的脉冲星辅助的天文自主导航方案，如图16.9所示。

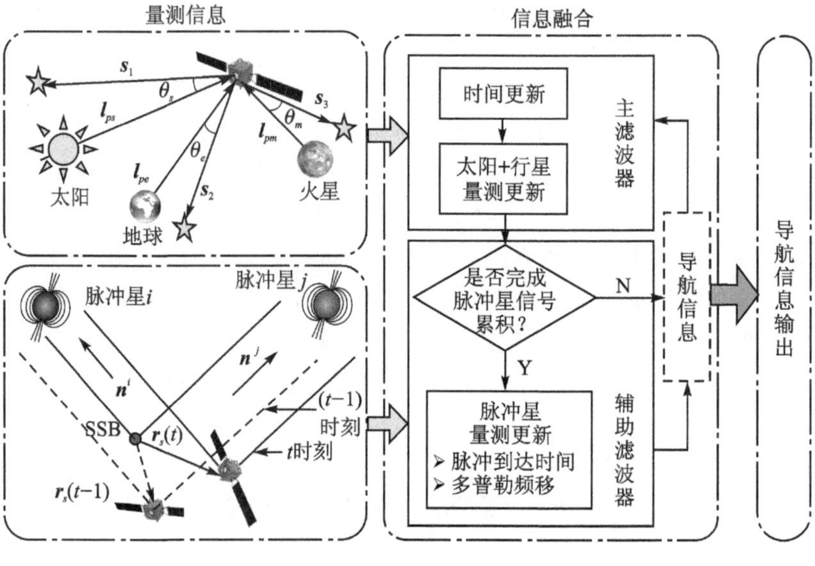

图16.9 一种适用于地火转移段的脉冲星辅助的天文自主导航方案

该方案主要包括量测信息处理与信息融合两部分。该方案的量测信息主要以太阳、地球与火星的星光角距作为基础的天文量测信息，以脉冲星的脉冲到达时间与多普勒频移作为辅助量测信息。为了抑制脉冲星的星历误差、星载原子钟的钟差、基准点位置误差等引入的系统误差，脉冲星的脉冲到达时间采用双差分量测信息，脉冲星的多普勒频移采用单差分量测信息。

该方案通过两级信息融合算法有效解决了太阳、地球、火星与 X 射线脉冲星的数据更新频率不一致的问题。主滤波器以圆形限制性四体模型作为火星探测器地火转移段的轨道动力学模型，以太阳、地球与火星的星光角距作为天文量测信息，并以这些天文量测信息的数据更新周期为信息融合周期，进行时间更新与太阳、行星量测更新。在此基础上，检测是否完成脉冲星信号累积，若完成则序贯加入脉冲星的脉冲到达时间量测与多普勒频移量测即可实现辅助滤波器功能，而无须重复进行时间更新。通过主滤波器与辅助滤波器的配合工作，即可解决非等间隔量测的问题。此外，由于辅助滤波器的脉冲到达时间双差分量测是两颗脉冲星相邻时刻观测信息的差值，使得量测方程成为关于相邻时刻状态量的函数，进而造成辅助滤波器的等效量测噪声与系统噪声相关，因此辅助滤波器还需要将量测噪声与系统噪声的相关性引入到滤波方程中，从而避免滤波器性能下降。

16.3.3 状态模型

在地火转移段，火星探测器的主引力体是太阳，通常以日心惯性坐标系作为参考坐标系，以圆形限制性四体模型描述其运动规律，考虑太阳、火星和地球中心引力等对火星探测器的作用。因此，选用以太阳为主引力体的圆形限制性四体模型作为滤波器的状态模型。

此外，根据脉冲星到达时间双差分量测模型式(16.24)与多普勒测速单差分量测模型式(16.27)可知，脉冲星方向误差的影响无法被完全剔除。因此，在构建状态方程时，还需将所观测的两颗脉冲星 i 与 j 的赤经、赤纬误差($\Delta\alpha^i$，$\Delta\delta^i$)与($\Delta\alpha^j$，$\Delta\delta^j$)作为状态量进行估计。

在火星探测器地火转移段中，其定位测速通常采用 J2000.0 日心惯性坐标系为参考坐标系，火星探测器在地火转移段的状态模型可以表示为

$$
\left.\begin{aligned}
&\dot{x}=v_x\\
&\dot{y}=v_y\\
&\dot{z}=v_z\\
&\dot{v}_x=-\mu_s\frac{x}{r_{ps}^3}-\mu_m\left[\frac{x-x_m}{r_{pm}^3}+\frac{x_m}{r_{sm}^3}\right]-\mu_e\left[\frac{x-x_e}{r_{pe}^3}+\frac{x_e}{r_{se}^3}\right]+w_x\\
&\dot{v}_y=-\mu_s\frac{y}{r_{ps}^3}-\mu_m\left[\frac{y-y_m}{r_{pm}^3}+\frac{y_m}{r_{sm}^3}\right]-\mu_e\left[\frac{y-y_e}{r_{pe}^3}+\frac{y_e}{r_{se}^3}\right]+w_y\\
&\dot{v}_z=-\mu_s\frac{z}{r_{ps}^3}-\mu_m\left[\frac{z-z_m}{r_{pm}^3}+\frac{z_m}{r_{sm}^3}\right]-\mu_e\left[\frac{z-z_e}{r_{pe}^3}+\frac{z_e}{r_{se}^3}\right]+w_z\\
&\delta\dot{\alpha}^i=0,\quad \delta\dot{\delta}^i=0\\
&\delta\dot{\alpha}^j=0,\quad \delta\dot{\delta}^j=0
\end{aligned}\right\}\tag{16.28}
$$

对式(16.28)进行离散化，可以简写为

$$
\boldsymbol{X}(k)=\boldsymbol{f}\left[\boldsymbol{X}(k-1)\right]+\boldsymbol{W}(k)\tag{16.29}
$$

式中，状态向量 $\boldsymbol{X}(k)=\begin{bmatrix}x & y & z & v_x & v_y & v_z & \Delta\alpha^i & \Delta\delta^i & \Delta\alpha^j & \Delta\delta^j\end{bmatrix}^{\mathrm{T}}$ 包括火星探测器的位置、速度与所观测两颗脉冲星的赤经、赤纬误差，(x_m，y_m，z_m)、(x_e，y_e，z_e)分别为火星和地

球的位置坐标，μ_s、μ_m、μ_e 分别是太阳、火星、地球的引力常数，r_{sm} 和 r_{se} 分别是太阳到火星和地球的距离，r_{ps}、r_{pm}、r_{pe} 分别为火星探测器到太阳、火星、地球的距离。w_x、w_y 和 w_z 为系统噪声，包含火星非球形引力摄动、太阳光压摄动及未建模的其他天体引力摄动等的影响。由于火星探测器地火转移段飞行过程中各摄动的影响很难精确建模，因此，状态模型的系统噪声统计特性无法精确获取。

16.3.4 量测信息的获取与量测模型

1. 太阳、地球、火星星光角距量测模型

在火星探测器的地火转移段飞行过程中，太阳、地球和火星是可长期观测的稳定天体，适用于整个转移轨道段，且数据更新频率较高。因此，选择太阳、地球和火星的星光角距作为主滤波器的量测信息。

$$\begin{cases}\theta_s = \arccos(-\boldsymbol{l}_{ps}^C \cdot \boldsymbol{s}_1^C) \\ \theta_e = \arccos(-\boldsymbol{l}_{pe}^C \cdot \boldsymbol{s}_2^C) \\ \theta_m = \arccos(-\boldsymbol{l}_{pm}^C \cdot \boldsymbol{s}_3^C)\end{cases} \tag{16.30}$$

其中，$\boldsymbol{s}_1^C$、$\boldsymbol{s}_2^C$、$\boldsymbol{s}_3^C$ 分别为视场背景中的三颗恒星在敏感器测量坐标系中的单位矢量；$\boldsymbol{l}_{ps}^C$，$\boldsymbol{l}_{pe}^C$，$\boldsymbol{l}_{pm}^C$ 分别为太阳、地球和火星到火星探测器的单位矢量在敏感器测量坐标系中的投影。$\boldsymbol{s}_1^C$ 和 $\boldsymbol{l}_{ps}^C$，$\boldsymbol{s}_2^C$ 和 $\boldsymbol{l}_{pe}^C$，$\boldsymbol{s}_3^C$ 和 $\boldsymbol{l}_{pm}^C$ 可分别由同一敏感器获取。

令 $\boldsymbol{Z}_1 = [\theta_s \quad \theta_e \quad \theta_m]^{\mathrm{T}}$，则可建立其相应的量测方程：

$$\begin{aligned}\boldsymbol{Z}_1 &= \boldsymbol{h}_1[\boldsymbol{X}(k)] + \boldsymbol{V}_1 \\ &= \begin{bmatrix} \arccos\left(-\dfrac{x\cdot s_{1x} + y\cdot s_{1y} + y\cdot s_{1z}}{\sqrt{x^2+y^2+z^2}}\right) \\ \arccos\left[-\dfrac{(x-x_e)\cdot s_{2x} + (y-y_e)\cdot s_{2y} + (z-z_e)\cdot s_{2z}}{\sqrt{(x-x_e)^2+(y-y_e)^2+(z-z_e)^2}}\right] \\ \arccos\left[-\dfrac{(x-x_m)\cdot s_{3x} + (y-y_m)\cdot s_{3y} + (z-z_m)\cdot s_{3z}}{\sqrt{(x-x_m)^2+(y-y_m)^2+(z-z_m)^2}}\right] \end{bmatrix} + \begin{bmatrix} V_s \\ V_e \\ V_m \end{bmatrix}\end{aligned} \tag{16.31}$$

式中，(x_e, y_e, z_e) 和 (x_m, y_m, z_m) 分别为地球和火星在参考坐标系中的位置坐标，$[s_{ix} \quad s_{iy} \quad s_{iz}]^{\mathrm{T}}$ 为第 i 颗恒星在参考坐标系的单位矢量，这些数据都可由星历信息获取；V_s、V_e 和 V_m 分别为 θ_s、θ_e 和 θ_m 的测量误差。

2. X 射线脉冲星的可见性

在 X 射线脉冲星中，优先选择用于导航的脉冲星应具有精确的位置矢量、高信噪比的脉冲轮廓、高精度的脉冲计时模型、较高的 X 射线辐射流量、较短的脉冲周期、尖锐的脉冲形状及长期的周期稳定性等特点。此外，虽然其距离探测器非常遥远，但是探测器与脉冲星之间的任意天体(如太阳、地球、火星等)都可能对 X 射线脉冲星造成遮挡，而且太阳光线也容易对脉冲星的探测造成干扰。因此，选择 X 射线脉冲星作为导航信标时，应该结合地火转移段的飞行轨迹预先判断所观测 X 射线脉冲星的可见性，以便所设计方案调整探测器的空间指向。

(1) 天体遮挡

图 16.10 给出了在火星探测器的地火转移段，地球与火星对脉冲星 i 与 j 的遮挡情况。由于地球周围的大气层对 X 射线有吸收作用，因此，地球遮挡需要考虑大气层高度。根据图 16.10 可以看出，遮挡区域的范围仅与脉冲星的方向与遮挡天体的大小有关。除了地球与火星外，月球、火星卫星等也可能对脉冲星的观测形成遮挡，但是由于这些卫星的体积较小，因而这里不考虑这些小体积卫星的遮挡。

以火星对脉冲星的遮挡为例，如图 16.11 所示，若火星探测器与火星的位置关系满足式(16.32)，则其位于脉冲星遮挡区，无法进行观测。

$$\left.\begin{aligned} &|\boldsymbol{r}_{p/m}| \cdot \cos\theta < R_m \\ &\theta = \arccos\left(\frac{\boldsymbol{n}^i \cdot \boldsymbol{r}_{p/m}}{|\boldsymbol{r}_{p/m}|}\right) - 90^\circ \quad 且 \quad \frac{\boldsymbol{n}^i \cdot \boldsymbol{r}_{p/m}}{|\boldsymbol{r}_{p/m}|} < 0 \end{aligned}\right\} \tag{16.32}$$

式中，$\boldsymbol{r}_{p/m}$ 为火星探测器相对于火星的位置矢量，R_m 为火星半径。若对地球遮挡进行分析，则将 $\boldsymbol{r}_{p/m}$ 替换为 $\boldsymbol{r}_{p/e}$，R_m 替换为 R_e+h_a，h_a 为大气层高度。对于绕某天体运行的载体而言，天体遮挡问题更为明显。

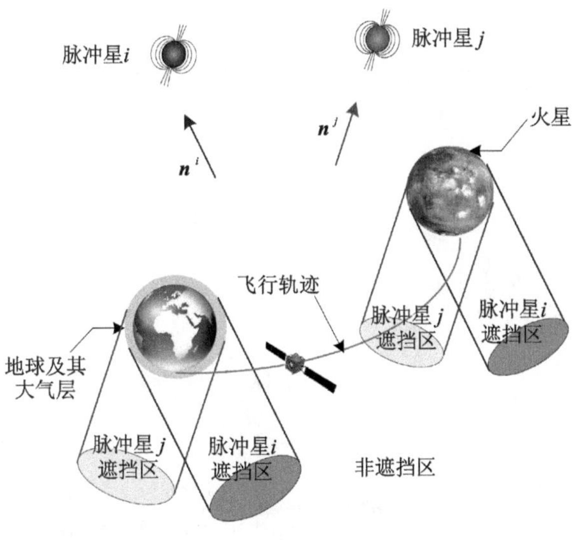

图 16.10　天体对脉冲星的遮挡示意图

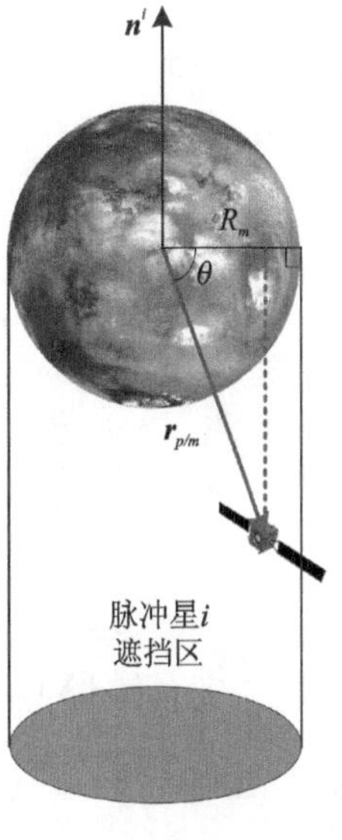

图 16.11　天体遮挡几何关系

(2) 太阳光线干扰

太阳也会发出 X 射线，且其辐射流量显著高于遥远的脉冲星。若所观测的脉冲星与太阳在同一方向，脉冲星的 X 射线信号会淹没在太阳发出的 X 射线中，很难进行脉冲星信号的有效提取。而且，接收太阳光线对探测器的设计提出了更高的要求，如拓宽接收电磁波频段、提高温控系统性能，否则太阳光线可能会对探测器造成损害。因此，在选择用于导航的 X 射线脉冲星时，要规避太阳光线干扰。

如图 16.12 所示，若火星探测器与太阳的位置关系满足式(16.33)，则认为 X 射线脉冲星 i 的探测会受到太阳光线的干扰，无法进行观测。

$$\theta = \arccos\left(-\frac{\boldsymbol{r}}{|\boldsymbol{r}|} \cdot \boldsymbol{n}^i\right) < \theta_0 \tag{16.33}$$

式中，θ_0 为太阳规避角，即脉冲星观测不受太阳干扰的临界角度，其大小与火星探测器上配备的X射线探测器的性能有关。

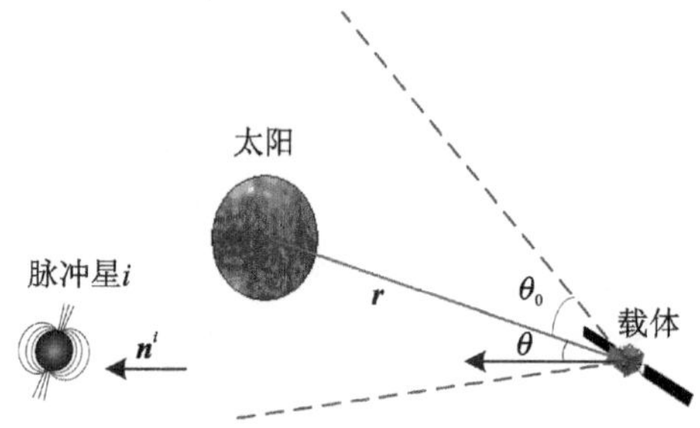

图 16.12 太阳光线干扰示意图

3. 脉冲星量测模型

(1) 脉冲到达时间双差分量测

根据火星探测器的地火转移段飞行轨迹，结合式(16.32)与式(16.33)选择不被地球、火星等天体遮挡且不受太阳光线干扰的X射线脉冲星进行观测。为了抑制星载原子钟的钟差、脉冲星星历误差、太阳系质心相对于日心的位置误差等系统误差，火星探测器配备2个X射线探测器同时观测两颗脉冲星，以便构造差分量测信息，这样，在火星探测器可接受的负载范围内，不仅可以抑制量测信息的系统误差，还可以降低量测模型的复杂程度，提高滤波器的计算效率。

脉冲到达时间双差分量测可由相邻时刻 k 与 $k-1$ 测得的 i 与 j 两个脉冲星的脉冲到达时间差计算得到

$$Z_{t2} = (t_{\mathrm{SSB}}^i - t_{\mathrm{SC}}^i)_k - (t_{\mathrm{SSB}}^j - t_{\mathrm{SC}}^j)_k - (t_{\mathrm{SSB}}^i - t_{\mathrm{SC}}^i)_{k-1} + (t_{\mathrm{SSB}}^j - t_{\mathrm{SC}}^j)_{k-1} \tag{16.34}$$

其相应的量测方程为

$$\begin{aligned}
Z_{t2} &= h_t^2[\boldsymbol{X}(k), \boldsymbol{X}(k-1)] + V_{t2} \\
&= \frac{\boldsymbol{r}(k) - \boldsymbol{r}(k-1)}{c} \cdot (\boldsymbol{n}^i - \boldsymbol{n}^j) + \frac{\boldsymbol{r}(k) - \boldsymbol{r}(k-1)}{c} \cdot (\Delta\boldsymbol{n}^i - \Delta\boldsymbol{n}^j) + \\
&\quad \frac{T_P \cdot c \cdot \boldsymbol{v}(k) \cdot (\boldsymbol{n}^i - \boldsymbol{n}^j)}{2[c + \boldsymbol{n}^i \cdot \boldsymbol{v}(k)][c + \boldsymbol{n}^j \cdot \boldsymbol{v}(k)]} - \\
&\quad \frac{T_P \cdot c \cdot \boldsymbol{v}(k-1) \cdot (\boldsymbol{n}^i - \boldsymbol{n}^j)}{2[c + \boldsymbol{n}^i \cdot \boldsymbol{v}(k-1)][c + \boldsymbol{n}^j \cdot \boldsymbol{v}(k-1)]} + V_{t1}(k) - V_{t1}(k-1) \\
&= h_t^1[\boldsymbol{X}(k)] - h_t^1[X(k-1)] + V_{t1}(k) - V_{t1}(k-1)
\end{aligned} \tag{16.35}$$

式中，$h_t^1[\boldsymbol{X}(k)] = \frac{\boldsymbol{r}(k)}{c} \cdot (\boldsymbol{n}^i - \boldsymbol{n}^j) + \frac{\boldsymbol{r}(k)}{c} \cdot (\Delta\boldsymbol{n}^i - \Delta\boldsymbol{n}^j) + \frac{T_P \cdot c \cdot \boldsymbol{v}(k) \cdot (\boldsymbol{n}^i - \boldsymbol{n}^j)}{2[c + \boldsymbol{n}^i \cdot \boldsymbol{v}(k)][c + \boldsymbol{n}^j \cdot \boldsymbol{v}(k)]}$，$V_{t2}$ 为脉冲到达时间的双差分量测噪声。由式(16.35)可知，其量测方程是相邻时刻 k 与 $k-1$ 的状态向量 $\boldsymbol{X}(k)$ 与 $\boldsymbol{X}(k-1)$ 的函数，结合系统状态模型式(16.29)可以发现，该量测方程中的等效量测噪声与系统噪声 $\boldsymbol{W}(k)$ 具有相关性。

(2) 多普勒频移单差分量测

为了得到更为精确的速度信息，除了脉冲到达时间，还可以利用脉冲星信号的多普勒频移信息构造量测。为了消除原子钟钟差导致的频率测量系统误差 Δf_{SC}，对同一时刻脉冲星 i 与 j 的多普勒信息进行差分：

$$Z_{v1} = c \cdot (\Delta f^i - \Delta f^j) \tag{16.36}$$

其相应的量测方程为

$$Z_{v1} = h_v^1[\boldsymbol{X}(k)] + V_{v1}$$

$$=(f_{\mathrm{SSB}}^{i}\boldsymbol{n}^{i}-f_{\mathrm{SSB}}^{j}\boldsymbol{n}^{j})\cdot\boldsymbol{v}(k)+(f_{\mathrm{SSB}}^{i}\delta\boldsymbol{n}^{i}-f_{\mathrm{SSB}}^{j}\Delta\boldsymbol{n}^{j})\cdot\boldsymbol{v}(k)+V_{v1} \tag{16.37}$$

式中，V_{v1} 为多普勒频移的单差量测噪声。

16.3.5　信息融合算法

由式(16.28)～式(16.31)和式(16.34)～式(16.37)可知，火星探测器地火转移段的状态模型和量测模型都有很强的非线性特征。而且，基于脉冲星辅助的天文导航系统存在非等间隔量测、系统噪声统计特性难以确定、量测噪声与系统噪声相关等问题。因此，传统的 UKF 算法无法满足火星探测器地火转移段的高精度导航任务需求。

为了解决量测信息数据更新频率不一致的问题，设计主滤波器与辅助滤波器协调配合的信息融合算法。在得到比较清晰的脉冲轮廓之前，主滤波器进行时间更新，并利用太阳、行星的星光角距进行量测更新，进而输出最终的导航结果。由于系统噪声统计特性不确定，主滤波器还需要利用量测数据实时估计系统噪声的统计特性。在脉冲信号经周期折叠得到比较清晰的脉冲轮廓之后，在主滤波器的基础上，序贯运行辅助滤波器，利用脉冲星测量信息进一步修正导航结果。此外，针对脉冲到达时间双差分量测引起的噪声相关问题，辅助滤波器在更新状态误差协方差矩阵与最优增益矩阵时引入了噪声相关协方差矩阵，以提高滤波器的精度。这样，通过主滤波器与辅助滤波器的有效配合，可以实现太阳、行星的星光角距与脉冲星的脉冲到达时间和多普勒频移这两类非等间隔量测信息的高精度融合。火星探测器地火转移段的信息融合算法如图 16.13 所示。

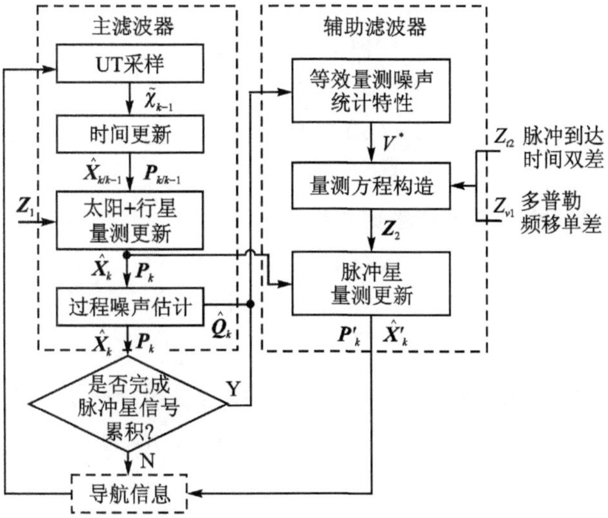

图 16.13　火星探测器地火转移段信息融合算法框图

1. 主滤波算法

主滤波器以太阳、地球与火星的星光角距作为量测，进行 UKF 的时间更新与量测更新，其滤波周期取决于太阳、行星敏感器的数据更新周期。此外，由于系统噪声统计特性无法精确获取，故采用带噪声统计估计器的 UKF 算法作为主滤波器的信息融合算法。

2. 辅助滤波算法

辅助滤波器是在主滤波器的基础上，增加脉冲星信息辅助，而不需要重复进行时间更新。获取脉冲星的量测信息后，以脉冲星的脉冲到达时间双差分信息与其多普勒频移单差分信息作为量测 $\boldsymbol{Z}_2$，基于主滤波算法得到的 $\hat{\boldsymbol{X}}_k$ 与 $\boldsymbol{P}_k$ 进一步修正滤波结果。考虑到脉冲到达时间双差分信息的量测噪声与系统噪声相关，故需要重新分析量测噪声统计特性及量测更新方程。

(1) 计算脉冲到达时间双差分量测噪声的统计特性

根据式(16.35)，脉冲到达时间双差分量测方程可以表示为

$$\begin{aligned}Z_{t2} &= h_t^2\left[\boldsymbol{X}(k),\boldsymbol{X}(k-l)\right]+V_{t2}\\ &= h_t^1\left[\boldsymbol{X}(k)\right]-h_t^1\left[\boldsymbol{X}(k-l)\right]+V_{t1}(k)-V_{t1}(k-l)\\ &\approx h_t^1\left[\boldsymbol{X}(k)\right]-h_t^1\{g\left[\boldsymbol{X}(k)\right]-\boldsymbol{W}(k)\}+V_{t1}(k)-V_{t1}(k-1)\\ &\approx h_t^1\left[\boldsymbol{X}(k)\right]-h_t^1\{g\left[\boldsymbol{X}(k)\right]\}+V^*\end{aligned} \tag{16.38}$$

式中，$g(\cdot)$为 k 时刻至 $k-l$ 时刻的状态转移函数，可以根据状态模型式(16.29)得到，l 为获得两次脉冲星信息的时间间隔。$\boldsymbol{W}(k)$与 $V_{t1}(k)$均为零均值、互不相关的白噪声，然而等效量测噪声 V^* 包含系统噪声的影响，故与系统噪声相关，并且可以表示为

$$\begin{aligned}V^* &= h_t^1\left[\boldsymbol{W}(k)\right]+V_{t1}(k)-V_{t1}(k-1)\\ &\approx \left.\frac{\partial h_t^1}{\partial \boldsymbol{X}}\right|_{\hat{\boldsymbol{X}}_k}\boldsymbol{W}(k)+V_{t1}(k)-V_{t1}(k-1)\\ &= \boldsymbol{H}_{t1}(k)\cdot\boldsymbol{W}(k)+V_{t1}(k)-V_{t1}(k-1)\end{aligned} \tag{16.39}$$

认为不同时刻 V_{t1} 的方差相同，为 R_1，可由式(16.22)求得，则由式(16.39)可知等效量测噪声 V^* 的数学期望为 0，方差为 $\boldsymbol{H}_{t1}(k)\boldsymbol{Q}_k\boldsymbol{H}_{t1}(k)^{\mathrm{T}}+2R_1$，与系统噪声的协方差矩阵为 $\boldsymbol{Q}_k\boldsymbol{H}_{t1}(k)^{\mathrm{T}}$。

(2) 构造辅助滤波器的量测量与量测方程：

$$\begin{aligned}\boldsymbol{Z}_2 &= \begin{bmatrix}Z_{t2}\\ Z_{v1}\end{bmatrix}=\begin{bmatrix}h_t^1\left[\boldsymbol{X}(k)\right]-h_t^1\{g\left[\boldsymbol{X}(k)\right]\}\\ h_3(\boldsymbol{X}(k))\end{bmatrix}+\begin{bmatrix}V^*\\ V_{v1}\end{bmatrix}\\ &= \boldsymbol{h}_2\left[\boldsymbol{X}(k)\right]+\boldsymbol{V}_2\end{aligned} \tag{16.40}$$

将式(16.37)中 V_{v1} 的方差表示为 R_2，则式(16.40)中的量测噪声统计特性为

$$\mathrm{E}[\boldsymbol{V}_2(k)]=\boldsymbol{0}\quad \mathrm{E}[\boldsymbol{V}_2(k)\boldsymbol{V}_2(k)^{\mathrm{T}}]=\mathrm{diag}\left[\boldsymbol{H}_{t1}(k)\boldsymbol{Q}_k\boldsymbol{H}_{t1}(k)^{\mathrm{T}}+2R_1,R_2\right]$$

$$\mathrm{E}[\boldsymbol{W}(k)\boldsymbol{V}_2(k)^{\mathrm{T}}]=\mathrm{diag}\left[\boldsymbol{Q}_k\boldsymbol{H}_{t1}(k)^{\mathrm{T}},0\right]$$

(3) 计算量测更新方程

对主滤波器的滤波结果 $\hat{\boldsymbol{X}}_k$ 进行 UT 变换，产生新的 Sigma 采样点集 $\boldsymbol{\chi}'_{k/k-1}$，考虑 $\boldsymbol{W}(k)$ 与 $\boldsymbol{V}_2(k)$的相关性，可以求解得到辅助滤波器的 $\boldsymbol{P}'_{(XZ)k/k-1}$ 与 $\boldsymbol{P}'_{(ZZ)k/k-1}$：

$$\left.\begin{aligned}\boldsymbol{P}'_{(XZ)k/k-1} &= \sum_{i=0}^{2n}W_i^{(c)}\left[\boldsymbol{\chi}'^{(i)}_{k/k-1}-\hat{\boldsymbol{X}}_k\right]\left[\boldsymbol{\Lambda}'^{(i)}_{k/k-1}-\hat{\boldsymbol{X}}_k\right]^{\mathrm{T}}+\mathrm{E}[\boldsymbol{W}(k)\boldsymbol{V}_2(k)^{\mathrm{T}}]\\ \boldsymbol{P}'_{(ZZ)k/k-1} &= \sum_{i=0}^{2n}W_i^{(c)}\left[\boldsymbol{\Lambda}'^{(i)}_{k/k-1}-\hat{\boldsymbol{Z}}_2^{k/k-1}\right]\left[\boldsymbol{\Lambda}'^{(i)}_{k/k-1}-\hat{\boldsymbol{Z}}_2^{k/k-1}\right]^{\mathrm{T}}+\mathrm{E}[\boldsymbol{V}_2(k)\boldsymbol{V}_2(k)^{\mathrm{T}}]\end{aligned}\right\} \tag{16.41}$$

其中，

$$\left.\begin{aligned}\boldsymbol{\Lambda}'^{(i)}_{k/k-1} &= \boldsymbol{h}_2[\boldsymbol{\chi}'^{(i)}_{k/k-1}], \quad i=0,1,2,\cdots,2n \\ \hat{\boldsymbol{Z}}_2^{k/k-1} &= \sum_{i=0}^{2n} W_i^{(m)} \boldsymbol{\Lambda}'^{(i)}_{k/k-1}\end{aligned}\right\} \tag{16.42}$$

进而，可以计算得到增益矩阵：

$$\boldsymbol{K}'_k = \boldsymbol{P}'_{(XZ)k/k-1} \boldsymbol{P}'^{-1}_{(ZZ)k/k-1} \tag{16.43}$$

并得到最终的滤波估计值和状态误差协方差矩阵：

$$\left.\begin{aligned}\hat{\boldsymbol{X}}'_k &= \hat{\boldsymbol{X}}_k + \boldsymbol{K}'_k(\boldsymbol{Z}_2^k - \hat{\boldsymbol{Z}}_2^{k/k-1}) \\ \boldsymbol{P}'_k &= \boldsymbol{P}_k - \boldsymbol{K}'_k \boldsymbol{P}'_{(ZZ)k/k-1} \boldsymbol{K}'^{\mathrm{T}}_k\end{aligned}\right\} \tag{16.44}$$

$\hat{\boldsymbol{X}}'_k$ 即为辅助滤波器输出的最终导航结果。

至此，利用主滤波器与辅助滤波器相结合的方式，完成了火星探测器在地火转移段的太阳、行星与脉冲星组合导航，得到了高精度、实时的位置、速度信息。此外，还可以利用脉冲星方向误差的估计结果，修正脉冲星的赤经、赤纬信息。

16.4　仿真验证

16.4.1　仿真条件

1. 仿真轨道

以 SEE 设计的 2013 年 12 月发射的火星探测器的 STK 标称轨道为例，验证所设计的地火转移段导航方案的可行性。其地火转移段的起始时间为 2013 年 12 月 8 日 9:35:00，终止于 2014 年 9 月 21 日 12:38:00，全段轨道如图 16.14 所示。地火转移段是火星探测器飞行时间最长的阶段，因此仅取 2014 年 1 月 10 日 0:00:00 至 2014 年 1 月 20 日 23:59:00 的飞行段进行验证，该飞行段的初始轨道参数如表 16.1 所列。

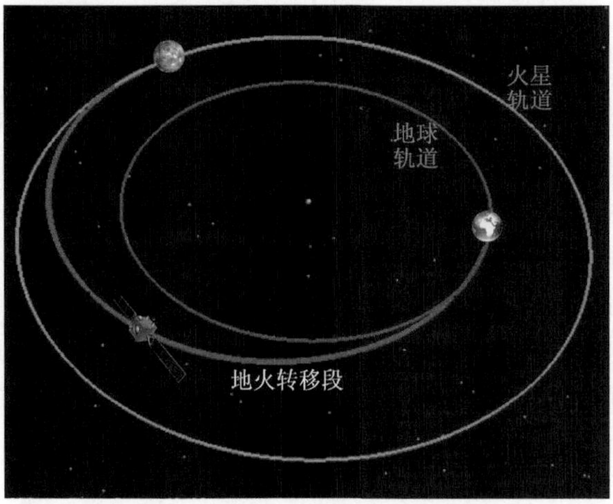

图 16.14　火星探测器地火转移段轨道

表 16.1　初始轨道参数设置(J2000.0 日心惯性坐标系)

轨道初始参数	参数值/km	轨道初始参数	参数值/($km \cdot s^{-1}$)
X	57 269 367.807 24	v_x	−30.701 36
Y	123 922 742.352 39	v_y	−10.070 15
Z	58 718 500.720 50	v_z	−3.085 48

2. 量测精度

考虑现有成熟天体敏感器的精度指标,在仿真中选用视场为 20°的大视场行星敏感器,其精度为 0.005°(1σ),选用的太阳敏感器精度为 0.01°(1σ);星光角距量测信息根据火星探测器地火转移段理想轨迹、DE405 星历与 Tycho2 星历、探测器测量精度得到,更新周期为 1 min。

经过可见性分析,选用的两颗 X 射线脉冲星信息如表 16.2 所列。脉冲星的赤经、赤纬误差为 0.02″,其量测噪声的标准差由式(16.20)确定,其中 $A=1\ m^2$,$T_P=1\ 200\ s$,$B_X=0.005\ ph/cm^2/s$。X 射线脉冲星信息的更新周期为 10 min。星载原子钟的钟差、钟差漂移率与钟差漂移变化率分别为 1 μs、10^{-13} 与 10^{-20}。太阳系质心相对于日心的位置误差为 $\Delta \boldsymbol{b}=[-100\ km-50\ km,50\ km]^T$。

表 16.2　选用的 X 射线脉冲星参数

脉冲星	α/(°)	δ/(°)	D/kpc	P/ms	W/s	F_x/($ph \cdot cm^{-2} \cdot s^{-1}$)	V_p/($mas \cdot yr^{-1}$)	P_F
B1821−24	276.13	−24.87	5.5	3.054	5.5e−5	1.93e−4	4.7	98%
B1937+21	294.92	21.58	3.6	1.558	2.1e−5	4.99e−5	0.8	86%

3. 滤波初始条件

状态误差为 $\Delta \boldsymbol{X}=[100\ km,100\ km,100\ km,0.1\ km/s,0.1\ km/s,0.1\ km/s]$;状态误差协方差矩阵为 $\boldsymbol{P}_0=\mathrm{diag}(100\ km,100\ km,100\ km,0.1\ km/s,0.1\ km/s,0.1\ km/s)^2$;主滤波器的滤波周期为 1 min,辅助滤波器的滤波周期为 10 min。

16.4.2　仿真结果

下面分别与基于太阳、行星(地球、火星)的自主导航方案、基于太阳、行星与脉冲星的传统组合导航方案(集中式滤波)进行对比,以验证所设计的地火转移段自主导航方案的性能。图 16.15～图 16.20 所示为三种方案的位置、速度误差曲线。

根据图 16.15～图 16.17 可以看出,基于太阳、行星的自主导航方案位置误差较大,这是由于太阳、地球和火星距离探测器较远,微小的测量误差都将导致较大的导航误差;基于太阳、行星与脉冲星的传统组合导航方案,引入了两颗脉冲星的脉冲到达时间量测,可以显著提高探测器的导航精度。然而,由于脉冲星的星历误差、星载时钟的钟差、导航基准点的位置误差等,脉冲到达时间量测包含明显的系统误差。该方案不考虑这些系统误差的影响,导致组合导航精度下降,且采用集中式滤波算法,即在脉冲星量测更新周期(10 min)内仅进行轨道递推,导航误差较大;而所设计的地火转移段自主导航方案对脉冲到达时间量测进行双差分处理,消除了其公共的系统误差,大大提高了组合导航的精度;且设计的主滤波器与辅助滤波器相结合的信息融合算法，可以有效利用太阳、行星的星光角距量测信息，避免了长时间轨道递推引起的导航误差；此外，由于自适应估计了系统噪声统计特性，避免了噪声统计信息不确定引起的滤波精度下降。

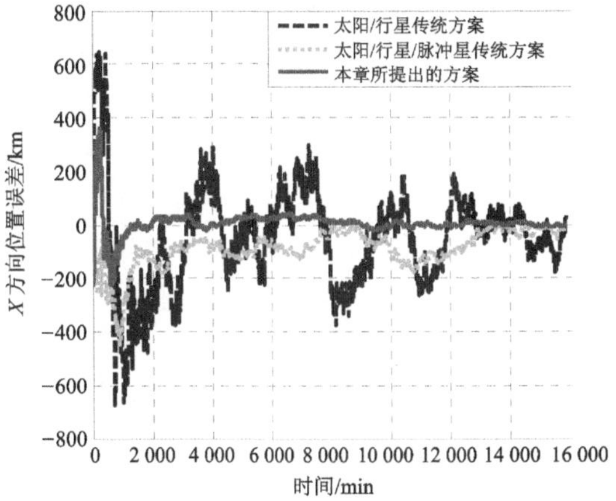

图 16.15　X 方向位置误差

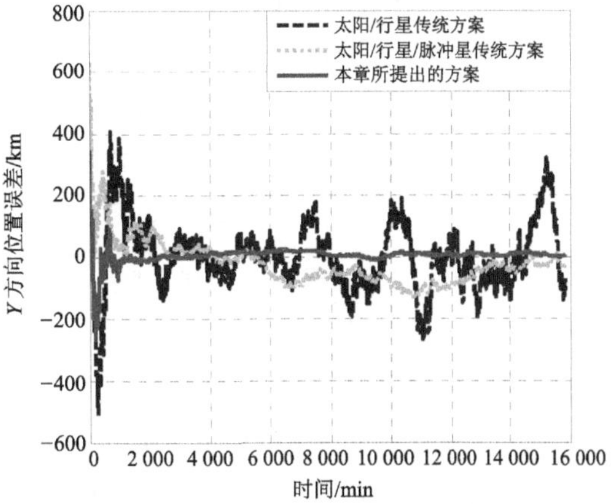

图 16.16　Y 方向位置误差

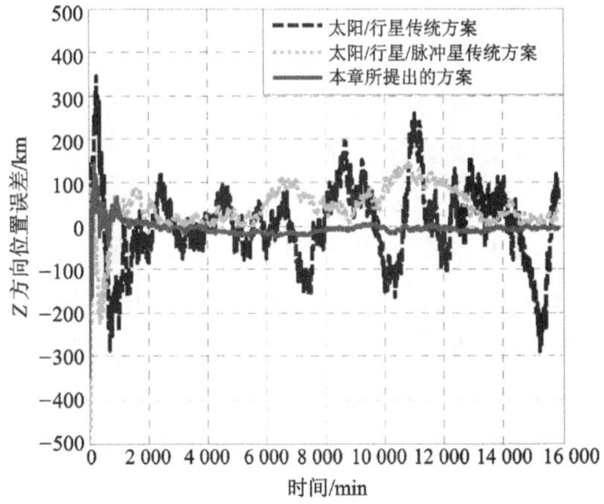

图 16.17　Z 方向位置误差

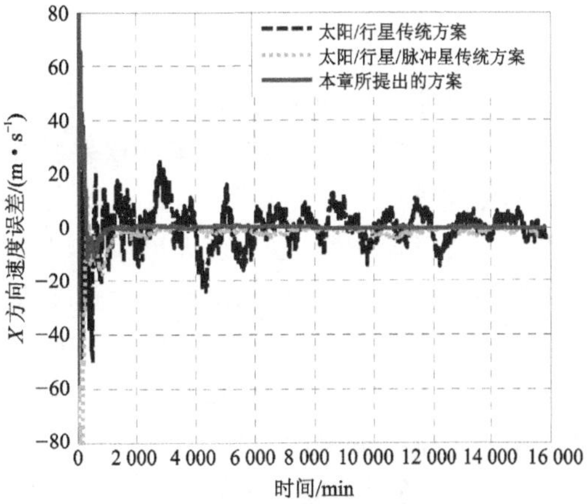

图 16.18　X 方向速度误差

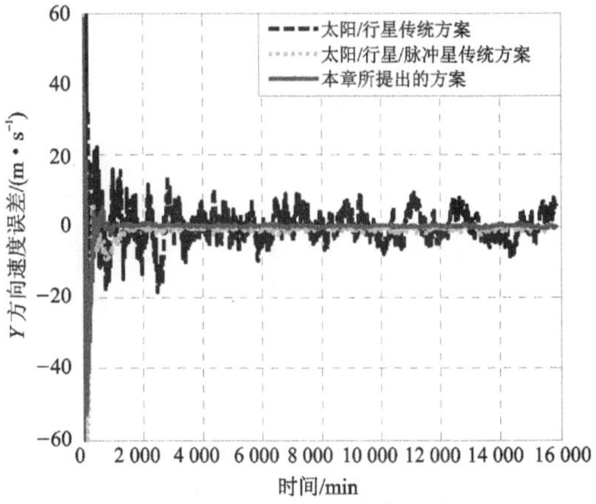

图 16.19　Y 方向速度误差

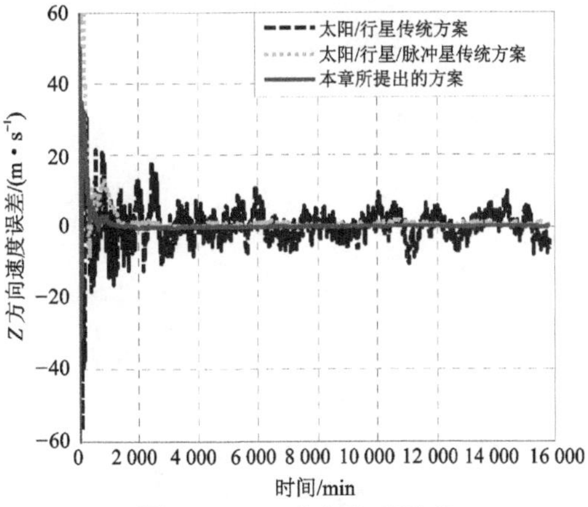

图 16.20　Z 方向速度误差

由图 16.18～图 16.20 可以看出，基于太阳、行星的自主导航方案速度误差较大，而引入脉冲星量测信息后速度误差显著减小，这是由于脉冲星的多普勒频移量测与速度直接相关，使得速度的估计能力大大提高。然而，受星载原子钟钟差的影响，脉冲星的多普勒频移量测存在系统误差。而所设计的地火转移段自主导航方案对多普勒频移进行差分，消除了这一系统误差，测速精度进一步提高。三种方案滤波稳定后的位置、速度误差均方根如表 16.3 所列。

表 16.3 不同导航方案滤波稳定后的导航误差均方根(RMS)

导航方案	位置/km			速度/(m·s^{-1})		
	X	Y	Z	X	Y	Z
太阳/行星传统方案	128.869 9	93.275 3	84.952 4	5.943 3	3.558 0	3.320 5
太阳/行星/脉冲星传统方案	82.140 1	60.421 6	62.945 1	1.626 6	0.780 0	0.650 7
所提方案	16.549 5	11.401 2	10.698 5	0.257 0	0.253 4	0.132 6

由表 16.3 可以看出，与基于太阳、行星的自主导航方案、太阳/行星/脉冲星传统组合导航方案相比，所设计的自主导航方案显著提高了火星探测器的位置与速度精度。

16.5 小 结

本章介绍了脉冲星的基本特征以及 X 射线脉冲星导航的时空参考系、导航原理及方法、误差源等，并基于 X 射线脉冲星的误差特性，建立了高精度的脉冲到达时间定位模型与多普勒频移测速模型。在此基础上，针对地火转移段的导航特性，设计了一种基于 X 射线脉冲星辅助的天文导航方案，以实现火星探测器在地火转移段的高精度实时导航。方案中量测信息以太阳、地球与火星的星光角距作为基础的天文量测信息，而以脉冲星的脉冲到达时间与多普勒频移作为辅助量测信息。同时，为了抑制脉冲星的星历误差、星载原子钟的钟差、基准点位置误差等引入的系统误差，脉冲星的脉冲到达时间采用了双差分量测信息，而脉冲星的多普勒频移采用了单差分量测信息。仿真结果表明，与基于太阳、行星（地球、火星）的自主导航方案及基于太阳、行星与脉冲星的传统组合导航方案相比，所设计导航方案的定位、测速精度得到了进一步提高。

附　录

F.1　常用参考坐标系及其转换

F.1.1　常用参考坐标系

坐标系是导航计算的基础,合理选择坐标系能简化对导航计算的研究与分析。坐标系通常分为惯性坐标系和相对坐标系：惯性坐标系可视为其坐标轴在惯性空间指向不变;而相对坐标系则相对于惯性空间有移动或转动。

几种常用的坐标系如图 F.1 所示。

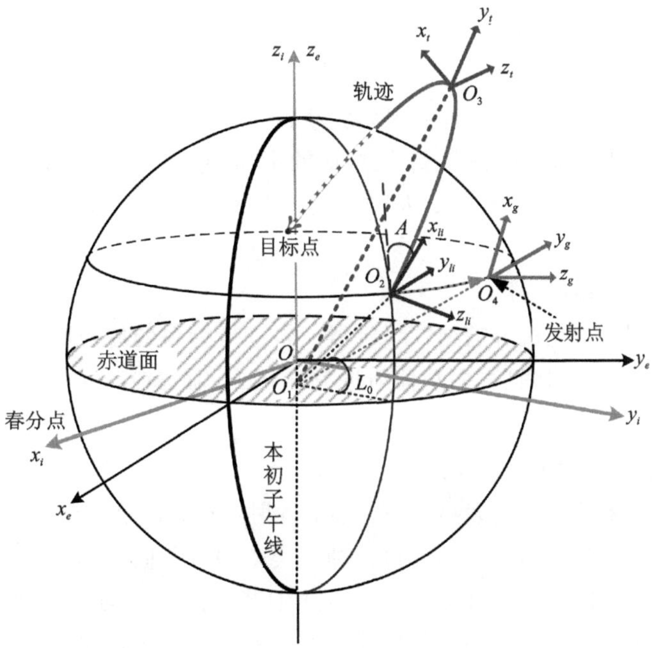

图 F.1　常用参考坐标系示意图

1. 惯性坐标系

(1) 地心赤道惯性坐标系($Ox_iy_iz_i$)

地心赤道惯性坐标系的原点在地球的质心 O,Oz_i 轴沿地球自转轴方向指向北极,Ox_i 在地球赤道平面内并指向春分点,Oy_i 也在赤道面内与 Ox_iz_i 平面垂直,其方向按右手规则确定。

(2) 发射点惯性坐标系($Ox_{li}y_{li}z_{li}$)

将发射点重力坐标系 $Ox_gy_gz_g$ 固化在惯性空间即得到发射点惯性坐标系($Ox_{li}y_{li}z_{li}$)。导弹起飞时,该坐标系与发射点重力坐标系 $Ox_gy_gz_g$ 重合,之后发射点惯性坐标系的坐标轴始终指向惯性空间的固定方向不动。

(3) 日心黄道惯性坐标系($O_sx_sy_sz_s$)

日心黄道惯性坐标系 $O_sx_sy_sz_s$ 的坐标原点 O_s 位于日心,坐标轴 O_sx_s 轴在黄道面内,指向参考时刻的平春分点;坐标轴 O_sz_s 轴垂直于黄道面,与地球在参考时刻的公转角速度矢量方向一致;坐标轴 O_sy_s 轴与 O_sx_s 轴和 O_sz_s 轴垂直,其方向按右手规则确定。

2. 相对坐标系

(1) 地心地固坐标系($Ox_ey_ez_e$)

地心地固坐标系的原点选在地球的质心 O,Oz_e 轴沿地球自转轴方向指向北极,Ox_e 从地心指向本初子午线与赤道的交点,Oy_e 也在赤道面内且与另外两轴构成右手螺旋关系。地心地固坐标系与地球固连在一起,随着地球一起转动。地球绕极轴自转,并且绕太阳公转。

(2) 地理坐标系($Ox_ty_tz_t$)

地理坐标系的原点为载体所在位置,选取当地经线圈的北向切线为 x_t 轴,z_t 轴沿纬线圈的东向切线,y_t 轴与另外两轴满足右手螺旋关系,形成北-天-东坐标系。其中,x_t 轴与 z_t 轴构成的平面即为当地水平面,x_t 轴与 y_t 轴构成的平面即为当地子午面。地理坐标系的各轴可以有不同的选取方法,通常为按“北-天-东”“东-北-天”或“北-东-地”为顺序构成右手直角坐标系。

(3) 轨迹坐标系($Ox_hy_hz_h$)

轨迹坐标系常应用于飞机等巡航式飞行器。轨迹坐标系的原点为载体质心,Ox_h 轴保持水平向右,Oy_h 轴与轨迹相切且指向载体前进方向,Oz_h 轴与 Ox_h、Oy_h 轴满足右手规则沿机体垂直向上。

(4) 发射点重力坐标系($Ox_gy_gz_g$)

发射点重力坐标系的原点为发射点,y_g 轴沿发射点重力的反方向指向地表外,沿着 y_g 轴向地心方向的延长线在子午面内与地球自转轴相交于 O_1(不同于地心)。它与赤道面的夹角 L_0 称为发射点的地理纬度。x_g 轴与 y_g 轴垂直并且指向发射方向。x_g 轴与发射点子午面的夹角 A 为发射方位角,z_g 轴按照右手规则确定。发射点重力坐标系是一个动坐标系,随着地球自转与公转而运动。

(5) 轨道坐标系($Ox_oy_oz_o$)

轨道坐标系常用于卫星等空间飞行器。轨道坐标系的原点为载体质心,Oz_o 轴由地心指向载体,Ox_o 轴在载体轨道平面内,垂直于 Oz_o 轴并指向载体运动方向,Oy_o 垂直于载体轨道平面 Ox_oz_o,其方向按右手规则确定。

(6) 导航坐标系($Ox_ny_nz_n$)

物理矢量通过选取特定的坐标系进行投影,通常能够更清晰地表达其物理意义或简化系统运算,这样的坐标系通常被指定为导航坐标系 $Ox_ny_nz_n$。

(7) 本体坐标系($Ox_by_bz_b$)

本体坐标系包括机体坐标系、船体坐标系和弹体坐标系等,该坐标系固连在载体上,时刻随载体的运动而运动。本体坐标系的原点是载体的质心,对于飞机和舰船等巡航式载体,本体坐标系的 Ox_b 轴沿载体横轴指右,Oy_b 轴沿载体纵轴指前,Oz_b 轴沿载体竖轴并与 Ox_b、Oy_b 轴构成右手坐标系,如图 F.2 所示;对于弹道式载体,本体坐标系的 Ox_b 轴与弹体的纵轴一致,指向弹头的方向,Oy_b 轴位于弹体纵向对称面内与 Ox_b 轴垂直,向上为正,Oz_b 与 Ox_b、Oy_b 轴构成右手坐标系,如图 F.3 所示。

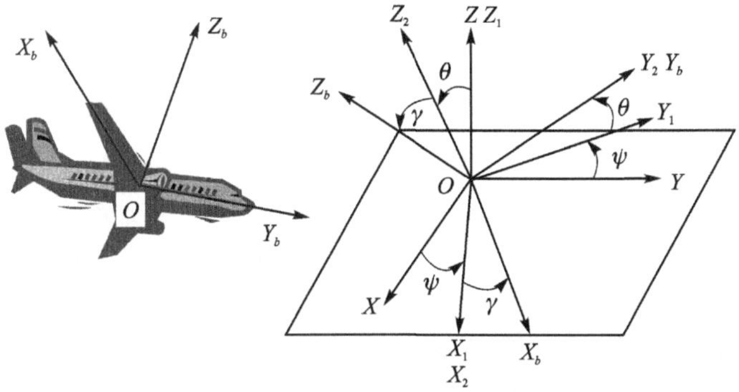

图 F.2　巡航式载体本体坐标系以及姿态角示意图

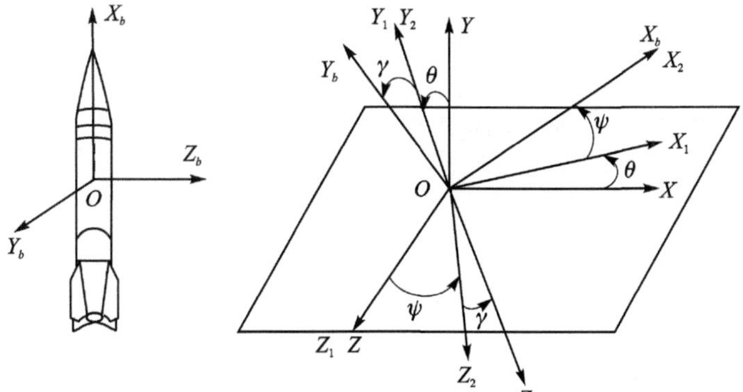

图 F.3　弹道式载体本体坐标系以及姿态角示意图

载体的俯仰角、偏航角、滚转角统称为姿态角,载体的姿态角是本体坐标系相对于参考坐标系的转角。

① 对于巡航式载体,其姿态角通常相对于东-北-天地理坐标系。俯仰角 θ 是载体纵轴 Oy_b 与水平面 x_tOy_t 之间的夹角,以载体抬头为正;偏航角 ψ 是载体纵轴 Oy_b 在水平面 x_tOy_t 上的投影与 Oy_t 轴之间的夹角,以载体从北向西偏转为正;滚转角 γ 是载体横轴 Ox_b 与水平面之间的夹角,以载体向右侧偏转为正。

② 对于弹道式载体,其姿态角通常相对于发射点重力坐标系或发射点惯性坐标系(统称 $Oxyz$)。俯仰角 θ 是弹体纵轴 Ox_b 在 xOy 面的投影与 Ox 轴的夹角,Ox_b 轴在 Ox 轴上方时为正;偏航角 ψ 是弹体纵轴 Ox_b 与射面 xOy 之间的夹角,当 Ox_b 轴在射面的左边时为正。滚转角 γ 是弹体横轴 Oz_b 与 xOz 平面之间的夹角,当 Oz_b 轴在 xOz 平面之下时为正。

F.1.2 坐标系之间的转换

(1) 地心赤道惯性坐标系到地心地固坐标系 C_i^e

地心赤道惯性坐标系与地心地固坐标系在三维空间内只相差一个绕 z 轴旋转的格林尼治恒星时 S。

$$C_i^e = L_z(S) = \begin{bmatrix} \cos S & \sin S & 0 \\ -\sin S & \cos S & 0 \\ 0 & 0 & 1 \end{bmatrix} \tag{F.1}$$

(2) 地心地固坐标系到地理坐标系 C_e^t

选取北-天-东坐标系为地理坐标系，则将地心地固坐标系按照 $z \to x \to y$ 的顺序依次转 $\lambda - 90°$、L 和 $-90°$，即可得到地球坐标系。

$$C_e^t = L_y(-90°)L_x(L)L_z(\lambda - 90°) = \begin{bmatrix} -\sin L\cos\lambda & -\sin L\sin\lambda & \cos L \\ \cos L\cos\lambda & \cos L\sin\lambda & \sin L \\ -\sin\lambda & \cos\lambda & 0 \end{bmatrix} \tag{F.2}$$

其中，L 和 λ 分别为地理纬度和经度。

(3) 地理坐标系到发射点重力坐标系 C_t^g

选取北-天-东坐标系为地理坐标系，则发射点重力坐标系到地理坐标系之间只相差一个发射方位角 A，其转换矩阵为

$$C_t^g = L_y(-A) = \begin{bmatrix} \cos A & 0 & \sin A \\ 0 & 1 & 0 \\ -\sin A & 0 & \cos A \end{bmatrix} \tag{F.3}$$

(4) 地心赤道惯性坐标系到发射点重力坐标系 C_i^g

联立式(F.1)～式(F.3)，即可得到

$$\begin{aligned} C_i^g &= C_t^g C_e^t C_i^e \\ &= L_y(-A)L_y(-90°)L_x(L_0)L_z(\lambda_0 - 90°)L_z(S) \\ &= L_y(-A-90°)L_x(L_0)L_z(S+\lambda_0-90°) \end{aligned} \tag{F.4}$$

展开可得

$$\begin{aligned} C_i^g &= L_y(-A-90°)L_x(L_0)L_z(S+\lambda_0-90°) \\ &= \begin{bmatrix} -\cos A\sin L_0\cos(\lambda_0+S) - \sin A\sin(\lambda_0+S) & -\cos A\sin L_0\sin(\lambda_0+S) + \sin A\cos(\lambda_0+S) & \cos A\cos L_0 \\ \cos L_0\cos(\lambda_0+S) & \cos L_0\sin(\lambda_0+S) & \sin L_0 \\ \sin A\sin L_0\cos(\lambda_0+S) - \cos A\sin(\lambda_0+S) & \sin A\sin L_0\sin(\lambda_0+S) + \cos A\cos(\lambda_0+S) & -\sin A\cos L_0 \end{bmatrix} \end{aligned} \tag{F.5}$$

其中，λ_0 和 L_0 分别为发射点的经度和纬度。

(5) 地心赤道惯性坐标系到发射点惯性坐标系 C_i^{li}

由于发射时刻的发射点重力坐标系与发射点惯性坐标系重合，因此发射时刻的地心赤道惯性坐标系到发射点重力坐标系的转换矩阵即为 C_i^{li}。由式(F.5)可得

$$\begin{aligned} C_i^{li} &= L_y(-A-90°)L_x(L_0)L_z(S_0+\lambda_0-90°) \\ &= \begin{bmatrix} -\cos A\sin L_0\cos(\lambda_0+S_0) - \sin A\sin(\lambda_0+S_0) & -\cos A\sin L_0\sin(\lambda_0+S_0) + \sin A\cos(\lambda_0+S_0) & \cos A\cos L_0 \\ \cos L_0\cos(\lambda_0+S_0) & \cos L_0\sin(\lambda_0+S_0) & \sin L_0 \\ \sin A\sin L_0\cos(\lambda_0+S_0) - \cos A\sin(\lambda_0+S_0) & \sin A\sin L_0\sin(\lambda_0+S_0) + \cos A\cos(\lambda_0+S_0) & -\sin A\cos L_0 \end{bmatrix} \end{aligned} \tag{F.6}$$

其中，S_0 为发射时刻的格林尼治恒星时。

(6) 发射点惯性坐标系到发射点重力坐标系 $\boldsymbol{C}_{li}^g$

联立式(F.5)和式(F.6)，即可得到

$$\begin{aligned}\boldsymbol{C}_{li}^g &= \boldsymbol{C}_i^g\boldsymbol{C}_{li}^i \\ &= \boldsymbol{L}_y(-A-90^\circ)\boldsymbol{L}_x(L_0)\boldsymbol{L}_z(S+\lambda_0-90^\circ)\boldsymbol{L}_z(90^\circ-S_0-\lambda_0)\boldsymbol{L}_x(-L_0)\boldsymbol{L}_y(A+90^\circ) \\ &= \boldsymbol{L}_y(-A-90^\circ)\boldsymbol{L}_x(L_0)\boldsymbol{L}_z(S-S_0)\boldsymbol{L}_x(-L_0)\boldsymbol{L}_y(A+90^\circ) \\ &= \boldsymbol{L}_y(-A-90^\circ)\boldsymbol{L}_x(L_0)\boldsymbol{L}_z[\omega_{ie}(t-t_0)]\boldsymbol{L}_x(-L_0)\boldsymbol{L}_y(A+90^\circ)\end{aligned} \tag{F.7}$$

其中，t_0 为发射时刻，t 为当前时刻。

(7) 地心赤道惯性坐标系到轨道坐标系 $\boldsymbol{C}_i^o$

地心赤道惯性坐标系按照 $z\to x\to z$ 的顺序依次转 Ω、i 和 u，即可得到轨道坐标系。

$$\boldsymbol{C}_i^o = \boldsymbol{L}_z(u)\boldsymbol{L}_x(i)\boldsymbol{L}_z(\Omega) \tag{F.8}$$

其中，Ω 为升交点赤经，i 为轨道倾角，u 为纬度幅角。

(8) 地理坐标系到本体坐标系 $\boldsymbol{C}_t^b$（巡航式载体）

选取东-北-天坐标系为地理坐标系，则按照 $z\to x\to y$ 的顺序依次转偏航角、俯仰角和滚转角，即可得到本体坐标系。

$$\begin{aligned}\boldsymbol{C}_t^b &= \boldsymbol{L}_y(\gamma)\boldsymbol{L}_x(\theta)\boldsymbol{L}_z(\psi) \\ &= \begin{bmatrix}\cos\gamma\cos\psi-\sin\gamma\sin\theta\sin\psi & \cos\gamma\sin\psi+\sin\gamma\sin\theta\cos\psi & -\sin\gamma\cos\theta \\ -\cos\theta\sin\psi & \cos\theta\cos\psi & \sin\theta \\ \sin\gamma\cos\psi+\cos\gamma\sin\theta\sin\psi & \sin\gamma\sin\psi-\cos\gamma\sin\theta\cos\psi & \cos\gamma\cos\theta\end{bmatrix}\end{aligned} \tag{F.9}$$

其中，ψ、θ、γ 分别为 b 系相对于 t 系的偏航角、俯仰角和滚转角。

(9) 发射点惯性坐标系到本体坐标系 $\boldsymbol{C}_{li}^b$（弹道式载体）

将发射点惯性坐标系按照 $z\to y\to x$ 的顺序依次转俯仰角、偏航角和滚转角，即可得到本体坐标系。

$$\begin{aligned}\boldsymbol{C}_{li}^b &= \boldsymbol{L}_x(\gamma)\boldsymbol{L}_y(\psi)\boldsymbol{L}_z(\theta) \\ &= \begin{bmatrix}\cos\theta\cos\psi & \sin\theta\cos\psi & -\sin\psi \\ \cos\theta\sin\psi\sin\gamma-\sin\theta\cos\gamma & \sin\theta\sin\psi\sin\gamma+\cos\theta\cos\gamma & \sin\gamma\cos\psi \\ \cos\theta\sin\psi\cos\gamma+\sin\theta\sin\gamma & \sin\theta\sin\psi\cos\gamma-\cos\theta\sin\gamma & \cos\gamma\cos\psi\end{bmatrix}\end{aligned} \tag{F.10}$$

其中，θ、ψ、γ 分别是 b 系相对于 li 系的俯仰角、偏航角和滚转角。同理，若想得到发射点重力坐标系到本体坐标系的转换矩阵，其坐标转换关系不变，只要 θ、ψ、γ 变成 b 系相对于 g 系的俯仰角 θ_g、偏航角 ψ_g 和滚转角 γ_g 即可。

F.2　基于最小能量的弹道式飞行器轨迹生成方法

设计弹道式飞行器的轨迹，需要描述其速度、位置、姿态等飞行参数，由于弹道式飞行器飞出大气层外时满足空间飞行器的轨道动力学模型，故本节首先介绍轨道动力学基本知识，然后在此基础上介绍一种基于最小能量的弹道式飞行器轨迹生成方法。

F.2.1 轨道动力学基本知识

为简化分析，忽略各种摄动力的影响，假定弹道式飞行器飞出大气层后在地球中心引力场中运动，此时弹道式飞行器与地球组成二体，弹道式飞行器的轨道为二体轨道，又被称为开普勒轨道。

满足开普勒运动规律的弹道式飞行器的轨道通常为椭圆轨道，该椭圆轨道位于一个相对于惯性空间方向恒定的平面内。此时，飞行器相对地心的位置矢量 $\boldsymbol{r}$ 和速度矢量 $\boldsymbol{v}$ 始终位于该平面内，故飞行器相对地心的动量矩 $\boldsymbol{h}=\boldsymbol{r}\times\boldsymbol{v}$ 沿轨道平面的外法线方向。由此可知弹道式飞行器在惯性空间内作周期性的椭圆运动，它在任意时刻的位置和速度可由六个要素完全确定，即轨道六要素。

图 F.4 所示为弹道式飞行器轨道平面在惯性空间的示意图，O 为地心，椭圆轨道平面与地球赤道平面之间的夹角称为轨道倾角，用 i 表示。这一角度等于地球自转轴与轨道外法线方向之间的夹角，其定义范围为 $i\in[0°,180°)$。飞行器从南向北穿越赤道平面的交点称为升交点 B，而由北向南穿越赤道平面的交点则为降交点 D，升交点与降交点的连线称为交点线或结线，即飞行器轨道平面与地球赤道平面的交线。地心赤道惯性系的 Ox_i 轴与交点线 OB 之间的夹角称为升交点赤经，用 Ω 表示，其定义范围为 $\Omega\in[0°,360°)$。轨道平面相对于惯性空间的位置关系由轨道倾角 i 和升交点赤经 Ω 这两个要素唯一确定。

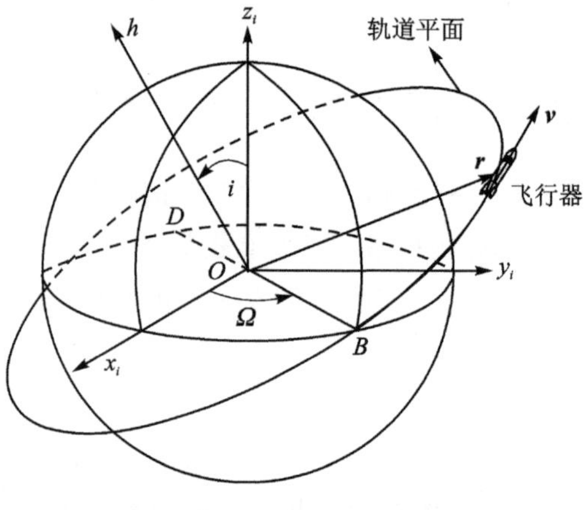

图 F.4 弹道式飞行器轨道平面空间示意图

图 F.5 所示为弹道式飞行器在其轨道平面内的示意图。由开普勒轨道三定律可知，中心天体地球位于椭圆的一个焦点 O 处，而长轴的两个端点 P 和 A 分别是距离中心天体最近和最远的点，被称为近地点和远地点。将焦点与近地点连线称为轨道拱点线 OP，椭圆轨道在其所在平面内的取向可用交点线 OB 与轨道拱点线 OP 之间的夹角来描述，将其称为近地点幅角，用 ω 表示，其定义范围为 $\omega\in[0°,360°)$。而飞行器在轨道上的位置可用其所处位置与焦点连线，即相对地心的位置矢量 $\boldsymbol{r}$ 和轨道拱点线 OP 之间的夹角来表示，称为真近点角，用 f 表示，其定义范围为 $f\in[0°,360°)$。此外，椭圆轨道的大小和形状则可用椭圆参数半长轴 a 和偏心率 e 唯一描述。这样综合利用半长轴 a、偏心率 e、轨道倾角 i、升交点赤经 Ω、近地点幅角 ω 和真近点角 f 这六个要素可以唯一确定弹道式飞行器在惯性空间内的位置。

开普勒轨道六要素并不唯一，其中随飞行器在轨时间变化的真近点角 f 还可以用平近点

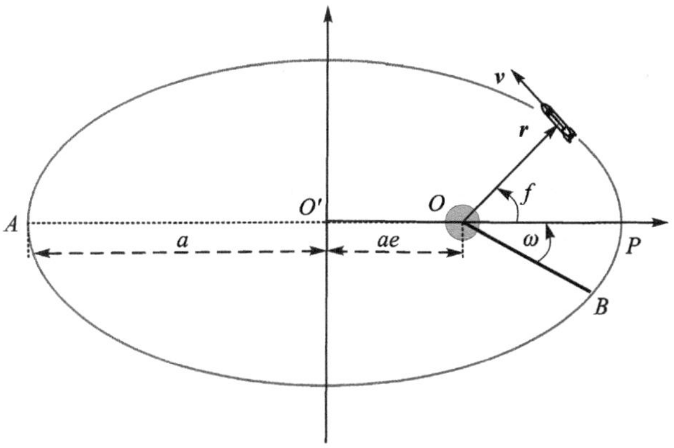

图 F.5　弹道式飞行器轨道平面示意图

角 M 和偏近点角 E 进行替换。其中平近点角 M 是将飞行器假想在一个面积等于真实椭圆轨道面积的圆上匀速运动所转过的中心角，它与时间成线性关系。而偏近点角 E 是一个几何上的辅助量，它与真近点角 f 间的关系如图 F.6 所示。

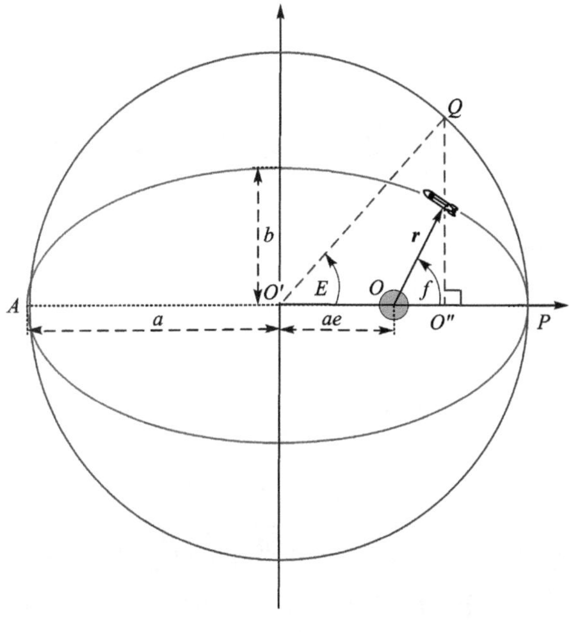

图 F.6　偏近点角与真近点角关系示意图

在图 F.6 中，O'为椭圆中心，半长轴长度为 a，半短轴长度为 b，以 O'为圆心、a 为半径作椭圆的外接圆，过飞行器所在位置作半长轴的垂线 QO''，分别交椭圆外接圆和半长轴于 Q 和 O''，则 Q 与 O'连线和半长轴之间的夹角被称为偏近点角 E。在任意时刻，三种近点角都是一一对应的，它们随时间变化，故也称为时间根数。

F.2.2　最小能量弹道构造方法

在考虑地球自转的情况下，可以根据最小能量弹道理论构造弹道导弹从发射点至落点的弹道，获取弹道标称数据。

1. 弹道构造基本原理

构造弹道时，主动段和再入段被近似认为是自由段椭圆弹道的一部分，因此导弹全弹道就是满足最小能量需求的过惯性空间两点(发射点和落点在惯性空间的位置)的一段椭圆弹道。地球表面上一点在惯性空间中的位置不仅与该点在地球表面的位置有关，而且还与时间有关。由于发射点、落点在地球表面的位置以及发射时刻是已知的，因此发射点在惯性空间的位置是可求的。如果能求出导弹由发射点到落点的飞行时间，那么结合发射时刻就可求出落点在惯性空间的位置，进而便可根据最小能量弹道理论构造出过惯性空间两点的弹道。相反，知道惯性空间中两点的位置，由最小能量弹道理论也可以求出导弹在这两点之间的飞行时间。由以上论述可知，用以下迭代方法可以实现落点在惯性空间的位置和导弹全程飞行时间的求解，同时也可以构造出导弹的弹道：

① 设导弹从发射点至落点的飞行时间为 ΔT，由 ΔT 和导弹的发射时刻 T_F 计算出导弹到达落点的时刻 T_L。

② 由导弹飞行至落点的时刻 T_L 和落点在地球表面的位置求出落点在惯性空间中的位置。

③ 知道发射点和落点在惯性空间的位置，由最小能量弹道理论求出导弹从发射点至落点的飞行时间 ΔT^*。

④ 比较 ΔT 和 ΔT^*，如其差值满足精度要求，则结束迭代；否则，令 $\Delta T=\Delta T^*$ 转至步骤①继续计算。

2. 弹道计算数学模型

第一步，预估飞行时间 ΔT：

$$\Delta\lambda=\lambda_L-\lambda_F \tag{F.11}$$

$$L=\arccos(\sin\phi_F\sin\phi_L+\cos\phi_F\cos\phi_L\cos\Delta\lambda) \tag{F.12}$$

$$L_T=R_e\cdot L \tag{F.13}$$

$$\Delta T=\frac{L_T}{v_{TBM}} \tag{F.14}$$

式中，L 为射程角，L_T 为射程，λ_F 和 ϕ_F 分别为导弹发射点的经度和纬度，λ_L 和 ϕ_L 分别为落点的经度和纬度，v_{TBM} 为导弹平均速率，在预估飞行时间 ΔT 时，导弹的平均速率 v_{TBM} 只要选取适当值即可，ΔT 将只是作为下一步迭代计算的初值。

第二步，迭代求取最小能量弹道：

$$\alpha_F(T_F)=S+\lambda_F+\omega_e\cdot T_F \tag{F.15}$$

$$\delta_F(T_F)=\phi_F \tag{F.16}$$

式中，$\alpha_F(T_F)$ 和 $\delta_F(T_F)$ 分别为发射时刻 T_F 导弹发射点的赤经和赤纬，进而可得导弹到达落点的时刻以及落点的赤经、赤纬分别为

$$T_L=T_F+\Delta T \tag{F.17}$$

$$\alpha_L(T_L)=S+\lambda_L+\omega_e\cdot T_L \tag{F.18}$$

$$\delta_L(T_L)=\phi_L \tag{F.19}$$

第三步，构造最小能量弹道使其过点(α_F,δ_F)、(α_L,δ_L)。

构造最小能量弹道的参数及其含义分别如下：

① 导弹发射点和落点间的地心弧：

$$\Delta f=\arccos(\sin\delta_F\sin\delta_L+\cos\delta_F\cos\delta_L\cos\Delta\alpha) \tag{F.20}$$

式中，$\Delta\alpha$ 为导弹发射点和落点间的赤经差：

$$\Delta\alpha=\alpha_L-\alpha_F \tag{F.21}$$

② 所构造的最小能量弹道的半长轴：

$$a=\frac{R_e}{2}+R_e\sin\frac{\Delta f}{2} \tag{F.22}$$

③ 导弹在落点处的速率 v_L、速度倾角 θ_L 分别为

$$\left.\begin{aligned} v_L&=\sqrt{\frac{\mu\vartheta_L}{R_e}}\\ \theta_L&=\frac{1}{2}\arctan\frac{\sin\Delta f}{1-\cos\Delta f}\end{aligned}\right\} \tag{F.23}$$

式中，ϑ_L 为落点的能量参数 $\vartheta_L=2-\dfrac{R_e}{a}$，$\mu$ 为地球引力常数。

④ 进而可以得到最小能量弹道的半通径 P、偏心率 e 和时间常量 n 分别为

$$\left.\begin{aligned} P&=R_e\vartheta_L\cos^2\theta_L\\ e&=\sqrt{1-\frac{P}{a}}\\ n&=\sqrt{\frac{\mu}{a^3}}\end{aligned}\right\} \tag{F.24}$$

⑤ 发射点的真近点角 f_F 和偏近点角 E_F 分别为

$$\left.\begin{aligned} f_F&=\arccos\left(\frac{P/R_e-1}{e}\right)\\ E_F&=2\arctan\sqrt{\frac{1-e}{1+e}\cdot\tan\frac{f_F}{2}}\end{aligned}\right\} \tag{F.25}$$

⑥ 最小能量弹道上由导弹发射点至落点的飞行时间为

$$\Delta T^*=2\,\frac{\pi-E_F+e\cdot\sin E_F}{n} \tag{F.26}$$

如果$|\Delta T^*-\Delta T|\leqslant\varepsilon$，则该最小能量弹道即为所求弹道，否则令 $\Delta T=\Delta T^*$，以此 ΔT 作为预估的飞行时间，转至第二步“迭代求取最小能量弹道”重复迭代计算。

第四步，迭代结束后得到导弹由发射点至落点的飞行时间 ΔT，则导弹的发射方位角 A、发射点速率 v_F、发射点速度矢量与当地水平面的夹角 θ_F 分别为

$$\left.\begin{aligned} A&=\arccos\frac{\sin\delta_L-\sin\delta_F\cos\Delta f}{\cos\delta_F\sin\Delta f}\\ v_F&=\sqrt{\mu\left(\frac{2}{R_e}-\frac{1}{a}\right)}\\ \theta_F&=\arccos\sqrt{\frac{P}{\vartheta_F R_e}}\end{aligned}\right\} \tag{F.27}$$

因而导弹在“北-天-东”地理坐标系中的位置和速度矢量为

$$\left.\begin{aligned}\boldsymbol{R}_t &= [0 \quad 0 \quad 0]^{\mathrm{T}} \\ \boldsymbol{V}_t &= [v_F\cos\theta_F\cos A \quad v_F\sin\theta_F \quad v_F\cos\theta_F\sin A]^{\mathrm{T}}\end{aligned}\right\} \tag{F.28}$$

利用坐标转换矩阵 $\boldsymbol{C}_t^i$ 将其转换至地心赤道惯性坐标系：

$$\left.\begin{aligned}\boldsymbol{R}_i &= \boldsymbol{C}_t^i(\boldsymbol{R}_t + [0 \quad R_e \quad 0]^{\mathrm{T}}) = \boldsymbol{C}_e^i\boldsymbol{C}_t^e(\boldsymbol{R}_t + [0 \quad R_e \quad 0]^{\mathrm{T}}) \\ \boldsymbol{V}_i &= \boldsymbol{C}_e^i\boldsymbol{C}_t^e\boldsymbol{V}_t\end{aligned}\right\} \tag{F.29}$$

在椭圆弹道上，导弹仅受地心引力作用，已知导弹在发射点时的位置、速度矢量 $\boldsymbol{V}_i$、$\boldsymbol{R}_i$ 就可根据以下积分方程求出导弹由发射点至落点间每一点的位置和速度矢量。

$$\left.\begin{aligned}\dot{\boldsymbol{V}} &= -\mu\frac{\boldsymbol{R}}{|\boldsymbol{R}|^3} \\ \dot{\boldsymbol{R}} &= \boldsymbol{V}\end{aligned}\right\} \tag{F.30}$$

3. 弹道计算流程图

在弹道构造基本原理及数学模型的基础上，为了使弹道计算过程表达更清晰、紧凑，以框图形式给出计算流程，如图 F.7 所示。

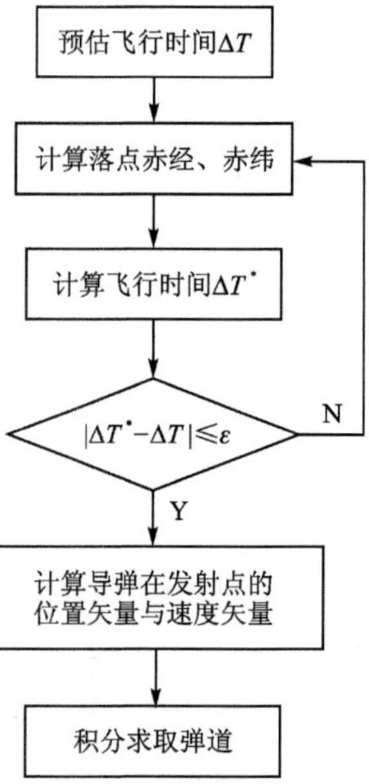

图 F.7　弹道计算流程框图

F.3　天文星表

SAO 星表见表 F.1。

表 F.1　SAO 星表

	赤经/(°)	赤纬/(°)	星等		赤经/(°)	赤纬/(°)	星等
1	101.287 1	−16.716 2	−1.6	13	68.980 17	16.509 26	1.1
2	95.988 25	−52.695 7	−0.9	14	247.351 9	−26.432	1.1
3	219.900 7	−60.835 4	0.1	15	116.328 9	28.026 17	1.2
4	279.234 7	38.783 69	0.1	16	201.298 4	−11.161 3	1.2
5	79.172 34	45.998 03	0.2	17	152.093	11.967 25	1.3
6	213.915 3	19.182 46	0.2	18	310.358 1	45.280 34	1.3
7	78.634 5	−8.201 66	0.3	19	344.412 8	−29.622 3	1.3
8	114.825 5	5.224 974	0.5	20	191.930 4	−59.688 7	1.5
9	88.792 99	7.407 084	0.6	21	187.791 4	−57.113 2	1.6
10	24.428 86	−57.236 7	0.6	22	186.649 8	−63.099	1.6
11	210.956 1	−60.373	0.9	23	104.656 5	−28.972 1	1.6
12	297.695 9	8.868 355	0.9	24	113.65	31.888 48	1.6

续表 F.1

	赤经/(°)	赤纬/(°)	星等		赤经/(°)	赤纬/(°)	星等
25	81.282 71	6.349 633	1.7	61	30.974 9	42.329 72	2.3
26	193.507 3	55.959 87	1.7	62	305.557 1	40.256 7	2.3
27	125.628 5	−59.509 5	1.7	63	211.670 7	−36.37	2.3
28	263.402 3	−37.103 8	1.7	64	120.896 2	−40.003 2	2.3
29	138.300 3	−69.717 2	1.8	65	139.272 5	−59.275 3	2.3
30	84.053 37	−1.201 95	1.8	66	252.540 9	−34.293 3	2.4
31	81.572 98	28.607 38	1.8	67	190.379 2	−48.959 6	2.4
32	99.428	16.399 26	1.9	68	6.571 138	−42.306 1	2.4
33	206.885 1	49.313 33	1.9	69	2.294 639	59.149 7	2.4
34	252.166 4	−69.027 7	1.9	70	269.151 6	51.488 97	2.4
35	122.383 3	−47.336 7	1.9	71	200.981 4	54.925 4	2.4
36	51.08 073	49.861 19	1.9	72	165.460 4	56.382 37	2.4
37	165.932 1	61.750 87	2	73	111.023 8	−29.303 1	2.4
38	107.097 8	−26.393 2	2	74	17.433 1	35.620 56	2.4
39	276.043 2	−34.384 7	2	75	83.001 65	−0.299 14	2.5
40	131.176	−54.708 3	2	76	326.046 5	9.874 985	2.5
41	264.329 8	−42.997 8	2	77	240.083 4	−22.621 7	2.5
42	85.189 66	−1.942 67	2	78	178.457 6	53.694 74	2.5
43	34.836 35	−2.977 6	2	79	10.726 91	56.537 36	2.5
44	95.674 84	−17.956	2	80	265.621 9	−39.030 1	2.5
45	89.882 24	44.947 45	2.1	81	218.876 8	−42.157 8	2.6
46	263.733 6	12.560 04	2.1	82	140.528 6	−55.010 7	2.6
47	2.096 968	29.090 44	2.1	83	204.972	−53.466 3	2.6
48	37.952 95	89.264 07	2.1	84	319.644 9	62.585 56	2.6
49	306.412	−56.735 1	2.1	85	346.190 2	15.205 27	2.6
50	283.816 3	−26.296 7	2.1	86	257.594 5	−15.724 8	2.6
51	222.676 6	74.155 46	2.2	87	168.527 1	20.523 69	2.6
52	332.058 4	−46.961 1	2.2	88	154.993 1	19.841 64	2.6
53	340.667	−46.884 7	2.2	89	311.552 8	33.970 27	2.6
54	136.999 2	−43.432 5	2.2	90	345.943 6	28.082 78	2.6
55	31.793 31	23.462 39	2.2	91	28.660 04	20.807 99	2.7
56	177.264 9	14.572 04	2.2	92	221.246 8	27.074 2	2.7
57	10.897 43	−17.986 6	2.2	93	89.930 42	37.212 41	2.7
58	141.896 9	−8.658 65	2.2	94	249.289 8	−10.567 1	2.7
59	86.939 13	−9.669 69	2.2	95	229.251 8	−9.382 93	2.7
60	233.672	26.714 73	2.3	96	83.182 47	−17.822 3	2.7

续表 F.1

	赤经/(°)	赤纬/(°)	星等		赤经/(°)	赤纬/(°)	星等
97	285.653	−29.880 3	2.7	132	334.625 8	−60.259 6	2.9
98	109.285 8	−37.097 5	2.7	133	182.089 7	−50.722 5	2.9
99	84.912 29	−34.074 2	2.8	134	220.482 5	−47.388 2	2.9
100	262.691	−37.295 8	2.8	135	200.149 3	−36.712 3	2.9
101	224.633	−43.134	2.8	136	233.785 2	−41.166 8	3
102	161.692 5	−49.420 1	2.8	137	142.805 4	−57.034 5	3
103	102.484	−50.614 7	2.8	138	262.960 6	−49.876 3	3
104	261.325 1	−55.529 9	2.8	139	238.785 5	−63.430 6	3
105	275.248 6	−29.828 2	2.8	140	29.692 62	−61.569 8	3
106	188.596 9	−23.396 7	2.8	141	160.738 9	−64.394 4	3
107	14.177 15	60.716 68	2.8	142	82.061 36	−20.759 5	3
108	21.454 12	60.235 22	2.8	143	287.441	−21.023 6	3
109	183.951 5	−17.542	2.8	144	239.713	−26.114	3
110	45.569 91	4.089 715	2.8	145	262.608 2	52.301 42	3
111	296.565	10.613 3	2.8	146	243.586 4	−3.694 32	3
112	236.067	6.425 664	2.8	147	326.760 2	−16.127 3	3
113	247.555	21.489 58	2.8	148	286.352 6	13.863 46	3
114	208.671 2	18.397 67	2.8	149	296.243 9	45.130 74	3
115	3.309 003	15.183 55	2.9	150	218.019 5	38.308 24	3
116	74.248 4	33.166 06	2.9	151	250.321 7	31.602 92	3
117	58.533 02	31.883 61	2.9	152	59.463 39	40.010 16	3
118	194.006 9	38.318 39	2.9	153	195.544 1	10.959 14	3
119	47.042 18	40.955 65	2.9	154	84.411 18	21.142 49	3
120	265.868 2	4.567 276	2.9	155	56.871 16	24.105 08	3
121	76.962 38	−5.086 43	2.9	156	146.462 8	23.774 2	3.1
122	83.858 27	−5.909 89	2.9	157	340.750 6	30.221 23	3.1
123	222.719 6	−16.041 8	2.9	158	32.385 92	34.987 27	3.1
124	241.359 3	−19.805 4	2.9	159	55.731 2	47.787 54	3.1
125	190.415	−1.449 35	2.9	160	134.801 9	48.041 59	3.1
126	245.997 9	61.514 24	2.9	161	167.415 7	44.498 54	3.1
127	248.970 6	−28.216 1	2.9	162	111.787 7	8.289 324	3.1
128	276.992 7	−25.421 7	2.9	163	187.466 1	−16.515 5	3.1
129	121.886	−24.304 2	2.9	164	322.889 8	−5.571 21	3.1
130	189.295 6	−69.135 4	2.9	165	46.199 13	53.506 47	3.1
131	6.438 384	−77.254 4	2.9	166	230.182 2	71.834 01	3.1

常用脉冲星参数见表 F.2。

表 F.2 常用脉冲星表

脉冲星	赤经/(°)	赤纬/(°)	周期/s	频率/Hz	频率变化率/s^{-2}	位置参数参考历元/MJD
B1821−24	276.133 4	−24.869 8	0.003 054	327.405 66	−1.735 2e−13	49 858
B1937+21	294.910 7	21.583 1	0.001 558	641.928 26	−4.331 7e−14	47 500
B0531+21	83.633 2	22.014 5	0.033 085	30.225 43	−3.862 3e−10	40 675
B1509−58	228.481 8	−59.135 8	0.150 658	6.637 57	−6.769 5e−11	58 355
B0540−69	85.046 5	−69.331 6	0.050 499	19.802 44	−1.878 0e−10	51 197
J0218+4232	34.526 5	42.538 2	0.002 323	430.461 06	−1.434 0e−14	50 864
J0205+6449	31.408 0	64.828 6	0.065 684	15.223 85	−4.494 6e−11	52 345
B0833−45	128.835 9	−45.176 4	0.089 328	11.194 65	−1.566 6e−11	51 544
J1124−5916	171.162 9	−59.272 2	0.135 314	7.390 21	−4.080 3e−11	52 180
J1811−1935	272.871 7	−19.424 4	0.064 667	15.463 83	−1.052 0e−11	49 452.6
B1823−13	276.554 9	13.579 6	0.101 466	9.855 53	−7.290 7e−12	50 930
J1617−5 055	244.372 1	50.920 3	0.069 356	14.418 18	−2.809 0e−11	50 829.7
J0437−4715	69.315 8	−47.252 3	0.005 757	173.687 94	−1.728 4e−15	52 005
J2124−3358	321.182 5	−33.979 0	0.004 931	202.793 89	−8.468 0e−16	53 174
B1951+32	298.242 5	32.877 9	0.039 531	25.296 47	−3.740 1e−12	52 793
J2229+6114	337.272 1	61.235 9	0.051 623	19.370 99	−2.937 0e−11	51 980
J0751+1807	117.787 9	18.127 4	0.003 478	287.457 85	−6.433 7e−16	51 800
J1930+1852	292.625 4	18.870 6	0.136 855	7.307 00	−4.007 5e−11	52 280
B1706−44	257.427 9	44.485 6	0.102 459	9.759 97	−8.857 4e−12	50 042
J1012+5307	153.139 2	53.117 4	0.005 256	190.267 83	−6.202 9e−16	50 700
B1046−58	162.050 8	−58.534 9	0.123 671	8.085 99	−6.297 6e−12	50 889
B1929+10	293.057 9	10.992 3	0.226 517	4.414 66	−2.255 7e−14	51 544
B0355+54	59.723 7	51.220 4	0.156 382	6.394 58	−1.797 9e−13	51 544
J1119−6 127	169.809 6	−64.463 7	0.407 746	2.452 50	−2.419 0e−11	51 485
B0656+14	104.950 4	14.239 3	0.384 891	2.598 13	−3.712 8e−13	49 721
B1800−21	270.964 1	−21.618 7	0.133 617	7.484 06	−7.511 4e−12	51 544
B0950+08	148.288 7	7.926 6	0.253 065	3.951 55	−3.587 6e−15	46 375
J0538+2 818	84.604 5	28.285 9	0.143 458	6.985 27	−1.790 5e−13	53 258
B1055−52	164.493 3	−52.447 8	0.197 108	5.073 37	−1.501 5e−13	43 555.62
B0823+26	126.713 7	26.623 2	0.530 661	1.884 44	−6.070 0e−15	46 450

参考文献

[1] 于开峰，吴德伟，戚君宜. 天文导航技术的军事应用及发展[J]. 国防技术基础，2006(7)：26-28.

[2] 王安国. 现代天文导航及其关键技术[J]. 电子学报，2007，35(12)：2347-2353.

[3] 谭汉清，刘垒. 惯性/星光组合导航技术综述[J]. 飞航导弹，2008(5)：44-51.

[4] 王安国. 导航战背景下的天文导航技术——天文导航技术的历史、现状及其发展趋势[J]. 天文学进展，2001，19(2)：326-330.

[5] 季必达. 国外天文导航发展概况与发展趋势分析[C]//中国电子学会导航分会. 全国飞机与船舶通信导航学术研讨会论文集. [出版者不详]2000：122-127.

[6] 承德保，陆志东，岳亚洲. 机载惯性/天文组合导航技术综述[J]. 光学与光电技术，2009，7(3)：49-52.

[7] 屈蔷，刘建业，熊智，等. 机载天文/惯性位置组合导航[J]. 南京理工大学学报(自然科学版)，2010，34(6)：729-732.

[8] 孙龙. 基于星敏感器的捷联惯性/天文组合导航研究[D]. 哈尔滨：哈尔滨工程大学，2015.

[9] 朱筱虹，徐瑞，张俊艳. 天文导航标准体系建设现状与未来发展[J]. 地理空间信息，2011，09(3)：145-147.

[10] 陈义，程言. 天文导航的发展历史、现状及前景[J]. 中国水运(理论版)，2006，4(6)：27-28.

[11] 张入媛. 天文导航的发展现状及前景[J]. 中国战略新兴产业，2018，4：025.

[12] 岳亚洲，张晓冬，田宇，等. 一种新的惯性/天文组合导航方法研究[J]. 光学与光电技术，2008，6(4)：89-92.

[13] 秦永元，张洪钺，汪叔华. 卡尔曼滤波与组合导航原理[M]. 西安：西北工业大学出版社，2012.

[14] 付梦印，邓志红，张继伟. Kalman 滤波理论及其在导航系统中的应用[M]. 北京：科学出版社，2003：44-48.

[15] LJUNG L. Asymptotic Behavior of the Extended Kalman Filter as a Parameter Estimator for Linear Systems[J]. IEEE Transactions on Automatic Control，1979，24(1)：36-50.

[16] KANDEPU R，FOSS B，IMSLAND L. Applying the Unscented Kalman Filter for Nonlinear State Estimation[J]. Journal of Process Control，2008，18(7)：753-768.

[17] SALMOND D J，BIRCH H. A Particle Filter for Track-before-detect[C]//Proceedings of the 2001 American Control Conference，IEEE，Arlington，USA. [S. l. ：s. n.]2002.

[18] 张金亮. 捷联惯性/星光组合导航关键技术研究[D]. 西安：西北工业大学，2015.

[19] 朱振涛. 角秒级高精度太阳敏感器研究[D]. 上海：中国科学院上海技术物理研究所，2017.

[20] 宋琛，张蓬蓬，张剑波，等. 基于紫外敏感器的卫星自主导航[J]. 计算机仿真，2010，27(11)：14-17.

[21] 周庆勇，刘思伟，姜坤，等. X 射线脉冲星导航探测器性能测试[J]. 测绘科学与工程，2017(2)：6-13.

[22] LIEBE C C. Accuracy Performance of Star Trackers-a Tutorial[J]. IEEE Transactions on Aerospace and Electronic Systems，2002，38(2)：587-599.

[23] LIEBE C C，GROMOV K，MELLER D M. Toward a Stellar Gyroscope for Spacecraft Attitude Determination[J]. Journal of Guidance，Control，and Dynamics，2004，27(1)：91-99.

[24] Sebastian Schuon，Klaus Diepold. Comparison of motion de-blur algorithms and real world deployment [J]. Acta Astronautica，2009，64：1050-1065.

[25] Jeffs B D，Gunsay M. Restoration of blurred star field images by maximally sparse optimization. [J]. IEEE Transactions on Image Processing A Publication of the IEEE Signal Processing Society，1993，2(2)：

202-211.
[26] Giancarlo Rufino, Domenico Accardo. Enhancement of the centroiding algorithm for star tracker measure refinement [J]. Acta Astronautica, 2003, 53: 135-147.
[27] Hunt B R. The application of constrained least squares estimation to image restoration by digital computer[J]. IEEE Transactions on Computers, 1973, 100(9): 805-812.
[28] 张辉,袁家虎,刘恩海. CCD噪声对星敏感器星点定位精度的影响[J]. 红外与激光工程,2006,35(5):629-633.
[29] Cheng X, Yang Y, Hao Q. Analysis of the Effects of Thermal Environment on Optical Systems for Navigation Guidance and Control in Supersonic Aircraft Based on Empirical Equations[J]. Sensors, 2016, 16(10): 1717.
[30] 刘海波,谭吉春,郝云彩,等. 环境温度对星敏感器测量精度的影响[J]. 光电工程,2008,35(12):40-44.
[31] Sun Y, Xiao Y, Geng Y. On-orbit calibration of star sensor based on a new lens distortion model[C]// Proceedings of the 32nd Chinese Control Conference, IEEE, Xi'an, China. [S. l. : s. n.]2013.
[32] 谭威,罗剑峰,郝云彩,等. 温度对星敏感器光学系统像面位移的影响研究[J]. 光学技术,2009,35(2):186-189.
[33] Wang J, Xue C. Athermalization and thermal characteristics of multilayer diffractive optical elements [J]. Applied Optics, 2015, 54(33): 9665.
[34] Pal M, Bhat M S. Autonomous Star Camera Calibration and Spacecraft Attitude Determination[J]. Journal of Intelligent & Robotic Systems, 2015, 79(2): 323-343.
[35] Dial O E. CCD performance model[J]. Proceedings of SPIE-The International Society for Optical Engineering, 1991, 1479: 2-11.
[36] 沈本剑,刘海波,贾辉,等. CCD温度对星敏感器星点定位精度的影响[J]. 空间控制技术与应用,2009,35(6):36-40.
[37] Li R, Zhan W, Hao Z. An improved constrained least-squares filter image restoration algorithm[J]. Boletin Tecnico, 2017, 55(1): 236-243.
[38] 欧阳桦. 基于CCD星敏感器的星图模拟和导航星提取的方法研究[D]. 武汉:华中科技大学,2005.
[39] 张广军. 星图识别[M]. 北京:国防工业出版社,2011.
[40] Scholl M. Star-field identification for autonomous attitude determination [J]. Journal of Guidance Control and Dynamics, 1994, 18(1): 61-65.
[41] 赵剡,张怡. 星图识别质心提取算法研究[J]. 空间电子技术,2004,1(4):5-8.
[42] 周斌. CCD星敏感器星图识别算法研究[D]. 哈尔滨:哈尔滨工业大学,2007.
[43] 王海涌,费峥红,王新龙. 基于高斯分布的星像点精确模拟及质心计算[J]. 光学精密工程,2009,17(7):1672-1677.
[44] 王海涌,周文睿,林浩宇,等. 静态像点高斯灰度扩散模型参数估计方法[J]. 光学学报,2012,32(3):275-280.
[45] 王广君,房建成. 基于Hausdorff距离的星图识别算法[J]. 北京航空航天大学学报,2005,31(5):508-511.
[46] 张贻红,孟倩,王汀,等. 基于星敏感器的姿态确定算法研究[J]. 导航与控制,2013,12(2):7-12.
[47] 李琳琳,孙辉先. 一种卫星天文自主定轨定姿方法研究[J]. 空间科学学报,2003,23(2):127-134.
[48] 张承,熊智,王融,等. 直接敏感地平的空天飞行器惯性/天文组合方法[J]. 中国空间科学技术,2013,33(3):64-71.
[49] Gounley R, White R, Gai E. Autonomous satellite navigation by stellar refraction [J]. Journal of Guidance Control & Dynamics, 1984, 7(2): 129-134.

[50] Smith G L,Schmidt S F,McGee L A. Application of statistical filter theory to the optimal estimation of position and velocity on board a circumlunar vehicle[R]. Washington: National Aeronautics and Space Administration,1962.

[51] 王国权,金声震,孙才红,等. 卫星自主导航中 25～60 公里星光大气折射模型研究[J]. 科技通报,2005,21(1): 106-109.

[52] 张承. 空天飞行器惯性/天文组合导航技术研究[D]. 南京: 南京航空航天大学,2012.

[53] 唐琼. 基于星光折射航天器自主轨道确定[D]. 西安: 西北工业大学,2007.

[54] 胡静,杨博. 精确星光大气折射导航观测模型的研究[J]. 北京航空航天大学学报,2006,32(7): 773-777.

[55] 王国权,宁书年,金声震,等. 卫星自主导航中星光大气折射模型的研究方法[J]. 中国矿业大学学报,2005,33(6): 616-620.

[56] Hedin A E. Extension of the MSIS thermosphere model into the middle and lower atmosphere[J]. Journal of Geophysical Research: Space Physics,1991,96(A2): 1159-1172.

[57] Picone J M,Hedin A E,Drob D P,et al. NRLMSISE - 00 empirical model of the atmosphere: Statistical comparisons and scientific issues[J]. Journal of Geophysical Research: Space Physics,2002,107(A12): SIA 15-1-SIA 15-16.

[58] Ning X,Wang L,Bai X,et al. Autonomous satellite navigation using starlight refraction angle measurements[J]. Advances in space research,2013,51(9): 1761-1772.

[59] White R L,Thurman S W,Barnes F A. Autonomous satellite navigation using observations of starlight atmospheric refraction[J]. Navigation,1985,32(4): 317-333.

[60] 房建成,宁晓琳. 天文导航原理及应用[M]. 北京: 北京航空航天大学出版社,2006.

[61] 房建成,宁晓林,田玉龙. 航天器自主天文导航原理与方法[M]. 北京:国防工业出版社,2006.

[62] 王晓东. 大视场高精度星敏感器技术研究[D]. 长春: 中国科学院长春光学精密机械与物理研究所,2003.

[63] 宁晓琳,王龙华. 一种星光折射卫星自主导航系统方案设计[J]. 宇航学报,2012,33(11): 1601-1610.

[64] 刘剑辉. 航天器星光自主导航仿真系统研究与实现[D]. 长沙: 国防科学技术大学,2008.

[65] 陈霞. 天文/惯性组合导航模式研究[J]. 光学与光电技术,2003,1(3): 21-25.

[66] 屈蔷. 机载捷联惯性/天文组合导航系统关键技术研究[D]. 南京: 南京航空航天大学,2012.

[67] Quan W,Gong X,Fang J,et al. INS/CNS Integrated Navigation Method[J]. Systems Engineering & Electronics,2011,33(8): 1837-1844.

[68] 曾威,崔玉平,李邦清,等. 惯性/星光组合导航应用与发展[J]. 飞航导弹,2011(9): 74-79.

[69] 海明,熊智,乔黎,等. 天文-惯性组合导航技术在高空飞行器中的应用[J]. 传感器与微系统,2008,27(9): 4-6.

[70] Yang S,Yang G,Zhu Z,et al. Stellar refraction-based SINS/CNS integrated navigation system for aerospace vehicles[J]. Journal of Aerospace Engineering,2015,29(2): 04015051.

[71] Zhang T,Zhang J. An Integrated Inertial Double-Star/Celestial Navigation System for Ballistic Missile [J]. Computer Simulation,2009,26(3): 40-40.

[72] Qian H M,Sun L,Cai J N,et al. A starlight refraction scheme with single star sensor used in autonomous satellite navigation system [J]. Acta Astronautica,2014,96(1): 45-52.

[73] Hong D,Liu G,Chen H,et al. Application of EKF for missile attitude estimation based on "SINS/CNS" integrated guidance system[C]//2010 3rd International Symposium on Systems and Control in Aeronautics and Astronautics,IEEE,Harbin,China. [S. l. :s. n.],2010.

[74] 秦洪卫. 捷联惯导/星光组合导航技术研究[D]. 哈尔滨: 哈尔滨工业大学,2013.

[75] Fernando T,Jennings L,Trinh H. Numerical implementation of a functional observability algorithm: A

singular value decomposition approach[C]//Circuits and Systems(APCCAS),2010 IEEE Asia Pacific Conference,IEEE.[S. l. :s. n.],2010: 796-799.

[76] 吴海仙,俞文伯,房建成.高空长航时无人机 SINS/CNS 组合导航系统仿真研究[J].航空学报,2006,27(2): 299-304.

[77] 杨波,王跃钢,秦永元,等.捷联惯导/星敏感器组合系统的在轨自标定方法研究[J].航天控制,2010,28(1): 12-16.

[78] 崔平远.深空探测:空间拓展的战略制高点[J].人民论坛·学术前沿,2017(5):13-18.

[79] Ma X,Fang J,Ning X,et al. Autonomous celestial navigation for a deep space probe approaching a target planet based on ephemeris correction[J]. Proceedings of the Institution of Mechanical Engineers Part G Journal of Aerospace Engineering,2015,229(14): 2681 - 2699.

[80] Frauenholz R B,Bhat R S,Chesley S R,et al. Deep Impact Navigation System Performance[J]. Journal of Spacecraft & Rockets,2008,45:39-56.

[81] 吴伟仁,王大轶,宁晓琳.深空探测器自主导航原理与技术[M].北京: 中国宇航出版社,2011.

[82] 崔平远,高艾,朱圣英.深空探测器自主导航与制导[M].北京: 中国宇航出版社,2016.

[83] 宁晓琳,吴伟仁,房建成.深空探测器自主天文导航技术综述(上)[J].中国航天,2010(6): 37-40.

[84] 宁晓琳,吴伟仁,房建成.深空探测器自主天文导航技术综述(下)[J].中国航天,2010(7): 34-37.

[85] Acton C H. Processing Onboard Optical Data for Planetary Approach Navigation[J]. Journal of Spacecraft & Rockets,1972,9(10):746-750.

[86] Christian J. A. ; Lightsey E. G. Onboard image-processing algorithm for a spacecraft optical navigation sensor system[J]. Journal of Spacecraft & Rockets,2012,49(2),337-352.

[87] Mishra S,Gupta R,Ganeshan A S. An algorithm for estimation and separation of ephemeris and clock errors in SBAS[J]. Acta Astronautica,2009,65(7/8):1149-1157.

[88] Jo K,Chu K,Sunwoo M. Interacting Multiple Model Filter-Based Sensor Fusion of GPS With In-Vehicle Sensors for Real-Time Vehicle Positioning[J]. IEEE Transactions on Intelligent Transportation Systems,2012,13(1):329-343.

[89] Ning X,Liu L,Fang J,et al. Initial position and attitude determination of lunar rovers by INS/CNS integration[J]. Aerospace Science & Technology,2013,30(1):323-332.

[90] Huntsberger T,Aghazarian H,Cheng Y,et al. Rover autonomy for long range navigation and science data acquisition on planetary surfaces[C]//Proceedings of the 2002 IEEE International Conference on Robotics and Automation,IEEE,Washington,USA.[S. l. :s. n.],2002.

[91] 刘晓春.基于实时图与卫片的景象匹配导航技术研究[D].长沙: 国防科学技术大学,2008.

[92] 马丽丽.基于可见光和红外图像的景象匹配算法研究[D].哈尔滨: 哈尔滨工业大学,2012.

[93] Lai J,Xiong J,Liu J,et al. Improved arithmetic of two-position fast initial alignment for SINS using unscented Kalman filter[J]. International Journal of Innovative Computing,Information and Control,2012,8(4): 2929-2940.

[94] Se S,Barfoot T,Jasiobedzki P. Visual motion estimation and terrain modeling for planetary rovers[C]//The 8th International Symposium on Artificial Intelligence for Robotics and Automation in Space,Munich,Germany.[S. l. :s. n.],2005.

[95] Lentaris G,Stamoulias I,Soudris D,et al. HW/SW Codesign and FPGA Acceleration of Visual Odometry Algorithms for Rover Navigation on Mars[J]. IEEE Transactions on Circuits & Systems for Video Technology,2016,26(8):1563-1577.

[96] Ning X,Gui M,Xu Y Z,et al. INS/VNS/CNS integrated navigation method for planetary rovers[J]. Aerospace Science & Technology,2016,48:102-114.

[97] Scaramuzza D,Fraundorfer F,Siegwart R. Real-time monocular visual odometry for on-road vehicles with 1-point RANSAC[C]//IEEE International Conference on Robotics and Automation,Institute of Electrical and Electronics Engineers(IEEE),Kobe,Japan. [S. l. :s. n.],2009.

[98] Levenberg K. A method for the solution of certain non-linear problems in least squares[J]. Quarterly of Applied Mathematics,1944,2(4):436-438.

[99] Wang S,Cui P,Gao A,et al. Absolute navigation for Mars final approach using relative measurements of X-ray pulsars and Mars orbiter[J]. Acta Astronautica,2017,138.

[100] Wei E,Jin S,Zhang Q,et al. Autonomous navigation of Mars probe using X-ray pulsars: Modeling and results[J]. Advances in Space Research,2013,51(5):849-857.

[101] Ray P S,Sheikh S I,Graven P H,et al. Deep Space Navigation Using Celestial X-ray Sources[J]. Proceedings of the National Technical Meeting of theInstitute of Navigation,2008,4890(504):101-109.

[102] Ning X,Gui M,Fang J,et al. Differential X-ray pulsar aided celestial navigation for Mars exploration[J]. Aerospace Science & Technology,2017,62:36-45.

[103] Huang L,Lin Q,Zhang X,et al. Fast Ambiguity Resolution for Pulsar-based Navigation by Means of Hypothesis Testing[J]. IEEE Transactions on Aerospace & Electronic Systems,2017(99):1.

[104] Zhang X,Shuai P,Huang L. Pulsar Navigation Profile Folding and Measurement Based on Loop Tracking[M]//China Satellite Navigation Conference(CSNC) 2015 Proceedings: Volume III. Springer Berlin Heidelberg,2015:507-515.

[105] Kai X,Wei C,Liu L. The use of X-ray pulsars for aiding navigation of satellites in constellations[J]. Acta Astronautica,2009,64(4):427-436.

[106] Liu J,Ma J,Tian J W,et al. X-ray pulsar navigation method for spacecraft with pulsar direction error [J]. Advances in Space Research,2010,46(11):1409-1417.

[107] Wang Y,Zheng W,Sun S. X-ray pulsar-based navigation system/Sun measurement integrated navigation method for deep space explorer[J]. Proceedings of the Institution of Mechanical Engineers Part G Journal of Aerospace Engineering,2015,229(10):1843-1852.

[108] Cui P,Wang S,Gao A,et al. X-ray pulsars/Doppler integrated navigation for Mars final approach[J]. Advances in Space Research,2016,57(9):1889-1900.

[109] 帅平,陈绍龙,吴一帆,等. X射线脉冲星导航技术及应用前景分析[J]. 中国航天,2006(10):27-32.

[110] 帅平,陈绍龙,吴一帆,等. X射线脉冲星导航技术研究进展[J]. 空间科学学报,2007,27(2):169-176.

[111] 毛悦. X射线脉冲星导航算法研究[D]. 郑州: 解放军信息工程大学,2009.

[112] 苏哲. X射线脉冲星导航信号处理方法和仿真实验系统研究[D]. 西安: 西安电子科技大学,2011.

[113] 乔黎. X射线脉冲星高轨道卫星自主导航及其应用技术研究[D]. 南京: 南京航空航天大学,2010.

[114] 邓新坪,郑建华,高东. 差分X射线脉冲星自主导航研究[J]. 北京理工大学学报,2013,33(9):896-900.

[115] 杨成伟,邓新坪,郑建华,等. 含钟差修正的脉冲星和太阳观测组合导航[J]. 北京航空航天大学学报,2012,38(11):1469-1473.

[116] 帅平. 航天器高精度自主导航技术——基于X射线脉冲星的组合导航系统方案[J]. 国际太空,2011(7):44-51.

[117] 吴伟仁,马辛,宁晓琳. 火星探测器转移轨道的自主导航方法[J]. 中国科学:信息科学,2012,42(8):936-948.

[118] 林晴晴,帅平,黄良伟,等. 基于X射线脉冲星导航试验卫星观测数据的到达时间估计[J]. 中国空间科学技术,2018,38(01):1-7.

[119] 王奕迪,郑伟,安雪滢,等. 基于改进动静态滤波的脉冲星/CNS深空探测组合导航方法[J]. 中国空间科学技术,2013,33(5):22-28.

[120] 刘放,陈明,高丽.捷联惯导系统软件测试中的飞行轨迹设计及应用[J].测控技术,2003,22(5):60-63.

[121] 胡传俊,杨恢先.弹道导弹被动段弹道方程与仿真[J].弹箭与制导学报,2010,30(4):131-133.

[122] 王新龙.太空战略的“北极星”——深空探测自主导航技术的发展趋势预测[J].人民论坛·学术前沿,2017(5):46-53.

[123] 王新龙.惯性导航基础[M].2版.西安:西北工业大学出版社,2019.

[124] 王新龙.捷联式惯导系统的动、静基座初始对准[M].西安:西北工业大学出版社,2013.

[125] Wang Xinlong. Fast Alignment and Calibration Algorithms for Inertial Navigation System [J]. Aerospace Science and Technology,2009,13: 204-209.

[126] Wang Xinlong,Guo Longhua. An Intelligentized and Fast Calibration Method of SINS on Moving Base for Planed Missiles[J]. Aerospace Science and Technology,2009,13: 216-223.

[127] WANG X L,MA S. A Celestial Analytic Localization Method by Stellar Horizon Atmospheric Refraction [J]. Chinese Journal of Aeronautics,2009,22: 293-300.

[128] WANG X L, XIE J. Starlight Atmospheric Refraction Model for a ContinuousRange of Height[J]. AIAA,Journal of Guidance Control and Dynamics,2010,33(2): 634-637.

[129] WU X,WANG X. Multiple Blur of Star Image and the Restoration under Dynamic Conditions[J]. Acta Astronautica,2011,68(11-12):1903-1913.

[130] Wu X,Wang X. A SINS/CNS deep integrated navigation method based on mathematical horizon reference[J]. Aircraft Engineering & Aerospace Technology,2011,83(1): 26-34.

[131] Wang Xinlong,Wang Bin and Li Hengnian. An Autonomous Navigation Scheme Based on Geomagnetic and Starlight for Small Satellites [J]. Acta Astronautica,2012,81(1): 40-50.

[132] Wang Xinlong,Wang Bin,Wu Xiaojuan. A Rapid and High Precise Calibration Method for Long-distance Cruise Missiles [J]. Aerospace Science and Technology,2013,27: 1-9.

[133] Wang Xinlong,Zhang Qing,Li Hengnian. An autonomous navigation scheme based on starlight,geomagnetic and gyros with information fusion for small satellites[J]. Acta Astronautica,2014,9(2): 708-717.

[134] He Z,Wang X,Fang J. An innovative high-precision SINS/CNS deep integrated navigation scheme for the Mars Rover[J]. Aerospace Science & Technology,2014,39:559-566.

[135] Guan X,Wang X,Fang J,et al. An innovative high accuracy autonomous navigation method for the Mars rovers[J]. Acta Astronautica,2014,104(1):266-275.

[136] Wang X,Guan X,Fang J,et al. A high accuracy multiplex two-position alignment method based on SINS with the aid of star sensor[J]. Aerospace Science&Technology,2015,42:66-73.

[137] Zhu Jiafang,Wang Xinlong,et al. A High-accuracy SINS/CNS Integrated Navigation Scheme Based on Overall Optimal Correction[J]. Journal of Navigation,2018,71: 1567-1588.

[138] Zhao Yunan,Wang Xinlong,et al,A high-accuracy autonomous navigation scheme for the Mars rover. Acta Astronautica,2019,154: 18-32.

[139] Zhao Yunan,Wang Xinlong,Cai Yuanwen,et al. A High-Accuracy Online Compensation Scheme for Star Sensors[J/OL]. Aero Weaponry,2019,26(https://kns. cnki. net/kcms/detail/41. 1228. TJ. 20190619. 1057. 002. html).

[140] 马闪.光纤陀螺捷联惯性组合导航系统关键技术研究[D].北京:北京航空航天大学,2007.

[141] 吴小娟.SINS/CNS/SAR组合导航系统技术研究[D].北京:北京航空航天大学,2011.

[142] 王志龙.深空探测轨道设计与自主导航系统研究[D].北京:北京航空航天大学,2013.

[143] 管叙军.巡视探测器高精度自主导航关键技术研究[D].北京:北京航空航天大学,2014.

[144] 王鑫.航天器自主天文导航技术研究[D].北京:北京航空航天大学,2016.

[145] 祝佳芳.全自主惯性/天文组合导航关键技术研究[D].北京:北京航空航天大学,2017.

[146] 明轩. SINS 动基座对准及天文导航关键技术研究[D]. 北京：北京航空航天大学，2017.
[147] 杨洁. 捷联惯导/天文导航组合技术研究[D]. 北京：北京航空航天大学，2017.
[148] 赵雨楠. 火星探测器自主天文导航方法研究[D]. 北京：北京航空航天大学，2019.
[149] 王新龙，马闪. 高空长航时无人机高精度自主定位方法[J]. 航空学报，2008，29(B05)：39-45.
[150] 王新龙，谢佳，郭隆华. 基于弹道导弹的捷联惯性/星光复合制导系统模型研究[J]. 弹道学报，2008，20(3)：87-91.
[151] 申亮亮，王新龙. 弹道导弹 SINS 空中在线标定方法[J]. 航空兵器，2009(2)：3-7.
[152] 张魁，王新龙. 捷联惯性/天文组合导航信息融合方法研究[J]. 航空兵器，2009(4)：12-16，23.
[153] 季家兴，王新龙. 载体运动对星敏感器星点光斑定位的影响分析[J]. 青岛科技大学学报，2010，31(2)：194-200.
[154] 吴小娟，王新龙. 基于姿态四元数的 SINS/星敏感器组合导航方法[J]. 航空兵器，2010(2)：29-34，39.
[155] 吴小娟，王新龙. 星图运动模糊及其复原方法[J]. 北京航空航天大学学报，2011，37(11)：1338-1342.
[156] 管叙军，王新龙. 视觉导航技术发展综述[J]. 航空兵器，2009(6)：3-8，14.
[157] 管叙军，王新龙. 一种基于视觉的火星车自主导航方案设计[J]. 航空兵器，2015(1)：23-27.
[158] 何竹，王新龙. 天文导航星光折射间接敏感地平方法发展综述[J]. 固体导弹技术，2014(2)：23-27.
[159] 王鑫，王新龙，车欢. 深空探测器自主天文导航技术研究综述[J]. 固体导弹技术，2015(2)：99-105.
[160] 王鑫，王新龙. 天文导航星光大气折射模型与误差传递关系分析[J]. 固体导弹技术，2015(3)：65-71.
[161] 王鑫，王新龙. 弹道导弹 SINS/CNS 组合导航系统建模与性能仿真[J]. 航空兵器，2015(2)：21-25.
[162] 祝佳芳，王新龙，李群生，等. 火星探测器捕获段自主导航模型选择与精度分析[J]. 航空兵器，2017(5)：18-24.
[163] 明轩，王新龙. 火星探测器捕获段天文自主导航方案设计[J]. 航空兵器，2017(3)：41-46.
[164] 赵雨楠，王新龙. 星光折射间接敏感地平定位模型的误差分析[J]. 航空兵器，2017(1)：33-38.
[165] 赵雨楠，王新龙，王盾，等. 星敏感器温度误差建模与补偿方法[J]. 航空兵器，2017(5)：68-74.